环 境 工 程 专 业 系 列 教 材

# 水污染控制工程

WATER POLLUTION CONTROL ENGINEERING

陆永生 编著

上海大学出版社

## 内容提要

本书根据废水处理流程中各处理单元的先后次序安排章节，主要内容为前端处理技术——物理法和化学法、生物处理技术、后端处理技术——物理法和化学法、污水的再生利用、污泥处理与处置和污水处理厂(站)设计及运行管理等。系统介绍了各种常用废水处理方法与技术的基本原理及其应用等。为体现内容的系统性和实用性，编写过程中既继承了废水处理技术的传统，又注重吸收废水处理的新理念和新技术。

本书可作为高等院校环境工程专业的本科教材使用，也为相关专业的研究生和工程技术人员提供参考。

**图书在版编目(CIP)数据**

水污染控制工程 / 陆永生编著. —上海：上海大学出版社，2022.11

ISBN 978-7-5671-4586-3

Ⅰ. ①水… Ⅱ. ①陆… Ⅲ. ①水污染—污染控制 Ⅳ. ①X520.6

中国版本图书馆CIP数据核字(2022)第213161号

责任编辑 李 双

封面设计 缪炎栩

技术编辑 金 鑫 钱宇坤

**水污染控制工程**

陆永生 编著

上海大学出版社出版发行

(上海市上大路99号 邮政编码200444)

(https://www.shupress.cn 发行热线021-66135112)

出版人 戴骏豪

*

南京展望文化发展有限公司排版

句容市排印厂印刷 各地新华书店经销

开本787mm×1092mm 1/16 印张22.5 字数576千字

2022年11月第1版 2022年11月第1次印刷

ISBN 978-7-5671-4586-3/X·9 定价 58.00元

# 前言 | Foreword

水是生命之源、生产之要、生态之基，人类社会的发展离不开水。以“绿水青山就是金山银山”为代表的绿色发展理念、绿色发展方式、绿色生活方式，对我国的水资源保护、水环境治理影响深远。随着社会经济的快速发展、城镇化进程快速推进，由此引起的水环境污染加剧而导致的水资源短缺的供需矛盾日益突出。因此，如何科学、有效地防治水污染已经成为一个全球性的研究课题。水污染控制技术是环境工程技术人员必备的专业知识。根据全国高等工业学校环境工程类专业教材编审委员会制定的“水污染控制工程”教学基本要求，为满足普通高等院校环境工程专业对水污染控制工程的教学使用要求，本书在结合多年的教学实践、科研、工程及社会应用经验，同时参考各校教材、讲义的基础上编写而成。

本书根据对水中各类污染物的处理方法与技术安排章节，介绍水污染控制的基本理论、基本方法、工艺和主要设备等，适当融入工程应用和水污染控制技术的最新进展。通过对水处理系统的介绍，旨在培养学生的基本专业素养，养成工程意识和提高工程应用能力。

本书在章节编排上体现与常用废水处理工艺流程中各处理单元的匹配度，加强各章节内容之间的有机联系，突出整体性和系统性。其中，将物理化学方法根据其是否发生化学反应，重新归类为物理法或化学法。全书按废水处理工艺流程中各处理单元“格栅（筛网）→调节池→初沉池→（沉砂池）→化学反应（混凝、沉淀等）→生物处理→深度处理”和“污泥处理与处置”的先后次序，共分为 9 编 27 章，分别为：“第一编 总论”中结合水资源现状介绍人们对水污染的认识，并将水中污染物分为物理型、化学型、生物型；从排水去向和所执行的各类标准等出发，对各类废水水质控制方法进行分类。“第二编 前端处理技术——物理法”中的阻力截留法、水质水量均化、重力沉降法、浮力浮上法等分别对应常见的废水处理流程中的处理单元，如：格栅、筛网、调节池、初沉池（沉砂池）、气浮池（隔油池）等。“第三编 前端处理技术——化学法”中的中和法、化学混凝法、化学沉淀法、氧化还原法等分别与酸碱中和预处理、混凝沉淀、化学反应等相对应。“第四编 生物处理技术”中主要讲述废水生物处理基础，按溶解氧的状态分为好氧生物处理法（含活性污泥法和生物膜法）、厌氧生物处理法（含活性污泥法和生物膜法）；结合好氧去除 BOD、缺氧脱氮、厌氧除磷的需求，将生物脱氮除磷单独成章，同时介绍厌氧和好氧联用技术；此外，也将自然条件下的生物处理法单独成章。吸附分物理吸附和化学吸附，鉴于讨论吸附过程中化学反应的痕迹较淡，故将吸附归为“第五编 后端处理技术——物理法”章节；污水处理厂提标改造中所涉及的深层过滤、各类膜分离法也在此编中讨论。“第六编 后端处理技术——化学法”主要讨论离子交换法和消毒法。后端处理技术属于深度处理技术，分别对应吸附、各类滤池、各类膜分离等处理单元。为满足再生水利用和污泥处理等社会需求，本书对“第七编 污水的再生利用技术”和“第八编 污泥处理与处置技术”等也作了介绍。在“第九编 污水处理厂(站)设计和运行管理”中介绍各废水处理单元如何组合、平面图和高程图的绘制原则等，为后续具体设计工作打下基础。

此外，本书对较多的例图进行简化加工，构筑物或设备等的外部框架等以线条表示，以突出其中组成件的作用功效，方便对处理方法与技术的原理的理解。每一编设置习题和思考，尤其是对各类处理方法和技术的研究动态的资料查阅，融合探究性要素，有利于外延性学习。

本书可作为普通高等院校环境科学与工程专业的教学用书，亦可作为其他相近专业的教材或教学参考书，同时还可供从事环境工程设计、管理及科研工作的人员参考使用。

上海大学邱慧琴、邹联沛、李小伟，南开大学鲁金凤、郑州大学万俊锋、《工业水处理》杂志社赵谨、常州清流环保科技有限公司韩晓刚等，对本书的编写给予了支持和帮助，并对体系和内容的安排等，提出了宝贵的意见和建议。对他们的帮助，在此表示由衷的感谢。

在本书编写过程中，还吸收了以往相关教材的优点，参阅并引用了大量的国内外有关文献和资料，在文中难以一一注明，在此向所引用文献的作者致以诚挚谢意！

对上海大学教务部、环境与化学工程学院等在本书出版过程中给予的资助，上海大学出版社给予的大力支持和帮助，在此一并表示衷心的感谢。

由于编者水平有限，经验不足，书中难免存在错误或疏漏之处，敬请广大读者批评指正。

# 目录 | Contents

## 第一编　总　　论



## 第二编　前端处理技术——物理法

## 第三编 前端处理技术——化学法

## 第四编 生物处理技术

## 第五编 后端处理技术——物理法

## 第六编 后端处理技术——化学法



## 第七编 污水的再生利用



## 第八编 污泥处理与处置技术

## 第九编 污水处理厂(站)设计及运行管理

# 课程导读

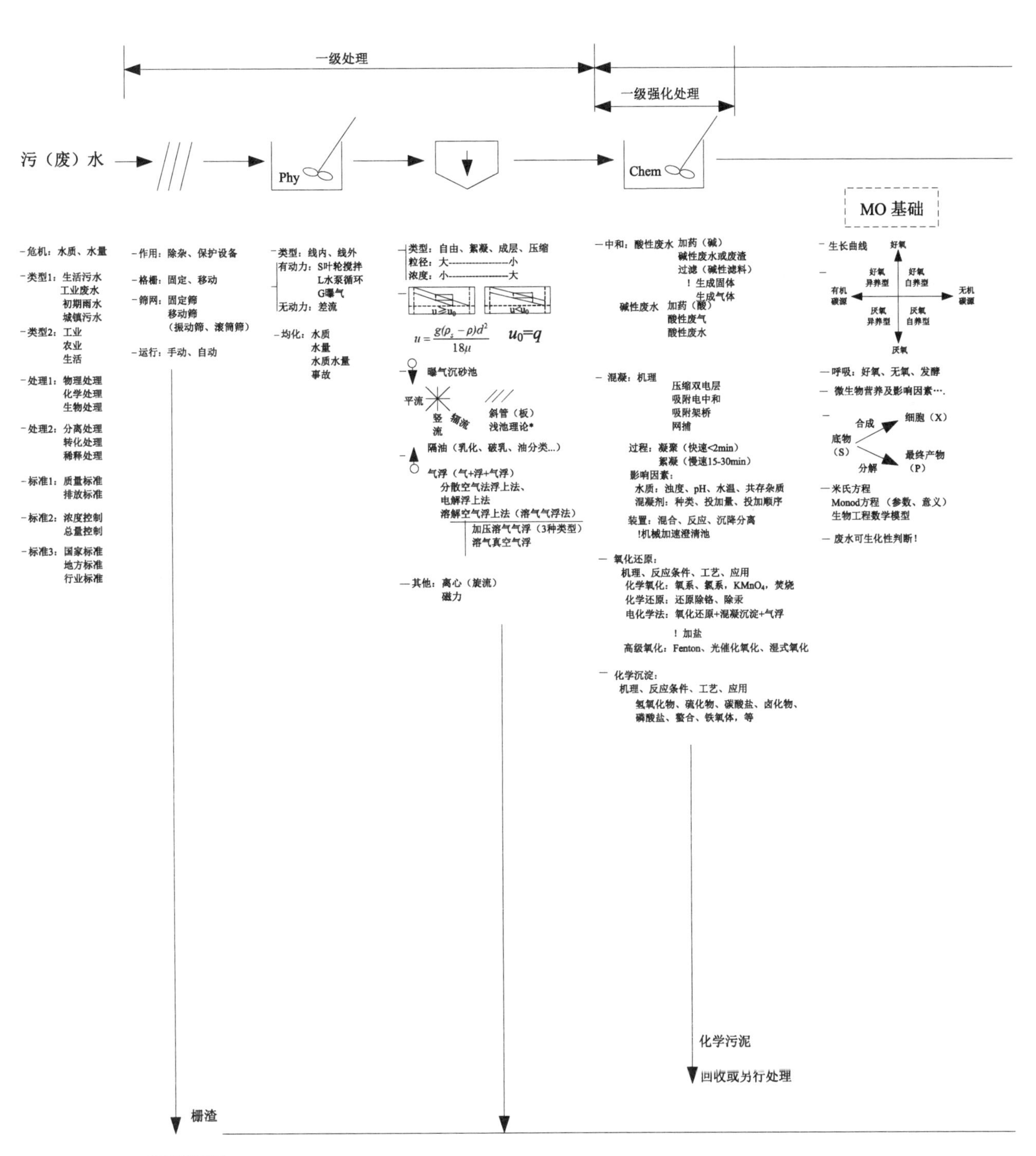

一级处理
一级强化处理
污（废）水
Phy
Chem
MO 基础
-危机：水质、水量
-类型1：生活污水
工业废水
初期雨水
城镇污水
-类型2：工业
农业
生活
-处理1：物理处理
化学处理
生物处理
-处理2：分离处理
转化处理
稀释处理
-标准1：质量标准
排放标准
-标准2：浓度控制
总量控制
-标准3：国家标准
地方标准
行业标准
-作用：除杂、保护设备
-格栅：固定、移动
-筛网：固定筛
移动筛
（振动筛、滚筒筛）
-运行：手动、自动
-类型：线内、线外
有动力：S叶轮搅拌
L水泵循环
G曝气
无动力：差流
-均化：水质
水量
水质水量
事故
-类型：自由、絮凝、成层、压缩
粒径：大------------------小
浓度：小------------------大
u≥u0
u<u0
$u=\frac{g(\rho_s-\rho)d^2}{18\mu}$
$u_0=q$
曝气沉砂池
平流
竖流
辐流
斜管（板）
浅池理论*
隔油（乳化、破乳、油分类...）
气浮（气+浮+气浮）
分散空气法浮上法、
电解浮上法
溶解空气浮上法（溶气气浮法）
加压溶气气浮（3种类型）
溶气真空气浮
—其他：离心（旋流）
磁力
-中和：酸性废水 加药（碱）
碱性废水或废渣
过滤（碱性滤料）
！生成固体
生成气体
碱性废水 加药（酸）
酸性废气
酸性废水
- 混凝：机理
压缩双电层
吸附电中和
吸附架桥
网捕
过程：凝聚（快速<2min）
絮凝（慢速15-30min）
影响因素：
水质：浊度、pH、水温、共存杂质
混凝剂：种类、投加量、投加顺序
装置：混合、反应、沉降分离
!机械加速澄清池
- 氧化还原：
机理、反应条件、工艺、应用
化学氧化：氧系、氯系，$KMnO_4$，焚烧
化学还原：还原除铬、除汞
电化学法：氧化还原+混凝沉淀+气浮
！加盐
高级氧化：Fenton、光催化氧化、湿式氧化
- 化学沉淀：
机理、反应条件、工艺、应用
氢氧化物、硫化物、碳酸盐、卤化物、
磷酸盐、螯合、铁氧体，等
- 生长曲线
好氧
好氧 异养型
好氧 自养型
有机碳源
无机碳源
厌氧 异养型
厌氧 自养型
厌氧
—呼吸：好氧、无氧、发酵
— 微生物营养及影响因素….
合成
细胞（X）
底物（S）
分解
最终产物（P）
—米氏方程
Monod方程（参数、意义）
生物工程数学模型
— 废水可生化性判断！
化学污泥
回收或另行处理
栅渣
类似生活垃圾

二级处理

三级处理
（包括并不仅限于以下处理单元）

BP生物处理

好氧处理　　　厌氧处理

Phy　　Chem　　出水

**活性污泥法**

- 概念、表征
- 微生物演替规律
- 吸附-稳定过程 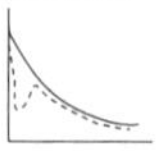
- 类型：百年发展史，>10种！
  ★ $A^2O$、OD、SBR，….
- 指标：
  MLSS、MLVSS、SV、SVI、生物相，...
- 工艺过程参数：
  DO、营养物、pH、水温、有毒物
- 曝气：
  $K_{La}$ 原理、过程
- 装置：机械、鼓风
  气泡：大中小微
- 设计基础：★
  有机物负荷
  劳伦斯和麦卡蒂法
- 运行管理：
  参数….
  培养驯化
  调试运行
  异常情况
  ！污泥膨胀

**生物膜法**

- 概念、表征
- 生物相
- 概念、组成、功能、工艺应用类型
  - 生物滤池（滤料）
  - 生物转盘（转盘）
  - 生物接触氧化（填料）
  - 生物流化床（载体）
  - 润壁型
  - 淹没型
  - 流化型

**厌氧处理**

- 原理：2段、3段、4种群说
- 影响因素：温度、pH、ORP、有机负荷、营养比、搅拌混合、污泥浓度、有毒物，...
- 概念、组成、功能作用、应用类型
  - 泥法：
    普通厌氧消化池
    厌氧接触法
    UASB
    IC　★
    EGSB
  - 膜法：
    厌氧生物滤池
    厌氧流化床
    厌氧转盘
    厌氧折流挡板

★

| C | N | P |
| --- | --- | --- |
| O (好氧) | A(缺氧) | A(厌氧) |

- 脱氮：氨化—硝化（好氧）--反硝化（缺氧）
  厌氧氨氧化
- 除磷：厌氧释磷--好氧吸磷

（影响因素，脱氮除磷矛盾）

- 脱氮工艺：
  传统三段脱氮、二段脱氮、$A_N/O$、Bardenpho、SHARON、ANAMMOX、SHARON-ANAMMOX组合、OLAND、CANON...
- 除磷工艺：
  $A_P/O$、Phostrip、...
- 脱氮除磷工艺：
  Phoredox、$A^2O$、SBR、A-B法、氧化沟、OWASA、UCT、MUCT、BCFS、...

- 生态法：原理、构造、应用
- 氧化塘：
  O（好氧）<1 m
  A（兼性）2 m
  A（厌氧）>2 m
  菌藻作用
  DO、pH，昼夜变化
- 土地处理：
  地表漫流　湿地
  快速渗滤　慢速渗滤　地下渗滤

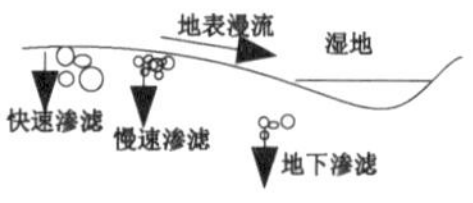

**三级处理**

- 吸附：原理（物理、化学，…）
  等温吸附规律
  Frundlich、
  Langmuir、
  BET，…
  吸附动力学
  吸附剂（种类、表征、再生）
  影响因素
  吸附装置、运行方式
  穿透曲线*
  固定、移动、流化
  连续、间歇
- 深层过滤：原理
  工艺过程
  类型
  运行管理
- 膜分离：推动力、传质机理，等
  微滤MF、超滤UF、纳滤NF、反渗透RO*、电渗析ED、. . .
- 吹脱和汽提：
  原理、应用
- 萃取（液膜分离）：
  原理（分配律）、应用
- 结晶：
  原理、应用

- 离子交换：
  原理、分类
  性能指标
  工艺过程
  应用实例
- 消毒：
  化学消毒 原理
  分类：
  氯消毒
  二氧化氯
  其他卤素
  臭氧
  紫外线
  原理、应用实例

- 再生水回用：
  水质标准
  分类
  工艺流程
  应用实例

浓缩

- 污泥处理处置目标：
  减量化、稳定化、无害化、资源化
- 污泥来源、分类、表征 
- 污泥浓缩
  污泥稳定
  污泥调理
  污泥脱水
  最终处置（如焚烧）
  （原理、设备、应用，等）

间隙水　附着水　毛细水　内部水

# 第一编

# 总　论

水是生命之源、生产之要、生态之基，人类社会的发展离不开水。随着社会经济的快速发展、城镇化进程的快速推进，由此引起的水环境污染加剧导致的水资源短缺的供需矛盾也日益突出。今天，中国面临着被联合国认定为“水资源紧缺国家”的现实，严峻的水资源问题亦成为世界关注的焦点和我国社会和经济可持续发展中一个不能回避的难点。因此，如何科学、有效地防治水污染已经成为一个全球性的研究课题。

# 1 水资源与水污染

## 1.1 水资源

全球水资源总量约 13.86 亿立方千米，其中咸水占比为 97.47%，淡水占比为 2.53%。限于当前的技术条件，地下水资源及咸水尚未大规模开发利用，容易利用的淡水资源仅占淡水总量的 1%左右，约占全球水资源总量的 0.026%左右。

水资源具有流动性、有限性、可再生性等特点，由此决定了水资源分布的不均匀性，包括时间和空间上的分布不均匀，我国南北方水量差别及雨量的季节差别充分体现了水资源分布的不均匀性。为了解决水资源分布不均匀的问题，可通过水利工程协调灌溉用水、水力发电和生活用水等。对河流进行筑坝拦截、引流等工程方式虽然能为人类带来好处，但同时也会对水生态系统造成很大的影响。

地球上的水经常处于循环运动中，包括自然循环和社会循环，如图 1－1 所示。水的社会循环实际上是水的自然循环的一部分，是水的自然循环的旁支。

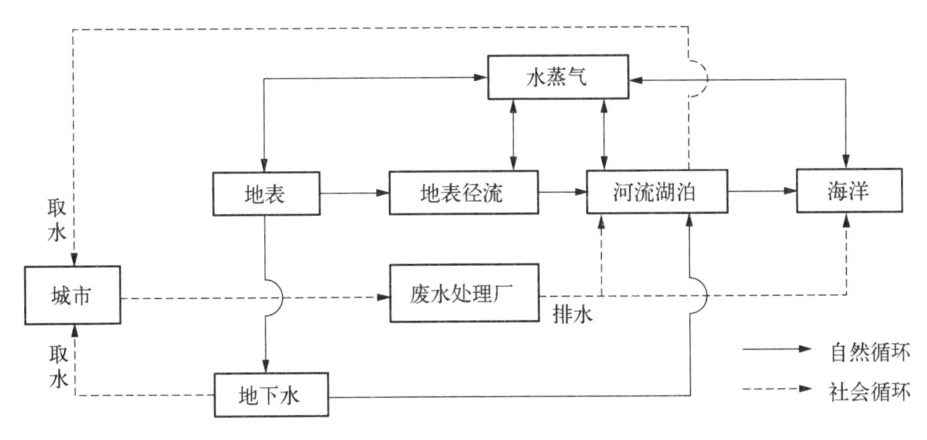


图 1－1 水的自然循环和社会循环

## 1.2 水污染

### 1.2.1 水污染的概念

《中华人民共和国水污染防治法》中对“水污染”的定义：是指水体因某种物质的介入，而导致其化学、物理、生物或者放射性等方面特性的改变，从而影响水的有效利用，危害人体健康或者破坏生态环境，造成水质恶化的现象。

目前，对水污染的认识存在三种意见：

第一种：水体受人类活动或自然因素的影响，使水的感官性状、物理化学性能、化学成分、生物组成以及底质情况等方面产生了恶化。

第二种：排入水体的工业废水、生活污水及农业径流等污染物质，超过了该水体的自净能力，引起水质恶化。

第三种：污染物质大量进入水体，使水体原有的用途遭到破坏。

一般可以认为，排入水体的污染物质在数量上超过该物质在水体中的本底含量和水体的环境容量，从而导致水的物理、化学及微生物性质发生变化，使水体固有的生态系统和功能受到破坏。

需要注意的是，水污染是指水体受到废水、废气、固体废弃物中污染物的污染，其中水体是受害者，造成水体污染的主要原因是废水；废水污染则是废水对水体、大气、土壤或生物的污染，废水是污染的原因。

### 1.2.2 废水的类型

1. 废水与污水的区别

废水强调的是"废"，指废弃外排的水，强调"废弃"的含义。通常出现在工业生产过程中，一般是指生产过程中使用后排放的或产生的水，这种水对该过程无进一步直接利用的价值。因此，工业上的排水可称为"废水"或"工业废水"。

污水强调的是"污"，指被污染物污染了的水，强调"脏"的含义。通常指的是日常生活中出现的情况，水体中夹带和溶解了许多污染物质。因此，生活中的排水可称为"污水"或"生活污水"。

一般地，这两种术语没有严格的界限。实际上有相当数量的"废水"是不"脏"的，如冷却水，因而用"废水"一词统称所有排水比较合适。

2. 废水的分类

废水的分类方法比较复杂，不同的角度有不同的分类方法。根据不同的来源，如点源（工业废水和生活污水等）和非点源（农业和城市径流等）。根据污染物的化学类别又可分为无机废水和有机废水。按工业部门或产生废水的生产工艺分类，如化工废水、冶金废水、制药废水、印染废水、食品废水等。

实际使用中一般根据不同的条件使用不同的分类方法。本书主要讨论的废水按来源一般可以分为生活污水、工业废水、初期污染雨水及城镇污水等类型。各种类型污水的特征及其影响因素如下：

生活污水，主要来自家庭、商业、机关、学校、医院、城镇公共设施及工厂的餐饮、卫生间、浴室、洗衣房等，包括厕所冲洗水、厨房洗涤水、洗衣排水、沐浴排水及其他排水等。其主要成分为纤维素、淀粉、糖类、脂肪、蛋白质等有机物质，氮、磷、硫等无机盐类及泥砂等杂质，还含有多种微生物及病原体。影响生活污水水质的主要因素有生活水平、生活习惯、卫生设备、气候条件等。

工业废水，主要是在工业生产过程中被生产原料、中间产品或成品等物料所污染的水。其中污染物成分及性质随生产过程而异，变化复杂。一般而言，工业废水污染比较严重，往往含有有毒有害物质,有的含有易燃、易爆、腐蚀性强的污染物,须局部处理达到要求后才能排入城镇排水系统,也是城镇污水中有毒有害污染物的主要来源。影响工业废水水质的主要因素有行业类型、生产工艺、生产管理水平等。

初期雨水,主要是雨雪降至地面形成的初期地表径流。其水质水量随区城环境、季节和时间变化,成分比较复杂。个别地区甚至可以出现初期雨水污染物浓度超过生活污水的现象。某些工业废渣或垃圾堆放场地经雨水冲淋后产生的污水更具危险性。影响初期雨水被污染的主要因素有大气质量、气候条件、地面及建筑物环境质量等。

城镇污水属于综合废水,是指生活污水、工业废水及部分城镇地表径流(雨雪水),在合流制排水系统中包括雨水,在半分流制排水系统中包括初期雨水。城镇污水成分性质比较复杂,不仅各城镇间不同,同一城市中的不同区域也有差异,需要进行全面细致的调查研究,才能确定其水质成分及特点。影响城镇污水水质的因素较多,主要为所采用的排水体制以及所在地区生活污水与工业废水的特点及比例等。

## 1.3 废水中的污染物分类

废水中的污染物种类繁多,分类方法也不相同。从污染源的属性上来看,可分为物理型污染、化学型污染和生物型污染。

### 1.3.1 物理型污染

物理型污染包括固体物质、温度等造成的水体污染,此外还包括放射性污染。废水中的异色、混浊、泡沫、不良气味等会引起人们感官上不快的污染物称为感官污染物,常用指标有色泽、色度、臭和味等,属于废水的物理状态,不在本节讨论范围之内。

1. 固体污染物

固体物质在水中有三种存在状态:溶解态、胶体态和悬浮态。一般认为溶解态的颗粒粒径小于 1 nm,胶体态颗粒粒径位于 1~100 nm 之间,悬浮态颗粒粒径大于 100 nm,在水处理中把胶体颗粒粒径的上限扩大到 1 000~2 000 nm。

水处理工程中常把固体污染物分为溶解性固体(Dissolved Solid, DS)和悬浮性固体(Suspended Solid, SS),两者之和称为总固体(Total Solid, TS)。实际区分两者常用特制的微孔滤膜(孔径 0.45 μm)过滤,能透过的为溶解性固体,被膜截留的为悬浮性固体。悬浮性固体又可分为可沉降性固体和难沉降性固体。可沉降性固体悬浮物是指能在 2 h 内靠重力沉降的固体,在 2 h 内不能沉降的称为难沉降性固体;还把密度小于 1 的固体称为漂浮固体悬浮物。

2. 热污染物

由于废水的温度过高从而引起的危害称为热污染。热污染可以破坏废水的生物处理过程,影响水中生物的生存,加速水体富营养化的进程等。热污染物主要来自发电厂、冶金企业等。

3. 放射性物质

放射性物质主要是指废水中所含的能产生有害射线的物质。有害射线主要有 X 射线、α 射线、β 射线、γ 射线和质子束等。废水中的放射性物质主要来自核工业、核电站、稀有金属生产、医疗单位和某些实验室等。放射性污染物对人体的危害也是严重的,主要会引起慢性疾病、诱发癌症等。

### 1.3.2 化学型污染

化学型污染是指污染物为化学品而造成的水体污染。根据污染物的特性，可分为有毒污染物（无机化学毒物、有机化学毒物）、需氧污染物、营养性污染物、酸碱污染物和油类污染物等。

1. 有毒污染物

废水中能对生物引起毒性反应的化学物质称为有毒污染物。有毒污染物对生物的效应有急性中毒和慢性中毒两种，急性中毒的初期效应十分明显，严重时会导致死亡。慢性中毒的初期效应不明显，但长期积累可引起突变、致畸、致死，甚至引起遗传畸变，这种效应不易察觉，但后果更严重，一旦发现，很难在短期内处理，甚至不可逆转。由于新的有毒化学物质不断出现，而有些物质对环境和生物的影响还没有十分清楚，特别是长期的影响很难一时搞清楚，有些可能等到研究清楚的时候它所造成的危害已不可逆转了，所以对新的化学物质的使用一定要采取慎重的态度。

废水中的有毒污染物按其化学性质可分为无机化学毒物、有机化学毒物等。

（1）无机化学毒物

无机化学毒物主要是指重金属离子、氰化物、氟化物和亚硝酸盐等。

化学上一般把密度大于 4.5 $g/cm^3$ 的金属称为重金属。水污染中所指的重金属包括 Hg、Cr、Cd、Pb、As、Ni、Ce、Cu、Zn、Ti、Mo 等，主要是前面五种，即 Hg、Cr、Cd、Pb、As。不同重金属其来源不同，主要来自工业废水。不同的重金属对生物产生的毒性也不同。重金属污染有以下特点：① 毒性以离子状态最大，且不同价态的毒性不同。如 $Cr^{6+}$ 的毒性大于 $Cr^{3+}$，但 $As^{3+}$ 的毒性大于 $As^{5+}$。② 很难被生物降解，有时还可以被生物转化成毒性更大的物质，如汞在生物体内转化成甲基汞；大多数重金属还可以在生物体内富集，这样虽然在水中重金属的浓度不高，但通过生物富集以后，也有可能造成其他危害。③ 重金属进入人体后，能够和生理高分子物质（如蛋白质和酶等）发生作用而使这些高分子物质失去活性，也可能在人体的某些器官内积累，造成慢性中毒，这种危害有时需要相当长的时间才能显现出来，且很难消除。④ 有些重金属是人体必需的元素，人体缺乏这些元素会产生某种疾病，但过量又会中毒。

（2）有机化学毒物

有机化学毒物大多是人工合成的有机物。主要有：农药（DDT、有机氯、有机磷等）、酚类化合物、聚氯联苯、稠环芳烃和芳香族氨基化合物等。这类物质的种类繁多，性质复杂。其特点是：① 毒性大，如农药有剧毒，极少量即可致死，且大多是三致（致癌、致畸、致突变）物质；② 化学稳定性好，在环境中存在的时间长，在自然界中的半衰期为十几年到几十年；③ 大多较难被生物降解，且都可通过食物链富集，危害人体健康。

有毒污染物对生物及人类的危害程度取决于其浓度和作用时间，浓度越大，作用时间越长，后果越严重。另外还与环境条件有关，如温度、pH、溶解氧浓度等，也与生物的种类及生物自身的适应能力有关。

2. 需氧污染物

需氧污染物主要是指废水中所含的能被微生物降解的有机物，这类有机物大部分本身是无毒的。它们造成污染的主要原因是在其生物降解的过程中消耗了水中的氧，使水中溶解氧含量降低，从而影响水生生物的生存，严重时使水体发黑、发臭。由于此类有机物的种类太多，成分太复杂，直接用有机物的浓度来表示其含量几乎是不可能的。因此，在水处理工程中用间接指标来表示其含量。常用的指标主要有以下几种：

(1) 生物化学需氧量

生物化学需氧量(Biochemical Oxygen Demand, BOD)是指水体中的好氧微生物在一定温度下，将水中有机物分解成无机质，这一特定时间内的氧化过程中所需要的溶解氧量，常用来表示水中有机物等需氧污染物质含量的一个综合指标。

有机污染物被好氧微生物氧化分解的过程，一般可分为两个阶段：第一个阶段主要是有机物被转化成 $CO_2$、$H_2O$ 和氨；第二阶段主要是氨被转化为亚硝酸盐和硝酸盐。废水 BOD 通常只指第一阶段有机物生物氧化所需的氧量，全部生物氧化需要 20～100 d 完成。因此需氧量与测定时间有关，测定时间不同所得结果也不同。另外，BOD 测定结果与反应温度有关。为了便于比较，一般都用 20 ℃时 5 d 生物化学需氧量来表示，即废水中的有机物在 20 ℃时被微生物分解 5 d 所消耗的氧量，记为 $BOD_5$；相应的废水被微生物分解 20 d 所消耗的氧量记为 $BOD_{20}$；完全被微生物分解所消耗的氧量记为 $BOD_L$。对于同一废水 $BOD_5$ 与 $BOD_{20}$、$BOD_L$ 之间有一定的关系，如生活污水 $BOD_5 \approx 70\%\ BOD_{20}$，$BOD_5 \approx 68\%\ BOD_L$。BOD 能较准确地表达水中耗氧污染物的污染程度，$BOD_5$ 越高的废水，所产生的污染越严重。

(2) 化学耗氧量

化学耗氧量(Chemical Oxygen Demand, COD)是指在一定条件下，采用一定的强氧化剂处理水样时所消耗的氧化剂量。它是表示水中还原性物质多少的一个指标。水中的还原性物质有各种有机物、亚硝酸盐、硫化物、亚铁盐等，但主要的是有机物。因此，COD 常作为衡量水中有机物质含量多少的指标。常用的氧化剂有 $K_2Cr_2O_7$ 和 $KMnO_4$。同一种废水用不同的氧化剂所得结果不同，一般是用下标表示不同的氧化剂，用 $K_2Cr_2O_7$ 时表示为 $COD_{Cr}$，用 $KMnO_4$ 时表示为 $COD_{Mn}$。其中，$COD_{Mn}$ 高锰酸盐指数，又称高锰酸盐需氧量(Permanganate Oxygen Demand)，主要应用于检测饮用水和地表水水质。

(3) 总需氧量和总有机碳

总需氧量(Total Oxygen Demand, TOD)是指在 900～950 ℃高温下，将废水中能被氧化的物质(主要是有机物，包括难分解的有机物及部分无机还原物质)，燃烧氧化成稳定的氧化物后，测量载气中氧的减少量，称为总需氧量。总有机碳(Total Organic Carbon, TOC)是指在 950 ℃高温下，以铂作为催化剂，使水样气化燃烧，然后测定气体中的 $CO_2$ 含量，从而确定水样中碳元素总量。采用这两项指标能较准确地衡量水中有机物质含量。

3. 营养性污染物

营养性污染物主要是指植物和微生物生长过程中所需的营养物质，并非有毒，主要是氮和磷。称其为污染物的原因主要是当大量营养物质进入水体时，会使藻类大量繁殖，水面上积聚大量的动物和植物，这种现象在海洋中出现叫赤潮，在湖泊中出现叫水华。当水中的生物大量死亡时会使水中 BOD 猛增，导致水中的溶解氧含量降低，影响水体功能，影响鱼类生存。这种由营养物质过多产生的污染称作富营养化污染。长期的富营养化会使水体消失，湖泊变成沼泽，最后变成陆地。我国规定，当水体含氮超过 0.2 mg/L，含磷超过 0.02 mg/L 时就称水体富营养化。营养性污染物主要来自氮肥厂、洗毛厂、制革厂、印染厂、食品厂等。农田施肥，特别是化肥，是水体中氮和磷的主要来源之一；日用洗涤剂，特别是含磷洗衣粉，也是水体中磷的来源之一。一般的水处理厂也是氮和磷的来源之一，因为在水处理过程中，有机物中的氮被转化成硝酸盐，磷被转化为磷酸盐。

进入水体中的氮主要有无机氮和有机氮之分。总氮(Total Nitrogen, TN)是指一切含氮化合物以氮计量的总称。无机氮包括氨态氮(简称氨氮)和硝态氮。氨氮包括游离氨态氮$NH_3$-N和铵盐态氮$NH_4^+$-N;硝态氮包括硝酸盐氮$NO_3^-$-N和亚硝酸盐氮$NO_2^-$-N。有机氮主要有尿素、氨基酸、蛋白质、核酸、尿酸、脂肪胺、有机碱、氨基糖等含氮有机物。凯氏氮(TKN)是指以凯道尔(Kjeldahl)法测得的含氮量,它包括氨氮和在此条件下能转化为铵盐而被测定的有机氮化合物。

总磷指水体中磷元素的总和,是所有有机磷和无机磷的总和,是水样经过消解后,将各种形态的磷转化为正磷酸盐后测定的结果,一般包括元素磷、正磷酸盐、缩合磷酸盐、焦磷酸盐、偏磷酸盐、亚磷酸盐和有机物结合的磷酸盐。有机磷是指含有C—P键的有机化合物。无机磷是以无机化合物的形式存在的磷,包括正磷酸盐、偏磷酸盐、次磷酸盐、磷酸氢盐、磷酸二氢盐以及聚合磷酸盐等。

4. 酸碱污染物

酸碱污染物主要是指进入水体的无机酸和碱,主要影响水体pH。其危害主要是影响水体中的生物。每种生物都有适宜自身生长的pH,太低、太高都会影响其生长。水中的酸和碱对水中的建筑物及船只也会造成腐蚀,特别是低pH时更为严重。另外,含酸或碱的废水排入农田中会改变土壤的性质,使土地盐碱化,危害农作物。

5. 油类污染物

油类污染物一般是指比水轻能浮在水面上的液体物质,分为石油类和动植物油脂。石油类主要来源于工业含油废水。动植物油脂产生于人类的生活过程和食品工业。该类污染物不溶于水,进入水体后会在水面上形成薄膜,影响氧气的溶入,降低水中的溶解氧含量。此外,油类污染物进入水体后会影响水生生物的生长、降低水体的资源价值。如:油膜覆盖水面阻碍水的蒸发,影响大气和水体的热交换;油类污染物进入海洋,改变海水的反射率和减少进入海洋表层的日光辐射,对局部地区的水文气象条件可能产生一定的影响;大面积油膜将阻碍大气中的氧进入水体,从而降低水体的自净能力;石油污染对幼鱼和鱼卵的危害很大,会堵塞鱼的鳃部,能使鱼虾类产生石油臭味,降低水产品的食用价值;油类污染物还会破坏海滩休养地、风景区的景观与鸟类的生存。

### 1.3.3 生物型污染

生物污染物主要是指废水中的致病微生物和其他的有机体。这种污染物主要来自医院、屠宰场、生物研究所和生活污水等。例如,某些原来存在于人畜肠道中的病原细菌(如伤寒、副伤寒、霍乱细菌等)都可以通过人畜粪便的污染而进入水体,随水流动而传播,一些病毒(如肝炎病毒、腺病毒等)也常在被污染的水体中发现。某些寄生虫病(如阿米巴痢疾、血吸虫病、钩端螺旋体病等)也可通过水体进行传播。

1. 细菌总数

细菌总数是指1 mL水中所含有的各种细菌的总数。在水质分析中,是把一定量水接种于琼脂培养基中,在37 ℃条件下培养24 h后,数出生长的细菌菌落数,然后计算出每毫升水中所含的细菌数。

2. 大肠菌数

大肠菌数是指1 L水中所含大肠菌个数。由于大肠菌在外部环境中的生存条件与肠道传染病的细菌、寄生虫卵相似,而且大肠菌的数量多,比较容易检验,所以把大肠菌数作为生物污染指标。

需要指出的是，水中污染物的分类方法很多，以上只是其中的一种。由于废水中污染物的种类繁多，有些污染物同时有多方面的影响，所以实际应用时要根据实际情况来确定用哪一种分类方法。

# 2 废水水质控制

## 2.1 排水去向

1. 经处理后排放水体

排放水体是废水净化后的传统出路和自然归宿，也是目前最常用的方法。废水直接排放水体会破坏水体的环境功能。为了避免废水对水体的污染，保护水生生态，废水必须经过处理厂处理达到排放标准后才能排入水体中。通常经处理净化后的废水仍会有少量污染物，在排入水体后还会有一个逐步稀释、降解的自然净化过程。

2. 再生利用和资源回收

鉴于经污水处理厂处理后的出水水质水量相对稳定，不受季节、洪水期、枯水期等因素影响，是可靠的潜在水资源。污水再生利用是开源节流、减轻水体污染程度、改善生态环境、解决城市缺水问题的有效途径之一。经适当的深度处理后进行回用，遵循的一般原则是：① 对人体健康、环境质量和生态系统不应产生不良影响。② 再用于原生产工艺或另一生产工艺的废水，其水质必须符合相应的水质标准，对产品质量不应产生不良影响。③ 应符合应用对象对水质的要求或标准，当废水再用于多种用水目的时，应达到对水质要求较高的用水的水质标准；若要回收废水中的有价资源，一般要求先施行适当的预处理，以利于回收工序的有效进行。④ 回用系统应在技术上可行，操作简便。⑤ 价格应比自来水低廉。⑥ 应有安全使用的保障，为使用者和公众所接受。

## 2.2 质量标准和排放标准

### 2.2.1 水环境质量标准

天然水体是人类的重要资源，为了保护天然水体的质量，不因废水的排入而导致恶化甚至破坏，在水环境管理中需要控制水体水质分类达到一定的水环境标准要求。水环境质量标准是废水排入水体时采用排放标准等级的重要依据。我国目前水环境质量标准主要有《地表水环境质量标准》(GB 3838—2002)、《海水水质标准》(GB 3097—1997)、《地下水质量标准》(GB/T 14848—2017)等。

依据地表水水域环境功能和保护目标，按功能高低依次将水体划分为五类：Ⅰ类主要适用于源头水、国家自然保护区；Ⅱ类主要适用于集中式生活饮用水地表水源地一级保护区、珍稀水生生物栖息地、鱼虾类产卵场、仔稚幼鱼的索饵场等；Ⅲ类主要适用于集中式生活饮用水地表水源地二级保护区、鱼虾类越冬场、洄游通道、水产养殖区等渔业水域及游泳区；Ⅳ类主要适用于一般工业用水区及人体非直接接触的娱乐用水区；Ⅴ类主要适用于农业用水区及一般景观要求水域。

按照海域的不同使用功能和保护目标，将海水水质分为四类：第一类适用于海洋渔业水域、海上自然保护区和珍稀濒危海洋生物保护区；第二类适用于水产养殖区、海水浴场、人体直接接触海水的海上运动或娱乐区，以及与人类食用直接有关的工业用水区；第三类适用于一般工业用水区、滨海风景旅游区；第四类适用于海洋港口水域、海洋开发作业区。

依据我国地下水质量状况、人体健康风险及地下水质量保护目标，并参照生活饮用水、工业、农业等用水质量要求，依据各组分含量高低(pH 除外)，将地下水质量划分为五类：Ⅰ类地下水化学组分含量低，适用于各种用途；Ⅱ类地下水化学组分含量较低，适用于各种用途；Ⅲ类地下水化学组分含量中等，以《生活饮用水卫生标准》(GB 5749—2006)为依据，主要适用于集中式生活饮用水水源及工农业用水；Ⅳ类地下水化学组分含量较高，以农业和工业用水质量要求以及一定水平的人体健康风险为依据，适用于农业和部分工业用水，适当处理后可作生活饮用水；Ⅴ类地下水化学组分含量高，不宜作为生活饮用水水源，其他用水可根据使用目的选用。

### 2.2.2 废水排放标准

废水排放标准根据控制形式可分为浓度标准和总量控制标准。根据地域管理权限可分为国家排放标准、行业排放标准、地方排放标准。

1. 控制形式

浓度标准规定了排出口向水体排放污染物的浓度限值，其单位一般为 mg/L。我国现有的国家标准和地方标准基本上执行浓度标准。浓度标准的优点是指标明确，管理方便，但由于未考虑排放量的大小，接受水体的环境容量大小、性状和要求等，因此，不能完全保证水体的环境质量。当排放总量超过水体的环境容量时，会出现水体水质不能达到质量标准的现象。在实际工作中，将废水进行稀释后排放属于违反《水污染防治法》第二十二条第二款规定：禁止私设暗管或者采取其他规避监管的方式排放水污染物。

总量控制标准是以与水环境质量标准相适应的水体环境容量为依据而设定的。这种标准可以保证水体的质量，但对管理技术要求高，需要与排污许可证制度相结合来进行总量控制。按 2015 版《环境保护法》第四十四条规定：企业事业单位在执行国家和地方污染物排放标准的同时，应当遵守分解落实到本单位的重点污染物排放总量控制指标。

2. 地域管理权限

国家排放标准按照污水排放去向，规定了水污染物最高允许排放浓度，适用于排污单位水污染物的排放管理，以及建设项目的环境影响评价、建设项目环境保护设施设计、竣工验收及其投产后的排放管理。我国现行的国家排放标准主要有《污水综合排放标准》(GB 8978—1996)、《城镇污水处理厂污染物排放标准》(GB 18918—2002)、《污水海洋处置工程污染控制标准》(GB 18486—2001)、《污水排入城市下水道水质标准》(CJ 343—2010)等。

根据部分行业排放废水的特点和治理技术发展水平，国家对部分行业制定了国家行业排放标准。如：《电子工业水污染物排放标准》(GB 39731—2020)、《船舶水污染物排放控制标准》(GB 3552—2018)、《石油炼制工业污染物排放标准》(GB 31570—2015)、《再生铜、铝、铅、锌工业污染物排放标准》(GB 31574—2015)、《无机化学工业污染物排放标准》(GB 31573—

2015)、《合成氨工业水污染物排放标准》(GB 13458—2013)、《纺织染整工业水污染物排放标准》(GB 4287—2012)、《炼焦化学工业污染物排放标准》(GB 16171—2012)、《磷肥工业水污染物排放标准》(GB 15580—2011)等。

地方标准是由地方(省、自治区、直辖市)标准化主管机构或专业主管部门批准发布，在某一地区范围内统一的标准。如：北京市《水污染物综合排放标准》(DB 11/307—2013)，上海市《污水综合排放标准》(DB 31/199—2018)，天津市《污水综合排放标准》(DB 12/356—2018)等。

环境质量标准、污染物排放总量及排放标准始终占据环境管理的政策核心，如1996年《国务院关于环境保护若干问题的决定》提出“一控双达标”要求(“一控”是指控制污染物排放总量;“双达标”是指污染源、环境质量分别达到相应的排放标准、环境质量标准)。标准执行顺序应优先执行地方综合排放标准，若地方综合排放标准规定的适用范围不包括污染源所属的行业，则应执行国家行业污染物排放标准;最后污染源所属的行业无行业标准的，执行综合排放标准。国家综合排放标准与行业排放标准不交叉执行，行业标准优先于综合排放标准。

## 2.3　废水处理方法

废水处理，即利用各种技术措施将各种形态的污染物从废水中分离出来，或将其分解、转化为无害和稳定的物质，从而使废水得以净化的过程。废水处理的方法很多，随着技术的进步，会不断出现一些新的方法。废水处理分类方法虽各有不同，但不同之处也是相对的，有些方法很难说属于哪一类。

### 2.3.1　处理技术措施

按废水中污染物从废水中去除的方式，废水处理方法可分为分离处理、转化处理、稀释处理等。① 分离处理，即利用污染物与污染介质(水)或其他污染物在物理性质或化学性质上的差异，通过各种方法使污染物从污染介质(水)中分离出来。② 转化处理，即通过化学或生物化学的方法，使废水中的污染物转化为无害的物质，或是转化为易于分离的物质然后再分离。③ 稀释处理，是一种比较消极的方法。该方法既不改变污染物的化学特性也没有实现污染物分离，而是通过稀释混合降低污染物的浓度，污染物的总量不变。稀释操作可以利用同种废水的高浓度部分与低浓度部分进行自身混合，也可以利用不同废水进行混合。如稀释生化法，就是利用低浓度废水或清水稀释高浓度废水，以降低其污染物(尤其是毒物)浓度，以便于后续处理。

根据所采用的技术措施的作用原理和去除对象，废水处理方法可分为物理处理法、化学处理法和生物处理法等。废水经过物理处理过程后并没改变污染物的化学本性，而仅使污染物和水分离。污染物在经过化学处理过程后改变了其化学性质，处理过程中总是伴随着化学反应的发生。废水中的污染物在处理过程中也可以通过相转移的变化而达到去除的目的。利用微生物的代谢作用氧化、分解、吸附废水中可溶性的有机物及部分不溶性有机物，并使其转化为无害的稳定物质从而使水得到净化。分解有机物的微生物主要是细菌，其他微生物(如藻类和原生动物)也参与该过程，但作用较小。

表2.1列出了不同处理方法所能去除的污染物对象。需要说明的是，“主要作用”一栏所描述的只是该处理方法的通常作用机制，并不是绝对的。

**表 2.1 不同处理方法所能去除的污染物对象**

| 分类 | 处理方法与采用工艺 | | 去除对象 | 主要作用 |
|---|---|---|---|---|
| 物理法（前端） | 调节 | | 水量、水质均衡 | 预处理 |
| | 过滤 | 格栅 | 粗大杂物 | 物理阻截 |
| | | 筛网 | 较小杂物 | 物理阻截 |
| | 重力分离法 | 沉淀 | 可沉物质 | 重力沉降 |
| | | 隔油 | 颗粒较大的油珠 | 浮力 |
| | | 气浮（浮选） | 乳状物、密度接近水的悬浮物 | 浮力 |
| | 离心分离法 | 水力旋流器 | 密度大的物质 | 离心、重力沉降 |
| | | 离心机 | 乳状物、纤维、纸浆等 | 离心 |
| 化学法（前端） | 投药法 | 中和 | 酸、碱 | 酸碱中和 |
| | | 混凝 | 胶体、乳状物 | 电中和、吸附架桥 |
| | | 化学沉淀 | 重金属离子 | 沉淀反应 |
| | | 氧化还原 | 溶解性有害离子等 | 氧化还原反应 |
| 生物法 | 生物处理 | 生物膜法 | 有机污染物、氮、磷等 | 生物吸附、生物降解 |
| | | 活性污泥法 | 有机污染物、氮、磷等 | 生物吸附、生物降解 |
| | 自然处理 | 稳定塘 | 有机污染物、氮、磷等 | 生物吸附、生物降解 |
| | | 土地处理 | 有机污染物、氮、磷等 | 土壤吸附、生物降解 |
| 物理法（后端） | 吸附 | 吸附（物理） | 溶解性物质等 | 物理吸附 |
| | 深层过滤 | 砂滤 | 悬浮物 | 物理阻截 |
| | 膜过滤 | 微滤 | 悬浮颗粒、纤维 | 物理阻截 |
| | | 超滤 | 胶体大分子、不溶有机物 | 物理阻截 |
| | | 纳滤 | 某些分子、离子等 | 物理阻截 |
| | | 反渗透 | 某些分子、离子等 | 溶剂扩散 |
| | | 电渗析 | 非电解质、大分子 | 离子选择性透过 |
| | 传质法 | 吹脱和汽提 | 溶解性气体 | 饱和浓度差异 |
| | | 萃取 | 溶解性物质 | 饱和浓度差异 |
| | | 结晶 | 溶解性物质 | 饱和浓度差异 |
| 化学法（后端） | 吸附 | 吸附（化学） | 溶解性物质 | 化学吸附 |
| | 离子交换 | 离子交换 | 可离解物质、盐类等 | 置换反应 |
| | 消毒 | 消毒 | 病原菌等 | 氧化反应 |

废水中污染物的去除实质上属于分离过程范畴，分离方法与污染物（杂质）的性质、粒度存在着密切的关系，如图 2-1 所示。

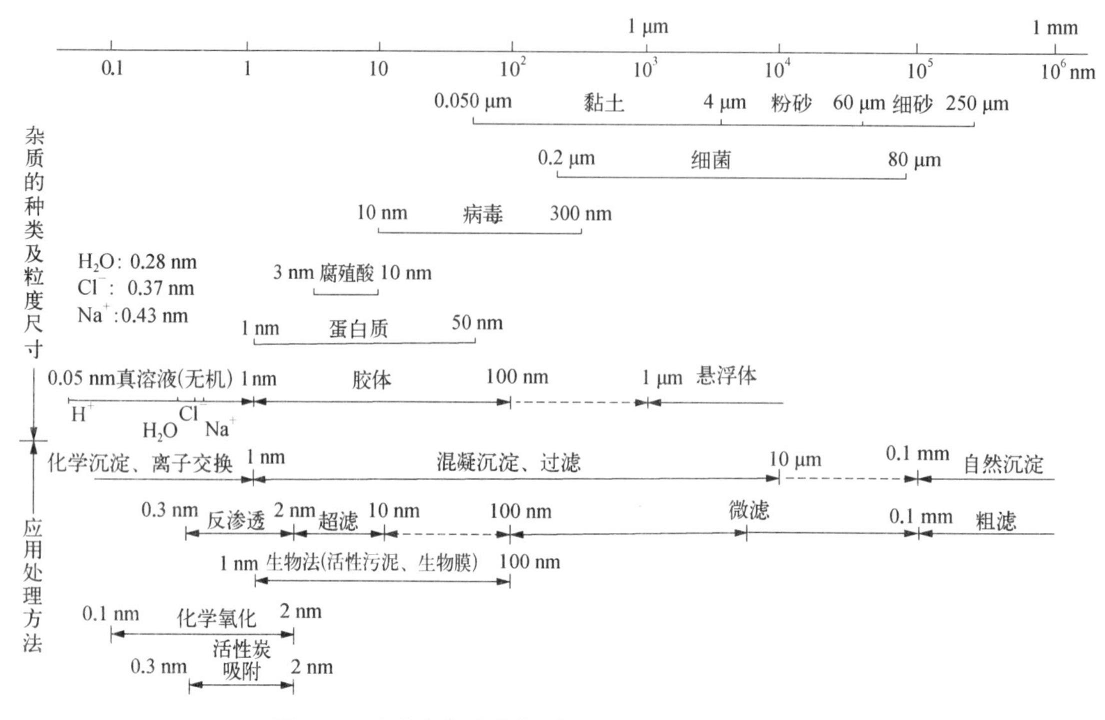


**图 2-1 废水中杂质种类及粒度尺寸和相应的处理方法**

### 2.3.2 处理程度

一般按处理的程度不同可把废水处理分为三级：一级处理、二级处理和三级处理。

一级处理也称为初级处理，该过程只能除去废水中大颗粒的悬浮物及漂浮物。同时还通过中和或均衡等预处理对废水进行调节以便排入受纳水体或二级处理装置。一级处理主要包括筛滤、沉淀等物理处理方法。采用的分离设备依次为格栅、沉砂池和沉淀池。经过一级处理后，废水的 BOD 一般只去除 30%左右，很难达到排放标准，仍需进行二级处理。

二级处理也称为生化处理或生物处理，该过程可以除去细小的或呈胶体态的悬浮物和溶解状态的有机物、氮和磷等，一般能达到排放标准。二级处理主要采用各种生物处理方法，采用的典型工艺有活性污泥法（如生物曝气池）或生物膜法（如生物滤池）和二次沉淀池。经过二级处理后，BOD 去除率可达 90%以上。

三级处理是在一级处理、二级处理的基础上，进一步除去废水中的胶体及溶解态的污染物，一般可达到回用的目的。采用的方法有生物脱氮、除磷、混凝、过滤、吸附、离子交换、反渗透、超滤、消毒等。三级处理有时也被称为高级处理或深度处理，尽管在处理程度或深度上，两者基本相同，但其概念不尽相同。三级处理强调顺序性，其前必有一、二级处理；高级处理只强调处理深度，其前不一定有其他处理。

《城镇污水处理厂污染物排放标准》（GB 18918—2002）中提及的一级强化处理，是在常规一级处理（重力沉降）基础上，增加化学混凝处理、机械过滤或不完全生物处理等，以提高一级处理效果的处理工艺。

### 2.3.3 典型处理流程

废水处理工艺流程由于废水中污染物成分复杂，单一处理单元不可能去除废水中全部污染物，一类废水污染物可以有多种处理单元进行处理，因此，常需要多个处理单元有机组合成适宜的处理工艺流程。确定废水处理工艺的主要依据是所要达到的处理程度，而处理程度又主要取决于原废水的性质、处理后废水的出路以及接纳处理后废水的水体的环境标准和自净能力。一般地，废水处理工艺除了要满足“技术上先进”“实践上可行”的要求，还要满足“经济上合理”“政策上允许”的要求。

对于城市污水有相对典型的处理流程，如图 2-2 所示。

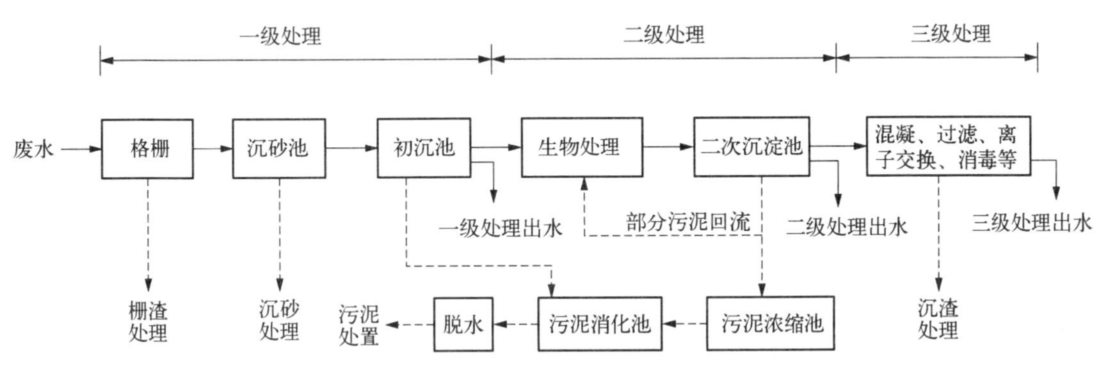


**图 2-2 城市污水处理的典型流程**

由于工业废水水质成分复杂，且随行业、生产工艺流程、原料的变化而变化，故工业废水的处理工艺流程没有通用的工艺流程。一般根据工业废水的水质水量及所需达到的排放标准，对该废水进行处理组合工艺的选择。图 2-3 给出了印染废水的处理流程。

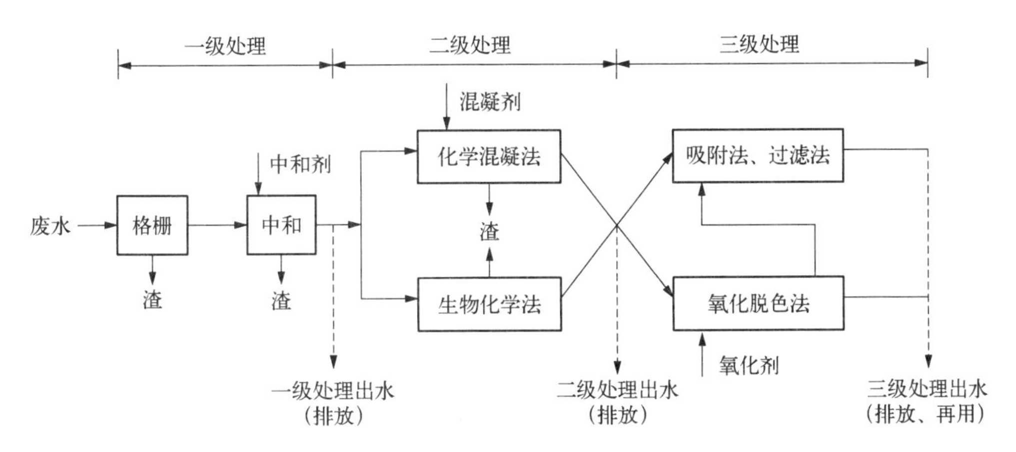


**图 2-3 印染废水的处理流程**

## 2.4 水环境污染综合防治的发展途径

以“绿水青山就是金山银山”为代表的绿色发展理念、绿色发展方式、绿色生活方式，对我国的水资源保护、水环境治理影响深远。水环境污染综合防治应坚持从管理层面、技术层面着手。

### 2.4.1 管理层面

在管理层面上，水资源保护、水环境治理从传统的部门工作上升为全社会共同参与、多部门通力的国家意志，在国家宏观调控中的地位与作用更加突出。目前在全国全面推行的“河长制”，就是一个很好的例子，从被动治理转变为主动应对。针对水资源的三大问题——水资源的过度开发、缺水和浪费并存、水体与环境污染，对应水资源开发利用的三大环节——取水环节、用水环节、排水环节，涉及水资源管理的三大领域——水资源配置、水资源节约、水资源保护。这是最严格的水资源管理制度体系构架，包括目标体系、制度体系、考核体系，也包括保障和支撑体系。除了建立高效率的环境管理机构，还应有科学的管理体制和相应的污染预防制度，采用法律和行政的手段促进减少污水的排放也是重要的管理手段之一。如制订各种排放标准、排污收费措施等。我国已建立起相对比较完备的有关环境保护的法律法规体系，但在执行过程中还存在着一定的问题，应进一步加强法律法规的监督执行。此外，还要加强宣传教育，提高全民的环境意识，积极推进公众参与。

### 2.4.2　技术层面

在技术层面上，应从我国国情和当地的具体情况出发，有分析、有选择、有针对性地学习和借鉴国内外现有的水污染控制技术，选用或者开发既经济又有效的技术和设施，以实现水污染的优化控制。

1. 推进清洁生产技术改造，源头控制

从工艺设备上进行改革，把污染消除在生产过程中，这是最根本的防治污染的方法。在确定生产工艺时，既要考虑技术上的先进性和实用性，还要考虑对环境的影响程度。尽量选用对环境污染小的工艺和设备，以减少废水产生量或废水中的污染物。为贯彻落实《中国制造2025》和《水污染防治行动计划》，降低工业新水用量，提高水重复利用率，对于污染物浓度较低的水应尽量再利用，也可以根据工艺中对水质的不同要求，尽量对水进行串级使用。

2. 发展可持续污水处理技术，物尽其用

自20世纪90年代可持续污水处理技术理念提出后，节能降耗、资/能源回收便已成为污水处理工艺研发的目标。可持续理念之下的污水处理厂其实是营养物、能源和再生水三位一体的生产工厂。在NEWs(Nutrient＋Energy＋Water＋factories)框架下，废水中几乎没有传统意义上的废物：有机物为能量的载体，能源回收实现碳中和运行目的；废水本身所含热量亦可通过水源热泵转换出大量热/冷能，不仅可贡献于碳中和运行，还能向社会输出热/冷量。废水中的营养物质，特别是磷，在处理过程中可有效回收。有机物及营养物回收完成后，也即完成了传统废水处理的主要目标，水也即得到净化而成为可以回用的中水。

## 习题与思考

1. 简述我国的水资源状况并加以评价。

2. 简述水的自然循环和社会循环。

3. 由污(废)水引起的污染类型分为哪几种？污(废)水水质指标有哪些？

4. 什么叫废水处理工艺系统？现代废水处理技术，按处理程度可划分为一级处理、二级处理和三级处理，每一级处理的对象是什么？主要采用什么方法？

5. 传统的物理化学处理法如何根据其对污染物去除原理重新划分为物理法或化学法？

6. 学习《中华人民共和国水污染防治法》，了解基本内容。

7. 查阅我国有关水处理方面的各类标准，并整理归纳。

8. 论述水环境污染综合防治的发展趋势。

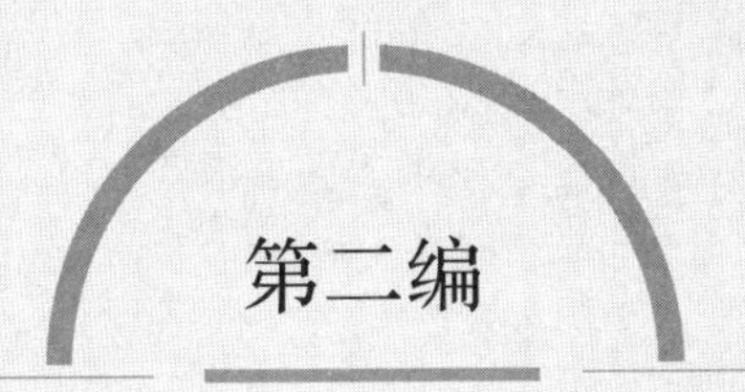

第二编

# 前端处理技术——物理法

物理处理法是废水处理中最常用的方法,在废水处理中几乎是不可缺少的工艺过程,其中包括:筛滤截留、水质和水量的调节、重力分离、离心分离等。这种方法的最大优点是简单、易行、效果良好、费用也较低,所以应用极为广泛,可以单独使用,也常常与其他方法结合使用。根据所采用的过滤介质,可分为格栅截留、筛网阻隔、微孔过滤、膜过滤和深层过滤等。第二编主要介绍前端处理技术中的格栅截留、筛网阻隔,第五编主要介绍深层过滤、微孔过滤和膜过滤等。

格筛过滤,过滤介质为栅条或滤网,用以去除粗大的悬浮物,如杂草、破布、纤维、纸浆等。其典型设备有格栅、筛网等。

深层过滤,采用颗粒状滤料,如石英砂、无烟煤等。由于滤料颗粒之间存在孔隙,当废水穿过一定深度的滤层时,水中的悬浮物即被截留。在废水处理中,过滤常作为吸附、离子交换、膜分离法等预处理手段,也作为生化处理后的深度处理,使过滤后水达到回用的要求。

微孔过滤,采用成型滤材,如滤布、滤片、烧结滤管、滤芯等,也可在过滤介质上预先涂上一层助滤剂(如硅藻土)形成孔隙细小的滤饼,用以去除粒径细微的颗粒。

膜过滤,采用特制的滤膜作过滤介质,在一定的推动力(如压力、电场力等)下进行过滤,由于滤膜孔隙极小且具有选择性,可以除去水中细菌、病毒、有机物和溶解性溶质。主要有反渗透、超滤和电渗析等处理设备。

# 3 阻力截留法

阻力截留法是利用处理设施对悬浮物形成的机械阻力，使废水中的悬浮物被截留在介质表面或内部而被除去的处理方法。

筛滤可以去除废水中粗大的悬浮物和杂物，是以保证后续处理设施能正常运行的一种预处理方法。筛滤的构件包括平行的棒、条、金属网、格网或穿孔板。其中由平行的棒和条构成的称为格栅；由金属丝织物或穿孔板构成的称为筛网。它们所去除的物质统称为筛余物。其中格栅去除的是那些可能堵塞水泵机组及管道阀门的较粗大的悬浮物，而筛网去除的是用格栅难以去除的呈悬浮状的细小纤维。

## 3.1 格栅

格栅可以斜置在进水泵站集水井的进口处，去除可能堵塞水泵机组及管道阀门的较粗大悬浮物和漂浮物，以保证后续处理设施能正常运行。它本身的水流阻力并不大，阻力主要产生于筛余物堵塞栅条。

按格栅形状，可分为平面格栅和曲面格栅两种。格栅所截留的污染物数量与地区的情况、废水沟道系统的类型、废水流量以及栅条的间距等因素有关，当栅条间距为 16～25 mm 时，栅渣截留量为 0.05～0.10 $m^3/(10^3\ m^3$废水)；当栅条间距为 40 mm 左右时，栅渣截留量为0.01～0.03 $m^3/(10^3\ m^3$废水)；栅渣含水率约为 80%，密度约为 960 $kg/m^3$。

按筛余物的清理方式，格栅又可分为人工清理的格栅和机械格栅两种。图 3－1 是人工清

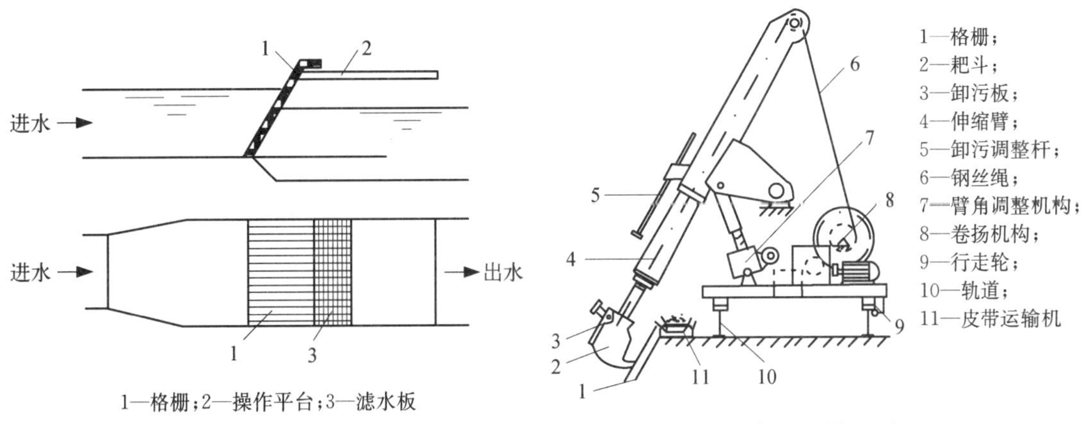


图 3－1　人工清渣格栅示意图

图 3－2　移动式伸缩臂机械格栅示意图

渣格栅的示意图。机械格栅(格栅除污机)主要有:链条牵引式格栅除污机、钢丝绳牵引式格栅除污机、伸缩臂格栅除污机、铲抓式移动格栅除污机、自清式回转格栅机、旋转式格栅机等。其中一类是格栅固定不动,截留物用机械方法清除,图 3-2 所示的移动式伸缩臂机械格栅就属于这一类;另一类是格栅本身就是活动的,如钢丝索格栅等。

## 3.2 筛网

某些废水中含有较细小的悬浮物,它们不能被格栅截留,也难以用沉降法去除。为了去除这类污染物,工业上常用筛网。选择不同尺寸的筛网,能去除和回收不同类型和大小的悬浮物,如纤维、纸浆、藻类等。

筛网过滤装置很多,有振动筛网、水力筛网、转鼓式筛网、转盘式筛网等。图 3-3 为振动筛网示意图由振动筛和固定筛组成。污水通过振动筛时,悬浮物等杂质被截留在振动筛上,并通过振动卸到固定筛网上,以进一步脱水。

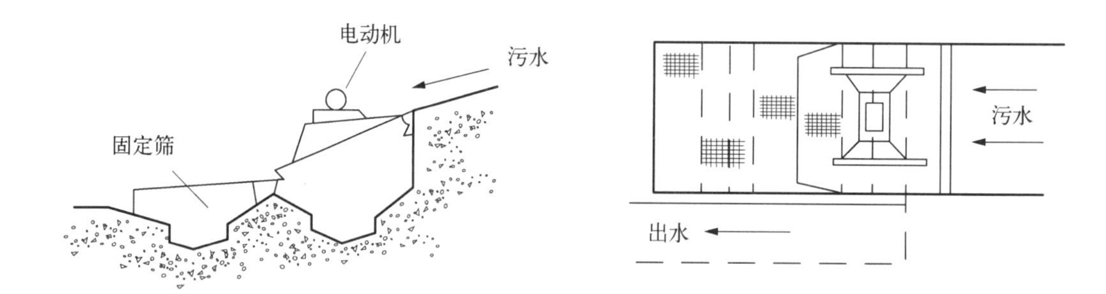


图 3-3 振动筛网示意图

另一种筛网是圆筒筛网,一般是靠水来驱动旋转,所以也称为水力筛,如图 3-4 所示。它也由运动筛网和固定筛网组成。运动筛网水平放置,呈截顶圆锥形。进水端在运动筛网小端,废水在从小端到大端流动的过程中,纤维等杂质被筛网截留并沿倾斜面卸到固定筛以进一步脱水。水力筛网的动力来自进水水流的冲击力和重力作用。因此,水力筛网的进水端要保持一定压力,且一般采用不透水的材料制成,而不用筛网。

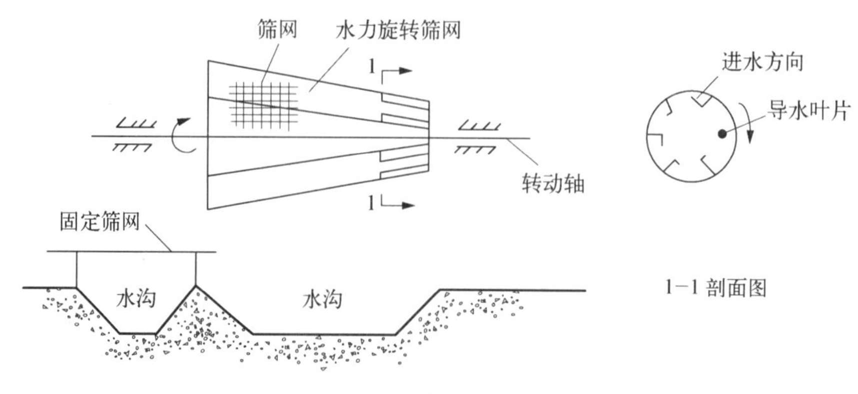


图 3-4 水力筛网构造示意图

## 3.3 筛余物的处置

将收集的筛余物运至处置区填埋或与城市垃圾一起处理。或将栅渣利用破碎机(图3－5)粉碎后再返回废水中,作为可沉固体进入初沉池。当筛余物有回收利用价值时,可将其送至粉碎机磨碎后再用。对于大型水处理系统,也可采用焚烧的方法彻底处理筛余物。

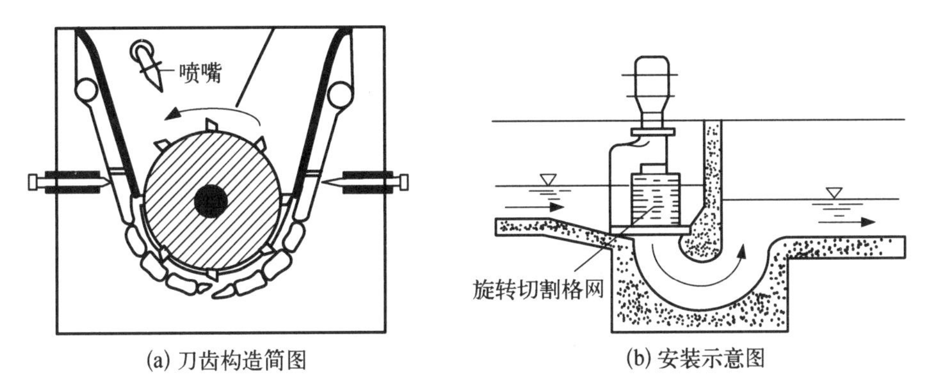


(a) 刀齿构造简图　　(b) 安装示意图

**图3－5　破碎机构造安装示意图**

# 4 水量调节与水质均化

废水水量和水质并不总是恒定均匀的，往往随着时间的推移而变化。生活污水随生活作息规律而变化，工业废水的水质水量随生产过程而变化。水量和水质的变化使得处理设备不能在最佳的工艺条件下运行，有时无法工作，严重时甚至遭受破坏。在水处理过程中有较均匀的进水有助于取得较好的处理效果，因此，废水在进入废水处理系统之前需要一定的调节设备，以减少和控制废水水质及流量的波动，为后续处理提供最佳条件。

均化池又称调节池，其形式和容量的大小，随废水排放的类型、特征和后续废水处理系统对均化要求的不同而异。均化池既能均量，又能均质。主要起均化水量作用的均化池，称为水量均化池，简称均量池。主要起均化水质作用的均化池，称为水质均化池，简称均质池。

## 4.1 水量调节

水量调节比较简单，一般只需设置简单的水池，保持必要的调节池容积并使出水均匀即可。废水处理中单纯的水量调节有两种方式：一种为线内调节，进水一般采用重力流，出水用泵提升，池中最高水位不高于进水管的设计水位，最低水位为死水位，有效水深一般为 2～3 m。另一种为线外调节，调节池设在旁路上，当污水流量过高时，用泵将多余废水打入调节池，当流量低于设计流量时，废水再从调节池回流至集水井，并送去后续处理。如图 4－1 所示。线外调节与线内调节相比，其调节池不受进水管高度限制，施工和排泥较方便，但被调节水量需要两次提升，消耗动力大。一般都设计成线内调节。

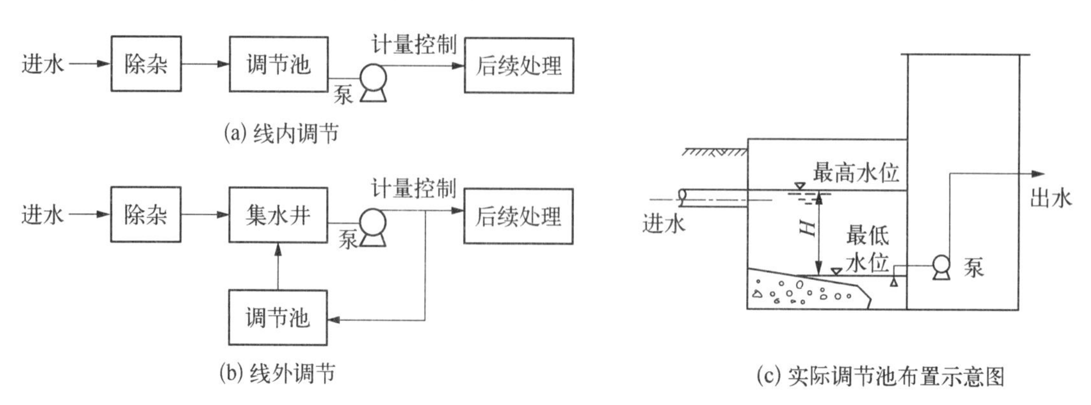


**图 4－1 调节池的两种调节方式**

## 4.2 水质均化

水质均化的任务是对不同时间或不同来源的废水进行混合,使流出的水质比较均匀。调节的基本方法有外加动力调节和采用差流方式调节两种。

外加动力就是在调节池内采用外加叶轮搅拌、鼓风空气搅拌、水泵循环等设备对水质进行强制调节,设备比较简单,运行效果好,但运行费用高。通过搅拌可以保证废水充分均和,避免固体的沉淀。搅拌和曝气方式也可使还原性物质氧化,并使某些可溶性气体通过吹脱而减少。

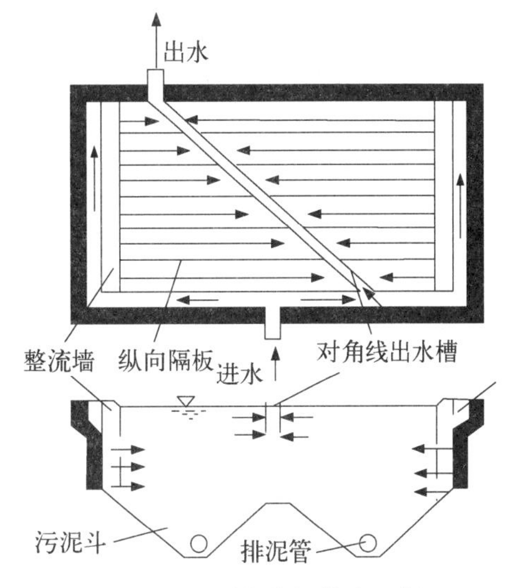

图 4-2 对角线调节池示意图

采用差流方式进行强制调节,使不同时间和不同浓度的废水进行水质自身水力混合,这种方式基本上没有运行费用,但设备较复杂。① 对角线调节池是常用的差流方式调节池,如图 4-2 所示,其特点是出水槽沿对角线方向设置,废水由左右两侧进入池内,在不同的时间流到出水槽,从而使先后过来的、不同浓度的废水混合,达到自动调节均和的目的。② 如图 4-3 所示,在池内设置许多折流隔墙,控制废水流量从调节池起端流入,在池内来回折流,延迟时间,充分混合、均衡;剩余的流量通过设在调节池上的配水槽的各投配口投入池内前后各个位置。从而使先后过来的、不同浓度的废水混合,达到自动调节均和的目的。

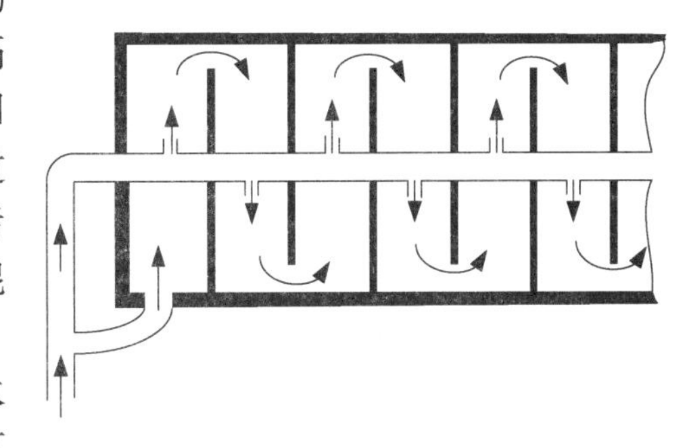
图 4-3 折流调节池示意图

另外,利用部分水回流方式、沉淀池沿程进水方式,也可实现水质均和调节。在实际生产中,可结合具体情况选择一种合适的调节方法。

## 4.3 事故池

为了防止出现水质污染恶性事故,或发生破坏污水处理厂运行的事故(发生偶然的废水倾倒或泄露)时,导致废水的流量或强度变化太大,为避免事故水对污水处理系统带来的影响,很多污水处理厂设置了事故池,用于贮存事故水。事故池一般应保持放空状态,保证其在特殊时间段发挥应有的作用。

## 4.4 调节池的容积

调节池的设计主要是确定其容积,可根据废水浓度和流量变化的规律,以及要求的调节均和程度来计算。

经过一定调节时间后的废水平均浓度为：

$$C=\sum q_i c_i t_i \;/\; \sum q_i t_i \tag{4.1}$$

调节池所需体积：

$$V=\sum q_i t_i \tag{4.2}$$

式中，$q_i$为$t_i$时段内的废水流量，$m^3/s$；$c_i$为$t_i$时段内的废水平均浓度，mg/L。

# 5 重力沉降法

## 5.1 概述

重力分离处理是利用废水中悬浮物的密度与水不同，实现悬浮物从废水中得到分离的方法。当 $\rho_{悬浮物} > \rho_{水}$ 时，重力作用下悬浮物下沉形成沉淀物，称为沉降法；当 $\rho_{悬浮物} < \rho_{水}$ 时，悬浮物将上浮到水面形成浮渣，通过收集沉淀物或浮渣，使废水得到净化，称为浮上法。这是最常用、最基本、最经济的废水处理方法，几乎所有的废水处理过程都包括重力分离的方法。废水中含有各种不同性质的悬浮物，用重力分离法进行处理，既可使废水得到一定程度的净化，有时还可以回收有用物质。

废水中颗粒的物理性质（大小、形状、密度等）不同，在沉降过程中表现出的规律也不同。另外，不同颗粒之间还会有相互作用，相互作用的程度又与颗粒的性质、质量浓度等有关系。因此，颗粒在废水中的沉降是一个非常复杂的过程。

根据废水中可沉降物质颗粒的大小、凝聚性能的强弱及其质量浓度的高低，可把沉降过程分为四种类型：① 自由沉淀，悬浮颗粒的浓度低，在沉淀过程中呈离散状态，互不黏合，不改变颗粒的形状、尺寸及密度，各自完成独立的沉淀过程。该沉淀类型多发生在沉砂池、初沉池初期。② 絮凝沉淀，又称干涉沉淀，悬浮颗粒的浓度比较高（50～500 mg/L），在沉淀过程中能发生凝聚或絮凝作用，使悬浮颗粒互相碰撞凝结，颗粒质量逐渐增加，沉降速度逐渐加快。该沉淀类型多发生在经过混凝处理的水中颗粒的沉淀、初沉池后期、生物膜法二沉池、活性污泥法二沉池初期等。③ 成层沉淀，又称拥挤沉淀、区域沉淀、集团沉淀，悬浮颗粒的浓度很高（大于 500 mg/L），在沉降过程中，产生颗粒互相干扰的现象，在清水与浑水之间形成明显的交界面（混液面），并逐渐向下移动，因此称之为成层沉淀。该沉淀类型多发生在活性污泥法二沉池的后期、浓缩池上部等。④ 压缩沉淀，发生在高浓度悬浮颗粒（以至于不再称为水中颗粒物浓度，而称为固体中的含水率）的沉降过程中，颗粒相互接触，靠重力压缩下层颗粒，使下层颗粒间隙中的水被挤出界面上流，固体颗粒群被浓缩。活性污泥法二沉池污泥斗、浓缩池中污泥的浓缩过程属此类型。

上述四种类型的沉降只是人为地划分，它们之间并不是孤立的，而是相互联系的。在实际应用中，在同一个沉淀池中的不同沉降时间，或在沉淀池的不同深度可能是不同的沉降类型。为了解各种沉淀类型发生的条件，不同性质（主要是密度和粒径）颗粒在不同质量浓度下沉降时，发生不同沉淀类型的区域。用量筒来观察活性污泥的沉降过程，会发现随沉降时间的延长，会依次经历上述四种类型的沉淀，如图 5－1 所示。不难发现，自由沉淀时间是比较短暂的，很快过渡到絮凝沉淀阶段，大部分时间属于成层沉淀和压缩沉淀。图中的 $B$ 点为泥水界面的分界点。

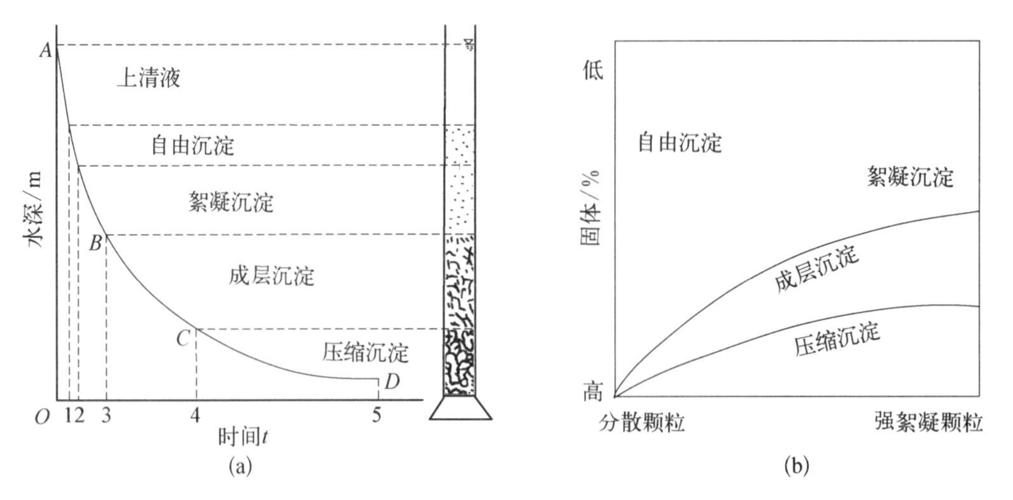


**图 5-1　不同沉降时间沉降类型分布及不同性质颗粒和质量浓度条件下的沉降性能**

## 5.2　离散颗粒的沉降规律

颗粒的自由沉降规律可以在一定条件下用传统力学来描述。水中所含悬浮物的大小、形状、性质是十分复杂的，因而影响颗粒沉降的因素很多。为了简化讨论，假定：① 颗粒为球形，不可压缩，也无凝聚性，沉淀过程中其大小、形状和质量等均不变；② 水处于静止状态；③ 颗粒沉降仅受重力和水的阻力作用。静水中的悬浮颗粒开始沉降时，因受重力作用而产生加速运动，但同时水的阻力也增大。经过很短的时间后，颗粒在水中的有效重量与阻力达到平衡，此后作等速下沉运动。等速沉降的速度称为沉降末速度，简称沉降速度。在上述假设条件下，推导出位于 Stokes 区水流呈层流状态时，即雷诺数 $Re_p<2$ 时，颗粒的自由沉降速度可用 Stokes 公式计算：

$$u=\frac{g(\rho_S-\rho)d^2}{18\mu} \tag{5.1}$$

式中，$u$ 为颗粒的沉降速度，m/s；$\rho_S$、$\rho$ 为分别表示颗粒及水的密度，kg/m$^3$；$g$ 为重力加速度，m/s$^2$；$\mu$ 为水的黏度，Pa・s；$d$ 为颗粒的粒径，m。

该式表明：① 颗粒与水的密度差 $(\rho_S-\rho)$ 愈大，它的沉降速度也愈大，两者成正比关系。当 $\rho_S>\rho$ 时，$u>0$，颗粒下沉；当 $\rho_S<\rho$ 时，$u<0$，颗粒上浮；当 $\rho_S=\rho$ 时，$u=0$，颗粒既不下沉又不上浮。② 颗粒粒径愈大，沉降速度愈大，两者成平方关系。因此，随粒径的下降，颗粒的沉降速度会迅速降低。通过混凝处理可以增大颗粒表观粒径，使颗粒的沉降速度大大增加。③ 水的黏度 $\mu$ 愈小，沉降速度愈大，两者成反比关系。因黏度与水温成反比，故提高水温有利于颗粒沉降。

## 5.3　沉降试验和沉降曲线

### 5.3.1　自由沉降试验及其沉降曲线

由于实际废水中悬浮物的组成十分复杂，颗粒粒径不均匀，形状多种多样，密度也有差异，因此，常常不能采用上述理论公式计算沉淀效率，实际应用中通常需要通过沉淀试验来判断其沉淀性能，并按试验数据绘制沉降曲线。沉降曲线是在直角坐标系上表示沉淀效率与沉淀时间关系的曲线，或沉淀效率与沉降速度之间关系的曲线。进行沉淀池的设计计算时需要根据要求达到的沉淀效率，在沉降曲线上查得相应的沉淀时间和沉降速度这两个基本设计参数，所以，沉降曲线是沉淀池设计的基本依据。

在含有分散性颗粒的废水静置沉淀过程中，若实验筒内有效水深为 $H$，通过不同的沉淀时间 $t$ 可求得不同的颗粒沉降速度 $u_s$，$u=H/t$。对于指定的沉淀时间 $t_0$ 可求得颗粒沉降速度 $u_0$。对于沉降速度等于或大于 $u_0$ 的颗粒在 $t_0$ 时可全部去除。而对于沉降速度 $u<u_0$ 的颗粒只有一部分被去除，而且是按 $u/u_0$ 的比例被去除。

图 5－2 为颗粒沉降速度累计频率图，图中 $X_0$ 代表沉降速度 $u \leqslant u_0$ 的颗粒所占的百分比，于是在悬浮颗粒总数中，去除的百分比可用 $(1-X_0)$ 表示。而具有沉降速度 $u \leqslant u_0$ 的不同粒径的颗粒被去除的部分等于 $u/u_0$。因此，考虑各种颗粒的粒径时，此颗粒的去除百分比为：

$$p=\int_0^{x_0}\frac{u}{u_0}\mathrm{d}x \tag{5.2}$$

颗粒总去除率：

$$\eta=(1-x_0)+\frac{1}{u_0}\int_0^{x_0}x\,\mathrm{d}x \tag{5.3}$$

式(5.3)中第二项可将沉降分配曲线用图解积分法确定，如图 5－2 中的阴影部分。

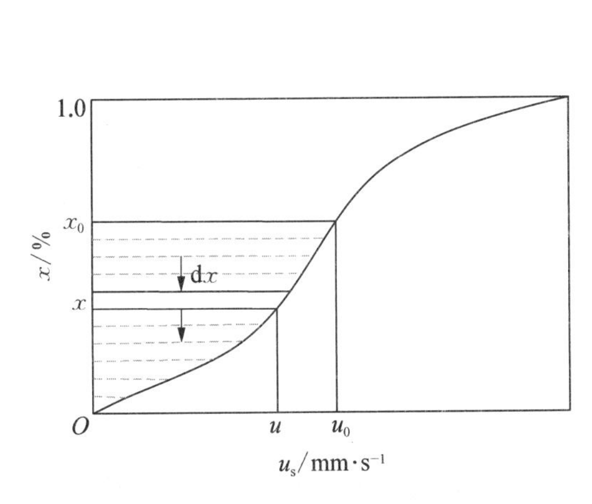


图 5－2 颗粒沉降速度累计频率图

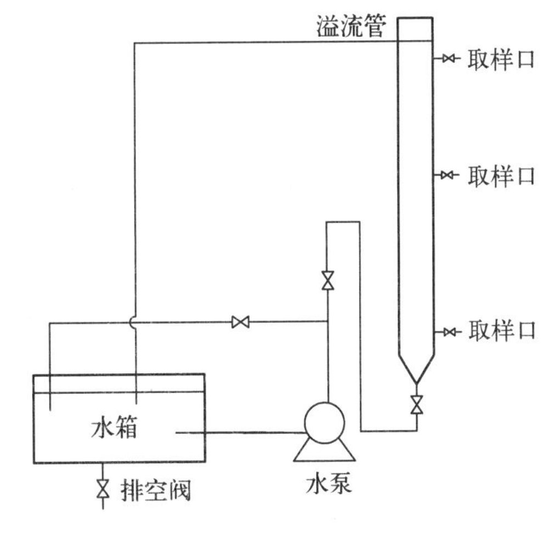


图 5－3 颗粒静置自由沉淀实验装置示意图

沉淀开始时可以认为悬浮物在水中均匀分布，但随着沉淀时间的增加，悬浮物在筒内的分布变得不均匀。严格地说，经过沉淀时间 $t$ 后，应将实验筒内有效水深为 $H$ 的全部水样取出，测出其悬浮物含量，来计算出 $t$ 时间内的沉淀效率。但这样做工作量太大，而且每个实验筒只能求一个沉淀时间的沉淀效率。为了克服上述方法的弊端，同时考虑到实验筒内悬浮物浓度沿水深的变化情况，提出将取样口设在 $H/2$ 处，近似地认为该水样的悬浮物浓度代表整个有效水深内悬浮物的平均浓度。这样操作的误差在工程上是允许的，而且试验及测定工作量可大为简化，在一个实验筒内就可多次取样，完成沉降曲线的绘制工作。

实验装置选用的沉淀实验筒(图 5－3)直径为 $\Phi$100 mm，工作有效水深(由溢出口下缘到筒底的距离)为 1 800 mm。具体操作步骤为：

① 称取一定量的高岭土，加入沉淀实验筒中，高岭土配制浓度为 100 mg/L。

② 用泵充气搅拌约 5 min，使水样中悬浮物分布均匀。

③ 打开沉淀管底部开关，用泵将废水输入到沉淀实验筒，在输入过程中，从管中取出废水样品 2 次，每次为 50 mL(取样后要准确记下水样体积)，此时水样的悬浮物浓度即为废水的原始浓度 $C_0$。

④ 当废水上升到沉淀筒指定高度时，关闭沉淀管底部的开关，停泵。

⑤ 观察废水的静置沉淀现象。

⑥ 分别在沉降 10、20、30、40、50 min 后，从实验筒上的取样口(中部 $H/2$ 处)取样。正式取水样前要先排出取样管中的积水约 10 mL，然后取约 50 mL(准确记下水样体积)的样品 2 次。取样后记录下实验筒水深高度，即高度 $H$。记入表 5.1。

**表 5.1　自由沉淀数据记录表**

| 沉淀时间 $t$/min | 水样浊度 $C_i$/NTU | 沉淀去除率/% | 高度 $H$/cm | 颗粒沉降速度 $u$/mm·s$^{-1}$ |
|---|---|---|---|---|
| 0 | | | | |
| 10 | | | | |
| 20 | | | | |
| 30 | | | | |
| 40 | | | | |
| 50 | | | | |

⑦ 将事先干燥并称重的滤纸放入抽滤瓶，然后将相应沉淀时间的 2 份样品，加入抽滤瓶中，使用真空泵抽滤，将滤纸和截留沉淀物一起放入 105～110 ℃的干燥箱内干燥至恒重，滤纸的增重即为水样的悬浮物重量。也可用浊度仪测定所取水样的浊度。

⑧ 计算不同沉淀时间 $t$ 时水样中的悬浮物浓度 $C$、沉淀效率 $E$ 以及相应的颗粒沉降速度 $u$，画出 $E-t$ 和 $E-u$ 的关系曲线。

### 5.3.2　絮凝沉降试验及其沉降曲线

在絮凝沉降过程中，悬浮物的颗粒因相互碰撞而积聚变大，因此沉降速度也随沉降时间增加。颗粒絮凝的程度与颗粒之间的碰撞几率有关，而碰撞几率又与废水流量的大小、沉降的深度、沉降装置的速度梯度、颗粒质量浓度和粒径的变化范围以及是否添加药剂有关。因此絮凝沉降是比自由沉降复杂得多的过程，其沉降规律只能用试验的方法来确定。在絮凝沉降中也主要是确定不同沉降时间和沉降深度时的去除率。

絮凝沉降试验用多点取样法。多点取样的试验步骤与单点取样基本相同，只是用以测定原始浓度 $C_0$的水样是由中间取样口采集。沉降开始后每隔 5～10 min 同时从各取样口取相同体积的水样 2 份，用来测定不同时间、不同水深处的浓度 $C$，对试验数据进行处理，即可绘制不同水深处的 $\eta-t$ 曲线和 SS(Suspended Solids)等去除率曲线，并可计算指定水深 $H$ 处不同沉降时间的 SS 等总沉降效率 $\eta_T$(%)。指定水深 $H$ 处不同沉淀时间的 SS 等总沉淀

效率

$$\eta_T(\%) = \eta_t + \left(\frac{h_1}{H}\right)\Delta\eta_1 + \left(\frac{h_2}{H}\right)\Delta\eta_2 + \cdots + \left(\frac{h_n}{H}\right)\Delta\eta_n = \eta_t + \sum_{i=1}^{n}\left(\frac{h_i}{H}\right)\Delta\eta_i \qquad (5.4)$$

或

$$\eta_T(\%) = \eta_t + \left(\frac{u_1}{u_0}\right)\Delta\eta_1 + \left(\frac{u_2}{u_0}\right)\Delta\eta_2 + \cdots + \left(\frac{u_n}{u_0}\right)\Delta\eta_n = \eta_t + \sum_{i=1}^{n}\left(\frac{u_i}{u_0}\right)\Delta\eta_i \qquad (5.5)$$

式中，$\eta_t$为$t$ 时间内水深$H$ 处沉降速度$u \geqslant u_0$ 的 SS 去除率；$\Delta\eta_i$为不同水深处$u < u_0$ 的 SS 去除率增量；$h_i$为同去除率增量之间的平均水深；$u_i$为水深$h_i$处的颗粒沉降速度；$u_0$为水深 $H$ 处的颗粒沉降速度。

试验和数据处理的步骤通过一个具体的例子来说明：

已知某有机废水含悬浮物 430 mg/L，通过絮凝沉淀试验，取得如表 5.2 所示的结果。试计算沉淀时间为 40 min 时，水深 1.5 m 处的 SS 总沉淀效率 $\eta_T$。

**表 5.2 多点取样沉淀试验数据**

| 沉淀时间/min | 不同水深处的残留 SS 浓度/mg·L$^{-1}$ | | |
|---|---|---|---|
| | 0.5 m | 1.0 m | 1.5 m |
| 5 | 356.9 | 387.0 | 395.6 |
| 10 | 309.6 | 346.2 | 365.6 |
| 20 | 251.6 | 298.6 | 316.1 |
| 30 | 197.8 | 253.7 | 288.1 |
| 40 | 163.4 | 230.1 | 251.6 |
| 50 | 144.1 | 195.1 | 232.2 |
| 60 | 116.1 | 178.5 | 204.3 |
| 75 | 107.5 | 143.2 | 180.6 |

① 按 $\eta = (C_0 - C) / C_0 \times 100$ 计算不同水深处各沉淀时间的 SS 去除率 $\eta_t$，结果如表 5.3 所示。根据表中数据，绘制不同水深处的 SS 去除率与沉淀时间的关系曲线(图 5－4)。

**表 5.3 不同水深处各沉降时间的 SS 去除率**

| 沉淀时间/min | $\eta_t$/% | | |
|---|---|---|---|
| | 0.5 m | 1.0 m | 1.5 m |
| 5 | 17.0 | 10.0 | 8.0 |
| 10 | 28.0 | 19.5 | 15.0 |
| 20 | 41.5 | 30.5 | 26.5 |
| 30 | 54.0 | 41.0 | 33.0 |
| 40 | 62.0 | 46.5 | 41.5 |
| 50 | 66.5 | 54.5 | 46.0 |
| 60 | 73.0 | 58.5 | 52.5 |
| 75 | 75.0 | 66.7 | 58.0 |

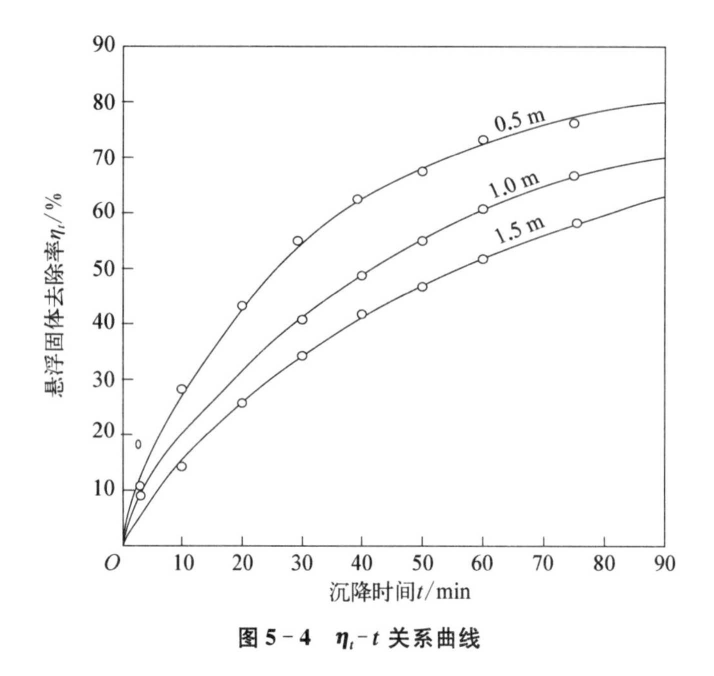


**图 5-4 $\eta_t$-$t$ 关系曲线**

② 绘制 SS 的等去除率曲线,从图上的三条曲线上查出某些特定去除率如 5%、10%、20%……70%相对应的沉淀时间,结果列于表 5.4。

**表 5.4 不同水深处达到某些特定去除率的沉淀时间**

| SS 特定去除率/% | 沉淀时间/min | | |
|---|---|---|---|
| | 0.5 m | 1.0 m | 1.5 m |
| 5 | 1.2 | 2.0 | 2.5 |
| 10 | 2.5 | 4.0 | 5.5 |
| 20 | 6.7 | 10.5 | 14.0 |
| 30 | 11.7 | 19.0 | 25.0 |
| 40 | 18.0 | 30.0 | 38.5 |
| 50 | 27.0 | 44.0 | 56.5 |
| 60 | 37.5 | 61.5 | 81.5 |
| 70 | 55.0 | 87.5 | |

③ 以时间为横轴,以水深为纵轴的坐标系的 0.5、1.0 和 1.5 m 三条等深线上点绘出各沉淀时间所对应的 SS 去除率,将去除率相同的各点依次连接起来,就得到等去除率曲线(图 5-5)。

④ 由等去除率曲线和公式(5.4)求 $\eta_T$ 值,从图 5-5 可见,在 $t=40$ min 时,水深 1.5 m 处有 40%的 SS 因沉降速度 $u \geqslant u_0$ 而能被完全除去,记作 $\eta_t$。即 $\eta_T=40\%$。沉降速度 $u<u_0$ 的颗粒去除率按 $\sum_{i=1}^{n}\left(\frac{h_i}{H}\right)\Delta\eta_i$ 计算,为此在图 5-6 上用内插法绘出 45%、55%、65%和 85%等四条中间去除率曲线,它们与 40 min 等时线分别交于 a、b、c、d 四点,这四点的水深($h_i$)及相应的 $\Delta\eta_i$,值如表 5.5 所示。据此,即可利用公式(5.6)计算 SS 总沉降效率 $\eta_T$。

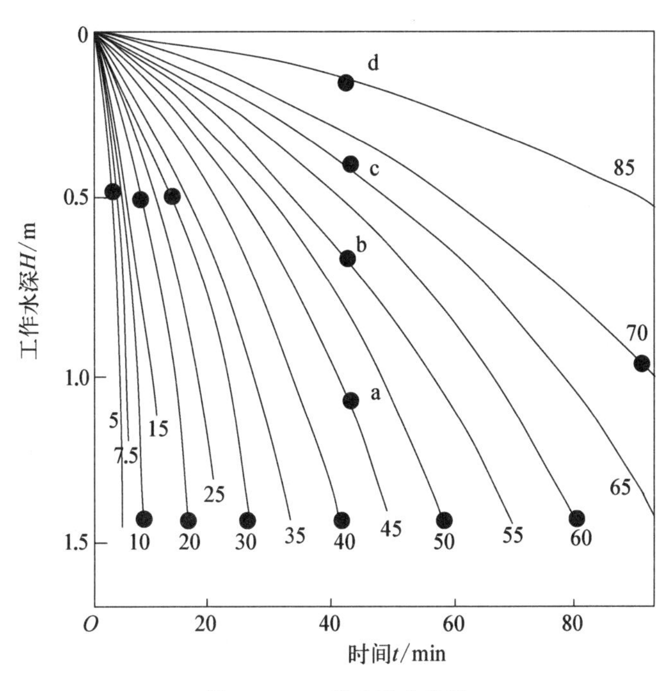


图 5-5 SS 等去除率曲线

$$\eta_T = \eta_t + \sum_{i=1}^{n}\left(\frac{h_i}{H}\right)\Delta\eta_i \tag{5.6}$$

$$\eta_T = [40 + (1.125/1.50)\times 10 + (0.680/1.50)\times 10 + (0.140/1.50)\times 10 + (0.150/1.50)\times 30](\%)$$
$$= (40 + 7.5 + 4.53 + 2.73 + 3)(\%) + 3 = 57.8\%$$

⑤ 最后绘制与自由沉淀的沉淀曲线相同的 $\eta_T$- $t$ 和 $\eta_T$- $u$ 曲线，作为沉淀池设计或校核的基础资料使用。

**表 5.5 40 min 等时线与中间去除率曲线交点的 $h_i$ 和 $\Delta\eta_i$ 值**

| 交　点 | 交点水深 $h_i$/m | SS 去除率范围/% | $\Delta\eta_i$/% |
|---|---|---|---|
| a | 1.125 | 40～50 | 10 |
| b | 0.680 | 50～60 | 10 |
| c | 0.410 | 60～70 | 10 |
| d | 0.150 | 70～100 | 30 |

## 5.4 理想沉淀池

### 5.4.1 基本概念

为了说明沉淀池的工作原理，分析颗粒在沉淀池内的运动规律和分离效果，提出了理想沉淀池的概念。以有效长度为 $L$、宽度为 $b$、深度为 $H$ 的理想平流沉淀池为例，示意图如图 5－6 所示。按功能，沉淀池内可分为流入区（进口区）、流出区（出口区）、沉淀区和污泥区四部分。为分析方便，假定：① 沉淀区过水断面上各点的水流速度均相同，水平流速为 $v$；② 悬浮颗粒在沉淀区等速下沉，下沉降速度为 $u$；③ 在沉淀池的进口区域，水流中的悬浮颗粒均匀分布在整个过水断面上；③ 颗粒沉到池底，即认为已被去除。符合上述假设的沉淀池称为理想沉淀池。

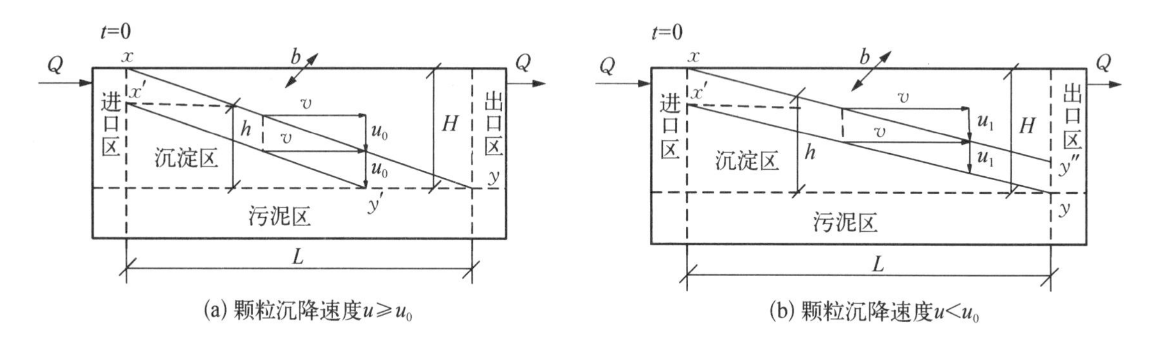


(a) 颗粒沉降速度$u \geqslant u_0$　　(b) 颗粒沉降速度$u<u_0$

**图 5－6　理想平流沉淀池示意图**

### 5.4.2 工作过程分析

当某一颗粒进入沉淀池后，一方面随着水流在水平方向流动，其水平流速 $v$ 等于水流速度，即

$$v = Q/A' = Q/(H \cdot b) \tag{5.7}$$

式中，$v$ 为颗粒的水平分速，m/s；$Q$ 为进水流量，$m^3/s$；$A'$为沉淀区过水断面面积，$H \cdot b$，$m^2$；$H$ 为沉淀区的水深，m；$b$ 为沉淀区宽度，m。

另一方面，颗粒在重力作用下沿垂直方向下沉，其沉降速度即是颗粒的自由沉降速度 $u$。颗粒运动的轨迹为其水平分速 $v$ 和沉降速度 $u$ 的矢量和，在沉淀过程中，是一组倾斜的直线，其坡度 $i = u/v$。

设 $u_0$为某一指定颗粒的最小沉降速度。当颗粒沉降速度 $u \geqslant u_0$时，无论这种颗粒处于进口端的什么位置，它都可以沉到池底被去除，即图 5－6(a)图的轨迹线 $xy$ 与 $x'y'$。当颗粒沉降速度 $u<u_0$时，位于水面的颗粒不能沉到池底，会随水流出，如图 5－6(b)的轨迹 $xy''$所示；而当其位于水面下的某一位置时，它可以沉到池底而被去除，如图中轨迹 $x'y$ 所示。说明对于沉降速度 $u$ 小于指定颗粒沉降速度 $u_0$的颗粒，有一部分会沉到池底被去除。

设沉降速度为 $u_1$的颗粒占全部颗粒的 d$P$，其中$(h/H)\mathrm{d}P$ 的颗粒将会从水中沉到池底而去除。在同一沉淀时间 $t$，$h = u_1 \cdot t$，$H = u_0 \cdot t$ 成立，故 $h/H = u_1 \cdot /u_0$。

对于沉降速度为 $u_1(u_1<u_0)$的全部悬浮颗粒，可被沉淀于池底的总量为：

$$\int_0^{u_0} \frac{u_1}{u_0}\mathrm{d}P = \frac{1}{u_0}\int_0^{u_0} u_1 \mathrm{d}P \tag{5.8}$$

而沉淀池能去除的颗粒包括 $u \geqslant u_0$ 以及 $u_1<u_0$ 的两部分，故沉淀池对悬浮物的去除率为：

$$\eta=(1-P_0)+\frac{1}{u_0}\int_0^{u_0}u\mathrm{d}P \tag{5.9}$$

式中，$P_0$为沉降速度 $u<u_0$的颗粒在全部悬浮颗粒中所占的比例；$(1-P_0)$为沉降速度 $u\geqslant u_0$的颗粒去除率。

由图 5-6 可以看出，颗粒运动迹线中的相似三角形存在如下的关系：

$$v/u_0=L/H \Rightarrow v=u_0\cdot(L/H) \tag{5.10}$$

将上式代入式(5.7)中并化简后得到：

$$\frac{Q}{H\cdot b}=\frac{L}{H}\cdot u_0 \Rightarrow u_0=Q/A \tag{5.11}$$

式中，$Q/A$ 为反映沉淀池效率的参数，一般称为沉淀池的表面负荷率，或称沉淀池的过流率，用符号 $q$ 表示。

$$q=Q/A \tag{5.12}$$

理想沉淀池中，$u_0$与 $q$ 在数值上相同，但它们的物理概念不同：$u_0$的单位是 m/h；$q$ 表示在单位时间内通过单位面积沉淀池的流量，单位是 $m^3/(m^2\cdot h)$。故只要确定颗粒的最小沉降速度 $u_0$，就可以求得理想沉淀池的过流率或表面负荷率。在一定流量下，沉淀池表面积越大，则能够完全除去的悬浮颗粒的沉降速度越小，颗粒粒径也越小，由沉降性能曲线可知，其总去除率也越大。由此可以看出，理想沉淀池的沉淀效率与沉淀池的水面面积 $A$ 有关，与沉淀池池深 $H$ 无关，即与沉淀池的体积 $V$ 无关。因此，在可能的条件下，应该把沉淀池做得浅些，表面积大些，这就是颗粒沉降的浅层理论。后面将要讲到的斜板(管)沉淀池就是基于这个理论。

实际沉淀池中，情况要比理想沉淀池复杂得多，因为温度、密度差引起的对流，风力、水力搅动以及沉淀池内死角的影响都会引起局部或整体性的不规则流动。这些因素影响的综合结果，使得达到一定沉淀效率所需要的停留时间比理论沉淀时间要长，而过流率则比理论值低。因此，把静置沉淀试验资料用于实际沉淀池的设计和核算时，常按以下的经验公式来确定设计表面负荷 $q$ 和沉淀时间 $t$：

$$q=(1/1.25\sim 1/1.75)u_0 \tag{5.13}$$

$$t=(1.5\sim 2.0)t_0 \tag{5.14}$$

式中，$u_0$、$t_0$分别为沉降曲线上查到的理想沉降速度和沉淀时间。

对于絮凝沉降，因颗粒在沉降过程中会凝聚变大，沉降速度随时间的延长而变大，颗粒的运动轨迹为曲线，分析的方法相同。

## 5.5 沉砂池

城市污水和一些工业废水中常常含有无机性泥砂。这些泥砂会在废水处理设施中沉积，影响设施运行；也会造成设备和管道的磨损，导致设备运行故障；另外无机泥砂和化学沉淀物或生物沉淀物共同沉降会影响这些沉淀物的处理与利用。所以在废水处理前应设置沉砂池除去泥砂。城市污水厂一般均设置沉砂池，并且沉砂池的个数或分格数应不小于 2；工业废水是否要设置沉砂池，应根据水质情况而定。

沉砂池就是通过重力沉降的方法除去废水中所挟带的泥砂的设施。沉砂池一般设于泵站及沉淀池之前。沉砂池既是一种预防性的处理构筑物，又是一种预备性的处理构筑物。一般沉砂池很少作为独立处理构筑物使用。

沉砂池以重力分离作为基础，将即将进入沉砂池内的废水流速控制到只能使直径和密度都比较大的无机颗粒下沉，而有机悬浮颗粒则随水流带走。

沉砂池的形式，按池内水流方向的不同，可分为平流式、竖流式和旋流式三种；按池型可分为平流式沉砂池、竖流式沉砂池、曝气沉砂池和旋流沉砂池。

## 5.5.1　平流式沉砂池

平流式沉砂池是一种传统的沉砂池，构造简单，工作稳定。图 5－7 所示为平流式沉砂池的一种。沉砂池的沉降部分实际上是一个明渠，两端设有闸板，以控制水流，在池的底部设两个贮砂斗，下接排砂管。开启贮砂斗的闸阀，即能够将砂排出。除了以上用排砂管排砂的沉砂池外，还有用射流泵和螺旋泵进行排砂的沉砂池。利用高地或将沉砂池修建在高处，也有利于排砂。

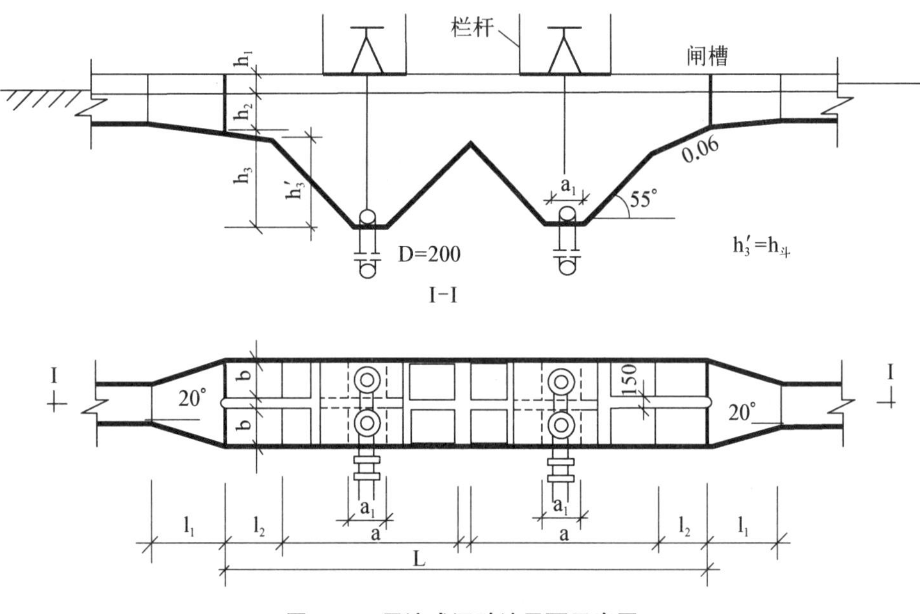


**图 5－7　平流式沉砂池平面示意图**

废水在沉砂池中的流速介于 0.3～0.15 m/s 之间，最大流量时的停留时间不小于 30 s，一般为 30～60 s。池的个数或分格数不少于 2，池的有效水深小于 1.2 m，一般采用 0.25～1 m，每格宽度一般不小于 0.6 m，超高 0.3 m。进水头部一般设有消能和整流措施。池底坡度一般为 0.01～0.02。

城市污水的沉砂量可按每立方米污水沉砂 0.03 L 计算，其含水率约为 60%，容重约 1 500 $kg/m^3$。贮砂斗的容积应按 2 d 沉砂量计算，贮砂斗壁的倾角不应小于 55°，排砂管直径不应小于 200 mm。沉砂池的超高不宜小于 0.3 m。

## 5.5.2　曝气沉砂池

普通沉砂池的最大缺点是在其截留的沉砂中夹杂有一些有机物，而对被少量有机物包覆的砂粒截留效果也不佳。所以目前广泛采用曝气沉砂池，使用曝气沉砂池能够在一定程度上克服上述缺点。典型曝气沉砂池的剖面图如图5-8所示。

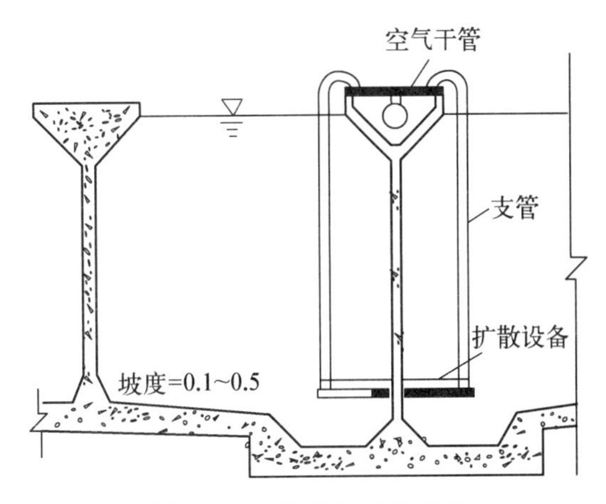


图5-8 曝气沉砂池剖面图

曝气沉砂池是一长形渠道，沿渠壁一侧的整个长度方向，距池底20～80 cm的高度处安设曝气装置(曝气管)，在其下部设集砂斗，池底有0.1～0.5的坡度，以保证砂粒滑入集砂斗，多使用机械排砂。

曝气沉砂池还具有预曝气、脱臭、防止废水厌氧分解、除泡以及加速废水中油类的分离等作用。由于池中设有曝气设备，在曝气作用下废水中的有机颗粒经常处于悬浮状态，砂粒互相摩擦并承受曝气的剪切力，砂粒上附着的有机污染物能够被去除，有利于获得较为纯净的砂粒。从曝气沉砂池中排出的沉砂，有机物只占5%左右，一般长期搁置也会不腐败。

废水在池中存在着两种运动形式，其一为水平流动(一般流速0.1 m/s)，同时在池的横断面上产生旋转流动(旋转流速0.4 m/s)，整个池内水流产生螺旋状前进的流动形式。

曝气沉砂池的形状应尽可能不产生偏流和死角，在砂槽上方宜安装纵向挡板，进出口布置，应防止产生短流。曝气沉砂池的设计参数有：水平流速一般取0.08～0.12 m/s。污水在池内的停留时间为2～4 min;雨天最大流量时为1～3 min。如作为预曝气，停留时间为10～30 min。池的有效水深为2～3 m，池宽与池深比为1∶1～1.5∶1，池的长宽比可达5∶1，当池长宽比大于5∶1时，应考虑设置横向挡板。曝气沉砂池多采用穿孔管曝气，孔径为2.5～6.0 mm，距池底约为0.6～0.9 m，并应有调节阀门。废水所需的曝气量为0.1～0.2 $m^3_{废水}/m^3$(空气)，或每平方米面积曝气量为3～5 $m^3/h$。

## 5.6 普通沉淀池

沉淀池形式很多。一般根据水流方向，把沉淀池分为平流式、辐流式和竖流式三种，示意图如图5-9所示。沉淀池特点与适用条件如表5.6所示。

平流式沉淀池，废水从池一端流入，沿水平方向在池内流动，从另一端溢出，池的形状呈长方形，在进口处的底部设贮泥斗。

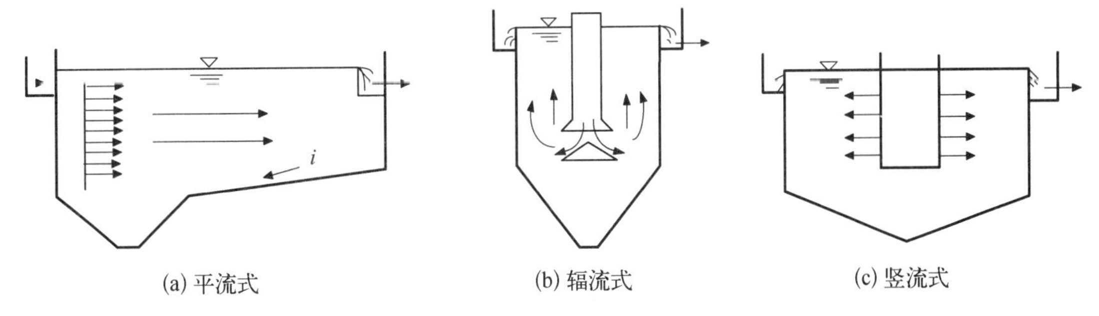


图5-9 不同形式沉淀池示意图

表 5.6 沉淀池特点与适用条件

| 池 型 | 优 点 | 缺 点 | 适用条件 |
| --- | --- | --- | --- |
| 平流式 | 1. 对冲击负荷和温度变化的适应能力较强；<br>2. 施工简单，造价低 | 1. 采用多斗排泥，每个泥斗需单独设排泥管各自排泥，操作工作量大；<br>2. 采用机械排泥，机件设备和驱动件均浸于水中，易锈蚀 | 1. 适用于地下水位较高及地质较差的地区；<br>2. 适用于大、中、小型污水处理厂 |
| 竖流式 | 1. 排泥方便，管理简单；<br>2. 占地面积较小 | 1. 池深度大，施工困难；<br>2. 对冲击负荷和温度变化的适应能力较差；<br>3. 造价较高；<br>4. 池径不宜太大 | 适用于处理水量不大的小型污水处理厂 |
| 辐流式 | 1. 采用机械排泥，运行较好，管理较简单；<br>2. 排泥设备已有定型产品 | 1. 池水水流速度不稳定；<br>2. 机械排泥设备复杂，对施工质量要求较高 | 1. 适用于地下水位较高的地区；<br>2. 适用于大、中型污水处理厂 |

竖流式沉淀池，形状多为圆形，但也有呈方形或多角形者，废水从池中央下部进入，由下向上流动，沉降后的水由池面和池边溢出。

辐流式沉淀池，形状呈圆形或方形，废水从池中心进入，沉淀后废水从池周边溢出，在池内废水也是呈水平方向流动，但水流的分布是放射状的，由于过水断面变化，所以水流速度也是变化的。

根据沉淀池结构组成，可分为流入（进口区）、流出（出口区）、沉淀区、缓冲区和污泥区等五个区域，如图 5－10 所示。进水（口）区、出水（口）区的功能是使水流的进入与流出保持平稳，以提高沉淀效率；沉淀区是沉淀进行的主要场所；缓冲区避免水流带走沉在池底的污泥；污（贮）泥区贮存、浓缩与排放污泥。

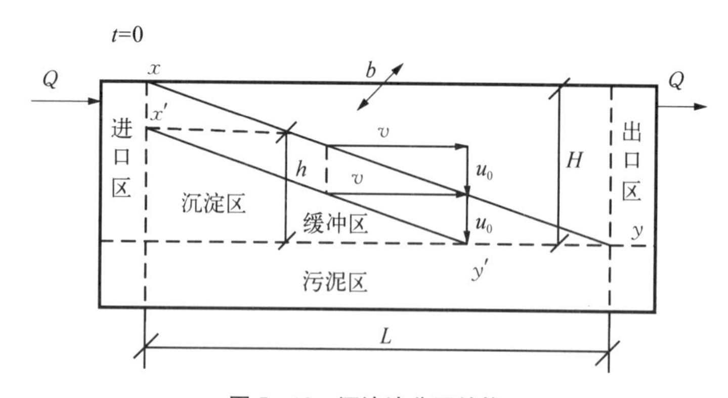


图 5－10 沉淀池分区结构

按沉淀池的使用功能，可以分为初次沉淀池（初沉池）、二次沉淀池（二沉池）。初沉池属于生物处理法中的预处理，去除约 30％的 $BOD_5$ 和 55％的悬浮物。二沉池设置在生物处理构筑物后，是生物处理工艺的组成部分。

按沉淀池的运行方式，有间歇式、连续式两种模式，间歇式工作过程为进水、静止、沉淀、排水。废水中可沉淀的悬浮物在静止时完成沉淀过程，由设置在沉淀池壁不同高度的排水管排出。连续式工作过程为废水连续不断地流入与排出。废水中可沉颗粒的沉淀在流过水池时完成，这时可沉颗粒受到重力所造成的沉降速度与水流流动的速度两方面的作用。

### 5.6.1　平流式沉淀池

平流式沉淀池平面呈矩形，一般由进水装置、出水装置、沉淀区、缓冲区、污泥区及排泥装置等构成。进水区有整流措施，保证入流废水均匀稳定地进入沉淀池。出水区设出水堰，控制沉淀池内的水面高度，保证沉淀池内水流的均匀分布。沉淀池应使沿整个出水堰的单位长度溢流量相等，对于初沉池单位长度溢流量一般为 250 $m^3/(m \cdot d)$，二沉池单位长度溢流量为 130～150 $m^3/(m \cdot d)$。排泥方式有机械排泥和多斗排泥两种，机械排泥多采用链带式刮泥机和桥式刮泥机；多斗式沉淀池，不设置机械刮泥设备，每个贮泥斗单独设置排泥管，各自独立排泥，互不干扰，保证沉泥的浓度。图 5－11 为桥式刮泥机平流式沉淀池；图 5－12 为多斗式平流式沉淀池。

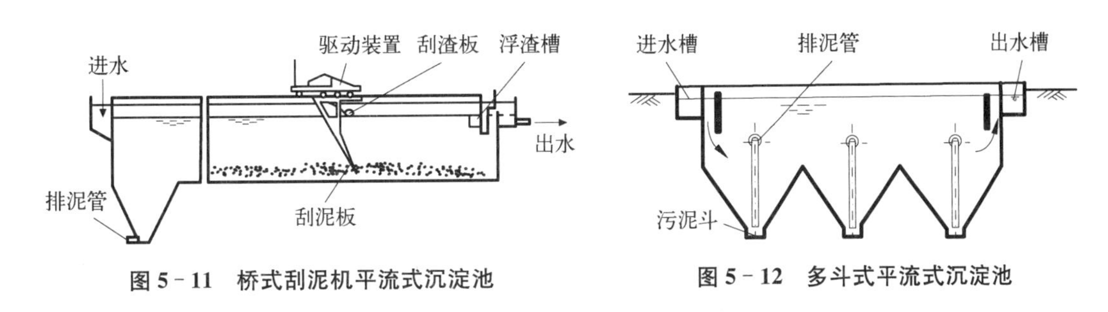


**图 5－11　桥式刮泥机平流式沉淀池**　　**图 5－12　多斗式平流式沉淀池**

为了保证进水在沉淀区内均匀分布，进水口应采取整流措施，一般有穿孔墙、挡流板、底孔等，如图 5－13 所示。

为了保证出水均匀和池内水位，出水通常采用溢流堰式集水槽，具体形式如图 5－14 所

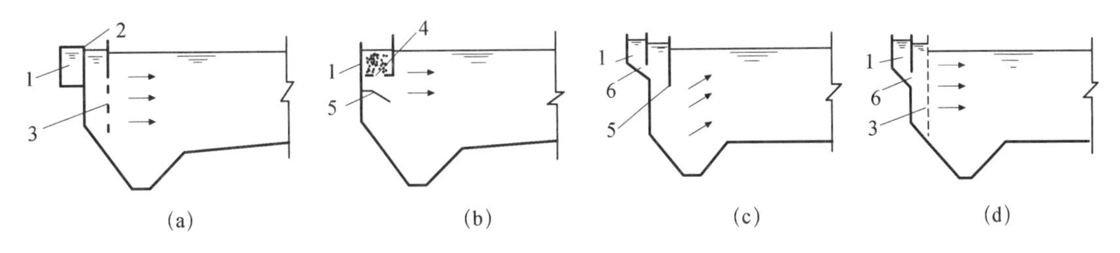


1—进水槽；2—溢流堰；3—穿孔整流墙；4—底孔；5—挡流板；6—潜孔

**图 5－13　平流式沉淀池进水区整流措施**

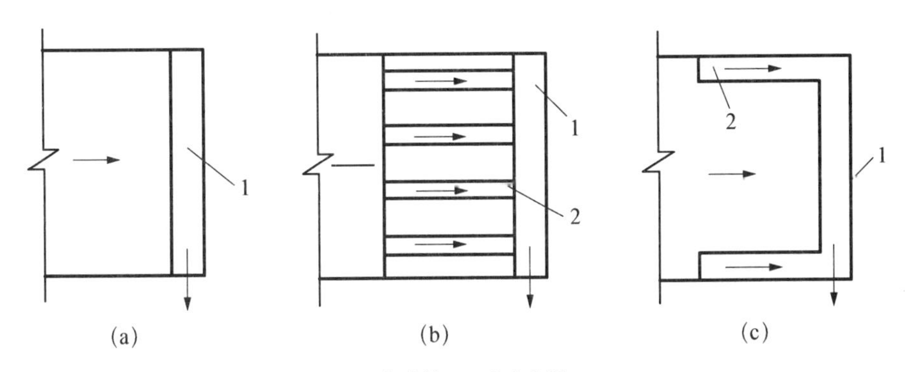


1—集水槽；2—集水支渠

**图 5－14　平流沉淀池集水槽形式**

示。锯齿形三角堰应用最为普遍，水面宜位于齿高的 1/2 处。为适应水流的变化或构筑物的不均匀沉降，在堰口处需要设置能使堰板上下移动的调节装置，使出口堰口尽可能水平；堰前应设置挡板，以阻拦漂浮物，或设置浮渣收集和排除装置，如图 5-15 所示。

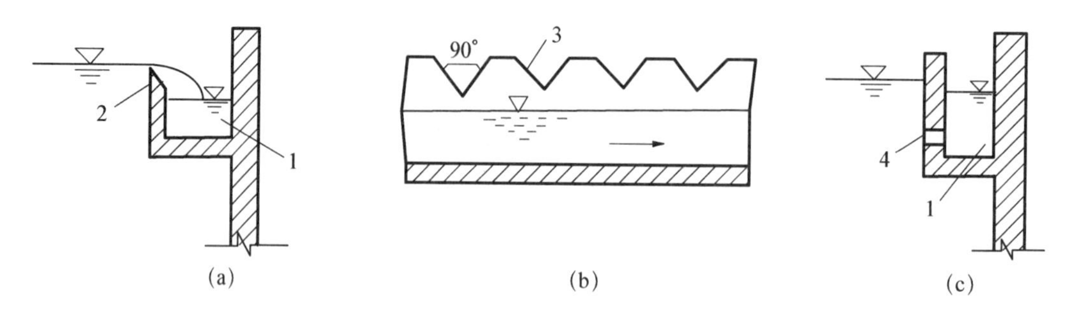


1—集水槽；2—自由堰；3—锯齿三角堰；4—淹没堰口

**图 5-15　锯齿形三角堰**

### 5.6.2　竖流式沉淀池

在竖流式沉淀池中，废水从下向上以流速 $v$ 作竖向流动，废水中的悬浮颗粒有以下三种运动状态：当 $u>v$ 时，颗粒将以$(u-v)$的差值向下沉淀得以去除；当 $u=v$ 时，颗粒处于随机状态，不下沉也不上升；当 $u<v$ 时，颗粒将不能沉淀下来，会被上升水流带走。当颗粒属于自由沉淀类型时，其沉淀效果(在相同的表面水力负荷条件下)竖流式沉淀池的去除率要比平流式沉淀池的去除率低。当颗粒属于絮凝沉淀类型时，由于在池中的流动存在着各自相反的状态，就会出现上升着的颗粒与下降着的颗粒，上升颗粒与上升颗粒之间、下沉颗粒与下沉颗粒之间的相互接触、碰撞，致使颗粒的直径逐渐增大，有利于颗粒的沉淀。同时，沉降速度等于水流上升速度的颗粒可能在池中形成悬浮层，对上升的小颗粒起拦截作用，这样，其去除率很可能高于表面负荷相同的其他类型的沉淀池，但由于池内布水不易均匀，去除率的提高会受到影响。

竖流式沉淀池多呈圆形，也有采用方形和多角形的。直径或边长一般在 8 m 以下，多介于 4～7 m 之间。沉淀池上部呈柱状部分为沉淀区，下部呈截头锥状的部分为污泥区，在两区之间留有缓冲层 0.3 m 左右，图 5-16 是常用竖流式沉淀池的结构示意图。

废水从中心管流入，由下部流出，通过反射板的阻拦向四周分布，然后沿沉淀区的整个断面上升，沉淀后的出水沿池四周溢出。流出区设于池周，采用自由堰或三角堰。贮泥斗倾角为 45°～60°，污泥借静水压力由排泥管排出，排泥管直径不小于 200 mm，静水压力为 1.5～2.0 m。为了防止漂浮物外溢，在水面距池壁 0.4～0.5 m 处安装挡板，挡板伸入水中部分的深度为 0.25～0.30 m，伸出水面高度为 0.1～0.2 m。竖流式沉淀池的优点是排泥容易，不需要机械刮泥设备，便于管理。其缺点是池深大，施工难，造价高；每个池子的容量小，废水量大时不适用；水流分布不易均匀等。

竖流式沉淀池的废水上升速度一般采用 0.5～1.0 mm/s。沉淀时间小于 2 h，多采用 1～1.5 h。废水在中心管内的流速对悬浮物质的去除有一定的影响，当在中心管底部设有反射板时，其流速一般大于 100 mm/s。当不设反射板时，其流速不大于 30 mm/s。废水从中心管喇叭口与反射板间溢出的流速不大于 40 mm/s，反射板距中心管喇叭口的距离为 0.25～0.50 m，反射板底距污泥表面的高度(即缓冲层)为 0.3 m，池的保护高度为 0.3～0.5 m。竖流式沉淀池的水头损失约为 400～500 mm。

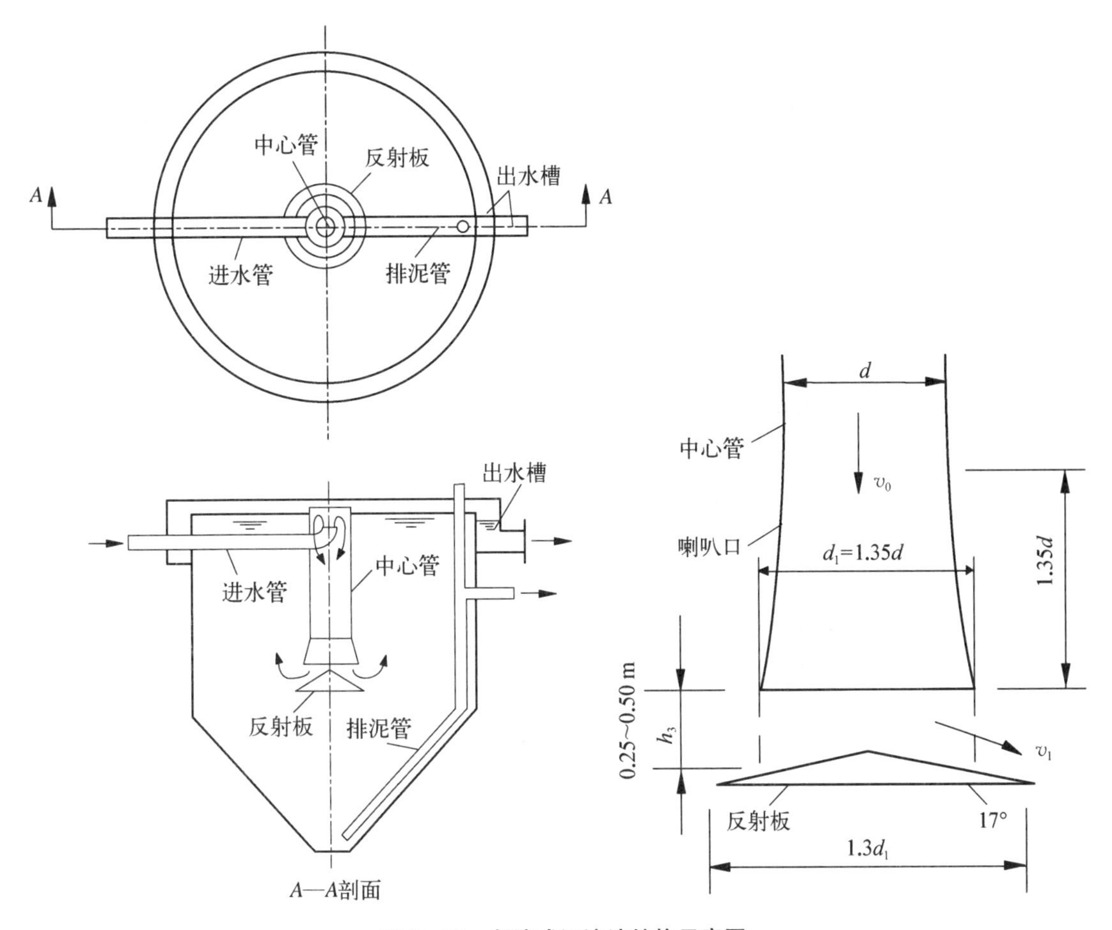


图 5-16 竖流式沉淀池结构示意图

### 5.6.3 辐流式沉淀池

辐流式沉淀池是一种大型沉淀池，常为较大的圆形池，直径一般介于20～30 m之间，变化幅度可为6～60 m，最大甚至可达100 m，池中心深度为2.5～5.0 m，池周深度则为1.5～3.0 m，有中心进水、周边进水、周进周出、旋转臂配水等几种形式。沉淀于池底的污泥一般采用刮泥机刮除，对辐流式沉淀池而言，目前常用的刮泥机械有中心传动式刮泥机和吸泥机以及周边传动式刮泥机与吸泥机等。

典型的辐流式沉淀池的结构如图5-17所示。废水从池底的进水管进入中心管，在中心管的周围常用穿孔障板围成流入区，沿半径的方向向池周流动，使废水在沉淀池内得以均匀流动，其水力特征是废水的流速由大到小变化。流出区设于池周，由于平口堰不易做到严格水平，所以常用三角堰或淹没式溢流孔。为了拦截表面上的漂浮物质，在出水堰前设挡板和浮渣的收集、排出设备。

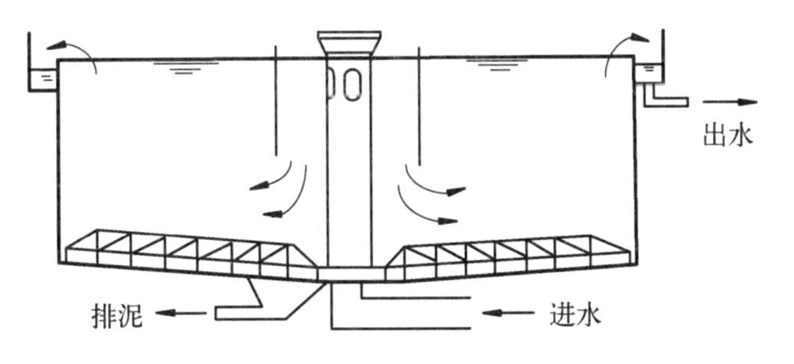


图 5-17 中间进水、周边出水辐流式沉淀池

在构造上，周边进水辐流式沉淀池（图 5－18）入流区的进水槽断面较大，槽底的孔口较小，布水时的水头损失集中在孔口上，故布水比较均匀。进水挡板的下沿深入水面下约 2/3 深度处，距进水孔口有一段较长的距离，有助于进一步把水流均匀地分布在整个入流渠的过水断面上，而且废水进入沉淀区的流速要小得多，有利于悬浮颗粒的沉淀。

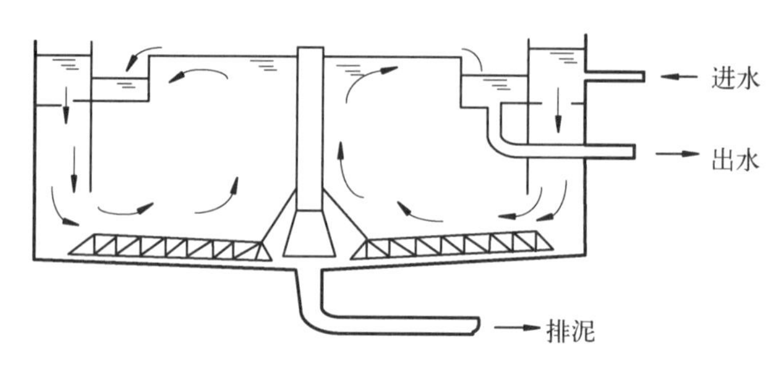


图 5－18　周边进水、周边出水辐流式沉淀池

辐流式沉淀池适用范围广泛，城市污水及各种类型的工业废水都可使用，既能够作为初次沉淀池，也可以作二次沉淀池，一般适用于大型污水处理厂。这种沉淀池的缺点是排泥设备庞大，维修困难，造价亦较高。

## 5.7　斜板(管)沉淀池

各种普通沉淀池虽然至今仍被普遍使用，但其存在着两个明显的缺点：① 悬浮物的去除率不高，一般只有 40%～60%；② 体积庞大，占地面积多。为了提高悬浮物的去除率和废水的处理量，可从两方面采取措施：① 改善悬浮物的沉淀性能，② 改进沉淀池的结构。

针对普通沉淀池的缺点，斜板斜管沉淀池是根据浅层沉淀原理设计而成的新型沉淀池。与普通沉淀池相比具有容积利用率高和沉淀效率高的优点。

### 5.7.1　浅层沉降原理

在池长为 $L$、池深为 $H$、池中水的流速为 $v$、颗粒沉降速度为 $u_0$ 的沉淀池中，当水在池中的流动处于理想状态时，则式 $L/H=v/u_0$ 成立。可见，$L$ 与 $v$ 值不变时，池深 $H$ 越小，则可截留的颗粒的沉降速度 $u_0$ 亦越小，且两者成正比关系。如在池中增设水平隔板，将原来的高 $H$ 分为多层，比如分为 3 层，则每层深度为 $H/3$。此时假定不改变水流速度，也不改变要求去除的最小颗粒的沉降速度 $u_0$，则从图 5－19 可见，由于沉降深度由 $H$ 减小为 $H/3$，沉降速度为 $u_0$ 的颗粒只需在每层隔板上流动 $L/3$ 即可到达池底而被去除。因此，池的总容积可以减少到原容积的 1/3。

如图 5－19 所示，若池的长度 $L$ 不变，截留颗粒的沉降速度仍采用 $u_0$，由于沉降深度减少为 $H/3$，即使水平流速增大 3 倍，由 $v$ 增加为 $3v$ 时仍可将沉降速度为 $u_0$ 的颗粒截留到池底。由此可见，如能将深度为 $H$ 的沉淀池分隔成平行工作的 3 个间格，即在保持处理效果不变的情况下，可使水的通过能力提高 2 倍，即沉淀池的处理能力可提高到原来的 3 倍。

在理想条件下，分隔成 $n$ 层的沉淀池，从理论上来讲，在保持原有的去除率不变的情况下，相同容积的浅池的处理水量要比原来大 $n$ 倍。为了解决各层的排泥问题，工程上将水平

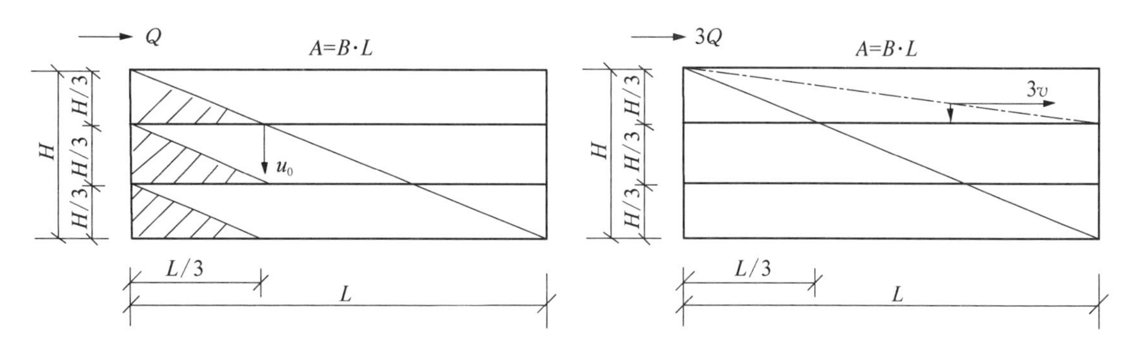


**图 5-19 浅层沉降原理**

隔层改为与水平面倾斜成一定角度(倾角 $\alpha$ 为 50°～60 °)的斜面,构成斜板或斜管,则水流的总沉淀面积为 $A=\sum A_i\cos\alpha$。

沉淀池分层和分格可增大沉淀池的沉淀面积,还可以改善水流条件,为沉降创造更有利的条件,这也正是斜板或斜管沉淀池沉淀效率高的原因。可以从两方面说明,在同一个过水断面上分层或分格,使断面的湿周增大,从而降低水流雷诺数 $Re$ [$Re=(vA)/(\mu P)$, 式中 $v$ 为水的流速;$A$ 为过水的断面面积;$\mu$ 是水的动力黏滞系数;$P$ 为过水断面湿周,即过流断面上流体与固体壁面接触的周界线],一般应使沉淀池中水流的雷诺数在 500 以下,而斜板(管)沉淀池中水流的雷诺数可以降低到 100 以下,远小于 500,属于层流状态,为沉降创造了良好的条件。从流体力学知道,弗劳德数 $Fr$ 为衡量水流稳定性的指标, $Fr=(vP)/(Ag)$, 式中 $g$ 为重力加速度,其他符号含义同前。弗劳德数 Fr 越大表明水流越稳定。由于增加斜板,增加了湿周,可以使弗劳德数 $Fr$ 增加。

## 5.7.2 斜板(管)沉淀池的分类

按沉降污泥与水的运动方向的不同,斜板(管)沉淀池分为异向流、同向流和横向流三种,如图 5-20 所示。异向流即水在斜板间由下向上流动,而沉降污泥则从上向下移动;同向流即水和污泥都从上向下流动;横向流即水流沿水平方向流动。实际工程应用中大多采用异向流。

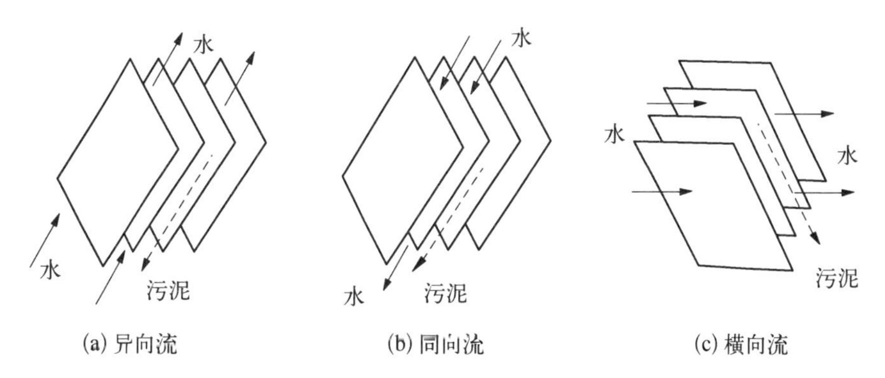


**图 5-20 水流和污泥在斜板间的流向示意图**

## 5.7.3 斜板(管)沉淀池的构造

斜板(管)沉淀池是根据浅层沉降理论,在沉淀池的沉淀区加斜板或斜管而构成。它由斜板(管)沉淀区、进水配水区、清水出水区、缓冲区和污泥区组成(图 5-21)。按斜板或斜管间水流域污泥的相对运动方向来区分，斜流式沉淀池有同向流和异向流两种。在废水处理中常采用升流式异向流斜流沉淀池。在异向流斜流式沉淀池中，斜板(管)与水平面呈 60°角，长度通常为 1.0 m 左右，斜板净距(或斜管孔径)一般为 80～100 mm。斜板(管)区上部清水区水深为 0.7～1.0 m，底部缓冲层高度为 1.0 m。

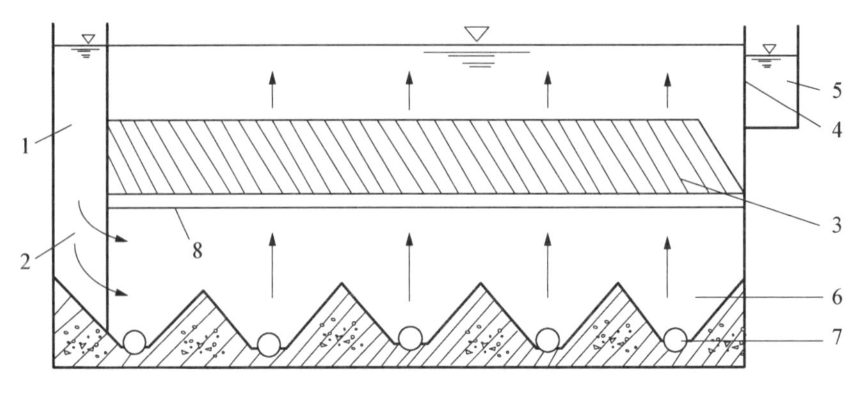


1—配水槽；2—穿孔墙；3—斜板或斜管；4—淹没孔口；5—集水槽；
6—集泥斗；7—排泥管；8—阻流板

**图 5-21　异向流斜板(管)沉淀池示意图**

### 5.7.4　提高沉淀池沉淀效果的有效途径

沉淀池普遍存在去除率不高、占地面积较大、体积庞大等问题。提高沉淀池的分离效果和去除能力的方法，通常除了上述斜流式(斜板或斜管)沉淀池外，还可以通过曝气和污泥回流等方式来实现。

对废水进行曝气搅动，曝气搅动是利用气泡的搅动促使废水中的悬浮颗粒相互作用，产生自然絮凝。采用此法，可使沉淀效率提高 5%～8%，1 $m^3$ 废水的曝气量约 0.5 $m^3$ 左右。常在预曝气池或生物絮凝池内进行。

将剩余活性污泥投加到入流废水中去，利用污泥的活性，产生吸附与絮凝作用，这一过程称为生物絮凝。这一方法可以使沉淀效率比原来的沉淀池提高 10%～15%，$BOD_5$ 去除率也能提高 15%以上，活性污泥投加量一般在 100～400 mg/L 之间。

# 6 浮力浮上法

浮力浮上法是针对不溶态污染物的一种分离技术，指借助于水的浮力，使水中不溶态污染物浮出水面，然后用机械加以刮除的处理方法。根据分散相物质的亲水性强弱和密度大小，浮力浮上法可分为自然浮上法、气泡浮升法和药剂浮选法三种类型。

自然浮上法，可以依靠水的浮力使其自发地浮升到水面，主要处理对象为水中的粗分散相物质，即相对密度小于 1 的强疏水性物质，如粒径大于 60 μm 可浮油的分离，因而该方法又称为隔油。气泡浮升法，简称气浮，主要针对分散相物质是乳化油或弱亲水性悬浮物，需要在水中注气，产生细微气泡，使分散相粒子黏附于细微气泡上一起浮升到水面得以分离。药剂浮选法，简称浮选，投加浮选药剂使亲水粒子的表面性质由亲水性转变为疏水性，降低水的表面张力，提高气泡膜的弹性和强度，使细微气泡不易破裂，然后再用气浮法加以除去。

## 6.1 隔油

### 6.1.1 油的分类

含油废水中所含的油类物质，包括天然石油、石油产品、焦油及其分馏物，以及食用动、植物油和脂肪类。油类物质在废水中通常以三种状态存在。① 呈悬浮状态的可浮油，油滴粒径较大，一般在 60 μm 以上，可以依靠油水密度差从水中分离出来。对于石油炼厂废水而言，这种状态的油一般占废水中含油量的 60%～80%左右。② 呈乳化状态的乳化油，油品在废水中分散的粒径很小，一般可细分为：粒径 10～60 μm 的细分散油粒和粒径小于 10 μm 的乳化油。由于其表面有一层由乳化剂形成的稳定薄膜，阻碍油滴合并，故不能用静沉法从废水中分离出来；若能消除乳化剂的作用，乳化油剂可转化为可浮油，称为破乳。乳化油经过破乳之后，就能用沉淀法分离。③ 呈溶解状态的溶解油，小部分油品呈溶解状态，称为溶解油，一般溶解的油在水中的质量浓度约为 5～15 mg/L。

含油废水处理的重点是去除浮油和乳化油。浮油易于上浮，可以通过隔油池回收利用。乳化油比较稳定，不易上浮，常用气浮、过滤、粒化等方法去除。

### 6.1.2 油粒上浮速度

油粒在静水中的上浮速度可用修正后的斯托克斯(Stockes)公式表示为：

$$u_0 = \frac{\beta g(\rho_1 - \rho_0)d_0^2}{18\mu} \tag{6.1}$$

式中，$u_0$为油粒的上浮速度，m/s；$\rho_1$，$\rho_0$分别为水和油粒的密度，$kg/m^3$；$d_0$为油粒直径，m；$g$为重力加速度，$m/s^2$；$\mu$为水的动力黏度，Pa・s；$\beta$为考虑水中悬浮固体对油粒的吸附而引入的修正系数，一般可按水中SS浓度高低取0.9～0.95。

与静置沉降一样，对油粒的上浮也可通过静浮试验取得上浮曲线，即去除效率与上浮时间及上浮速度的关系曲线，但工作水深是从柱底算起的。

### 6.1.3 隔油池

隔油池是用自然浮上法分离去除含油废水中可浮油的处理构筑物。图6-1所示为传统型平流式隔油池，其结构与平流式沉淀池相似，构造简单，便于运行管理，油水分离效果稳定。

废水从池子的一端流入池子，以较低的流速水平流经池子，流动过程中，密度小于水的油粒上升到水面，密度大于水的颗粒杂质沉于池底，水从池子的另一端流出。隔油池的出水端设置集油管。大型隔油池应设置刮油刮泥机，以及时排油及排除底泥。隔油池的池底构造与沉淀池相同。表面一般设置盖板，冬季可保持浮渣的温度，从而保持它的流动性，同时还可以防火与防雨。平流式隔油池可去除的最小油滴直径为100～150 μm，相应的上升速度不高于0.9 mm/s。平流式隔油池的设计与平流式沉淀池基本相似，按表面负荷设计时，一般采用1.2 $m^3/(m^2 \cdot h)$；按停留时间设计时，一般采用2 h。

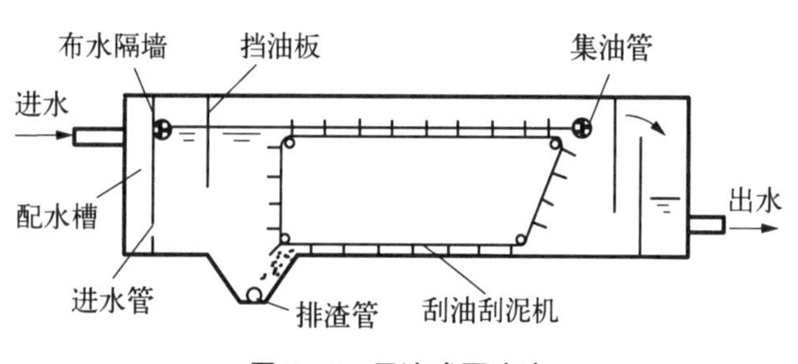


图6-1 平流式隔油池

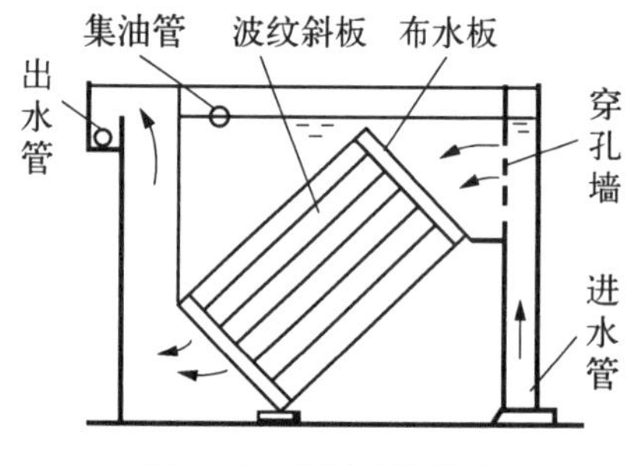


图6-2 斜板式隔油池

根据浅层沉降理论，斜板式隔油池构造如图6-2所示。池内设斜板，间距20～50 mm。水流方向向下，油珠上浮，属异向流分离装置，在斜板内分离出来的油珠沿斜板峰顶上浮，而泥渣则沿峰底滑落到池底。实践证明，斜板式隔油池可去除的最小油滴直径为60 μm，相应的上升速度约为0.2 mm/s，$q=0.6\sim0.8\ m^3/(m^2 \cdot h)$。废水在这种隔油池中的停留时间仅为平流式隔油池的1/2～1/4，一般不超过30 min，能够大大地减少除油池的容积。

处理小水量的含油废水时，也可采用小型隔油池，常见的池型有如图6-3所示的两种。其中图6-3(a)用于公共食堂、汽车车库及其他含有少量油脂的废水处理，这种形式已有标准图集。池内水流速度一般为0.002～0.010 m/s，食用油废水一般不大于0.005 m/s，停留时间为0.5～1.0 min。废油和沉淀物定期以人工清除。图6-3(b)用于处理含汽油、柴油、煤油等废水。废水经隔油池后，再经焦炭过滤器进一步除油。池内设有浮子撇油器排除废油，池内水平流速为0.002～0.010 m/s，停留时间为2～10 min，排油周期一般为5～7 d。

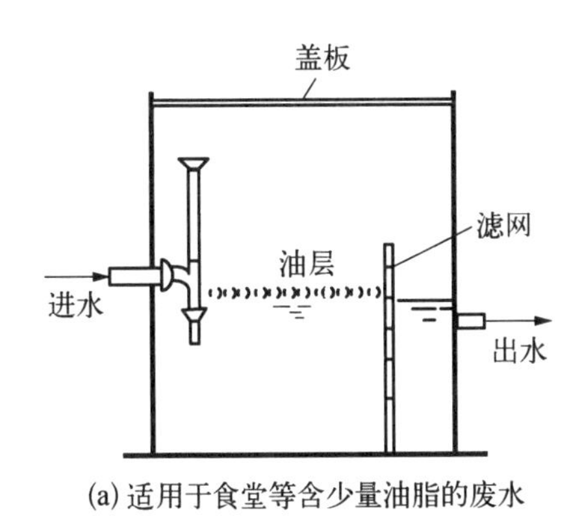

(a) 适用于食堂等含少量油脂的废水

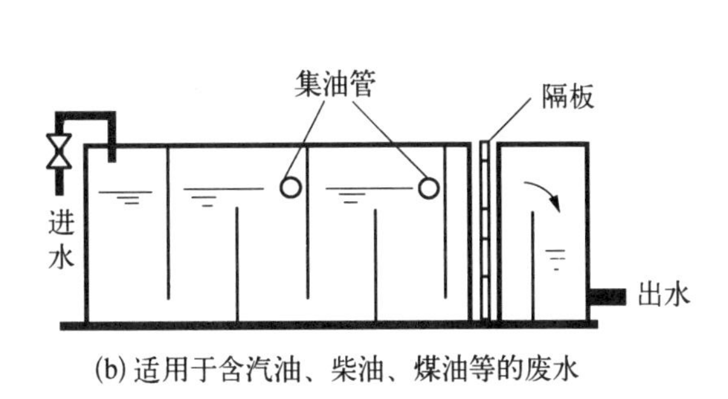

(b) 适用于含汽油、柴油、煤油等的废水

**图 6－3 典型的小型隔油池示意图**

### 6.1.4 乳化油及破乳方法

当油和水混合，又有乳化剂存在时，乳化剂会在油滴与水滴表面上形成一层稳定的薄膜，这时油和水就不会分层，而呈一种不透明的乳状液。当分散相是油滴时，称为水包油乳状液；当分散相是水滴时，则称为油包水乳状液。

乳化油的主要来源有：根据生产工艺的需要人为制成；以洗涤剂清洗受油污染的机械零件、油槽车等而产生的乳化油废水；含油（可浮油）废水在沟道与含乳化剂的废水混合，受水流搅动而形成。

乳化油比较稳定，不易上浮，得先经破乳后再对分离后的可浮油处理。破乳的基本原理就是破坏液滴界面上的稳定薄膜，使油、水得以分离。常用的破乳方法有以下几种：① 投加换型乳化剂：投入适量"换型剂"后，在水包油（或油包水）乳状液转型为油包水（或水包油）乳状液的过程中，存在着一个转化点，这时的乳状液非常不稳定，油水可能形成分层。② 投加盐类、酸类：可使乳化剂失去乳化作用。③ 投加某种本身不能成为乳化剂的表面活性剂：如异戊醇，从两相界面上挤掉乳化剂而使其失去乳化作用。④ 搅拌、振荡、转动：通过剧烈的搅拌、振荡或转动，使乳化的液滴猛烈相碰撞而合并。⑤ 过滤：如以粉末为乳化剂的乳状液，可以用过滤法拦截被固体粉末包围的油滴。⑥ 改变温度：改变乳化液的温度来破坏乳化液的稳定性。⑦ 某些乳化液必须投加化学药剂破乳，如钙、镁、铁、铝的盐类或无机酸、碱、混凝剂等。

## 6.2 气浮

### 6.2.1 气浮基本原理

气浮是利用废水中颗粒的疏水性，将空气以微小气泡的形式通入废水中，使微小气泡与在废水中悬浮的颗粒黏附，形成水-气-颗粒三相混合体系，颗粒黏附上气泡后，密度小于水密度即上浮水面，形成浮渣层，从而实现从水中分离的目的。因此，气浮法处理工艺必须满足以下基本条件：必须向废水中提供足够量的细微气泡；必须使废水中的污染物质能形成悬浮状态；必须使气泡与悬浮的物质产生黏附作用。

废水处理技术中，利用气浮法在固-液或液-液分离技术应用的几个方面：石油、化工及机械制造业中的含油废水的油水分离；工业废水处理；废水中有用物质的回收；取代二次沉淀池，特别是用于易产生活性污泥膨胀的情况；剩余活性污泥的浓缩等。

气泡能否与悬浮颗粒发生有效附着主要取决于颗粒的表面性质。若颗粒易被水润湿，则称该颗粒为亲水性的，如颗粒不易被水润湿，则是疏水性的。颗粒的润湿性程度常用气、液、固三相间互相接触时所形成的平衡接触角的大小来解释。在静止状态下，当气-液-固三相接触时，在气-液界面张力线和固-液界面张力线之间的夹角（对着液相的）称为平衡接触角，用 $\theta$ 表示。通常 $\theta>90°$ 的为疏水性表面，容易与气泡相黏附；$\theta<90°$ 的为亲水性表面，不容易与气泡相黏附；当 $\theta$ 角越大，颗粒被"橇入"气泡内的部分就越多，黏附就越牢固。

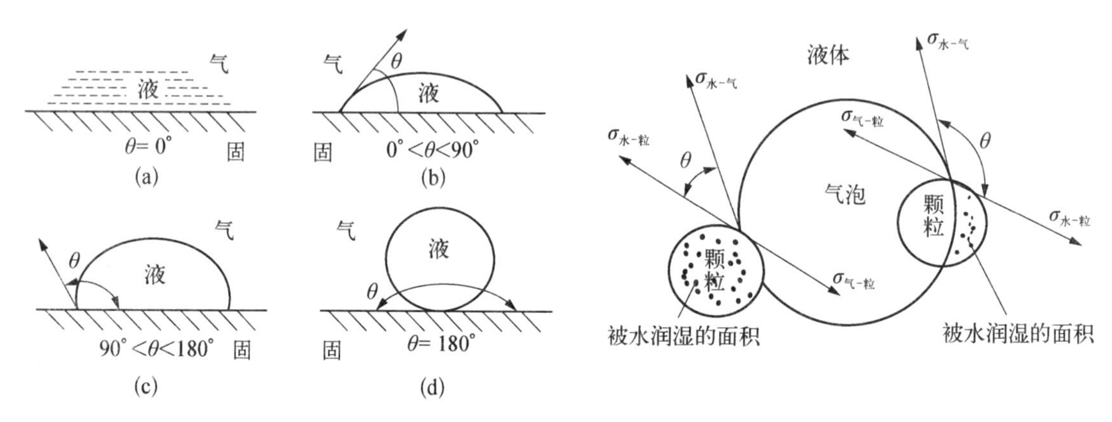


(a) 完全润湿；(b) 部分润湿；(c) 不润湿；(d) 完全不润湿

**图 6-4 不同润湿性颗粒与气泡黏附情况**

界面能 $E$ 与界面张力的关系如下：

$$E=\sigma\times S \tag{6.2}$$

式中，$\sigma$ 为界面张力系数；$S$ 为界面面积。

气泡未与悬浮颗粒黏附前，颗粒与气泡的单位面积上的界面能分别为 $\sigma_{水\text{-}粒}\times 1$ 和 $\sigma_{水\text{-}气}\times 1$，这时单位面积上的界面能之和 $E_1=\sigma_{水\text{-}粒}+\sigma_{水\text{-}气}$。

当气泡与悬浮颗粒黏附后，界面能缩小，黏附面的单位面积上的界面能 $E_2$ 及其缩小值 $\Delta E$ 分别为：$E_2=\sigma_{气\text{-}粒}$，$\Delta E=E_1-E_2=\sigma_{水\text{-}粒}+\sigma_{水\text{-}气}-\sigma_{气\text{-}粒}$。

这部分能量差即为挤开气泡和颗粒之间的水膜所做的功，此值越大，气泡与颗粒黏附得越牢固。水中的悬浮颗粒是否能与气泡黏附，与水、气、颗粒间的界面能有关。当三者相对稳定时，三相界面张力的关系式为：

$$\sigma_{水\text{-}粒}=\sigma_{水\text{-}气}\cos(180°-\theta)+\sigma_{粒\text{-}气} \tag{6.3}$$

式中，$\theta$ 为接触角（也称湿润角）。

因此，

$$\Delta E=\sigma_{水\text{-}粒}+\sigma_{水\text{-}气}-(\sigma_{水\text{-}粒}+\sigma_{水\text{-}气}\cos\ \theta)=\sigma_{水\text{-}气}(1-\cos\ \theta) \tag{6.4}$$

由此可知，并不是水中所有的污染物质都能与气泡黏附，是否能黏附，与该类物质的接触角有关。当 $\theta\to 0°$ 时，$\cos\theta\to 1$，$\Delta E\to 0$，这类物质亲水性强（称为亲水性物质），无力排开水膜，不易与气泡黏附，不能用气浮法去除。当 $\theta\to 180°$ 时，$\cos\theta\to -1$，$\Delta E\to 2\sigma_{水\text{-}气}$，这类物质疏水性强(称为疏水性物质),易与气泡黏附,宜用气浮法去除。固体的接触角越大,越易于与气泡黏附,对于$\sigma_{水-气}$很小的体系,虽然有利于固体向气泡的黏附,但由于黏附动力较小,颗粒向气泡的黏附困难。

### 6.2.2 颗粒与气泡的作用形式

在气浮的过程中,悬浮物与气泡的作用形式是复杂的,但大致可以分为气体在颗粒表面析出和浮升气泡与颗粒碰撞吸附两种形式,其中气泡与颗粒吸附又可分为气泡与颗粒吸附、气泡顶托以及气泡裹夹三种形式。图 6-5 是各种作用形式的示意图。

当待气浮的污染物主要是疏水性颗粒时,颗粒与气泡相碰撞时就会吸附在颗粒上而随气泡一起浮到水面;还有一种情况是气体在颗粒表面析出,然后逐渐增大,随气泡体积的增加,上浮速度增加,同时把颗粒带到水面,如图 6-5a 所示。当带气浮的污染物是以絮凝体形式存在时,还可能有另外两种作用形式发生,一是上升的气泡遇到絮凝体的阻挡,由于一般絮凝体的表观密度比较小,所以气泡可以把絮体颗粒顶托到水面,如图 6-5b 所示。还有可能在气泡上升的过程中,气泡进入到不规则的絮体内部,使絮凝体的表观密度小于水的密度而上浮,如图 6-5c 所示。在气浮过程中往往是上述形式同时发生,只是在不同的条件下每种形式所占的比例不同。

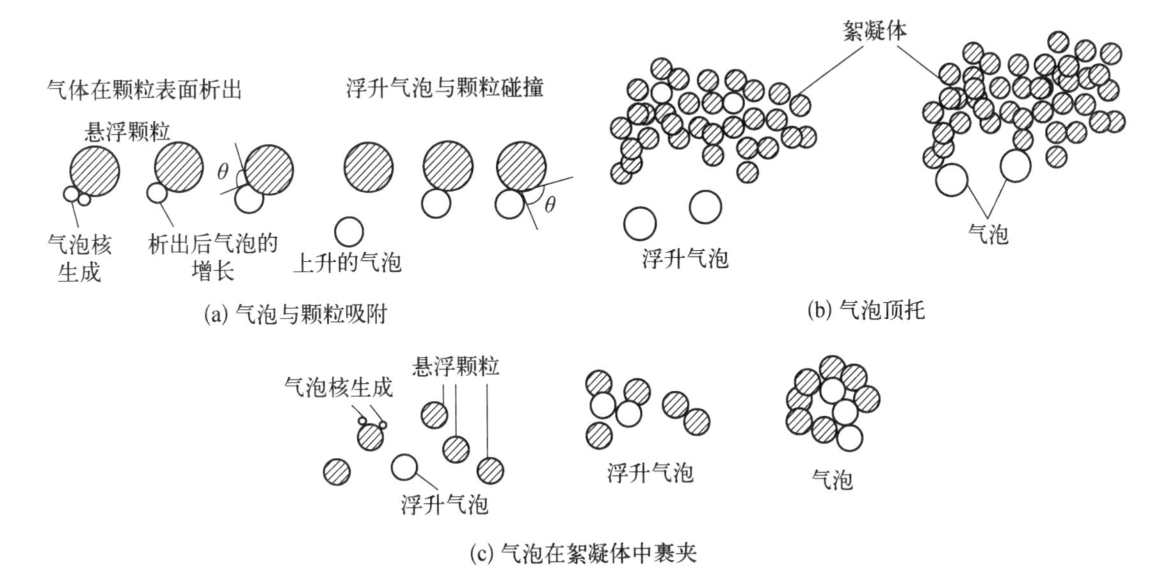


**图 6-5 颗粒与气泡的作用形式示意图**

当流态为层流时,即 $Re_p<2$ 时,则“颗粒-气泡”复合体的上升速度可按斯托克斯公式计算:

$$u_{上}=\frac{g}{18\mu}(\rho_L-\rho_S)\cdot d^2 \tag{6.5}$$

式中,$d$ 为“颗粒-气泡”复合体的直径;$\rho_S$为“颗粒-气泡”复合体的表观密度。

上述公式表明,$u_{上}$取决于水与复合体的密度差与复合体的有效直径。“颗粒-气泡”复合体上黏附的气泡越多,则 $\rho_S$越小,$d$ 越大,因而上浮速度亦越快。

### 6.2.3 气浮法类型

气浮过程包括气泡的产生、气泡与颗粒的附着及上浮分离等连续步骤。废水处理中的气浮法，按产生细微气泡的方法可分为电解浮上法、分散空气浮上法和溶解空气浮上法(溶气气浮法)等。

1. 电解浮上法

电解浮上法是将正负极相间的多组电极浸泡在废水中，当通以直流电时，废水电解，正负两级间产生的氢和氧的细小气泡黏附于悬浮物上，将其带至水面从而达到分离的目的。电解气浮法的优点是能产生大量小气泡；在利用可溶性阳极时，气浮过程和混凝过程结合进行；集电解氧化还原、电解混凝和电气浮于一体，装置构造简单，是一种新的废水净化方法。图 6-6 所示为竖流式电解浮上装置示意图。

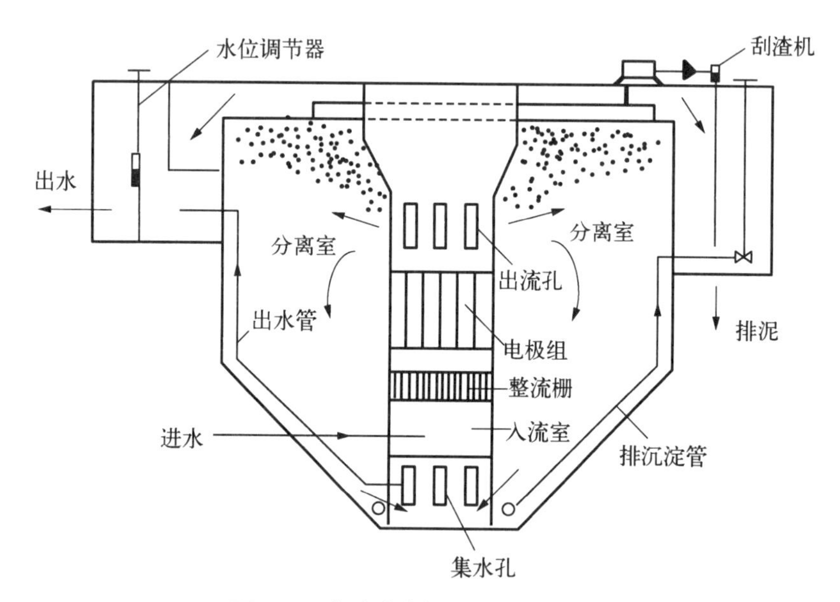


图 6-6 竖流式电解浮上装置示意图

电解浮上法产生的气泡小于其他方法产生的气泡，故特别适用于脆弱絮状悬浮物。电解浮上法的表面负荷通常低于 $4\ m^3/(m^2 \cdot h)$。电解浮上法主要用于工业废水处理方面，处理水量约在 $10 \sim 20\ m^3/h$。由于电耗高、操作运行管理复杂及电极结垢等问题，较难适用于大型废水处理工程。

2. 分散空气浮上法

分散空气浮上法是利用机械剪切力，将混合于水中的空气粉碎成细小的气泡，以进行气浮的方法。按粉碎气泡方法的不同，又可分为水泵吸水管吸入空气气浮、射流气浮、扩散板曝气气浮以及叶轮气浮等。

(1) 水泵吸水管吸入空气气浮

这是最原始也是最简单的一种气浮方法。这种方法的优点是设备简单，缺点主要是由于水泵工作特性的限制，吸入的空气量不能过多，一般不超过吸水体积的 10%，否则将会破坏水泵吸水管的负压工作。此外，气泡在水泵内破碎得不够完全，粒径大，因此气浮效果不好。这种方法用于处理通过除油池后的石油废水，除油效率一般在 50%～65%。

(2) 射流气浮

射流气浮采用通过射流器向废水中混入空气进行气浮的方法。由喷嘴射出的高速废水使吸入室形成负压，并从吸气管吸入空气，在水、气混合体进入喉管段后进行激烈的能量交换，然后进入扩压段(扩散段),动能转化为势能,进一步压缩气泡,增大了空气在水中的饱和浓度,然后进入气浮池中完成气浮过程。

(3) 扩散板曝气气浮

扩散板曝气气浮是早期气浮池采用的最为广泛的一种布气方法。压缩空气通过具有微孔的扩散板或微孔管,使空气以细小气泡的形式进入水中,进行气浮过程,如图 6-7(a)所示。这种方法的优点是简单易行,但缺点也较多,其中主要的缺点是空气扩散装置的微孔易于堵塞,气泡较大,气浮效率不高。因此这种方法近年已很少使用。

(4) 叶轮气浮

叶轮气浮设备如图 6-7(b)所示。在气浮池底部设有旋转叶轮,在叶轮的上部装着带有导向叶片的固定盖板,盖板上有孔洞。当电动机带动叶轮高速旋转时,在盖板下形成负压,从空气管吸入空气,废水由盖板上的小孔进入,在叶轮的搅动下,空气被粉碎成细小的气泡,并与水充分混合成为水、气混合体,甩出导向叶片之外,导向叶片使水流阻力减小,又经整流板稳流后,在池体内平稳地垂直上升,进行气浮,形成的泡沫不断地被刮板刮出槽外。这种气浮池是从矿物浮选中直接移植过来的。

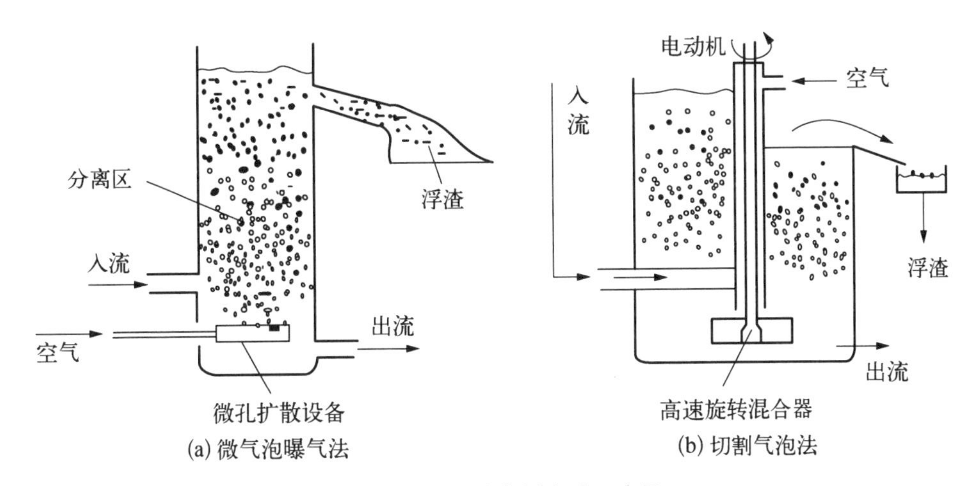


**图 6-7 分散空气浮上法示意图**

布气气浮的优点是设备简单,易于实现,其缺点是空气被粉碎得不够充分,形成的气泡粒径较大,一般不小于 1 000 μm,在供气量一定的情况下,气泡的表面积小,而且由于气泡粒径大,运动速度快,气泡与被去除污染物质的接触时间短促,这些因素都使布气气浮法污染物去除效率较低。分散空气浮上法可用于矿物浮选,也可用于含油脂、羊毛等废水的初级处理及含有大量表面活性剂的废水处理。

3. 溶解空气浮上法(溶气气浮法)

溶气气浮法是使空气在一定的压力下溶解于废水中,并达到过饱和状态,然后再突然使废水减到常压,使溶解于水中的空气以微小气泡的形式从水中逸出以进行气浮过程的方法。溶气气浮形成的气泡粒径很小,其初期粒径可能在 80 μm 左右。另外,在操作过程中,气泡与废水的接触时间,还可以人为地加以控制。因此,该方法净化效果较高,在废水处理中,特别是在对含油废水的处理中得到了广泛的应用。

空气从水中析出的过程分为两个步骤,即气泡核的形成过程与气泡的增长过程。其中,气泡核的形成过程起决定性的作用,有了相当数量的气泡核,就可以控制气泡数量的多少与气泡粒径的大小。溶气气浮法要求在这个过程中形成数目众多的气泡核，溶解同样空气，如形成的气泡核数量越多，则形成的气泡的粒径也就越小，也就越有利于满足浮上法工艺的要求。根据溶解空气和在水中析出时所处压力的不同，又可分为溶气真空气浮和加压溶气气浮两种类型。

(1) 溶气真空气浮

溶气真空气浮法的主要特点是气浮池在负压（真空）状态下运行。至于空气的溶解，可在常压下进行，也可在加压下进行。由于是在负压（真空）条件下运行，因此，溶解在水中的空气易于呈现过饱和状态，从而以大量气泡的形式从水中析出，进行气浮。析出的空气量，取决于水中溶解的空气量和真空度。

溶气真空气浮池平面多为圆形，池面压强为 30～40 kPa，废水在池内停留时间为 5～20 min。溶气真空气浮的主要优点是空气溶解所需压力比压力溶气为低，动力设备和电能消耗较少。但这种气浮方法最大的缺点是一切设备部件，如除泡沫的设备，都要密封在气浮池内，因此，气浮池的构造复杂，运行与维护均比较困难。相关设备如图 6-8 所示。此外，这种方法只适用于处理污染物质量浓度不高的废水（质量浓度不高于 300 mg/L），因此实际中应用不多。

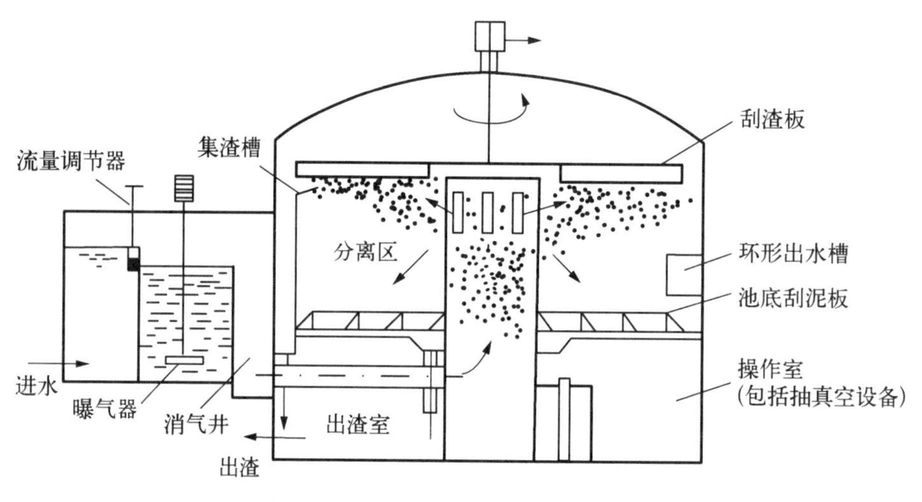


**图 6-8 溶气真空浮上法设备示意图**

(2) 加压溶气气浮法

加压溶气气浮法是在加压的情况下，将空气溶解在废水中达饱和状态，然后突然将压强降至常压，这时溶解在水中的空气就成了过饱和状态，以极微小的气泡释放出来，悬浮颗粒就黏附于气泡周围而随其上浮，在水面上形成泡沫层，然后由刮泡器清除，从而使废水得到净化。在国内外废水处理中加压溶气气浮法应用最为广泛。

根据废水中所含悬浮物的种类、性质、处理水净化程度和加压方式的不同，加压溶气气浮法的基本流程有以下三种。

第一种：全流程溶气气浮法。全流程溶气气浮法是将全部废水用水泵加压，在泵前或泵后注入空气。如图 6-9、图 6-10 所示。在溶气罐内空气溶解于废水中，然后通过减压阀将废水送入气浮池，废水中形成许多小气泡黏附废水中的悬浮物而浮出水面，在水面上形成浮渣。用刮板将浮渣连续排入浮渣槽，经浮渣管排出池外，处理后的废水通过溢流堰和出水管排出。

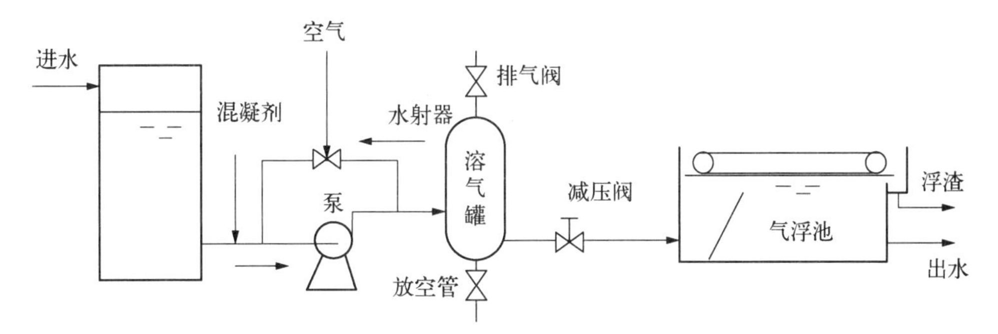


图 6-9 全流程溶气气浮法流程(泵前加气)

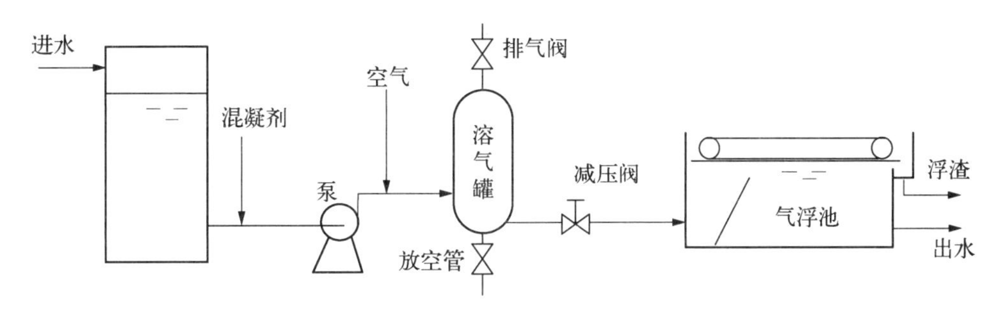


图 6-10 全流程溶气气浮法流程(泵后加气)

全流程溶气气浮法的优点是：① 溶气量大,增加了油粒或悬浮颗粒与气泡的接触机会；② 在处理水量相同的条件下,它较部分回流溶气气浮法所需的气浮池小,从而减少了基建投资。但由于全部废水经过压力泵,所以增加了含油废水的乳化程度,而且所需的压力泵和溶气罐均较其他两种流程大,因此投资和运转动力消耗也较大。

第二种：部分溶气气浮法。部分溶气气浮法是取部分废水加压和溶气,其余废水则直接进入气浮池并在池中与溶气废水混合,如图 6-11 所示。其特点为：① 较全流程溶气气浮法所需的压力泵小,故动力消耗低；② 压力泵所造成的乳化油量较全部溶气法低；③ 气浮池的大小与全流程溶气气浮法相同,但较部分回流溶气气浮法小。

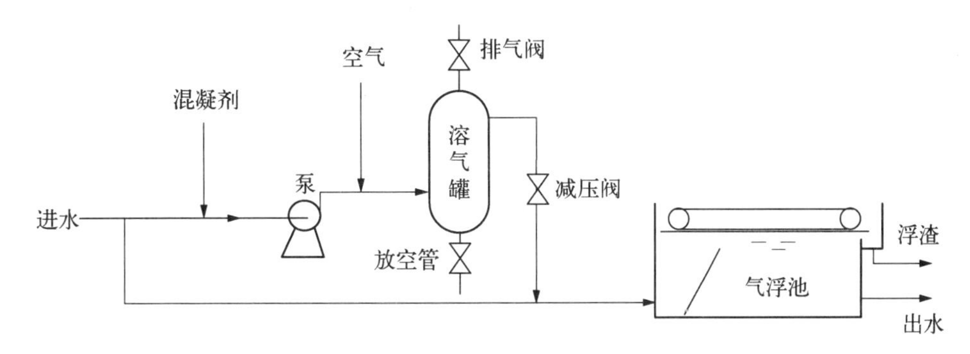


图 6-11 部分进水加压溶气气浮法流程

第三种：部分回流溶气气浮法。部分回流溶气气浮法是取一部分除去悬浮物后的出水回流进行加压和溶气,减压后直接进入气浮池,与来自絮凝池的废水混合后气浮,如图 6-12 所示。回流量一般为废水总水量的 25%～50%。其特点为：① 加压的水量少,动力消耗省；② 气浮过程中不促进乳化；③ 矾花形成好,后期絮凝也少；④ 缺点是气浮池的容积较前两种

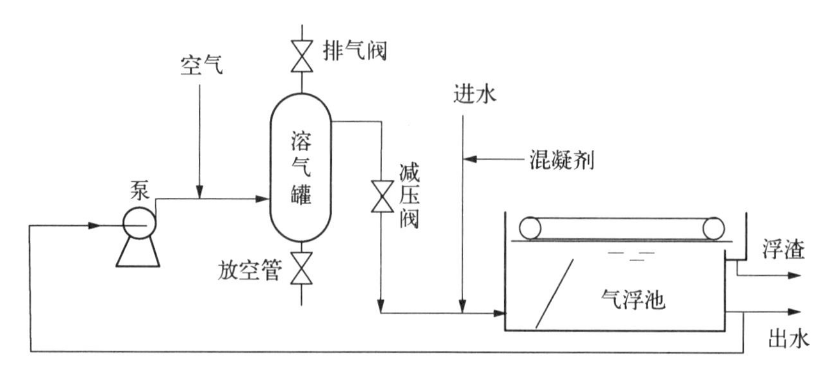


图 6-12 部分回流溶气气浮法流程

流程大。

为了提高气浮的处理效果，往往向废水中加入混凝剂或浮选剂，投加量因水质不同而异，一般由试验确定。

(3) 加压溶气气浮法的主要设备

① 进气方式

加压溶气法有两种进气方式，即泵前进气和泵后进气。

泵前进气，由水泵压水管引出一支管返回吸水管，在支管上安装水力喷射器，废水经过水力喷射器时造成负压，将空气吸入与废水混合后，经吸水管、水泵送入溶气罐。这种方式省去了空压机，比较简便，水、气混合均匀，但水泵必须采用自吸式进水，而且要保持 1 m 以上的水头。此外，其最大吸气量不能超过水泵吸水量的 10%，否则水泵工作不稳定，会产生汽蚀现象。

泵后进气，一般是在压水管上通入压缩空气。这种方法使水泵工作稳定，而且不必要求其在正压下工作，但需要由空气压缩机供给空气，为了保证良好的溶气效果，溶气罐的容积也比较大，一般需采用较复杂的填充式溶气罐。

② 溶气罐

溶气罐的作用是在一定的压强(一般 0.2～0.6 MPa)下，保证空气能充分地溶于废水中，并使水、气混合良好。混合时间一般为 1～3 min，混合时间与进气方式有关，即泵前进气混合时间可短些，泵后进气混合时间要长些。溶气罐的顶部设有排气阀，以便定期将积存在顶部末溶解的空气排掉，以免减少罐容，另外多余的空气如不排出，由于游离气泡的搅动，会影响气浮池的气浮效果。罐底设放空阀，以便清洗时放空溶气罐。为了防止溶气罐内短流，增大紊流程度，促进水、气充分接触，加快气体扩散，常在罐内设隔套、挡板或填料。

溶气罐的类型可分为静态型和动态型两大类。静态型包括花板式、纵隔板式、横隔板式等，这种溶气罐多用于泵前进气。动态型包括填充式、涡轮式等，多用于泵后进气。图 6-13 所示为各种溶气罐类型。国内废水处理中多采用花板式和填充式。

③ 减压阀

减压阀的作用是保持溶气罐出口处的压力恒定，从而可以控制出罐后气泡的粒径和数量。也可用低压溶气释放器来代替减压阀，溶气水流经释放器时，由于形成强烈的搅动和涡流，便产生微细气泡。

④ 气浮池

气浮池是气浮过程的主要设备，它的作用是使废水中的空气以微小气泡形式逸出，气

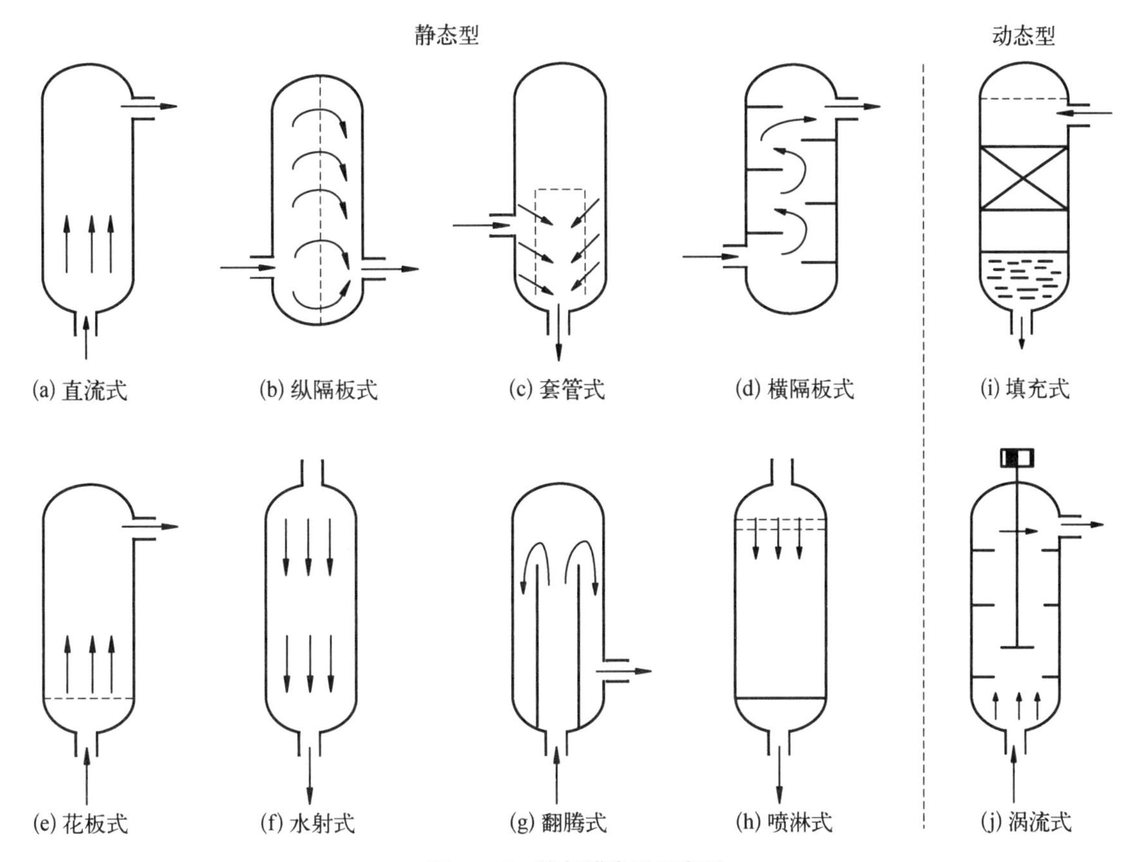


**图 6-13 溶气罐类型示意图**

泡在上升过程中吸附乳化油和细小悬浮颗粒，上浮至水面形成浮渣，由刮渣机刮出而实现污染物与水的分离。加压溶气气浮池的种类较多，一般可分为平流式和竖流式两种，它们分别与平流式、竖流式沉淀池类似，如图 6-14、图 6-15 所示。此外，还有斜板式气浮池，这种气浮池类似于斜板隔油池，如图 6-16 所示。气浮室由斜板分隔成若干小室，每个小室均有进水管引入溶气水。泡沫由上部刮泡器排出，处理水和沉降污泥分别由与各小室相通的污泥管和处理水管排出。废水在气浮池内的停留时间一般为 30～40 min。表面负荷为 5～10 $m^3/(m^2 \cdot h)$。

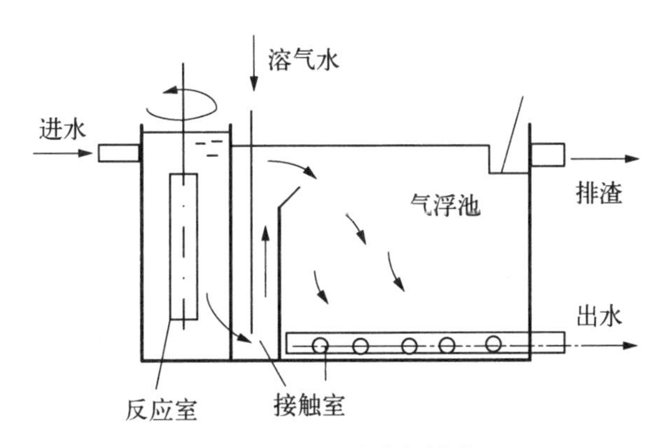


**图 6-14 平流式气浮池**

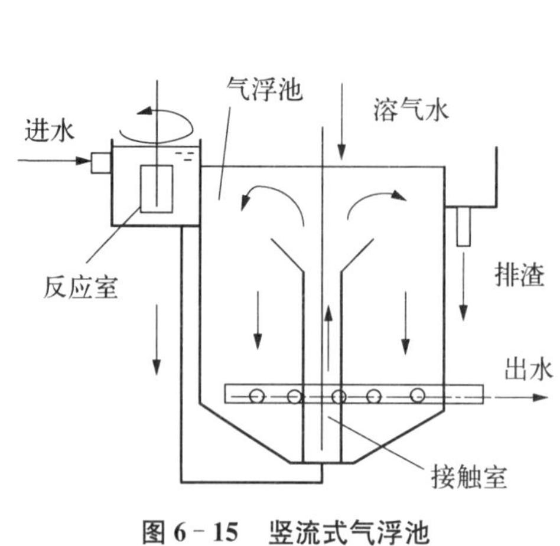


图 6-15 竖流式气浮池

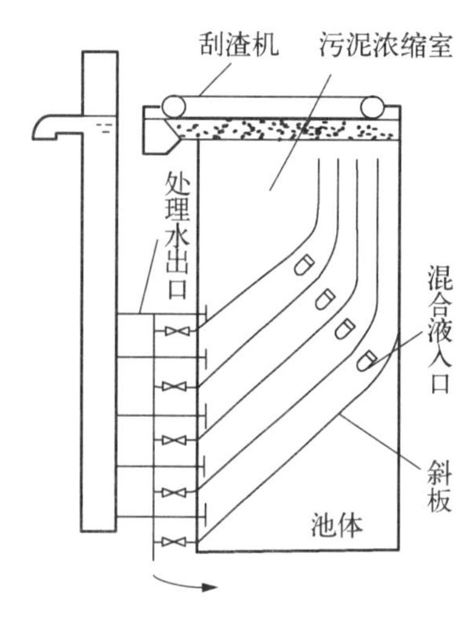


图 6-16 斜板式气浮池

### 6.2.4 气浮过程的调节

前文提到污染物的颗粒是否与气泡黏附及黏附的牢固程度，与污染物的疏水性强弱有关。有时污染物的疏水性较弱，用气浮法处理时效率很低。为了增加废水中悬浮颗粒的疏水性，以提高气浮效果，需向废水中投加化学药剂，这些化学药剂称为浮选剂。根据其作用的不同浮选剂可分为捕收剂、起泡剂、调整剂等。

（1）捕收剂

废水中的污染物是多种多样的，它们中许多颗粒表面亲水，不易气浮，需要投加药剂与颗粒表面作用，改善颗粒与水界面、颗粒与空气界面的自由能，提高其可浮性。这种能够提高颗粒可浮性的药剂称为捕收剂。捕收剂大多数是由极性-非极性分子组成的。当浮选剂的极性基被吸附在亲水性悬浮颗粒的表面后，非极性基则朝向水中，这样就可以使亲水性物质转化为疏水性物质，从而能使其与微细气泡相黏附。捕收剂的种类有松香油、石油、表面活性剂、硬脂酸盐等。

此外，各种无机或有机高分子混凝剂，不仅可以改变废水中悬浮颗粒的亲水性能，而且还能使废水中的细小颗粒絮凝成较大的絮状体以吸附、截留气泡，加速颗粒上浮。

（2）起泡剂

气浮过程要浮起大量悬浮颗粒或絮体，需要大量的气-液界面，即大量气泡。起泡剂的作用主要是降低液体表面自由能，产生大量微细且均匀的气泡，防止气泡相互兼并，形成相当稳定的泡沫层。起泡剂主要是作用在气-液界面上分散空气，形成稳定的气泡。在一定程度上，起泡剂与捕收剂分子间的共吸附和相互作用，能加速颗粒在气泡上的附着。必须指出，起泡剂降低了气-液界面自由能，同时也降低了颗粒与气泡黏附的动力，对气浮不利。因此，起泡剂的用量不可过多。

起泡剂大多数是含有亲水性基团和疏水性基团的表面活性剂。根据其成分可分为帖烯类化合物、甲酚酸、重吡啶、脂肪醇类和合成洗涤剂等。

（3）调整剂

为了提高气浮过程的选择性，加强捕收剂的作用并改善气浮条件，在气浮过程中常使用调整剂。调整剂包括抑制剂、助凝剂和介质调整剂三大类。

第一类：抑制剂。废水中存在着许多物质，它们并非都是有毒的或是值得回收的物质。因此，往往需要从废水中优先气浮出一种或几种有毒的或值得回收的物质，这就需要暂时或永久性地抑制其他物质的可浮性，而又不妨碍需要去除的悬浮颗粒的上浮，如石灰、硫化钠等。

第二类：助凝剂。助凝剂作用是提高悬浮颗粒表面的水密性，以提高颗粒的可浮性，如聚丙烯酰胺。

第三类：介质调整剂。其主要是调节废水的 pH，改进和提高气泡在水中的分散度以及提高悬浮颗粒与气泡的黏附能力，如各种酸、碱等。

### 6.2.5 气浮法的应用

气浮法广泛应用于含油废水的处理。含油废水经隔油池处理，只能除去颗粒粒径为 30～50 μm 的油珠(乳化油)。由于油类物质大都是疏水的，因此乳化油易黏附于气泡上，随气泡一起上浮，增加其上浮速度，例如，粒径为 1.5 μm 的油珠，上浮速度不大于 0.001 mm/s，黏附在气泡上后，上浮速度可达 0.9 mm/s，即上浮速度提高了 900 倍。因此，在对含油废水的处理中常把气浮处理置于隔油池之后，作为进一步去除乳化油的措施。

气浮法也广泛用于处理悬浮物以有机物为主的废水。因为以有机物为主的悬浮物颗粒密度小，沉降速度低，用沉降法处理去除效率低。在水处理中，气浮法主要应用于：① 分离地表水中的细小悬浮物、藻类及微絮体；② 回收工业废水中的有用物质，如造纸厂废水中的纸浆纤维及填料等；③ 代替二次沉淀池，分离和浓缩剩余活性污泥，特别适用于那些易于产生污泥膨胀的生化处理工艺中；④ 分离回收含油废水中的悬浮油和乳化油；⑤ 分离回收以分子或离子状态存在的目的物，如表面活性物质和金属离子。

气浮法具有以下特点：① 由于气浮池的表面负荷有可能高达 12 $m^3/(m^2 \cdot h)$，水在池中停留时间只需 10～20 min，而且池深只需 2 m 左右，故占地较少，节省基建投资；② 气浮池具有预曝气作用，出水和浮渣都含有一定量的氧，有利于后续处理或再利用，泥渣也不易腐化；③ 对那些很难用沉降法去除的低浊度含藻废水，气浮法处理效率高，甚至还可去除原水中的浮游生物，出水水质好；④ 浮渣含水率低，一般在 96%以下，明显比沉淀池污泥体积少，对污泥的后续处理有利，而且表面刮渣也比池底排泥方便；⑤ 可以回收利用有用物质；⑥ 气浮法所需药剂量比沉降法少。但是气浮法也有缺点，主要是电耗较大，处理每吨废水比沉降法多耗电约 0.02～0.04 kW·h；目前使用的溶气水减压释放器易堵塞；浮渣怕较大的风雨袭击。

# 7 其他分离方法

## 7.1 离心分离法

### 7.1.1 离心分离原理

物体高速旋转时，产生离心力场。利用离心力将废水中密度与水不同的悬浮物分离出去的处理方法，称为离心分离法。

废水在作高速旋转时，使密度大于水的悬浮固体被抛向外围，而密度小于水的悬浮物（如乳化油）则被推向内层。如将水和悬浮物从不同的出口分别引出，即可使两者得以分离。废水在高速旋转的过程中，悬浮颗粒同时受到两种径向力的作用，即离心力和水对颗粒的向心推力。设颗粒和同体积水的质量分别为 $m_p$(kg)和 $m_1$(kg)，旋转半径为 $r$(m)，角速度为 $\omega$(rad/s)，则颗粒受到的离心力和径向推力分别为 $m_p\omega^2 r$(N)和 $m_1\omega^2 r$(N)。此时，颗粒所受的净离心力 $F_c$(N)为两者之差，即：

$$F_c = (m_p - m_1)\omega^2 r \tag{7.1}$$

而该颗粒在水中的净重力为：

$$F_g = (m_p - m_1)g \tag{7.2}$$

若以 $n$ 表示转速(r/min)，并将 $\omega = 2\pi n/60$ 代入式(7.2)，以 $\alpha$ 表示颗粒所受离心力与重力之比，则有：

$$\alpha = \frac{F_c}{F_g} = \frac{\omega^2 r}{g} \approx \frac{m^2}{900} \tag{7.3}$$

式中，$\alpha$ 称为离心设备的分离因素，是衡量离心设备分离性能的基本参数。在旋转半径 $r$ 一定时，$\alpha$ 值随转速 $n$ 的平方急剧增大，例如，当 $r=0.2$ m，$n=500$ r/min 时，$\alpha \approx 56$；而当 $n=3\ 000$ r/min 时，则 $\alpha \approx 2\ 000$。可见，在离心分离过程中，离心力对悬浮颗粒的作用远远超过了重力，从而极大地强化了分离过程。

另外，根据颗粒随水旋转时所受到的向心力与水的反向阻力平衡的原理，可导出粒径为 $d_p$(m)的颗粒的稳定分离速度 $u_c$(m/s)为：

$$u_c = \frac{\omega^2 r(\rho - \rho_0)d_p^2}{18\mu} \tag{7.4}$$

式中，$\rho$，$\rho_0$分别为颗粒和水的密度（kg/m$^3$）；$\mu$ 为水的动力黏度（0.1 Pa·s）。

式（7.4）中，$\rho>\rho_0$ 时，$\mu$ 为正值，颗粒被抛向周边；当 $\rho<\rho_0$ 时，颗粒被推向中心。在离心分离设备中，能进行离心沉降和离心浮上两种操作。

### 7.1.2 离心分离设备

按照产生离心力的方式不同，离心分离设备可分为气旋和水旋两类。前者指各种离心机，其特点是由高速旋转的转鼓带动物料产生离心力。后者如水力旋流器、旋流沉淀池，其特点是器体固定不同，而由沿切向高速进入器内的物料产生离心力。

1. 离心机

离心机的种类和形式很多。按分离因素的大小，可分为高速离心机（$\alpha>3\,000$）、中速离心机（$\alpha=1\,000\sim3\,000$）和低速离心机（$\alpha<1\,000$），中、低速离心机（又统称常速离心机）。按转鼓几何形状的不同，可分为转筒式、管式、盘式和板式离心机；按操作过程，可分为间歇式和连续式离心机；按转鼓的安装角度，则分为立式和卧式离心机。

（1）常速离心机

用常速离心机进行液固分离的基本要求是悬浮物与水有较大的密度差。其分离效果主要取决于离心机的转速及悬浮物密度和粒度的大小。常速离心机还有一类间歇式过滤离心机，转鼓壁上有许多小孔，壁内有过滤网（滤布），悬浮液在转鼓内旋转，靠离心力把液相甩出筛网，而固相颗粒则被筛网截留，形成滤饼，从而实现以离心分离和阻力截留的双重作用完成液固分离过程。

（2）高速离心机

高速离心机有管式和盘式等类型，主要用于分离乳浊液中的有机分散物质和细微悬浮固体，如从洗毛废水回收羊毛脂，从淀粉麸质水中回收玉米蛋白质等。

2. 水力旋流器

水力旋流器是在水介质中根据大小不同的固体颗粒在离心力作用下沉降速度不同进行分级，有压力式和重力式两种类型。废水切向进入压力式水力旋流器，借助进水压能和速度头产生离心力，实现固液分离。重力式水力旋流器（又称水力旋流沉淀池）处理废水时，废水也是切向进入器内，并借助进、出水的压力差在器内作旋转运动，固体颗粒的分离基本上是由重力决定的，离心力的作用并不重要。常用的有美国 Smith & Loveless 公司的佩斯塔（Pista）沉砂池（图 7-1）和英国 Jones & Attwod 公司的钟式（Jeta）沉砂池（图 7-2）。

## 7.2 磁力分离法

磁力分离法，是指借助外加非均匀磁力将废水中具有磁性的悬浮物吸出，使之与废水分离，从而达到去除目的的水处理方法。与传统的固液分离方法（沉淀、气浮、过滤等）相比，磁力分离法具有处理能力大、去除效率高和设备紧凑等优点。通过磁力分离技术处理后的磁性物质可利用外加磁力进行回收利用，在应用过程中不发生化学反应，故不易产生二次污染，且只需少量磁性物质就可以产生较好的效果，可循环使用，降低处理成本。该方法不但已成功地被应用于钢铁工业废水中磁性悬浮物的分离，而且经过适当的辅助处理之后，还能用于其他工业废水、城市污水和地表水的处理。

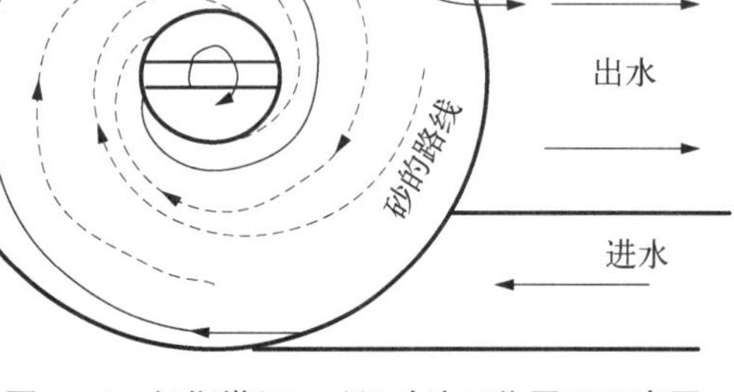


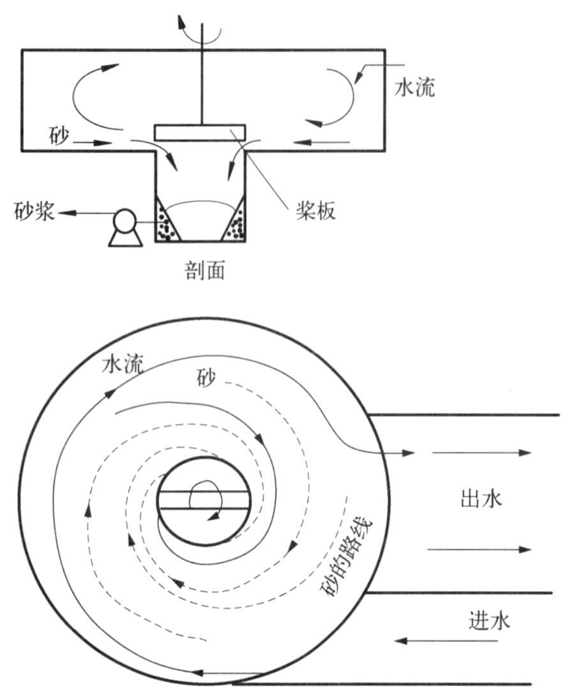


图 7-1 佩斯塔(Pista)沉砂池工作原理示意图

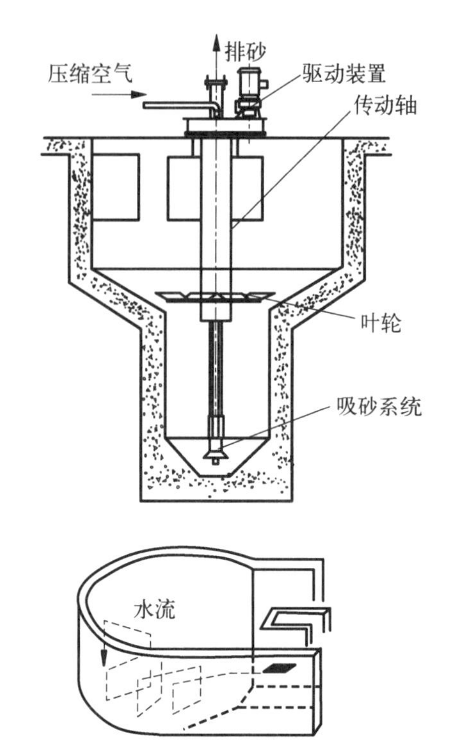


图 7-2 钟式(Jeta)沉砂池工作原理示意图

目前能在水处理中应用的磁化技术，主要有外加磁场、磁絮凝、磁吸附、磁种催化等分离方法。磁场直接分离，就是通过外加磁场可以对废水中的一些带磁性的污染物或杂质进行吸附，从而达到去除污染物、净化水的效果。磁絮凝分离，对于水中非磁性或顺磁性的颗粒，还可以在混凝剂存在的条件下，通过加入磁性粒子和絮凝剂，使之与颗粒结合形成磁性絮体，再利用磁分离设备快速去除。磁吸附分离，利用共沉淀等方法将磁性物质与传统吸附剂结合生成磁性吸附剂。磁性吸附剂具有较高的吸附能力和良好稳定性，易于使用外加磁场从废水中去除污染物，还可以进行吸附剂的回收和再利用。磁种催化分离，是将带有催化功能的粒子与磁种结合，生成易回收的催化磁种，该方法可以去除废水中的难降解有机物、部分重金属离子。磁种易于回收循环利用。

## 习题和思考

1. 格栅和筛网的功能分别是什么？它们各适用于什么场合？

2. 废水均和调节有哪几种方式，各有何优缺点？调节池容积应如何确定？正常运行的平流式沉淀池能否起到水量和水质的调节？

3. 设置沉砂池的目的和作用是什么？曝气沉砂池的工作原理与平流式沉砂池有何区别？

4. 什么叫重力沉淀法？重力沉淀法的去除对象是什么？适用的场合是什么？

5. 沉淀有哪几种类型？各自有什么特点？它们之间有何区别和联系？

6. 影响单颗粒沉淀(或上浮)速度的因素有哪些？可用哪些强化措施？

7. 沉淀工艺中，颗粒的最小沉降速度 $u_0$ 和沉淀池表面负荷 $q$ 物理意义是什么？两者有何区别和联系？$u_0$和 $q$ 在设计沉淀池中有何实际意义？

8. 沉淀池可分为普通沉淀池和浅层沉淀池两大类，按照水在池内的总体流向，普通沉淀池有哪几种形式？各种沉淀池的基本构造是什么？

9. 为什么斜板(管)沉淀池的沉淀效率和处理能力比普通沉淀池的高？

10. 按水中悬浮物的性质，浮力浮上法有哪几种具体处理方法？试述每种方法的特点和适用的对象。

11. 什么是气浮？污染物要实现气浮必须具备哪些条件？

12. 为什么废水中乳化油类不易相互粘聚上浮？要使它们能实现气浮必须采取什么措施？

13. 加压溶气气浮法有哪几种基本流程与溶气方式？各有什么特点？

14. 与沉淀法相比，气浮法有哪些特点？

15. 一平流沉淀池，澄清区面积为 $20\times4\ m^2$，流量为 $Q=120\ m^3/h$。若将其改造成斜板沉淀池，流量提高至原流量的 6.5 倍，其他条件不变。求需要装多少块斜板？(斜板长 $L=1.2$ m，宽 $B=0.8$ m，板间距 $d=0.1$ m，板与水平夹角 $\theta=60°$，板厚忽略不计)

16. 某城市最大污水量为 1 800 $m^3/h$，原污水悬浮浓度 $C_1=250$ mg/L，污水悬浮物允许排放浓度 $C_2=80$ mg/L。拟用辐流沉淀池处理。试计算污染物去除率及沉淀池基本尺寸。(沉淀时间取 1.5 h，沉淀池有效水深 3.3 m)

17. 某废水流量为 $Q$，悬浮固体百分含量分别为：$a$，2%；$b$，4%；$c$，9%；$d$，26%；$e$，30%；$f$，22%；$g$，7%。悬浮固体在平流式理想沉淀池中的运动轨迹如下图所示，试求：

① 图示中的悬浮固体的去除率是多少？

② 若悬浮固体去除率为 100%，应各加几块水平隔板？分别加于何处？

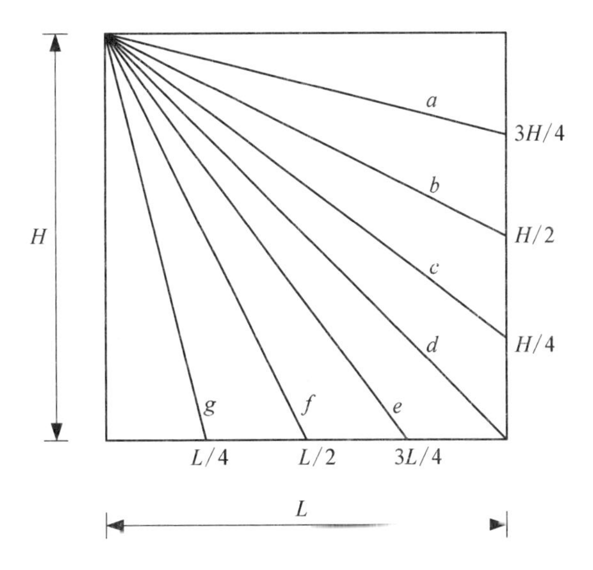

# 前端处理技术——化学法

化学处理是利用化学反应的作用来去除水中的杂质。处理对象主要是废水中的无机的或有机的(难以生物降解的)溶解物质或胶体物质。常用的化学处理方法有中和法、化学混凝法、化学沉淀法和氧化还原法等。

# 8 中和法

## 8.1 酸碱废水概述

废水中酸的质量分数大于 3%～5%时，常称为废酸液；废水中碱的质量分数大于 1%～3%时，常称为废碱液。废酸液和废碱液往往要采用特殊的方法回收其中的酸和碱。酸的质量分数小于 3%～5%或碱的质量分数小于 1%～3%的废水称酸性废水或碱性废水。由于其中酸碱含量低，回收的价值不大，常采用中和法处理，使废水 pH 恢复到中性附近的一定范围，消除其危害。我国《污水综合排放标准》(GB 8978—1996)中规定，排放废水的 pH 应在 6～9之间。

含酸废水和含碱废水是两种重要的工业废水。酸性废水有的含无机酸(如硫酸、硝酸、盐酸、磷酸、氢氟酸、氢氰酸等)，有的含有机酸(如醋酸、甲酸、柠檬酸等)。碱性废水中含有碱性物质，如苛性钠、碳酸钠、硫化钠及氨类等。酸性废水的危害程度比碱性废水要大。酸性废水主要来源于化工厂、化纤厂、电镀厂、煤加工厂及金属酸洗车间等。碱性废水主要来源于印染厂、造纸厂、炼油厂和金属加工厂等。酸碱废水污染水体，使水体 pH 数值发生变化，破坏水体自然缓冲作用，消灭或抑制微生物生长，妨碍水体自净，增加水体硬度。另外，酸会腐蚀钢管、混凝土等。表 8.1 所示为酸碱废水按 pH 的分类。

**表 8.1　酸碱废水分类**

| 分类 | 强酸性废水 | 弱酸性废水 | 中性废水 | 弱碱性废水 | 强碱性废水 |
|---|---|---|---|---|---|
| pH | $<4.5$ | 4.5～6.5 | 6.5～8.5 | 8.5～10.0 | $>10$ |

## 8.2 酸碱中和过程

中和法是利用碱性药剂或酸性药剂将废水从酸性或碱性调整到中性附近的一类处理方法。在工业废水处理中，中和法处理既可以作为主要的处理单元，也可以作为预处理。

中和处理适用于下列情况：① 废水排入受纳水体前，其 pH 指标超过排放标准。这时应采用中和处理，以减少对水生生物的影响。② 工业废水排入城市下水道系统前，为避免对管道系统造成腐蚀。工业废水在排入前进行中和，要比对与其他废水混合后的大量废水进行中和经济得多。③ 化学处理或生物处理也需要控制废水的 pH。对生物处理而言，需将处理系统的 pH 维持在 6.5～8.5 范围内，以确保最佳的生物活力。对化学处理而言，也需要在一定的

pH 范围内才能取得好的处理效果。

中和处理发生的主要反应是酸与碱生成盐和水的中和反应。由于酸性废水中常溶解有重金属盐,在用碱进行中和处理时,还可生成难溶的金属氢氧化物。中和药剂的理论投量,可按等当量反应的原则进行计算。实际废水的成分比较复杂,干扰酸碱平衡的因素较多,中和时 pH 的变化情况也比较复杂。这时,应通过实验以确定中和剂投加量。

## 8.3 酸性废水的中和处理

### 8.3.1 药剂中和法

药剂中和法能处理任何浓度、任何性质的酸性废水,对水质和水量波动适应性强,中和药剂利用率高。主要的药剂有石灰、苛性钠、碳酸钠、石灰石等。此外,作为综合利用,也可以用碱性废渣、废液作为中和剂,如电石渣液、废碱液等。其中最常用的是石灰(CaO)。药剂的选用不仅要考虑药剂的溶解性、反应速度、成本、二次污染等因素,还要考虑中和产物的性状、数量及处理费用等。

中和剂的投加量,可按实验绘制的中和曲线确定,也可根据水质分析资料,按中和反应的化学计量关系确定。碱性药剂用量 $G$(kg/d)可按下式计算:

$$G=(K/P)(Qc_1a_1+Qc_2a_2) \tag{8.1}$$

式中,$Q$ 为废水流量,$m^3/d$;$c_1$为 废水含酸量,$kg/m^3$;$a_1$为中和 1 kg 酸所需的碱性药剂量;$a_2$为中和 1 kg 酸性盐所需的碱性药剂量;$c_2$为废水中需中和的酸性盐类量,$kg/m^3$;$K$ 为考虑部分药剂不能完全参加反应的加大系数,用石灰湿投时,$K$ 取 1.05~1.10;$P$ 为药剂的有效成分含量。

中和产生的渣量(干基)$G_a$(kg/d)可按下式计算:

$$G_a=G(B+e)+Q(S-d) \tag{8.2}$$

式中,$B$ 为消耗单位质量药剂所生成的难溶盐及金属氢氧化物量,kg/kg;$e$ 为单位质量药剂中杂质含量,kg/kg;$S$ 为中和前废水中悬浮物含量,$kg/m^3$;$d$ 为中和后出水挟走的悬浮物含量,$kg/m^3$。

石灰的投加可分为干法和湿法。干法添加时可采用根据电磁振荡原理制成的石灰振荡设备投加,以保证投加均匀。干式投加设备简单,但反应较慢,而且反应不易彻底,投药量大(须为理论量的 1.4~1.5 倍),且当石灰为块状时需要破碎,另外干法添加时工作条件不好,劳动强度大。所以最常用的是湿法添加。

图 8-1 为湿法添加石灰的工艺流程图。将石灰在消解槽内先消解成浓度为 40%~50%的乳液,然后投入乳液槽,经搅拌配成浓度为 5%~10%的氢氧化钙乳液,再用泵送到投配槽。消解槽和乳液槽中用水泵循环搅拌(不宜用压缩空气,以免 $CO_2$与 CaO 反应生成沉淀堵塞管道),以防止产生沉淀。投配系统采用溢流循环方式,即输送到投配槽的乳液量大于投加量,剩余量溢流回乳液槽,这样可维持投配槽内液面稳定,易于控制投加量。当短时间停止添加石灰时,石灰乳可在体系内循环,可防止系统堵塞。湿法添加的缺点是所需设备多。

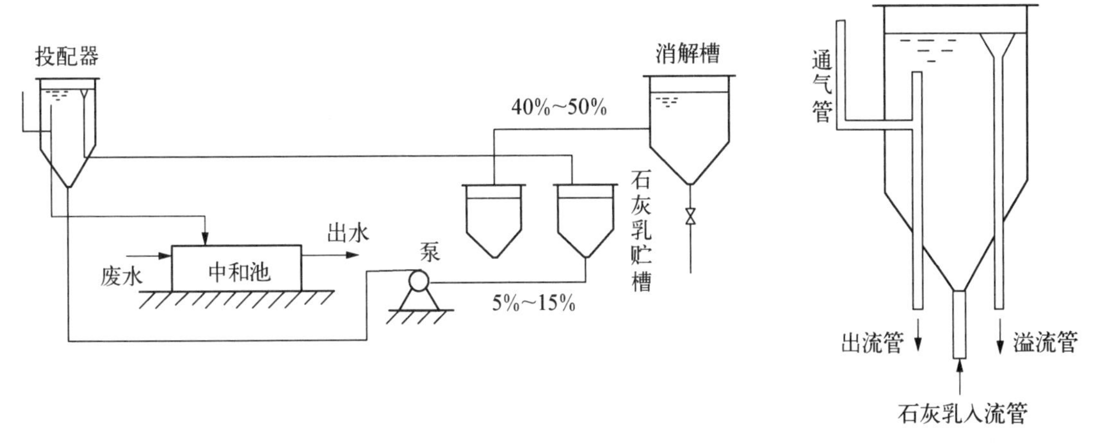


**图 8-1 湿法添加石灰制备石灰乳流程示意图**

中和反应在反应池内进行。由于反应时间较快,可将混合池和反应池合并,采用隔板式或机械搅拌,停留时间一般为 5~10 min。为取得满意的中和效果,一般石灰加入反应池是分步进行的,即多级串联的方式,以获得稳定可靠的中和效果,如图 8-2 所示。并且最好设置 pH 自动控制系统。但在实际应用中取得满意的中和效果并不容易,这是因为:① 对于强酸或强碱的中和,特别是接近中性点时,pH 与中和剂用量之间的关系是非线性的,较难控制,所以分批加入有好处;② 使少量的中和剂与大量的废水在短时间内彻底混合很困难;③ 废水流量有时变化较大;④ 废水 pH 也随时间的变化而变化。投药中和法有两种运行方式:当废水量少或间断排出时,可采用间歇处理方式,并设置 2~3 个池子进行交替工作;当废水量大且连续排出时采用连续处理方式。

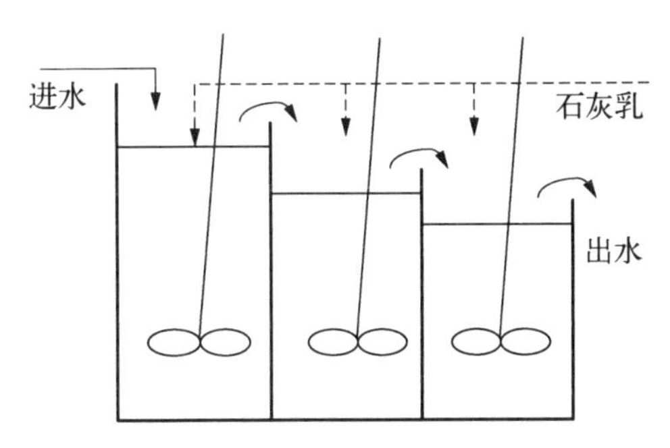


**图 8-2 分步中和工艺示意图**

## 8.3.2 过滤中和

过滤中和是指使废水通过具有中和能力的滤料进行中和反应的一种方法,适用于含酸浓度不大于 2~3 g/L 并生成易溶盐的各种酸性废水的中和处理。当废水含大量悬浮物、油脂、重金属盐和其他毒物时,不宜采用。主要的碱性滤料有三种:石灰石、大理石、白云石。前两种滤料的主要成分是 $CaCO_3$,后一种的主要成分是 $CaCO_3 \cdot MgCO_3$。

滤料的选择和中和产物的饱和浓度有密切的关系。因为滤料的中和反应是发生在颗粒表面上的,如果中和产物的饱和浓度很小,就在滤料颗粒表面形成不溶性的硬壳,阻止中和反应的继续进行,使中和处理失败。各种酸在中和后形成的盐具有不同的饱和浓度,其顺序大致为:$Ca(NO_3)_2$、$CaCl_2$>$MgSO_4$、$CaSO_4$>$CaCO_3$、$MgCO_3$。

中和处理硝酸、盐酸时,滤料可选用石灰石、大理石或白云石;处理碳酸时,含钙或镁的中和剂都不行,不宜采用过滤中和法;中和硫酸时最好选用含镁的中和滤料(白云石)。但白云石的来源少、成本高,反应速度慢,所以如能正确控制硫酸浓度,使中和产物($CaSO_4$)生成量不超过其饱和浓度,那么也可以采用石灰石或大理石。根据硫酸钙的饱和浓度数据可以算出,以石灰石为滤料时,硫酸允许浓度在 1~1.2 g/L。如硫酸浓度超过上述允许值,可使中和后的出水回流，用以稀释原水，或改用白云石滤料。采用碳酸盐做中和滤料时，有 $CO_2$ 气体产生，它能附着在滤料表面，形成气体薄膜，阻碍反应进行。酸的浓度愈大，产生的气体就愈多，阻碍作用也就越严重。采用升流过滤方式和较大的过滤速度，有利于消除气体的阻碍作用。另外，过滤中和产物 $CO_2$ 溶于水使出水 pH 约为 5，经曝气吹脱 $CO_2$，则 pH 可上升到 6 左右。

中和滤池常用的有三种类型：普通中和滤池、升流式膨胀中和滤池及滚筒式中和滤池。

普通中和滤池为固定床，即中和所用的滤料是固定不动的，水流过滤料。按水的流向又分为平流式和竖流式两种。目前多用竖流式。竖流式又分升流式和降流式两种，如图 8-3 所示，滤床厚度一般为 1～1.5 m；过滤速度低，不大于 5 m/h；滤料粒径大(30～50 mm)。

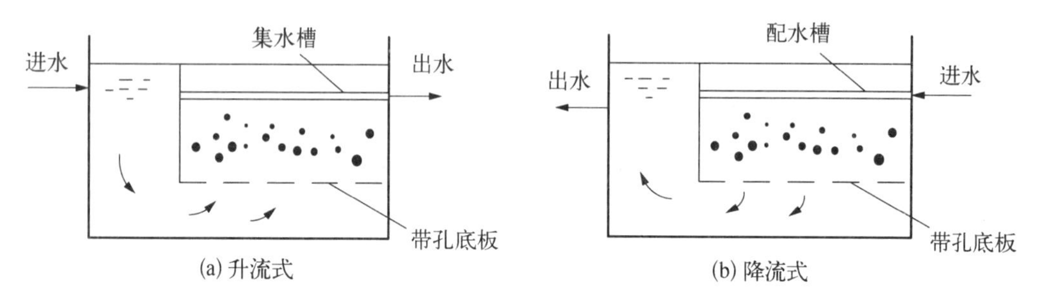


**图 8-3 普通中和滤池**

普通中和滤池的滤料是固定不动的，因此表面易结垢，易堵塞，过滤速度低，为克服上述缺点，出现了升流式膨胀中和滤池(图 8-4)。与普通中和滤池相比，升流式膨胀中和滤池中滤料粒径小(0.5～3 mm，平均约 1.5 mm)、过滤速度高(60～70 m/h)，废水由下向上流动。由于粒径小，增大了反应面积，缩短了中和时间；由于流速大，滤料可以悬浮起来，通过互相碰撞，使表面形成的硬壳容易剥离下来，表面不断更新，从而可以适当增大进水中硫酸的允许含量。由于是升流运动，剥离的硬壳容易随水流走。$CO_2$ 气体易排出，不致造成滤床堵塞。滤料层厚度在运行初期为 1～1.2 m，最终换料时为 2 m，滤料膨胀率保持在 50%。池底设 0.15～0.2 m 的卵石垫层，池顶保持 0.5 m 的清水区。采用升流式膨胀中和滤池处理含硫酸废水，硫酸允许浓度可提高到 2.2～2.3 g/L。

滚筒式中和滤池(图 8-5)，废水由滚筒的一端进入，由另一端流出。装于滚筒中的滤料

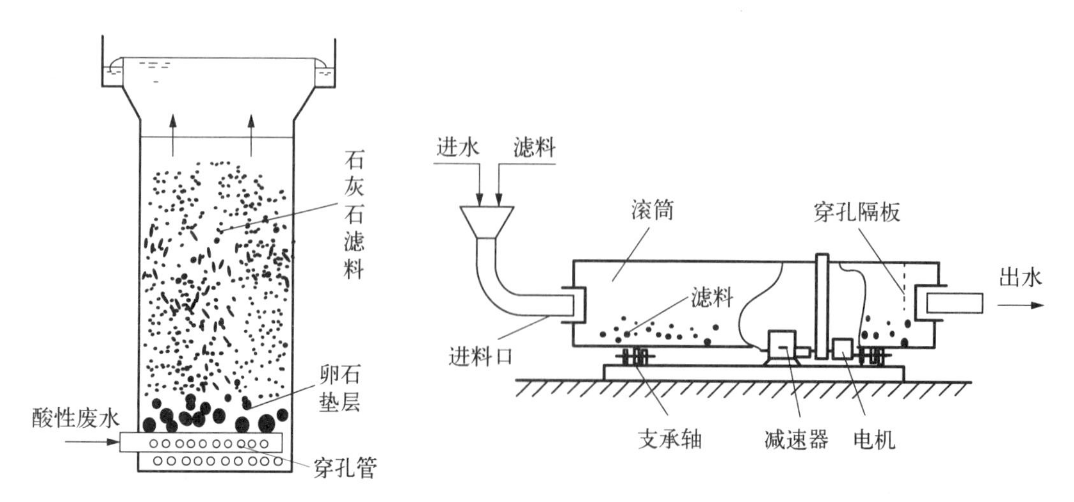


**图 8-4 升流式膨胀中和滤池**　　**图 8-5 滚筒式中和滤池**

随滚筒一起转动，使滤料互相碰撞，及时剥离由中和产物形成的覆盖层，表面更新更快，可以加快中和反应速度。进水的硫酸浓度可以超过允许浓度数倍，而滤料粒径却不必破碎得很小。其缺点是负荷较低(约为 36 $m^3/m^2 \cdot h$)、构造复杂、动力费用较高、运转时噪声较大，同时对设备材料的耐蚀性能要求高。

### 8.3.3 利用碱性废水及废渣的中和处理法

酸碱废水相互中和是一种既简单又经济的以废治废的处理方法。酸碱废水相互中和一般是在混合反应池内进行的，池内设有搅拌装置。两种废水相互中和时，如果水量和浓度难以保持稳定，会给操作带来困难。在此情况下，一般应在混合反应池前设调节池。在同时存在酸性废水和碱性废水的情况下，可以以废治废，使酸碱废水互相中和，如利用喷淋装置进行碱性废渣中和酸性废水的操作(图 8-6)。例如，电石渣中含有大量的 $Ca(OH)_2$、软水站石灰软化法的废渣中含有大量 $CaCO_3$、锅炉灰中含有 2%～20%的 CaO，利用它们处理酸性废水，均能获得一定的中和效果。

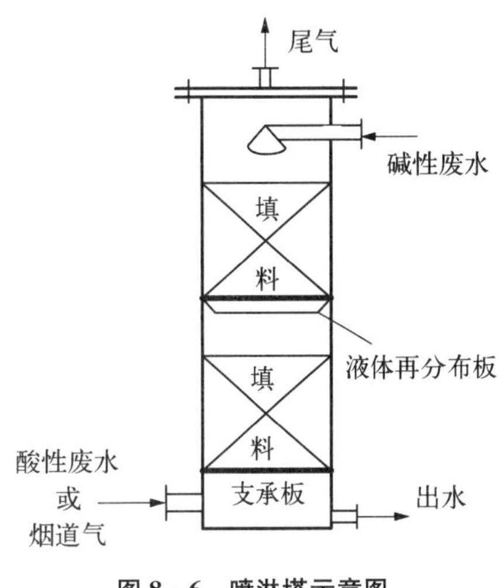

**图 8-6 喷淋塔示意图**

## 8.4 碱性废水的中和处理

碱性废水的中和要用酸性物质，通常采用的方法有：利用酸性废水中和、加酸中和及利用烟道气进行中和。

利用酸性废水中和就是酸碱废水的相互中和。加酸中和主要是采用工业硫酸，因为硫酸价格较低。还可以使用盐酸，使用盐酸的最大优点是反应产物的饱和浓度大，泥渣量少，但出水中溶解固体浓度高，同时还需考虑设备腐蚀问题。无机酸中和碱性废水的工艺过程与设备，与投药中和酸性废水时基本相同。

废酸性物质包括含酸废水、烟道气等。利用酸性废水中和碱性废水的原理和用碱性废水中和酸性废水相同。烟道气中的 $CO_2$ 含量可高达 24%，此外有时还含有 $SO_2$ 和 $H_2S$，故可用烟道气来中和碱性废水。用烟道气中和碱性废水一般在喷淋塔中进行，如图 8-6 所示。废水从塔顶布水器均匀喷出，烟道气则从塔底鼓入，两者在填料层间进行逆流接触，完成中和过程，使碱性废水和烟道气都得到净化。根据资料介绍，用烟道气中和碱性废水，可使出水 pH 由 10～12 降到中性。该法的优点是以废治废，投资少，运行费用低，缺点是出水中的硫化物、耗氧量和色度都会明显增加，还需进一步处理。

# 9 化学混凝法

化学混凝法可以用来降低废水的浊度和色度，去除多种高分子有机物、某些重金属和放射性物质，还能改善污泥的脱水性能。与废水的其他处理法比较，混凝法设备简单，维护操作易于掌握，处理效果好，间歇或连续运行均可以。但由于不断向废水中投药，经常性运行费用较高，沉渣量大，且脱水较困难。

## 9.1 混凝原理

混凝的主要对象是废水中的细小悬浮颗粒和胶体微粒，这些颗粒用自然沉降法很难从水中分离。混凝是通过向废水中投加混凝剂，破坏胶体的稳定性，使细小悬浮颗粒和胶体微粒聚集成较粗大的颗粒而沉降，得以与水分离，使废水得到净化的过程。

### 9.1.1 废水中胶体颗粒的稳定性

废水中细小悬浮颗粒和胶体微粒的粒径和质量很小，尤其胶体微粒直径为 $10^{-3} \sim 10^{-8}$ mm。这些颗粒在废水中因受水分子热运动的碰撞而作无规则的布朗运动，同时胶体微粒本身带电，同类胶体微粒带有同性电荷，彼此之间存在着静电排斥力，因此不能相互靠近以结成较大颗粒而沉降。另外，许多水分子被吸引在胶体微粒周围，具有强烈的吸附性能和水化作用等，阻止胶体微粒与带相反电荷的离子中和，妨碍颗粒之间接触和凝聚下沉。因此，废水中的细小悬浮颗粒和胶体微粒不易沉降，总是保持着分散和稳定的状态。

### 9.1.2 胶体的结构

胶体的结构很复杂，它由胶核、吸附层和扩散层组成。图 9-1 为胶体结构示意图。粒子的中心为胶核，由数百乃至数千个分散相固体物质分子组成。在胶核表面，吸附了一层带同号电荷的离子，称为电位离子层。为维持胶体粒子的电中

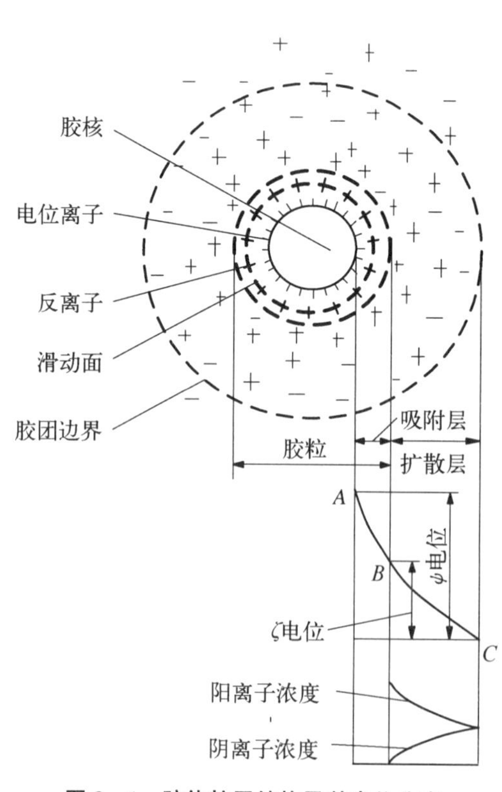


图 9-1 胶体粒子结构及其电位分布

性,在电位离子层外吸附了电量与电位离子层总电量相同,而电性相反的离子,这层称为反离子层。

电位离子层与反离子层构成了胶体粒子的双电层结构。其中电位离子层构成了双电层的内层,其所带电荷称为胶体粒子的表面电荷,其电性和电荷量决定了双电层总电位的符号和大小。反离子层构成了双电层的外层,按其与胶核的紧密程度,反离子层又分为吸附层和扩散层,前者指紧靠电位离子,并随胶核一起运动的反离子,它和电位离子层一起构成了胶体粒子的固定层。而反离子扩散层是指固定层以外的那部分反离子,它们由于受电位离子的引力较小,因而不随胶核一起运动,并趋于向溶液主体扩散,直至与溶液中的平均质量浓度相等。吸附层与扩散层的交界面在胶体化学上称为滑动面。

通常将胶核与吸附层合在一起称为胶粒,胶粒再与扩散层组成电中性胶团(即胶体粒子)。由于胶粒内反离子电荷数少于表面电荷数,故胶粒总是带电的,其电量等于表面电荷数与吸附层反离子电荷数之差,其电性与电位离子电性相同。这也是胶体稳定的主要原因。

胶核与溶液主体间由于表面电荷的存在所产生的电位称为 $\psi$ 电位,而胶粒与溶液主体间由于胶粒剩余电荷的存在所产生的电位称为 $\zeta$ 电位。图 9-1 描述了两种电位随距离的变化情况。$\psi$ 电位对于某类胶体而言,是固定不变的,它无法测出,也不具备实用意义,而 $\zeta$ 电位可通过电泳或电渗计得到,它随着温度、pH 及溶液中反离子质量浓度等外部条件而变化,在水处理中有重要意义,它的大小也可由物理化学方法计算得出。

### 9.1.3 胶体的脱稳与凝聚

胶体颗粒保持分散的悬浮状态的特性称为胶体的稳定性。胶体能保持稳定主要有两个原因:第一,由于同类胶体微粒电性相同,它们之间的静电斥力阻止微粒间彼此接近而聚合成较大的颗粒;第二,带电荷的胶粒和反离子都能与周围的水分子发生水化作用,形成一层水化层,也会阻碍胶粒的相互聚合。一种胶体的胶粒带电越多,其 $\zeta$ 电位就越大;扩散层中反离子越多,水化作用也越大,水化层也越厚,因此,扩散层也越厚,稳定性也越强。

胶体因 $\zeta$ 电位降低或消除,从而失去稳定性的过程称为脱稳。胶体失去稳定性的过程称为凝聚。脱稳胶体相互聚集称为絮凝。水中胶体粒子以及微小悬浮物的聚集过程称为混凝,混凝是凝聚和絮凝的总称。混凝过程涉及水中胶体的性质、混凝剂在水中的水解、胶体与混凝剂的相互作用。混凝可以通过压缩双电层、吸附电中和、吸附架桥、沉淀物网捕四种机理来解释。

1. 压缩双电层

由胶体粒子的双电层结构可知,反离子的浓度在胶粒表面处最大,并沿着胶粒表面向外的距离呈递减分布,最终与溶液中离子浓度相等,可见双电层的厚度与溶液中反离子的浓度有关。当向溶液中投加电解质,使溶液中离子浓度增高时,扩散层的厚度减小。该过程的实质是加入的反离子与扩散层原有反离子之间的静电斥力把原有部分反离子挤压到吸附层中,从而使扩散层厚度减小。

由于扩散层厚度的减小,$\zeta$ 电位相应降低,因此,胶粒间的相互排斥力也减少。另一方面,由于扩散层减薄,胶粒相撞时的距离也减小,因此,胶粒相互间的吸引力相应变大。从而其排斥力与吸引力的合力由斥力为主变成以引力为主(排斥势能消失了),胶粒得以迅速凝聚而脱稳。

根据这个机理,溶液中所加的电解质越多,胶体就越容易脱稳,而且无论电解质浓度多高,也不会有更多超额的反离子进入扩散层，不可能出现胶粒重新稳定的情况。但实际上却不完全是这样。例如，以三价铝盐或铁盐作混凝剂，当其投量过多时，混凝效果反而下降，甚至重新稳定，研究表明，此时重新稳定的胶粒表面的电荷与原来的相反。实际上在水溶液中投加混凝剂使胶粒脱稳现象是一个非常复杂的过程，涉及胶粒与混凝剂、胶粒与水溶液、混凝剂与水溶液三个方面的相互作用，是一个综合的现象。而压缩双电层机理只是通过单纯静电现象来说明电解质对脱稳的作用，仅用它不能解释水中的所有混凝现象，例如，胶体的再稳现象，还有中性的大分子物质对胶体粒子的絮凝作用等。为此，又提出了其他几种机理。

2. 吸附电中和

胶粒表面对异号离子、异号胶粒、链状离子或分子带异号电荷的部位等有强烈的吸附作用，由于这种吸附作用中和了电位离子所带电荷，减少了静电斥力，降低了 $\zeta$ 电位，使胶体的脱稳和凝聚易于发生。此时静电引力常是这些作用的主要方面。上面提到的三价铝盐或铁盐混凝剂投量过多，凝聚效果反而出现下降的现象，可以用本机理解释。因为胶粒吸附了过多的反离子，使原来的电荷变号，排斥力变大，从而发生了再稳现象。

3. 吸附架桥(桥连)

吸附架桥作用主要是指链状高分子聚合物在静电引力、范德华力和氢键等作用下，通过活性部位与胶粒和细微悬浮物等发生吸附桥连的过程。

当三价铝盐或铁盐及其他高分子混凝剂溶于水后，经水解、缩聚反应形成的高分子聚合物，具有线形结构。这类高分子物质可被胶粒强烈吸附。聚合物在胶粒表面的吸附来源于各种物理化学作用，如范德华引力、静电引力、氢键、配位键等，哪种作用为主取决于聚合物同胶粒表面两者化学结构的特点。因这类聚合物分子的线形长度较大，当它的一端吸附某一胶粒后，另一端又吸附另一胶粒，在相距较远的两胶粒间进行吸附架桥，使颗粒逐渐变大，也可能同一个胶粒吸附了多个高分子聚合物，最后，各高分子再互相搭接形成粗大絮凝体，使胶体脱稳。如图 9-2 所示。

该机理能解释当废水浊度很低时有些混凝剂效果不好的现象。因为废水中胶粒少，当聚合物伸展部分一端吸附一个胶粒后，另一端因黏连不着第二个胶粒，只能与原先的胶粒黏连，就不能起架桥作用，从而达不到混凝的效果。

在废水处理中，对高分子絮凝剂投加量及搅拌时间和强度都应严格控制，如投加量过大，一开始微粒就被若干高分子链包围，而无空白部位去吸附其他的高分子链，结果就会造成胶粒表面饱和，产生再稳现象。已经架桥絮凝的胶粒，如受到剧烈的长时间的搅拌，架桥聚合物可能从另一胶粒表面脱开，重新被卷回原来所在的胶粒表面，造成再稳定状态。

显然，在吸附桥连过程中，胶粒并不一定要脱稳，也无须直接接触。该机理可解释为什么非离子型或与胶体带同号电荷的离子型高分子絮凝剂也能产生絮凝效果。

4. 沉淀物网捕

当采用硫酸铝、石灰或三氯化铁等高价金属盐类作混凝剂时，当投加量足够大时，可以迅速形成金属氢氧化物[如 $Al(OH)_3$、$Fe(OH)_3$]或带金属的碳酸盐(如 $CaCO_3$)沉淀，水中的胶粒和细微悬浮物可作为晶核或吸附质被这些沉淀物在形成时网捕。水中胶粒本身可作为这些沉淀形成的核心时，凝聚剂最佳投加量与被除去物质的浓度成反比，即胶粒越多，金属凝聚剂投加量越少。

以上介绍的混凝的四种机理，在水处理中可能是同时或交叉发挥作用的，只是在一定情况下以某种机理为主而已。

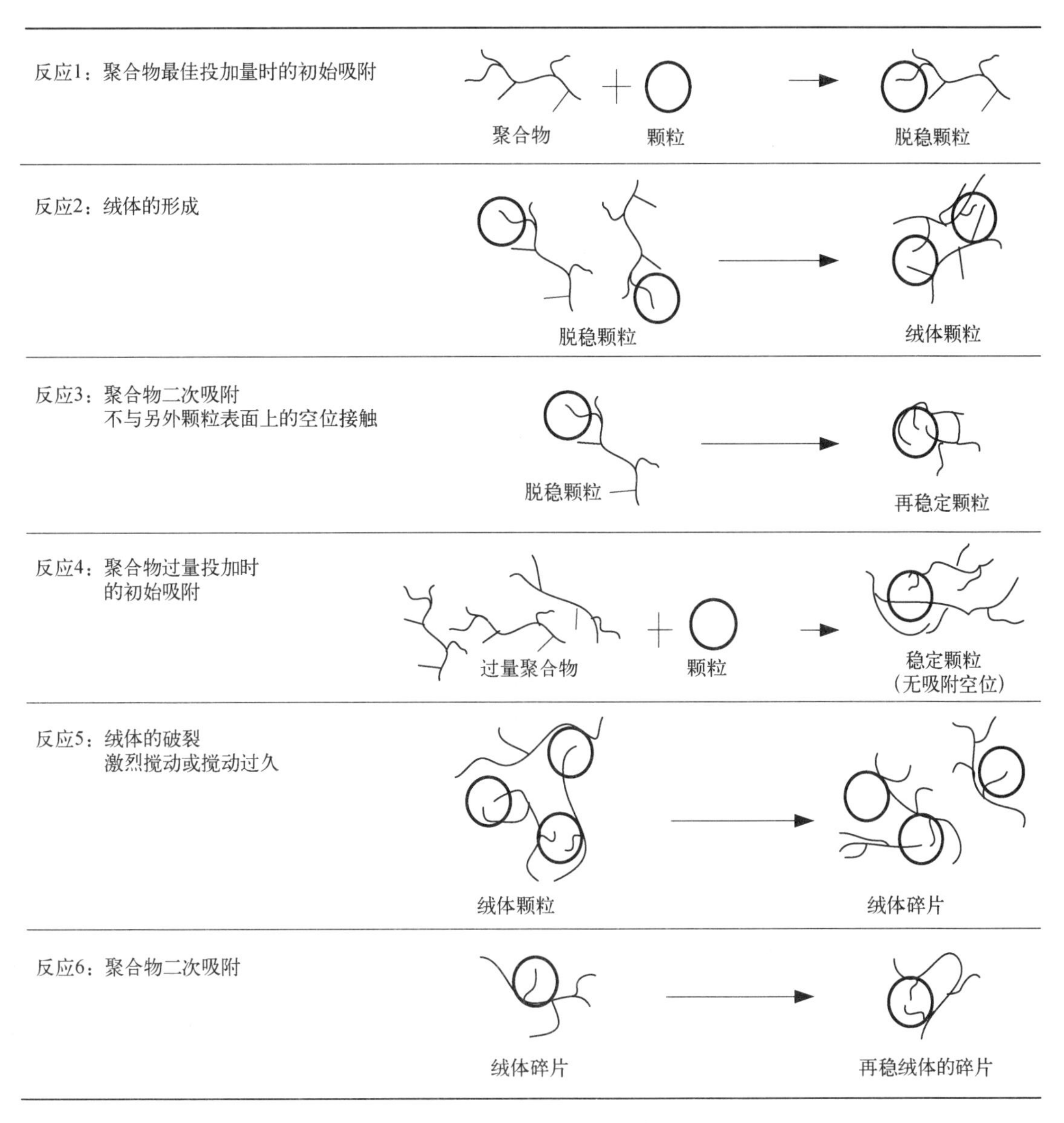


**图 9－2 吸附架桥作用示意图**

## 9.2 混凝剂与助凝剂

凝聚、絮凝和混凝这三个词常引起混淆。如上所述，凝聚是指胶体被压缩双电层而脱稳的过程；絮凝是指胶体由于高分子聚合物的吸附架桥作用聚结成大粒絮体的过程；混凝，包括凝聚与絮凝两种过程。

凝聚是瞬时的，所需的时间是将化学药剂扩散到全部水中的时间。絮凝则与凝聚作用不同，它需要一定的时间让絮体长大，但在一般情况下两者难以截然分开。习惯上将低分子电解质称为凝聚剂，而将高分子药剂称为絮凝剂。一般把能起凝聚与絮凝作用的药剂统称为混凝剂。当单用混凝剂不能取得良好效果时，可投加某类辅助药剂以提高混凝效果，这种辅助药剂称为助凝剂。

### 9.2.1 混凝剂

目前常用的混凝剂按化学组成可分为无机盐类和有机高分子类。要求用于水处理的混凝剂混凝效果好，对人类健康无害，价廉易得，使用方便。表 9.1 总结了主要混凝剂的分类和名称。

**表 9.1 主要混凝剂的分类**

| 混凝剂类别 | | | 主要混凝剂 |
|---|---|---|---|
| 无机 | 铝系 | 低分子 | 硫酸铝、明矾、氯化铝、铝酸钠、氢氧化铝等 |
| | | 高分子 | 聚合氯化铝(PAC)、聚合硫酸铝(PAS)等 |
| | 铁系 | 低分子 | 三氯化铁、硫酸铁、硫酸亚铁、氢氧化铁等 |
| | | 高分子 | 聚合硫酸铁(PFS)、聚合氯化铁(PFC)等 |
| | 其他 | | 活性硅酸、高岭土、膨润土等 |
| 有机 | 人工合成 | 阳离子型 | 水溶性苯胺树脂盐酸盐、聚乙烯亚胺、聚乙烯吡啶盐、乙烯吡啶聚合物等 |
| | | 阴离子型 | 水解聚丙烯酰胺(HPAM)、羧甲基纤维素钠(CMC - Na)、聚丙烯酸钠(SP)等 |
| | | 非离子型 | 聚丙烯酰胺(PAM)、聚氧化乙烯(PEO)等 |
| | 天然 | | 淀粉、动物胶、树胶、甲壳质等 |
| | | | 微生物絮凝剂 |

1. 无机盐类

目前应用最广的是铁系和铝系金属盐，可分为普通铁、铝盐和碱化聚合盐。其他还有碳酸镁、活性硅酸、高岭土、膨润土等。

三氯化铁。三氯化铁有无水物、结晶水物和液体，其中常用的是 $FeCl_3 \cdot 6H_2O$，是黑褐色的结晶体，有强烈吸水性，极易溶于水，其饱和浓度随温度上升而增大。其优点是形成的矾花沉降性好，处理低温水或低浊度水效果比铝盐好，适宜的 pH 范围较宽；缺点是处理后的水色度比铝盐高，常有返色现象。另外，三氯化铁液体、晶体物或受潮的无水物腐蚀性极大，调制和加药设备必须考虑用耐腐蚀材料。

硫酸亚铁。硫酸亚铁($FeSO_4 \cdot 7H_2O$)是半透明绿色晶体，易溶于水，在水温 20 ℃时饱和浓度为 21%。硫酸亚铁离解出的 $Fe^{2+}$ 只能生成最简单的单核络合物，因此，不如三价铁盐混凝效果好。另外，残留在水中的 $Fe^{2+}$ 会使处理后的水带色，$Fe^{2+}$ 与水中的某些有色物质作用后，会生成颜色更深的溶解物。因此，使用硫酸亚铁时应将二价铁先氧化为三价铁，然后再起混凝作用。

硫酸铝。硫酸铝是在水处理中使用最多的混凝剂。常用的硫酸铝含 18 个结晶水，其产品有精制和粗制两种。精制硫酸铝是白色结晶体。粗制硫酸铝的 $Al_2O_3$ 含量不少于 14.5%～16.5%，不溶杂质含量不大于 24%～30%，价格较低，但质量不稳定，因含不溶杂质较多，增加了药液配制和排除废渣等方面的困难。硫酸铝易溶于水，水溶液呈酸性，pH 在 2.5 以下，室温时饱和浓度大约为 50%。沸水中饱和浓度提高至 90%以上。

硫酸铝的优点是无毒，价格便宜，使用方便，混凝效果较好，不会给处理后的水质带来不良影响。缺点是当水温较低时水解困难，形成的絮体较松散。

硫酸铝可干式或湿式投加。湿式投加时一般采用质量分数为10%～20%(按商品固体重量计算)的溶液。硫酸铝使用时水的有效pH范围较窄,跟原水硬度有关。对于软水,pH范围在5.7～6.6;中等硬度的水pH范围为6.6～7.2;硬度较高的水pH范围则为7.2～7.8。因此,在投加硫酸铝时应考虑上述特性,以免加入过量硫酸铝,使水的pH降至其适宜的pH以下,既浪费了药剂,又使处理后的水浑浊。

明矾是硫酸铝和硫酸钾的复盐[$Al_2(SO_4)_3 \cdot K_2SO_4 \cdot 24H_2O$],其中$Al_2O_3$含量约10.6%,是天然物,其作用机理与硫酸铝相同。

聚合氯化铝。聚合氯化铝(Polyaluminum Chloride, PAC)是一种高分子混凝剂,于20世纪60年代在日本首先进入使用阶段。其化学式可写为$[Al_2(OH)_nCl_{6-n}]_m$,式中$n$可取1～5中间的任何整数,$m$为小于或等于10的整数。这个化学式实际是$m$个$Al_2(OH)_nCl_{6-n}$(称羟基氯化铝)单体的聚合物。

聚合氯化铝中OH与Al的比值对混凝效果有很大关系,一般可用碱化度$B$表示:

$$B=\frac{[OH]_n}{xR_m}\times 100\% \tag{9.1}$$

式中,$B$为碱化度,%;$n$为单体分子中的OH个数;$R_m$为单体分子中Fe和Al的原子个数;$x$为Fe和Al的化合价。

聚合盐碱化度的大小,直接影响到产品的化学组成、混凝效果及聚合度、分子量、分子电荷数、凝聚值、稳定性和溶液的pH等。一般说来,原水的浊度愈低,pH愈低,对$B$值的要求也相应增大;在原水水质一定时,$B$值愈大,混凝效果也愈高。聚合氯化铝(PAC),要求$B$值为45%～85%。聚合盐的有效成分用$Fe_2O_3$和$Al_2O_3$的百分含量表示,聚合氯化铝液体产品一般为10%,固体产品约为30%。

与其他混凝剂相比,聚合氯化铝具有以下优点:① 应用范围广,对各种废水都可以获得较好的混凝效果;② 易快速形成大的矾花,沉降性能好,投药量一般比硫酸铝低,过量投加时不会造成水浑浊;③ 适宜的pH范围较宽,为5～9,且处理后水的pH和碱度下降较小;④ 在水温低的情况下,仍可保持稳定的混凝效果;⑤ 其碱化度比其他铝盐、铁盐高,因此药液对设备的腐蚀作用小。

聚合硫酸铁。聚合硫酸铁(Polymerized Ferrous Sulfate, PFS)的化学式为$[Fe_2(OH)_n(SO_4)_{3-n/2}]_m$。它与聚合铝盐都是具有一定碱化度的无机高分子聚合物,且作用机理也颇为相似。适宜水温为10～50 ℃,pH为5.0～8.5,但在pH为4～11的范围内均可使用。与普通铁、铝盐相比,它具有投加剂量小,絮体生成快,对水质的适应范围广以及水解时消耗水中碱度少等优点,因而在废水处理中的应用越来越广泛。

活化硅酸。20世纪30年代后期,活化硅酸作为混凝剂开始应用于水处理中。由于呈真溶液状态的活化硅酸在通常pH条件下,其在水溶液中的组分带有负电荷,通过吸附架桥使粒子黏结来完成对胶体的混凝,因而常被称为絮凝剂或助凝剂。由于活化硅酸在贮存时易析出硅胶而失去絮凝功能,所以活化硅酸一般无商品出售,需在水处理现场制备。活化硅酸实质上是硅酸钠在加酸条件下水解聚合反应进行到一定程度的中间产物,其组分特征(如电荷、大小、结构)取决于水解反应开始时的硅的质量分数、反应时间(酸化至稀释)和反应时的pH。它的优点是:絮凝体形成快且粗大、密实,在低水温、低碱度条件下也能良好絮凝,适用pH范围宽。在水处理中一般与其他的混凝剂配合使用,特别是与铝盐和铁盐混合使用,可缩短沉降时间，节省混凝剂用量。

2. 有机高分子类混凝剂

高分子混凝剂分为天然和人工两种，其中天然高分子混凝剂的应用远不如人工的广泛，主要原因是电荷密度小，分子量较低，且容易发生降解而失去活性。高分子混凝剂一般为链状结构，各单体间以共价键结合。单体的总数称为聚合度，高分子混凝剂的聚合度约在 1 000～5 000 之间，甚至更高。高分子混凝剂在水中溶解后会生成大量的线形高分子。

根据高分子聚合物所带基团能否离解及离解后所带离子的电性，有机高分子混凝剂可分为阴离子型、阳离子型和非离子型。阴离子型主要是含有—COOM（M 为 $H^+$ 或金属离子）或—$SO_3H$ 的聚合物，如部分水解聚丙烯酰胺（HPAM）和聚苯乙烯磺酸钠（PSS）等。阳离子型主要是含有—$NH_3^+$、—$NH_2^+$ 和—$N^+R_4$ 等的聚合物，如聚二甲基氨甲基丙烯酰胺（APAM）等。非离子型是所含基团不发生离解的聚合物，如聚丙烯酰胺（PAM）和聚氧化乙烯（PEO）等。高分子混凝剂中，以 PAM 应用最为普遍，其产量占高分子混凝剂总产量的 80%，按性状，PAM 产品有胶状（含量 5%～10%）、片状（含量 20%～30%）和粉状（含量 90%～95%），其聚合度可多达 $2\times10^4$～$9\times10^4$。相应的分子量高达 $1.5\times10^6$～$6.0\times10^6$。PAM 也常作为助凝剂与其他混凝剂一起使用，可产生较好的混凝效果。PAM 的投加次序与废水水质有关。当废水浊度较低时，宜先投加其他混凝剂，再投加 PAM，使胶体颗粒先脱稳到一定程度，为 PAM 的絮凝作用创造有利条件；当废水浊度较高时，应先投加 PAM，再投加其他混凝剂，使 PAM 先在高浊度水中充分发挥作用，吸附部分胶粒，使浊度降低，其余胶粒由其他混凝剂脱稳，再由 PAM 吸附，这样可降低其他混凝剂的用量。另 PAM 溶液配制时宜将粉状 PAM 先用乙醇润湿，再加水溶解，溶解过程中宜慢速搅拌，以防气泡（俗称“鱼眼”）产生。

高分子混凝剂的作用机理主要有以下两个方面：① 由于氢键结合、静电结合、范德华力等作用对胶粒的吸附结合；② 线形高分子在溶液中的吸附架桥作用。一般情况下，不论混凝剂为何种离子型，对不同电性的胶体和细微悬浮物都是有效的。但若为离子型，且电性与胶粒电性相反，则可以起到降低电位和吸附架桥的双重作用，可明显提高絮凝效果。而且，离子型高分子混凝剂有多个带同号电荷的活性基团，它们之间产生的静电斥力会使线形分子延伸开来，从而增大捕捉范围，活性基团也得到充分暴露，有利于更好地发挥架桥作用。

3. 微生物絮凝剂

微生物絮凝剂是由微生物或其分泌物产生的代谢产物，利用微生物技术，通过细菌、真菌等微生物发酵、提取、精制而得，其是具有生物分解性和安全性的高效、无毒、无二次污染的水处理剂。目前主要有以下几种：① 直接利用微生物细胞的絮凝剂，如某些细菌、霉菌、放线菌和酵母菌，它们大量存在于土壤、活性污泥和沉积物中；② 利用微生物细胞壁提取物的絮凝剂，如酵母细胞壁的葡聚糖、甘露聚糖、蛋白质和 N-乙酰葡萄糖胺等成分；③ 利用微生物细胞代谢产物的絮凝剂，微生物细胞分泌到细胞外的代谢产物是细胞的荚膜和黏液质，除水外，其主要成分为多糖及少量多肽、蛋白质、脂类及其复合物，其中多糖在某种程度上可用作絮凝剂。

微生物所产生的絮凝剂物质主要有糖蛋白、黏多糖、蛋白质、纤维素、DNA 等高分子化合物，相对分子质量在 $10^5$ 以上。从来源看，微生物絮凝剂属于天然有机高分子絮凝剂。目前，微生物絮凝剂的研究工作已由提纯、改性发展到利用生物技术培育、筛选优良的菌种，已超越了传统的天然有机高分子絮凝剂的研究范畴。微生物絮凝剂可以克服无机高分子和合成有机高分子絮凝剂本身固有的缺陷，最终实现无污染排放，因此，微生物絮凝剂的研究已成为当今世界絮凝剂方面的研究热点和方向。

### 9.2.2 助凝剂

助凝剂是一种辅助药剂，与混凝剂一起使用以促进水的混凝过程。助凝剂本身可以起混凝作用，也可不起混凝作用。按其功能，可分为三种类型：① pH 调整剂。当废水 pH 不符合工艺要求，或在投加混凝剂后 pH 有较大变化时，需投加 pH 调整剂。常用的 pH 调整剂包括石灰、硫酸、氢氧化钠、碳酸钠等。② 絮体结构改良剂。当生成絮体小、松散且易碎时，可投加絮体结构改良剂以改善絮体的结构，增加其粒径、密度和强度。如活性硅酸、黏土等。③ 氧化剂。当废水中有机物含量较高时，易起泡沫，使絮凝体不易沉降。此时可投加氯气、次氯酸钠、臭氧等氧化剂来破坏有机物，提高混凝效果。

## 9.3 影响混凝效果的因素

影响混凝效果的因素有：① 水质，即不同的水质条件下，同一种混凝剂有不同的混凝效果；② 混凝剂本身的性质，即对同一种废水，不同的混凝剂有不同的处理效果；③ 混凝时的水力条件，即同一废水采用同一种混凝剂，不同的水力条件下有不同的混凝效果。

### 9.3.1 废水水质的影响

废水的浊度、pH、水温及共存杂质等都会影响混凝效果。① 浊度。影响浊度的因素有很多，一般地，浊度过高或过低均不利于混凝。② pH。在混凝过程中，存在一个相对最佳的 pH，使混凝反应速度最快，絮体饱和浓度最小。此 pH 可通过实验确定。以铁盐和铝盐混凝剂为例，pH 不同，生成的水解产物不同，混凝效果亦不同。由于水解过程中不断产生 $H^+$，常需要添加碱来使中和反应充分进行。③ 水温。水温会影响无机盐类的水解，水温低，水解反应慢。另外，水温低，水的黏度增大，布朗运动减弱，混凝效果下降。这也是冬天混凝剂用量比夏天多的缘故。但温度也不是越高越好，超过 90 ℃的高温易使高分子混凝剂老化或分解生成不溶性物质，反而降低混凝效果。④ 共存杂质。有些杂质的存在能促进混凝过程。比如除硫、磷化合物以外的其他各种无机金属盐，均能压缩胶体粒子的扩散层厚度，促进胶体凝聚。浓度越高，促进能力越强，且可使混凝范围扩大。但也有些物质会不利于混凝的进行。如磷酸离子、亚硫酸离子、高级有机酸离子会阻碍高分子絮凝作用。另外，氯、螯合物、水溶性高分子物质和表面活性物质都不利于混凝。

### 9.3.2 混凝剂的影响

混凝剂种类、投加量和投加顺序都会对混凝效果产生影响。① 混凝剂种类。混凝剂的选择主要取决于胶体和细微悬浮物的性质以及它们在废水中的质量分数。若水中污染物主要呈胶体状态，且 $\zeta$ 电位较高时，则应先投加无机混凝剂使其脱稳凝聚，如絮体细小，还需投加高分子混凝剂或配合使用活性硅酸等助凝剂。在很多情况下，无机混凝剂与高分子混凝剂并用，可明显提高混凝效果，扩大应用范围。对于高分子混凝剂而言，链状分子上所带电荷量越大，电荷密度越高，链状分子越能充分延伸，吸附架桥的空间范围也就越大，絮凝效果就越好。② 混凝剂投加量。投加量除与水中微粒的种类、性质、质量分数有关外，还与混凝剂的种类、投加方式及介质条件有关。对任何废水的混凝处理，都存在最佳混凝剂和最佳投药量的问题，应通过试验确定。不同混凝剂一般的投加量范围是：普通铁盐、铝盐为 10～30 mg/L；聚合盐为普通盐的 1/3～1/2；有机高分子混凝剂通常只需 1～5 mg/L，投加过量，容易造成胶体的再稳。③ 混凝剂投加顺序。当使用多种混凝剂时，其最佳投加顺序可通过实验来确定。一般而言，当无机混凝剂与有机混凝剂并用时，先投加无机混凝剂，再投加有机混凝剂。但当处理的胶粒粒径在 50 μm 以上时，通常先投加有机混凝剂吸附架桥，再加无机混凝剂压缩扩散层，使胶体脱稳。

### 9.3.3 水力条件的影响

水力条件对混凝效果有重要影响。主要的控制指标是搅拌强度和搅拌时间。搅拌强度常用速度梯度 $G$ 来表示。混合阶段要求混凝剂与废水迅速均匀地混合，为此要求 $G$ 在 700～1 000 $s^{-1}$，搅拌时间 $t$ 应在 10～30 s。反应阶段既要创造足够的碰撞机会和良好的吸附条件让絮体有足够的成长机会，又要防止生成的小絮体被打碎，因此搅拌强度要逐渐降低，而反应时间要长，相应的 $G$ 和 $t$ 值分别应在 20～70 $s^{-1}$ 和 15～30 min，$Gt$ 值约为 $1\times10^4$～$1\times10^5$。

为确定最佳的工艺条件，一般情况下，可以用烧杯搅拌法进行混凝的模拟实验。实验法分为单因素实验和多因素实验两种。一般应在单因素实验的基础上采用正交设计等数理统计法进行多因素重复实验。

## 9.4 混凝过程及设备

### 9.4.1 混凝工艺

整个混凝工艺包括混凝剂的配制与投加、混合、反应和澄清等几个步骤。混凝的主要工艺是混合、反应、沉降分离三个阶段，各阶段所起的作用不同。

混合阶段的作用主要是将药剂迅速、均匀地分配到废水中的各个部分，与废水中的胶体或悬浮物接触，以压缩废水中的胶体颗粒的双电层，降低或消除胶粒的稳定性。对混合过程的要求是快速而均匀，一般应在几十秒内完成，不超过 2 min。快速是因为混凝剂在水中的水解速度很快。均匀是为使化学反应能在废水中各部分得到均衡发展。

反应阶段的作用是促使失去稳定的胶体粒子碰撞变大，成为可沉降的矾花，一般把胶体脱稳聚集成的大的颗粒称为绒粒或矾花。所以反应阶段需要较长的时间，而且只需缓慢地搅拌。使由聚集作用所生成的微粒与废水中原有的悬浮微粒之间或各自之间，由于碰撞、吸附、黏着、架桥作用生成较大的矾花，以利于沉降分离。缓慢搅拌的另一个作用是防止所生成的矾花沉降。但搅拌的强度不能太大，否则会使已生成的絮体破碎，且絮体越大越易破碎，因此在反应器中，搅拌强度应从进水端到出水端逐渐降低。

沉降分离的作用是使已形成的有一定强度和粒度的絮体在重力的作用下与水分离。

### 9.4.2 投药方法

投药方法有干投法和湿投法。干投法是把经过破碎易于溶解的药剂直接投入废水中。干投法占地面积小，但对药剂的粒度要求较严，投加量较难控制，对机械设备的要求较高，同时劳动条件也较差。目前应用得较少。湿投法是将混凝剂和助凝剂配成一定质量分数的溶液，然后按处理水量大小定量投加。

混凝剂的湿投法包括药剂的配制、药剂的计量和药剂的投加三个过程。

药剂调制有水力法、压缩空气法、机械法等。当投加量很小时，可以在溶液桶、溶液池内进行人工调制。水力调制和人工调制适用于易溶解药剂，机械调制和压缩空气调制适用于各种药剂，但压缩空气调制不宜作长时间的石灰乳液连续搅拌。

### 9.4.3　混合

废水与混凝剂和助凝剂进行充分混合，是进行反应和混凝沉淀的前提。对混合要求是速度快。一般有两种混合型式：一种是借助水泵的吸水管或压水管混合。借助水泵吸水管混合时，药剂可通过水泵叶轮转动进行混合，因此混合效果好，设备简单，不消耗动力，它的缺点是吸水管多时，投药设备增多，安装管理麻烦。借助水泵压水管混合时，混合效果较差。另一种是在混合槽内进行混合。混合槽内混合常用的有机械混合槽、分流隔板式混合槽和多孔隔板式混合槽。

(1) 机械混合槽

机械混合槽多由钢筋混凝土制成，通过桨板转动搅拌达到混合的目的，特别适用于多种药剂处理废水的情况，混合效果比较好。机械搅拌混合槽的结构和机械调制设备基本相同。

(2) 分流隔板式混合槽

分流隔板式混合槽的结构如图 9－3 所示。混合槽由钢筋混凝土或钢板制成，槽内设隔板，药剂于隔板前投入。水在隔板通道间流动过程中与药剂充分地混合，混合效果比较好。但该种类型混合槽占地面积大，压头损失也大。

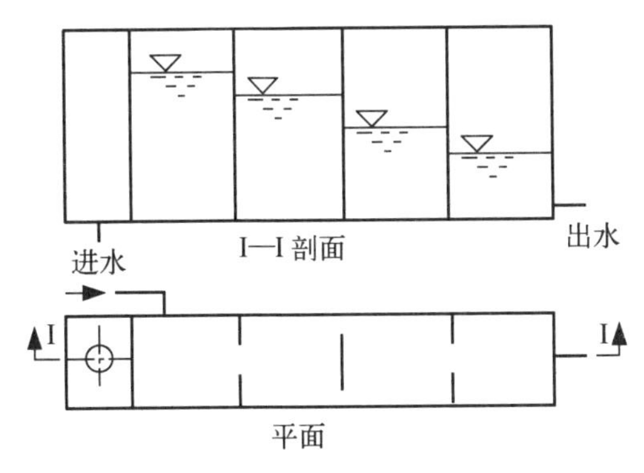


**图 9－3　分流隔板式混合槽**

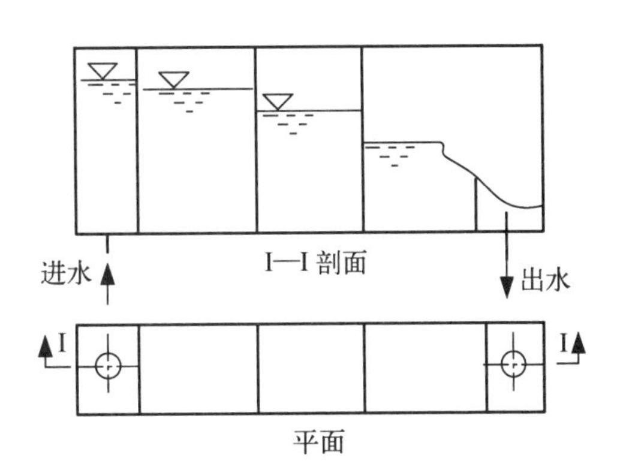


**图 9－4　多孔隔板式混合槽**

(3) 多孔隔板式混合槽

多孔隔板式混合槽结构如图 9－4 所示，槽由钢筋混凝土或钢制成，槽内设若干穿孔隔板，水流经小孔时作旋流运动，保证药剂与水迅速、充分地混合。当水流量变化时，可调整淹没孔口数目，以适应水流量的变化。该种类型混合槽的缺点是压头损失较大。

### 9.4.4　反应

水与药剂混合后进入反应池进行反应。反应池内水流特点是流速由大到小。反应流速较大时，水中的胶体颗粒发生碰撞吸附；反应流速较小时，碰撞吸附后的颗粒结成更大的矾花。反应池的类型有机械搅拌反应池、隔板反应池、涡流式反应池等。

(1) 机械搅拌反应池

机械搅拌反应池的结构如图 9－5 所示，反应池用隔板分为 2～4 格，每格装一个搅拌叶轮，叶轮又分为水平和垂直两类。废水在反应池中的停留时间为 15～30 min，叶轮半径中点线速度是变化的，进水格为 0.5～0.6 m/s，依次递减，出水格为 0.1～0.2 m/s。

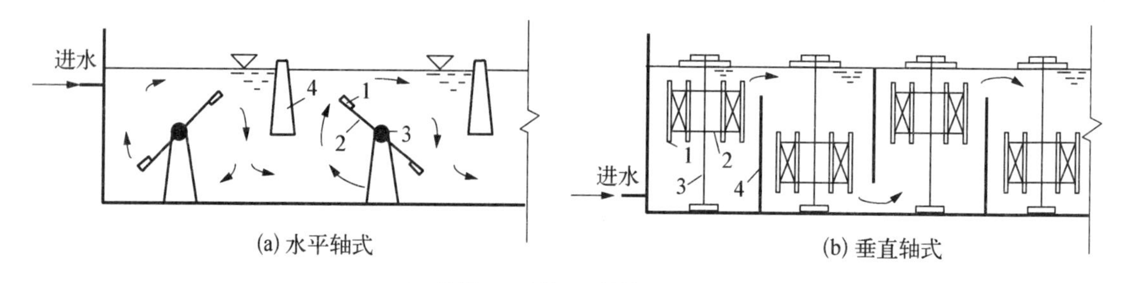


1—桨板；2—叶轮；3—转轴；4—隔板

**图 9-5　机械搅拌反应池**

（2）隔板反应池

隔板反应池有平流式、竖流式和回转式等多种类型。

平流式隔板反应池，结构如图 9-6 所示。该类型反应池多为矩形钢筋混凝土池子，池内设木质或水泥隔板，水流沿廊道回转流动，可形成很好的絮凝体。一般进口水流流速为 0.5～0.6 m/s，出口水流流速为 0.15～0.20 m/s，流速控制是靠调整隔板间的距离来实现的。反应时间一般为 20～30 min。该类型反应池的优点是反应效果好，构造简单，施工方便，但池容大，水头损失也大。

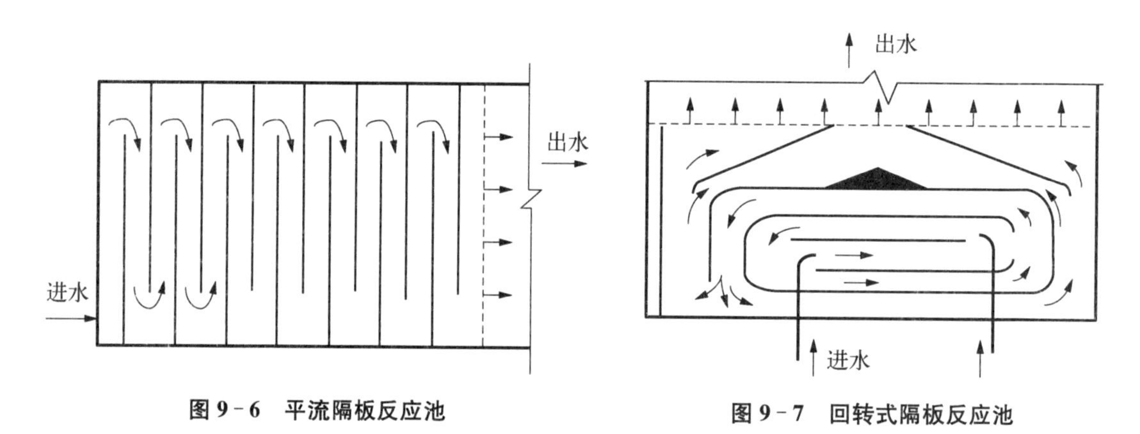


**图 9-6　平流隔板反应池**　　**图 9-7　回转式隔板反应池**

竖流式隔板反应池，这种反应池的原理与平流式隔板反应池的原理相同，为了减少占地面积而竖向放置。

回转式隔板反应池，它是平流式隔板反应池的一种改进形式，结构如图 9-7 所示。其常和平流式沉淀池合建，如图 9-8 所示。该类型反应池的优点是反应效果好，压头损失小。隔板反应池适用于处理水量大且水量变化小的情况。

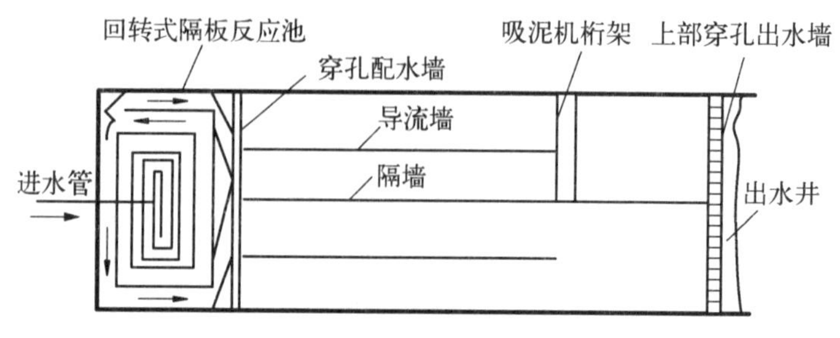


**图 9-8　带回转式隔板反应池的平流沉淀池**

(3) 涡流式反应池

涡流式反应池的结构如图 9-9 所示。下半部为圆锥形,水从锥底部流入,形成涡流扩散后缓慢上升,随锥体截面积变由小变大,反应液流速由大变小,流速的变化有利于絮凝体形成。涡流式反应池的优点是反应时间短,容积小,好布置。其可以安装在竖流式沉淀池中,适用水量比隔板反应池小。

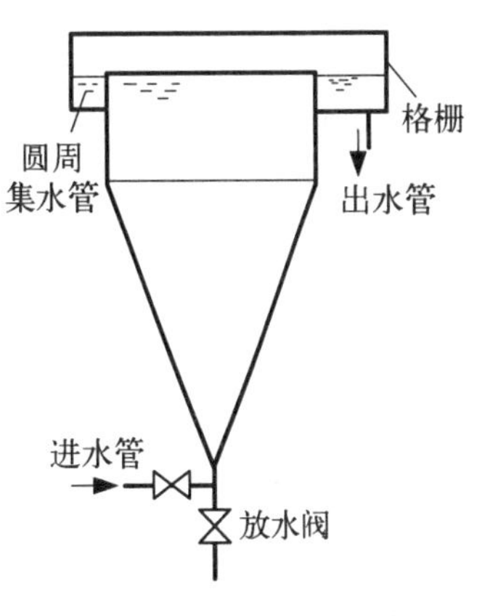


**图 9-9 涡流式反应池**

## 9.5 沉降与澄清

进行混凝沉降处理的废水经过投药混合反应生成絮凝体后,可以进入沉淀池使生成的絮凝体沉降,与水分离,最终达到净化的目的。

澄清池是用于混凝处理的另一种设备。在澄清池内,可以同时完成混合、反应、沉降分离等过程。其优点是占地面积小,处理效果好,生产效率高,节省药剂用量,缺点是对进水水质要求严格,设备结构复杂。澄清池的构造形式很多,依基本原理可分为两大类:一类是悬浮泥渣型,有悬浮澄清池和脉冲澄清池;另一类是泥渣循环型,有机械加速澄清池和水力循环加速澄清池。目前常用的是机械加速澄清池。

### 9.5.1 机械加速澄清池

机械加速澄清池简称加速澄清池,是一种常见的泥渣循环式澄清池。在澄清池中,泥渣循环流动,悬浮层中泥渣质量分数较高,颗粒之间相互接触的机会很大。因此,投药少,效率高,运行稳定。

(1) 构造及工作原理

加速澄清池多为圆形钢筋混凝土结构,小型的也有钢板结构。主要由第一反应室、第二反应室、导流室和泥渣浓缩室组成,如图 9-10 所示。此外还有进水系统、加药系统、排泥系统和机械搅拌提升系统等。

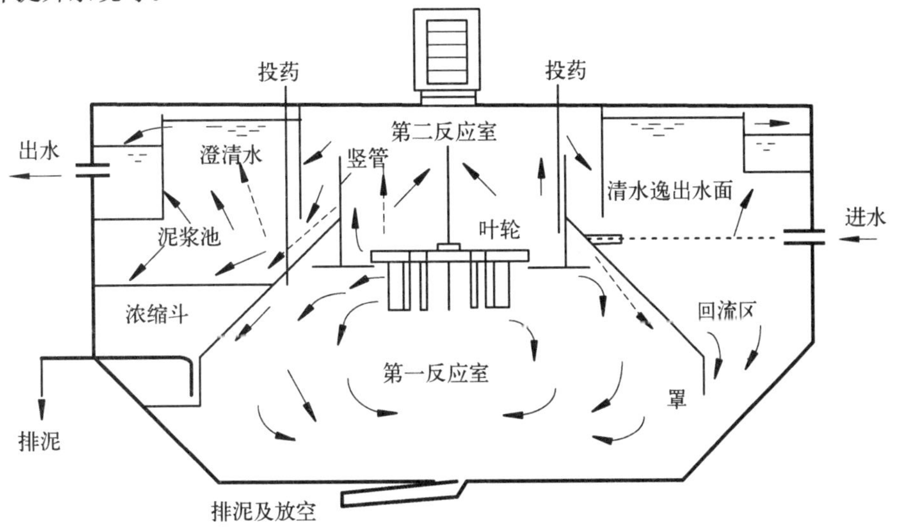


**图 9-10 机械加速澄清池示意图**

工作原理：废水从进水管通过环形配水槽，从底边的调节缝流入第一反应室，混凝剂可以加到配水槽中，也可以加到反应室中。第一反应室周围被伞形板包围着，其上部设有提升搅拌设备，叶轮的转动在第一反应室形成涡流，使废水、混凝剂以及回流过来的泥渣充分接触混合。由于叶轮的提升作用，水由第一反应室被提升到第二反应室，继续进行混凝反应。第二反应室为圆筒形，水从筒口四周溢流到导流室。导流室内有导流板，使废水平稳地流入分离室，分离室的面积较大，水流速度突然减小，泥渣便靠重力下沉，与水分离。分离室上层清水经过集水槽和出水管流出池外。下沉的泥渣一部分进入泥渣浓缩室，经浓缩后排放，而大部分泥渣在提升设备作用下通过回流缝又回到第一反应室，再以上述过程循环进行。泥渣回流的目的是增加泥渣的质量浓度，增加颗粒直接接触的机会。

(2) 澄清池处理效果的影响因素

第一反应室的搅拌速度。为了使泥渣和水中杂质充分混合，增加接触凝聚的机会，同时也为防止搅拌不均匀引起部分泥渣沉积池底，要求增大速度。但若超过一定的范围，速度过快，反而会把已凝聚成的矾花打碎，影响反应室的澄清效果，因此控制搅拌速度很重要。搅拌速度根据污泥质量浓度决定，污泥质量浓度可以通过测定沉降比获得。质量浓度低时搅拌速度要小，浓度高时搅拌速度要增大。

回流泥渣浓度及回流量。从反应角度讲，泥渣浓度越高越容易接触凝聚废水中的悬浮颗粒。但泥渣浓度越大，澄清水分离越困难，以致使部分泥渣被带出，影响出水水质。因此，在不影响分离室工作的情况下，泥渣质量浓度应尽可能高些。通常用调整排泥量的方法控制泥渣质量浓度。一般来说，废水回流量大，反应效果好，但回流量过大，从第二反应室流出的泥水流速也大，会影响分离室工作的稳定，一般控制废水回流量为进水量的 3～5 倍。

加药点。选择加药点很重要，最好是在该点加药能使药剂和水在短时间内迅速得到混合。

(3) 澄清池的运转

活性泥渣的形成。加速澄清池运行时，需要形成一定质量浓度的泥渣，在活性泥渣形成期间应使进水量小于设计水量，把叶轮开启度减小，或引入其他池子的多余泥渣(初次运行可加胶泥)，并适当增加药剂量，加快搅拌速度，以增加絮体碰撞机会，加快活性泥渣形成。活性泥渣形成且稳定后，逐步增加进水量至设计水量，适当提高叶轮的开启度和降低搅拌速度。同时降低加药量，直到出水水质满足要求为止。

调整回流量和搅拌速度。在一定的进水量和投药量范围内，可以通过调整废水回流量和搅拌速度来保证出水水质。

及时调整操作参数。对出水槽的水质，第二反应室的泥渣质量浓度、清水区高度等要经常观察。如第二反应室泥渣质量浓度高，清水区高度减小，会使分离室渣层层面上升，泥渣可能被带入清水区使出水水质变坏，这时就要利用排泥管排泥，或缩短排泥周期。如第二反应室泥渣质量浓度低，矾花细小也会使出水浑浊，原因是小的矾花沉降速度小，来不及沉降被水带走，此时，应增加投药量或降低搅拌速度。

维持合理的搅拌方式。当加速澄清池停止进水时，搅拌机不能长期停顿，否则泥渣被压实，活性消失。此时，可采用继续搅拌的方法，并在恢复进水前半小时先投药以增加泥渣活性。

防止矾花上浮。夏天气温比较高，池子表面可能会有大粒矾花上浮，但矾花间的水仍然很清，这时可以增加助凝剂用量，以加大矾花自身的重量使其沉降，并增加排泥次数。

## 9.5.2 水力循环澄清池

水力循环澄清池是利用原水的动能，在水射器的作用下，将池中活性泥渣吸入，和原水充分混合，从而加强水中固体颗粒间的接触吸附作用，形成良好的絮凝体，加大沉降速度，使水得到澄清。

水力循环澄清池的结构如图 9-11 所示。水力循环澄清池的工作原理如下：已投加混凝剂的废水经水泵加压后，由池子底部中心进入池内，由喷嘴喷出。喷嘴的上面为混合室、喉管和第一反应室。喷嘴和混合室组成一个水射器，喷嘴把池子锥形底部含有大量矾花的水吸进混合室内与进水混合后，经第一反应室喇叭口溢流出来进入第二反应室。吸进的水流量称为回流量，一般为废水进口处流量的 2～4 倍。第一反应室和第二反应室构成一个悬浮层区，其中矾花发挥了接触絮凝的作用，去除了进水中的细小悬浮物。第二反应室出水进入分离室，由于分离室过水断面的突然扩大，流速降低，泥渣便发生沉降，其中一部分泥渣进入泥渣浓缩斗定期排出，而大部分泥渣被吸入喉管进行回流。清水上升通过环形集水槽流出。

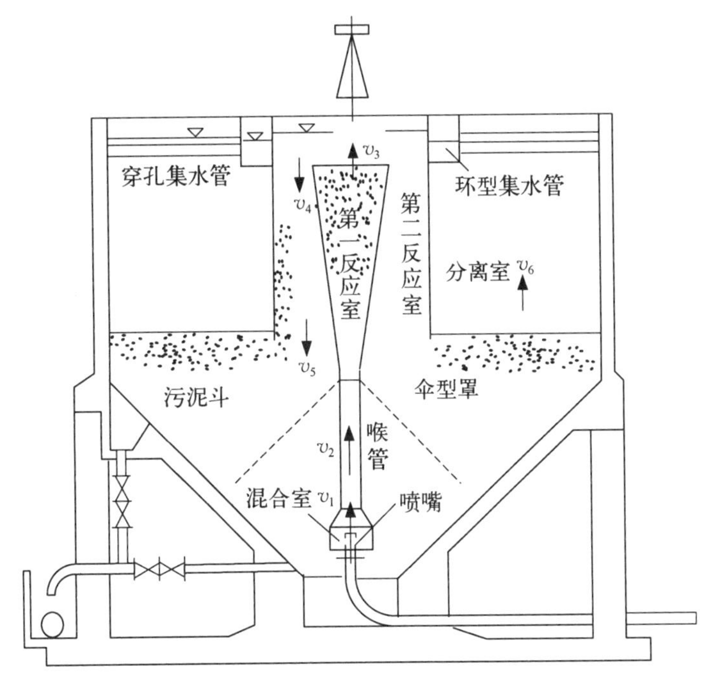


**图 9-11 水力循环澄清池**

水力循环澄清池运行过程中，首先要注意调整加药量。如果药剂过量，则清水区内颗粒矾花普遍上浮，出水透明。如果药剂不足，则清水区内细小矾花上浮，出水浑浊，第二反应室矾花细小，第一反应室泥渣层质量浓度越来越低，影响混凝效果。其次，要及时排泥，控制反应室泥渣质量浓度和泥渣浓缩斗排泥质量浓度。第一反应室和第二反应室内泥渣沉降比，一般控制在 15%～20%范围内，泥渣浓缩斗排泥沉降比不超过 80%，如果质量浓度过高，将会出现清水区泥渣层逐渐上升，出水水质变坏的情况。

在第一反应室和第二反应室内，对水流速度和停留时间有一定要求，须确保澄清池稳定运行。第二反应室出来的矾花被大量带入分离室并在清水区大量上浮称为翻池现象。翻池现象是水力循环澄清池一个常见的问题，其原因有以下几种：① 池内泥渣回流不畅；② 积泥时间太久，泥渣发酵，放出气泡；③ 进水温度过高造成池水对流；④ 进水量过大，上升流速过高；⑤ 加药中断或排泥不及时等。遇到翻池现象时，要针对具体问题采取相应措施。

### 9.5.3　脉冲澄清池

脉冲澄清池是一种悬浮泥渣层澄清池。它是间歇性进水的，当进水时上升流速增大，悬浮泥渣层就上升，在不进水或少量进水时，悬浮泥渣层就下降，因此使悬浮泥渣层处于脉冲式的升降状态。废水流过悬浮泥渣层时，废水中的悬浮物便被截留在泥渣层中，使水得到澄清。因此，这种澄清池称为脉冲澄清池。

脉冲澄清池由两部分组成，上部是产生脉冲水流的发生器，下部是一个澄清池。脉冲澄清池的关键部分是脉冲发生器，脉冲发生器的类型有很多，如虹吸式、真空式、钟罩式等。其中钟罩式脉冲发生器结构最简单，应用较普遍。钟罩式脉冲澄清池的结构如图 9－12 所示，主要由两部分组成：上部为进水室和脉冲发生器；下部为澄清池池体，包括配水区、澄清区、集水系统和排泥系统等。

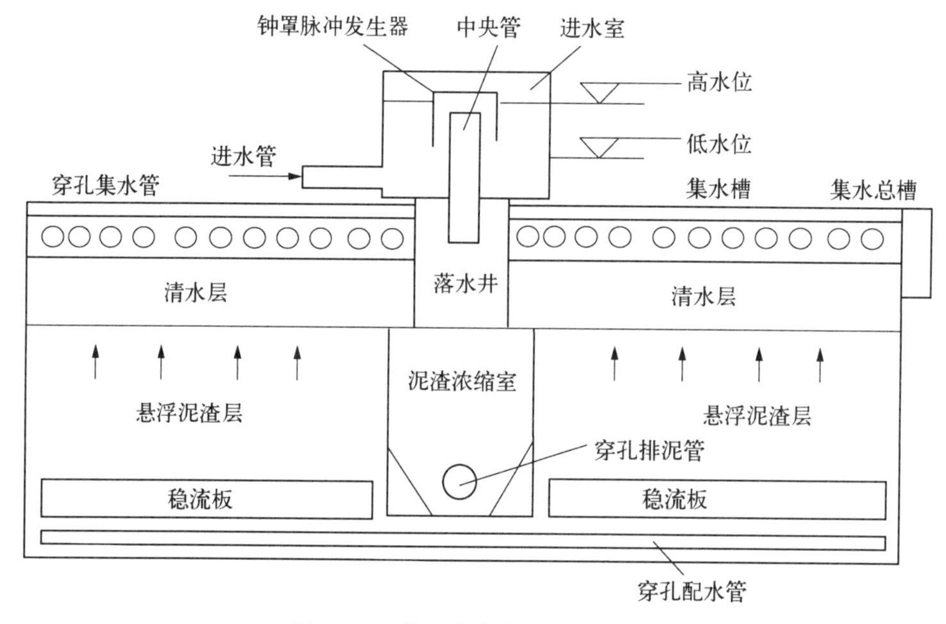


**图 9－12　钟罩式脉冲澄清池示意图**

钟罩式脉冲澄清池的工作原理如下：已投加混凝剂的原水由进水管进入进水室，使室内水位逐步上升，并压缩钟罩内的空气，当钟罩内水位超过中心管后，则溢流入落水井内，由于溢流作用，将压缩在钟罩顶部的空气带走，由排气管排出。于是钟罩内形成真空，产生虹吸作用，进水室内的水迅速通过钟罩、中心管进入下面的落水井内，再流进支管配水系统。当进水室水位下降到虹吸破坏管的管口时(即脉冲发生器的低水位)，由于空气进入了钟罩，使虹吸破坏，水流停止，进水室内水位又开始上升，到高水位后虹吸又发生，如此循环，产生脉冲。

由此可知，脉冲澄清池的工作过程可分为：从进水室水位开始上升到虹吸作用开始的充水阶段及由虹吸作用开始到虹吸作用破坏的放水阶段。

在充水阶段，原水进入钟罩内的进水室。在放水阶段，进水室内的水通过钟罩，从中央管、落水井进入配水渠道，然后进入带有穿孔的配水渠道，再进入带有穿孔的配水管(配水管的斜下方钻有成排小孔)，水从小孔高速喷出(一般水流流速为 2～4 m/s)，在每个穿孔配水管的上面装有稳流板，它的作用是让水流均匀平稳地上升，在上升水流的作用下将已沉下来的泥渣悬浮起来，水流从悬浮泥渣层通过，废水中的悬浮物被截留。随着进水室水位下降，悬浮泥渣层的上升流速逐渐减小，当进水室内水位降到一定高度时，虹吸破坏，进水室又出现真空，充水阶段又重新开始，充水时悬浮泥渣层下降，就这样周期性地循环工作。通过悬浮泥渣层后的清水经穿孔集水管到集水槽，最后被汇集起来送出池外。在悬浮泥渣层上升和下降的过程中，到达泥渣浓缩室边缘高度的部分泥渣就进入浓缩室，经浓缩后由排泥管定期排出。

由以上所述的工作过程可以看出，当进水室充水时，澄清池内没有进水，池内水上升流速接近于零，悬浮泥渣层下降。而在放水阶段，池内水上升流速很大，泥渣又被冲起，在这种脉冲水流作用下，具有一定吸附作用的悬浮泥渣层有规律地上下运动，时而膨胀时而静止沉降，有利于矾花颗粒碰撞、接触和进一步凝聚，进而取得较好的混凝澄清效果。

# 10 化学沉淀法

化学沉淀法是向水中投加某种化学药剂，使之与水中溶解性物质发生化学反应，生成难溶化合物，然后通过沉淀或气浮加以分离的方法。这种方法可用于废水处理中去除重金属（如Hg、Zn、Cd、Cr、Pb、Cu等）和某些非金属（如As、F等）离子态污染物。

化学沉淀法的工艺流程和设备与混凝法相类似，主要步骤包括：投加化学沉淀剂，与水中污染物反应，生成难溶的沉淀物而析出；通过凝聚、沉降、浮上、过滤、离心等方法进行固液分离；泥渣的处理和回收利用。

物质在水中的溶解能力可用饱和浓度表示。饱和浓度的大小主要取决于物质和溶剂的性质，也与温度、盐效应、晶体结构和大小等有关。习惯上把饱和浓度大于0.1 g/kg $H_2O$的物质称为可溶性物质，饱和浓度小于0.01 g/kg $H_2O$的称为难溶性物质，介于两者之间的，称为微溶性物质。利用化学沉淀法处理所形成的化合物都是难溶性物质。

在一定温度下，难溶化合物的饱和溶液中，各离子浓度的乘积称为溶度积，它是一个化学平衡常数，以$K_{sp}$表示。难溶性物质的溶解平衡可用下列通式表达：

$$A_mB_n(固) \longrightarrow mA^{n+} + nB^{m-} \quad K_{sp} = [A^{n+}]^m[B^{m-}]^n \tag{10.1}$$

若$[A^{n+}]^m[B^{m-}]^n < K_{sp}$，溶液不饱和，难溶性物质将继续溶解；当$[A^{n+}]^m[B^{m-}]^n = K_{sp}$时，溶液达到饱和，但无沉淀产生；$[A^{n+}]^m[B^{m-}]^n > K_{sp}$，将产生沉淀，当沉淀完成后，溶液中所余的离子浓度仍保持$[A^{n+}]^m[B^{m-}]^n = K_{sp}$的关系。因此，根据溶度积，可以初步判断水中离子是否能用化学沉淀法来分离以及分离的程度。

若溶液中有数种离子共存，加入沉淀剂时，必定是离子积先达到溶度积的优先沉淀，这种现象称为分步沉淀。显然，各种离子分步沉淀的次序取决于溶度积和有关离子的浓度。

难溶化合物的溶度积可从化学手册中查到。一般来说金属硫化物、氢氧化物或碳酸盐的溶度积均很小，因此，可向水中投加硫化物（一般常用$Na_2S$）、氢氧化物（一般常用石灰乳）或碳酸钠等药剂来产生化学沉淀，以降低水中金属离子的含量。

## 10.1 氢氧化物沉淀法

除了碱金属和部分碱土金属外，其他金属的氢氧化物大都是难溶的。因此，可用氢氧化物沉淀法去除废水中的重金属离子。沉淀剂为各种碱性药剂，常用的有石灰、碳酸钠、苛性钠、石灰石、白云石等。

对一定浓度的某种金属离子$M^{n+}$来说是否生成难溶的氢氧化物沉淀，取决于溶液中

$OH^-$离子浓度，即溶液的 pH 为沉淀金属氢氧化物的最重要条件。若 $M^{n+}$ 与 $OH^-$ 只生成 $M(OH)_n$ 沉淀，不生成可溶性羟基络合物，则其氢氧化物的溶解平衡为：

$$M(OH)_n \longrightarrow M^{n+} + nOH^- \quad K_{sp} = [M^{n+}][OH^-]^n \tag{10.2}$$

$$[M^{n+}] = K_{sp}/[OH^-]^n \tag{10.3}$$

这是与氢氧化物沉淀共存的饱和溶液中的金属离子浓度，也就是溶液在任意 pH 条件下，可以存在的最大金属离子浓度。

因为水的离子积为：$K_w = [H^+][OH^-] = 1\times10^{-14}$，将上式代入式(10.3)并取负对数可以得到：

$$-\lg[M^{n+}] = -\lg K_{sp} + n\lg K_w + npH = npH + pK_{sp} - 14n \tag{10.4}$$

由此可见：① 金属离子浓度相同时，溶度积 $K_{sp}$愈小，则开始析出氢氧化物沉淀的 pH 愈低；② 同一金属离子，浓度愈大，开始析出沉淀的 pH 愈低。

根据不同金属的 $K_{sp}$数值，由式(10.4)可以计算出不同 pH 时溶液中金属离子的饱和浓度。以 pH 为横坐标，$-\lg[M^{n+}]$为纵坐标，即可绘出纯溶液中金属离子的饱和浓度与 pH 的关系，如图 10-1 所示。

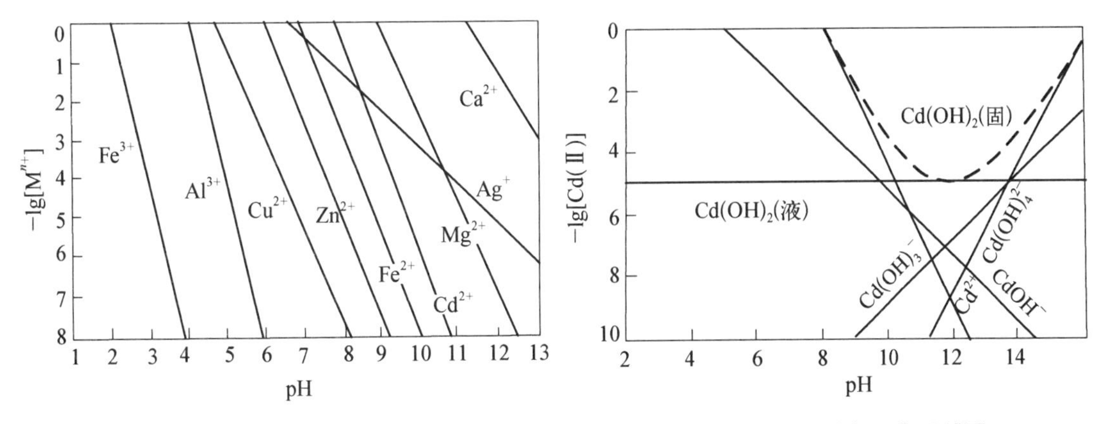


**图 10-1　金属氢氧化物的饱和浓度与 pH 的关系**　　**图 10-2　氢氧化镉平衡区域图**

根据各种金属氢氧化物的 $K_{sp}$值，由式(10.4)可计算出某一 pH 时溶液中金属离子的饱和浓度，确定金属离子的沉淀条件。以 $Cd^{2+}$ 为例(图 10-2)，若$[Cd^{2+}] = 0.1$ mol/L，则使 $Cd(OH)_2$ 开始析出的 pH 应为 7.7。若欲使溶液残余$[Cd^{2+}]$降至 $10^{-5}$ mol/L，则沉淀终了溶液的 pH 应为 9.7。需要注意的是，许多金属离子和氢氧根离子不仅可以生成氢氧化物沉淀，而且还可以生成各种可溶性羟基络合物。在与金属氢氧化物呈平衡的饱和溶液中，不仅有游离的金属离子，而且有配位数不同的各种羟基络合物，它们都将参与沉淀—溶解平衡。显然，各种金属羟基络合物在溶液中存在的数量和比例都直接与溶液 pH 有关。所以用氢氧化物沉淀法处理某些金属离子时，并不是废水的 pH 越高，沉淀越完全，而是有一个最佳的 pH 范围，以 $Zn^{2+}$ 为例，当 pH<10.2 时，$Zn(OH)_2$(固)的饱和浓度随 pH 升高而降低；当 pH>10.2 以后，$Zn(OH)_2$(固)的饱和浓度随 pH 的升高而增加，这是因为当 pH>10.2 时可以生产可溶性的 $Zn(OH)_3^-$ 和 $Zn(OH)_4^{2-}$。其他可生成两性氢氧化物的金属也具有类似的性质，如 $Cr^{3+}$、$Al^{3+}$、$Fe^{3+}$、$Fe^{2+}$、$Cd^{2+}$、$Cu^{2+}$、$Pb^{2+}$ 等。

实际废水处理中，往往是多种离子共存，体系十分复杂，影响氢氧化物沉淀的因素很多，必须控制 pH，使其保持在最优沉淀区域内。表 10.1 给出了某些金属氢氧化物沉淀析出的最佳 pH 范围。由于实际废水中成分复杂，所以具体废水的最佳沉淀 pH 最好通过试验确定。

**表 10.1 某些金属氢氧化物沉淀析出的最佳 pH 范围**

| 金属离子 | $Fe^{3+}$ | $Al^{3+}$ | $Cr^{3+}$ | $Cu^{2+}$ | $Zn^{2+}$ | $Sn^{2+}$ | $Ni^{2+}$ | $Pb^{2+}$ | $Cd^{2+}$ | $Fe^{2+}$ |
|---|---|---|---|---|---|---|---|---|---|---|
| 沉淀的最佳 pH | 6～12 | 5.5～8 | 8～9 | >8 | 9～12 | 5～8 | >9.5 | 9～9.5 | >10.5 | 5～12 |
| 加碱溶解的 pH | | >8.5 | >9 | | >10.5 | | | >9.5 | | >12.5 |

另外，当废水中存在 $NH_3$、$CN^-$、$S^{2-}$ 及 $Cl^-$ 等配位体时，能与金属离子结合成可溶性络合物，增大金属氢氧化物的饱和浓度，对沉淀法不利，应通过预处理除去。

用氢氧化物沉淀法去除废水中的重金属离子是比较有效的方法。其工艺简单，去除率高，操作容易。缺点是用石灰为沉淀剂时渣量大，脱水困难。

## 10.2 其他化学沉淀法

### 10.2.1 硫化物沉淀法

大多数过渡金属的硫化物都难溶于水，因此可用硫化物沉淀法去除废水中的重金属离子，各种金属硫化物的溶度积（表 10.2）相差悬殊，同时溶液中 $S^{2-}$ 离子浓度受 $H^+$ 浓度的制约，所以可以通过控制酸度，用硫化物沉淀法把溶液中不同金属离子分步沉淀而分离回收。通常采用的沉淀剂有硫化氢、硫化钠等。根据沉淀转化原理，难溶硫化物 MnS、FeS 等亦可作为处理药剂。

$S^{2-}$ 离子和 $OH^-$ 离子一样，也能够与许多金属离子形成络阴离子，从而使金属硫化物的饱和浓度增大，不利于重金属的沉淀去除，因此必须控制沉淀剂 $S^{2-}$ 离子的浓度不要过量太多，其他配位体如 $X^-$（卤离子）、$CN^-$、$SCN^-$ 等也能与重金属离子形成各种可溶性络合物，从而干扰金属的去除，应通过预处理除去。

**表 10.2 某些金属硫化物的溶度积**

| 化学式 | $K_{sp}$ | 化学式 | $K_{sp}$ | 化学式 | $K_{sp}$ |
|---|---|---|---|---|---|
| $Ag_2S$ | $1.6\times10^{-49}$ | $Cu_2S$ | $2\times10^{-47}$ | MnS | $1.4\times10^{-15}$ |
| $Al_2S_3$ | $2\times10^{-7}$ | CuS | $8.5\times10^{-45}$ | NiS | $1.4\times10^{-24}$ |
| $Bi_2S_3$ | $1\times10^{-97}$ | FeS | $3.7\times10^{-19}$ | PbS | $3.4\times10^{-28}$ |
| CdS | $3.6\times10^{-29}$ | $Hg_2S$ | $1.0\times10^{-45}$ | SnS | $1\times10^{-25}$ |
| CoS | $4.0\times10^{-21}$ | HgS | $4\times10^{-53}$ | ZnS | $1.6\times10^{-24}$ |

金属硫化物的溶解平衡式为：

$$MS \longrightarrow [M^{2+}]+[S^{2-}] \quad [M^{2+}]=K_{sp}/[S^{2-}] \tag{10.5}$$

硫化氢为沉淀剂时，硫化氢分两步电离，其电离方程式如下：

$$H_2S \longrightarrow H^+ + HS^-$$

$$HS^- \longrightarrow H^+ + S^{2-}$$

电离常数分别为：

$$K_1 = [H^+][HS^-]/[H_2S] = 9.1 \times 10^{-8} \tag{10.6}$$

$$K_2 = [H^+][S^{2-}]/[HS^-] = 1.2 \times 10^{-15} \tag{10.7}$$

因此：$[H^+][S^{2-}]/[H_2S] = 1.1 \times 10^{-22}$
将式(10.7)代入式(10.5)得：

$$[S^{2-}] = 1.1 \times 10^{-22}[H_2S]/[H^+]^2 \tag{10.8}$$

$$[M^{2+}] = K_{sp}[H^+]^2/(1.1 \times 10^{-22}[H_2S]) \tag{10.9}$$

在 0.1 MPa、25 ℃的条件下，硫化氢在水中的饱和浓度为 0.1 mol/L(pH≤6)，因此：

$$[M^{2+}] = K_{sp}[H^+]^2/(1.1 \times 10^{-23}) \tag{10.10}$$

$$[S^{2-}] = 1.1 \times 10^{-23}/[H^+]^2 \tag{10.11}$$

由上式可以计算在一定 pH 下溶液中金属离子的饱和浓度，如图 10-3 所示。

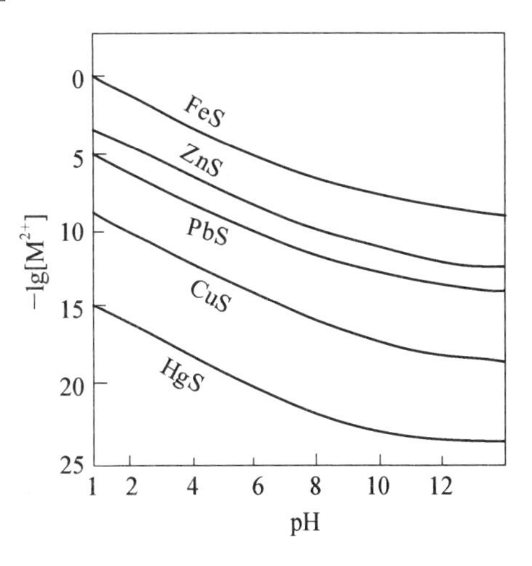


**图 10-3 金属硫化物饱和浓度和 pH 的关系**

采用硫化物沉淀法处理含重金属的废水，去除率高，可分步沉淀，泥渣中金属品位高，便于回收利用，适用 pH 范围大。但过量 $S^{2-}$ 可使处理水 COD 增加；当 pH 降低时，可产生有毒的 $H_2S$。有时金属硫化物的颗粒很小，分离困难，此时可投加适量絮凝剂进行共沉淀。

硫化汞溶度积很小，所以硫化物沉淀法的除汞率高，在废水处理中得到实际应用，如用于去除无机汞；对于有机汞，必须选用氧化剂(如氯)将其氧化成无机汞，然后再用硫化物沉淀法去除。如图 10-4 所示，某厂废水中汞浓度为 5～10 mg/L，pH=2～4，废水先在中和器中用碱中和至 pH=8～10，然后进入反应器，投加 6%的 $Na_2S$ 溶液和 7%的 $FeSO_4$ 溶液，反应生成的悬浮液从反应器上部溢流出来，由水泵送至管式过滤器，经过滤后达标排放，滤渣定期用压缩空气吹出。

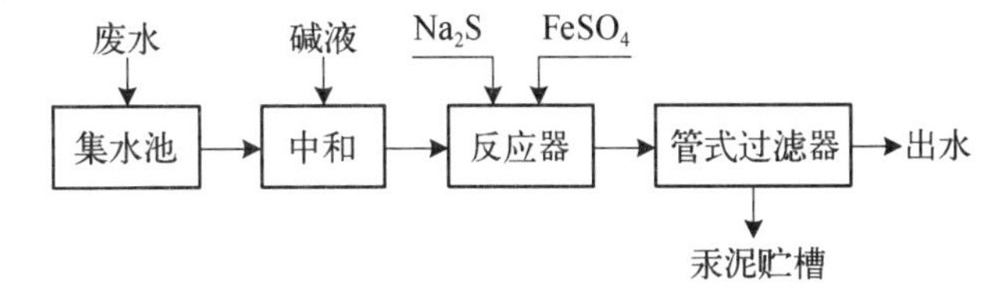


**图 10-4 硫化物沉淀法除汞**

提高沉淀剂($S^{2-}$离子)浓度有利于硫化汞的沉淀析出;但是,过量硫离子不仅会造成水体贫氧,增加水体COD,还能与硫化汞沉淀生成可溶性络阴离子$[HgS_2]^{2-}$,降低汞的去除率。因此,在反应过程中,要补投$FeSO_4$溶液,以除去过量硫离子($Fe^{2+}+S^{2-} = FeS\downarrow$)。这样,不仅有利于汞的去除,而且有利于沉淀的分离。因为浓度较小的含汞废水进行沉淀时,往往形成HgS的微细颗粒,悬浮于水中很难沉降。而FeS沉淀可作为HgS的共沉淀载体促使其沉降。同时,补投的一部分$Fe^{2+}$离子在水中可生成$Fe(OH)_2$和$Fe(OH)_3$,对HgS悬浮微粒起凝聚共沉淀作用。为了加快硫化汞悬浮微粒的沉降,有时还加入焦炭末或粉状活性炭,吸附硫化汞微粒,促使其沉降。沉淀反应在pH=8~9的碱性条件下进行。pH<7时,不利于FeS沉淀的生成;碱度过大则可能生成氢氧化铁凝胶,难以过滤。

用硫化物沉淀法处理含$Cu^{2+}$、$Zn^{2+}$、$Cd^{2+}$、$Pb^{2+}$、$AsO_2^-$等废水在生产上已得到应用。如某酸性含铜废水含$Cu^{2+}$ 50 mg/L,$Fe^{2+}$ 340 mg/L,$Fe^{3+}$ 38 mg/L,pH=2,处理时先投加$CaCO_3$,在pH=4时使$Fe^{3+}$先沉淀,然后通入$H_2S$,生成CuS沉淀,最后投加石灰乳至pH=8~10,使$Fe^{2+}$沉淀。此法可回收品位为50%的硫化铜渣,回收率达85%。

硫化物沉淀法处理含重金属废水,具有去除率高、可分步沉淀、泥渣中金属品位高、适应pH范围大等优点,在某些领域得到了实际应用。但是$S^{2-}$可使水体中COD虚高,当水体酸性增加时,可产生硫化氢气体污染大气,并且沉淀剂来源受限制,价格亦不低,因此限制了它的广泛应用。

### 10.2.2 碳酸盐沉淀法

碱土金属(Ca、Mg等)和重金属(Mn、Fe、Co、Ni、Cu、Zn、Ag、Cd、Pb、Hg、Bi等)的碳酸盐等难溶于水(表10.3),所以可用碳酸盐沉淀法将这些金属离子从废水中去除。

**表10.3 碳酸盐的溶度积**

| 化学式 | $K_{sp}$ | 化学式 | $K_{sp}$ | 化学式 | $K_{sp}$ |
|---|---|---|---|---|---|
| $Ag_2CO_3$ | $8.1\times10^{-12}$ | CuCO | $1.4\times10^{-10}$ | $MnCO_3$ | $1.8\times10^{-11}$ |
| $BaCO_3$ | $5.1\times10^{-9}$ | $FeCO_3$ | $3.2\times10^{-11}$ | $NiCO_3$ | $6.6\times10^{-9}$ |
| $CaCO_3$ | $2.8\times10^{-9}$ | $Hg_2CO_3$ | $8.9\times10^{-17}$ | $PbCO_3$ | $7.4\times10^{-14}$ |
| $CdCO_3$ | $5.2\times10^{-12}$ | $Li_2CO_3$ | $2.5\times10^{-2}$ | $SrCO_3$ | $1.1\times10^{-10}$ |
| $CoCO_3$ | $1.4\times10^{-13}$ | $MgCO_3$ | $3.5\times10^{-8}$ | $ZnCO_3$ | $1.4\times10^{-11}$ |

对于不同的处理对象,碳酸盐沉淀法有三种不同的应用方式:① 投加难溶碳酸盐(如碳酸钙),利用沉淀转化原理,使废水中重金属离子(如$Pb^{2+}$、$Cd^{2+}$、$Zn^{2+}$、$Ni^{2+}$等离子)生成饱和浓度更小的碳酸盐而沉淀析出;② 投加可溶性碳酸盐(如碳酸钠),使水中金属离子生成难溶碳酸盐而沉淀析出;③ 投加石灰,与造成水中碳酸盐硬度的$Ca(HCO_3)_2$和$Mg(HCO_3)_2$生成难溶的碳酸钙和氢氧化镁而沉淀析出。如蓄电池生产过程中产生的含铅(Ⅱ)废水,投加碳酸钠,然后再经过砂滤,在pH=6.4~8.7时,出水总铅浓度为0.2~3.8 mg/L,可溶性铅浓度为0.1 mg/L。又如某含锌废水(6%~8%),投加碳酸钠,可生成碳酸锌沉淀,沉渣经漂洗,真空抽滤,可回收利用。

### 10.2.3 卤化物沉淀法

1. 氯化物沉淀法除银

氯化物的饱和浓度都很大，唯一例外的是氯化银($K_{sp}=1.8\times10^{-10}$)。利用这一特点，可以处理和回收废水中的银。

含银废水主要来源于镀银和照相工艺。氰化银镀槽中的含银浓度高达 13 000～45 000 mg/L。在镀件镀银后的清洗过程中产生含银废水，处理时，一般先用电解法回收废水中的银，将银浓度降至 100～500 mg/L，然后再用氯化物沉淀法，将银浓度降至 1 mg/L 左右。当废水中含有多种金属离子时，调 pH 至碱性，同时投加氯化物，则其他金属形成氢氧化物沉淀，唯独银离子形成氯化银沉淀，两者共沉淀。用酸洗沉渣，将金属氢氧化物沉淀溶出，仅剩下氯化银沉淀。这样可以分离和回收银，而废水中的银离子浓度可降至 0.1 mg/L。

镀银废水中同时含有氰，它和银离子形成$[Ag(CN)_2]^-$络离子，对处理不利，一般先采用氯氧化法氧化氰，产生的氯离子又可与银离子生成沉淀。根据实验资料，银和氰重量相等时，投氯量为 3.5 mg/mg(氰)。氧化 10 min 以后，调 pH 至 6.5，使氰完全氧化。然后投加三氯化铁，以石灰调 pH 至 8，形成氯化银和氢氧化铁的共沉淀，沉降分离后倾出上清液，可使银离子由最初 0.7～40 mg/L 几乎降至零。根据上述实验结果设计的生产回收系统，其运转数据为：银由 130～564 mg/L 降至 0～8.2 mg/L；氰由 159～642 mg/L 降至 15～17 mg/L。

2. 氟化物沉淀法

当废水中含有比较单纯的氟离子时，投加石灰，调 pH 至 10～12，生成 $CaF_2$ 沉淀，可使含氟浓度降至 10～20 mg/L。若废水中还含有其他金属离子(如 $Mg^{2+}$、$Fe^{3+}$、$Al^{3+}$ 等)，加石灰后，除形成 $CaF_2$ 沉淀外，还形成金属氢氧化物沉淀。由于后者的吸附共沉作用，可使含氟浓度可降至 8 mg/L 以下。若加石灰至 pH=11～12，再加硫酸铝，使 pH=6～8，则形成氢氧化铝，可使含氟浓度降至 5 mg/L 以下，如果加石灰的同时，加入磷酸盐(如过磷酸钙、磷酸氢二钠)，则与水中氟形成难溶的磷灰石沉淀：

$$3H_2PO_4^- + 5Ca^{2+} + 6OH^- + F^- \longrightarrow Ca_5(PO_4)^3F\downarrow + 6H_2O$$

当石灰投量为理论投量的 1.3 倍，过磷酸钙投量为理论量的 2～2.5 倍时，可使废水氟浓度降至 2 mg/L 左右。

### 10.2.4 磷酸盐沉淀法

与混凝法有所不同，磷酸盐沉淀法是在含可溶性磷酸盐的废水中通过加入铁盐或铝盐生成不溶性的磷酸盐沉淀。如，加入铁盐除磷酸盐时会产生：铁的磷酸盐 $Fe(PO_4)_x(OH)_{3-x}$ 沉淀；在部分胶体状的氧化铁或氢氧化铁表面上磷酸盐被吸附；多核氢氧化铁(Ⅲ)悬浮体的凝聚作用，生成不溶于水的金属聚合物。

目前常用 $FeCl_3\cdot6H_2O$、$FeCl_3+Ca(OH)_2$、$AlCl_3\cdot6H_2O$ 和 $Al_2(SO_4)_3\cdot18H_2O$ 来处理含磷酸盐的废水。pH 对沉淀过程有影响，用铁盐来沉淀正磷酸盐时，最佳反应 pH 为 5；当用铝盐作沉淀剂时，最佳 pH 为 6；而用石灰时，最佳 pH 在 10 以上。

### 10.2.5 螯合沉淀法

螯合沉淀法是利用螯合剂与水中重金属离子进行螯合反应生成难溶螯合物，然后通过固液分离去除水中重金属离子的一类方法。难溶螯合物的生成可在常温和很宽的 pH 范围内进行，废水中 $Cu^{2+}$、$Cd^{2+}$、$Hg^{2+}$、$Pb^{2+}$、$Mn^{2+}$、$Ni^{2+}$、$Zn^{2+}$、$Cr^{3+}$ 等多种重金属离子均可通过螯合沉淀法去除。螯合沉淀反应时间短，沉淀污泥含水率低。

用于去除重金属离子的螯合剂的来源主要有两种：一种是利用合成的或天然的高分子物质，通过高分子化学反应引入具有螯合功能的链基来合成；另一种是含有螯合基的单体经过加聚、缩聚、逐步聚合或开环聚合等方法制取。

目前研究和应用较多的重金属螯合剂主要有两类：不溶性淀粉黄原酸酯(Insoluble Starch Xanthate，ISX)和二硫代氨基甲酸盐(Dithiocarbamate，DTC)类衍生物，而 DTC 类衍生物是应用最广泛的。

淀粉黄原酸酯沉淀法，淀粉基黄原酸酯是淀粉中葡萄糖基经化学改性引入(—C(═S)S)官能团制成。用于水处理的沉淀药剂有钠型或镁型淀粉黄原酸酯，均不溶于水，但在水中存在电离和水解平衡。重金属离子可与淀粉黄原酸酯反应生成沉淀而去除。它与重金属离子的沉淀反应有两种类型：与 $Cd^{2+}$、$Ni^{2+}$、$Zn^{2+}$ 等发生离子互换反应；与 $Cr_2O_7^{2-}$、$Cu^{2+}$ 等发生氧化还原反应。反应生成的沉淀可用离心法分离。由于该法产生的沉淀污泥化学稳定性高，可安全填地。亦可用酸液浸溶出金属，回收交联淀粉再用于药剂的制备。

DTC 类沉淀法，二硫代氨基甲酸盐与金属离子具有极强的络合能力，其衍生物作为重金属螯合剂的研究开始于 20 世纪中叶，其合成的基本方法是用多胺或乙烯二胺与二硫化碳在强碱中反应制得，其分子中氮原子和硫原子位置的不同、取代基团种类的不同(烷基或芳香基)、其他杂原子的存在和取代基位置的不同都会影响对重金属的螯合效果。DTC 衍生物的利用形式主要为螯合剂和螯合树脂两种。两者主要是母体的化学结构不同，前者为线性结构，后者为立体架桥结构；前者为水溶性，而后者为不溶性；在应用中，前者对于成分复杂的重金属废水具有极好的处理效果，而后者主要用于分离和回收污染物中的金属。两者在重金属污染治理中都显示出越来越重要的作用。

## 10.3 铁氧体沉淀法

### 10.3.1 铁氧体

铁氧体(Ferrite)是指一类具有一定晶体结构的复合氧化物，具有高的导磁率和高的电阻率(其电阻比铜高 $10^{13}$～$10^{14}$倍)，是一种重要的磁性介质。其制造过程和机械性能与陶瓷品颇为类似，因而也叫磁性瓷。跟陶瓷质一样，铁氧体不溶于酸、碱、盐溶液，也不溶于水。铁氧体的磁性强弱及其他特性，与其化学组成和晶体结构有关。

铁氧体的晶格类型有七类，其中尖晶石型铁氧体最为人们所熟悉。尖晶石型铁氧体的化学组成一般可用通过式 $BO \cdot A_2O_3$ 表示。其中 B 代表二价金属，如 Fe、Mg、Zn、Mn、Co、Ni、Ca、Cu、Hg、Bi、Sn 等；A 代表三价金属，如 Fe、Al、Cr、Mn、V、Co、Bi 等。铁氧体有天然矿物和人造产品两大类，磁铁矿(其主要成分为 $Fe_3O_4$ 或 $FeO \cdot Fe_2O_3$)是一种天然的尖晶石型铁氧体。

### 10.3.2 工艺流程

废水中各种金属离子形成不溶性的铁氧体晶粒而沉淀析出的方法叫作铁氧体沉淀法。铁氧体沉淀法由日本电器公司于1973年首先提出，并于20世纪70年代发展起来的一种废水净化方法，主要用于处理含重金属离子的废水。处理的工艺过程包括投加亚铁盐、调整pH、充氧加热、固液分离、沉渣处理等多个环节。

1. 配料反应

为了形成铁氧体，通常要有足量的$Fe^{2+}$和$Fe^{3+}$。重金属废水中，一般或多或少地含有铁离子，但大多数满足不了生成铁氧体的要求，通常要额外补加铁离子，如投加硫酸亚铁和氯化亚铁等。投加二价铁离子的主要作用有：① 补充$Fe^{2+}$；② 通过氧化，补充$Fe^{3+}$；③ 如废水中有六价铬，则$Fe^{2+}$能将其还原为$Cr^{3+}$，作为形成铁氧体的原料之一；同时$Fe^{2+}$被六价铬氧化成$Fe^{3+}$，可作为三价金属离子的一部分加以利用。

2. 加碱共沉淀

根据金属离子的种类不同，用氢氧化钠调整pH至8～9。在常温及缺氧条件下，金属离子以$M(OH)_2$及$M(OH)_3$的胶体形式同时沉淀出来，如$Cr(OH)_3$、$Fe(OH)_3$、$Fe(OH)_2$和$Zn(OH)_2$等。

3. 充氧加热，转化沉淀

为了调整二价金属离子和三价金属离子的比例，通常要向废水中通入空气，使部分Fe(Ⅱ)转化为Fe(Ⅲ)。此外，加热可促使反应进行、氢氧化物胶体破坏和脱水分解，使之逐渐转化为铁氧体。

$$Fe(OH)_3 \xlongequal{\triangle} FeOOH + H_2Oz$$

$$FeOOH + Fe(OH)_2 \xlongequal{} FeOOH \cdot Fe(OH)_2$$

$$FeOOH \cdot Fe(OH)_2 + FeOOH \xlongequal{} FeO \cdot Fe_2O_3 + 2H_2O$$

废水中其他金属氢氧化物的反应大致相同，二价金属离子占据部分Fe(Ⅱ)的位置，三价金属离子占据部分Fe(Ⅲ)的位置，从而使其他金属离子均匀地混杂到铁氧体晶格中去，形成特性各异的铁氧体。例如，$Cr^{3+}$离子存在时形成铬铁氧体$FeO(Fe_{1+x}Cr_{1-x})O_3$。

加热温度要注意控制，温度过高，氧化反应过快，会使Fe(Ⅱ)不足而Fe(Ⅲ)过量。一般认为加热至60～80 ℃，时间为20 min，比较合适。加热充氧的方式有两种：一种是对全部废水加热充氧，另一种是先充氧，然后将组成调整好了的氢氧化物沉淀分离出来，再对沉淀物加热。

4. 固液分离

对形成的铁氧体沉渣进行分离，以获得良好的出水水质。由于铁氧体的比重较大，采用沉降过滤、离心分离和磁力分离等都能获得较好的分离效果。

5. 沉渣处理

根据沉渣的组成、性能及用途不同，处理方法也各异：① 若废水的成分单纯、浓度稳定，则其沉渣可作铁淦氧磁体的原料，此时，沉渣应进行水洗，除去硫酸钠等杂质；② 供制耐蚀瓷器；③ 暂时堆置贮存。

### 10.3.3 应用实例

1. 含铬电镀废水

含铬(Ⅵ)废水由调节池进入反应槽，根据含铬(Ⅵ)量投加一定量$FeSO_4$进行氧化还原反应，然后投加NaOH调pH至7～9，产生墨绿色氢氧化物沉淀。通蒸气加热至60～80 ℃，通空气曝气 20 min，当沉淀呈黑褐色时，停止通气。静置沉淀后上清液排放或回用，沉淀经离心分离洗去钠盐后烘干待用。当进水 $CrO_3$ 含量为 190～2 800 mg/L 时，经处理后的出水含 Cr(Ⅵ)低于 0.1 mg/L。每克铬酐约可得到 6 g 铁氧体干渣。该工艺流程如图 10-5 所示。

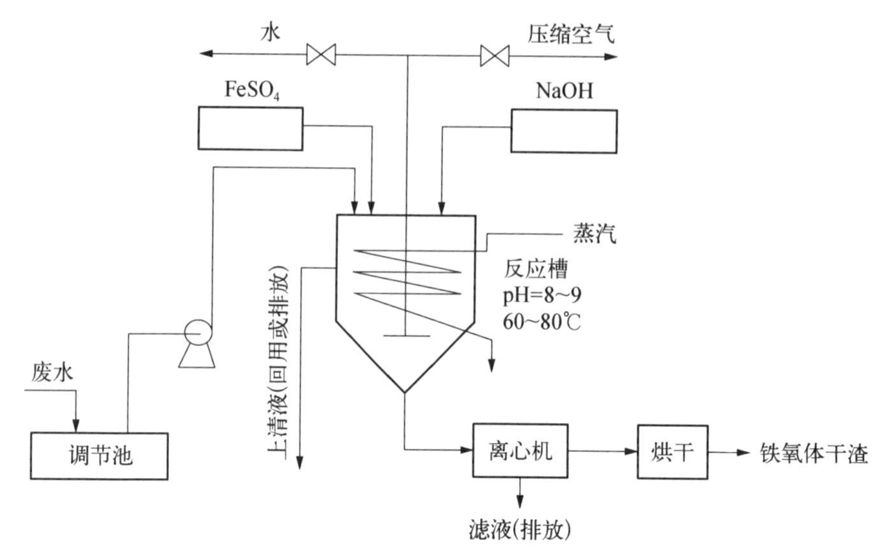


**图 10-5　铁氧体法处理含铬废水**

2. 重金属离子混合废水

废水中含 $Zn^{2+}$、$Cu^{2+}$、$Ni^{2+}$、$Cr_2O_7^{2-}$ 等重金属离子的废水，硫酸亚铁投量大体上为单种金属离子时投药量之和。在反应池中投加 NaOH 调 pH 至 8～9 生成金属氢氧化物沉淀，再进气浮槽中浮上分离，处理后出水中各金属离子含量均达排放标准。浮渣流入转化槽，补加一定量硫酸亚铁，加热至 70～80 ℃，通压缩空气曝气约 0.2 h，金属氢氧化物即可转化为铁氧体。这种方法的本质是采用氢氧化物沉淀法处理废水，采用铁氧体法处理形成的污泥。

铁氧体沉淀法具有如下优点：① 能一次脱除废水中的多种金属离子，出水水质好，能达到排放标准；② 设备简单、操作方便；③ 硫酸亚铁的投量范围大，对水质的适应性强；④ 沉渣易分离；⑤ 铁氧体性能稳定，长期放置对环境无影响。该法存在的缺点是：① 不能单独回收有用金属；② 需消耗相当多的硫酸亚铁、一定数量的苛性钠及热能，且处理时间较长，使处理成本较高；③ 出水中的硫酸盐含量高。

# 11 氧化还原法

氧化还原法是利用某些溶解于废水中的有毒有害物质在氧化还原反应中能被氧化还原的性质，把它们转化为无毒无害的新物质，或转化为容易从水中分离排除的形态(气体或固体)，从而达到处理的目的的方法。处理方法包括药剂法、电化学法(电解)和光化学法等三大类。

废水中的有机污染物(如色、嗅、味、COD)及还原性无机离子(如 $CN^-$、$S^{2-}$、$Fe^{2+}$、$Mn^{2+}$ 等)都可通过氧化法消除其危害；而废水中的许多重金属离子(如汞、镉、铜、银、金、六价铬、镍等)都可通过还原法去除。

在选择药剂和方法时，应当遵循的原则：处理效果好，反应产物无害，不需进行二次处理。处理费用合理，所需药剂和材料易得。操作特性好，在常温和较宽的 pH 范围内具有较快的反应速度，当提高反应温度和压力后，其处理效率和速度的提高能克服费用增加的不足，当负荷变化后，通过调整操作参数可维持稳定的处理效果。与前后处理工序的目标一致，搭配方便。废水处理中常用的氧化剂有氧系(空气、臭氧等)、氯系(氯气、二氧化氯、次氯酸钠和漂白粉等)、过氧化氢等；常用的还原剂有硫酸亚铁、亚硫酸氢钠、硼氢化钠、水合肼及铁屑等。在电解氧化还原法中，电解槽的阳极可作为氧化剂，阴极可作为还原剂。

化学氧化还原法应用场合有饮用水处理、特种工业用水处理、难以生物降解的有毒工业废水处理、以回用为目的的废水深度处理等。

## 11.1 基本原理

### 11.1.1 无机物的氧化还原

对于水溶液中无机物的氧化还原反应，可以方便地用各电对的电极电势来衡量其氧化性(或还原性)的强弱，估计反应进行的程度。氧化剂和还原剂的电极电势差越大，反应进行得越完全。

电极电势 $E$ 主要取决于物质(“电对”)的本性(反映为 $E^\theta$ 值)，同时也和参与反应的物质浓度(或气体分压)、温度有关，其间的关系可用奈斯特公式表示：

$$E = E^\theta + \frac{RT}{nF}\ln\frac{[\text{氧化型}]}{[\text{还原型}]} \tag{11.1}$$

利用上式可估算废水处理程度，即求出氧化还原反应达平衡时各有关物质的残余浓度。

### 11.1.2 有机物的氧化还原

有机物的氧化还原过程要复杂一些，不能简单地通过电子得失来判断。通常有机物脱氢或加氧的为氧化，加氢或脱氧的为还原。

有机化合物在氧化还原反应中发生降解，按降解程度的不同分为两大类：① 初级降解。有机化合物的结构发生改变，这种结构的改变可能导致两种结果：一种是使化合物毒性减弱或消除，可生化性提高，是可接受的降解；另一种是结构的改变使化合物毒性增强，更加难以生物降解，是不可接受的降解。② 完全降解（矿化）。由碳、氢、氧三种元素组成的有机化合物，氧化的最终结果是转化为简单无机物 $CO_2$ 和水。而对于还含有氮、硫、磷等元素的有机物的氧化产物除 $CO_2$ 和水，还会产生硝酸类、硫酸类和磷酸类等物质。有机物完全降解的最终结果是转化为简单的无机物，这一过程也就是有机物的无机化过程，也称矿化。

水污染控制过程中，有机物的化学氧化既可以控制在可接受的初级降解阶段，也可以控制在完全降解阶段。对于有毒、生物难降解有机物，可进行化学氧化初级降解，改善其可生化性后，再进入后续的生化处理单元进一步降解去除，而不一定通过化学氧化使其矿化。

### 11.1.3 影响因素

在用氧化还原法处理废水时，影响水溶液中氧化还原反应速度的动力因素对实际处理能力有着更为重要的意义，这些因素包括：① 氧化剂和还原剂的本性。影响很大，其影响程度通常要由实验观察或经验来确定。② 反应物的浓度。一般地，浓度升高，速度加快，其间定量关系与反应机理有关，可根据实验观察来确定。③ 温度。一般地，温度升高，速度加快，其间定量关系可由阿仑尼乌斯公式表示。④ 催化剂。近年来异相催化剂（如活性炭、黏土、金属氧化物）等在水处理中的应用受到重视。⑤ 溶液 pH。影响很大，其影响途径有：$H^+$ 或 $OH^-$ 直接参与氧化还原反应；$OH^-$ 或 $H^+$ 为催化剂；溶液的 pH 决定溶液中许多物质的存在状态及相对数量。

## 11.2 化学氧化法

### 11.2.1 概述

化学氧化是指利用强氧化剂氧化分解废水中污染物以净化废水的一种方法。化学氧化是最终去除废水中污染物的有效方法之一。通过化学氧化，可以使废水中的有机物和无机物氧化分解，从而降低废水 BOD 和 COD 值，或使废水中的有毒物质无害化。

氧化和还原是互为依存的，在化学反应中，原子或离子失去电子称为氧化，接受电子称为还原。得到电子的物质称为氧化剂，失去电子的物质称为还原剂。各种氧化剂的氧化能力是不同的。常用氧化剂的氧化能力从强到弱的顺序是：$F_2 > O_3 > H_2O_2 > MnO_4^- > HOCl > Cl_2 > NO_3^- > O_2$。

废水处理中使用较多的氧化剂有空气、臭氧（$O_3$）、氯（$Cl_2$）、次氯酸（HOC1）和双氧水等，这些氧化剂可在不同的情况下用于各种废水的氧化处理。当采用氯、臭氧等进行化学氧化时，还可以达到废水去嗅、去味、脱色、消毒的目的。

### 11.2.2 空气氧化法

空气氧化法就是将空气鼓入废水中,利用空气中的氧气来氧化废水中的有机物和还原性污染物的处理方法。有时为了提高氧化效果,氧化要在高温高压下进行,或使用催化剂。

从热力学上分析,空气氧化法有以下特点:① 电对 $O_2/O^{2-}$ 的半反应式中有 $H^+$ 或 $OH^-$ 离子参加,因而氧化还原电位与 pH 有关。在强碱性溶液中(pH=14),半反应式为 $O_2 + 2H_2O + 4e \longrightarrow 4OH^-$。氧化还原电位为$-0.401$ V;在中性(pH=7)和强酸性(pH=0)溶液中,半反应式为 $O_2 + 4H^+ + 4e \longrightarrow 2H_2O$,氧化还原电位分别为$-0.815$ V 和$-1.229$ V。由此可见,降低 pH 有利于空气氧化。② 在常温常压和中性 pH 条件下,分子氧的氧化能力较弱,故常用来处理易氧化的污染物,如 $S^{2-}$、$Fe^{2+}$、$Mn^{2+}$ 等。③ 提高温度和氧分压,可以增大电极电位。添加催化剂可以降低反应活化能。因此都有利于反应的进行。

用空气氧化法可以处理含硫化物的废水,如硫化氢、硫醇、硫的钠盐和铵盐[$NaHS$、$Na_2S$、$(NH_4)_2S$]等。向废水中鼓入空气或蒸汽时,硫化物能被氧化成无毒或微毒的硫代硫酸盐或硫酸。

$$2HS^- + 2O_2 \longrightarrow S_2O_3^{2-} + H_2O$$

$$2S^{2-} + 2O_2 + H_2O \longrightarrow S_2O_3^{2-} + 2OH^-$$

$$S_2O_3^{2-} + 2O_2 + 2OH^- \longrightarrow 2SO_4^{2-} + H_2O$$

空气氧化法目前已用于石油炼制厂含硫废水的处理,其基本流程如图 11-1 所示。废水经除油与除渣后与压缩空气和蒸汽混合,升温至 80～90 ℃后进入塔内,经喷嘴雾化,分四段进行氧化反应。氧化速度随反应温度升高而显著上升,当废水中含硫量较低,质量浓度不超过 300 mg/L 时,温度可适当降低,但不能低于 70 ℃。氧化过程中气水比(鼓入的空气体积与废水体积之比)应大于 15,增加气水比可使气液的接触面加大,有利于空气中的氧向水中扩散,随着气水比的提高,氧化速度相应增快。反应时间不应少于 1 h,一般采用 1.5～2.5 h,随着反应时间的增加,废水中有害硫化物质量浓度相应降低。提高操作压力,可以增加氧在水中的饱和浓度,有利于氧化反应的进行,但不显著,因此塔顶压力采用常压或 0.01～0.05 MPa的低压。生产实践表明,当操作温度为 90 ℃,废水含硫量 2 900 mg/L 时,脱硫效率可达 98.3%。空气氧化采用的设备是空气氧化塔,其直径不大于 2.5 m,塔体为 4～5 段,每段高不小于 3 m,塔内总压降 0.2～0.25 MPa,喷嘴气流速度大于 13 m/s,喷嘴水流速度大于 1.5 m/s。

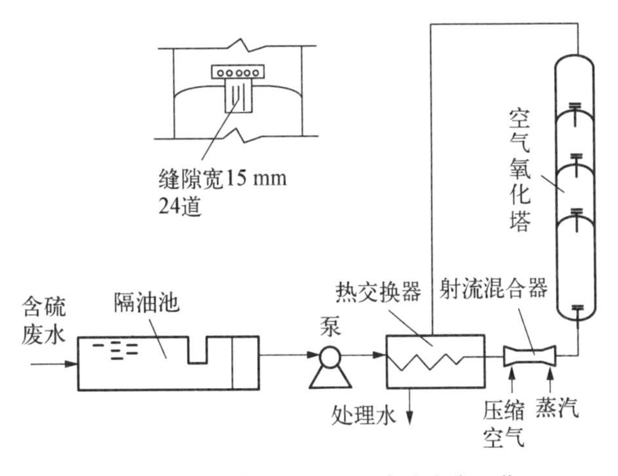


**图 11-1 空气氧化法处理含硫废水工艺**

### 11.2.3 臭氧氧化法

臭氧($O_3$)是氧的同素异构体。臭氧在水中的分解很快,能与废水中的大多数有机物及微生物迅速作用,因此,在废水处理中可用来除臭、脱色、杀菌,也可用于除酚、氰、铁、锰,降低废水 COD 和 BOD 等。剩余的臭氧很容易分解为氧，一般来说不产生二次污染。臭氧氧化适用于废水的三级处理。

1. 臭氧的性质

臭氧具有以下性质：① 不稳定性。臭氧不稳定，在常温下易于自行分解成为氧气并放出热量。在空气中分解的速度与温度和质量浓度有关，温度越高，质量浓度越大分解越快。臭氧在水中的分解速度比在气相中快得多，而且强烈地受羟离子催化，pH 越高，分解越快。② 溶解性。臭氧在水中的饱和浓度要比氧气高 25 倍。饱和浓度主要取决于温度和气相的分压。分压越大，饱和浓度越高。温度越高饱和浓度越低。③ 毒性。高浓度臭氧是有毒的，对人的眼睛和呼吸器官有强烈的刺激作用。正常大气中臭氧的浓度是$(1\sim4)\times10^{-8}$ mol/L，当臭氧浓度达到$(4\sim10)\times10^{-8}$ mol/L 时，可引起头痛、恶心等症状。④ 氧化性。臭氧是一种强氧化剂，其氧化还原电位与 pH 有关。在酸性溶液中，氧化还原电位为$-2.07$ V，氧化性仅次于氟。在碱性溶液中，氧化还原电位为$-1.24$ V，氧化能力略低于氟。研究指出，在 pH=6～9.8，水温 0～39 ℃范围内，臭氧的氧化效力不受影响。臭氧的杀菌力强，速度快，能杀灭氯所不能杀灭的病毒和芽孢，且出水无异味，但当投量不足时，也可能产生对人体有害的中间产物。在工业废水处理中，可用臭氧氧化多种有机物和无机物，如酚、氰化物、有机硫化物，不饱和脂肪族及芳香族化合物等。臭氧之所以表现出强氧化性，是因为分子中的氧原子具有强烈的亲电子或亲质子性，臭氧分解产生的新生态氧原子也具有很高的氧化性。⑤ 腐蚀性。臭氧具有强腐蚀性，因此与之接触的容器、管路等均应采用耐腐蚀材料或防腐处理。耐腐蚀材料可用不锈钢或塑料。

2. 臭氧的制备

制备臭氧的方法较多，有化学法、电解法、紫外光法、无声放电法等。工业上一般采用无声放电法制取臭氧。

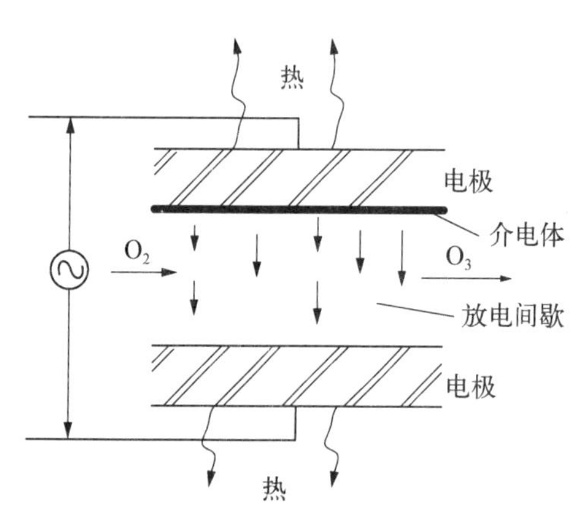


图 11-2 臭氧的制备原理与装置

无声放电法生产臭氧的原理如图 11-2 所示。在一对高压交流电极之间（间隙 1～3 mm）形成放电电场，由于介电体的阻碍，只有极小的电流通过电场，即在介电体表面的凸点上发生局部放电，因不能形成电弧，故称之为无声放电。当氧气或空气通过此间隙时，在高速电子流的轰击下，一部分氧分子转变为臭氧，其反应如下：

$$O_2 \longrightarrow 2O \quad 3O \longrightarrow O_3 \quad O_2+O \longrightarrow O_3$$

上述反应为可逆反应，所以生成的臭氧又会分解为氧气，分解速度随臭氧浓度的增大和温度的提高而加快。在一定浓度和温度下，生成和分解达到动态平衡。

用无声放电法制备臭氧的理论比电耗为 0.955 kW·h/kg $O_3$，而实际电耗大得多。单位电耗的臭氧产率，实际值仅为理论值的 10%左右，其余能量均变为热量，使电极温度升高。为了保证臭氧发生器正常工作和抑制臭氧分解，必须对电极进行冷却，常用水作为冷却剂。

3. 臭氧发生系统及接触反应器

由于臭氧不稳定，因此通常在现场随制随用。以空气为原料制取臭氧，由于原料来源方便，所以采用比较普遍。影响臭氧产率的因素有温度、原料气中水分与 $O_2$ 含量、气体流速、施加的电压、电流频率、臭氧发生器的构造型式等。水中污染物种类和质量浓度、臭氧的质量浓度与投量、投加位置、接触方式和时间、气泡大小、水温与水压等因素对反应器性能和氧化效果都有影响。

废水的臭氧处理在接触反应器内进行。接触反应器(混合反应器)的作用有:促进气、水扩散混合;使气、水充分接触,迅速反应。

设计混合反应器时要考虑臭氧分子在水中的扩散速度和与污染物的反应速度。扩散速度较大,反应速度为整个臭氧化过程的速度控制步骤时,混合接触器的结构型式应有利于反应的充分进行。属于这一类的污染物有烷基苯磺酸钠、焦油、COD、BOD、污泥、氨氮等,反应器可采用微孔扩散板式鼓泡塔(图 11-3a)。反应速度较大、扩散速度为整个臭氧化过程的速度控制步骤时,结构型式应有利于臭氧的加速扩散。属于这一类的污染物有 $Fe^{2+}$、$Mn^{2+}$、氰、酚、亲水性染料、细菌等,可采用喷射器作为反应器(图 11-3b)。

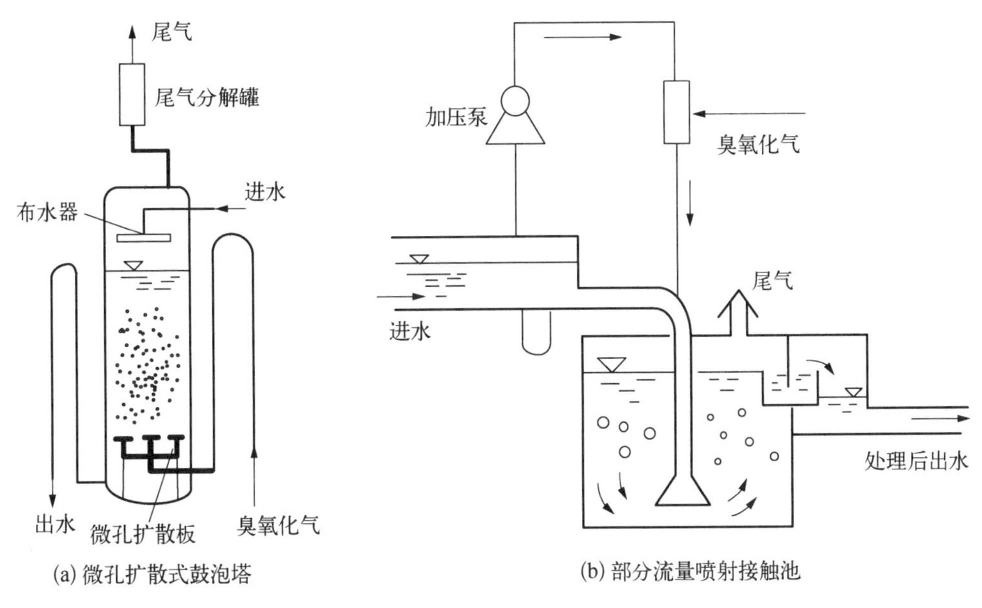


**图 11-3 接触反应器**

典型臭氧处理闭路系统如图 11-4 所示。

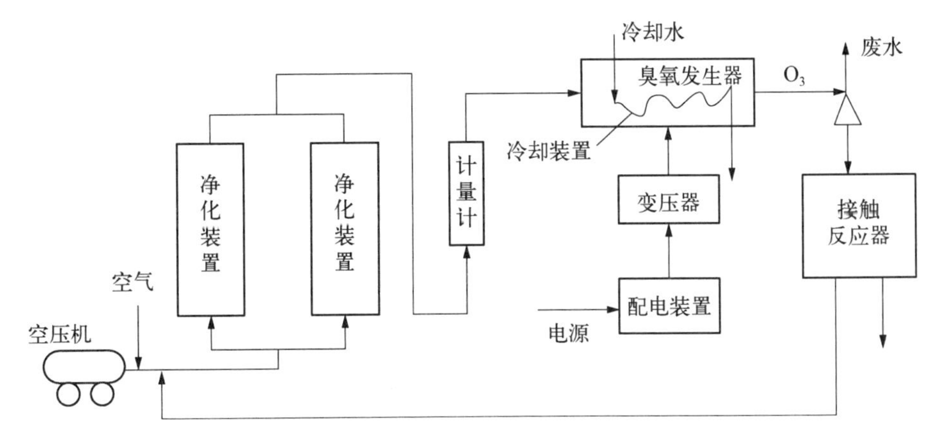


**图 11-4 臭氧处理闭路系统**

4. 臭氧在水处理中的应用

水经臭氧处理，可达到降低COD、杀菌、增加溶解氧、脱色除臭、降低浊度等目的。其优势在于：臭氧及其在水中分解的中间产物氢氧基有很强的氧化性，可分解一般氧化剂难于破坏的有机物，而且反应完全、速度快；剩余臭氧会迅速转化为氧，出水无嗅无味，不产生污泥；原料（空气）来源广。不过，制备臭氧电能的消耗较大，成本高，使其在废水处理中的应用受到限制。臭氧适用于低浓度、难氧化的有机废水的处理和消毒杀菌。

臭氧能将水中的二价铁和锰氧化成三价铁及高价锰，使溶解性的铁和锰变成固态物质，以便通过沉淀和过滤除去。

$$2Fe^{2+} + O_3 + 3H_2O \longrightarrow 2Fe(OH)_3$$

$$3Mn^{2+} + 2O_3 \longrightarrow 3MnO_2$$

$$3Mn^{2+} + 4O_3 \longrightarrow 3MnO_4^-$$

臭氧处理含氰废水，$CN^-$转化为$NH_4^+$，$CO_2$等。

$$CN^- + O_3 \longrightarrow CNO^- + O_2$$

$$3CN^- + O_3 \longrightarrow 3CNO^-$$

$$CNO^- + OH^- + H_2O \longrightarrow CO_3^{2-} + NH_3$$

$$NH_3 + 3O_2 \longrightarrow 2NO_3^{2-} + 3H_2O$$

$$CNO^- + 2H^+ + H_2O \longrightarrow CO_2\uparrow + NH_4^+$$

$$3NH_4^+ + 5O_2 \longrightarrow 3NO^- + 6H_2O$$

臭氧还能氧化许多有机物，如蛋白质、氨基酸、有机胺、链型不饱和化合物、芳香族、木质素、腐殖质等。目前在水处理中，常用COD和BOD作为测定这些有机物的指标，虽然臭氧在氧化有机物的过程中，会生成一系列中间产物，如分子量更小的降解产物，有些中间产物的COD和BOD值比原反应物更高，但是处理水的可生化性得到了改善。

臭氧是非常有效的消毒剂。常用消毒剂的效果按以下顺序排列：$O_3 > ClO_2 > HOCl > OCl^- > NHCl_2 > NH_2Cl$。

臭氧杀菌效果好、速度快，而且对消灭病毒也很有效。臭氧剂量达到2 mg/L时可保证将水生生物如水蚤、轮虫等杀死。臭氧的消毒效果主要受水的浊度和溶解性有机物的影响，受pH、水温的影响较小。

臭氧的消毒能力比氯更强。对脊髓灰质炎病毒，用氯消毒，保持0.5～1 mg/L余氯量，需1.5～2 h，而用臭氧消毒，达到同样的效果，保持0.045～0.45 mg/L剩余$O_3$量只需2 min。若初始$O_3$超过1 mg/L，经1 min接触，脊髓灰质炎病毒去除率可达到99.99%。

臭氧可以用来对汽车制造厂的综合废水（一级处理后的出水）进行深度处理，且处理效果明显；臭氧对印染废水的COD去除率不高，对色度的去除效果显著，与传统的氯气氧化、吸附、混凝等脱色方法相比，用臭氧脱色有着脱色程度高、无二次污染等优点。

某炼油厂利用$O_3$处理重油裂解废水，废水含酚4～5 mg/L，$CN^-$ 4～6 mg/L，$S^{2-}$ 4～5 mg/L，油15～30 mg/L，COD 400～500 mg/L，pH=11，水温为45 ℃。投加$O_3$ 280 mg/L，接触12 min，处理出水含酚质量浓度为0.005 mg/L；$CN^-$质量浓度为0.1～0.2 mg/L；$S^{2-}$质

量浓度为 0.3～0.4 mg/L;COD 值为 90～120 mg/L;油质量浓度为 2～3 mg/L。

### 11.2.4　氯氧化法

氯是使用较为普遍的氧化剂,氧化能力强,可以氧化处理废水中的酚类、醛类、醇类以及洗涤剂、油类、氰化物等,还有脱色、除臭、杀菌等作用。在化学工业中,它主要用于处理含氰、含酚、含硫化物的废水和染料废水。

氯系氧化剂包括氯气、氯的含氧酸及其钠盐、钙盐以及二氧化氯,常用氯系氧化剂的有效氯含量如表 11.1 所示。工业上最常用的是漂白粉[CaCl(OCl)]、漂白精[$Ca(OCl)_2$]、液氯。它们在水溶液中可电离生成次氯酸离子。HOCl 和 $OCl^-$ 具有很强的氧化能力。

$$CaCl(OCl) \longrightarrow Ca^{2+} + Cl^- + OCl^-$$

$$Ca(OCl)_2 \longrightarrow Ca^{2+} + 2OCl^-$$

$$Cl_2 + H_2O \longrightarrow H^+ + Cl^- + HOCl$$

$$HOCl \longrightarrow H^+ + OCl^-$$

**表 11.1　常用氯系氧化剂的有效氯含量**

| 药剂名称 | 化学式 | 分子量 | 含氯量 W/% | 有效氯含量 W/% |
|---|---|---|---|---|
| 氯气(或液氯) | $Cl_2$ | 71 | 100 | 100 |
| 次氯酸 | HOCl | 52.5 | 67.7 | 135 |
| 次氯酸钠 | NaOCl | 74.5 | 47.7 | 95.4 |
| 漂白粉 | $Ca(OCl)_2$ | 143 | 49.6 | 99.2 |
| 漂白精 | CaCl(OCl) | 127 | 56 | 56 |
| 二氧化氯 | $ClO_2$ | 67.5 | 52.5 | 262.5 |
| 一氯胺 | $NH_2Cl$ | 51.5 | 69 | 138 |
| 二氯胺 | $NHCl_2$ | 86 | 82.5 | 165.1 |

氯氧化法在废水处理中主要用于氰化物、硫化物、酚、醇、醛、油类的氧化去除,还可用于消毒、脱色、除臭。

1. 碱性氯化法处理含氰废水

废水中的氰通常以游离的 $CN^-$、HCN 及稳定性不同的各种金属络合物如$[Zn(CN)_4]^{2-}$、$[Ni(CN)_4]^{2-}$、$[Fe(CN)_6]^{3-}$、$[Fe(CN)_6]^{4-}$等形式存在。废水排放标准规定的允许氰含量为 0.5 mg/L,利用 $CN^-$ 的还原性,可用氯系氢化剂在碱性条件下将其破坏。

氰离子的氧化破坏分两阶段进行。

第一阶段,在碱性条件(pH≥10)下,次氯酸盐将 $CN^-$ 氧化为 $CNO^-$:

$$CN^- + ClO^- + H_2O = CNCl + 2OH^-$$

$$CNCl + 2OH^- = CNO^- + Cl^- + H_2O \quad pH \geqslant 10$$

第二阶段,$CNO^-$ 可在不同 pH 下,进一步氧化降解或水解:

$$2CNO^- + 3ClO^- + H_2O = N_2\uparrow + 3Cl^- + 2HCO_3^- \quad pH = 7.5 \sim 9$$

$$CNO^- + 2H^+ + H_2O = NH_4^+ + CO_2\uparrow \quad pH < 2.5$$

第一阶段反应生成的氯化氰有剧毒，在酸性条件下不稳定，易挥发致毒；在碱性条件下，易转变为毒性极微的氰酸根 $CNO^-$。第二阶段的氧化降解反应，在低 pH 下可加速进行，但产物为 $NH_4^+$，且有重新逸出 CNCl 的危险，当 pH>12 时，反应终止。通常宜将 pH 控制在 7.5～9 之间。采用过量氧化剂，将第二阶段的反应进行到底为完全氧化。只进行第一阶段的反应为不完全氧化。

根据化学反应式，可以确定完全氧化 1 mol $CN^-$ 的理论耗药量为 2.5 mol $Cl_2$ 或 $ClO^-$。但是，实际中废水的成分往往十分复杂，各种还原性物质的存在（如 $H_2S$、$Fe^{2+}$、$Mn^{2+}$ 及某些有机物等），使实际投药量往往比理论投药量大 2～3 倍。准确的投药量应通过试验确定。通常要求出水中质量浓度余氯的保持在 3～5 mg/L，以保证 $CN^-$ 的质量浓度降低到 0.1 mg/L 以下。

处理设备包括废水均和池、混合反应池及投药设备等。反应池容积按 10～30 min 的停留时间设计。为避免金属氰化物[如 $Cu(CN)_2$、$Fe(CN)_2$、$Zn(CN)_2$ 等]沉淀析出，促进吸附在金属氢氧化物（或其他不溶物）上的氰化物氧化，可采用压缩空气进行剧烈搅拌。当用漂白粉作为氧化剂时，渣量较大，约为水量的 2.8%～5.0%，需设专门的沉淀池，沉淀时间为 1～1.5 h。由于污泥中往往含有相当数量的溶解氰化物，处置时须注意。

2. 氯化法除酚

氯与酚的氧化降解反应可表示为：

$$C_6H_5OH + 8Cl_2 + 7H_2O \longrightarrow [C_6H_4(OH)_2,\ C_6H_4O_2] \longrightarrow \begin{matrix} CH-COOH \\ \| \\ CH-COOH \end{matrix} + 2CO_2 + 16HCl$$

生成的顺丁烯二酸还可进一步被氧化为 $CO_2$ 和 $H_2O$。同时，还会发生取代反应，生成有强烈异臭及潜在危险的氯酚（主要是 2,6－二氯酚）。为了消除氯酚的危害，一方面可投加过量氯（当含酚浓度为 50 mg/L 时，投氯量增大 1.25 倍；浓度为 1 100 mg/L 时，增大 1.5～2.0 倍），或改用更强的氧化剂（如臭氧、二氧化氯）以防止氯酚生成。另一方面，出水可用活性炭进行后处理，除去水中的氯酚（及其他氯代有机物）。

3. 氯化法脱色

氯可以氧化破坏发色官能团，有效地去除有机物引起的色度，可用于印染废水脱色。脱色效果与 pH 有关，通常发色有机物在碱性条件下易被破坏，因此碱性条件下脱色效果好。在 pH 相同时，用次氯酸钠比氯更有效。为了保证使用安全，氯气通常先用加氯机配成含氯的水溶液后再加入水中。

### 11.2.5 高锰酸盐氧化法

最常用的高锰酸盐是 $KMnO_4$，它是强氧化剂，其氧化性随 pH 降低而增强。但是，在碱性溶液中，分解速度往往更快。

在废水处理中，正研究利用高锰酸盐氧化法去除酚、$H_2S$、$CN^-$ 等；而在给水处理中，高锰酸盐氧化法可用于消灭藻类、除臭、除味、除铁（Ⅱ）、除锰（Ⅱ）等。高锰酸盐氧化法的优点是出水没有异味；氧化药剂（干态或湿态）易于投配和监测，并易于利用原有水处理设备（如凝聚沉淀设备、过滤设备）；反应所生成的水合二氧化锰有利于凝聚沉淀的进行（特别是对于低浊度废水的处理）。高锰酸盐氧化法的主要缺点是成本高及尚缺乏废水处理的运行经验。若将此法与其他处理方法（如空气曝气、氯氧化、活性炭吸附等）配合使用，可提高其处理效率，降低成本。

### 11.2.6 焚烧

焚烧是在高温下用空气中的氧化处理废水的一种方法，是废水最后处理的手段之一。当有机废水不能用其他方法有效处理时，常采用焚烧的方法。

焚烧就是使废水呈雾状喷入高温（800 ℃）燃烧炉中，使水雾完全汽化，让废水中的有机物在炉内氧化、分解成完全燃烧产物 $CO_2$ 和 $H_2O$，而废水中的矿物质、无机盐则生成固体或熔融的粒子，可以收集。因此，焚烧的实质是对废水进行高温空气氧化。

焚烧的缺点是燃料消耗大。如废水中可燃物质量浓度很高，发热量达 4 360 kJ/kg 以上时，燃烧可自动进行，燃料消耗量较少，只需消耗少量燃料来预热焚烧室和点火。如废水中的可燃物质量浓度较低，燃料消耗则较大，甚至可达 250～300 $kg/m^3$ 废水。对于低热值废水可以采用蒸发、蒸馏等方法预热处理后再行焚烧，也可借助催化剂进行有效的焚烧处理。

## 11.3 化学还原法

在废水处理中，目前采用化学还原法进行处理的主要污染物有 $Cr^{6+}$、$Hg^{2+}$、$Cu^{2+}$ 等重金属。常用的还原剂有硫酸亚铁、亚硫酸氢钠、硼氢化钠、二氧化硫、铁屑等。

### 11.3.1 还原法除六价铬

含铬废水来自电镀厂、制革厂、冶炼厂和某些化工厂，其中有剧毒的六价铬通常以两种形式存在：铬酸根 $CrO_4^{2-}$ 和重铬酸根 $Cr_2O_7^{2-}$，两者之间存在平衡：

$$2CrO_4^{2-} + 2H^+ \rightleftharpoons Cr_2O_7^{2-} + H_2O$$

在酸性条件（$pH<4.2$）下，只有 $Cr_2O_7^{2-}$ 存在，在碱性条件（$pH>7.6$）下，只有 $CrO_4^{2-}$ 存在。

利用还原剂把 $Cr^{6+}$ 还原成毒性较低的 $Cr^{3+}$，是最早采用的一种治理方法。采用的还原剂有 $SO_2$、$H_2SO_3$、$NaHSO_3$、$Na_2SO_3$、$FeSO_4$ 等。

利用还原法除铬通常包括两步：首先，废水中的 $Cr_2O_7^{2-}$ 在酸性条件下（$pH<4$ 为宜）与还原剂反应生成 $Cr_2(SO_4)_3$，再加碱（石灰）生成 $Cr(OH)_3$ 沉淀，在 $pH=8\sim9$ 时，$Cr(OH)_3$ 的饱和浓度最小。亚硫酸-石灰法的反应式如下：

$$H_2Cr_2O_7 + 3H_2SO_3 \longrightarrow Cr_2(SO_4)_3 + 4H_2O$$

$$Cr_2(SO_4)_3 + 3Ca(OH)_2 \longrightarrow 2Cr(OH)_3 + 3CaSO_4$$

还原产物 $Cr^{3+}$ 可通过加碱至溶液 $pH=7.5\sim9$，使 $Cr^{3+}$ 生成氢氧化铬沉淀，从溶液中分离除去。

$$Cr_2(SO_4)_3 + 3NaOH = 2Cr(OH)_3 \downarrow + 3Na_2SO_4$$

还原剂的用量与 pH 有关。采用亚硫酸-石灰法，在 $pH=3\sim4$ 时，反应进行完全，药剂用量省，$Cr^{6+}$ ∶ S＝1∶1.3～1.5；在 pH＝6 时，反应不完全，药剂用量大，当 pH＞7 时，反应不能进行。

亚硫酸钠和亚硫酸氢钠法除铬的反应式如下：

$$H_2Cr_2O_7 + 3Na_2SO_3 + 3H_2SO_4 = Cr_2(SO_4)_3 + 3Na_2SO_4 + 4H_2O$$

$$2H_2Cr_2O_7 + 6Na_2HSO_3 + 3H_2SO_4 = 2Cr_2(SO_4)_3 + 3Na_2SO_4 + 8H_2O$$

采用硫酸亚铁-石灰法除铬适用于含铬质量浓度变化大的情况，且处理效果好，费用较低。用硫酸亚铁作还原剂，还原六价铬主要是亚铁离子起作用，该反应一般是在酸性条件（pH＝2～3）下进行的：

$$H_2Cr_2O_7 + 6FeSO_4 + 6H_2SO_4 = Cr_2(SO_4)_3 + 3Fe_2(SO_4)_3 + 7H_2O$$

若用石灰乳进行中和沉淀，整个工艺又称为硫酸亚铁石灰法。

$$Cr_2(SO_4)_3 + 3Ca(OH)_2 = 2Cr(OH)_3\downarrow + 3CaSO_4$$

$$Fe_2(SO_4)_3 + 3Ca(OH)_2 = 2Fe(OH)_3\downarrow + 3CaSO_4$$

$FeSO_4$投量较高时，可不加硫酸，因 $FeSO_4$水解呈酸性，能降低溶液的 pH，也可降低第二步反应的加碱量。但泥渣量大，出水色度较高。采用此法处理，理论药剂用量为 $Cr^{6+}$ ∶ $FeSO_4 \cdot 7H_2O$＝1∶16。当废水中 $Cr^{6+}$ 质量浓度大于 100 mg/L 时，可按理论值投药。$Cr^{6+}$ 质量浓度小于 100 mg/L 时，药剂用量要增加。石灰投量可按 pH＝7.5～8.5 计算。

### 11.3.2 还原法除汞

汞来自氯碱、炸药、制药、仪表等工业废水。处理方法是将 $Hg^{2+}$ 还原为 Hg，然后对 Hg 加以分离和回收。采用的还原剂为比汞活泼的金属（铁屑、锌粒、铝粉等）、硼氢化钠等。而废水中的有机汞通常是先用氧化剂（如氯）将其破坏，转化为无机汞后，再进行还原。

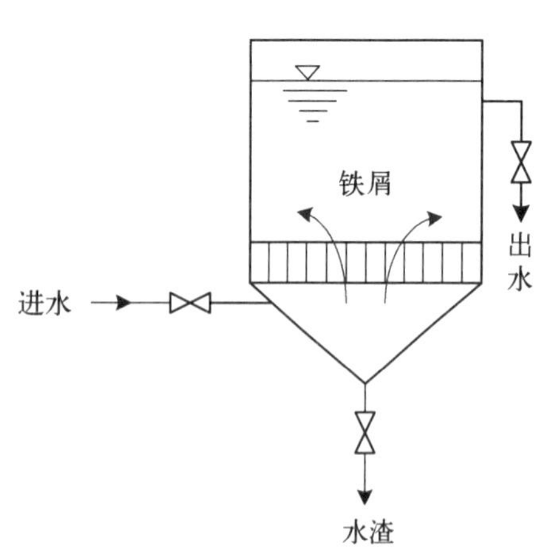


图 11－5 铁屑滤床过滤器

铁屑还原法，含汞废水自下而上地通过铁屑滤床过滤器（图 11－5），滤床的结构与中和时所用的滤床相似，只是把中和滤料换为铁屑。铁屑一般采用旋屑和刨屑以使水流通畅，废水中的汞离子与铁屑进行如下反应：

$$Hg^{2+} + Fe \longrightarrow Hg + Fe^{2+}$$

$$3Hg^{2+} + 2Fe \longrightarrow 3Hg + 2Fe^{3+}$$

析出的汞从过滤器底部收集。在用铁屑置换时，废水的 pH＝6～9 最好，能使单位重量的铁屑置换更多的汞。pH＜6 时，铁的饱和浓度增大，铁屑损失加大；pH＜5 时，有氢气析出，会影响铁屑的有效表面积。

## 11.4 电化学法

电解质溶液在直流电流作用下，在两电极上分别发生氧化反应和还原反应的过程叫作电解。直接或间接地利用电解槽中的电化学反应，可对废水进行氧化处理、还原处理、凝聚处理及浮上处理。电化学反应所用“药剂”就是电子，其氧化能力和还原能力随电极电位而变化，是一种适用范围很宽的氧化剂或还原剂。

电解法是氧化还原、分解、混凝沉淀、气浮综合在一起的处理方法。该法适用于含油、氰、酚、重金属离子等废水的处理及废水的脱色处理等。

电解法的工艺过程通常包括预处理（如均和、调 pH、投加药剂等）、电解、固液分离及泥渣处理等，其主要设备为电解槽。电解槽的构造和电解操作条件是影响处理效果和电能消耗的主要因素。

### 11.4.1 电解原理

电解的能耗符合法拉第定律：电解时，电极上析出的物质量与通过的电量成正比；理论上，1 法拉第电量可析出 1 mol 的任何物质。

$$m=\frac{1}{F}MQ \text{ 或 } m=\frac{1}{F}MIt \tag{11.2}$$

式中，$F$ 为法拉第常数，$F=96\,487$ C/mol；$Q$ 为通过的电量，C；$M$ 为物质的摩尔质量，g/mol；$I$ 为电流，A；$t$ 为电解时间，s。

实际电解时，常存在各种副反应，使实际析出的物质量总是比理论量要少，即析出每单位质量物质的实际耗电量总是比理论耗电量要大。

$$\text{电流效率}(\eta_{\mathrm{I}})=\frac{\text{实际析出物质量}}{\text{理论析出物质量}}\times 100\% \text{ 或 } \text{电流效率}(\eta_{\mathrm{I}})=\frac{\text{理论耗电量}}{\text{实际耗电量}}\times 100\% \tag{11.3}$$

电解过程所需的最小外加电压称为分解电压。实际电解时所需电压（称为槽电压）不仅包含理论分解电压，而且还包含阴、阳极的超电势，以及克服电阻（溶液电阻、电极及导线接点电阻等）的电压降。因此，电压效率 $\eta_{\mathrm{V}}$（理论分解电压与槽电压之比）亦总是小于 100%。电流效率和电压效率的降低，都将引起电能效率的降低。在电解过程中，电能的利用率 $\eta_{\mathrm{W}}$ 可用下式表示：

$$\text{电能效率}(\eta_{\mathrm{W}})=\frac{\text{理论所需电能}}{\text{实际消耗电能}}\times 100\%=\eta_{\mathrm{I}}\times\eta_{\mathrm{V}} \tag{11.4}$$

影响电能效率的因素有很多，除了电解槽的构型、尺寸、电极材料外，还有电解的工艺条件（电流密度、槽温、废水成分、搅拌强度等）。

电解法处理废水的原理可以归纳为以下四种：

（1）电极表面处理过程

电极表面处理过程是指污染物的处理是在电极的表面发生的。废水中的溶解性污染物通过阳极氧化或阴极还原后，生成不可溶的沉淀物或从有毒的化合物变成无毒的物质。如含氰废水在碱性条件下进入电解槽电解，在石墨阳极上发生电解氧化反应，首先是氰离子氧化为氰酸根离子，然后氰酸根离子水解生成氨与碳酸根离子，同时氰酸根离子继续电解，被氧化为 $CO_2$ 和 $N_2$。

$$CN^- + 2OH^- - 2e \longrightarrow CNO^- + H_2O$$

$$CNO^- + 2H_2O \longrightarrow NH_4^+ + CO_3^{2-}$$

$$2CNO^- + 4OH^- - 6e \longrightarrow 2CO_2 + N_2 + 2H_2O$$

又如重金属离子可发生电解还原反应，在阴极上发生重金属沉积过程：

$$Zn^{2+} + 2e \longrightarrow Zn$$

$$Cu^{2+} + 2e \longrightarrow Cu$$

(2) 电解凝聚处理过程

电解凝聚处理过程是指铁或铝制金属阳极由于电解反应，形成氢氧化铁或氢氧化铝等不溶于水的金属氢氧化物活性凝聚体。

$$Fe - 2e \longrightarrow Fe^{2+}$$

$$Fe^{2+} + 2OH^- \longrightarrow Fe(OH)_2$$

氢氧化亚铁对废水中的污染物进行凝聚，使废水得到净化。

(3) 电解气浮过程

电解气浮过程是采用由不溶性材料组成的阴、阳电极对废水进行电解的过程。当电压达到水的分解电压时，产生的初生态氧和氢对污染物能起氧化或还原作用，同时，在阳极处产生的氧气泡和在阴极处产生的氢气泡吸附废水中絮凝物，发生上浮过程，使污染物得以去除。

$$2H_2O \longrightarrow 2H^+ + 2OH^-$$

$$2H^+ + 2e \longrightarrow H_2 \uparrow$$

$$2OH^- \longrightarrow H_2O + \frac{1}{2}O_2 \uparrow + 2e$$

(4) 电解氧化还原过程

电解氧化还原过程是利用电极在电解过程中生成的氧化产物或还原产物，与废水中的污染物发生化学反应，产生沉淀物以去除污染物的过程。如利用铁板阳极对含六价铬的化合物的废水进行处理时，铁板阳极在电解过程中产生亚铁离子，亚铁离子作为强还原剂，可将废水中的六价铬离子还原为三价铬离子。

$$Fe - 2e \longrightarrow Fe^{2+}$$

$$6Fe^{2+} + Cr_2O_7^{2-} + 14H^+ \longrightarrow 2Cr^{3+} + 6Fe^{3+} + 7H_2O$$

$$3Fe^{2+} + CrO_4^{2-} + 8H^+ \longrightarrow Cr^{3+} + 3Fe^{3+} + 4H_2O$$

同时在阴极上，除氢离子放电生成氢气外，六价铬离子直接被还原为三价铬离子。

$$2H^+ + 2e \longrightarrow H_2 \uparrow$$

$$C_2O_7^{2+} + 6e + 14H^+ \longrightarrow 2Cr^{3+} + 7H_2O$$

$$CrO_4^{2-} + 3e + 8H^+ \longrightarrow Cr^{3+} + 4H_2O$$

随着电解过程的进行，大量氢离子被消耗，使废水中剩下大量氢氧根离子，生成氢氧化铬等沉淀物。

$$Cr^{3+} + 3OH^+ \longrightarrow Cr(OH)_3$$

电解过程的特点是利用电能变成化学能以进行化学处理，电解过程一般在常温、常压条件下进行。

### 11.4.2 电解过程的影响因素

1. 电极材料

电极材料的选用甚为重要，选择不当会使电解效率降低，电能消耗增加。常用的电极材料有铁、铝、石墨等。电解气浮用的阳极可采用氧化钛、氧化铅等。电解凝聚用的溶解性阳极常选用铁。

2. 槽电压

槽电压是指电解时两电极之间的电压。电能消耗与电压有关，槽电压取决于废水的电阻率和极板间距。一般废水电阻率控制在 1 200 Ω · cm 以下，对于导电性差的废水要投加食盐，以改善其导电性能。投加食盐后，电压降低，电能消耗降低。

极板间距影响电能耗量和电解时间。间距过大，电解时间、槽电压和电能耗量都会增加，进而影响处理效果。电极间距缩小，使电能耗量降低，电解时间缩短。但间距太小时，电极的组数过多，安装、管理和维修都比较困难。

3. 电流密度

电流密度即单位极板面积上通过的电流数量，以 $A/dm^2$ 表示，所需的阳极电流密度随废水质量浓度而异。废水中污染物质量浓度大时，可适当提高电流密度；废水中污染物质量浓度小时，可适当降低电流密度。当废水质量浓度一定时，电流密度越大，则电压越高，处理速度加快，但电能耗量增加。电流密度过大，电压过高，将影响电极使用寿命。电流密度小时，电压降低，电能耗量降低，但处理速度慢，所需电解槽容积增大。适宜的电流密度由实验确定，要选择COD 去除率高而耗电量低的电流密度作为运转时控制的指标。

4. pH

废水的 pH 对电解过程的操作很重要。含铬废水电解处理时，pH 低，处理速度快，电能耗量少，这是因为废水被强烈酸化可促使阴极保持经常活化状态，而且由于强酸的作用，电极发生较剧烈的化学溶解，缩短了六价铬被还原为三价铬所需的时间。但 pH 低，不利于三价铬的沉淀。因此，需要控制合适的 pH 范围(pH=4～6.5)。含氰废水电解处理则要求在碱性条件下进行，以防有毒气体氰化氢挥发。氰离子质量浓度越高，要求的 pH 也越高。

在采用电凝聚过程时，要使金属阳极溶解，产生活性凝聚体，需控制进水 pH 在 5～6。进水 pH 过高易使阳极发生钝化，放电不均匀，并停止金属溶解过程。

5. 搅拌

搅拌可促进离子对流与扩散，减少电极附近浓差极化现象，并能起到清洁电极表面的作用，防止沉淀物在电解槽中沉降。搅拌对于电解历时和电能消耗影响较大，通常采用压缩空气搅拌。

### 11.4.3 电解槽

用于废水处理的电解槽按槽内水流情况，可分为回流式和翻腾式两种。

图 11－6 所示为回流式电解槽，电极板与进水方向垂直，水流沿着极板往返流动，因此水流路线长，接触时间长，死角少，离子扩散与对流能力好，电解槽的利用率高，阳极钝化现象也较为缓慢，但更换极板比较困难。

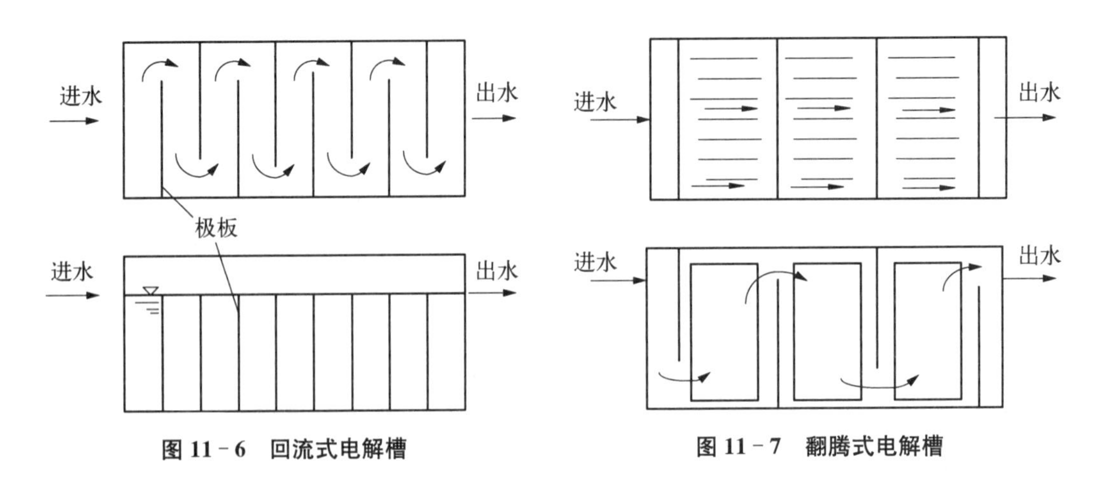


图 11-6 回流式电解槽

图 11-7 翻腾式电解槽

图 11-7 为翻腾式电解槽,槽内水流方向与极板面平行,水流沿着极板作上下翻腾流动。这种形式的电极板利用率高,排空清洗、更换极板都很方便。极板分组悬挂于槽中,极板在电解消耗过程中不会引起变形,可避免极板与极板、极板与槽壁互相接触,从而减少漏电。实际生产中采用这种电解槽较多。

### 11.4.4 电解氧化还原法

电解法可处理以下废水:① 各种离子态的污染物,如 $CN^-$、$AsO^{2-}$、$Cr^{6+}$、$Cd^{2+}$、$Pb^{2+}$、$Hg^+$ 等;② 各种无机和有机耗氧物质,如硫化物、氨、酚、油和有色物质等;③ 致病微生物。

电解法还能够一次除去多种污染物,例如,氰化镀铜废水经过电解处理,$CN^-$ 在阳极氧化的同时,$Cu^{2+}$ 在阴极被还原沉积。

电解法的优点是占地面积小,节省一次性投资,易于实现自动化,药剂用量少,废液量少。通过调节槽电压和电流,可以适应较大幅度的水量与水质变化冲击。缺点是电耗高,可溶性阳极材料消耗大,副反应多,电极易钝化。

1. 电解氧化法

电解氧化是指废水中的污染物在电解槽的阳极失去电子,发生氧化分解,或者发生二次反应,即通过某些阳极反应产物(如 $Cl_2$、$ClO^-$、$O_2$ 等)间接地氧化破坏污染物。如阳极产物 $Cl_2$ 除氰、除色。实际上,为了强化阳极的氧化作用,往往投加一定量的食盐,进行所谓的“电氯化”,此时阳极的直接氧化作用和间接氧化作用往往同时起作用。

电化学氧化法主要用于去除水中氰、酚,以及 COD、$S^{2-}$、有机农药(如马拉硫磷)等,亦有利用阳极产物 $Ag^+$ 离子进行消毒处理的。

(1) 电化学氧化法处理含氰废水

电解含氰废水时,$CN^-$ 可在阳极直接被氧化,其电极反应分两步进行。

第一步,将 $CN^-$ 氧化为 $CNO^-$:

$$CN^- + 2OH^- - 2e = CNO^- + H_2O$$

第二步,将 $CNO^-$ 氧化为 $N_2$ 和 $CO_2$:

$$2CNO^- + 4OH^- - 6e = N_2 \uparrow + 2CO_2 + 2H_2O$$

副反应：
$$4OH^- - 4e = 2H_2O + O_2\uparrow$$

$CN^-$的阳极氧化需在碱性条件下进行，这是因为酸性条件下形成的 HCN 在阳极上放电十分困难，而碱性条件下形成的 $CN^-$ 易于在阳极放电；同时阳极反应也需要有 $OH^-$ 离子参加。但 pH 太高，将发生 $OH^-$放电析出 $O_2$的副反应，与氰的氧化破坏无关，却使电流效率降低。

电解处理含氰废水时，通常要往废水中添加一定量(2～3 g/L)的食盐。食盐的加入，不仅使溶液导电性增加，而且 $Cl^-$ 离子在阳极放电，可产生氯氧化剂，强化了阳极的氧化作用。电解氧化法除氰的作用原理，类似碱性氯化法，反应在适当的碱性条件(pH＝9～10)进行，既有助于剧毒的氯化氰的水解，又不至于有太多 $OH^-$ 离子发生放电析出 $O_2$的副反应。

电解氧化法除氰时，可采用翻腾式电解槽或回流式电解槽。阳极可用石墨或涂二氧化钌的钛材，阴极可用普通钢板，电流密度一般在 9 $A/dm^2$ 以下。为防止有害气体逸入大气，电解槽应采用全封闭式。采用电解法处理含氰废水，可使游离 $CN^-$ 浓度降至 0.1 mg/L 以下，并且不必设置沉淀池和泥渣处理设施。

(2) 电解氧化法处理含酚废水

电解除酚通常都投加食盐，以强化氧化过程，并降低电能耗量。据实验，食盐的投量为 20 g/L，电流密度采用 1.5～6 $A/dm^2$时，经 6～38 min 的电解处理，废水含酚浓度可从 250～600 mg/L 降至 0.8～4.3 mg/L。

(3) 电化学氧化法在水处理中的其他应用

电化学氧化法还可用以去除废水中的 COD、含硫化合物($S^{2-}$、有机硫化合物)、有机磷化合物等污染物。某含有机化合物废水，用电解法氧化处理，所用电流密度为 2 $A/dm^2$，电解 30 min，COD 从 3 248 mg/L 降至 832 mg/L。另据试验，在废水中投加一定量食盐，进行电解氧化脱色，若同时采用对 $Cl^-$ 离子有专属吸附作用的多孔炭电极，可提高脱色效果。

2. 电解还原法

电解槽的阴极给出电子，相当于还原剂，使废水中的重金属离子还原出来，沉淀于阴极，加以回收利用；也可处理废水中的五价砷($AsO_4^{3-}$)及六价铬($CrO_4^{2-}$)或($Cr_2O_7^{2-}$)，可将其分别还原为砷化氢($AsH_3$)及 $Cr^{3+}$，予以去除或回收。

(1) 电解还原法处理含铬(Ⅵ)废水

电解还原法处理含铬废水时，通常以铁为阳极及阴极。六价铬通常以 $Cr_2O_7^{2-}$ 和 $CrO_4^{2-}$ 的形态存在于废水中，在直流电作用下，它们向阳极迁移，被铁阳极溶蚀产物 $Fe^{2+}$ 离子所还原。此外，阴极还直接还原一部分六价铬。由于 $H^+$ 离子在阴极放电，使废水的 pH 逐渐提高，$Cr^{3+}$ 和 $Fe^{3+}$ 便形成 $Cr(OH)_3$及 $Fe(OH)_3$沉淀。主要反应为：

间接还原：

$$Cr_2O_7^{2-} + 6Fe^{2+} + 14H^+ = 2Cr^{3+} + 6Fe^{3+} + 7H_2O$$

$$CrO_4^{2-} + 3Fe^{2+} + 8H^+ = Cr^{3+} + 3Fe^{3+} + 4H_2O$$

阴极还原：

$$Cr_2O_7^{2-} + 14H^+ + 6e = 2Cr^{3+} + 7H_2O$$

$$CrO_4^{2-} + 8H^+ + 3e = Cr^{3+} + 4H_2O$$

沉淀去除：

$$Cr^{3+} + 3OH^- = Cr(OH)_3 \downarrow$$

$$Fe^{3+} + 3OH^- = Fe(OH)_3 \downarrow$$

生成的氢氧化铁有凝聚作用，能促进氢氧化铬迅速沉淀。据研究针对六价铬的还原，亚铁离子的还原作用是主要的，而阴极的直接还原作用是次要的（约占百分之几），因此，必须采用铁为阳极材料。当用压缩空气进行搅拌时，空气中的氧要消耗一部分亚铁离子，因此，要严格控制空气注入量，或采用其他搅拌方法。

应该指出的是，铁阳极在产生亚铁离子的同时，由于阳极区氢离子的消耗和氢氧根离子浓度的增加，引起氢氧根离子在铁阳极上放出电子，结果生成铁的氧化物，其反应如下：

$$4OH^- - 4e^- \longrightarrow 2H_2O + O_2 \uparrow$$

$$3Fe + 2O_2 \longrightarrow FeO + Fe_2O_3$$

将上述两个反应相加得：

$$8OH^- + 3Fe - 8e^- \longrightarrow Fe_2O_3 \cdot FeO + 4H_2O$$

随着 $Fe_2O_3 \cdot FeO$ 的生成，使铁板阳极表面生成一层不溶性的钝化膜。钝化膜具有吸附能力，使阳极表面黏附着一层棕褐色的吸附物（主要是氢氧化铁）。这种物质阻碍亚铁离子进入污水中，从而影响处理效果。为保证阳极的正常工作，应尽量减少阳极的钝化。减少阳极钝化的方法有三种：

① 定期用钢丝刷清洗极板，但这种方法劳动强度大。

② 定期将阴、阳极交换使用。利用电解时阴极上产生氢气的撕裂和还原作用，将极板上的钝化膜除掉，其反应为：

$$2H^+ + 2e^- \longrightarrow H_2 \uparrow$$

$$Fe_2O_3 + 3H_2 \longrightarrow 2Fe + 3H_2O$$

$$FeO + H_2 \longrightarrow Fe + H_2O$$

电极换向时间与废水含铬浓度有关，一般由试验确定。

③ 投加食盐电解质，由此产生的氯离子起活化剂的作用。因氯离子容易吸附在已钝化的电极表面，氯离子取代膜中的阴离子，生成可溶性铁的氯化物而导致钝化膜的溶解。投加食盐不仅为了除去钝化膜，还可增加废水的导电能力，减少电能的消耗。食盐的投加量与废水中铬的浓度等因素有关，可用实验确定。

电化学还原法处理含铬废水，操作管理比较简单，处理效果稳定可靠，含铬电镀废水的铬(Ⅵ)含量可降至 0.1 mg/L 以下；亦可通过还原和共沉淀降低水中其他重金属离子含量。当原水含铬(Ⅵ)在 100 mg/L 以下时，采用电解法的处理费用不比化学还原法高。此法主要缺点是钢材耗量较大，污泥处理及利用问题尚未完全解决。

#### 3. 电解浮上法和电解凝聚法

##### (1) 电解浮上法

在直流电场作用下，水被电解，在阳极析出氧气，而在阴极析出氢气。

阳极：
$$4OH^- - 4e = O_2 \uparrow + 2H_2O$$

阴极：
$$2H^+ + 2e = H_2 \uparrow$$

借助于电极上析出的微小气泡而浮上分离疏水性杂质微粒的处理技术，称为电解浮上法。电解时，不仅有气泡浮上作用，还兼有凝聚、共沉、电化学氧化及电化学还原等作用，能去除多种污染物。电解产生的气泡粒径很小，氢气泡约为 10～30 μm，氧气泡约为 20～60 μm；而加压溶气气浮时产生的气泡粒径为 100～150 μm，机械搅拌时产生的气泡直径为 800～1 000 μm。由此可见，电解产生的气泡捕获杂质微粒的能力比加压溶气气浮和机械搅拌高，出水水质自然较好。此外，电解产生的气泡，在 20 ℃时的平均密度为 0.5 g/L；而一般空气泡的平均密度为 1.2 g/L。可见，前者的浮载能力是后者 2 倍多。

电解浮上处理的主要设备是电浮槽。电浮槽有两种基本类型：一种是电解和浮升在同一室内进行的单室电浮槽，另一种是电解与浮升分开的双室电浮槽。前者适用于小水量的处理，后者适用于大水量的处理。据一般经验，电极间距为 15～20 mm，电流密度为 0.2～0.5 $A/dm^2$ 时，处理效果较好。

电解浮上法具有去除污染物范围广、泥渣量少、设备较简单、操作管理方便、占地面积小等优点；主要缺点是电耗及电极损耗较大。据研究，若采用脉冲电流可使电耗大大降低；与其他方法配合使用，比较经济。此法多用于去除细分散悬浮固体和油状物，如某轧钢厂废水中悬浮固体含量为 150～350 mg/L，橄榄油含量为 300～600 mg/L，废水量为 75 $m^3/h$，采用 25 $m^3$ 的电解浮上槽进行处理。所用电极材料为镀铂的钛，极板面积为 25 $m^2$，电流密度为 1 $A/dm^2$，槽电压为 8 V，总的能量消耗为 0.275 $kW \cdot h/m^3$（水）。出水中悬浮固体含量降至 30 mg/L 以下，油含量降至 40 mg/L 以下，从刮出的泡渣中可回收铁粉和油。又如，处理某造纸厂废水，电解设备同上，电极采用低碳钢，电流密度为 0.8 $A/dm^2$，槽电压为 10 V，进水悬浮固体（纤维、高岭土等）含量为 1 g/L，流量为 100 $m^3/h$。出水固体含量降至 30 mg/L，泡渣含水率 90%～95%。因为水中含有极细微的高岭土，投加 30 mg/L 的硫酸铝，可改善去除效果。

（2）电解凝聚法

电解凝聚（亦称电混凝）是以铝、铁等金属为阳极，在直流电的作用下，阳极被溶蚀，产生 $Al^{3+}$、$Fe^{2+}$ 等离子，再经一系列水解、聚合及亚铁离子的氧化过程，发展成为各种羟基络合物、多核羟基络合物以及氢氧化物，使废水中的胶态杂质、悬浮杂质凝聚沉淀而分离。同时，带电的污染物颗粒在电场中泳动，其部分电荷被电极中和而促使其脱稳聚沉。废水进行电解凝聚处理时，用铝电极比铁电极好，因为形成 $Fe(OH)_3$ 絮凝体要先经过 $Fe(OH)_2$，故反应比较慢，而形成 $Al(OH)_3$ 则快得多。为了降低成本，可用废铁板及废铝板作电极。

废水进行电解凝聚处理时，不仅对胶态杂质及悬浮杂质有凝聚沉淀作用，由于阳极的氧化作用和阴极的还原作用，还能去除水中多种污染物。

电解凝聚比起投加凝聚剂的化学凝聚来，具有一些独特的优点：可去除的污染物广泛；反应迅速（如阳极溶蚀产生 $Al^{3+}$ 离子并形成絮凝体只需约 0.5 min）；适用的 pH 范围宽；所形成的沉渣密实，澄清效果好。缺点是：电耗大、电极损耗大，只适用于中小规模的工业废水处理。

### 11.4.5 铁碳微电解法

铁碳微电解法是利用金属腐蚀原理，形成原电池对废水进行处理的良好工艺，又称内电解法、铁屑过滤法等。它是在不通电的情况下，利用填充在废水中的微电解材料自身产生 1.2 V 电位差对废水进行电解处理，以达到降解有机污染物的目的。

铁碳微电解技术将铁作为阳极，将碳作为阴极，当铁屑与活性炭混合浸入废水中时，在废水中形成大量的微小原电池，其具体的阴极和阳极反应如下：

阳极(Fe)

$$Fe-2e \longrightarrow Fe^{2+} \quad E(Fe/Fe^{2+})=0.44\ V$$

阴极(C)

$$2H^{+}+2e \longrightarrow 2[H] \longrightarrow H_2 \quad E(H+/H_2)=0.00\ V$$

曝气条件下阴极反应

$$O_2+4H^{+}+4e \longrightarrow 2H_2O \quad E(O_2/H_2O)=+1.23\ V(\text{酸性})$$

$$O_2+2H^{+}+2e \longrightarrow 2H_2O_2 \quad E(O_2/H_2O_2)=+0.68\ V(\text{酸性})$$

$$O_2+2H_2O+4e \longrightarrow 4OH^{-} \quad E(O_2/OH^{-})=+0.40\ V(\text{中性、弱碱性})$$

由以上反应可以看出，在曝气条件下的阴极反应电势相较于缺氧条件下有较大的提升。在曝气条件下，酸性环境阴极反应电势高于中性、弱碱性环境。在酸性条件下曝气，阴极可产生出双氧水，双氧水可以和后续阳极腐蚀出来的二价铁离子形成 Fenton 试剂。

铁作为活泼金属，能在酸性水溶液中显示出较强的还原性。微电池的电极反应、铁本身参与的氧化还原反应以及由此引起的一系列作用，会导致废水中污染物结构、形态和性质发生改变，从而达到治理废水中有机污染物的目的。铁碳微电解处理废水主要基于以下作用原理：① 氧化还原作用。偏酸性条件下电极反应产生的新生态[H]和 Fe 均具有较高的化学活性，铁本身也具有较强的还原作用，废水中发生不同程度的氧化还原反应会破坏有机物的结构，使硝基化合物还原为氨基化合物、大分子转变为小分子，从而降低废水 COD 和色度，提高废水可生化性。② 电化学附集作用。当铁与碳化铁或其他杂质之间形成一个小的原电池，在其周围会形成一个电场，废水中的一些较稳定胶体在电场下产生电泳作用而被附集。③ 铁碳的物理吸附作用。在弱酸性溶液中，铁碳会吸附多种金属离子以促进金属的去除，铁、碳同时作为一种多孔性的物质表面，具有较强的吸附废水中的有机污染物的能力。④ 铁离子的混凝作用。在酸性条件下，铁碳会产生絮凝剂 $Fe^{2+}$ 和 $Fe^{3+}$，溶液 pH 被调至碱性且有 $O_2$ 存在时会形成 $Fe(OH)_2$ 和 $Fe(OH)_3$ 絮凝沉淀。新生 $Fe(OH)_3$ 的吸附能力高于一般药剂水解得到的 $Fe(OH)_3$，废水中的悬浮物可被 $Fe(OH)_3$ 吸附凝聚。

铁碳微电解法被广泛应用于废水处理工艺中，如石化废水、电镀工艺废水、印染废水等工业生产废水。在运用中还存在一定的问题：铁屑结块和床层堵塞问题。影响其处理效果的因素主要有：① pH。一般由于 pH 降低提高了氧的电极电化，增大了微电解电位差，COD 去除率随 pH 的减小而增大。但 pH 过低会使溶铁量增大。而过量的 $H^{+}$ 会与 Fe 和 $Fe(OH)_2$ 反应，破坏絮凝体，产生多余有色的 $Fe^{2+}$。② 铁碳投加比。在铁中加入活性碳，铁与活性碳形成原电池，加快电极反应，提高反应效率。但当碳的体积比铁的体积大时，COD 去除率随着碳投加量的增加而降低。因为碳过量，不仅提高运行成本，而且会抑制微小原电池的电极反应。③ 曝气。曝气可提高溶解氧浓度，增加原电池的阴极电极电势，加大原电池的电化学腐蚀动力，同时产生有利于反应的中间产物。其产生的气泡有利于溶液中铁碳填料的混合，可使填料相互摩擦而去除其表面沉积的钝化膜。但是，过大的曝气量会减少铁碳的接触，影响原电池反应。

## 11.5 高级氧化法

### 11.5.1 概述

高级氧化(Advanced Oxidation Processes, AOP)指的是通过产生具有强氧化能力的羟基自由基(HO·)进行氧化反应去除或降解水中污染物的方法。高级氧化法主要用于将大分子难降解有机物氧化降解成低毒或无毒小分子物质的水处理场合,而这些难降解有机物采用常规氧化剂如氧气、臭氧或氯等不能氧化。羟基自由基与其他常见氧化剂氧化能力的比较如表11.2所示。

**表 11.2 不同氧化剂氧化还原电位的比较**

| 氧化剂 | $F_2$ | HO· | O· | $O_3$ | $H_2O_2$ | HOCl | $Cl_2$ | $ClO_2$ | $O_2$ |
|---|---|---|---|---|---|---|---|---|---|
| $E^0$/V | 3.06 | 2.80 | 2.42 | 2.07 | 1.78 | 1.49 | 1.36 | 1.27 | 1.23 |

由表11.2可知,除了氟以外,羟基自由基的氧化能力最强,可诱发一系列反应使溶解性有机物最终矿化。自由基氧化有机物有如下特点:① HO·是高级氧化过程的中间产物,作为引发剂诱发后面的链式反应发生,通过链式反应降解污染物;② HO·选择性小,几乎可以氧化废水中所有还原性物质,直接将其氧化为二氧化碳、水或盐,不产生二次污染;③ 反应速度快,氧化速率常数一般在 $10^6 \sim 10^9\ m^{-1} \cdot s^{-1}$ 之间;④ 反应条件温和,一般不需要高温、高压、强酸或强碱等条件。

根据所使用的氧化剂及催化条件的不同,典型的高级氧化技术通常有:Fenton 氧化法、光催化氧化法、湿式氧化法等。

1. Fenton 氧化法

Fenton 氧化法是利用 Fenton 试剂对水中的还原性污染物进行氧化的方法。Fenton 试剂是1894年由 Fenton 首次开发并应用于苹果酸的氧化,其典型组成为 $H_2O_2$ 和 $Fe^{2+}$。其作用机理是 $H_2O_2$ 在 $Fe^{2+}$ 的催化作用下产生 HO·,HO·与有机物进行一系列的中间反应,并最终氧化为 $CO_2$ 和 $H_2O$。

自由基产生:

$$Fe^{2+} + H_2O_2 \longrightarrow Fe^{3+} + OH^- + HO\cdot$$

$$Fe^{2+} + HO\cdot \longrightarrow Fe^{3+} + OH^-$$

$$H_2O_2 + HO\cdot \longrightarrow H_2O + HO_2\cdot$$

$$Fe^{2+} + HO_2\cdot \longrightarrow Fe^{3+} + HO_2^-$$

$$Fe^{3+} + HO_2\cdot \longrightarrow Fe^{2+} + H^+ + O_2$$

$$Fe^{3+} + H_2O_2 \longrightarrow Fe^{2+} + HO_2\cdot + H^+$$

有机物降解:

$$RH + HO\cdot \longrightarrow R\cdot + H_2O$$

$$R^+ + O_2 \longrightarrow ROO\cdot$$

$$ROO\cdot + RH \longrightarrow ROOH + R\cdot \longrightarrow \cdots \longrightarrow CO_2 + H_2O$$

尽管体系中存在羟基自由基、过氧羟基自由基、过氧化氢和氧等多种氧化剂，但羟基自由基具有最强的氧化能力，在氧化降解有机物过程中起主要作用。Fenton 氧化一般在 pH=2～4 下进行，此时 HO· 生成速率最大。

Fenton 试剂可以氧化水中的大多数有机物，适合处理难以生物降解和一般物理化学方法难以处理的废水。影响该系统的因素主要有 pH、亚铁离子浓度和 $H_2O_2$ 浓度。由于 Fenton 法需要添加亚铁离子，残留的铁离子可能使处理后的废水返色，通常可以利用化学沉淀方法去除铁离子，产生的含铁污泥从水中分离。由于铁离子兼具混凝效果，在降低水中铁离子浓度的同时，也可去除部分有机物。

Fenton 氧化法具有反应速度快、操作简单等特点，但普通 Fenton 氧化法的有机物矿化程度不高，运行时消耗较多的 $H_2O_2$ 从而提高了处理成本。将紫外光、可见光、电场、超声波等因素引入 Fenton 体系，或采用其他过渡金属替代 $Fe^{2+}$，可以提高羟基自由基的产量和有机物的矿化程度，并可减少 Fenton 试剂的用量，降低处理成本。

2. 光催化氧化法

光化学氧化法是同时使用光和氧化剂产生很强的综合氧化作用来强化氧化分解废水中的有机物和无机物的方法。光对氧化剂的分解和污染物的氧化分解起着催化剂的作用，紫外线、放射线（α、β、γ 射线等）可强化废水的氧化过程，使氧化效率提高。

光催化氧化技术是在光化学氧化技术的基础上发展起来的，分为均相和非均相两种类型。均相光催化降解是以 $Fe^{2+}$ 或 $Fe^{3+}$ 及 $H_2O_2$ 为介质，通过光助 Fenton 反应产生羟基自由基使污染物得到降解。非均相催化降解是向水中投加一定量的光敏半导体材料，如 $TiO_2$、$WO_3$、ZnO、CdS、$SnO_2$ 等，同时结合光辐射，使光敏半导体在光的照射下激发产生电子空穴对，吸附在半导体上的溶解氧、水分子等与电子空穴作用，产生氧化能力极强的自由基，达到高效氧化水中有机污染物的目的。

在一般情况下，光源多用紫外光。如氯和水作用生成的次氯酸吸收紫外光后，被分解成初生态氧[O]，初生态氧很不稳定，且有很强的氧化能力，初生态氧在光的照射下，能把含碳有机物氧化成二氧化碳和水。其反应过程为：

$$Cl_2 + H_2O \longrightarrow HOCl + HCl$$

$$HOCl \longrightarrow HCl + [O]$$

$$[H-C] + [O] \longrightarrow CO_2 + H_2O$$

$O_3$ 是一种有效的氧化剂和消毒剂，但单纯使用 $O_3$ 氧化法处理废水存在 $O_3$ 利用率低、处理成本昂贵等问题。研究表明，将紫外光、$H_2O_2$ 等引入臭氧反应体系能产生羟基自由基，将 $O_3$ 单独作用时难以氧化降解的有机物氧化，从而提高氧化速率和效率，降低臭氧消耗。常见的臭氧类组合技术有 $UV/O_3$、$H_2O_2/O_3$、$UV/H_2O_2/O_3$ 等。$UV/O_3$ 系统已成功应用于去除工业废水中的铁氰酸盐、氨基酸、醇类、农药等有机物以及垃圾渗滤液的处理。

3. 湿式氧化法

湿式氧化，又称湿式燃烧，是在液态和高温下，用空气中的氧来氧化溶于水或在水中悬浮的有机物或还原性无机物的一种方法。可以看作是不发生火焰的燃烧。因氧化在液相中进行，故称湿式氧化。

湿式氧化法常规流程如图 11－8 所示。废水由经进料泵加压后，与来自空压机的空气混合，经热交换器加热升温后进入反应器进行氧化燃烧，反应后气液混合液进入气液分离器，分离气体和出水，出水排放或作进一步处理。湿式氧化可作为完整的处理阶段，将污染物浓度一步处理到排放标准值以下。但是为了降低处理成本，也可以作为其他方法的预处理或辅助处理。

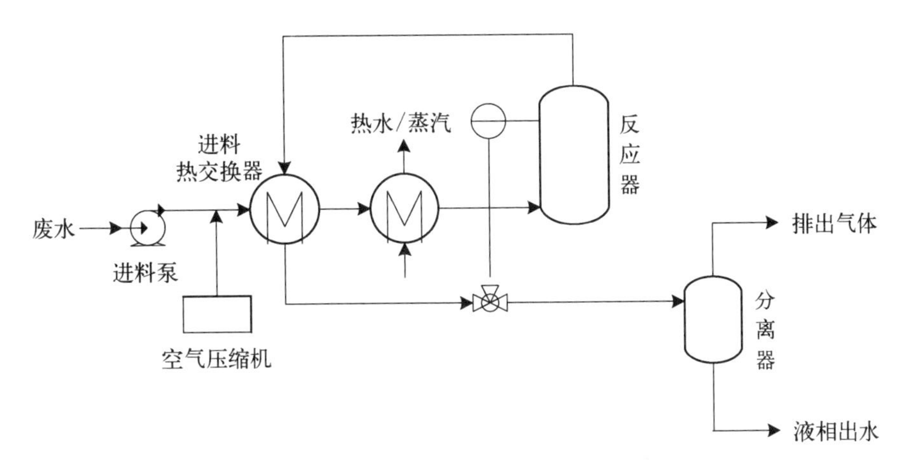


**图 11－8 湿式氧化法流程**

湿式氧化的处理效果取决于废水的性质和操作条件，包括温度、氧分压、时间、催化剂等。其中反应温度是最主要的影响因素，温度的影响有如下规律：① 温度愈高，时间愈长，去除率愈高。当温度高于 200 ℃，可达到较高的有机物去除率。当温度低于某个限值时，即使延长氧化时间，去除率也不会显著提高。一般认为，湿式氧化温度不宜低于 180 ℃。② 达到相同的去除率，温度愈高，所需时间愈短，相应地反应容器容积便愈小。③ 湿式氧化过程大致可以分为两个速度段。前半小时，因反应物质量浓度高，氧化速度快，去除率增加快，此后，因反应物质量浓度降低或中间产物更难以氧化，致使氧化速度趋缓，去除率增加不多。

气相氧分压对过程有一定影响，因为氧分压决定了液相溶解氧质量浓度。实验表明，氧化速度与氧分压成 0.3～1.0 次方关系。但总压影响不显著。控制一定总压的目的是保证呈液相反应。湿式氧化的操作压力一般不低于 5.0～12.0 MPa，超临界湿式氧化操作压力已达 43.8 MPa。

不同的污染物湿式氧化的难易程度是不同的。对于有机物，其可氧化性与有机物中氧元素含量(O)在相对分子质量(M)中的比例或者碳元素含量(C)在相对分子质量(M)中的比例具有较好的线性关系，即 O/M 值愈小，C/M 值愈大，愈易氧化。研究指出，低分子量的有机酸(如乙酸)的氧化性较差。

催化剂的运用可大大提高湿式氧化的速度和程度。对有机物湿式氧化，多种金属具有催化活性。其中贵重金属系(如 Pd、Pt、Ru)催化剂的活性高，寿命长，适应广，但价格昂贵，应用受到限制。目前多致力于非贵金属催化剂的开发。已获得应用的主要是过渡金属和稀土元素(如 Cu、Mn、Co、Ce)的盐和氧化物。

湿式氧化可以作为完整的处理阶段，将污染物质量浓度一步处理到排放标准以下。但是为了降低处理成本，也可以作为其他方法的预处理或辅助处理。常见的组合流程是湿式氧化后进行生物氧化。

目前湿式氧化技术向三个方向发展：继续开发适用于湿式氧化的高效催化剂，使反应能在比较温和的条件下，在更短的时间内完成；将反应温度和压力进一步提高至水的临界点以上，进行超临界湿式氧化；回收系统的能量和物料。

与一般方法相比，湿式氧化法具有适用范围广（包括对污染物种类和质量浓度的适应性）、处理效率高、二次污染低、氧化速度快、装置小、可回收能量和有用物料等优点。

湿式氧化和焚烧是两种不同形式的氧化方法。废水中有机物的热量大于4 360 kJ/kg时，可用喷雾燃烧法焚烧。而COD在10～100 g/L的有机废水，其热值约相当于138～1 380 kJ/kg，在空气中燃烧就要补充大量燃料，这类废水最适于用湿式氧化法处理。湿式氧化法的运行费用低，约为焚烧法运行费用的1/3。

### 11.5.2　超声

超声波水处理技术是一种新型的高级氧化过程，利用超声波水处理设备能够通过空化作用将污水、废水中的有害物质分解为更简单、无污染的聚合物。它已成为降低废水中污染物含量的一种解决方法。

超声波降解污染物的机制主要有：热解理论、声致自由基理论和超临界水氧化理论等。

1. 热解理论

通过超声空化作用把声场能量聚集在微小空间内，产生异乎寻常的高温（1 627～4 927 ℃）和超过50 MPa的高压，形成所谓的热点。而热点周围的高温高压以及伴生的机械剪力，可产生类似于化学反应中的加温、增压，以提高分子活性，从而加快反应速度。同时进入空化泡内的有机物也可能发生类似燃烧的热分解反应。非极性、易挥发的有机物降解速度快，可能是因为这些有机物可直接在空化气泡内燃烧或热分解。

2. 声致自由基理论

空化泡内部的水分子热解生成气相·OH自由基和·H自由基，底物可以与·OH自由基反应，也可以发生热解反应。在相界面发生的反应与空化泡内的反应过程相似。2个·OH自由基还可重新结合生成$H_2O_2$。

$$H_2O \longrightarrow \cdot OH + \cdot H$$

$$\cdot OH + \cdot OH \longrightarrow H_2O_2$$

此外，溶解在水中的空气（O、N）或其他气体可以发生热解反应而产生·N和·O。同时，空化泡崩溃时产生的冲击波和射流，使·OH自由基和其他自由基进入整个溶液。这些自由基会进一步引发有机分子的断裂、自由基转移和氧化还原反应。对水中的极性强、难挥发性有机物，超声辐射不仅能使这些物质脱氯、脱硝基，而且可使苯环发生断裂，但降解的速度较慢。

3. 超临界水氧化理论

空化作用产生的瞬时高温高压可使空化泡表层的水分子转化为超临界水。超临界水是有机物的优良溶剂，气体可以任意比例溶解在其中，同时它具有介电常数低、扩散性好的特点，因而使传质和反应均大大增快，尤其有利于常规条件下难溶解、大分子有机物的降解。

超声波降解的影响因素包括超声波频率、超声功率强度、溶液温度、溶液性质、空化气体及超声波反应器的结构等。只要降解条件合适，反应时间足够长，超声波降解的最终产物都应为热力学稳定的单质或矿化物。

超声波技术在废水处理中的应用,包括水中难降解有机物、高浓度有机废水、印染废水、污泥处置等。

## 习题和思考

1. 当有三股废水,其中(1) 含 $HNO_3$废水、(2) 含 $H_2CO_3$废水、(3) 含 $H_2SO_4$废水,欲用中和法处理,各选什么为中和剂? 在处理中要注意哪些工艺条件?

2. 用石灰石作滤料过滤中和处理含 HCl 废水时需要注意哪些问题?

3. 试述用过滤中和法处理酸性废水时选择滤料的原则。并讨论升流式膨胀中和滤池及变截面升流式滤池的特点。

4. 化学混凝法处理的对象是什么? 与化学沉淀法相比使用的药剂有何不同?

5. 废水中胶体污染物稳定而不自行下沉的原因是什么?

6. 什么叫胶体脱稳? 简述混凝的机理。

7. 试述影响水的混凝的主要因素。

8. 应用流体力学原理解释机械加速澄清池的高效性。

9. 无机高分子混凝剂 PAC、PFS 与普通铝盐、铁盐相比有哪些特点?

10. 用氢氧化物沉淀法处理含金属离子废水的关键是什么?

11. 硫化物沉淀去除的污染物有哪些? 此法有何优缺点?

12. 废水中的化学沉淀法除磷采用磷酸盐沉淀法,混凝沉淀也有除磷效果,试阐明两者的区别与联系。

13. 什么叫铁氧体,它有何特性? 铁氧体沉淀法的工艺过程包括哪几个环节? 各个环节的作用是什么? 试举一例说明用铁氧体沉淀法处理含重金属离子废水的基本原理、工艺流程和主要操作条件。

14. 废水中什么物质适宜用氧化还原法去除?

15. 废水处理中常用的氧化剂和还原剂有哪些?

16. 简述湿式氧化的机理及适用条件。

17. 收集 Fenton 法在有机废水中的应用案例,解释 Fenton 法的适用条件。

18. 比较电解浮上、电解凝聚的区别。

19. 比较电解凝聚和化学混凝法的异同点。

20. 根据臭氧处理系统中混合反应器的作用,分析比较微孔扩散板式鼓泡塔和喷射器式混合反应器的构型特点和适用范围。

21. 详述碱性氯化法处理含氰废水的原理、工艺流程及反应条件。

22. 试述电解还原法处理含铬废水的基本原理。

23. 在电解处理含氰和含铬废水时,为什么要添加一定量的食盐? 其作用是什么?

24. 查阅文献,综述高级氧化技术的发展动态。

# 第四编

# 生物处理技术

# 12 废水生物处理基础

废水生物处理是利用自然界中广泛分布的个体微小、代谢营养类型多样、适应能力强的微生物的新陈代谢作用，对废水进行净化的处理方法。废水生物处理方法实际上是环境自净作用的人工强化，旨在营造有利于微生物生长繁殖的良好环境，增强微生物的代谢功能，促进微生物的增殖，实现有机污染物及无机污染物的高效、快速去除。

根据参与代谢活动的微生物对溶解氧的需求不同，废水生物处理技术可分为好氧生物处理、缺氧生物处理和厌氧生物处理三种类型。好氧生物处理在水中存在溶解氧的条件下（即水中存在分子氧）进行；缺氧生物处理在水中无分子氧存在，但存在如硝酸盐等化合态氧的条件下进行；厌氧生物处理在水中既无分子氧又无化合态氧存在的条件下进行。近年来，随着氮、磷等营养物质去除要求的提高，生物脱氮需要缺氧和好氧工艺结合，生物除磷需要厌氧和好氧工艺结合，同时实现脱氮除磷则需要厌氧、缺氧和好氧工艺组合。

根据微生物生长方式的不同，废水生物处理技术可分为悬浮生长法和附着生长法两种类型。悬浮生长法是指微生物在生物处理构筑物中通过适当的混合方法保持悬浮状态，并与废水中的污染物充分接触，从而完成对污染物的降解。附着生长法中的微生物附着在某种载体上生长，并形成生物膜；废水流经生物膜时，微生物与废水中的有机物接触，从而完成对废水的净化。悬浮生长法的典型代表是活性污泥法，简称泥法；附着生长法则主要指生物膜法，简称膜法。

此外，按处理系统的运行方式可分为连续式和间歇式两种类型。按主体设备中的水流状态，可分为推流式和完全混合式等类型。按生物反应器的形态，也有习惯称谓的氧化沟法、流化床法、氧化塘等。

## 12.1 微生物的新陈代谢

微生物在生命活动过程中，不断从外界环境中摄取营养物质，并通过酶催化反应利用摄取的营养物质，为生命运动提供能量并合成新的生物体，同时又不断向外界环境排泄废物。这种为了维持生命活动与繁殖子代而进行的各种化学反应称为微生物的新陈代谢。废水生物处理的实质是微生物在酶的催化作用下，利用微生物的新陈代谢功能，对废水中的污染物质进行分解和转化。微生物代谢由分解代谢（异化作用）和合成代谢（同化作用）两个过程组成，是物质在微生物细胞内发生的一系列复杂生化反应的总称，这两种代谢在生物体的生命活动过程中不是单独进行的，而是相互依赖、密切配合，共同进行的。微生物可以利用废水中的大部分有机物和部分无机物作为营养源，这些可被微生物利用的物质，通常称之为底物或基质。或者更确切地说，一切在生物体内可通过酶的催化作用而进行生物化学变化的物质都可称为底物。

通过微生物分解代谢，一方面可使复杂的高分子物质或高能化合物（如大分子有机物）降解为低分子物质或低能化合物；另一方面，在代谢过程中，可将高能化合物中所含的能量逐级释放出来。这个过程也称为生物氧化。合成代谢是微生物利用另一部分底物或分解代谢过程中产生的中间产物，在合成酶的作用下合成微生物细胞的过程，合成代谢所需要的能量由分解代谢提供。废水生物处理过程中有机物的生物降解实际上就是微生物将有机物作为底物进行分解代谢获取能量的过程。如图 12－1 所示，分解代谢为合成代谢提供物质基础和能量来源，合成代谢是在分解代谢的基础上进行的，同时分解代谢所分解的部分物质又是由合成代谢所合成的。不同类型微生物进行分解代谢所利用的底物是不同的，异养微生物利用有机物，自养微生物则利用无机物。

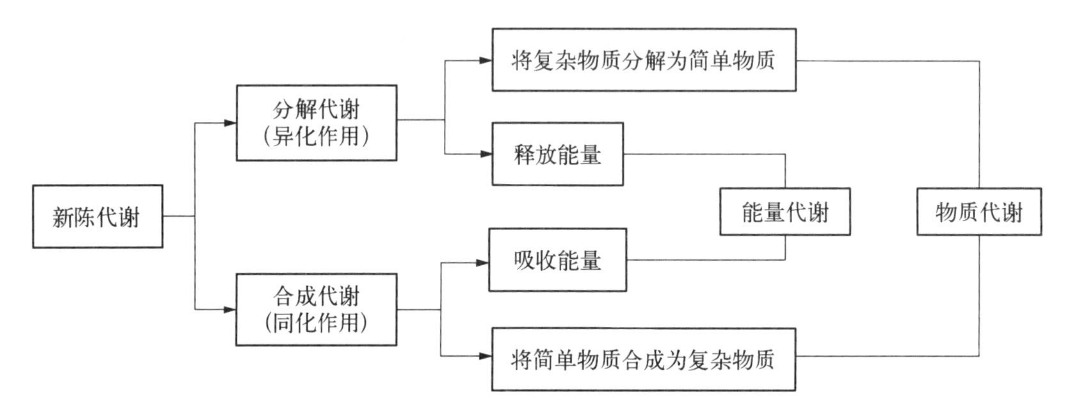


**图 12－1　微生物的新陈代谢**

一切生物时刻都在进行着呼吸，没有呼吸就没有生命。呼吸作用中发生能量转换，供细胞合成、其他生命活动，多余的能量以热量形式释放。通过呼吸作用，复杂有机物逐步转化为简单物质。呼吸作用过程中吸收和同化各种营养物质。

有机底物的生物氧化主要以脱氢（包括失电子）方式实现，底物氧化后脱下的氢可表示为：$2H \longrightarrow 2H^{+} + 2e$。根据氧化还原反应中最终电子受体的不同，分解代谢可分成好氧呼吸和厌氧呼吸两种类型，其中，厌氧呼吸又可分成发酵和无氧呼吸两种方式。

1. 好氧呼吸

好氧呼吸是指营养物质进入好氧微生物细胞后，通过一系列氧化还原反应获得能量的过程。有分子氧参与的生物氧化，反应的最终受氢体是分子氧。底物中的氢被脱氢酶活化，并从底物中脱出交给辅酶（递氢体），同时放出电子，氧化酶利用底物放出的电子激活游离氧，活化氧和从底物中脱出的氢结合成水。

好氧呼吸过程实质上是脱氢和氧活化相结合的过程。在这个过程中，同时释放出能量。好氧微生物的类型不同，被其氧化的底物不同，氧化产物也不同。好氧呼吸有异养型微生物呼吸和自养型微生物呼吸两种类型。

（1）异养型微生物

异养型微生物以有机物为底物（电子供体），其终点产物为二氧化碳、氨和水等无机物，同时在反应过程中释放能量。如：

$$C_6H_{12}O_6 + 6O_2 \longrightarrow 6CO_2 + 6H_2O + 2\,817.3\ \text{kJ}$$

$$C_{11}H_{29}O_7N + 14O_2 + H^{+} \longrightarrow 11CO_2 + 13H_2O + NH_4^{+} + \text{能量}$$

异氧微生物又可分为化能异氧微生物和光能异氧微生物两种类型。化能异氧微生物是指通过氧化有机物产生化学能从而获得能量的微生物。光能异氧微生物是指以光为能源，以有机物为供氢体还原二氧化碳，合成有机物的一类厌氧微生物。

有机废水的好氧生物处理，如活性污泥法、生物膜法、污泥的好氧消化等均属于这种类型的呼吸(化能异氧微生物呼吸)。

(2) 自养型微生物

自养型微生物以无机物为底物(电子供体)，其终点产物也是无机物，同时在反应过程中释放能量。

光能自养微生物，需要阳光或灯光作能源，依靠体内的光合作用色素合成有机物。

$$CO_2 + H_2O \xrightarrow{\text{光，叶绿素}} [CH_2O] + O_2$$

化能自养微生物不具备色素，不能进行光合作用，合成有机物所需的能量来自氧化 $NH_3$、$H_2S$ 等无机物。

大型合流废水沟道和废水沟道存在

$$H_2S + 2O_2 \longrightarrow H_2SO_4 + \text{能量}$$

所示的生化反应。生物脱氮工艺中的生物硝化过程：

$$NH_4^+ + 2O_2 \longrightarrow NO_3^- + 2H^+ + H_2O + \text{能量}$$

2. 厌氧呼吸

厌氧呼吸是在无分子氧($O_2$)的情况下进行的生物氧化过程。厌氧微生物只有脱氢酶系统，没有氧化酶系统。在厌氧呼吸过程中，底物中的氢被脱氢酶活化，从底物中脱下来的氢经辅酶传递给除氧以外的有机物或无机物，使其被还原。

厌氧呼吸的受氢体不是分子氧。在厌氧呼吸过程中，底物氧化不彻底，最终产物不是二氧化碳和水，而是一些较原来底物简单的化合物。这些化合物还含有相当的能量，如有机污泥的厌氧消化过程中产生的甲烷，是含有相当能量的可燃气体。因此在反应过程中释放能量较少。

厌氧呼吸按反应过程中的最终受氢体的不同，可分为发酵和无氧呼吸两种类型。

(1) 发酵

发酵指供氢体和受氢体都参与有机化合物的生物氧化作用，最终受氢体无需外加，就是供氢体的分解产物(有机物)。这种生物氧化作用不彻底，最终形成的还原性产物，是比原来底物简单的有机物，在反应过程中，释放的能量较少，故厌氧微生物在进行生命活动的过程中，为了满足能量的需求，消耗的底物要比好氧微生物的多。

例如，葡萄糖的发酵过程：

$$C_6H_{12}O_6 \longrightarrow 2CH_3COCOOH + 4[H]$$

$$2CH_3COCOOH \longrightarrow 2CO_2 + 2CH_3CHO$$

$$4[H] + 2CH_3CHO \longrightarrow 2CH_3CH_2OH$$

总反应式：

$$C_6H_{12}O_6 \longrightarrow 2CH_3CH_2OH + 2CO_2 + 92.0\ \text{kJ}$$

(2) 无氧呼吸

无氧呼吸是指以无机氧化物、如 $NO_3^-$、$NO_2^-$、$SO_4^{2-}$、$S_2O_3^{2-}$、$CO_2$ 等代替分子氧，作为最终受氢体的生物氧化作用。在无氧呼吸过程中，供氢体和受氢体之间也需要细胞色素等中间电子传递体，并伴随有磷酸化作用，底物可被彻底氧化，能量得以分级释放，故无氧呼吸也产生较多的能量用于生命活动。但由于有些能量随着电子转移至最终受氢体中，故在反应过程中释放的能量不如好氧呼吸过程中的多。

在反硝化作用中，受氢体为 $NO_3^-$，可用下式表示：

$$C_6H_{12}O_6 + 6H_2O \longrightarrow 6CO_2 + 24[H]$$

$$24[H] + 4NO_3^- \longrightarrow 2N_2\uparrow + 12H_2O$$

总反应式：

$$C_6H_{12}O_6 + 4NO_3^- \longrightarrow 6CO_2 + 6H_2O + 2N_2\uparrow + 1\ 755.6\ \text{kJ}$$

好氧呼吸、无氧呼吸、发酵三种呼吸方式，获得的能量水平不同，如表 12.1 所示。

**表 12.1 微生物的三种呼吸形式**

| 呼吸方式 | 受氢体 | 化学反应式 | 氧-营养物-微生物之间的关系 |
| --- | --- | --- | --- |
| 好氧呼吸 | 分子氧 | $C_6H_{12}O_6 + 6O_2 \longrightarrow 6CO_2 + 6H_2O +$ 2 817.3 kJ | 好氧<br>好氧 异养型 \| 好氧 自养型<br>有机碳源 ← → 无机碳源<br>厌氧 异养型 \| 厌氧 自养型<br>厌氧 |
| 无氧呼吸 | 无机物 | $C_6H_{12}C_6 + 4NO_3^- \longrightarrow 6CO_2 + 6H_2O +$ $2N_2\uparrow + 1\ 755.6$ kJ | |
| 发　酵 | 有机物 | $C_6H_{12}C_6 \longrightarrow 2CO_2 + 2CH_3CH_2OH +$ 92.0 kJ | |

## 12.2 有机物的生物降解

### 12.2.1 废水的好氧生物处理

好氧生物处理是在有游离氧(分子氧)存在的条件下，好氧微生物降解有机物，使其稳定、无害化的处理方法。微生物利用废水中存在的有机污染物(以溶解状与胶体状为主)，作为营养源进行好氧代谢。这些高能位的有机物质经过一系列的生化反应，逐级释放能量，最终以低能位的无机物质稳定下来，达到无害化的要求，以便返回自然环境或进一步处置。废水好氧生物处理的最终过程，如图 12-2 所示。图示表明，有机物被微生物摄取后，通过代谢活动，约有 1/3 被分解、稳定，并提供其生理活动所需的能量；约有 2/3 被转化，合成为新的原生质(细胞质)，即进行微生物自身生长繁殖。

好氧生物处理的反应速度较快，所需的反应时间较短，故处理构筑物容积较小，且处理过程中散发的臭气较少。所以，目前对中、低浓度的有机废水，或者 $BOD_5$ 浓度小于 500 mg/L 的

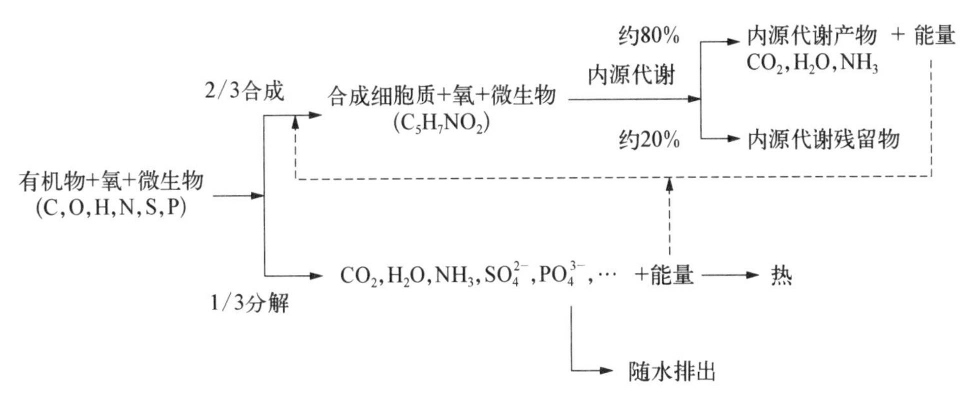


**图 12-2 好氧生物处理过程**

有机废水,基本上采用好氧生物处理法。在废水处理工程中,好氧生物处理法有活性污泥法和生物膜法两大类。

### 12.2.2 废水的厌氧生物处理

废水的厌氧生物处理是在没有游离氧存在的条件下,兼性细菌与厌氧细菌降解和稳定有机物的生物处理方法。在厌氧生物处理过程中(图 12-3),复杂的有机化合物被降解、转化为简单的化合物,同时释放能量。在这个过程中,有机物的转化分为三部分进行:部分转化为 $CH_4$,这是一种可燃气体,可回收利用;还有部分被分解为 $CO_2$、$H_2O$、$NH_3$、$H_2S$ 等无机物,并为细胞合成提供能量;少量有机物被转化、合成为新的原生质的组成部分。由于仅少量有机物被用于合成,故相对于好氧生物处理法,厌氧生物处理法污泥增长率小得多。

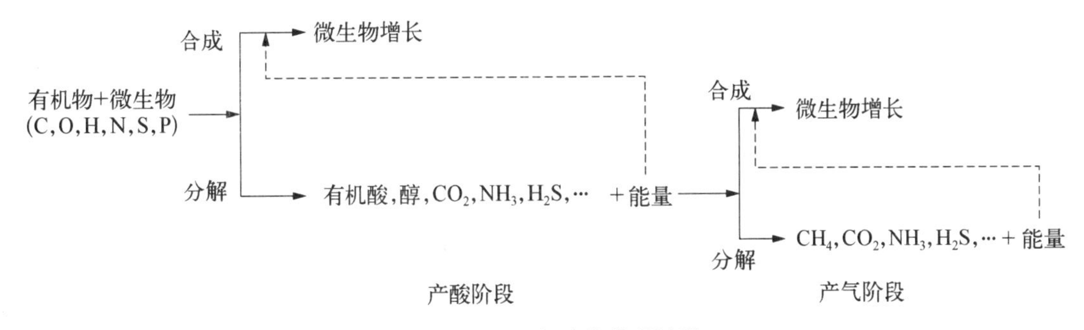


**图 12-3 厌氧生物处理过程**

由于废水厌氧生物处理过程不需另加氧源,故运行费用低。此外,它还具有剩余污泥量少、可回收能量($CH_4$)等优点。其主要缺点是反应速度较慢,反应时间较长,处理构筑物容积大等。为维持较高的反应速度,须维持较高的温度,因此就要消耗能源。对于有机污泥和高浓度有机废水(一般 $BOD_5 \geqslant 2\ 000$ mg/L)可采用厌氧生物处理法。

## 12.3 微生物生长的营养及影响因素

废水生物处理过程中,为了让微生物很好地生长、繁殖,确保达到最佳的处理效果及经济效益,必须提供良好的环境条件,影响微生物生长的重要因素有微生物的营养、反应温度、pH、溶解氧以及有毒物质。

1. 微生物的营养

从微生物的细胞组成元素来看，碳和氮是构成菌体成分的重要元素，碳是重要的无机元素，它们相互间满足一定的比例。许多学者研究了废水处理中微生物对碳、氮、磷三大营养元素的要求，碳源以 BOD 值表示，N 以 $NH_3$-N 计，P 以 $PO_4^{3-}$-P 计。对好氧生物处理，BOD：N：P＝100：5：1；对厌氧生物处理，BOD：N：P＝(200～400)：5：1。若比例失调，则需投加相应的营养源。对于含碳量较低的工业废水，可投加生活污水或投加米泔水、淀粉浆料等以补充碳源；对于含氮量或含磷量较低的工业废水，可投加尿素、硫酸铵等补充氮源，投加磷酸钠、磷酸钾等作为磷源。

2. 反应温度

温度对微生物具有广泛的影响，不同的反应温度，就有不同的微生物和不同的生长规律。对微生物总体来说，生长温度范围是 0～80 ℃。根据各类微生物所适应的温度范围，微生物可分为高温性(嗜热菌)、中温性、常温性和低温性(嗜冷菌)四类，如表 12.2 所示。

**表 12.2 各类微生物生长的温度范围**

| 类　别 | 最低温度/ ℃ | 最适温度/ ℃ | 最高温度/ ℃ |
|---|---|---|---|
| 高温性 | 30 | 50～60 | 70～80 |
| 中温性 | 10 | 30～40 | 50 |
| 常温性 | 5 | 10～30 | 40 |
| 低温性 | 0 | 5～10 | 30 |

在废水生物处理过程中，应注意控制水温。好氧生物处理以中温性微生物为主，进水水温一般控制在 20～35 ℃，可获得较好的处理效果。在厌氧生物处理中，微生物主要有产酸菌和产甲烷菌，产甲烷菌有中温性和高温性两种类型，中温性产甲烷菌适宜温度范围为 25～40 ℃，高温性为 50～60 ℃，目前，厌氧生物反应器采用的反应温度，中温为 33～38 ℃，高温为 52～57 ℃。

随着反应温度升高，反应速率增快，微生物增长速率也随之增大，处理效果相应提高。但当温度超过其最高生长温度时，会使微生物的蛋白质变性及酶系遭到破坏而失去活性，严重时，蛋白质结构会被破坏，导致发生凝固而使微生物死亡。低温对微生物生长往往不会致死，只有频繁的反复结冰和解冻才会使细胞受到破坏而死亡。但是，低温会使微生物的代谢活力降低，通常在 5 ℃以下，细菌的代谢作用就会大大受阻，处于生长繁殖停止状态。

3. pH

微生物的生化反应是在酶的催化作用下进行的，酶的基本成分是蛋白质，是具有离解基团的两性电解质，pH 对微生物生长繁殖的影响体现在酶的离解过程中，电离形式不同催化性质也就不同。此外，酶的催化作用还取决于基质的电离状况，pH 对基质电离状况的影响也进而影响到酶的催化作用。一般认为 pH 是影响酶活性的重要因素之一。

在生物处理过程中，一般细菌、真菌、藻类和原生动物的 pH 适范围为 4～10。大多数细菌在中性和弱碱性(pH＝6.5～7.5)范围内生长最好，但也有些细菌，如氧化硫化杆菌喜欢在酸性环境中生长，其最适 pH 为 3，亦可在 pH 为 15 的碱性环境中生存。酵母菌和霉菌要求在酸性或偏酸性的环境中生存，适宜的 pH 范围为 3～6 和 15～10。由此可见，在生物处理中，保持微生物的最适 pH 范围是十分重要的，否则将对微生物的生长繁殖产生不良影响，甚至会造成微生物死亡，破坏反应器的正常运行。

由于在废水生物处理中微生物通常为混合群体，所以反应可以在较宽的 pH 范围内进行。但要取得较好的处理效果，则需将 pH 控制在较窄的范围内。一般好氧生物处理反应器中废水 pH 可在 6.5～8.5 之间变化；厌氧生物处理要求较严格，反应器中的废水 pH 在 6.7～7.4 之间。因此，当排出废水的 pH 变化较大时，应设置调节池，必要时需进行中和，使废水经调节后进入生化反应器的 pH 较稳定并保持在合适的 pH 范围内。

4. 溶解氧

在好氧生物处理反应器中，如曝气池、生物转盘、生物滤池等需从外部供氧，一般要求反应器中废水保持溶解氧浓度在 2～4 mg/L 为宜。

厌氧微生物对氧气很敏感，所以厌氧处理设备要严格密封，隔绝空气。

一般地，好氧条件下溶解氧浓度大于等于 2.0 mg/L，厌氧条件下溶解氧浓度小于等于 0.2 mg/L，缺氧条件下溶解氧浓度为 0.2～0.5 mg/L。

5. 有毒物质

有毒物质对微生物的毒害作用主要表现在使细菌细胞的正常结构遭到破坏，以及使菌体内的酶变质，并失去活性。有毒物质可分为：① 重金属离子（铅、镉、铬、砷、钠、铁、锌等）；② 有机物类（酚、甲醛、甲醇、苯、氯苯等）；③ 无机物类（硫化物、氰化钾、氯化钠等）。

有毒物质对微生物产生毒害作用有一个量的概念，即达到一定浓度时显示出毒害作用，在允许浓度以内微生物则可以承受。对生物处理来讲，废水中存在的毒物浓度的允许范围至今还没有统一的标准，表 12.3 中列出的数据可供参考。由于某种有毒物质的毒性随 pH、温度及其他毒物的存在等环境因素不同而有很大差异，或毒性加剧，或毒性减弱。另外，不同种类的微生物对同一种毒物的忍受能力也不同，经过驯化和没有经过驯化的微生物对毒物的允许浓度也相差较大。因此，对某一种废水来说，最好根据所选择的处理工艺路线通过一定的实验来确定毒物的允许浓度，如果废水中所含有毒物质超过允许浓度，必须在生化处理前进行预处理以去除有毒物质。

**表 12.3 废水生物处理中有毒物质允许浓度**

| 毒物名称 | 允许浓度/($mg \cdot L^{-1}$) | 毒物名称 | 允许浓度/($mg \cdot L^{-1}$) |
|---|---|---|---|
| 亚砷酸盐 | 5 | $CN^-$ | 5～20 |
| 砷酸盐 | 20 | 氰化钠 | 8～9 |
| 铅 | 1 | 硫酸根 | 5 000 |
| 镉 | 1～5 | 硝酸根 | 5 000 |
| 三价铬 | 10 | 苯 | 100 |
| 六价铬 | 2～5 | 酚 | 100 |
| 铜 | 5～10 | 氯苯 | 100 |
| 锌 | 5～20 | 甲醛 | 100～150 |
| 铁 | 100 | 甲醇 | 200 |
| 硫化物(以 S 计) | 10～30 | 吡啶 | 400 |
| 氯化钠 | 10 000 | 油脂 | 30～50 |

## 12.4 微生物生长规律及底物降解动力学

### 12.4.1 微生物的生长规律

微生物的生长规律可用微生物的生长曲线来反映，此曲线代表了微生物在不同培养环境中的生长情况及微生物的整个生长过程。按微生物生长速度，生长曲线可划分为四个生长时期，如图 12-4 所示。

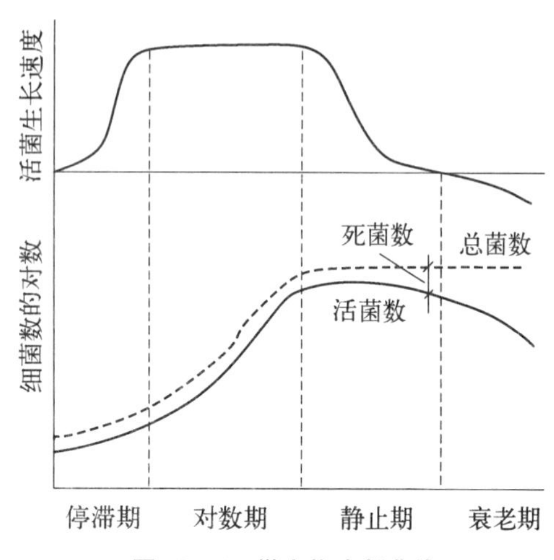


图 12-4 微生物生长曲线

(1) 停滞期

如果活性污泥被接种到与原来生长条件不同的废水中（营养类型发生变化，污泥培养驯化阶段）或废水处理厂因故中断运行后再运行，活性污泥中微生物生长则可能出现停滞期。这种情况下，污泥需经过若干时间的停滞后才能适应新的废水或从衰老状态恢复到正常状态。停滞期是否存在或停滞期的长短，与接种活性污泥的数量、废水性质、生长条件等因素有关。

(2) 对数期

当废水中有机物浓度高，且培养条件适宜时，活性污泥中微生物可能处在对数生长期。处于对数生长期的污泥絮凝性较差，呈分散状态，镜检能看到较多的游离细菌，混合液沉淀后其上层液混浊，含有机物浓度较高，活性强沉淀不易，用滤纸过滤时滤速很慢。

(3) 静止期

当废水中有机物浓度较低，活性污泥浓度较高时，污泥中微生物生长则有可能处于静止期。处于静止期的活性污泥絮凝性好，混合液沉淀后上层液清澈，用滤纸过滤时滤速快。处理效果好的活性污泥法构筑物中，污泥处于静止期。

(4) 衰老期

当废水中有机物浓度较低，营养物质明显不足时，污泥中微生物生长则可能出现衰老期。处于衰老期的污泥松散，沉降性能好，混合液沉淀后上清液清澈，但有细小泥花，以滤纸过滤时滤速快。

在废水生物处理中，微生物是一个混合群体，有一定的生长规律。有机物浓度高时，以有机物为食料的细菌占优势，数量最多；当细菌数量多时，出现以细菌为食料的原生动物；而后出现以细菌及原生动物为食料的后生动物，如图 12-5 所示。

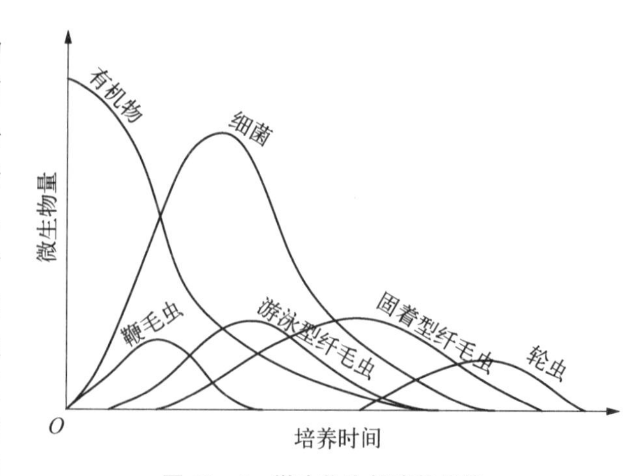


图 12-5 微生物生长演替规律

在废水生物处理过程中，如果条件适宜，活性污泥的增长过程与纯种单细胞微生物的增殖过程大体相仿。但由于活性污泥是多种微生物的混合群体，其生长受废水性质、浓度、水温、pH、溶解氧等多种环境因素的影响，因此，在处理构筑物中通常仅出现生长曲线中的某一两个阶段。处于不同阶段的污泥，其特性有很大的区别。

### 12.4.2 反应速度和反应级数

生物化学反应（简称生化反应）是一种以生物酶为催化剂的化学反应。废水生物处理中，人们总是通过创造合适的环境条件去得到需要的反应速度。生化反应动力学目前的研究内容主要有：① 底物降解速率与底物浓度、生物量、环境因素等方面的关系；② 微生物增长速率与底物浓度、生物量、环境因素等方面的关系；③ 反应机理研究，从反应物过渡到产物所经历的途径。

1. 反应速度

如图 12-6 所示，在生化反应中，反应速度是指单位时间里底物的减少量、最终产物的增加量或细胞的增加量。在废水生物处理中，是以单位时间内底物的减少或细胞的增加来表示生化反应速度的。

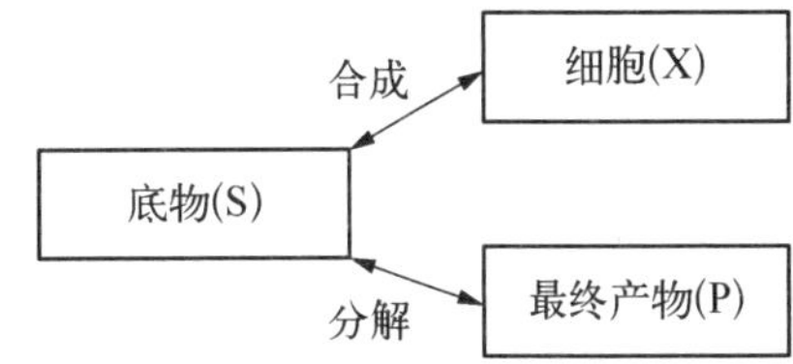


**图 12-6 生化反应过程底物变化图**

图 12-6 中的生化反应可以用下式表示：

$$S \longrightarrow y \cdot X + z \cdot P \quad \longrightarrow \quad \frac{dX}{dt} = -y\left(\frac{dS}{dt}\right) \tag{12.1}$$

即：

$$-\frac{dS}{dt} = \frac{1}{y}\left(\frac{dX}{dt}\right) \tag{12.2}$$

式中，反应系数 $y = \frac{dX}{dS}$，又称产率系数，mg(生物量)/mg(降解的底物)；$S$，$X$，$P$ 为底物、微生物细胞、最终产物浓度，mg/L。

式(12.2)反映了底物减少速率和细胞增长速率之间的关系，这是废水生物处理中研究生化反应过程的一个重要规律。

2. 反应速率

实验表明反应速率与一种反应物 A 的浓度 $\rho_A$ 成正比时，称这种反应对这种反应物是一级反应。实验表明反应速率与两种反应物 A、B 的浓度 $\rho_A$、$\rho_B$ 成正比时，或与一种反应物 A 的浓度 $\rho_A$ 的平方 $\rho_A^2$ 成正比时，称这种反应为二级反应。实验表明反应速率与 $\rho_A \cdot \rho_B^2$ 成正比时，称这种反应为三级反应，也可称这种反应是 A 的一级反应或 B 的二级反应。

在生化反应过程中，底物的降解速率和反应器中的底物浓度有关。

一般地：

$$aA + bB \longrightarrow gG + hH \tag{12.3}$$

如果测得反应速率：

$$v = dc_A/dt = kc_A^a \cdot c_B^b,$$

式中 $a+b=n$，$n$ 为反应级数。

设生化反应方程式为：

$$S \longrightarrow y \cdot X + z \cdot P \tag{12.4}$$

现底物浓度 $\rho_S$ 以 $S$ 表示，则生化反应速率：

$$v=\frac{\mathrm{d}S}{\mathrm{d}t}\propto S^n \quad 或 \quad v=\frac{\mathrm{d}S}{\mathrm{d}t}=kS^n \tag{12.5}$$

式中，$k$ 为反应速率常数，随温度而异。

式(12.5)亦可改写为：

$$\lg v=n\lg S+\lg k \tag{12.6}$$

式(12.6)可用图 12－7 表示，图中直线的斜率即为反应级数 $n$。反应速率不受反应物浓度的影响时，称这种反应为零级反应。在温度不变的情况下，零级反应的反应速率是常数。

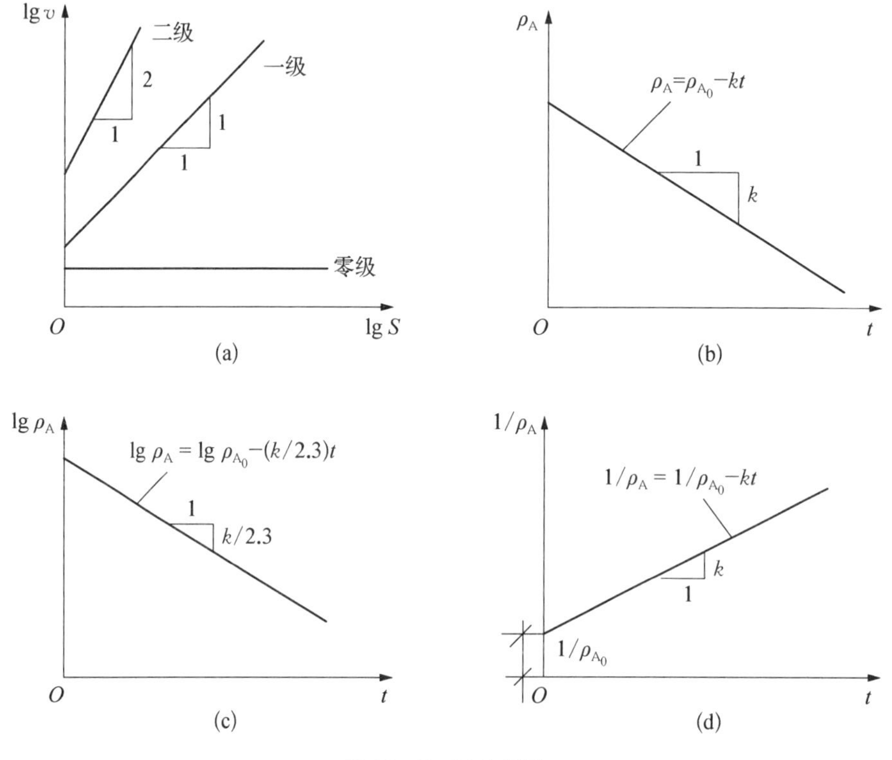


**图 12－7 反应级数**

对反应物 A 而言，零级反应：

$$v=k,\frac{\mathrm{d}\rho_A}{\mathrm{d}t}=k\longrightarrow \rho_A=\rho_{A0}-kt \tag{12.7}$$

式中，$v$ 为反应速度；$t$ 为反应时间。

反应速率与反应物浓度的一次方成正比关系，这种反应称为一级反应。对反应物 A 而言，一级反应：

$$v=k\rho_A,\frac{\mathrm{d}\rho_A}{\mathrm{d}t}=k\rho_A\longrightarrow \lg\ \rho_A=\lg\ \rho_{A_0}-\frac{k}{2.3}t \tag{12.8}$$

反应速率与反应物浓度的二次方成正比，这种反应称为二级反应。对反应物 A 而言，二级反应：

$$v=k\rho_A^2,\frac{d\rho_A}{dt}=k\rho_A^2\longrightarrow\frac{1}{\rho_A}=\frac{1}{\rho_{A_0}}+kt \tag{12.9}$$

在反应过程中，反应物 A 的量增加时，$k$ 为正值；在废水生物处理中，有机污染物逐渐减少，反应常数为负值。

### 12.4.3 米歇里斯-门坦(Michaelis-Menten)方程

一切生化反应都是在酶的催化下进行的，这种反应亦可以说是一种酶促反应或酶反应。酶促反应速率受酶浓度、底物浓度、pH、温度、反应产物、活化剂和抑制剂等因素的影响。在有足够底物又不受其他因素影响时，酶促反应的反应速率与酶浓度成正比。

当底物浓度在较低范围内，而其他因素恒定时，这个反应速率与底物浓度成正比，是一级反应。当底物浓度增加到一定限度时，所有的酶全部与底物结合后，酶促反应的反应速率达到最大值，此时再增加底物的浓度对反应速率就无影响，是零级反应，但各自达到饱和时所需的底物浓度并不相同，甚至有时差异很大。

中间产物假说：酶促反应分两步进行，即酶与底物先络合成一个络合物(中间产物)，这个络合物再进一步分解成产物和游离态酶，以下式表示：

$$S+E\underset{k_2}{\overset{k_1}{\rightleftharpoons}}ES\xrightarrow{k_3}P+E \tag{12.10}$$

式中，S 代表产物，E 代表酶，ES 代表酶-产物中间产物(络合物)，P 代表产物。

从式(12.10)可以看出，当底物 S 浓度较低时，只有一部分酶 E 和底物 S 形成酶-底物中间产物 ES。此时，若增加底物浓度，则将有更多的中间产物形成，因而反应速率亦随之增加。当底物浓度很大时，反应体系中的酶分子已基本全部和底物结合成 ES 络合物。底物浓度虽在增加，但无剩余的酶与之结合，故无更多的 ES 络合物生成，因而反应速率维持不变。

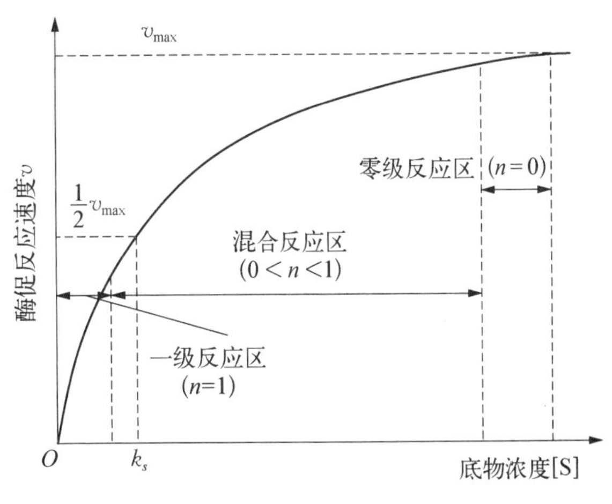


**图 12-8 米氏方程**

1913 年前后，米歇里斯和门坦提出了表示整个反应中底物浓度与酶促反应速率之间关系的式子，称为米歇里斯-门坦方程式，简称米氏方程式(图 12-8)，即：

$$v=\frac{v_{max}\rho_S}{K_m+\rho_S}=v_{max}\frac{\rho_S}{K_m+\rho_S} \tag{12.11}$$

式中，$v$ 为酶促反应速率；$v_{max}$为最大酶促反应速率；$\rho$ 为底物浓度；$K_m$为米氏常数。

式(12.11)表明，当 $K_m$和 $v_{max}$已知时，酶促反应速率与酶底物浓度之间的定量关系。

由式(12.11)得：

$$K_m = \rho_S\left(\frac{v_{max}}{v} - 1\right) \tag{12.12}$$

式(12.12)表明,当 $v_{max}/v=2$ 或 $v=(1/2)v_{max}$时,$K_m=\rho_S$,即 $K_m$是 $v=(1/2)v_{max}$时的底物浓度,故又称半速率常数。

当底物浓度 $\rho_S$很大时,$\rho_S \gg K_m$,$K_m+\rho_S \approx \rho_S$,酶促反应速率达到最大值,即 $v=v_{max}$,呈零级反应,在这种情况下,只有增大底物浓度,才有可能提高反应速率。

当底物浓度 $\rho_S$较小时,$\rho_S \ll K_m$,$K_m+\rho_S=K_m$,酶促反应速度和底物浓度成正比例关系,即

$$v = \frac{v_{max}}{K_m}\rho_S \tag{12.13}$$

呈一级反应。此时,增加底物浓度可以提高酶促反应的速率。但随着底物浓度的增加,酶促反应速率不再按正比例关系上升,呈混合级反应。

实际应用时,通常采用微生物浓度 $C_x$ 代替酶浓度 $C_E$。通过实验,得出底物降解速率和底物浓度之间的关系式,类同米氏方程式,如下:

$$v = v_{max}\frac{\rho_S}{K_s+\rho_S} \tag{12.14}$$

式中,$K_s$为饱和常数,即当时的底物的浓度,故又称半速率常数。

米氏常数 $K_m$是酶促反应处于动态平衡(即稳态时)的平衡常数。具有重要的物理意义:$K_m$值是酶的特征常数之一,只与酶的性质有关,而与酶的浓度无关。不同的酶,$K_m$值不同。如果一个酶有几种底物,则对每一种底物,各有一个特定的 $K_m$。并且,$K_m$值不受 pH 及温度的影响。因此,$K_m$值作为常数,只是对一定的底物、pH 及温度条件而言的。测定酶的 $K_m$值,可以作为鉴别酶的一种手段,但必须在指定的实验条件下进行。

同一种酶有几种底物就有几个 $K_m$值。其中 $K_m$值最小的底物,一般称为该酶的最适底物或天然底物。如蔗糖是蔗糖酶的天然底物。

$1/K_m$可以近似地反映酶对底物亲和力的大小,$1/K_m$愈大,表明亲和力越大,最适底物与酶的亲和力最大,不需很高的底物浓度,就可较易地达到 $v_{max}$。

对于一个酶促反应,$K_m$值的确定方法有很多。实验中即使使用很高的底物浓度,也只能得到近似的 $v_{max}$值,而达不到真正的 $v_{max}$值,因而也测不到准确的 $K_m$值。为了得到准确的 $K_m$值,可以把米氏方程的形式加以改变,使它变成直线方程式的形式,然后用图解法确定 $K_m$值。

目前,一般利用图解法求 $K_m$值为兰微福-布克作图法或称双倒数作图法。此方法先将米氏方程改写成如下的形式:

$$\frac{1}{v} = \frac{K_m}{v_{max}} \cdot \frac{1}{\rho_S} + \frac{1}{v_{max}} \tag{12.15}$$

实验时,选择不同的 $\rho_S$,测定对应的 $v$。求出两者的倒数,作图即可得出如图 12-9 所示的直

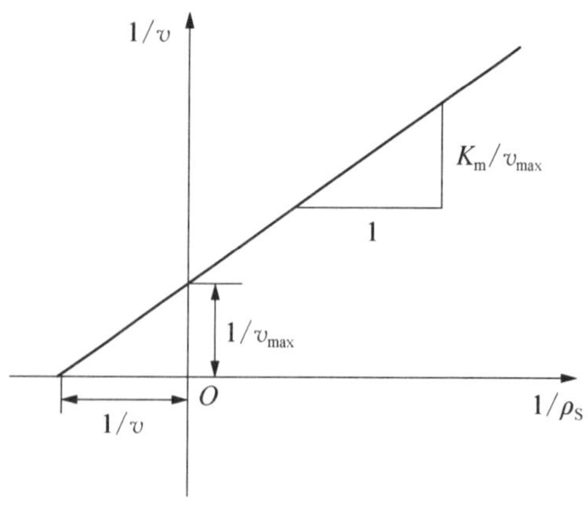


**图 12-9 图形求解**

线。量取直线在两坐标轴上的截距 $1/v_{max}$ 和 $-1/K_m$，就可以求出 $K_m$ 及 $v_{max}$。

### 12.4.4 莫诺特方程

微生物增长速率和微生物本身的浓度、底物浓度之间的关系是废水生物处理中的一个重要课题。有多种模式反映这一关系。当前公认的是莫诺特(Monod)方程式：

$$\mu=\mu_{max}\frac{\rho_S}{k_S+\rho_S} \text{ 及 } \mu=\frac{d\rho_X/dt}{\rho_X} \tag{12.16}$$

式中，$\rho_S$ 为限制微生物增长的底物浓度，mg/L；$\mu$ 为微生物比增长速率，即单位生物量的增长速率，$t^{-1}$。$\rho_X$ 为微生物浓度，mg/L；$\mu_{max}$ 为 $\mu$ 的最大值，底物浓度很大，不再影响微生物的增长速率时的 $\mu$ 值；$K_S$ 为饱和常数。

在一切生化反应中，微生物的增长是底物降解的结果，彼此之间存在着一个定量关系。现如以 $d\rho_S$(微反应时段 $dt$ 内的底物消耗量)和 $d\rho_X$($dt$ 内的微生物增长量)之间的比例关系值，通过下式表示之：

$$Y=\frac{d\rho_X}{d\rho_S} \text{ 或 } Y=\frac{d\rho_X/dt}{d\rho_S/dt}=\frac{v_X}{v_S} \text{ 或 } Y=\frac{v_X/\rho_X}{X_S/\rho_S}=\frac{\mu}{q} \tag{12.17}$$

式中，$Y$ 为产率系数；$v_X=\frac{d\rho_X}{dt}$ 为微生物增长速率；$v_S=\frac{d\rho_S}{dt}$ 为底物降解速率；$\mu=\frac{v_X}{\rho_X}$ 为微生物比增长速率；$q=\frac{v_S}{\rho_X}$ 为底物比降解速率。

将 $\mu=Y\cdot q$，$\mu_{max}=Y\cdot q_{max}$ 代入式(12.16)，得到目前废水生物处理工程中常用的两个基本反应动力学方程式：

$$\mu=\mu_{max}\frac{\rho_S}{k_S+\rho_S},\quad q=q_{max}\frac{\rho}{K_S+\rho_S} \tag{12.18}$$

### 12.4.5 废水生物处理工程的基本数学模式

在废水生物处理中，废水中的有机污染物质(即底物、基质)正是需要去除的对象；生物处理的主体是微生物；而溶解氧则是保证好氧微生物正常活动所必需的。因此，可以把有机质、微生物、溶解氧之间的数量关系用数学公式表达。

废水生物处理工程实践中，人们已经把前述的米-门方程式和莫诺特方程式引用进来，结合处理系统的物料衡算，提出了所需的生物处理的数学模式，供废水生物处理系统的设计和运行之用。

推导废水生物处理工程数学模式的几点假定：

(1) 整个处理系统处于稳定状态，反应器中的微生物浓度和底物浓度不随时间变化，维持一个常数。即：

$$\frac{d\rho_X}{dt}=0 \text{ 及 } -\frac{d\rho_S}{dt}=0 \tag{12.19}$$

式中，$\rho_X$ 为反应器中微生物的平均浓度，mg/L；$\rho_S$ 为反应器中底物的平均浓度，mg/L。

(2) 反应器中的物质按完全混合及均布的情况考虑整个反应器中的微生物浓度和底物浓度不随位置变化维持一个常数。而且，底物是溶解性的。即：

$$\frac{d\rho_X}{dl}=0 \text{ 及 } \frac{d\rho_S}{dl}=0 \tag{12.20}$$

(3) 整个反应过程中，氧的供应是充分的(对于好氧处理)。

因此，微生物增长与底物降解的基本关系式，1951 年由霍克来金(Heukelekian)等提出：

$$\left(\frac{d\rho_X}{dt}\right)_g=Y\left(\frac{d\rho_S}{dt}\right)_u-K_d\cdot\rho_X \tag{12.21}$$

式中，$\left(\frac{d\rho_X}{dt}\right)_g$ 为微生物净增长速率，$kg/(m^3\cdot d)$；$\left(\frac{d\rho_S}{dt}\right)_u$ 为底物利用(或降解)速率；$Y$ 为产率系数；$K_d$为内源呼吸(或衰减)系数；$\rho_X$为反应器中微生物浓度，mg/L。

在实际工程中，产率系数(微生物增长系数)$Y$ 常以实际测得的观测产率系数(微生物净增长系数)$Y_{obs}$代替。故式(12.21)可改写为：

$$\left(\frac{d\rho_X}{dt}\right)_g=Y_{obs}\left(\frac{d\rho_S}{dt}\right)_u \tag{12.22}$$

从上式得：

$$\frac{(d\rho_X/dt)_g}{\rho_X}=Y\frac{(d\rho_S/dt)_u}{\rho_X}-K_d \text{或 } \mu'=Y\cdot q-K_d \tag{12.23}$$

式中，$\mu'$为微生物比净增长速率，$t^{-1}$。

同理，从式(12.22)得：

$$\mu'=Y_{obs}\cdot q \tag{12.24}$$

上列诸式表达了在生物反应处理器内，微生物的净增长和底物降解之间的基本关系，亦可称为废水微生物处理工程基本数学模式。

## 12.5　废水可生化性

废水可生化性的实质是指废水中所含的污染物通过微生物的生命活动来改变污染物的化学结构，从而改变污染物的化学和物理性能所能达到的程度。研究污染物可生化性的目的在于了解污染物质的分子结构能否在生物作用下分解到环境所允许的结构形态，以及是否有足够快的分解速率。所以，对废水进行可生化性只研究可否采用生物处理，并不研究分解成什么产物，即使有机污染物被生物污泥吸附而去除也是可以的。因为在污染物停留时间较短的处理设备中，某些物质来不及被分解，允许其随污泥进入消化池逐步分解。事实上，生物处理并不要求将有机物全部分解成 $CO_2$、$H_2O$ 等，而只要求将水中污染物去除到环境所允许的程度即可。

多年来，国内外的研究者在各类有机物生物分解性能的研究方面积累了大量的资料，以化工废水中常见的有机物为例，各种物质的可降解性归纳如表 12.4 所示。

**表 12.4 各类有机物的可生物降解性及特例**

| 类 别 | 可生物降解性及特征 | 特 例 |
| --- | --- | --- |
| 碳水化合物 | 易于分解，大部分化合物的 $BOD_5/COD>50\%$ | 纤维素、木质素、甲基纤维素、α-纤维素，生物降解性较差 |
| 烃类化合物 | 对生物氧化有阻抗，环烃比脂肪烃更甚。实际上大部分烃类化合物不易被分解，小部分如苯、甲苯、乙基苯以及丁苯异戊二烯，经驯化后可被分解，大部分化合物的 $BOD_5/COD\leqslant25\%$ | 松节油、苯乙烯较易被分解 |
| 醇类化合物 | 能被分解，可生物降解性主要取决于被驯化程度、大部分化合物的 $BOD_5/COD>40\%$ | 特丁醇、戊醇、季戊四醇表现出高度的阻抗性 |
| 酚类化合物 | 能够被分解，需短时间的驯化，一元酚、二元酚、甲酚及许多酚都能够被分解，大部分酚类化合物的 $BOD_5/COD>40\%$ | 2、4、5 三氯苯酚、硝基酚具有较高的阻抗性，较难分解 |
| 醛类化合物 | 能被分解，大多数化合物的 $BOD_5/COD>40\%$ | 丙烯醛、三聚丙烯醛需长期驯化，苯醛、3-羟基丁醛在高浓度时表现出高度的阻抗性 |
| 醚类化合物 | 对生物降解的阻抗性较大，比酚、醛、醇类物质难降解。有一些化合物经长期驯化后可以分解 | 乙醚、乙二醚不能被分解 |
| 酮类化合物 | 可生化性较醇、醛、酚差，但较醚好，有一部分酮类化合物经长期驯化后，能够被分解 | |
| 氨基酸 | 生物降解性能良好，$BOD_5/COD>50\%$ | 胱氨酸、酪氨酸需较长时间驯化才能被分解 |
| 含氮化合物 | 苯胺类化合物经长期驯化后可被分解，硝基化合物中的一部分经驯化后可降解。胺类大部分能够被降解 | N，N-二乙基苯胺、异丙胺、二甲苯胺实际上不能被降解 |
| 氰或腈 | 经驯化后容易被降解 | |
| 乙烯类 | 生物降解性能良好 | 巴豆醛是在高浓度时可被降解，在低浓度时会产生有阻抗作用的有机物 |
| 表面活性剂类 | 直链烷基芳基硫化物经长期驯化后能够被降解，“特型”化合物则难降解，高分子量的聚乙氧酯和酰胺类更为稳定，难生物降解 | |
| 含氯化合物 | 氧乙基类(醚链)对降解作用有阻抗，其高分子化合物阻抗性更大 | |
| 卤素有机物 | 大部分化合物不能被降解 | 氯丁二烯、二氯乙酸、二氯苯醋酸钠、二氯环己烷、氯乙醇等可被降解 |

废水的可生化性是指废水中所含的污染物能被生物降解的程度。按此标准可将废水分为三类：① 易生物降解废水，易于被微生物作为碳源和能源物质而利用；② 可生物降解废水，能够逐步被微生物利用；③ 难生物降解废水，降解速率很慢或根本不降解。废水厌氧降解“难”“可”“易”是相对的，同一种化合物在不同种属微生物的作用下，其降解情况也会有不同。

废水存在可生化性差异的主要原因在于，废水所含的有机物中除一些易被微生物分解、利用的有机物外，还含有一些不易被微生物降解甚至含有一些对微生物的生长产生抑制作用的有机物。这些有机物的可生物降解性以及在废水中的相对含量决定了该种废水采用生物法处理的可行性及难易程度。废水处理方法的选择、确定生化处理工段进水量、有机负荷、pH、水温、溶解氧、重金属离子等重要工艺参数均会影响废水的可降解性。

鉴定和评价废水中有机污染物可生化性的方法，主要根据耗氧量、有机物去除效果、$CO_2$生成量、微生物生化指标四个方面做出分类。在此基础上可根据方法要点的不同对方法再做详细划分，具体方法如表 12.5 所示。

**表 12.5 鉴定和评价废水中有机污染物可生化性的方法**

| 分类 | 方法 | 方法要点 | 方法评价 |
| --- | --- | --- | --- |
| 耗氧量 | 水质指标法 | 采用 $BOD_5$/COD 作为有机物评价指标 | 比较简单，但是精度不高，可粗略反映有机物的降解性能 |
| | 瓦呼仪法 | 根据有机物的生化呼吸线与内源呼吸线的比较来判断有机物的生物降解性能。测试时，接种物可采用活性污泥，接种量为 1～3 gSS/L | 能较好地反映微生物氧化分解特性，但试验水量少，对结果有影响 |
| 有机物去除效果 | 静置烧瓶筛选试验法 | 以 10 mL 沉淀后的生活污水上清液作为接种物，90 mL 含有 5 mg 酵母膏和 5 mg 受试物的 BOD 标准稀释水作为反应液，两者混合，室温下培养，1 周后测受试物浓度，并以该培养液作为下周培养的接种物，如此连续 4 周，同时进行已知降解化合物的对照试验 | 操作简单，但在静态条件下混合及充氧不好 |
| | 振荡培养试验法 | 在烧瓶中加入接种物、营养液及受试物等，在一定温度下振荡培养，在不同的反应时间内测定反应液中受试物含量，以评价受试物的生物降解性 | 生物作用条件好，但呼吸对测定有影响 |
| | 半连续活性污泥法 | 测试时，采用试验组及对照组两套反应器间歇运行，测定反应器内 COD、TOD 或 DOC 的变化，通过两套反应器结果的比较来评价 | 试验结果可靠，但仍不能模拟处理厂实际运行条件 |
| | 活性污泥模拟试验法 | 模拟连续流活性污泥法生物处理工艺，采用试验组与对照组，通过两套系统对比和分析来评价 | 结果最为可靠，但方法较复杂 |
| $CO_2$生成量 | 斯特姆测试法 | 采用活性污泥上清液作为接种液，反应时间为 28 天，温度为 25 ℃，有机物降解以 $CO_2$ 产量的百分率来判断 | 系统复杂，可反映有机物的无机化程度 |
| 微生物生化指标 | ATP 测试法、脱氢酶测试法、细菌标准平板计数测试法等 | | 试验结果可靠，但测试程序较为复杂 |

迄今为止，对有机物生化性研究较多的是有机物的好氧生物降解性。可生化性的判定方法根据采用的判定参数大致可以分为：好氧呼吸参量法、微生物生理指标法、模拟试验法以及综合模型法等。

1. 好氧呼吸参量法

在微生物对有机污染物的好氧降解过程中，除 COD、BOD 等水质指标的变化外，同时还伴随着 $O_2$的消耗和 $CO_2$的生成。好氧呼吸参量法就是利用上述事实，通过测定 COD、BOD

等水质指标的变化以及呼吸代谢过程中的 $O_2$ 消耗量(速率)或 $CO_2$ 生成量(速率)的变化来确定有机污染物(或废水)可生化性的判定方法。

(1) 水质指标评价法

$BOD_5/COD_{Cr}$ 比值法是最经典,也是目前最常用的一种评价废水可生化性的水质指标评价法。由于 COD 测定过程中有些有机物未能完全被氧化、某些无机还原性物质会虚增 COD 值,所以存在一定的不确定性。表 12.6 所示为用 $BOD_5/COD$ 表征废水厌氧可生化性。

**表 12.6　$BOD_5/COD$ 表征废水厌氧可生化性**

| $BOD_5/COD_{Cr}$ | ＞0.45 | 0.30～0.45 | 0.2～0.3 | ＜0.2 |
|---|---|---|---|---|
| 可生化性 | 易 | 较易 | 可 | 难 |

以 TOD 或 TOC 代表废水中的总有机物含量要比用 COD 代表准确,可用 $BOD_5/TOD$ 值来评价废水的可生化性能得到更好的相关性,如表 12.7 所示。同理,BOD/TOC 值也可作为废水可生化性判定指标。

**表 12.7　$BOD_5/TOD$ 表征废水厌氧可生化性**

| $BOD_5/TOD$ | ＞0.4 | 0.2～0.4 | ＜0.2 |
|---|---|---|---|
| 可生化性 | 易 | 可 | 难 |

(2) 微生物呼吸曲线法

微生物呼吸曲线是以时间为横坐标,以生化反应过程中的耗氧量为纵坐标所作的一条曲线,曲线特征主要取决于废水中有机物的性质。测定耗氧速率的仪器有瓦勃氏呼吸仪和电极式溶解氧测定仪。

微生物内源呼吸曲线:当微生物进入内源呼吸期时,耗氧速率恒定,耗氧量与时间成正比,在微生物呼吸曲线图上表现为一条过坐标原点的直线,其斜率即表示内源呼吸时的耗氧速率。如图 12-10 所示,比较微生物呼吸曲线与微生物内源呼吸曲线,曲线 $a$ 位于微生物内源呼吸曲线上部,表明废水中的有机污染物能被微生物降解,耗氧速率大于内源呼吸时的耗氧速率,经一段时间曲线 $a$ 与内源呼吸线几乎平行,表明基质的生物降解已基本完成,微生物进入内源呼吸阶段;曲线 $b$ 与微生物内源呼吸曲线重合,表明废水中的有机污染物不能被微生物降解,但也未对微生物产生抑制作用,微生物维持内源呼吸;曲线 $c$ 位于微生物内源呼吸曲线下端,耗氧速率小于内源呼吸时的耗氧速率,表明废水中的有机污染物不能被微生物降解,而且对微生物具有抑制或毒害作用,微生物呼吸曲线一旦与横坐标重合,则说明微生物的呼吸已停止,微生物已死亡。将微生物呼吸曲线图的横坐标改为基质浓度,则变为另一种可生化性判定方法——耗氧曲线法,虽然图的含义不同,但是与微生物呼吸曲线法的原理和实验方法是一致的。

耗氧曲线法与其他方法相比,操作简单、试验周期短,可以满足大批量数据的测定。但必须指出,用此种方法来评价废水的可生化性,必须对微生物的来源、浓度、驯化和有机污染物的浓度及反应时间等条件作出严格的规定,加之数据测定所需的仪器在国内的普及率不高,因此该方法在国内的应用并不广泛。

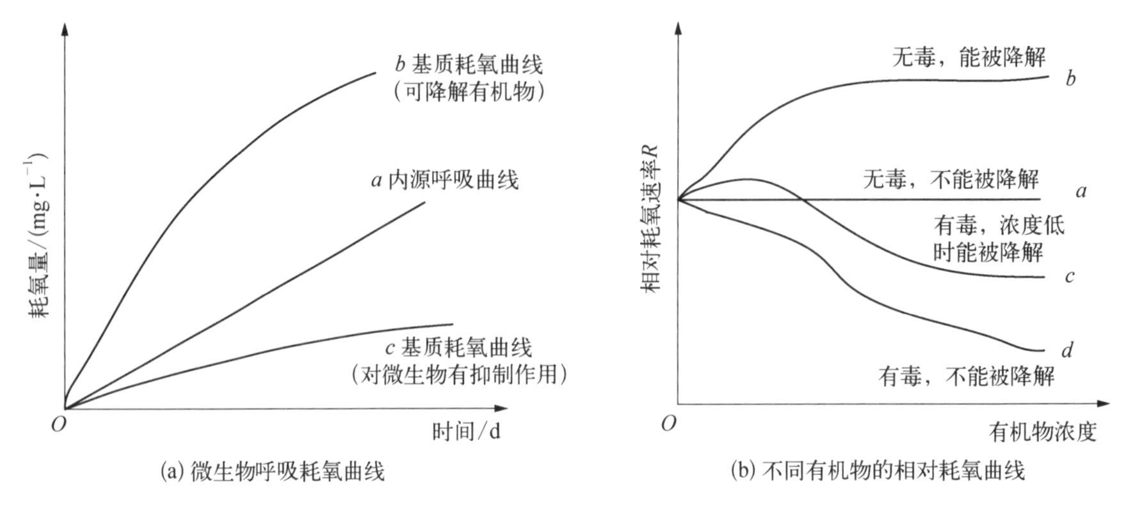


(a) 微生物呼吸耗氧曲线　　(b) 不同有机物的相对耗氧曲线

**图 12－10　微生物呼吸耗氧曲线及不同有机物的相对耗氧曲线**

(3) $CO_2$生成量测定法

微生物在降解污染物的过程中,在消耗废水中 $O_2$的同时会生成相应数量的 $CO_2$。因此,通过测定生化反应过程中 $CO_2$的生成量,就可以判断污染物的可生物降解性。

目前最常用的方法为斯特姆测定法,反应时间为 28 d,可以比较 $CO_2$的实际产量和理论产量来判定废水的可生化性,也可以利用 $CO_2$/DOC 值来判定废水的可生化性。由于该种判定实验需采用特殊的仪器和方法,操作复杂,仅限于实验室研究使用,在实际生产中的应用还未见报道。

2. 微生物生理指标法

微生物与废水接触后,利用废水中的有机物作为碳源和能源进行新陈代谢,微生物生理指标法就是通过观察微生物新陈代谢过程中重要的生理生化指标的变化来判定该种废水的可生化性。主要有脱氢酶活性指标法和三磷酸腺苷(ATP)指标法两种方法。

(1) 脱氢酶活性指标法

微生物对有机物的氧化分解是在各种酶的参与下完成的,其中脱氢酶起着重要的作用:催化氢从被氧化的物质转移到另一物质。由于脱氢酶对毒物的作用非常敏感,当有毒物存在时,它的活性(单位时间内活化氢的能力)下降。因此,可以利用脱氢酶活性作为评价微生物分解污染物能力的指标:如果在以某种废水(有机污染物)为基质的培养液中生长的微生物脱氢酶的活性增加,则表明微生物能够降解该种废水(有机污染物)。

(2) 三磷酸腺苷(ATP)指标法

微生物对污染物的氧化降解过程,实际上是能量代谢过程,微生物产能能力的大小直接反映其活性的高低。三磷酸腺苷(ATP)是微生物细胞中贮存能量的物质,因而可通过测定细胞中 ATP 的水平来反映微生物的活性程度,并将其作为评价微生物降解有机污染物能力的指标,如果在以某种废水(有机污染物)为基质的培养液中生长的微生物的 ATP 活性增加,则表明微生物能够降解该种废水(有机污染物)。

此外,微生物生理指标法还有细菌标准平板计数法、DNA 测定法、INT 测定法、发光细菌光强测定法等。

虽然目前脱氢酶活性、ATP 等测定都已有较成熟的方法,但由于这些参数的测定对仪器和药品的要求较高,操作也较复杂,因此,目前微生物生理指标法主要用于单一有机污染物的生物可降解性和生态毒性的判定。

3. 模拟实验法

模拟实验法是指直接通过模拟实际废水处理过程来判断废水生物处理可行性的方法。根据模拟过程与实际过程的近似程度，模拟实验法可以大致分为培养液测定法和模拟生化反应器法。

(1) 培养液测定法

培养液测定法又称摇床试验法，具体操作方法是：在一系列三角瓶内装入某种以污染物（或废水）为碳源的培养液，加入适当的N、P等营养物质，调节pH，然后向瓶内接种一种或多种微生物（或经驯化的活性污泥），将三角瓶置于摇床上进行振荡，模拟实际好氧处理过程，在一定阶段内连续监测三角瓶内培养液物理外观（浓度、颜色、嗅味等）上的变化，微生物（菌种、生物量及生物相等）的变化以及培养液各项指标，如pH、COD或某污染物浓度等的变化。

(2) 模拟生化反应器法

模拟生化反应器法是在模型生化反应器（如曝气池模型）中进行的，通过在生化模型中模拟实际污水处理设施（如曝气池）的反应条件，如：MLSS浓度、温度、DO、F/M比等，来预测各种废水在污水处理设施中的去除效果，及各种因素对生物处理效果的影响。

由于模拟实验法采用的微生物、废水与实际处理过程中的相同，而且生化反应条件也接近实际值，从水处理研究的角度来讲，相当于实际处理工艺的小试研究，各种实际出现的影响因素都可以在实验过程中体现，避免了其他判定方法在实验过程中出现的误差，且由于实验条件和反应空间更接近于实际情况，因此，模拟实验法与培养液测定法相比，能够更准确地说明废水生物处理的可行性。但正是由于该种判定方法针对性过强，各种废水间的测定结果没有可比性，因此，不容易形成一套系统的理论，而且小试过程的判定结果在实际放大过程中也可能造成一定的误差。

4. 综合模型法

综合模型法主要是针对某种有机污染物的可生化性的判定，通过对大量的已知污染物的生物降解性和分子结构的相关性，利用计算机模拟预测新的有机化合物的生物可降解性，主要的模型有：BIODEG模型、PLS模型等。

综合模型法需要依靠庞大的已知污染物的生物降解性数据库（如欧盟的EINECS数据库），而且模拟过程复杂，耗资大，主要用于预测新化合物的可生化性和其进入环境后的降解途径。

除上述可生化性判定方法之外，近年来还发展了许多其他方法，如利用多级过滤和超滤的方法得到废水的粒径分布PSD(particle size distribution)和COD分布来作为预测废水可生化性的指标；利用耗氧量、生化反应末端产物、生物活性值联合评价废水的可生化性；利用经验流程图来预测某种有机污染物的可生化性。

综上所述，目前国内外对于废水的可生化性判定方法各有千秋，在实际操作中应根据废水的性质和实验条件来选择合适的判定方法。

# 13 好氧生物处理——活性污泥法

活性污泥法可认为是天然水体自净作用的人工强化。活性污泥法能从废水中去除溶解的和胶体的可生物降解有机物，以及能被活性污泥吸附的悬浮固体和其他一些物质，无机盐类也能被部分去除，类似的工业废水也可用活性污泥法处理。

活性污泥法工艺是一种广泛应用且行之有效的传统废水生物处理法，也是一项极具发展前景的废水处理技术，这体现在它对水质、水量的广泛适应性、灵活多样的运行方式、良好的可控制性，以及通过厌氧或缺氧区的设置使之具有生物脱氮、除磷的效能等方面。

## 13.1 活性污泥法的基本原理

### 13.1.1 活性污泥法的基本流程

1912 年英国的克拉克(Clark)和盖奇(Gage)在试验中发现，向生活污水注入空气进行曝气，在持续一段时间以后，污水中即生成一种絮凝体。这种絮凝体主要是由大量繁殖的微生物群体所构成的，它有巨大的表面积和很强的吸附性能，被称为活性污泥。活性污泥法就是以活性污泥为主体的生物处理方法，基本处理工艺如图 13－1 所示。它的主要构筑物是曝气池和二次沉淀池。需处理的废水与返回的污泥混合进入曝气池，称为混合液，沿着曝气池注入压缩空气进行曝气，使废水与活性污泥充分混合接触，并供给混合液以足够的溶解氧。在有溶解氧的状态下，废水中的有机物被活性污泥中的微生物群体分解而得到稳定，然后混合液流入二次沉淀池，活性污泥与水分离后一部分不断回流至曝气池，像接种一样与进入的废水混合，澄清水则溢流排放。在处理过程中，活性污泥不断增长，有一部分剩余污泥需要从系统中排除。

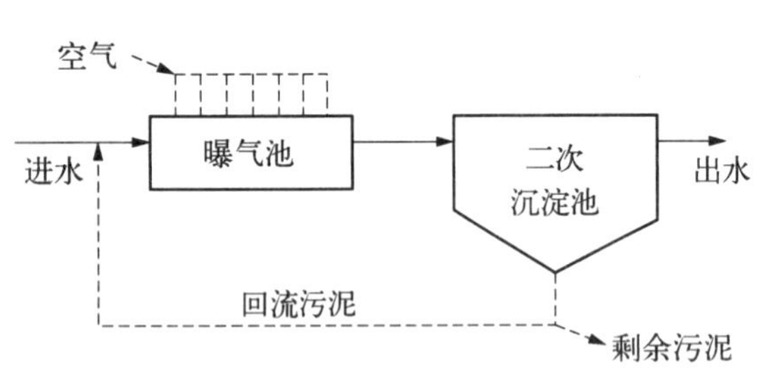


**图 13－1　活性污泥法的基本流程**

活性污泥法的实质是以废水中的有机物作为培养基，在有氧的条件下，对各种微生物群体进行混合连续培养，通过凝聚、吸附、氧化分解、沉淀等过程去除有机物的一种方法。

### 13.1.2 活性污泥的组成

活性污泥由具有活性的微生物、微生物自身氧化的残留物、吸附在活性污泥上不能被生物降解的有机物和无机物组成，其中微生物是活性污泥的主要组成部分。活性污泥中的微生物又是由细菌、真菌、原生动物、后生动物等多种微生物群体相结合所组成的一个生态系统。活性污泥中细菌含量一般在 $10^7$～$10^8$ 个/mL；原生动物约 $10^3$ 个/mL，原生动物中以纤毛虫居多，固着型纤毛虫可作为指示生物，固着型纤毛虫如钟虫、等枝虫、盖纤虫、独缩虫、聚缩虫等出现且数量较多时，说明原生动物培养成熟且活性良好。

活性污泥通常为黄褐色带土腥味的絮状颗粒，其直径一般为 0.02～2.00 mm，比表面积为 20～100 $cm^2$/mL，含水率一般为 99.2%～99.8%，密度因含水率不同而异，一般为 1.002～1.006 g/$cm^3$，（曝气池混合液为 1.002～1.003 g/$cm^3$，回流污泥为 1.004～1.006 g/$cm^3$）。

细菌是活性污泥组成和净化功能的中心，是微生物的最主要部分。废水中有机物的性质决定着哪些种属的细菌占优势。在一定的能量水平(即细菌的活动能力)下，细菌构成了活性污泥的絮凝体的大部分，并形成菌胶团，具有良好的自身凝聚和沉降性能。在活性污泥中，除细菌外还会出现原生动物，它是细菌的首次捕食者，继之出现后生动物，是细菌的第二次捕食者。

### 13.1.3　活性污泥净化有机物的过程

活性污泥中的微生物能够连续从废水中去除有机物，是通过以下几个过程完成的。

(1) 初期吸附去除作用

如图 13-2 所示，在很多活性污泥系统中，当废水与活性污泥接触后很短的时间(10～45 min)内就出现了很高的有机物(BOD)去除率。这种初期高速去除现象是由吸附作用引起的。由于污泥表面积很大(可达 2 000～10 000 $m^2/m^3$ 混合液)，且表面具有多糖类粘质层，因此，废水中悬浮和胶体物质是通过絮凝和吸附去除的。初期被去除的 BOD 像一种备用的食物源一样，贮存在微生物细胞的表面，经过几小时的曝气后，才会被相继摄入微生物的体内进行代谢。在初期，被单位活性污泥去除的有机物数量是有一定限度的，它取决于废水的类型以及与废水接触时的污泥性能。例如，废水中呈悬浮和胶体的有机物多，则初期去除率大，反之，如溶解性有机物多，则初期去除率就小。又如，回流污泥未经足够曝气，预先贮存在污泥里的有机物代谢不充分，污泥未得到再生，活性不能很好恢复，也会使初期去除率降低。但是，如回流污泥经过长时间的曝气，则会使污泥长期处于内源呼吸阶段，由于过分自身氧化失去活性，同样也会降低初期去除率。

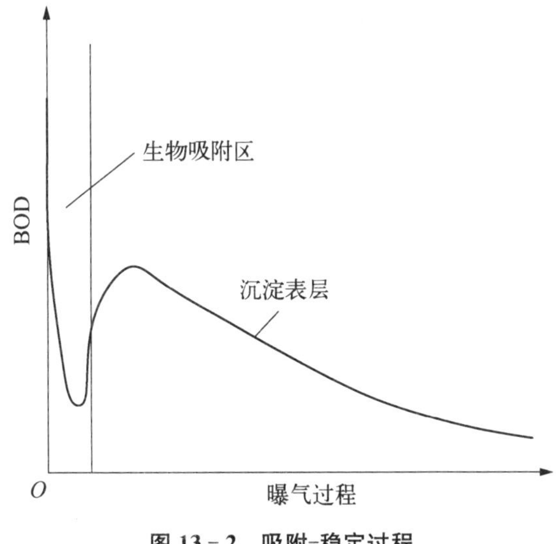

**图 13-2　吸附-稳定过程**

(2) 微生物的代谢作用

活性污泥中的微生物以废水中各种有机物作为营养物质，在有氧的条件下，将其中一部分有机物合成新的细胞物质(原生质)，对另一部分有机物则进行分解代谢，以获得合成新细胞所需要的能量，并最终形成 $CO_2$ 和 $H_2O$ 等稳定物质。在新细胞合成与微生物增长的过程中，除氧化一部分有机物以获得能量外，还有一部分微生物细胞物质也在进行氧化分解，并提供能量。该有机物降解过程，属于稳定过程。

活性污泥的微生物从废水中去除有机物的代谢过程，主要是由微生物细胞物质的合成(活性污泥增长)，有机物(包括一部分细胞物质)的氧化分解和氧的消耗组成的。

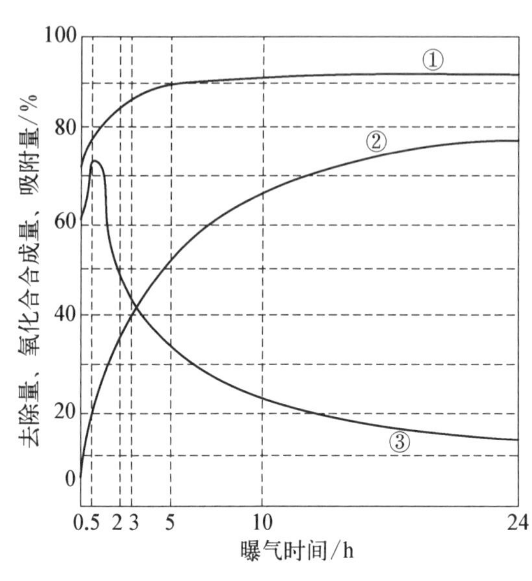


**图 13-3　曝气过程中污水中有机物的变化**

(3) 絮凝体的形成与凝聚沉降

废水中的有机物通过生物降解，一部分氧化分解形成 $CO_2$ 和 $H_2O$，一部分合成细胞物质成为菌体。如果形成菌体的有机物不从废水中分离出去，这样的净化不能算结束。为了使菌体从水中分离出来，现多采用重力沉降法。如果每个菌体都处于松散状态，由于其大小与胶体颗粒大体相同，它们将保持稳定悬浮状态，沉降分离是不可能的。为此，必须使菌体凝聚成为易于沉淀的絮凝体。

图 13-3 所示为活性污泥法曝气过程中废水中有机物的变化情况，曲线① 反映废水中有机物的去除规律；曲线② 反映活性污泥利用有机物的规律；曲线③ 反映了活性污泥吸附有机物的规律。这三条曲线反映出：在曝气过程中废水中有机物的去除在较短时间(图中是 5 h 左右)内就基本完成了(见曲线① )；污水中的有机物先是转移到(吸附)污泥上(见曲线③ )，然后逐渐被微生物利用(见曲线② )；吸附作用在相当短的时间(图中是 45 min 左右)内就基本完成了(见曲线③ )。整体而言，废水中有机物的去向如图 13-4 所示。

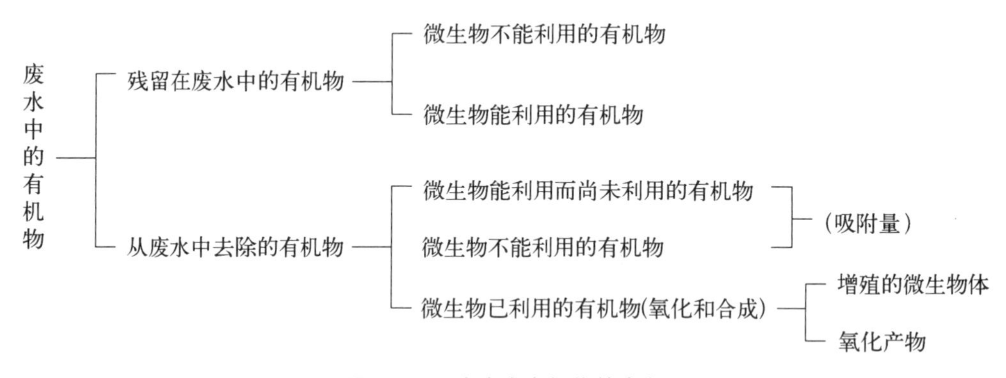


**图 13-4　废水中有机物的去向**

### 13.1.4　活性污泥增长规律

活性污泥中的微生物是多菌种的混合群体，其生长繁殖规律比较复杂，但也可用其增长曲线表示其一般规律。图 13-5 所示为典型的活性污泥的微生物增长曲线，活性污泥的增长过程可分为对数增长期、减速增长期和内源呼吸期三个阶段。在每个阶段，有机物(BOD)的去除率、去除速率、氧的利用速率及活性污泥特征等都各不相同。实践表明，活性污泥的污泥负荷是活性污泥增长速率、有机物去除速率、氧利用速率、污泥的凝聚吸附性能等的重要影响因素。

活性污泥的微生物的对数增长期是在营养物质(BOD)与微生物的比值很高时出现的。这时,微生物处于营养过剩中,混合液中的有机物以最大的速率进行氧化和转化成新的微生物细胞而被去除。活性污泥的增长速率与其生物量及有机物的浓度无关。这期间,活性污泥具有很高的能量水平,微生物处于完全松散状态,污泥的絮凝性和沉降性很差。此时,由于微生物的代谢旺盛,所以需氧量很大。

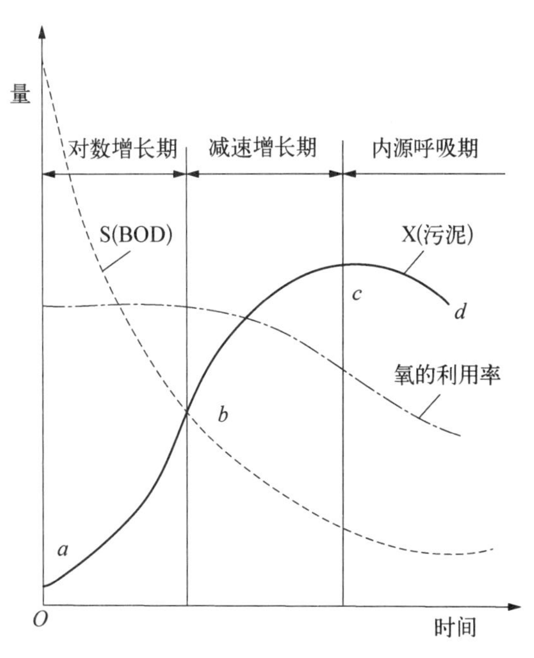

图 13-5 活性污泥的微生物增长曲线

在营养物质不断消耗和新细胞不断合成后,污泥负荷就会急剧降低,使得营养物质不再过剩,而且成为微生物进一步生长的限制因素,同时也有一部分细菌完成了其生命活动而死亡。污泥的增长从对数增长期过渡到减速增长期,污泥的增长速率将直接与剩下的营养物浓度成比例。由于营养降低,能量减少,细菌与细菌接触后由于缺乏能量而不再分离了。于是,很快多个细菌结合在一起,污泥絮凝体开始形成,污泥的沉降性能也提高了。

进一步曝气,混合液中营养物浓度继续降低,近乎耗尽,当污泥负荷值达到一定程度时,污泥即进入内源呼吸期。这时细菌已不能从其周围获得营养物质以维持生命,于是开始代谢自身细胞内的营养物质,细菌逐渐死亡,并且死亡速率逐渐大于生长速率,致使污泥量减少。由于能量水平低,絮凝体形成速率增高,吸附有机物的能力很高,游离的细菌被栖息于污泥表面的原生动物所捕食,处理水显著澄清。

由此可见,由于污泥负荷的不同,使活性污泥处于不同的增长期,也使污泥增长速率、有机物去除速率、氧利用速率、污泥特性等发生变化。值得指出的是,上述规律是在一定条件下,用间断试验的方法得出的结果,在实际水处理中,由于大多是连续过程,BOD 不断进入曝气池,活性污泥不断排出曝气池,达到稳定状态时,曝气池内的污泥量为一常数,即实际水处理的活性污泥过程是在曲线的某一个点上工作。

## 13.2 活性污泥法的分类

### 13.2.1 曝气池的混合方式

按废水和回流污泥的进入方式及其在曝气池中的混合方式,活性污泥曝气池可分为推流式和完全混合式和循环混合式三种。

(1) 推流式曝气池

推流式曝气池有若干个狭长的流槽,废水从一端进入,在曝气的作用下,以螺旋方式推进,流经整个曝气池,至池的另一端流出,随着水流的过程,污染物被降解。推流式曝气池为长方廊道形池子,常采用鼓风曝气,扩散装置排放在池子的一侧。推流式曝气池又可分为平行水流(并联)式、转折水流(串联)式和旋转推流式等,如图 13-6 所示。

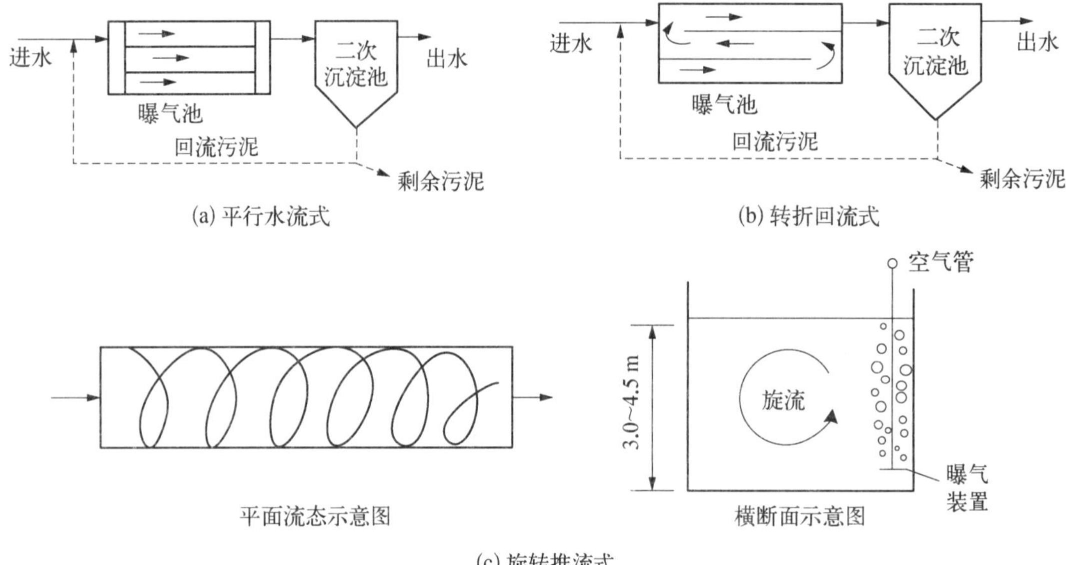


**图 13-6 推流式曝气池示意图**

推流式曝气池的特点是：① 废水中污染物浓度从池首至池尾是逐渐下降的，由于在曝气池内存在这种浓度梯度，废水降解反应的推动力较大，效率较高；② 推流式曝气池可采用多种运行方式；③ 曝气池可以比较大，不易产生短路，适合于水量比较大的情况；④ 氧的利用率不均匀，入流端利用率高，出流端利用率低，会出现池尾供气过量的现象，增加动力费用。推流式曝气池的长宽比一般不小于 5∶1，以避免短路。

(2) 完全混合式曝气池

完全混合式曝气池，是废水进入曝气池后在搅拌的作用下迅速与池中原有的混合液充分混合，因此，混合液的组成、微生物群的量和质是完全均匀一致的。这意味着曝气池中所有部位的生物反应都是同样的，氧吸收率都是相同的。工艺流程如图 13-7 所示。此外，如图13-8所示，运行时进水从反应器的一端水平流入，从另一端流出，从整个反应器内的水流状态来看属于推流式，但每个隔室内由于机械混合、产气的搅拌作用表现为完全混合的状态。

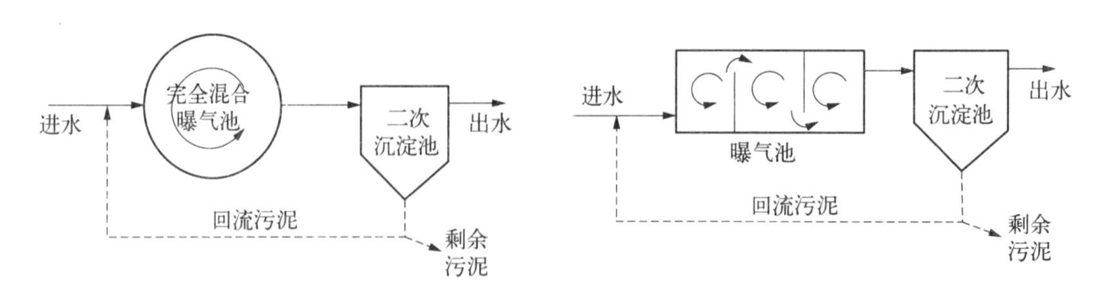


**图 13-7 完全混合式曝气池示意图**　　**图 13-8 局部完全混合式曝气池示意图**

完全混合式曝气池的特点是：① 抗冲击负荷的能力强，池内混合液能对废水起稀释作用，对高峰负荷起削弱作用；② 由于全池需氧要求相同，能节省动力；③ 有时曝气池和沉淀池可合建，不需要单独设置污泥回流系统，便于运行管理；④ 连续进水、出水可能造成短路，易引起污泥膨胀；⑤ 池子体积不能太大，因此，一般用于水量比较小的情况，比较适宜处理高浓度的有机废水。完全混合法的主要缺点是：连续进出水，可能产生短流，出水水质不及传统活性污泥法理想，易发生污泥膨胀等。

完全混合式曝气池常采用叶轮供氧，多以圆形、方形或多边形池子作单元，主要是因为需要和叶轮所能作用的范围相适应。改变叶轮的直径可以适应不同直径(边长)、不同深度的池子需要。长方形曝气池可以分成一系列相互衔接的方形单元，每个单元设置一个叶轮。在使用完全混合式曝气池时，为了节约占地面积，常常是把曝气池和沉淀池合建。

如图 13－9 为采用较多的一种表面叶轮曝气的完全混合式曝气沉淀池。它由曝气区、导流区、沉淀区和回流区四部分组成。池子是圆形或方形，进水在中心，出水在池周。在曝气筒内废水和回流污泥同混合液得到充分而迅速地混合，然后经导流区流入沉淀区，清水经出流堰排出，沉淀下来的污泥则沿曝气筒底部四周的回流缝回流入曝气池。导流区的作用是使污泥凝聚并使气、水分离，为沉降创造条件。在导流区中常设径向整流板，以阻止在惯性作用下从窗孔流入导流区和沉淀区的液流绕池子轴线旋转，有利于气、水和泥、水的分离。曝气筒下端设池裙，以避免死角，设顺流圈以增加阻力，减少混合液和气泡甩入沉淀区的可能。为了控制回流污泥量，曝气区出流窗孔设有活门，以调节窗孔的大小。由于曝气和沉淀两部分合建在一起，这类池子称为“合建式完全混合曝气池”或“曝气沉淀池”。它布置紧凑，流程短，有利于新鲜污泥及时回流，并省去一套污泥回流设备，因此，在小型污水处理厂，特别是在工业废水处理站中得到广泛应用。

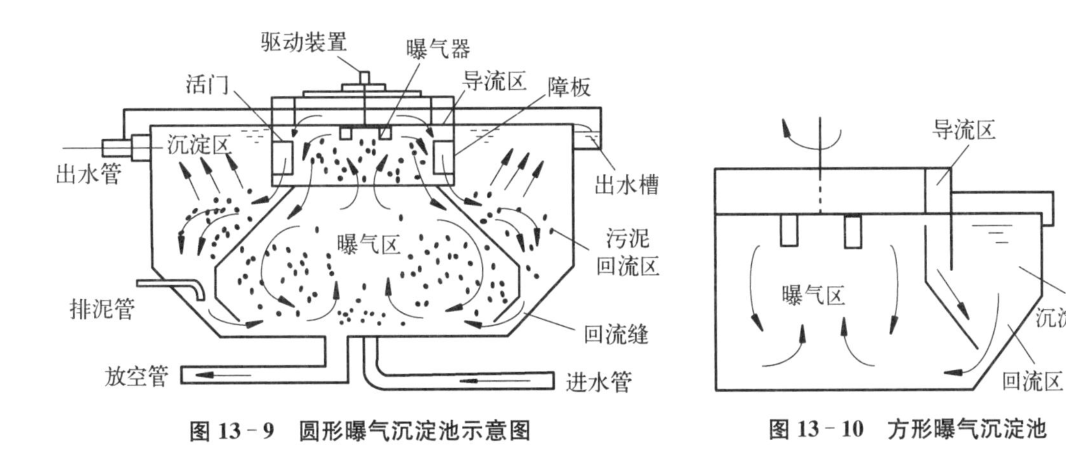


**图 13－9　圆形曝气沉淀池示意图**　　**图 13－10　方形曝气沉淀池**

图 13－10 是另一种合建式完全混合曝气沉淀池，它的平面通常是方形或长方形，沉淀区仅在曝气区的一边设置，因而曝气时间与沉淀时间之比值，比圆形曝气沉淀池的大些，适合曝气时间较长的废水处理。为加强液体上下翻动混合，有时设置中心导流筒。

图 13－11 为鼓风曝气和机械曝气联合使用的曝气沉淀池，其叶轮靠近池底，叶轮下有空气扩散装置供给空气。叶轮主要起搅拌作用，而氧主要由压缩空气供给。

采用叶轮供氧的圆形或方形空气混合曝气池，除合建式外，还有分建式，即曝气池和沉淀池分开修建。

完全混合曝气沉淀池，除上述叶轮供氧的圆形或方形池子外，还有如图 13－12 所示的长方形曝气沉淀池。完全混合长方形曝气沉淀池也有分建式的，如图 13－13 所示，为了达到完全混合的目的，废水和回流污泥沿曝气池池长均匀引入，并均匀地排出混合液。

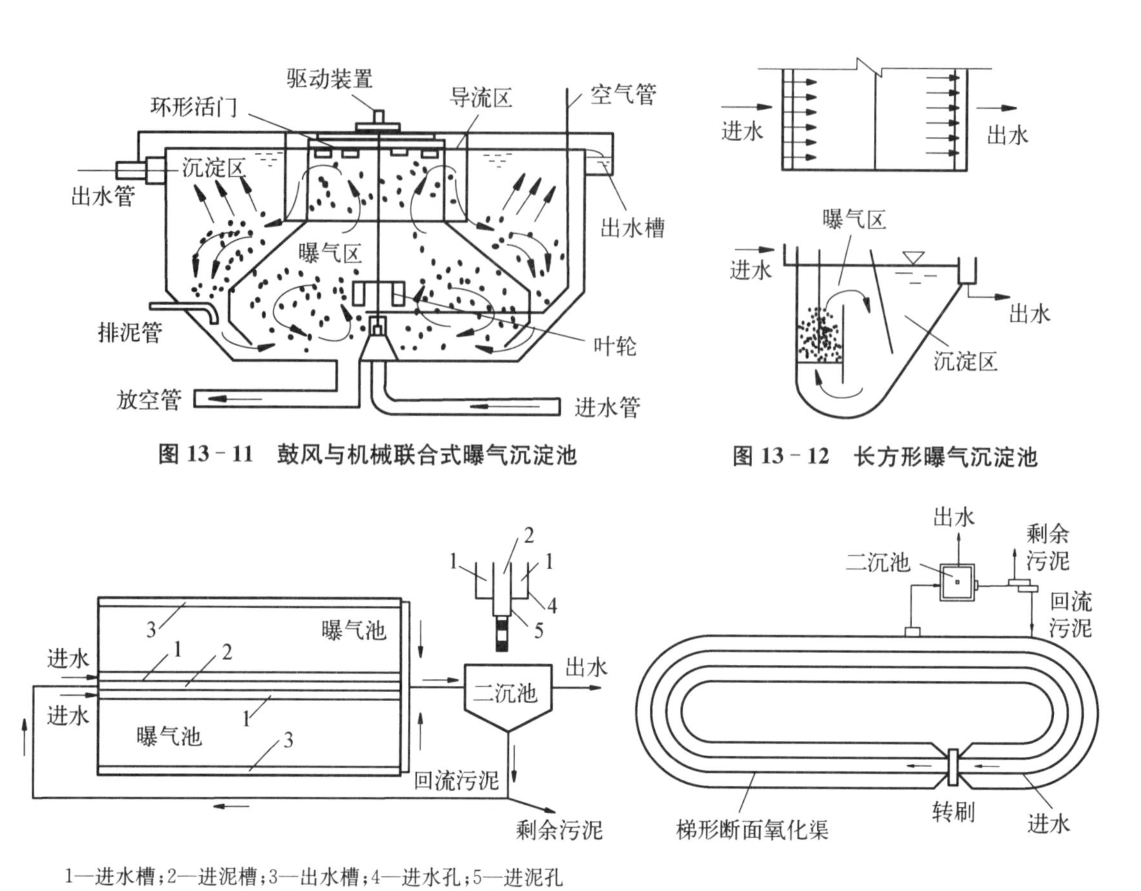


图 13-11　鼓风与机械联合式曝气沉淀池

图 13-12　长方形曝气沉淀池

1—进水槽；2—进泥槽；3—出水槽；4—进水孔；5—进泥孔

图 13-13　分建式完全混合系统图

图 13-14　氧化沟的典型布置

(3) 循环混合式曝气池

循环混合式曝气池多采用转刷供氧，其平面形状如环形跑道，如图 13-14 所示。循环混合式曝气池也称氧化沟或氧化渠，是一种简易的活性污泥系统，属于延时曝气法。氧化沟的平面图像跑道一样，转刷设置在氧化沟的直段上，转刷旋转时混合液在池内循环流动，流速保持在 0.3 m/s 以上，使活性污泥呈悬浮状态。氧化沟的流型为环状循环混合式，废水从环的一端进入，从另一端流出。一般混合液的环流量为进水量的数百倍以上，接近于完全混合，具备完全混合曝气池的若干特点。氧化沟的断面可做成梯形或矩形。沟的有效深度常为 0.9～1.5 m，有的深达 2.5 m。渠宽与转刷长度相适应。

氧化沟可分为间歇运行和连续运行两种运行方式。间歇运行适用于处理量少的废水，可省掉二次沉淀池，当停止曝气时，氧化沟作沉淀池使用，剩余污泥通过氧化渠中污泥收集器排除。连续运行适用于水量稍大的废水处理，需另设二次沉淀池和污泥回流系统。

氧化沟的工艺特点如下：① 简化了预处理，氧化沟水力停留时间和污泥龄比一般生物处理法长，悬浮有机物可与溶解性有机物同时得到较彻底的去除，排出的剩余污泥已得到高度稳定，因此，氧化沟可以不设初次沉淀池，污泥也不需要进行厌氧消化；② 占地面积少，因在流程中省略了初次沉淀池、污泥消化池，有时还可省略二次沉淀池和污泥回流装置，使废水厂总占地面积不仅没有增大，相反还可缩小；③ 具有推流式流态的特征，氧化沟具有推流特性，且使溶解氧浓度在沿池长方向形成浓度梯度，形成好氧、缺氧和厌氧条件。通过对系统合理的设计与控制，可以取得最好的除磷脱氮效果。

另外，氧化沟的曝气方式也不限于转刷一种，也可以用其他方法曝气。氧化沟的构造形式也是多种多样的，根据不同的目的可以设计多种形式的氧化沟。氧化沟技术是近年来发展较快的生物水处理技术之一。

### 13.2.2 活性污泥法的运行方式

活性污泥法的运行方式很多，主要有：传统活性污泥法、阶段曝气法、生物吸附法、完全混合法、延时曝气法、渐减曝气法等。各种运行方式的特征主要集中在以下几个方面：① 污泥负荷范围；② 曝气池进水点位置；③ 曝气池流型及混合特征；④ 曝气技术的改进等。

在污泥负荷方面，传统活性污泥法常在 0.2～0.3 kg BOD/(kg MLSS · d)左右。有的活性污泥法负荷很低，有的低于 0.1 kg BOD/(kg MLSS · d)，有的则很高，在 2 kg BOD/(kg MLSS · d)以上甚至高达 4～5 kg BOD/(kg MLSS · d)。因此，活性污泥法有低负荷法、常负荷法和高负荷法之分。低负荷法因负荷很低，污泥龄长，故 BOD 去除率很高，而剩余污泥量少，甚至仅有极少量剩余污泥随出水排走，这便是完全氧化法或延时曝气法。高负荷法则相反，因负荷很高，污泥龄短，故 BOD 去除率低而剩余污泥量高。

在进水点位置方面，传统活性污泥法采用长方廊道式曝气池，进水点均设在池首。阶段曝气法的进水点设在池子前段数处，为多点进水。生物吸附法则集中在池中间某一点进水。

在曝气方式方面，有渐减曝气和纯氧曝气。渐减曝气是将空气量沿曝气池廊道的流向逐渐降低，这是一种节约空气量的办法。纯氧曝气是用氧气代替空气，以提高混合液的溶解氧浓度。

按供氧方式，又可分为鼓风曝气式和机械曝气式两大类。鼓风曝气式是采用空气(或纯氧)作氧源，以气泡形式鼓入废水中。它适合于长方形曝气池，布气设备装在曝气池的一侧或池底。气泡在形成、上升和破裂时向水中传递氧并搅动水流。机械曝气式是用专门的曝气机械，剧烈地搅动水面，使空气中的氧溶解于水中。通常，曝气机兼有搅拌和充氧作用，使系统接近完全混合型。

下面介绍几种常用的运行方式。

(1) 传统活性污泥法

传统活性污泥法是活性污泥法最早的形式，又称普通活性污泥法。废水和回流污泥从池首端流入，呈推流式至池末端流出。废水净化过程的吸附和稳定阶段是在一个统一的曝气池中连续进行的，进口有机物浓度高，沿池长逐渐降低，需氧率也是沿池长降低的。活性污泥几乎经历了一个生长周期，处理效果很高，特别适用于处理要求高而水质较稳定的废水。

传统活性污泥法的缺点主要有以下几方面：① 进水浓度尤其是对微生物有抑制性的物质浓度不能高，即不能适应冲击负荷。这是因为其流型呈推流式，进入池中的废水与回流污泥在理论上不与池中原有的混合液相混合，进水水质的变化对活性污泥的影响较大，容易损害活性污泥，因此限制了对某些工业废水的应用。② 需氧量前大后小，而空气的供应往往是均匀分布的，这就形成前段无足够溶解氧，后段氧的供应大大超过需要。曝气池首端有机底物负荷率高，耗氧速率也高，耗氧速率与供氧速率难以沿池长吻合一致，在池前段可能

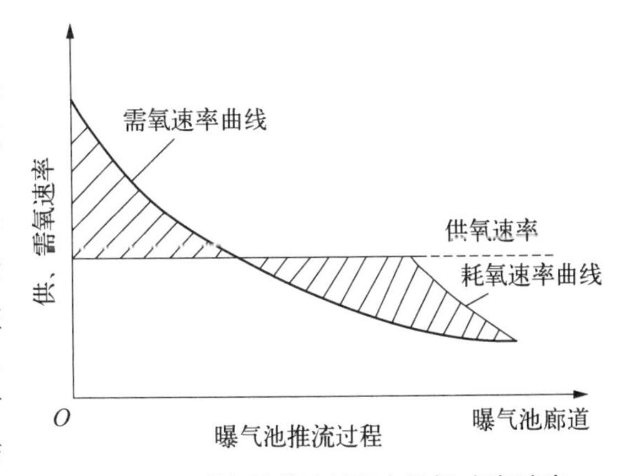


**图 13-15 曝气池推流过程中需氧、耗氧速率**

出现耗氧速率高于供氧速率的现象，池后段又可能出现相反的现象(图 13－15)。③ 曝气池的容积负荷率低，曝气池容积大、占地面积也大，基建费用高。④ 排放的剩余污泥在曝气池中已完成了恢复活性的再生过程，造成动力浪费。

(2) 渐减曝气法

渐减曝气法，又称变量曝气法，它的工艺流程与传统活性污泥法一样。为适应曝气池进水至出水之间混合液中有机负荷不同的需要，合理地布置扩散器，总的空气量不变，使布气沿程变化，即对曝气池的不同部分供给不同空气量，入口处供气量较多，出口附近则较少，使空气量与混合液的需氧量大致成正比。该方法曝气池中的有机物浓度随着向前推进不断降低，污泥的需氧量相应减少，这样可以提高处理效率。

(3) 阶段曝气法

阶段曝气法，又称逐步负荷法或多点进水活性污泥法，是除传统活性污泥法以外使用较为广泛的一种活性污泥法(图 13－16)。废水沿曝气池长度分段多点进水，使有机物负荷分布均匀，从而均化了需氧量，避免了前段供氧不足，后段供氧过剩的缺点。同时，微生物在食物比较均匀的条件下，能充分发挥氧化分解有机物的能力。阶段曝气法的另一特点是污泥浓度沿池长逐步降低，前段高于平均浓度，后段低于平均浓度，曝气池出流的混合液浓度较低，这样可减轻二次沉淀池的负荷，对二次沉淀池的运行有利。实践证明，阶段曝气法可以提高空气利用率和曝气池的工作能力，并且能够根据需要改变各进水点的流量，运行上有较大的灵活性。阶段曝气法适用于大型曝气池及浓度较高的废水。传统活性污泥法易于改造成阶段曝气法，以解决超负荷的问题。

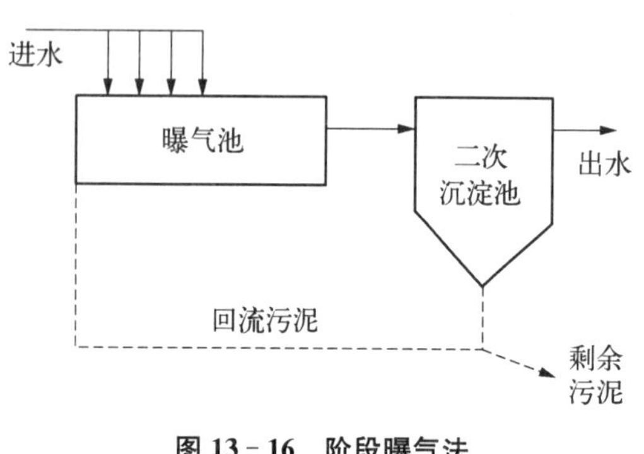


**图 13－16　阶段曝气法**

(4) 完全混合法

如前所述，完全混合法是目前采用较多的新型活性污泥法(图 13－17)，它与传统活性污泥法的主要区别在于混合液在池内充分混合循环流动，因而废水与回流污泥进入曝气池后立即与池内原有混合液充分混合，进行吸附和代谢活动，同时顶替等量的混合液至二次沉淀池。

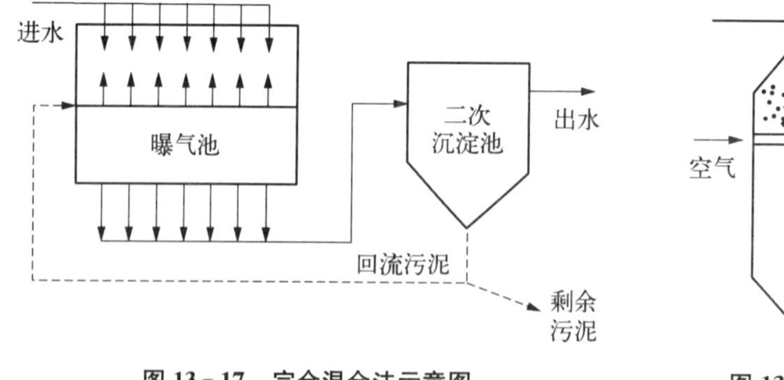


**图 13－17　完全混合法示意图**

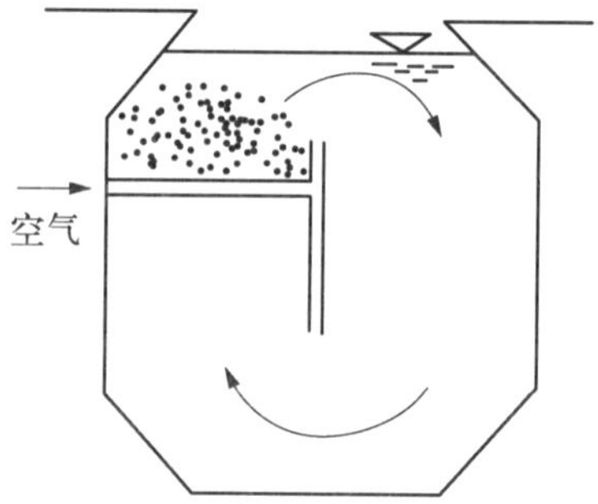

**图 13－18　浅层曝气示意图**

(5) 浅层曝气法

浅层曝气活性污泥法，又称殷卡曝气法。1953 年派斯维尔研究发现：氧在 10 ℃静止水中的传递特征，如图 13－18 所示，气泡只有在其形成与破碎的一瞬间有着最高的氧转移率，而与其在液体中的移动高度无关，因此，将曝气装置设于近水面处，就可以获得较高的氧传递速率。浅层曝气的曝气装置多为由穿孔管组成的曝气栅，曝气装置多设置于曝气池的一侧，距水面0.6～0.8 m的深度。为了在池内形成环流，在池中心处设导流板。

这种曝气法可使用低压鼓风机，有利于节省电耗，充氧能力可达1.8～2.6 kg $O_2$/kW·h。与一般曝气相比，空气量增大，但风压仅为一般曝气的1/6～1/4，约10 kPa，故电耗略有下降。曝气池水深一般为3～4 m，深宽比为1.0～1.3，气水比为30～40 $m^3/(m^3 H_2O \cdot h)$。浅层池适用于中小型规模的污水厂，但由于曝气系统不便布设和维修，没有得到推广利用。

(6) 深水曝气法

根据亨利定律，气体在水中的溶解度与水压有关，深水曝气可使氧的转移率和水中溶解氧浓度大幅度提高。相关研究认为，在水深100 m的条件下，氧利用率可达90%(一般仅为10%)，动力效率可达6 kg $O_2$/kW·h(纯氧曝气法仅为1.5 kg $O_2$/kW·h)，可大大节约动力消耗，使处理成本降低。由于溶解氧浓度高，还可缩短曝气时间，提高容积负荷，减少剩余污泥量。

深水曝气活性污泥法，主要有深水底层曝气和深水中层曝气两种，其中又可分为单侧旋流式、双侧旋流式、完全混合式等。为了减小风压，曝气器往往装在池深一半的位置，形成混合液的循环，可节省能耗。当水深超过10～30 m时，也称为塔式曝气池。

深水曝气活性法的另一种形式是深井曝气活性污泥法。它是20世纪70年代中期开发的废水生物处理新工艺。深井曝气法中，活性污泥经受压力变化较大，实践表明，这时微生物的活性和代谢能力并无异常变化，但合成和能量分配有一定的变化。深井曝气池内，气、液紊流大，液膜更新快，促使$K_{La}$值增大，同时气、液接触时间延长，溶解氧的饱和度也随深度的增加而增加。深井曝气处理废水的特点是处理效果良好，并具有充氧能力高、动力效率高、占地少、设备简单、易于操作和维修、运行费用低、耐冲击负荷能力强、产泥量低、处理不受气候影响等优点。深井曝气装置一般平面呈圆形，直径大约为1～6 m，深度50～150 m。深井中可利用空气作为动力，形成降流和升流的流动，促使液流循环，如图13-19所示。但当井壁腐蚀或受损时，污水可能会通过井壁渗透，污染地下水。

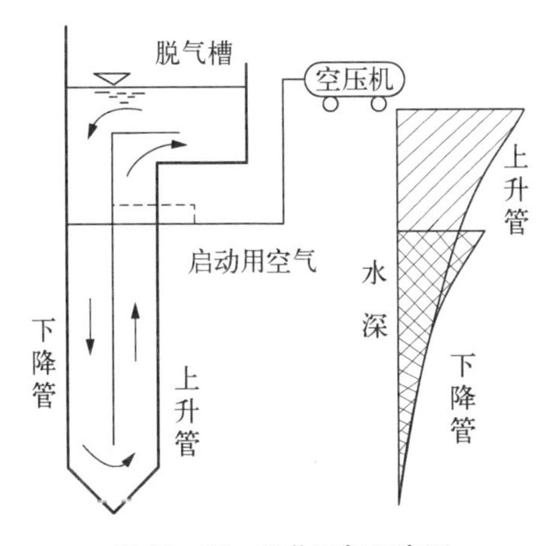


**图13-19 深井曝气示意图**

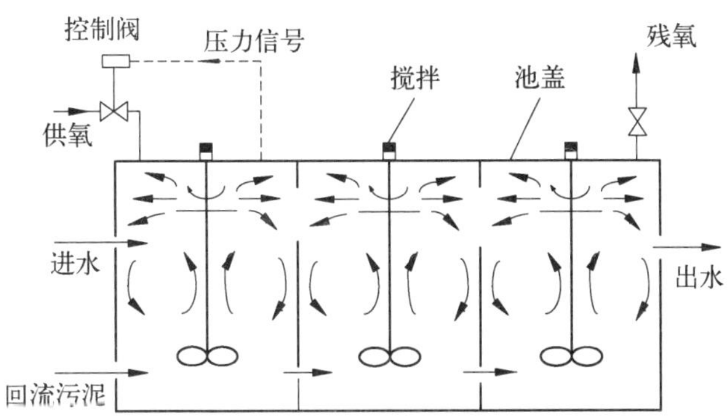

**图13-20 纯氧曝气池构造简图**

(7) 纯氧曝气法

纯氧曝气法也称为纯氧活性污泥法，简单地说，就是用氧气代替空气的活性污泥法。如图13-20所示，在密闭的容器中，溶解氧的饱和度可提高，氧溶解的推动力也随着提高，氧传递速率增加了，因而处理效果好，污泥的沉淀性也好。纯氧曝气并没有改变活性污泥或微生物的性质，但使微生物充分发挥了作用。

纯氧曝气能使曝气池内溶解氧维持在6～10 mg/L之间，在这种高浓度的溶解氧状态下，能产生密实易沉的活性污泥，即使BOD污泥负荷达1.0 kg BOD/(kg MLSS·d)，也不会发生污泥膨胀现象，所以能承受较高负荷。在曝气池内，污泥浓度可达5～7 g/L，从而增大了容积负荷(约2～6倍)，缩短了曝气时间。由于污泥密度大，SVI值较小，沉降性能好，易于沉淀浓缩，所以可缩小二次沉淀池容积，不需浓缩池。剩余污泥量少，剩余污泥浓度也高，可以减少二次污染，占地也可减少。纯氧曝气的缺点是纯氧发生器容易出现故障，装置复杂，运行管理较麻烦。

(8) 高负荷曝气

部分污水厂只需要部分处理，因此，产生了高负荷曝气法。曝气池中的MLSS为300～500 mg/L，曝气时间比较短，为2～3 h，处理效率仅约65%，有别于传统的活性污泥法，故常称变形曝气。

高负荷活性污泥法，又称短时曝气活性污泥法或不完全处理活性污泥法。主要特点是BOD、SS负荷高，曝气时间短，处理效率较低，一般$BOD_5$的去除率不超过70%，因此，称之为不完全处理活性污泥法。与此相对，$BOD_5$去除率在90%以上，处理水的BOD在20 mg/L以下的工艺称为完全混合活性污泥法。本工艺在系统和曝气池的构造方面，同传统活性污泥法，适用于处理水质要求不高的污水。

(9) 延时曝气法

延时曝气法又称完全氧化法。其特点是BOD、SS负荷率低，所需要的池容积大，曝气反应时间长，一般多在24 h以上，污泥在池内长期处于内源呼吸阶段，不但去除了水中的污染物，而且氧化了合成的细胞物质，无需再进行厌氧消化处理，因此，也可以说这种工艺是废水、污泥好氧处理的综合构筑物。此法的剩余污泥量理论上接近于零，但实际上仍有一部分细胞物质不能被氧化，或随出水排走，或需另行处理。由于污泥氧化较彻底，故其脱水迅速且无臭味，出水稳定性也较高。本工艺还具有处理水稳定性高，对原污水水质、水量变化有较强的适应性，无需设初次沉淀池。

延时曝气法的细胞物质氧化时释放出氮、磷，有利于缺少氮、磷的工业废水的处理。另外，由于池容积大，此法比较能够适应进水水量和水质的变化，低温的影响也小。缺点是所需池容积大，污泥龄长，基建费和动力费都较高，占地面积也较大。所以它只适用于要求较高而又不便于污泥处理的小型城镇废水和工业废水的处理，水量不宜超过1 000 $m^3$/d。延时曝气法一般采用完全混合式的曝气池。

如前所述，氧化沟是延时曝气法的一种特殊形式，它的池体狭长，池深较浅，在沟槽中设有表面曝气装置(图13-21)。曝气装置的转动，推动沟内液体迅速流动，具有曝气和搅拌两个作用，沟中混合液流速约为0.3～0.6 m/s，使活性污泥呈悬浮状态。废水处理的整个过程如进水、曝气、沉淀、污泥稳定和出水等全部集中在氧化沟内完成。典型的氧化沟，如奥尔帕氧化沟、帕斯韦尔氧化沟、卡罗塞尔氧化沟、T型氧化沟、DE型氧化沟等。

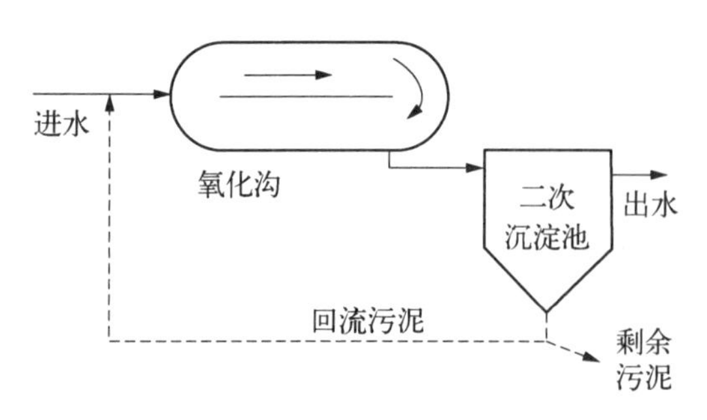


**图13-21　氧化沟流程示意图**

(10) 生物吸附法

生物吸附法是利用活性污泥对高浓度有机污

染物的高速吸附作用,由传统活性污泥法发展而来的,又称接触稳定法或吸附再生法。废水与活性污泥在吸附池内混合接触 15～60 min,使污泥吸附大部分的呈悬浮、胶体状的有机物和一部分溶解性有机物,然后混合液流入二次沉淀池。从沉淀池分离出的回流污泥则先在再生池里进行生物代谢,充分恢复活性,再进入吸附池。吸附池和再生池在结构上可分建,也可合建。合建时,有机物的吸附和污泥的再生是在同一个池内的两部分进行的,即前部为再生段,后部为吸附段,废水由吸附段进入池内,如图 13－22 所示。

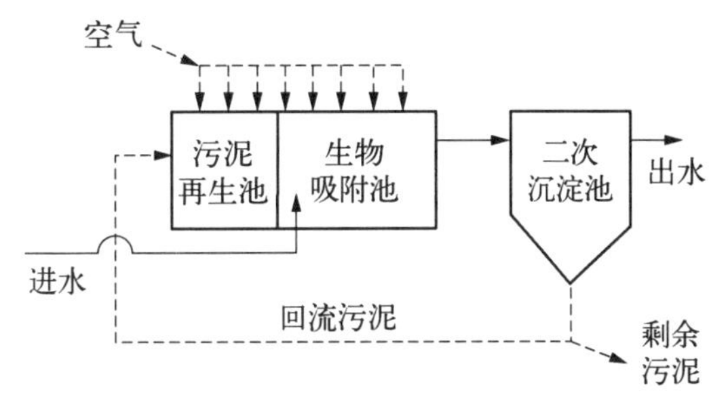


**图 13－22 生物吸附法工艺流程**

生物吸附法具有以下特点: ① 由于废水的吸附时间短,而污泥的代谢是在与水分离后,并在排除了剩余污泥的情况下单独在再生池内进行的,同时曝气池内污泥平均浓度高,所以在污泥负荷率变化不大的情况下,容积负荷率可成倍增加,可节省基建费用;② 由于生物吸附法需氧率较均匀,空气用量也较节省;③ 由于生物吸附法的回流污泥量大,且大量污泥集中在再生池,一旦吸附池内污泥遭到破坏,可迅速由再生池的污泥代替,因此具有一定承受冲击负荷的能力;④ “空曝”使丝状细菌的繁殖受到抑制,防止了污泥膨胀;⑤ 传统活性污泥法易于改造成生物吸附法系统,以适应负荷的增加。

由于生物吸附法处理过程中废水与污泥接触的曝气时间比传统活性污泥法短得多,故处理效果不如传统活性污泥法,BOD 去除率一般在 90%左右,特别是对溶解性有机物较多的有机工业废水,处理效果较差。进水水质不稳定,如悬浮胶体性有机物与溶解性有机物的成分经常变化,也会影响处理效果。

(11) 两级活性污泥法

两级活性污泥法简称 AB 法(吸附＋传统活性污泥法)。第一级(A 级)为高负荷的吸附级,污泥负荷＞2 kg BOD/(kg MLSS・d);第二级(B 级)为常负荷氧化级,污泥负荷为 0.15～0.30 kg BOD/(kg MLSS・d)。A、B 两级串联运行,独立回流,形成两种各自与其水质和运行条件对应的完全不同的微生物群落。A 级负荷高,停留时间短(0.5 h),污泥龄短(0.3～0.5 d),限制了高级微生物的生长,因此,在 A 级内仅有活性高的细菌。B 级相反,一方面 A 级的调节和缓冲作用,使 B 级进水稳定,另一方面 B 级负荷比较低,因此,许多后生动物可以在 B 级内良好地生长繁殖。AB 法的优点: ① A 级细菌具有极高的繁殖和变异能力,因此,能很好地忍受水质、水量、pH 的冲击和毒物影响,使 B 级进水非常稳定。② A 级内半小时的曝气时间能去除 60%左右的 $BOD_5$,并且这种去除主要是通过絮凝、吸附、沉降等物理过程实现的,能量消耗低。加上 B 级曝气 2 h,总的曝气时间为 2.5 h,因此,设备体积小,可节省基建费用 15%～20%,节省能耗 20%～25%。③ 出水水质好。④ 运行稳定可靠。AB 法的缺点是多一个回流系统,设备较复杂。AB 法具体工艺流程如图 13－23 所示。

(12) SBR 法

序批式间歇活性污泥法,又称序批式反应器(Sequencing Batch Reactor, SBR),是一种以间歇曝气方式来运行的活性污泥法水处理技术。它的主要特征是在运行上的有序和间歇操作,SBR 技术的核心是 SBR 反应池,该池集均化、初沉、生物降解、二沉等功能于一池,无污泥回流系统。尤其适用于建设空间不足,废水间歇排放和流量变化较大的场合。在国内有广泛的应用。滗水器是该法的一项关键设备。

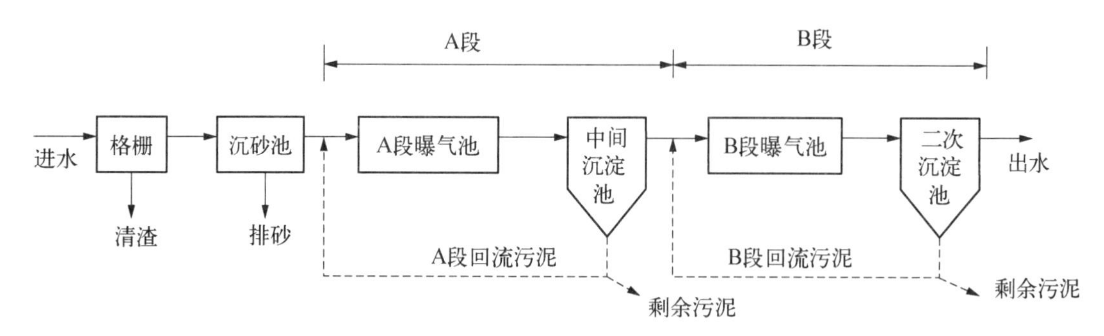


**图 13－23　AB 法工艺流程**

SBR 处理工艺并不是一种新的废水处理技术。活性污泥法发明之初，首先采用的就是这种处理系统，但由于当时的自动监控技术水平较低，间歇处理的控制阀门十分烦琐，操作复杂且工作量大，特别是后来由于城市和工业废水处理的规模趋于大型化，使得间歇式活性污泥法逐渐被连续式活性污泥法所代替。SBR 法处理工艺在当时未能得到推广应用，主要是由于 SBR 法对自动化控制要求较高(在当时被认为是该工艺的缺点)造成的。

近年来，随着工业自动化控制技术的飞速发展，特别是监控技术的自动化程度以及废水处理厂自动化管理要求的日益提高，出现了电动阀、气动阀、定时器及微处理机等先进的监控技术产品，为间歇式活性污泥法再度得到深入研究和应用提供了极为有利的条件。

SBR 的工艺过程由按一定时间顺序间歇操作运行的反应器组成。SBR 工艺的一个完整的操作过程，亦即每个间歇反应器在处理废水时的操作过程，包括以下五个阶段：进水期(或称充水期)、反应期、沉淀期、排水排泥期和闲置期。图 13－24 所示为 SBR 处理工艺一个运行周期内的操作过程。

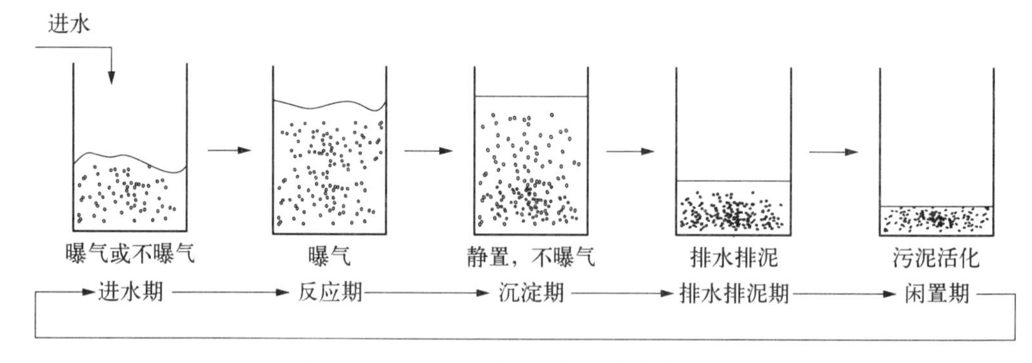


**图 13－24　SBR 一个运行周期内的操作过程**

SBR 的运行工况以间歇操作为主要特征。所谓序列间歇式有两种含义：一是，每个 SBR 反应器的运行操作在时间上也是按次序排列间歇运行的，一般可按运行次序分为五个阶段，其中自进水、反应、沉淀、排水排泥至闲置期结束为一个运行周期。在一个运行周期中，各个阶段的运行时间、反应器内混合液体积的变化及运行状态等都可以根据具体废水的性质、出水水质及运行功能要求等灵活掌握。二是，运行操作在空间上是按序列、间歇的方式进行的，由于废水大多是连续排放且流量的波动是很大的，此时，间歇反应器至少为两个池或多个池，废水连续按序列进入每个反应器，它们运行时的相对关系是有次序的，也是间歇的；对于单一的 SBR 而言，不存在空间上控制的障碍，只在时间上进行有效地控制与变换，即能达到多种功能的要求，运行是非常灵活的。

SBR工艺与连续流活性污泥工艺相比，其理想的推流过程使生化反应推动力增大，效率提高，池内厌氧、好氧处于交替状态，净化效果好；运行效果稳定，污水在理想的静止状态下沉淀，需要时间短、效率高，出水水质好；耐冲击负荷，池内有滞留的处理水，对污水有稀释、缓冲作用，可有效抵抗水量和有机污物的冲击；工艺系统组成简单，不设二沉池，曝气池兼具二沉池的功能，无污泥回流设备；在一般情况下（包括工业污水处理）无需设置调节池；工艺过程中的各工序可根据水质、水量进行调整，运行操作灵活，通过适当调节各单元操作的状态可达到脱氮除磷的效果；污泥沉淀性能好，SVI值较低，能有效地防止丝状菌膨胀；该工艺的各操作阶段及各项运行指标可通过计算机加以控制，便于自控运行，易于维护管理。

为了防治缓流水体的富营养化，国家对于二级出水中氮磷的控制将越来越严格，迫切需要开发出既能高效去除BOD、COD，又能高效脱氮除磷的污水处理工艺。SBR法在经过改进、变型之后能够满足这方面的要求，因而更加提升了其竞争优势。其主要的变种工艺有：

间歇式循环延时曝气活性污泥法（Intermittent Cyclic Extended Aeration System，ICEAS），与传统SBR相比，最大特点是在反应器进水端设一个预反应区，整个处理过程连续进水，间歇排水，无明显的反应阶段和闲置阶段，因此处理费用比传统SBR低。由于全过程连续进水，沉淀阶段泥水分离差，限制了进水量。

好氧间歇曝气系统（Demand Aeration Tank-Intermittent Tank，DAT－IAT）主体构筑物是由需氧池DAT池和间歇曝气池IAT池组成，DAT池连续进水、连续曝气，其出水从中间墙进入IAT池，IAT池连续进水、间歇排水。同时，IAT池污泥回流DAT池。它具有抗冲击能力强的特点，并具有除磷脱氮功能。

循环式活性污泥法（Cyclic Activated Sludge System，CASS）将ICEAS的预反应区用容积更小，设计更加合理优化的生物选择器代替。通常CASS池分三个反应区：生物选择器、缺氧区和好氧区，容积比一般为1∶5∶30。整个过程间歇运行，进水同时曝气并污泥回流。该处理系统具有除氮脱磷功能。

一体化活性污泥法Unitank（交替生物池）集合了SBR工艺和氧化沟工艺的特点，一体化设计使整个系统连续进水、连续出水，而单个池子相对为间歇进水、间歇排水。此系统可以灵活地进行时间和空间控制，适当地增大水力停留时间，可以实现污水的脱氮除磷。

改良式序列间歇反应器（Modified Sequencing Batch Reactor，MSBR）是根据SBR技术特点结合AAO工艺，研究开发的一种更为理想的污水处理系统。采用单池多方格方式，在恒定水位下连续运行。通常MSBR池分为主曝气池、序批池1、序批池2、厌氧池A、厌氧池B、缺氧池、泥水分离池。

(13) 膜生物反应器

膜生物反应器（Membrane Biological Reactor，MBR）是用微滤膜或超滤膜代替二沉池进行污泥固液分离的污水处理装置，为膜分离技术与活性污泥法的有机结合，出水水质相当于二沉池出水再加微滤或超滤的效果（图13－25）。膜生物反应器不仅提高了污染物的去除效率，在很多情况下出水可以作为再生水直接回用，膜生物反应器工艺在城镇污水和工业废水处理中占有一定的份额。

膜生物反应器在一个处理构筑物内可以完成生物降解和固液分离功能，生物反应区可以根据有机物降解或生物脱氮及除磷的要求，设置不同的反应区域，因为没有二沉池泥水分离和固体通量的限制，混合液悬浮固体浓度可以比普通活性污泥法的高几倍，容积负荷及耐冲击负

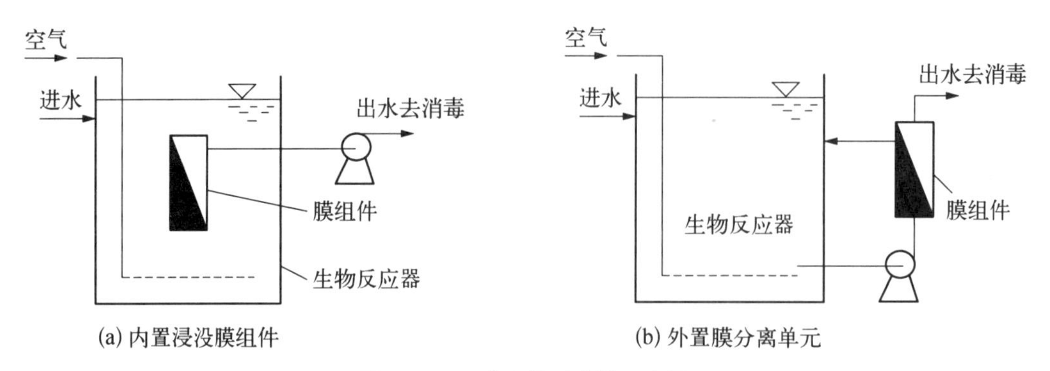


**图 13-25 膜生物反应器示意图**

荷能力比传统生物脱氮除磷工艺更高。膜生物反应器并不是普通生物脱氮除磷工艺和膜分离设备的简单加合，因为膜池的防污堵、曝气冲刷需要，膜池的溶解氧浓度会达到 6～8 mg/L，甚至接近饱和浓度，如果膜池回流的污泥直接进入生化处理系统的厌氧池或缺氧池，会对厌氧环境或缺氧环境造成冲击和破坏，所以在膜生物反应器的生化处理系统设计及运行过程中必须注重各功能区的微生物环境条件要求。

膜生物反应器的优点是：容积负荷率高、水力停留时间短；污泥龄较长，剩余污泥量减少；混合液污泥浓度高，避免了因为污泥丝状菌膨胀或其他污泥沉降问题而影响曝气反应区的 MLSS 浓度；因污泥龄较长，系统硝化、反硝化效果好，在低溶解氧浓度运行时，可以同时进行硝化和反硝化；出水有机物浓度、悬浮固体浓度、浊度均很低，甚至致病微生物都可被截留，出水水质好；污水处理设施占地面积相对较小。

膜生物反应器可分为内置浸没膜组件的内置式膜生物反应器和外置膜分离单元的外置式膜生物反应器两种类型。目前，膜生物反应器还存在着系统造价较高、膜组件易受污染、膜使用寿命有限、运行费用高、系统控制要求高和运行管理复杂等缺点。

图 13-26 所示为活性污泥法的发展史。

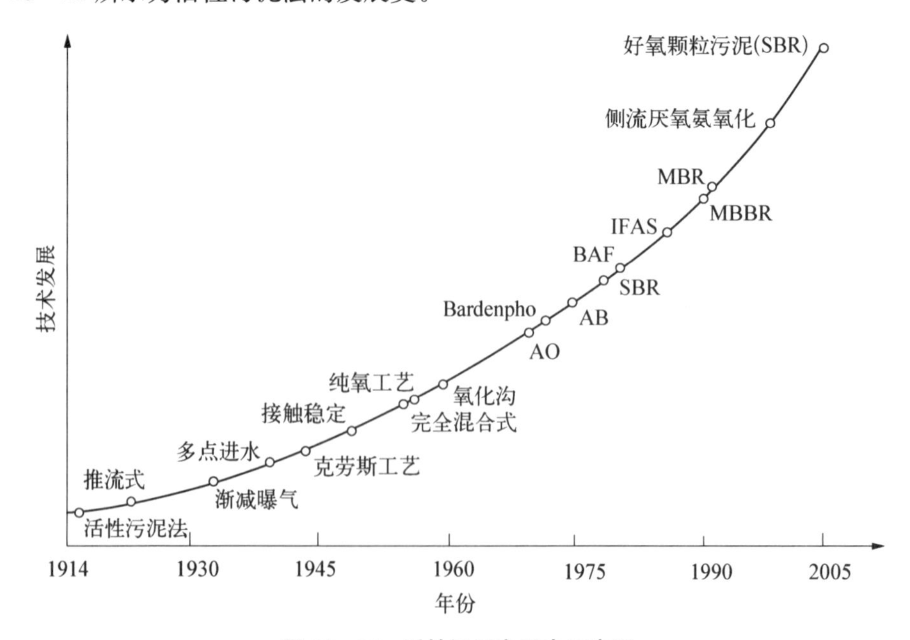


**图 13-26 活性污泥发展史示意图**

## 13.3 活性污泥的评价指标

(1) 混合液悬浮固体(MLSS)

混合液是曝气池中废水和活性污泥混合后的混合悬浮液。混合液悬浮固体是指单位体积混合液中干固体的含量,单位为 mg/L 或 g/L,工程上还常用 $kg/m^3$,也称混合液污泥浓度。它是计量曝气池中活性污泥数量的指标。一般活性污泥法中 MLSS 浓度为 2～4 g/L。测定方法与悬浮固体测定法相同。

(2) 混合液挥发性悬浮固体(MLVSS)

混合液挥发性悬浮固体是指混合液悬浮固体中有机物的含量,单位为 mg/L、g/L 或 $kg/m^3$。它是把混合液悬浮固体在 600 ℃的温度下焙烧,能挥发的部分即是挥发性悬浮固体,剩下的部分称为非挥发性悬浮固体(MLNVSS),一般在活性污泥法中用 MLVSS 表示活性污泥中生物的含量。一般情况下,MLVSS/MLSS 的比值较固定,对于生活污水,常在 0.75 左右。对于工业废水,其比值视水质不同而异。

(3) 污泥沉降比(SV)

污泥沉降比是指曝气池混合液在 100 mL 量筒中,静置沉降 30 min 后,沉降污泥所占的体积与混合液总体积之比的百分数。所以也常称为 30 分钟沉降比。由于正常的活性污泥在沉降 30 min 后,可以接近它的最大密度,故污泥沉降比可以反映曝气池正常运行时的污泥量,可用于控制剩余污泥的排放。它还能及时反映出污泥膨胀等异常情况,便于及早查明原因,采取措施。污泥沉降比测定比较简单,并能说明一定问题,因此,它成为评定活性污泥的重要指标之一。

(4) 污泥体积指数(SVI)

污泥体积指数也称污泥容积指数,是指曝气池出口处混合液经 30 min 静置沉降后,沉降污泥中 1 g 干污泥所占的容积的毫升数,单位为 mL/g,但一般不标出。它与污泥沉降比的关系可按下式 13.1 计算:

$$\mathrm{SVI}=\frac{\mathrm{SV}\times 10}{X} \tag{13.1}$$

式中,$X$ 为污泥体积质量浓度,g/L;SVI 直接以百分数代入。例如,曝气池混合液污泥沉降比为 20%,污泥体积质量浓度为 2.5 g/L,则 SVI=(20×10)/2.5=80。

SVI 值能较好地反映出活性污泥的松散程度(活性)和凝聚、沉降性能。SVI 值过低,说明污泥颗粒细小紧密,无机物多,缺乏活性和吸附力。SVI 值过高,说明污泥难于沉降分离,并会使回流污泥的浓度降低,甚至出现“污泥膨胀”,导致污泥流失等后果。一般认为,处理生活废水时 SVI<100 时,沉降性能良好;SVI 为 100～200 时,沉降性能一般;SVI>200 时,沉淀性能不好。一般 SVI 控制在 50～150 之间较好。

(5) 活性污泥的生物相

活性污泥法中除测定上述指标外,还需定期地对活性污泥的生物相组成进行检查。

活性污泥中出现的生物是普通的微生物,主要是细菌、放线菌、真菌、原生动物和少数其他微型动物。在正常情况下,细菌主要以菌胶团形式存在,游离细菌仅出现在未成熟的活性污泥中,也可能出现在废水处理条件变化(如毒物浓度升高、pH 过高或过低等),使菌胶团解体时。

所以,游离细菌多是活性污泥处于不正常状态的特征。

除了菌胶团外,成熟的活性污泥中还常常存在着丝状菌,其主要代表是球衣细菌、白硫细菌,它们同菌胶团相互交织在一起。在正常时,其丝状体长度不大,活性污泥的密度略大于水。但如丝状菌过量增殖,外延的丝状体将缠绕在一起并黏连污泥颗粒,使絮凝体松散,密度变小,沉淀性变差,SVI 值上升,造成污泥流失,这种现象称为污泥膨胀。

活性污泥中的原生动物种类很多,常见的有肉足类、鞭毛类和纤毛类等,尤其以固着型纤毛类,如钟虫、盖虫、累枝虫等占优势。在这些固着型纤毛虫中,钟虫的出现频率高、数量大,而且在生物演替中有着较为严密的规律性,因此,一般都以钟虫属作为活性污泥法的特征指示生物。

经验表明,当环境条件适宜时,微生物代谢活力旺盛,繁殖活跃,可观察到钟虫的纤毛环摆动较快,食物泡数量多,个体大。在环境条件恶劣时,原生动物活力减弱,钟虫口缘纤毛停止摆动,伸缩泡停止收缩,还会脱去尾柄,虫体变成圆柱体,甚至越变越长,终至死亡。钟虫顶端有气泡是水中缺氧的标志。当系统有机物负荷增高,曝气不足时,活性污泥恶化,此时出现的原生动物主要有滴虫、屋滴虫、侧滴虫及波豆虫、肾形虫、豆形虫、草履虫等,当曝气过度时,出现的原生动物主要是变形虫。因此,通常以原生动物作为废水水质和处理效果的指示生物。

## 13.4 影响活性污泥法处理效果的因素

影响活性污泥法处理效果的因素主要有以下几点:

(1) 溶解氧

活性污泥法是需氧的好氧过程。对于推流式活性污泥法,氧的最大需要量出现在废水与污泥开始混合的曝气池首端,常供氧不足。供氧不足会使微生物出现厌氧状态,妨碍正常的代谢过程,滋长丝状菌。供氧多少一般用混合液溶解氧的浓度表示。由于活性污泥絮凝体的大小不同,所需要的最小溶解氧浓度也就不一样,絮凝体越小,与废水的接触面积越大,也越利于对氧的摄取,所需要的溶解氧浓度就小。反之絮凝体大,则所需的溶解氧浓度就大。为了使沉降分离性能良好,较大的絮凝体是所期望的,因此,溶解氧浓度以 2 mg/L 左右为宜。

(2) 营养物

在活性污泥系统里,微生物的代谢需要一定比例的营养物质,除以 BOD 表示的碳源外,还需要氮、磷和其他微量元素。生活废水含有微生物所需要的各种元素,但某些工业废水却缺乏氮、磷等重要元素。一般认为对氮、磷的需要应满足以下比例,即 BOD∶N∶P=100∶5∶1。

(3) pH

好氧生物处理过程中 pH 一般以 6.5~9.0 为宜。pH 低于 6.5,真菌即开始与细菌竞争,降低到 4.5 时,真菌将占优势,严重影响沉降分离。pH 超过 9.0 时,微生物代谢速度受到阻碍。

对于活性污泥法,其 pH 是对混合液而言。对于碱性废水,生化反应可以起缓冲作用。对于以有机酸为主的酸性废水,生化反应也可以起缓冲作用。而且如果在驯化过程中将 pH 因素考虑进去,活性污泥也可以逐渐适应。对于出现冲击负荷 pH 急变时,则可能使活性污泥受到严重打击,净化效果急剧恶化。在这种情况下,完全混合活性污泥法则有较大的优越性。为了使废水处理装置稳定运行,应避免 pH 急剧变化的冲击,酸、碱废水在进行生化处理前应进行预处理,将 pH 调节到适当范围。

(4) 水温

水温是影响微生物生长活动的重要因素。城市污水在夏季易于进行生物处理,而在冬季则净化效果降低,水温的下降是主要原因。在微生物酶系统不受变性影响的温度范围内,水温上升就会使微生物活动旺盛,能够提高反应速率。此外,水温上升还有利于混合、搅拌、沉降等物理过程,但不利于氧的转移。对于生化过程,一般认为水温在 20～30 ℃时净化效果最好,35 ℃以上和 10 ℃以下净化效果会降低。因此,对高温工业废水要采取降温措施;对寒冷地区的废水,则应采取必要的保温措施。目前,对于小型生物处理装置,一般采取建在室内的措施加以保温,对于大型污水处理厂,如水温能维持在 6～7 ℃,采取提高污泥浓度和降低污泥负荷等措施,活性污泥仍能有效地发挥其净化功能。

(5) 有毒物质

对生物处理来说有毒害作用的物质很多。毒物大致可分为重金属、$H_2S$ 等无机物质和氰、酚等有机物质。这些物质对细菌的毒害作用,或是破坏细菌细胞某些必要的生理结构,或是抑制细菌的代谢进程。毒物的毒害作用还与 pH、水温、溶解氧、有无其他毒物及微生物的数量或是否驯化等有很大关系。

## 13.5 曝气的方法与设备

活性污泥法的三个要素:① 引起吸附和氧化分解作用的微生物,也就是活性污泥;② 废水中的有机物,它是处理对象,也是微生物的食料;③ 溶解氧,没有充足的溶解氧,好氧微生物既不能生存,也不能发挥氧化分解作用。通常氧的供应是通过曝气过程将空气中的氧强制溶解到混合液中的。曝气过程除供氧外,还起搅拌混合作用,使活性污泥在混合液中保持悬浮状态,与废水充分接触混合,从而提高传质效率。

常用的曝气方法有鼓风曝气、机械曝气和两者联合使用的鼓风机械曝气。鼓风曝气的过程是压缩空气通过管道系统送入池底的空气扩散装置,并以气泡的形式扩散到混合液,使气泡中的氧迅速转移到液相的过程。机械曝气则是利用安装在曝气池水面的叶轮的转动,剧烈地搅动水面,使液体循环流动,不断更新液面并产生强烈水跃,从而使空气中的氧与水或水跃的界面充分接触而转移到液相中。

### 13.5.1 曝气原理

空气中的氧通过曝气传递到混合液中,氧由气相向液相进行传质转移,最后为微生物所利用,如好氧微生物的需氧代谢,兼性微生物酶的好氧合成等。气液传质过程通常遵循一定的传质扩散理论,气液传质理论目前有双膜理论、浅层理论、表面更新理论等。目前工程和理论上应用较多的为双膜理论。

在曝气充氧过程中,气体分子从气相转移到液相,必须经过气、液相界面,目前普遍使用 Lewis 和 Whitman 在 1923 年提出的双膜理论来解释气体传递的机理。双膜理论的基本论点是:① 气、液两相接触的自由界面附近,分别存在着作层流流动的气膜和液膜。在其外侧则分别为气相主体和液相主体,两个主体均处于紊流状态,紊流程度越高,对应的层流膜的厚度就越薄。② 在两膜以外的气、液相主体中,由于流体的充分湍动(紊流),组分物质的浓度基本上是均匀分布的,不存在浓度差,也就是没有任何传质阻力(或扩散阻力)。气体从气相主体传递到液相主体,所有的传质阻力仅存在于气、液两层层流膜中。③ 在气膜中存在着氧的分压

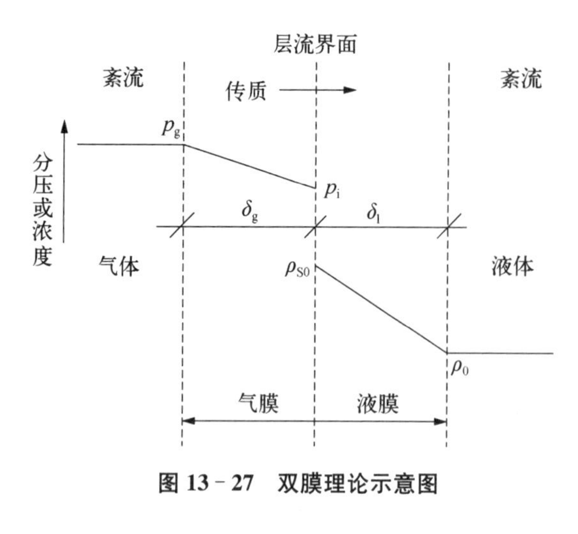


**图 13－27　双膜理论示意图**

梯度，在液膜中存在着氧的浓度梯度，它们是氧转移的推动力。在气、液两相界面上，两相的组分物质浓度总是互相平衡的，即界面上不存在传质阻力。④ 氧是一种难溶气体，饱和浓度很小，故传质的阻力主要在液膜上，因此，通过液膜的转移速率是氧转移过程的控制速率。

按双膜理论的假定，把复杂的氧转移过程简化为通过气、液两层层流膜的分子扩散过程，通过这两层膜的分子扩散阻力构成了传质的总阻力。双膜理论的简化模型见图 13－27。

相对于液膜来说，氧在气膜中的传递阻力很小，气相主体与界面之间的氧分压差($p_g-p_i$)值很低，一般可以认为 $p_g=p_i$。这样界面处的溶解氧浓度值 $\rho_{S0}$ 是在氧分压为 $p_g$ 条件下的溶解氧饱和浓度值。

氧传递过程的基本方程如下：

$$\frac{\mathrm{d}m}{\mathrm{d}t}=K_g A(\rho_{S0}-\rho_0) \tag{13.2}$$

式中，$\mathrm{d}m/\mathrm{d}t$ 为气体传递速率；$K_g$ 为气体扩散系数；$A$ 为气体扩散通过的面积；$\rho_{S0}$ 为气体在溶液中的饱和浓度；$\rho_0$ 为气体在溶液中的浓度。

而 $\mathrm{d}m=V\mathrm{d}\rho_0$，则式(13.2)可改写成：

$$\frac{\mathrm{d}\rho_0}{\mathrm{d}t}=K_g\frac{A}{V}(\rho_{S0}-\rho_0) \tag{13.3}$$

通常 $K_g A/V$ 项用 $K_{La}$ 来代替，由此式(13.3)变为：

$$\frac{\mathrm{d}\rho_0}{\mathrm{d}t}=K_{La}(\rho_{S0}-\rho_0) \tag{13.4}$$

将式(13.4)进行积分，可求得总的传质系数：

$$K_{La}=2.3\frac{1}{t_2-t_1}\cdot\lg\frac{\rho_{S0}-\rho_2}{\rho_{S0}-\rho_1} \tag{13.5}$$

$K_{La}$ 值受废水水质的影响，把用于清水测出的值用于废水，要采用修正系数 $\alpha$，同样清水的 $\rho_{S0}$ 值要用于废水需乘以系数 $\beta$，因而式(13.5)变为：

$$\frac{\mathrm{d}\rho_0}{\mathrm{d}t}=\alpha K_{La}(\beta\rho_{S0}-\rho_0) \tag{13.6}$$

式中，

$$\alpha=\frac{K_{La}(\text{废水})}{K_{La}(\text{清水})} \tag{13.7}$$

$$\beta=\frac{\rho_{S0}(\text{废水})}{\rho_{S0}(\text{清水})} \tag{13.8}$$

氧的传递速率同气、液两相的界面面积成正比，由于界面面积难以估算，所以把它的影响包括在传质系数内，故 $K_{La}$称为总传质系数。$K_{La}$的倒数单位是时间，可以把它看作是把溶解氧浓度从 $\rho_0$增加到 $\rho_{S0}$所需的时间。其中影响因素为：

氧的饱和浓度。氧转移效率与氧饱和浓度成正比，不同温度下饱和溶解氧的浓度 $\rho_{S0}$也不同，随温度升高而降低。

水温。在相同的气压下，温度对总传质系数 $K_{La}$和 $\rho_{S0}$也有影响。温度上升 $K_{La}$的值随着上升，而 $\rho_{S0}$却下降。曝气池的工作温度在 10～30 ℃范围内时，温度的影响不显著，因为它对 $K_{La}$和溶氧饱和度的影响几乎相互抵消。水温的变化对 $K_{La}$值的影响较大。

废水性质。① 废水中含有的各种杂质（尤其是一些表面活性物质）对氧的转移会产生一定的影响，把适用于清水的 $K_{La}$用于废水时，需乘以修正系数 $\alpha$。② 由于废水中含有的盐类也会影响氧在水中的饱和度，废水溶氧饱和度值 $\rho_{S0}$用清水值乘以 $\beta$ 来修正，$\rho$ 值一般介于 0.9～0.97 之间。③ 氧分压，大气压影响氧气的分压，因此影响氧的传递，溶氧饱和度 $\rho_{S0}$也会受到影响。随着气压的升高，两者都上升。对于大气压不是 $1.013\times10^5$ Pa 的地区，溶氧值 $\rho_0$应乘以压力修正系数 $p$[$p$=所在地区实际气压/($1.013\times10^5$)]。④ 对于鼓风曝气池，空气压力还同池水深度有关。安装在池底的空气扩散装置使出口处的氧分压最大，溶氧饱和度值 $\rho_{S0}$也最大。但随气泡的上升，气压也逐渐降低，在水面时，气压为 $1.013\times10^5$(1 atm，即一个大气压)，在气泡上升过程中，一部分氧已转移到液体中。鼓风曝气池中的溶氧饱和度 $\rho_{S0}$应是扩散装置出口和混合液表面两处溶解氧饱和浓度 $\rho_{S0}$的平均值。

另外，氧的转移还和气泡的大小、液体的紊动程度和气泡与液体的接触时间有关。空气扩散器的性能决定了气泡粒径的大小。气泡愈小接触面越大，将提高 $K_{La}$值，有利于氧的转移；但另一方面提高 $K_{La}$值又不利于絮动，从而不利于氧的转移。气泡与液体的接触时间越长，越利于氧的转移。氧从气泡中转移到液体中，逐渐使气泡周围液膜的含氧量饱和，因而氧的转移效率又取决于液膜的更新速率、流速和气泡的形成、上升、破裂，这些都有助于气泡液膜的更新和氧的转移。

### 13.5.2 曝气设备

曝气设备的任务是将空气中的氧有效地转移到混合液中。不同的曝气设备，其充氧效能是不同的。衡量曝气设备效能的指标有动力效率 $E_P$、氧转移效率 $E_A$和充氧能力。动力效率是指消耗 1 kW·h 电能能转移到液体中去的氧量，单位为 kg/kW·h。氧转移效率也称氧利用率，它是指鼓风曝气转移到液体中的氧占供给氧的百分数，可用下式表示：

$$E_A = \frac{R_0}{W} \times 100\% \tag{13.9}$$

式中，$W$ 为供氧量，kg/h；$R_0$为吸氧量，kg/h。

对于鼓风曝气，各种扩散装置在标准状态下的 $E_A$值是事先通过脱氧清水的曝气试验测定得出的，一般在 5%～15%之间。

充氧能力是指叶轮或转刷在单位时间内转移到液体中的氧量，kg/h。良好的曝气设备除应当具有较高的动力效率和氧转移效率外，还应尽可能满足以下要求：① 搅拌均匀；② 构造简单；③ 能耗少；④ 价格低；⑤ 性能稳定，故障少；⑥ 不产生噪声及其他公害；⑦ 对某些工业废水耐腐蚀性强。

1. 鼓风曝气

鼓风曝气是传统的曝气方法，由加压设备、扩散装置和管道系统三部分组成。加压设备一般采用回转式鼓风机，也有采用离心式鼓风机的。为了净化空气，其进气管上常装设空气过滤器，在寒冷地区，还常在进气管前设空气预热器。扩散装置一般分为小气泡、中气泡、大气泡、水力剪切和机械剪切等类型。扩散板、扩散管或扩散盘属小气泡扩散装置；穿孔管属中气泡扩散装置；竖管曝气属大气泡扩散装置；倒盆式、撞击式和射流式属水力剪切扩散装置，涡轮式属机械剪切扩散装置。下面介绍几种常用的扩散装置。

(1) 扩散板、扩散管、扩散盘

扩散板是用多孔性材料制成的薄板，有陶土制、塑料制或其他材料制成的，其形状可做成方形或长方形，方形扩散板尺寸通常为 300 mm×300 mm×(25～40) mm，扩散板安装在池底一侧的预留槽上(图 13-28)。空气由竖管进入槽内，然后通过扩散板进入混合液。扩散板曝气能产生较小的气泡，从而增加空气与废水的接触面积，空气利用率较高，布气较均匀。扩散板通气率一般为 1～1.5 $m^3/(m^2 \cdot min)$，氧转移效率约为 10%，充氧动力效率约为 2 kg $O_2$/kW·h。其缺点是板的孔隙小、空气通过时压力损失大、容易堵塞，目前国内已较少采用。

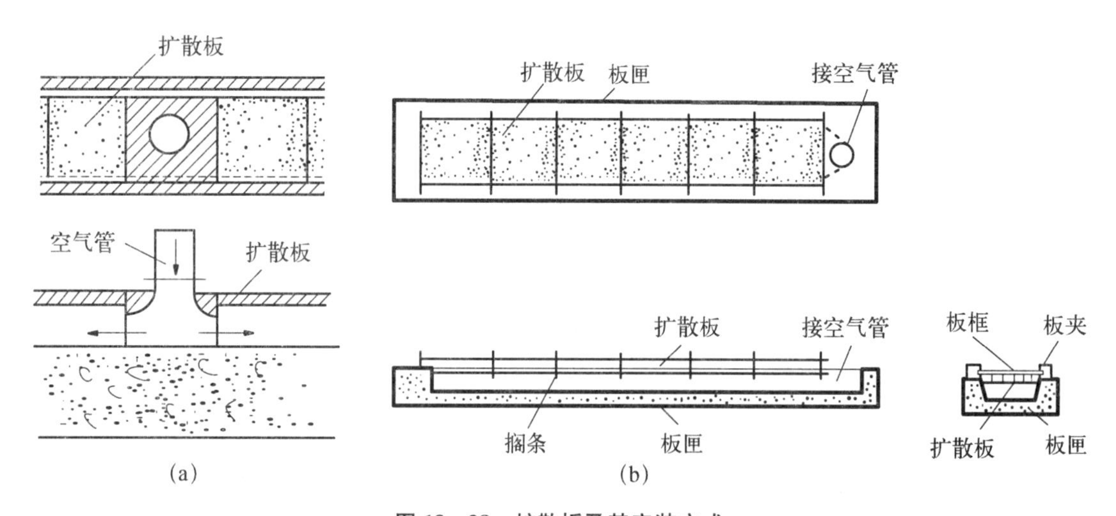


**图 13-28 扩散板及其安装方式**

扩散管由陶质多孔管组成，其内径为 44～75 mm，壁厚为 6～14 mm，长为 600 mm，每 10 根为一组[图 13-29(a)]，通气率为 12～15 $m^3$/(根·h)。扩散盘的种类很多，图 13-29(b)所示是圆帽盖型扩散器，其直径为 117 mm，清洗时易拆除或更换。

图 13-30 所示为网状膜曝气器，该曝气器采用网状膜代替曝气盘用的各种曝气板材，其网很薄，网上的孔径笔直，滤水透气效果均优于微孔板材，不易发生堵塞。网状膜采用聚醋酸纤维制成。网状膜曝气器采用底部供气，空气经分配器第一次切割后均匀分布到气室内，高速气流经切割分配到网状膜的各个部位，然后通过特制网状膜微孔的第二次切割形成微小气泡(直径 2～3 mm)，均匀地分布扩散到水中。曝气器服务面积为 0.5 $m^2$/只，单盘供气量为 2.0～2.5 $m^3$/h，氧利用率为 12%～15%，动力效率为 2.7～3.5 kg $O_2$/kW·h。由于该曝气器不易堵塞，使用该曝气器的供气系统，空气不需要滤清处理，可以省去空气净化设备。

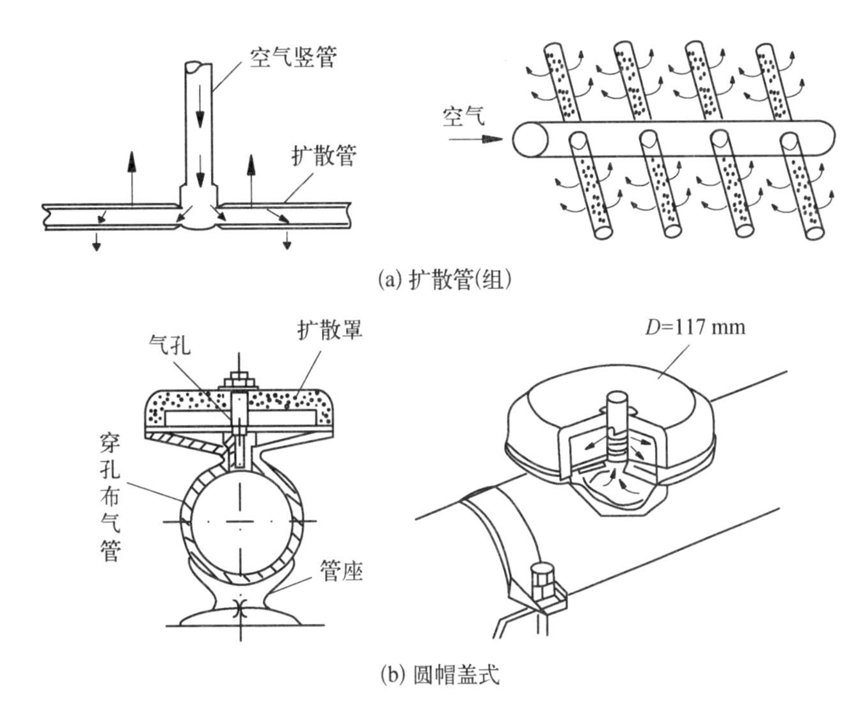


**图 13-29 扩散管**

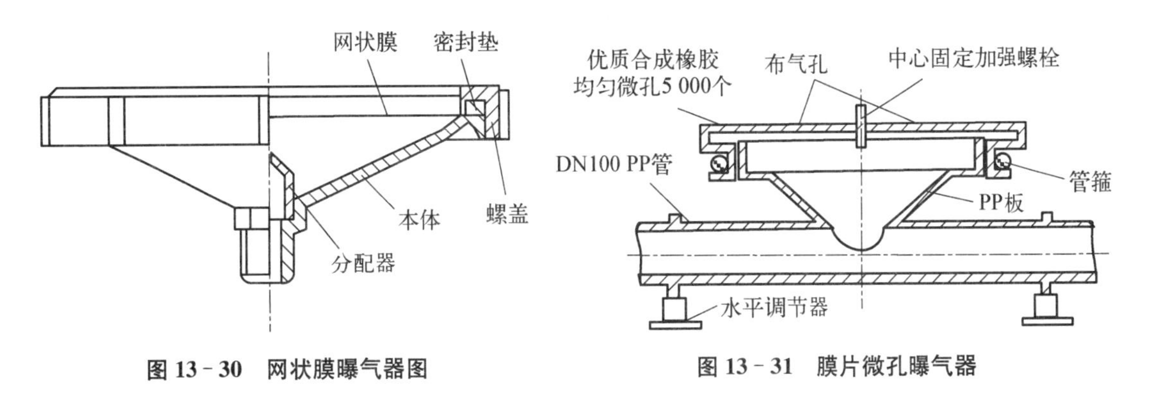


**图 13-30 网状膜曝气器图**

**图 13-31 膜片微孔曝气器**

图 13-31 所示是膜片微孔曝气器。该曝气器的气体扩散装置采用微孔合成橡胶膜片，膜片上开有同心圆布置的 5 000 个直径为 150～200 μm 自闭式孔眼。当充气时空气通过布气管道，并通过底座上的孔眼进入膜片和底座之间，在空气的压力作用下，使膜片微微鼓起，孔眼张开，达到布气扩散的目的。当供气停止时，由于膜片与底座之间的压力下降，在膜片本身的弹性作用下，孔眼慢慢自动闭合，压力全部消失后，由于水压作用，将膜片压实于底座之上。因此，曝气池中的混合液不可能产生倒灌，不会沾污孔眼，也不会造成曝气器的缝隙堵塞，因此，不需要空气净化设备。该曝气器膜片平均孔径为 150～200 μm，空气流量为 1.5～3.0 $m^3$/(个·h)，服务面积为 0.5～0.75 $m^2$/个，氧利用率(水深 3.2 m)为 18.4%～27.7%，充氧动力效率为 3.46～5.19 kg $O_2$/kW·h。

(2) 穿孔管

穿孔管是穿有小孔的钢管或塑料管，小孔直径一般为 3～5 mm，孔开于管下侧与垂直面呈 45°夹角处，孔距 10～15 mm，穿孔管单设于曝气池一侧距池底 10～20 cm 处，如图 13-32(a)所示，也有按网格形式遍布池底安装的。穿孔管的布置一般为 2～3 排。穿孔管比扩散管阻力小，不易堵塞，氧利用率在6%～8%之间，动力效率为2.3～3.0 kg $O_2$/kW·h。为减小气泡的直径，也有用锦纶线或赛纶线缠绕多孔管的曝气方式，如图13-32(b)所示。

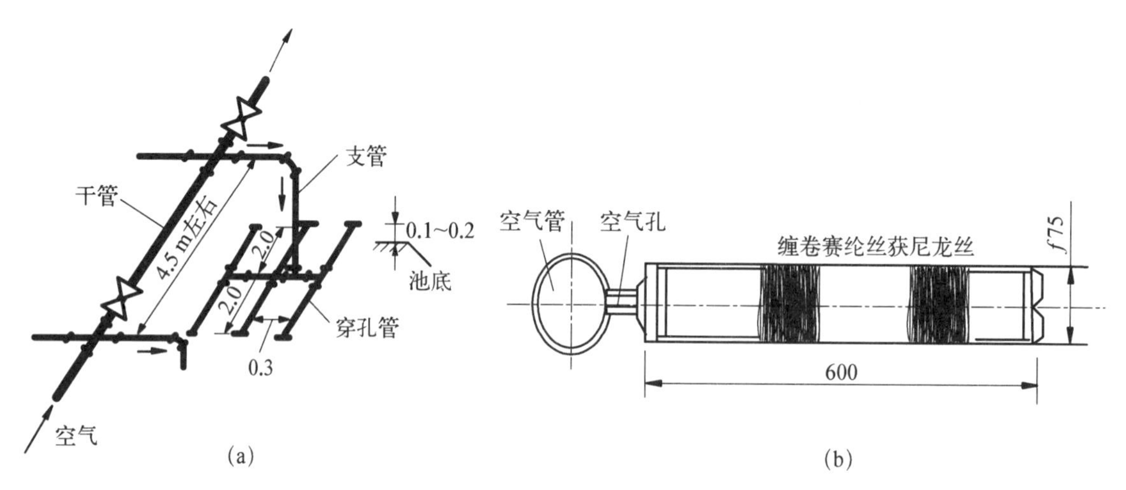


图13-32 穿孔管曝气器及布置方式

为了降低压力，穿孔管的布置也可以采用图13-33所示的布置形式，即将穿孔管布置成栅状，悬挂在池子一侧距水面0.6～0.8 m处。这种曝气方式通常称为浅层曝气。在浅层曝气的穿孔栅管旁侧设导流板，其上缘与穿孔管齐，下缘距池底0.6～0.8 m，曝气池混合液沿导流板循环流动。浅层曝气供气量一般比普通曝气大4～5倍，但空气压力小，动力效率仍为2～3 kg $O_2$/kW·h。

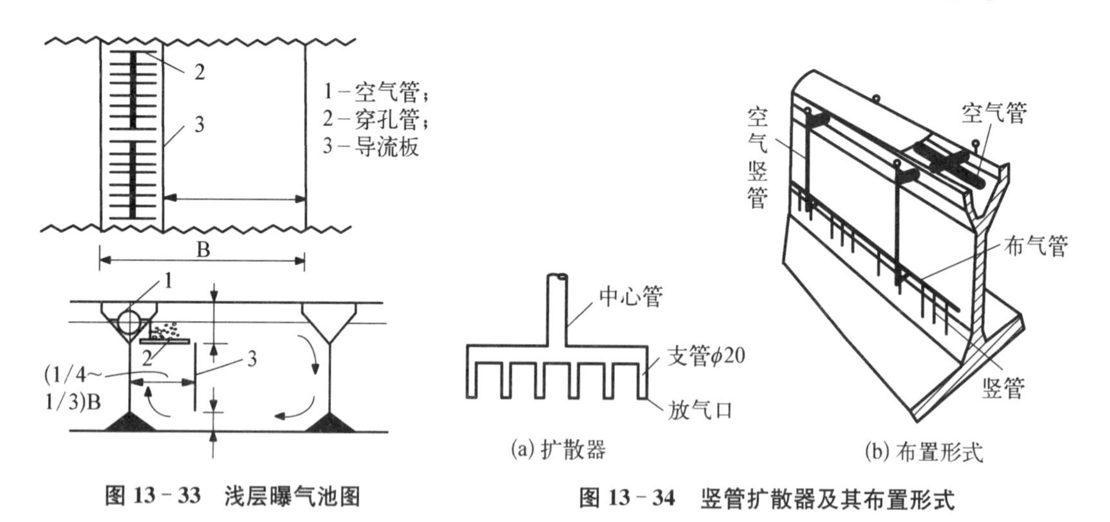


图13-33 浅层曝气池图

图13-34 竖管扩散器及其布置形式

(3) 竖管

竖管曝气是在曝气池的一侧布置以横管分支成梳形的竖管，竖管直径在15 mm以上，离池底150 mm左右。图13-34所示为一种竖管扩散器及其布置的示意图。竖管属于大气泡扩散器，由于大气泡在上升时形成较强的紊流并能够剧烈地翻动水面，从而加强了气泡液膜层的更新和从大气中吸氧的过程，虽然气液接触面积比小气泡和中气泡的要小，但氧利用率仍在6%～7%之间，动力效率为2～2.6 kg $O_2$/kW·h，竖管曝气装置在构造和管理上都很简单，并且无堵塞问题。

(4) 水力剪切扩散装置

属于水力剪切扩散装置的有倒盆式、射流式、固定螺旋式和撞击式等。倒盆式扩散器上缘为聚乙烯塑料，下托一块橡皮板，曝气时空气从橡皮板四周吹出，呈一股喷流旋转上升，由于旋流造成的剪切作用和紊流作用，使气泡尺寸变得较小(2 mm 以下)，液膜更新较快，效果较好。当水深为 5 m 时，氧利用率可达 10%，4 m 时为 8.5%，每次通气量为 12 $m^3/h$。倒盆式扩散器阻力较大，动力效率为 2.6 kg $O_2/kW \cdot h$，该曝气器在停气时，橡皮板与倒盆紧密贴合，无堵塞问题，结构如图 13 - 35 所示。

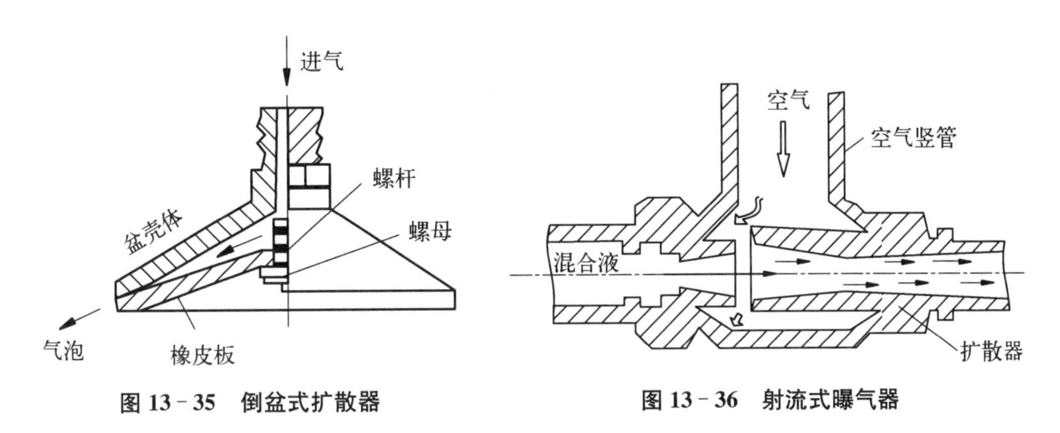


图 13 - 35 倒盆式扩散器　　图 13 - 36 射流式曝气器

射流式扩散装置如图 13 - 36 所示，它以水泵打入的泥、水混合液的高速水流为动能，吸入大量空气，泥、水、气混合液在喉管中强烈混合搅动，使气泡粉碎成雾状，继而在扩散管内由于速头转变成压头，微细气泡进一步压缩，氧迅速转移到混合液，从而强化了氧的转移过程，氧利用率可提高到 25%以上。

2. 机械曝气

机械曝气设备的式样较多，大致可归纳为叶轮和转刷两大类。

(1) 曝气叶轮

曝气叶轮有安装在池中与鼓风曝气联合使用的，也有安装在池面的，后者称为"表面曝气"。表面曝气具有构造简单，动力消耗小，运行管理方便，氧吸收率高的优点，故应用较多。表面曝气吸氧率为 15%～25%。充氧动力效率为 2.5～3.5 kg $O_2/kW \cdot h$。常用的表面曝气叶轮有泵型、倒伞型和平板型，如图 13 - 37 所示。

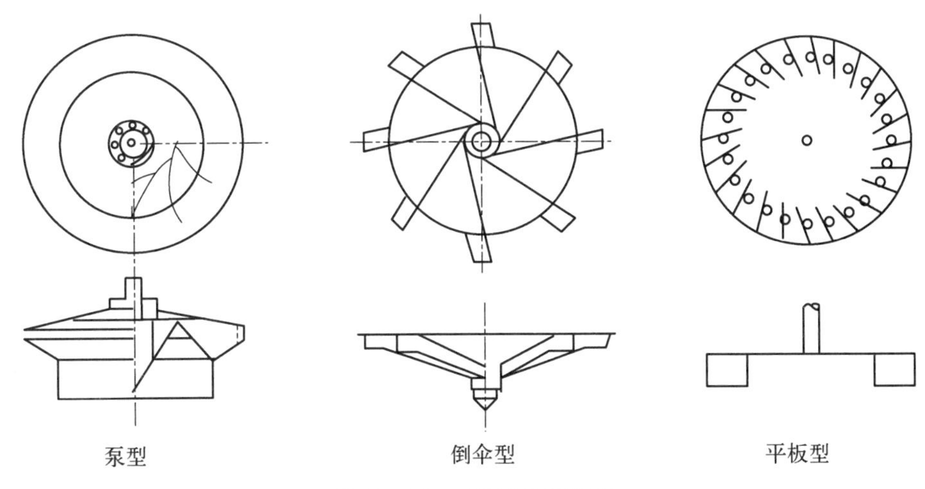


图 13 - 37 几种叶轮曝气器

表面曝气叶轮的工作效率以充氧能力和充氧动力效率来衡量。一般认为泵型叶轮比较好，其次是倒伞型、平板型。

表面曝气叶轮的充氧是通过以下三种途径实现的：① 表面曝气叶轮旋转时，产生提水和输水作用，使曝气池内液体不断循环流动，使气液接触面不断更新，同时得以不断地吸氧；② 叶轮旋转时在其周围形成水跃，使液体剧烈搅动而卷进空气；③ 叶轮叶片后侧在旋转时形成负压区吸入空气。

叶轮的充氧能力与叶轮的直径、叶轮旋转速率、池型和浸液深度有关。叶轮形式一定，叶轮旋转的线速度大，充氧能力也强，但线速度过大时，动力消耗加大，同时污泥易被打碎。一般叶轮线速度以 2.5～5.0 m/s 为宜。叶轮浸液深度适当时，充氧效率高，浸液深度过大没有水跃产生，叶轮只起搅拌作用，充氧量极小，甚至没有空气吸入；浸液深度过小，则提水和输水作用减小，池内水流循环缓慢，甚至存在死水区，因而造成表面水充氧好而底层水充氧不足。故常把叶轮旋转的线速度及浸没深度都设计成可调的，以便运行中随时调整。

表面曝气器的驱动装置可安装在固定梁架或浮筒上，前者用于大型曝气器，操作维护方便；后者适用于小型曝气器，不受水位变动的影响。

(2) 曝气转刷

曝气转刷也称为卧式表面曝气器，它是一个附有不锈钢丝或板条的与水面平行的轴，用电机带动，转速通常为 40～60 r/min。转刷贴近液面，部分浸在池液中，钢丝或板条把大量液体甩出水面，并使液面剧烈波动，促进氧的溶解，同时推动混合液在池内循环流动，促进溶解氧扩散转移。常用的曝气转刷分为转刷曝气器和转笼型转刷，如图 13-38 所示。

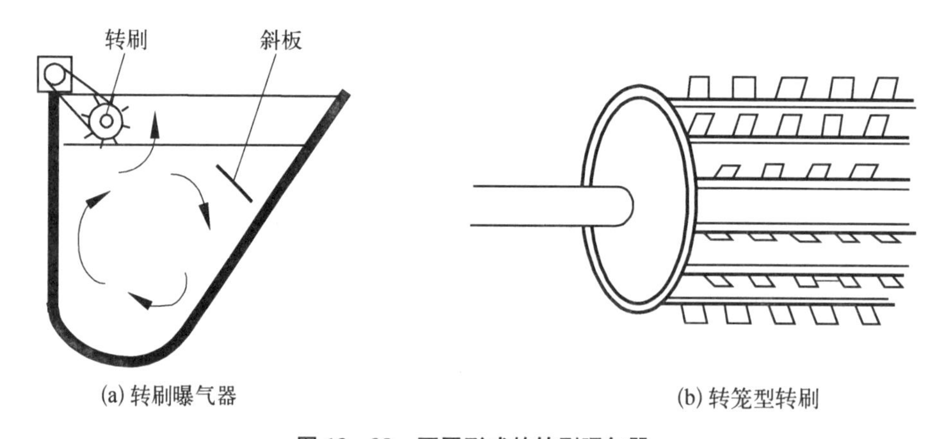


**图 13-38 不同形式的转刷曝气器**

3. 曝气设备比较

常用曝气设备的性能在表 13.1 中列出。其中的标准状态是指用清水做曝气实验，水温为 20 ℃，标准大气压、初始水中溶解氧为 0。实际数据是指用废水做实验，水温为 15 ℃，海拔为 150 m，水中溶解氧保持在 2 mg/L。

对于较小的曝气池，采用机械曝气器能减少动力消耗，并省去鼓风曝气所需的管道系统和鼓风机等设备，维护管理也比较方便。这类曝气器的缺点是转速高，其动力消耗随曝气池的增大而迅速增大，所以曝气池不能太大。另外，这种曝气器需要较大的表面积，因此，曝气池的深度也受到限制。如果曝气池中产生泡沫，将会严重降低充氧能力。鼓风曝气供应空气的伸缩性较大，曝气效果也较好，一般用于较大的曝气池。

表 13.1 各类曝气设备的性能

| 设备类型 | 氧利用率/% | 动力效率/kg $O_2$ • (kW • h)$^{-1}$ | |
|---|---|---|---|
| | | 标 准 | 实 际 |
| 小气泡扩散器 | 10～30 | 1.2～2.0 | 0.7～1.4 |
| 中气泡扩散器 | 6～15 | 1.0～1.6 | 0.6～1.0 |
| 大气泡扩散器 | 4～8 | 0.6～1.2 | 0.3～0.9 |
| 射流曝气器 | 10～25 | 1.5～2.4 | 0.7～1.4 |
| 低速表面曝气器 | / | 1.2～2.7 | 0.7～1.3 |
| 高速表面曝气器 | / | 1.2～2.4 | 0.7～1.3 |
| 转刷式曝气器 | / | 1.2～2.4 | 0.7～1.3 |

### 13.5.3 曝气设备性能测试

曝气设备的性能测试通用的方法是用还原剂亚硫酸钠消氧。为了加快消氧过程，可用氯化钴作催化剂。然后测出复氧过程，计算出总传质系数 $K_{La}$ 和氧的传递速率。

在清水中测试时，一边曝气，一边加入 $Na_2SO_3$（同时利用 $CoCl_2$ 作催化剂）进行还原反应，使测试在全池均匀进行。当溶解氧浓度逐渐趋近零时，开始测定，由于曝气，水中溶解氧开始上升，按一定的时间间隔测定氧浓度，取测得数据的平均值，重复测定多次。同时测定水温、气压、水中溶解氧的饱和值和曝气机功率。

结果分析，即测定 $K_{La}$，求氧传递速率和动力效率，从 $d\rho_0/dt = K_{La}(\rho_{S0} - \rho_0)$ 积分可得：

$$\ln(\rho_{S0} - \rho_0) = \ln \rho_{S0} - K_{La} \cdot t$$

以变 $t$ 量为横坐标，变量 $\ln(\rho_{S0} - \rho_0)$ 为纵坐标，利用测得的数据可在方格纸上得到一条直线，斜率即为 $K_{La}$。

根据 $K_{La}$ 的影响因素，系数修正考虑水温、气压。

水温的修正：

$$K_{La(t)} = 1.024^{t-20} K_{L(20)} \tag{13.10}$$

气压的修正：

$$\rho_{S0标} = 760\rho_{S0测} / p_{测} \tag{13.11}$$

当 $\rho_0$ 为 0 时，即充氧前水体氧为 0，可得到充氧能力 $OC$ 如下：

$$OC = K_{La} \cdot \rho_{S0} \cdot V(kgO_2/h)$$

标准氧传递速率：$K_{La} \cdot \rho_{S0}$，单位为 mg $O_2$/(L • h)。动力效率：单位为 kg $O_2$/(kW • h)。

表面曝气机叶轮输出功率的计算：

叶轮输出功率(kW)＝电压(V)×电流(A)×功率因数×单位换算系数×电机效率×齿轮箱效率

曝气设备的动力效率＝$OC$($kgO_2$/h)/叶轮输出功率(kW)

氧利用率：通过鼓风曝气系统转移到混合液中的氧量占总供氧量的比例，单位为%。

所谓非稳定状态，是指混合液中的溶解氧是随时间变化的。在非稳定状态下测定时遵循：

$$\frac{d\rho_0}{dt}=(\alpha K_{La}\cdot\beta\cdot\rho_{S0}-r)-\alpha K_{La}\cdot\rho_0=\alpha K_{La}\cdot(\beta\cdot\rho_{S0}-\rho_0)-r$$
$$=\alpha K_{La}\cdot(\rho_{Sw0}-\rho_0)-r \tag{13.12}$$

式中，$\rho_{Sw0}$为污水中的溶解氧饱和浓度，mg/L；$r$为微生物的需氧速率，mg $O_2$/(L·h)。

对于推流式曝气池，可以用测定混合液需氧速率的方法来推算氧的传递速率。廊道尾段溶解氧出现上升是氧传递速率超过耗氧速率的结果。廊道中刚出现溶解氧上升迹象的断面，即图 13-39 中所示的$l_2$处，可以理解为该断面上的氧传递速率恰好等于混合液中的耗氧速率。这个数据可用来校核式(13.12)求得的 $d\rho_0/dt$ 值。

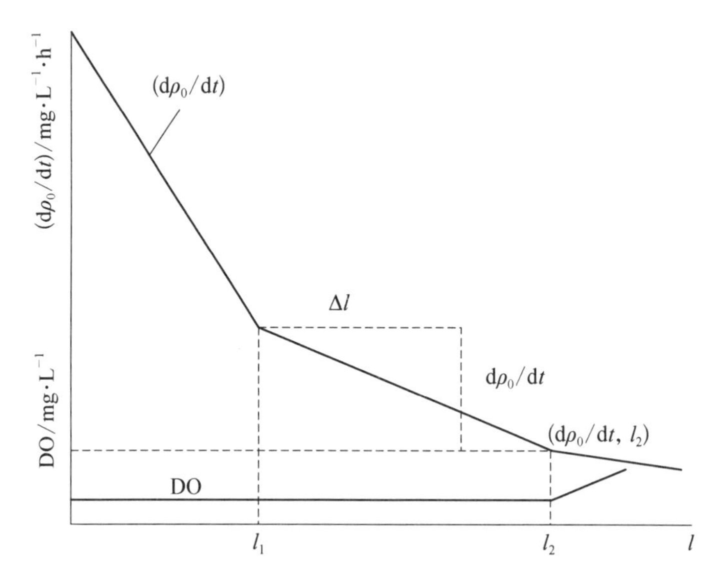


图 13-39　推流式曝气池沿程 DO 变化规律

## 13.6　活性污泥法过程有关设计

活性污泥法的设计计算，主要是根据进水水质和出水的要求，确定活性污泥法工艺流程，选择曝气池的类型，计算曝气池的容积，确定污泥回流比，计算所需的供氧量，选择曝气设备和计算剩余活性污泥量等。

### 13.6.1　有机物负荷率

有机物负荷率有两种表示方法：活性污泥负荷率 $N_S$(简称污泥负荷)和曝气区容积负荷率 $N_V$(简称容积负荷)。

污泥负荷率是指单位质量活性污泥在单位时间内所能承受的 $BOD_5$ 量，即：

$$N_S=\frac{q_v\rho_{S0}}{\rho_X V} \tag{13.13}$$

式中，$N_S$为污泥负荷率，kg $BOD_5$/(kg MLSS・d)；$q_v$为与曝气时间相当的平均进水流量，$m^3$/d；$\rho_{S0}$为曝气池进水的平均 $BOD_5$值，mg/L；$\rho_X$为曝气池中的污泥浓度 MLSS，mg/L。

在一定水温范围内，提高水温可以提高 BOD 去除速率和能力，有利于活性污泥絮体的形成和沉淀。水温较高时，可降低回流比，减少污泥浓度，进而相对提高污泥负荷。一般地，高负荷为 1.5～2.0 kg $BOD_5$/(kg MLSS・d)，中负荷为 0.2～0.4 kg $BOD_5$/(kg MLSS・d)，低负荷为 0.03～0.50 kg $BOD_5$/(kg MLSS・d)。

容积负荷是指单位容积曝气区在单位时间内所能承受的 $BOD_5$量，即：

$$N_V = \frac{q_v \rho_{S0}}{V} = N_S \rho_X \tag{13.14}$$

式中，$N_V$为容积负荷率，kg $BOD_5$/($m^3$・d)。

根据上面任何一式可计算出曝气池的体积，即：

$$V = \frac{q_v \rho_{S0}}{N_S \rho_X} = \frac{q_v \rho_{S0}}{N_V} \tag{13.15}$$

$\rho_{S0}$和 $q_v$是已知的，$\rho_x$和 $N_V$ 可从表 13.2 中选择。对于某些工业废水，要通过实验来确定 $\rho_x$和 $N_V$ 值。污泥负荷率法应用方便，但需要一定的经验。设计时要考虑处理水质的要求和污泥的沉降性能。一般欲得 90%以上的去除率，*SVI* 若在 80～150 范围内，污泥负荷率应在 0.2～0.5 kg $BOD_5$/(kg MLSS・d)范围内；要求氮达到硝化阶段时，则 $N_S$ 常采用 0.3 kg $BOD_5$/(kg MLSS・d)。

**表 13.2　传统活性污泥法的典型设计参数**

| 运行方式 | 污泥龄/d | 污泥负荷/[kg BOD・(kg MLSS・d)$^{-1}$] | 容积负荷/[kg BOD・($m^3$・d)$^{-1}$] | MLSS/(mg・$L^{-1}$) | 停留时间/h | 回流比 $Q_r/Q$ |
|---|---|---|---|---|---|---|
| 传统推流式 | 3～5 | 0.2～0.4 | 0.4～0.9 | 1 500～2 500 | 4～8 | 0.25～0.75 |
| 阶段曝气 | 3～5 | 0.2～0.4 | 0.4～1.2 | 1 500～3 000 | 3～5 | 0.25～0.75 |
| 高负荷曝气 | 0.2～0.5 | 1.5～5.0 | 1.2～1.4 | 200～500 | 1.5～3 | 0.05～0.15 |
| 延时曝气 | 20～30 | 0.05～0.15 | 0.1～0.4 | 3 000～6 000 | 18～36 | 0.75～1.5 |
| 吸附再生法 | 3～5 | 0.2～0.4 | 1.0～1.2 | 吸附池 1 000～3 000<br>再生池 4 000～8 000 | 吸附地 0.5～1.0<br>再生地 3～6 | 0.5～1.0 |
| 完全混合 | 3～5 | 0.25～0.50 | 0.5～1.8 | 2 000～4 000 | 3～5 | 0.25～1.00(分建)<br>1.0～4.0(合建) |
| 深井曝气 | 5 | 1.0～1.2 | 5～10 | 5 000～10 000 | >0.5 | 0.5～1.5 |
| 纯氧曝气 | 8～20 | 0.25～1.00 | 1.6～3.3 | 6 000～8 000 | 1～3 | 0.25～0.50 |
| AB 法 A 级 | 0.5～1 | 2～6 | | 2 000～3 000 | 0.5 | 0.5～0.8 |
| B 级 | 15～20 | 0.1～0.3 | | 2 000～5 000 | 2～4 | 0.5～0.8 |
| SBR 法 | 5～15 | | | 2 000～5 000 | | |

采用较高的污泥浓度可以缩小曝气池容积，但要使浓度保持在较高的水平，至少要考虑曝气系统和污泥回流系统（二沉池的浓缩能力及污泥回流设备的能力）能否满足要求。污泥浓度MLSS随运行方式而异，一般采用2～6 g/L。回流污泥浓度是活性污泥沉降特性和回流污泥回流速率的函数，记为：

$$rq_V\rho_{Xr}=(q_V+rq_V)\rho_X \tag{13.16}$$

$$\rho_X=\frac{r}{1+r}\rho_{Xr} \tag{13.17}$$

式中，$r$ 为污泥回流比。

### 13.6.2 劳伦斯和麦卡蒂法

污泥对有机物的转化过程，也就是生物代谢过程，包括微生物细胞物质的合成（活性污泥的增长）、有机物的氧化分解（包括部分细胞物质的分解）以及溶解氧的消耗等。

1. 曝气池中基质去除速率和微生物浓度的关系方程

$$\frac{d\rho_S}{dt}=\frac{-K\rho_S\cdot\rho_X}{K_S+\rho_S} \tag{13.18}$$

式中，$d\rho_S/dt$ 为基质去除率，即单位时间内单位体积去除的基质量，mg($BOD_5$)/(L·h)；$K$ 为最大的单位微生物基质去除速率，即在单位时间内，单位微生物量去除的基质，mg($BOD_5$)/(mgVSS·h)；$\rho_S$为微生物周围的基质浓度，mg($BOD_5$)/L；$K_S$为饱和常数，其值等于基质去除速率的(1/2)$K$ 时的基质浓度，mg/L；$\rho_x$为微生物的浓度，mg/L。

$$\frac{d\rho_S}{dt}=\frac{-K\rho_S\cdot\rho_X}{K_S+\rho_S} \tag{13.19}$$

当 $\rho_S>K_S$时，该方程可简化为：

$$\frac{d\rho_S}{dt}=-K\rho_X \tag{13.20}$$

当 $\rho_S<K_S$时，该方程可简化为：

$$\frac{d\rho_S}{dt}=-\frac{K}{K_S}\rho_X\rho_S \tag{13.21}$$

当曝气池出水要求高时，常处于 $\rho_S<K_S$状态。

2. 微生物的增长和基质的去除关系式

$$\frac{d\rho_X}{dt}=y\,\frac{d\rho_S}{dt}-K_d\rho_X \tag{13.22}$$

式中，$y$ 为合成系数，mg(VSS)/mg($BOD_5$)；$K_d$为内源代谢系数，$h^{-1}$。

式(13.22)表明曝气池中微生物的变化是由合成和内源代谢两方面综合形成的。不同的运行方式和不同的水质，$y$ 和 $K_d$值是不同的。活性污泥法典型的系数值可参见表 13.3。

**表 13.3 活性污泥法的典型动力系数**

| 系 数 | 单 位 | 数 值 | |
|---|---|---|---|
| | | 范 围 | 平 均 |
| $K$ | $d^{-1}$ | 2～10 | 5.0 |
| $K_S$ | mg/L($BOD_5$) | 25～100 | 60 |
| $y$ | mg/L(COD) | 15～70 | 40 |
| | mgVSS/mg $BOD_5$ | 0.4～0.8 | 0.6 |
| | mgVSS/mgCOD | 0.25～0.4 | 0.4 |
| $K_d$ | $d^{-1}$ | 0.040～0.075 | 0.06 |

注：表中水温为 20 ℃。

式(13.19)也可以表达为：

$$\frac{\mathrm{d}\rho_X}{\mathrm{d}t}=y_{obs}\left(\frac{\mathrm{d}\rho_S}{\mathrm{d}t}\right) \tag{13.23}$$

这里的 $y_{obs}$实质是扣除了内源代谢后的净合成系数，称为表观合成系数。$y$ 为理论合成系数，在污水处理厂实际运行过程中体现在剩余污泥的排放量。

3. 完全混合曝气池的计算模式

假定进水中微生物浓度很低，可忽略；生化反应仅发生在曝气池中。其中，微生物平均停留时间，又称污泥龄($SRT$)，是指反应系统内的微生物全部更新一次所用的时间，在工程上，就是指反应系统内微生物总量与每日排出的剩余微生物量的比值。以 $\theta_C$表示，如式(13.24)所示，单位为 d。$SRT$ 小，微生物净比增殖速度大，说明活性污泥中的微生物大多处于对数增长期，污泥活性高，处理底物能力强，沉降性能很差，出水水质差；$SRT$ 适中，微生物大多处于衰减期，处理能力较低，污泥沉降性能好，出水底物浓度低；$SRT$ 大，净比增殖速度小，则微生物大多处于内源呼吸期，活性差，处理能力低，污泥凝聚差，出水底物浓度高，剩余污泥量少。

$$\theta_C=\frac{V\rho_X}{q_{V_w}\rho_{Xr}+(q_V-q_{V_w})\rho_{Xe}} \tag{13.24}$$

式中，$q_V$为进水流量；$q_{V_w}$为排除的剩余活性污泥流量；$q_{Vr}$为污泥回流量；$\rho_X$为曝气池中的微生物浓度；$\rho_{Xe}$为出流水中带走的微生物浓度；$\rho_{Xr}$为回流污泥中的微生物浓度；$\rho_{S0}$为进水基质浓缩；$\rho_S$为出流基质浓度；$V$ 为曝气池体积。

(1) 曝气池体积的计算

完全混合曝气池示意图如图 13－40 所示。

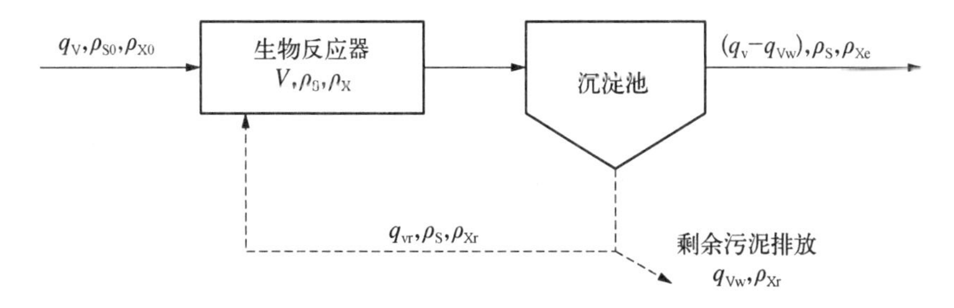


**图 13－40 完全混合式曝气池示意图**

对图 13－40 所示系统进行微生物量的物料平衡计算：

$$\frac{d\rho_X}{dt}\cdot V=q_V\rho_{X0}-[q_{V_w}\rho_{Xr}+(q_V-q_{V_w})\rho_{Xe}]+V\left[y\frac{d\rho_S}{dt}-K_d\rho_X\right] \tag{13.25}$$

污水中的 $\rho_{X0}$很小，可以忽略不计，因而 $\rho_{X0}=0$，在稳定状态下 $d\rho_x/dt=0$ 且

$$\frac{d\rho_S}{dt}=\frac{\rho_{S0}-\rho_S}{t} \tag{13.26}$$

整理后即得：

$$V=\frac{\theta_C q_V y(\rho_{S0}-\rho_S)}{\rho_X(1+K_d\theta_C)} \tag{13.27}$$

(2) 排出的剩余活性污泥量计算

根据 $y_{obs}$以及式(13.27)所示的物料平衡式可推得：

$$y_{obs}=\frac{y}{1+K_d\theta_C} \tag{13.28}$$

则剩余活性污泥量 $P_X$(以挥发性悬浮固体表示的剩余活性污泥量)为：

$$P_X=y_{obs}q_V(\rho_{S0}-\rho_S) \tag{13.29}$$

(3) 确定所需的空气量

对于含碳可生物降解物质的需氧量可根据处理污水的可生物降解 COD 浓度和每天由系统排除的剩余污泥量来决定。如果可生物降解 COD 被完全氧化分解为 $CO_2$和 $H_2O$，需氧量等于可生物降解 COD 浓度，但微生物只氧化可生物降解 COD 的一部分，以供给能量而将另一部分用于细胞生长。实际去除的可生物降解 COD 部分需耗氧分解，部分直接合成细胞物质 VSS(合成微生物体，以氧当量表示)。

通常使用 $BOD_5$作为污水中可生物降解的有机物浓度，如果近似以 $BOD_L$代替可生物降解 COD，则在 20 ℃，BOD 衰减系数 $K_1=0.1$ 时，$BOD_5=0.68\ BOD_L$，对于活性污泥法处理系统，所需氧量为：

$$O_2=\frac{q_V(\rho_{S0}-\rho_S)}{0.68}-1.42P_X \tag{13.30}$$

在曝气池内，活性污泥对有机污染物的氧化分解和其本身的内源代谢都是耗氧过程。根据有机物降解需氧率和内源代谢需氧率计算这两部分氧化过程所需要的氧量，一般可用下式确定：

$$O_2=a'q_V\rho_{Sr}+b'V\rho_X \tag{13.31}$$

式中，$O_2$为混合液需氧量，kg $O_2$/d；$a'$为活性污泥微生物氧化分解有机物过程的需氧率，即活性污泥微生物每代谢 1 kg $BOD_5$所需要的氧量，kg $O_2$/kg；$q_V$为处理污水流量，$m^3$/d；$\rho_{Sr}$为经活性污泥代谢活动被降解的有机污染物($BOD_5$)量，kg/$m^3$，$\rho_{Sr}=\rho_{S0}-\rho_S$；$b'$为活性污泥微生物内源代谢的自身氧化过程的需氧率，即每 1 kg 活性污泥每天自身氧化所需要的氧量，kg$O_2$/(kg·d)；$V$ 为曝气池容积，$m^3$；$\rho_X$为曝气池内微生物浓度，kg/$m^3$。

生活污水的 $a'$为 0.42～0.53，$b'$为 0.19～0.11。

(4) 推流式曝气池的计算模式

由于当前两种形式的曝气池实际效果差不多,因而完全混合的计算模式也可用于推流式曝气池的计算。

## 13.7 活性污泥法的运行管理

### 13.7.1 活性污泥法系统的投产与活性污泥的培养驯化

活性污泥法处理系统在工程完工之后和投产之前,需进行验收工作。在验收工作中,用清水进行试运行是必要的,这样可以提高验收的质量,对发现的问题可作最后修正,同时还可以作一次脱氧清水的曝气设备性能测定,为运行提供资料。

在处理系统开始准备投产运行时,运行管理人员不仅要熟悉处理设备的构造和功能,还要深入掌握设计内容与设计意图。对于城市废水和性质与其相类似的工业废水,投产时首先需要进行的是培养活性污泥,对于其他工业废水,除培养活性污泥外,还需要使活性污泥适应所处理废水的特点,对其进行驯化。

当活性污泥的培养和驯化结束后,还应进行以确定最佳条件为目的的试运行工作。

1. 活性污泥的培养与驯化

活性污泥法处理废水的关键在于有足够数量、性能良好的活性污泥,这些活性污泥是通过一定的方法培养和驯化出来的。因此,活性污泥的培养和驯化是活性污泥法试验和生产运行的第一步。培养是使微生物的数量增加,达到一定的污泥浓度。驯化是对混合微生物群进行淘汰和诱导,不能适应环境条件和所处理废水特性的微生物被淘汰或抑制,使具有分解特定污染物活性的微生物得到发育。培养和驯化实质上是不可分割的。

培养活性污泥需要有菌种和菌种所需要的营养物质。对于城市污水,菌种和营养物质都具备,可直接用来进行活性污泥培养。此法是将污水引入曝气池进行充分曝气,并开动污泥回流设备,使曝气池和二次沉淀池接通循环。经 1～2 d 曝气后,曝气池内就会出现模糊不清的絮凝体。为补充营养和排除对微生物增长有害的代谢产物,要及时换水,即将原有的水经沉降后排出,然后再将污水引入曝气池。换水可间歇进行,也可以连续进行。

间歇换水一般适用于生活污水所占比例不太大的城市污水。每天换水 1～2 次,将污水引入曝气池,引入污水量相当于曝气池容积的 50%～70%,达到水量后停止进水,然后进行曝气和回流,这样一直持续到混合液中污泥 30 min 沉降比达到 15%～20%时为止。对一般浓度的废水,水温在 15 ℃以上时,一般经过 7～10 d 可大致达到上述状态。成熟的活性污泥具有良好的凝聚沉降性,污泥内含有大量的菌胶团和纤毛类原生动物,如钟虫、等枝虫、带纤虫等,一般可使 BOD 的去除率达到 90%左右。当进水浓度很低时,为使培养期不致过长,可将初次沉淀池的污泥引入曝气池或不经初次沉淀池将污水直接引入曝气池。对于性质类似的工业废水,也可按上述方法培养,不过在开始培养时,宜投入一部分作为菌种的粪便水。

连续换水适用于以生活污水为主的城市污水或纯生活污水。连续换水是指用边进水、边出水、边回流的方式培养活性污泥。

对于工业废水或以工业废水为主的城市污水,由于其中缺乏专性菌种和足够的营养,因此在投产时除用一般菌种和所需要的营养物质培养足量的活性污泥外,还应对所培养的活性污泥进行驯化,使活性污泥微生物群体逐渐形成具有代谢特定工业废水的酶系统,具有某种专性。

活性污泥的培养和驯化可归纳为异步培养法、同步培养法和接种培养法三种。异步培养法即先培养后驯化；同步培养法则培养和驯化同时进行或交替进行；接种法利用其他污水厂的剩余污泥，再对其进行适当驯化。

对于工业废水，可先用粪便水或生活污水培养活性污泥。因为这类污水中细菌种类繁多，本身所含营养也丰富，细菌易于繁殖。当缺乏这类污水时，可用化粪池和排泥沟的污泥、初次沉淀池或消化池的污泥等代替。采用粪便水培养时，先将浓粪便水过滤后投入曝气池，再用清水稀释，使 $BOD_5$ 浓度控制在 500 mg/L 左右，进行静态（闷曝）培养，同样经过 1～2 d 后，为补充营养和排除代谢产物，需及时换水。对于生产性曝气池，由于培养液体积大，收集比较困难，一般均采用间歇换水方式，或先间歇换水，后连续换水。而间歇换水又以静态操作为宜。即当第一次加料曝气并出现模糊的絮凝体后，就可停止曝气，使混合液静沉，经过 1～1.5 h 后排除上清液，排出体积约占总体积的 50%～70%，然后再往曝气池内投加新的粪便水和稀释水。粪便水的投加量应根据曝气池内已有的污泥量在适当的 $N_S$ 值范围内进行调节，即随污泥量的增加而相应增加粪便水量。在每次换水时，从停止曝气、沉降到重新曝气，总时间以不超过 2 h 为宜。开始换水时，宜每天换水一次，以后可增加到每天 2 次，以便及时补充营养。

连续换水适用于有生活污水的情况。当第一次投料曝气后或经数次闷曝而间歇换水后，就不断地往曝气池中投加生活污水，并不断将出水排入二次沉淀池，将污泥回流至曝气池。随着污泥培养的进展，应逐渐增加生活污水量，使 $N_S$ 值在适宜的范围内。此外，污泥回流量应比设计值稍大些。

活性污泥培养成熟后，即可在进水中加入并逐渐增大工业废水所占的比例，使微生物在逐渐适应新的生活条件下得到驯化。开始时，工业废水可按设计流量的 10%～20% 加入，达到较好的处理效果后，再继续增大其比例。每次增大的百分比以设计流量的 10%～20% 为宜，并待微生物适应巩固后再继续增大，直至满负荷为止。在驯化过程中，能分解工业废水中污染物的微生物得到发展繁殖，不能适应的微生物则逐渐被淘汰，从而使驯化过的活性污泥具有处理该种工业废水的能力。

上述先培养后驯化的方法为异步培养法。为了缩短培养和驯化的时间，也可以把培养和驯化这两个阶段合并进行，即在培养开始时就加入少量工业废水，并在培养过程中逐渐增加密度，使活性污泥在增长的过程中，逐渐适应工业废水并具有处理它的能力。这就是所谓的同步培养法。这种做法需要操作人员有较丰富的经验，否则难以发现培养驯化过程中异常现象的起因，甚至导致失败。

在有条件的地方，可直接从其他污水厂引来剩余污泥，作为种污泥进行曝气培养，这样可以缩短培养时间。如能从性质类似的污水处理厂引来剩余污泥，更能提高驯化效果，缩短驯化时间。这种方法为接种培养法。

在培养和驯化过程中，应保证有良好的微生物生存条件，如可对温度、溶解氧、pH、营养比等加以调节，使培养和驯化能快速进行。工业废水一般缺乏氮、磷等养料，在驯化过程中应把这些物质逐渐加入曝气池中。

实际上，培养和驯化这两个阶段不能截然分开，间歇换水与连续换水也常结合进行，具体培养驯化过程应依据净化机理和实际情况灵活进行。

2. 试运行

活性污泥培养驯化成熟后，开始试运行。试运行的目的是确定最佳的运行条件。在活性污泥系统的运行中,作为操作参数考虑的因素有混合液污泥浓度 MLSS、空气量、废水注入的方式等。如采用生物吸附法,则还有污泥再生时间和吸附时间之比值,如采用曝气沉淀池还有回流窗孔开启高度,如工业废水养料不足,还有氮、磷的用量等。将这些操作参数组合成几种运行条件分阶段进行试验,观察各种条件的处理效果,并确定最佳的运行条件。

活性污泥法要求在曝气池内保持适宜的营养物与微生物的比值,以及有足够的溶解氧,使微生物很好地和有机物相接触,曝气要均匀并保持适当的接触时间等。如前文所述,营养物与微生物的比值一般用污泥负荷来控制,其中营养物数量由流入废水量和污泥浓度所定,因此,应通过控制活性污泥的数量来维持适宜的污泥负荷。不同的运行方式有不同的污泥负荷,运行时的混合液污泥浓度就是以其运行方式的适宜污泥负荷作为基础规定的,并可在试运行过程中获得最佳条件下的 $N_S$值和 MLSS 值。

如在 *SVI* 值较稳定时,也可用污泥沉降比暂时代替 MLSS 值的测定。根据测定的 MLSS 值或污泥沉降比,便可控制污泥回流量和剩余污泥量,并获得这方面的运行规律。此外,剩余污泥浓度也可以通过相应的污泥龄加以控制。

关于空气量,应满足供氧和搅拌这两者的要求。供氧量应控制在最高负荷时混合液中溶解氧浓度为 1~2 mg/L。搅拌的作用是使废水和污泥充分混合,因此,搅拌程度应通过测定曝气池表面、中间和池底各点的污泥浓度是否均匀而定。

活性污泥系统的进水方式,一般设计得比较灵活,既可以按传统活性污泥法,也可以按其他方法,必须通过试运行加以比较观察,然后得出最佳效果的运行方式。

### 13.7.2 活性污泥法运行中的异常情况

在运行中,有时会出现异常情况,使污泥流失,处理效果降低。下面介绍运行中可能出现的几种主要异常现象和应对其采取的措施。

1. *污泥膨胀*

正常的活性污泥沉降性能良好,含水率在 99%左右。当污泥变质时,污泥不易沉降,SVI 值增高,污泥的结构松散和体积膨胀,含水率上升,澄清液量少(但较清澈),颜色也有异变,这就是污泥膨胀。污泥膨胀主要是由丝状菌大量繁殖所引起的,也有由于污泥中结合水异常增多导致的污泥膨胀。一般废水中碳水化合物较多,缺乏氮、磷等养料,溶解氧不足,水温高或 pH 较低等都容易引起丝状菌大量繁殖,导致污泥膨胀。此外,超负荷、污泥龄过长等,也会引起污泥膨胀。排泥不通畅则会引起结合水性污泥膨胀。

为防止污泥膨胀,首先应加强操作管理,经常检测废水水质、曝气池内溶解氧、污泥沉降比、污泥指数以及进行显微镜观察等,如发现不正常现象,就需采取预防措施。一般可调整、加大空气量,及时排泥,有可能时采取分段进水,以减轻二次沉淀池的负荷。

当污泥发生膨胀后,可针对引起膨胀的原因采取措施。如缺氧、水温高等可加大曝气量,或降低进水量以减轻负荷,或适当降低 MLSS 值,使需氧量减少等。如污泥负荷过高,可适当提高 MLSS 值,以调整负荷。必要时还可停止进水,"闷曝"一段时间。如缺氮、磷、铁等养料,可投加硝化污泥或氮、磷等成分。如 pH 过低,可投加石灰等调节 pH。若污泥大量流失,可投加 5~10 mg/L 氯化铁,帮助凝聚,刺激菌胶团生长,也可投加漂白粉或液氯(按干污泥的 0.3%~0.6%投加),抑制丝状菌繁殖,尤其能控制结合水性污泥膨胀。也可投加石棉粉末、硅藻土、黏土等惰性物质,降低污泥指数。污泥膨胀的原因很多,以上所述只是污泥膨胀的一般处理措施。实际工作中要根据实际情况采取适当的措施,并要注意在平时积累经验。

2. 污泥解体

处理水质浑浊，污泥絮凝体微细化，处理效果变坏等均是污泥解体现象。导致这种异常现象的原因有运行中的问题，也有可能是由于废水中混入了有毒物质。

运行不当，如曝气过量，会使活性污泥生物-营养的平衡遭到破坏，使微生物量减少而失去活性，吸附能力降低，絮凝体缩小质密，一部分则成为不易沉淀的羽毛状污泥，此时处理水质浑浊，SVI 值降低。当废水中存在有毒物质时，微生物会受到抑制或伤害，净化能力下降或完全停止，从而使污泥失去活性。一般可通过显微镜观察来判别产生的原因。当鉴别出是运行方面的问题时，应对废水量、回流污泥量、空气量和排泥状态以及 SV、MLSS、DO、$N_S$等多项指标进行检查，加以调整。当确定是废水中混入有毒物质时，需查明其来源，采取相应对策。

3. 污泥脱氮(反硝化)上浮

污泥脱氮上浮是污泥在二次沉淀池中呈块状上浮的现象。这种上浮不是由于腐败所造成的，而是由于在曝气池内污泥停留时间过长，硝化进程较高，在沉淀池内产生反硝化，硝酸盐的氧被利用，氮即呈气体脱出附于污泥上，从而使污泥密度降低，整块上浮。反硝化是硝酸盐被反硝化菌还原成氨和氮气的作用。反硝化作用一般在溶解氧低于 0.5 mg/L 时发生。因此，为防止这一异常现象发生，应增加污泥回流量或及时排除剩余污泥，在脱氮之前把污泥排除，或降低混合液污泥浓度，缩短污泥龄和降低溶解氧等，使之不能进行到硝化阶段。

4. 污泥腐化

在二次沉淀池中有可能由于污泥长期滞留而进行厌氧发酵生成气体($H_2S$、$CH_4$等)，从而出现使大块污泥上浮的现象，这种现象称为污泥腐化。它与污泥脱氮上浮不同的是污泥会腐化变黑，产生恶臭。此时也不是全部污泥上浮，大部分污泥都是正常地排出或回流。只有沉积在死角长期滞留的污泥才腐化上浮。防止污泥腐化的措施有：① 安设不使污泥外溢的浮渣清除设备；② 消除沉淀池的死角区；③ 加大池底坡度或改进池底刮泥设备，使污泥不能滞留于池底。

此外，如曝气池内曝气过度，使污泥搅拌过于激烈，生成大量小气泡附聚于絮凝体上，也可能引起污泥上浮。这种情况以机械曝气较鼓风曝气为多。另外，当流入大量脂肪和油时，也容易产生这种现象。防止措施是将供气控制在搅拌所需要的限度内，而脂肪和油则应在进入曝气池之前去除。

5. 泡沫

曝气池中产生泡沫，主要原因是废水中存在大量合成洗涤剂或其他起泡物质。泡沫可给生产操作带来一定困难，如影响操作环境，带走大量污泥。当采用机械曝气时，还能影响叶轮的充氧能力。消除泡沫的措施有：分段注水以提高混合液浓度，进行喷水或投加除泡剂(如机油、煤油等，投量约为 0.5～1.5 mg/L)等。

采用机械表面曝气时，如果池内混合液循环不良，曝气机浸没深度不足，仅停留在表面层混合液曝气，也会使池的表面积累泡沫，此时，应调整曝气叶轮的浸没深度和改善池内混合液的循环。

# 14 好氧生物处理——生物膜法

生物膜法是废水好氧生物处理法的另一种方法，是指废水流过生长在固定支承物表面上的生物膜，利用生物氧化作用和各相间的物质交换降解废水中有机污染物的方法。用生物膜法处理废水的构筑物有生物滤池、生物转盘和生物接触氧化池等。

## 14.1 生物膜的净化机理

### 14.1.1 净化过程

有机物的降解是在生物膜表层的厚度约为 2 mm 的好氧性生物膜内进行的。在好氧性生物膜内栖息着大量的细菌、原生动物和后生动物，形成了有机污染物-细菌-原生动物(后生动物)的食物链，通过细菌的代谢活动，有机物被降解，使附着水层得到净化。流动水层与附着水层相接触，在传质作用下，流动水层中的有机污染物传递给附着水层，从而使流动水层在流动的过程中逐步得到净化。好氧微生物的代谢产物 $H_2O$ 和 $CO_2$ 通过附着水层传递给流动水层，随流动水层排出滤池。图 14-1 为生物膜净化过程示意图。

生物膜成熟后，微生物仍不断增殖，厚度不断增加，在超过好氧层的厚度后，其深部即转变为厌氧状态，形成厌氧膜，厌氧代谢产物 $H_2S$、$NH_3$ 等通过好氧膜排出膜外。当厌氧膜还不厚时，好氧膜仍然能够保持净化功能，但当厌氧膜过厚，代谢物过多时，两种膜间失去平衡，好氧膜上的生态系统被破坏，生物膜呈老化状态从而脱落(自然脱落)，开始增长新的生物膜。在生物膜成熟后的初期，微生物代谢旺盛，净化功能最好，在膜内出现厌氧状态时，净化功能下降，而当生物膜脱落时，降解效果最差。

### 14.1.2 生物膜上的生物相

与活性污泥法相比，生物膜法在生物种群上差别不大，但在种类、数量上生物膜法要比活性污泥法丰富得多(表 14.1)。沿生物膜厚度(由表及里)或进水流向(与进水接触时间不同)，微生物的种类和数量呈现出较大差异。在多级处理的第一级或下向流填料层的上部，生物膜往往以菌胶团细菌为主，膜厚度亦较大(2～3 mm)；随着级数的增加或下向流填料层的下部，由于其接触到的水质已经经过部分处理，生物膜中会逐渐出现较多的丝状菌、原生动物和后生动物；微生物的种类不断增多，但生物膜的厚度却在不断变薄(1～2 mm)。生物膜表层的微生物都是好氧性的，而随着厚度的加大，微生物逐渐变成兼性乃至厌氧性的。

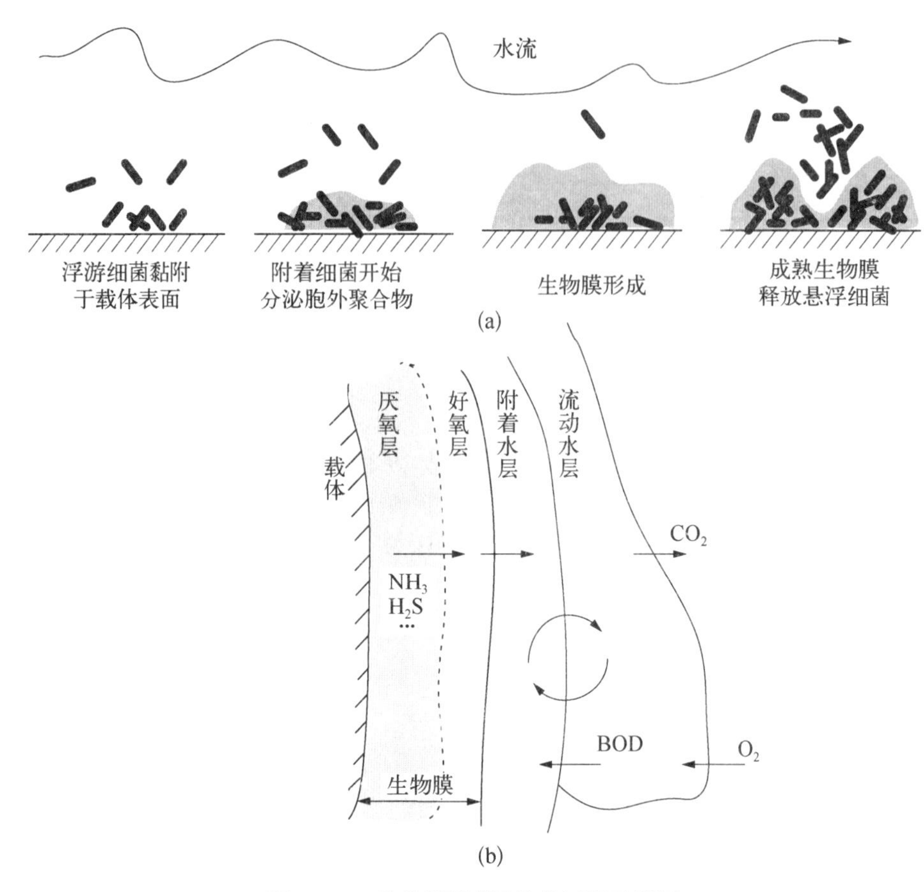


**图 14-1 生物膜形成及净化过程示意图**

生物膜固着在滤料或填料上，生物固体停留时间 *SRT*（泥龄）较长，因此能够生长世代时间长、增殖速率很小的微生物，如硝化菌等。在生物膜上还可能出现大量丝状菌，但不会出现污泥膨胀。与活性污泥法相比，生物膜上的生物中动物性营养者比例较大，微型动物的存活率也较高，能够栖息高营养水平生物，在捕食性纤毛虫、轮虫类、线虫类之上还栖息着寡毛类和昆虫。因此，生物膜上的食物链要比活性污泥中的食物链长，这也是生物膜法产生的污泥量少于活性污泥法的原因。

**表 14.1 生物膜与活性污泥中生物相的差异**

| 微生物种类 | 活性污泥 | 生物膜法 |
|---|---|---|
| 细　菌 | ++++ | ++++ |
| 真　菌 | ++ | +++ |
| 藻　类 | − | ++ |
| 鞭毛虫 | ++ | +++ |
| 肉足虫 | ++ | +++ |
| 纤毛虫 | ++++ | ++++ |
| 轮　虫 | + | +++ |

续 表

| 微生物种类 | 活性污泥 | 生物膜法 |
| --- | --- | --- |
| 线　虫 | + | ++ |
| 寡毛虫 | − | ++ |
| 其他后生动物 | − | + |
| 昆虫类 | − | ++ |

## 14.2 生物滤池

### 14.2.1 概念与分类

生物滤池是以土壤自净原理为依据，废水长期以滴状洒布在块状滤料的表面上，在废水流经的表面上就会形成生物膜，生物膜成熟后，栖息在生物膜上的微生物即摄取废水中的有机污染物质作为营养，进行自身的生命活动，从而使废水得到净化。

进入生物滤池的废水，必须通过预处理，去除悬浮物、油脂等能够堵塞滤料的污染物质，并使水质均化稳定。一般在生物滤池前设初次沉淀池，但并不只限于沉淀池，根据废水的水质，也可采用其他预处理措施。

滤料上的生物膜，不断脱落更新，脱落的生物膜随处理水流出，因此生物滤池后也设沉淀池。所以采用生物滤池处理废水的工艺流程与普通活性污泥法相似，只是用生物滤池来代替曝气池，并且一般没有污泥回流。

生物滤池按负荷可分为低负荷生物滤池和高负荷生物滤池。低负荷生物滤池亦称普通生物滤池，是早期出现的生物滤池，负荷低，水量负荷为 1～4 $m^3/(m^2 d)$（单位面积滤池），BOD 负荷也仅为 0.1～0.4 $kg/(m^3 d)$（单位体积滤料）。其优点是净化效果好，BOD 去除率可达 90%～95%。主要的缺点是占地面积大，且易于堵塞。因此，在使用上受到限制。

高负荷生物滤池，水量负荷达到 5～40 $m^3/(m^2 \cdot d)$，是普通生物滤池的 10 倍，BOD 负荷高达 0.5～2.5 $kg/(m^3 \cdot d)$。条件是将进水 BOD 浓度限制在 200 mg/L 以下，为此，采取处理水回流措施，加大水量，使滤料不断受到冲刷，生物膜连续脱路，不断更新，因此，占地面积大，易于堵塞的问题得到一定程度的解决。

### 14.2.2 生物滤池的构造

生物滤池在平面上多呈圆形、正方形或矩形，使用最广泛的是采用旋转布水器的圆形生物滤池。其构造如图 14 - 2 所示。

生物滤池在构造上主要由滤床、排水设备和布水装置三部分组成。滤床由滤料和池壁组成。

1. 滤床

滤床四周筑壁，床内充填滤料，床面敞露。

滤床由滤料组成。滤料是微生物生长栖息的场所，理想的滤料应具备以下特性：① 能为微生物附着提供大量的面积；② 使污水以液膜状态流过生物膜；③ 有足够的空隙率，保证通风（即保证氧的供给）和使脱落的生物膜能随水流出滤池；④ 不被微生物分解，也不抑制微生

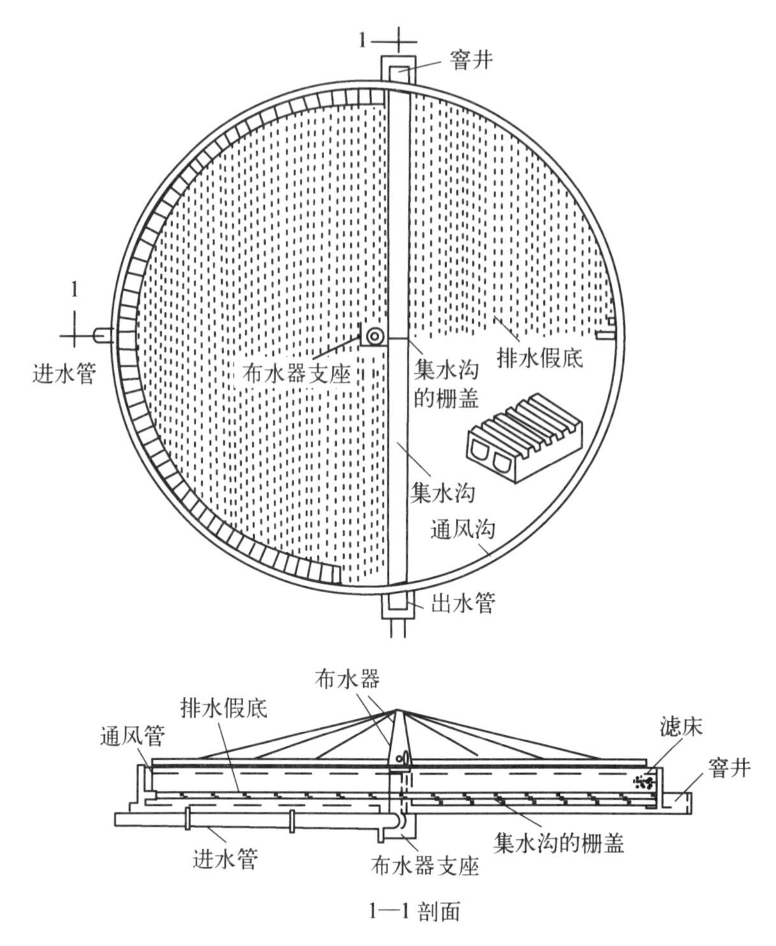


**图 14-2 采用旋转式布水的普通生物滤池**

物的生长,有较好的化学性能;⑤ 有一定的机械强度;⑥ 价格低廉。

滤料粒径并非越小越好,太小会造成堵塞,影响通风。早期主要以拳状碎石为滤料,其直径在 30～80 mm 之间,空隙率在 45%～50%之间,比表面积(可附着面积)在 65～100 $m^2/m^3$之间。

过去滤池常以碎石、炉渣、焦炭等为滤料,粒径多为 25～100 mm。滤料必须经过仔细筛分、洗净,不合格者不得超过总量的 5%。近年来,开始使用由聚氯乙烯、聚苯乙烯和聚酰胺等制造的波形板式、列管式和蜂窝式等人工滤料。这些滤料的特点是质轻、强度高、耐腐蚀,密度仅有 43.66 $kg/m^3$,表面积为 100～200 $m^2/m^3$,孔隙率高达 80%～95%;缺点是成本较高。

滤料的高度,即滤料的工作深度。实践证实,生物滤池最上层 1 m 内的净化功能最好,过深会增加水头损失。普通生物滤池的工作深度介于 1.8～3.0 m 之间,而高负荷生物滤池则多为 0.9～2.0 m。加大深度的作法有两种: 一是直接加大深度,必要时采取人工强制通风措施;二是采用二级滤池,第二级滤池深度多采用 1.0 m。

滤料是靠生物滤池的池壁围挡在一起的,一般池壁顶端应高出滤层表面 0.4～0.5 m,以避免风吹影响废水在滤池表面的均匀分布。有时池壁上还开有孔,以促进滤池的内部通风。

2. 排水与通风设备

设置在池底上的排水设备,不仅可用以排出滤水,而且还能起保证滤池通风的作用。它包括渗水装置、集水沟和总排水渠等。渗水装置的作用是支撑滤料、排出滤水,空气也是通过渗水装置的空隙进入滤料内的空隙的。为了保证滤池的通风，渗水装置的空隙所占面积不得少于滤池面积的5%～8%。渗水装置的形式很多，其中使用比较广泛的是穿孔混凝土板。图14-3是滤池常用排水通风系统的示意图。

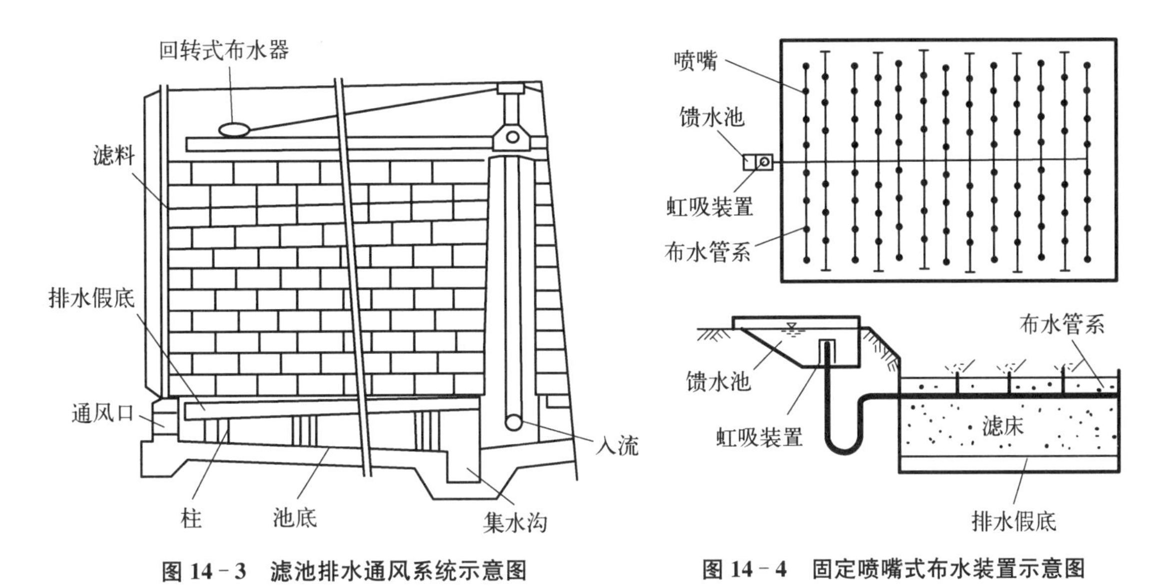


**图14-3　滤池排水通风系统示意图**　　**图14-4　固定喷嘴式布水装置示意图**

3. 布水装置

布水装置也很重要，只有布水均匀，才能充分发挥每一部分滤料的作用和提高滤池的处理能力。另外，布水装置还要满足间歇布水的要求，使空气在布水间歇时进入滤池，也使生物膜上的有机物有氧化分解时间，以恢复生物膜的吸附能力。常用的布水装置有固定式和旋转式两种。

固定式布水装置是由投配池、虹吸装置、散布水管和喷嘴所组成，如图14-4所示。这种布水装置多用于普通生物滤池。投配池内有虹吸装置，废水流入池内，在达到一定高度后，虹吸装置开始作用，废水泄入布置在池面下0.5 m处的布水管道，在布水管道上有一系列竖管，在竖管顶端安装喷嘴。喷嘴的作用是均匀地将废水喷洒在池面上。废水从喷嘴冲出，被倒立圆锥体所阻，向四外分散，形成水花。当投配池内的水位降落到一定程度时，虹吸被破坏，喷水停止。这种布水装置是间歇自动布水，间歇时间为5～15 min。这种布水装置的优点是便于维护，缺点是布水不够均匀，不能连续冲刷生物膜，有时会发生滤池堵塞。

旋转式布水装置是目前使用较为广泛的布水装置，也称旋转布水器。废水以一定的压力流入位于池中央处的固定竖管（见图14-2），再流入布水横臂，横臂有两根或四根，距池面滤料0.15 m，可绕竖臂旋转。在布水横管上开有喷水孔，直径为10～15 mm，间距不等，由计算确定。废水喷出产生反作用力，使横管按喷水口方向相反的方向旋转。这种布水装置所需水头较小，一般介于0.25～0.8 m之间。

### 14.2.3　生物滤池生物膜上的生物相

生物滤池生物膜上的生物相是丰富的，形成由细菌、真菌、藻类、原生动物、后生动物以及肉眼可见的其他生物所组成的比较稳定的生态系，其生态功能如下：

1. 细菌、真菌

细菌是对有机污染物降解起主要作用的生物，在处理城市污水的生物滤池内，生长繁殖的细菌有假单孢菌属、芽孢杆菌属、产碱杆菌属和动胶菌属等种属。在生物滤池内还增殖球衣菌等丝状菌。丝状菌有很强的降解有机物的能力，在生物滤池内增殖丝状菌，并不产生任何不良影响。在生物滤池上、中、下各层构成生物膜的细菌，在数量上有差异，种属上也有不同，一般表层多为异养菌，而深层则多为自养菌。

在生物膜中出现真菌也是较为普遍的，其主要有镰刀霉菌属、地霉菌属和浆霉菌属等。真菌对某些人工合成的有机物(如腈等)有一定的降解能力。

2. 微型生物

微型生物是指栖息在生物膜表面上的原生动物和后生动物。处理城市污水的生物滤池，当其工作正常、降解功能良好时，占优势的原生动物多为钟虫、独缩虫、等枝虫及盖纤虫等附着型纤毛虫。而在运行初期，则多出现豆形虫一类的游泳型原生动物。原生动物以细菌为食，也是废水净化的积极因素，现多作为废水净化状况的指示性生物。在生物滤池内经常出现的后生动物是线虫，据观察确证，线虫等能软化生物膜，促使生物膜脱落，从而能使生物膜经常保持活性和良好的净化功能。

3. 滤池蝇

在生物滤池的生物膜上还栖息着以滤池蝇为代表的昆虫。这是一种体型较一般家蝇小的苍蝇，它的产卵、幼虫、成蛹、成虫等过程全部都在滤池内进行。滤池蝇飞散在滤池周围，以微生物及生物膜中的有机物为食，对废水净化有良好的作用。观察证明，滤池蝇具有抑制生物膜过速增长的作用，能够使生物膜保持好氧状态。由于具有这样的功能，线虫、滤池蝇也称为生物膜增长控制生物。

### 14.2.4　生物滤池的负荷和运行系统

1. 生物滤池的负荷

负荷是影响滤池降解功能的首要因素，也是生物滤池设计与运行的重要参数。生物滤池的负荷主要有水力负荷和有机物负荷两种。水力负荷，一般用 $Q$ 表示，即每单位体积滤料或单位滤池面积每天所处理的废水量，单位以 $m^3/(m^3 \cdot d)$ 或 $m^3/(m^2 \cdot d)$ 表示又称滤率(m/d)。

有机物负荷，即每单位容积滤料每天所承担的废水中有机物的数量，单位以 kg $BOD_5/(m^3 \cdot d)$ 表示，符号为 $M$。对于工业废水来说，有时也采用毒物负荷，即单位容积的滤料每天所承担的毒物量，用 $kg/(m^3 \cdot d)$ 表示。我国通行的有机物负荷与水力负荷如表 14.2 所示。

**表 14.2　生物滤池的常用负荷范围**

| 滤池类型 | 有机物负荷/(kg $BOD_5 \cdot m^{-3} \cdot d^{-1}$) | 水力负荷/($m^3 \cdot m^{-2} \cdot d^{-1}$) |
| --- | --- | --- |
| 普通生物滤池 | 0.1～0.2 | 1～3 |
| 高负荷生物滤池 | 0.8～1.2 | 10～30 |

2. 高负荷生物滤池的运行系统及其特点

高负荷生物滤池的高滤率是通过在运行上采取处理水回流等措施来达到的。高负荷生物滤池可以是一段，也可以是多段。单段生物滤池的流程如图 14-5 所示。系统(a)是采用最广泛的高负荷生物滤池处理流程，处理水回流到滤池前，可避免加大初次沉淀池的容积。系统(b)是滤池出水直接回流，这样有助于生物膜的再次接种，能促进生物膜的更新，但由于回流水中有生物膜，易造成堵塞。系统(c)以不设二次沉淀池为其主要特征，滤池出水回流到初次沉淀池。这种流程能够提高初次沉淀池的沉淀效率和节省二次沉淀池。

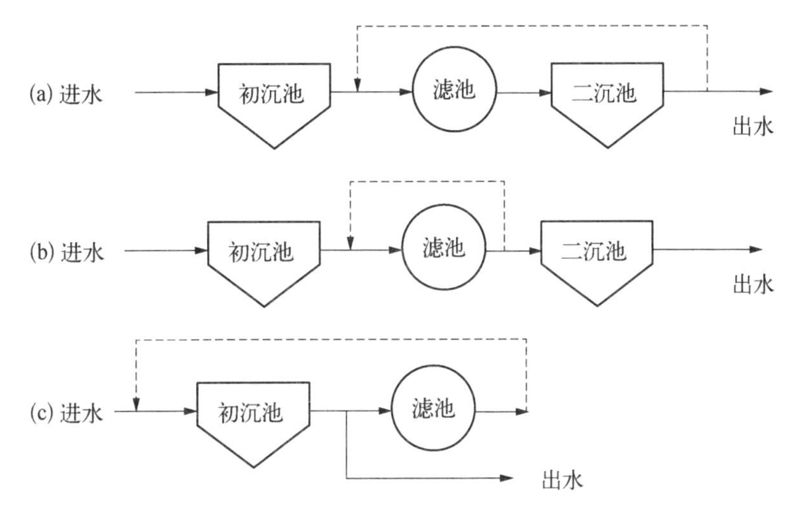


**图 14－5 高负荷生物滤池的流程形式**

处理水回流具有以下功能和效果：① 稀释进水浓度，使进水 BOD 值在 200 mg/L 以下，并借以均化、稳定进水水质；② 增大进水量，冲刷生物膜，抑制厌氧层的发育，使生物膜经常保持活性；③ 抑制臭味及滤池蝇的过度滋长。

回流水量($Q_r$)与原水量($Q_0$)之比 ($R=Q_r/Q_0$) 称为回流比。高负荷生物滤池的回流比与进水 BOD 浓度有关，一般是浓度越高，回流比越大。表 14.3 列出了高负荷生物滤池典型的回流比数值。

**表 14.3 高负荷生物滤池的回流比**

| 进水 BOD /mg·L$^{-1}$ | 各段的回流比 | | 进水 BOD /mg·L$^{-1}$ | 各段的回流比 | |
|---|---|---|---|---|---|
| | 一 段 | 二 段 | | 一 段 | 二 段 |
| <150 | 0.75～1.0 | 0.5 | 450～600 | 3.0～4.0 | 2.0 |
| 150～300 | 1.5～2.0 | 1.0 | 600～700 | 3.75～5.0 | 2.0 |
| 300～450 | 2.25～3.0 | 1.5 | 750～900 | 4.5～6.0 | 3.0 |

采用回流措施，进水 BOD 浓度被稀释后，进入生物滤池待处理废水的 BOD 浓度可根据式(14.1)计算。

$$S_a=\frac{S_0+RS_e}{1+R} \tag{14.1}$$

式中，$S_a$为经处理水回流稀释后进入生物滤池废水的 BOD 值，mg/L；$S_0$为原废水的 BOD 值，mg/L；$S_e$为处理水的 BOD 值，mg/L；$R$ 为回流比。

3. 两段高负荷生物滤池

当原废水浓度较高，且对处理水的要求也较高时，常采用两段生物滤池处理系统。两段滤池的组合方式很多，如图 14－6 所示为其中具有代表性的几种。在滤池间设中间沉淀池的目的是减轻第二段滤池的负荷。

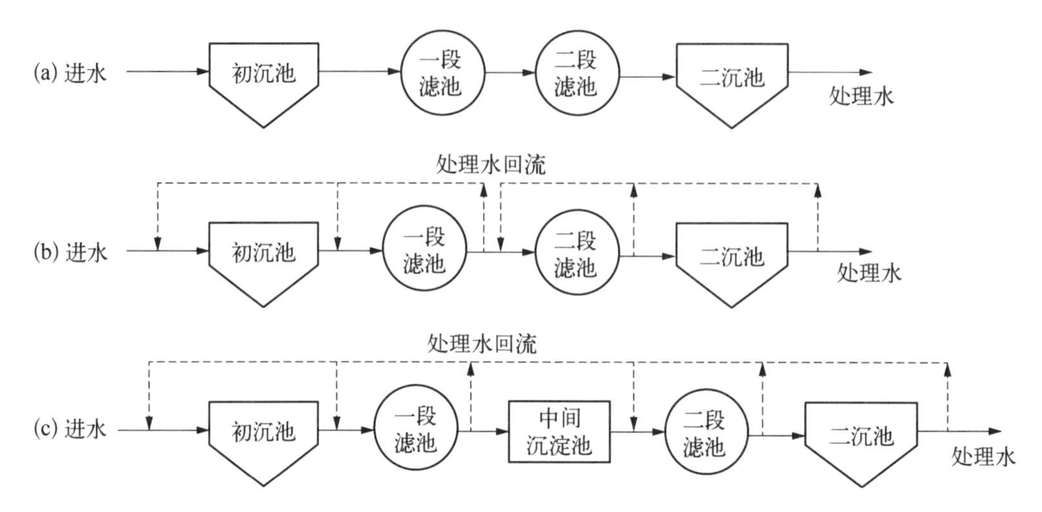


**图 14－6 两段高负荷生物滤池流程系统**

两段生物滤池系统的主要缺点是负荷不均衡，并且需要加大占地面积，增设泵房。常出现的问题是第一段滤池负荷过大，生物膜易于积存和产生堵塞现象，而第二段滤池又往往负荷过低，为解决这类问题，可以采用交替配水措施，即串联的两个滤池交替作为一段和二段使用。如图 14－7 所示。

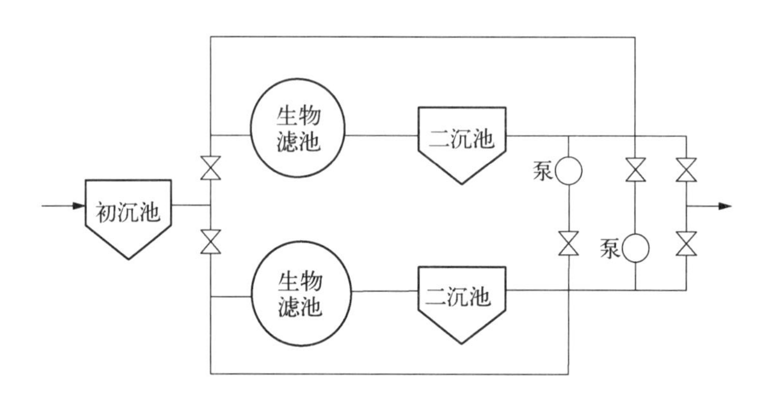


**图 14－7 交替生物滤池连接示意图**

### 14.2.5 塔式生物滤池

塔式生物滤池简称塔滤，是一种新型高负荷生物滤池。在工艺上，塔滤与高负荷生物滤池没有本质的区别，但在构造和净化功能等方面其有一定的特征。

1. 塔式生物滤池的构造

塔式生物滤池的构造如图 14－8 所示。塔滤主要由塔身、滤料、布水装置、通风装置和排水系统所组成。

(1) 塔身

塔身起围挡滤料的作用，可用钢筋混凝土结构、砖结构、钢结构或钢框架与塑料板面的混合结构。塔身分若干层，每层设有支座以支承滤料和生物膜的重量。另外，塔身上还开设观察窗，供观察、取样、填装滤料等用。

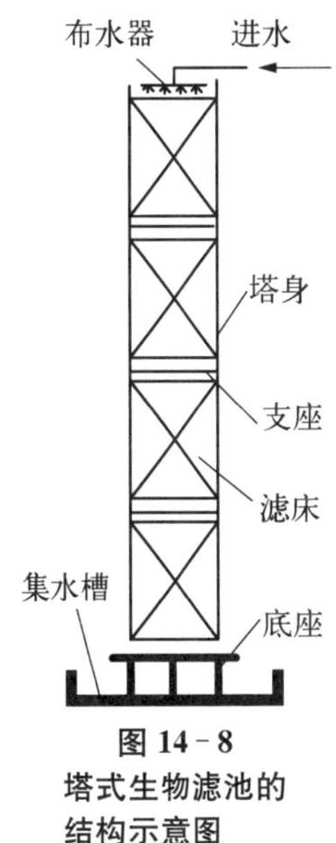

**图 14-8 塔式生物滤池的结构示意图**

(2) 滤料

滤料是微生物的载体。一般来说，滤料表面积越大，微生物就越多，小颗粒的滤料虽然具有较大的表面积，但滤料间的孔隙率相应减小，这就会影响通风，还会使脱落的生物膜不易随水带出，致使滤料堵塞。一般可用粒径为 5～10 mm 的陶粒、焦炭、炉渣、碎石等作滤料。由于粒径较大，每 1 $m^3$滤料表面积为 40 $m^2$左右。为了提高滤料的表面积，提高塔滤的处理能力，同时降低滤池的承重和造价，可用大孔隙轻质的人造滤料代替天然滤料。例如，用塑料压制的滤料，其单位容积的表面积可达 85～220 $m^2$，滤料的孔隙率可达 94%～98%。塑料滤料的形状可作成蜂窝状、波纹状等，并可制成 1 m×1 m×0.5 m 的矩形，或直径 80 mm、长 2 m 以上的管状蜂窝。目前多采用经酚醛树脂固化，内切圆直径为 19～25 mm 的纸质蜂窝滤料和玻璃布蜂窝滤料。

(3) 布水装置

为了充分发挥滤料的作用，均匀布水是很重要的措施。塔滤的布水装置与一般的生物滤池相同，也广泛使用旋转布水器，这种布水装置布水均匀，流量调节幅度较大，不易堵塞，效果较好。

(4) 通风装置

塔滤一般都采取自然通风，塔底有高度为 0.4～0.6 m 的空间，周围留有通风孔。也可以采用人工或机械通风。

(5) 排水系统

塔滤的出水汇集于塔底的集水槽，然后通过渠道送往沉淀池进行生物膜与水的分离。

2. 塔式生物滤池的特点

(1) 负荷高

塔式生物滤池的水量负荷比较高，是一般高负荷生物滤池的 2～10 倍。BOD 负荷也较高，是一般生物滤池的 2～3 倍。

(2) 形状不同

塔式生物滤池的构造形状如塔，高达 8～24 m，直径 1～5 m，使滤池内部形成较强的拔风状态，因此通风良好。

(3) 水与生物膜接触好

由于高度大，水量负荷大，使滤池内水流紊动强烈，废水与空气及生物膜的接触非常充分。

(4) 生物膜更新快

由于 BOD 负荷高，使生物膜生长迅速，也使生物膜受到强烈的水力冲刷，从而可使生物膜不断脱落、更新。

(5) 微生物种群不同

在塔式生物滤池的各层生长着种属不同，但又适应该层废水性质的生物群。

以上特征都有助于微生物的代谢和增殖，有助于有机污染物质的降解。因此，塔式生物滤池不需要专设供氧设备，而且其对冲击负荷有较强的适应能力。因此常用于高浓度工业废水两段生物处理的第一段，大幅度地去除有机污染物，保证第二段处理经常能够取得高度稳定的效果。

3. 生物相特点

由于处理废水的性质不同，塔滤上的生物相也各不相同，但有一点是共同的，就是由塔顶向下，生物膜明显分层，各层的生物相组成不同，种类由少到多，由低级到高级。处理生活污水的塔滤，上部两层多为动胶菌属，有少量丝状菌，原生动物则多为草履虫、肾形虫、豆形虫，三、四两层则多为固着型纤毛虫，如钟虫、等枝虫、盖纤虫以及轮虫等后生动物。

处理工业废水时，由于废水种类和性质的差异，生物相是不相同的，但也有分层现象。如用塔滤处理腈纶废水，当进水丙烯腈浓度在 150～200 mg/L 时，在塔的上段与高浓度废水接触的生物膜呈橘红色，以原放线菌为主。随着塔滤的深度增加，废水中丙烯腈浓度逐渐降低，代谢产物逐渐增高，生物膜呈浅灰色或浅土黄色，以球衣细菌为主。在塔滤的下段出现原生动物，在光照处还出现藻类。塔滤生物相分层是适应不同生态条件的结果。处理效果越好，上层与下层生态条件相差也越大，分层也越明显。若分层不明显，说明上层与下层水质变化不显著，处理效果差。所以生物相分层观察对指导运行有一定的意义。

## 14.3　生物转盘

生物转盘是从传统生物滤池演变而来的。在生物转盘中，生物膜的形成、生长及其降解有机污染物的机理与生物滤池基本相同。与生物滤池的主要区别是它以一系列转动的盘片代替固定的滤料。部分盘片浸渍在废水中，通过不断转动与废水接触，所需氧则是在盘片转出水面与空气接触时从空气中吸取，而不进行人工曝气。

### 14.3.1　生物转盘的构造

图 14－9 所示是生物转盘装置的示意图。生物转盘主体部分由盘片、转轴和氧化槽三部分组成。盘片串联成组，中心贯以转轴，轴的两端安设于半圆形氧化槽的支座上。转盘的表面积有 40％～50％浸没在氧化槽内的废水中。转轴一般高出水面 10～25 cm。由电机、变速器和传动链条等组成的传动装置驱动转盘以一定的线速度在氧化槽内转动，交替地和空气与废水相接触，浸没时吸附废水中的有机污染物，敞露时吸收大气中的氧。

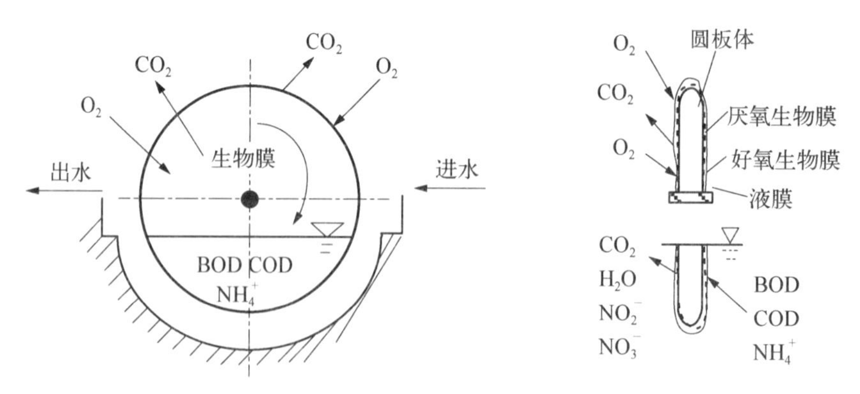


**图 14－9　生物转盘构造示意图**

1. 盘片

盘片是生物转盘的主要组成部件。盘片可用聚氯乙烯塑料、玻璃钢、金属等制成。盘片厚为 1～5 mm，盘间距一般为 20～30 mm。如果利用转盘繁殖藻类，为了使光线能照到盘中心，盘间距可加大到 60 mm 以上。转盘直径一般多为 2～3 m，也有 4 m 的。转盘转速为 2～3 r/min。盘片的形式有平板式和波纹板式两种。

2. 氧化槽

氧化槽一般是与圆盘外形基本吻合的半圆形，可用钢筋混凝土或钢板制作。槽底设有排泥管或放空管，以控制槽内废水悬浮固体的浓度。

### 14.3.2　生物转盘的布置形式

生物转盘的布置形式，由废水的水质、水量、净化要求及现场条件等因素决定，有单轴单级、单轴多级和多轴多级之分，如图 14-10 所示。

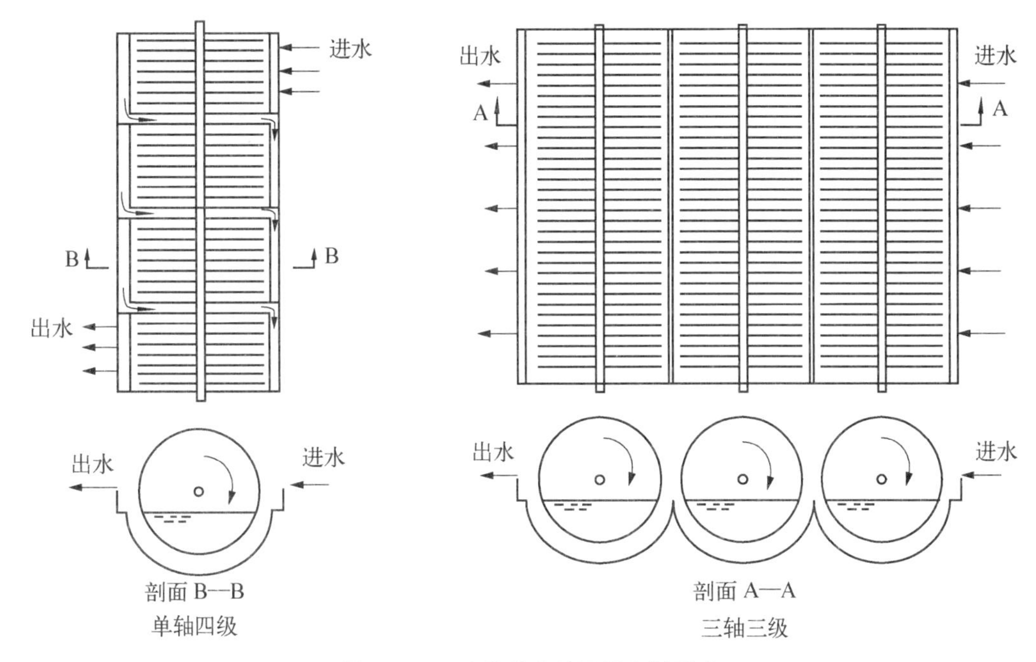


**图 14-10　生物转盘的不同布置形式**

级数的多少是根据废水净化要求达到的程度来确定的。转盘的多级布置可以避免水流短路、改进停留时间的分配。随着级数的增加，处理效果可相应提高。随着级数的递增，处理效果的增加率减慢。因为生物酶氧化有机物的速率正比于有机物的浓度，在多级转盘中，转盘的第一级进水口处有机物浓度最高，氧化速率也最快，随着级数的增加，有机物浓度逐渐降低，代谢产物逐渐增多，氧化速率也逐渐减慢，因此，转盘的分级不宜过多。一般来说，转盘的级数不超过四级。

生物转盘的进水方式一般有三种：① 进水方向和转盘的旋转方向一致。这种进水方式的特点是废水在氧化槽中混合较均匀，水头损失小，但脱落的生物膜不易随水流出。② 进水方向和转盘的旋转方向相反。这种进水方式废水混合较差，水头损失稍大，池中脱落的膜易顺利流出。③ 进水方向垂直于盘片。这种进水方式会造成第一级废水浓度高，微生物耗氧速度过快，往往出现溶解氧供应不足的情况。为了保证第一、二级有足够的溶解氧，可采取前二、三级并联底部进水或第一级前端底部分散进水的方式。这样不仅能提高装置的处理能力，改善出水水质，而且对于易挥发的有机废水，采用底部进水的方式可以减少对空气的污染。

为了避免第一级转盘超负荷并减轻废水性质的波动，可使每一级盘片数大于随后的各级。

对于高浓度废水，扩大第一级的盘片数，可提高水力负荷。如某化纤厂第一级盘片数是第二级盘片数的 2 倍。某货车洗刷场废水处理所用的转盘采用前一、二级并联，然后与第三级串联，以增加第一级的盘片数，保证第一级有最大的工作面积，以及氧化槽混合液中有足够的溶解氧。

### 14.3.3　生物转盘的工艺流程

生物转盘法的工艺流程如图 14-11 所示。废水在进入生物转盘之前需进行沉降处理，以除去大颗粒的悬浮物。生物转盘在工作之前，首先进行人工方法或自然方法挂膜，使转盘表面上形成一层生物膜，然后废水才能连续不断地进入氧化槽。生物转盘工作中，当旋转的圆盘浸没在废水中时，废水中的有机物被生物膜吸附和吸收，当旋转的圆盘处于水面以上时，与空气接触，使生物膜得到充氧。微生物在有氧的情况下，由于生物酶的催化作用，对有机物进行氧化分解，同时排出氧化分解过程中形成的代谢产物。微生物还以有机物为养料进行自身繁殖。圆盘在旋转过程中，盘片上的生物膜不断交替地和废水、空气接触，连续不断地完成吸附、吸收-吸氧-氧化分解过程，使废水中的有机物不断分解，从而达到处理废水的目的。

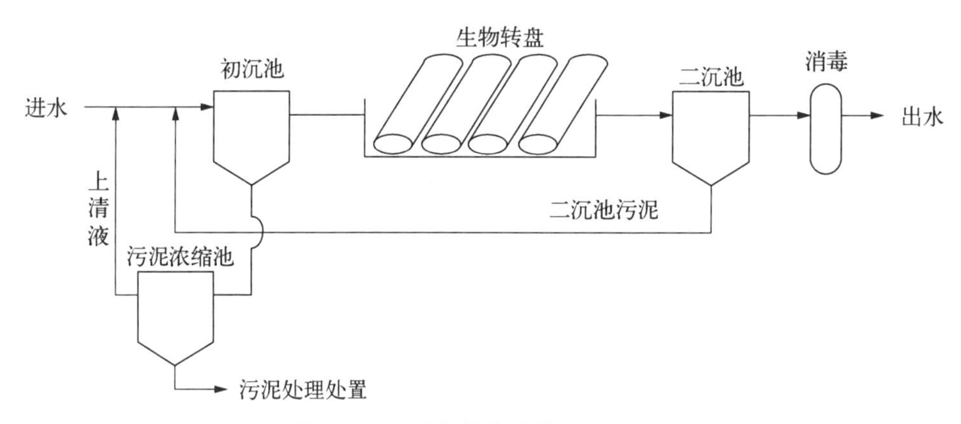


**图 14-11　生物转盘法的工艺流程图**

由于微生物自身的繁殖，生物膜逐渐增厚，当增厚到一定程度时，在圆盘转动时形成的剪切力作用下从盘面剥落下来，悬浮在水中随废水流入二次沉淀池进行分离。二次沉淀池排出的上清液即为处理后的废水，沉泥作为剩余生物污泥排入污泥处理系统。

在圆盘的转动过程中，氧化槽中的废水不断地被搅动，连续进行充氧，使脱落的生物膜在氧化槽中呈悬浮状态，在槽中的生物膜继续起着净化作用，因此，生物转盘兼有生物滤池和曝气池的双重功能。

### 14.3.4　生物转盘的生物相特征

生物转盘投入运行经 1～2 周后，盘片表面上即形成生物膜，并逐渐加厚，最终厚度可达 1.5～3.0 mm。

在采用多级转盘处理废水时，由于沿流程废水有机物浓度和组分的变化，不同级别转盘上的生物群有较大的差异。第一级转盘处于废水的进口，废水中有机物浓度较高，因此生物膜较厚，生物的个体数量也大，但种属少。这一级转盘的生物主要以耐毒能力较强的细菌、菌胶团及球衣细菌一类营养水平低的生物为主。第二、三级转盘所接触的废水有机物浓度逐渐降低，生物膜厚度减小，生物数量减少而种属逐渐增多，营养水平逐渐提高，此时生物相以菌胶团、固着型纤毛虫等原生动物及一些球衣细菌为主，尤其是原生动物生长数量大而活跃。上述生物相的逐级变化现象称为分级现象，它是生物转盘处理废水的重要特征之一。在正常运转时，分级现象明显，处理效果好，若生物相分级不明显，处理效果就差。这种情况往往是由于进水有机物负荷过高所造成的，若进水中有机物负荷降低之后，即可逐步看到处理效果提高，生物相的分级现象也得到改善。

微生物相的分级现象同塔式生物滤池生物相分层现象相似，对运行是有益的。生物相的分级现象可以使生物转盘承受较大的负荷冲击。当遭受负荷冲击时，仅使第一级生物活动受影响，由于第一级转盘上的细菌及菌胶团的分解作用，使以后各级的冲击大大减少。此外，一旦冲击形成之后，只是表层生物膜受影响，冲击物质进入生物膜内部还有一个扩散过程，所以内部的微生物受到的影响很小，并能在短时间内得到恢复。另一方面，由于分级现象的存在，可以根据有机物负荷的大小，培养适应某一有机物负荷范围的特殊微生物，以提高废水的处理能力。生物转盘的生物相，可以粗略地表征其工作情况。将大量的实际运行资料加以归纳可得如下规律：当转盘处于高负荷时，生物膜厚度大，色泽黑灰，微生物主要有菌胶团、贝氏硫细菌、草履虫、豆形虫、波多虫、屋滴虫等；当转盘负荷适宜时，生物膜中的微生物有菌胶团、球衣细菌一类的丝状菌和独缩虫，累枝虫、钟虫、盖纤虫、盾纤虫等原生动物以及轮虫、线虫和贫毛虫类的后生动物。当转盘负荷低时，生物膜为淡褐色，有硝化细菌存在，膜内出现硝化现象，原生动物也存在，如鳞壳虫、表壳虫等。如转盘的生物膜更新速度加快，将大量出现旋轮虫、线虫和贫毛虫类动物。如果水中溶解氧很低，可以出现贝氏硫细菌、草履虫、扭头虫等。

由于转盘上能够栖息世代时间长的微生物，因此，像硝化菌这样的微生物也得以生长、繁殖。于是，生物转盘具有脱氮的功能。另外，转盘上能够栖息高级营养水平的生物，生物群体的食物链较长，因此产生的污泥量较少。

### 14.3.5 生物转盘法的运行参数

1. 表面负荷

生物转盘的表面负荷有三种表示方式：有机物负荷（或称 BOD 负荷，对水质复杂的废水也有以 COD 负荷代替的）、毒物负荷（总氰负荷、酚负荷、丙烯腈负荷）和水力负荷。前两种表示量的单位为 $g/(m^2 \cdot d)$，即每天每平方米盘片表面投配有机物（或毒物）的质量，它反映了废水的水质特征。水力负荷的单位为 $m^3/(m^2 \cdot d)$，即每天每平方米盘片表面投配废水的体积，反映了盘片所能承受的水量。

实践表明，生物转盘的氧化能力是随着负荷的提高而增高的。但随着负荷的提高，相应地会导致处理的效果下降，出水中有机物浓度增高，去除率下降。为了保证出水水质，需选择最佳的负荷范围。

2. 停留时间

停留时间是指废水在氧化槽有效容积内的停留时间，它是影响生物转盘处理有机物的一个重要因素。一般来说，在一定的时间内，停留时间长，废水与生物膜接触的机会就多，有利于提高处理效果。但是延长停留时间也会导致负荷的降低，且停留时间也不是越长越好，应根据要求的处理程度，通过试验来确定。

3. 转盘的转速

转速是生物转盘的重要运行参数。增加转速可以增加生物膜与废水和空气的接触机会，加强氧化槽中水的搅动，提高氧化槽混合液中溶解氧的含量，有利于加速生物酶在氧的参与下对有机物的氧化。同时，增大转盘线速度，有利于冲刷生物膜，使生物膜不断更新，膜不至于太厚。但是，转速过高对设备和转盘的机械强度要求高，也会增加电耗，以及高转速在盘面上产生较大的剪切力，易使生物膜过早剥离。所以，转盘的转速必须适宜。从各级氧化槽中溶解氧的含量来看，其是随级数的增加而提高，第一级溶解氧的含量最低，而有机物的浓度又是第一级最高，生物膜量一般也是第一级最大，第一级有机物的去除率也是最高。为了保证第一、二级氧化槽中有足够的溶解氧，提高转盘的处理能力，又不至于因生物膜过厚造成内层生物膜厌气而大块脱落，可采取多轴、不同线速度的方法，把第一、二级转盘的线速度提高。如某绝缘材料厂酚醛废水处理，转盘直径 3.47 m，第一、二级转盘线速度为 35 m/min，第三、四级转盘线速度为 27 m/min。

### 14.3.6 生物转盘的优缺点及其工程应用

与活性污泥法比较，生物转盘的优点是：① 操作简单，没有污泥膨胀和流失问题，没有污泥回流系统，生产上易于控制；② 剩余生物污泥量小，污泥颗粒大，含水率低，沉降速度大，易于沉降分离和脱水干化；③ 设备构造简单，无通风、回流及曝气设备，运转费用低，耗电低；④ 可处理高浓度废水，承受 BOD 的浓度可达 1 000 mg/L，且耐冲击能力强；⑤ 废水在氧化槽内停留时间短，一般为 1～1.5 h 左右，处理效率高，BOD 去除率一般可达 90%以上；⑥ 比活性污泥法占地小。其缺点是：① 占地比活性污泥法小，但占地仍然较大；② 盘材昂贵、基建投资大；③ 处理含易挥发有毒废水时，对大气污染严重。

生物转盘是一种比较新型的生物膜法废水处理设备，国外使用比较谱遍，一些已经用于大型废水处理厂（如炼油厂、石油化工的废水处理厂），国内主要用于分散的工业废水处理，在化工、造纸、制革、化纤等行业应用较多。

## 14.4 生物接触氧化

### 14.4.1 接触氧化法处理装置的构造形式

生物接触氧化法是在曝气池中填充各种填料，经曝气的废水流经填料层，使填料的表面长满生物膜，废水和生物膜相接触，在生物膜上生物的作用下废水得到净化。生物接触氧化又名浸没式曝气滤池，也称固定式活性污泥法，是一种兼有活性污泥法和生物膜法特点的废水单元操作过程，兼有这两种处理法的优点。

生物接触氧化法中，主要的构筑物是接触氧化池，池内装入蜂窝状填料、纤维软性填料、半软性填料、纤维塑性复合填料及丝状球形悬浮填料等。

生物接触氧化法处理装置的形式很多。从水流状态可分为直流式和分流式（池内循环式）两种类型。

直流式接触氧化池（又称全面曝气式接触氧化池）是直接在填料底部进行鼓风充氧，如图 14-12(a)所示。这种构造形式的生物接触氧化装置的主要特点是在填料下直接布气，生物膜直接受到上升气流的强烈搅动，加速了生物膜的更新，便其经常保持较高的活性，而且能够克服堵塞的现象。国内多采用直流式接触氧化池。

分流式接触氧化池的废水充氧和与生物膜接触是在不同的格内进行的，废水充氧后在池内进行双向或单向循环，如图 14-12(b)、图 14-12(c)所示。其主要特征是：① 废水在单独的格内充氧，充氧时进行激烈的曝气和氧的转移过程，而在填充填料的另一格内，废水缓慢地流经填料与生物膜接触,这种安静的条件有利于生物的生长增殖;② 废水反复地经过充氧、与生物膜接触两个过程,进行循环,因此水中的氧充足。缺点是填料间水流缓慢,水力冲刷力小,生物膜只能自行脱落,更新速度慢,而且易于堵塞。

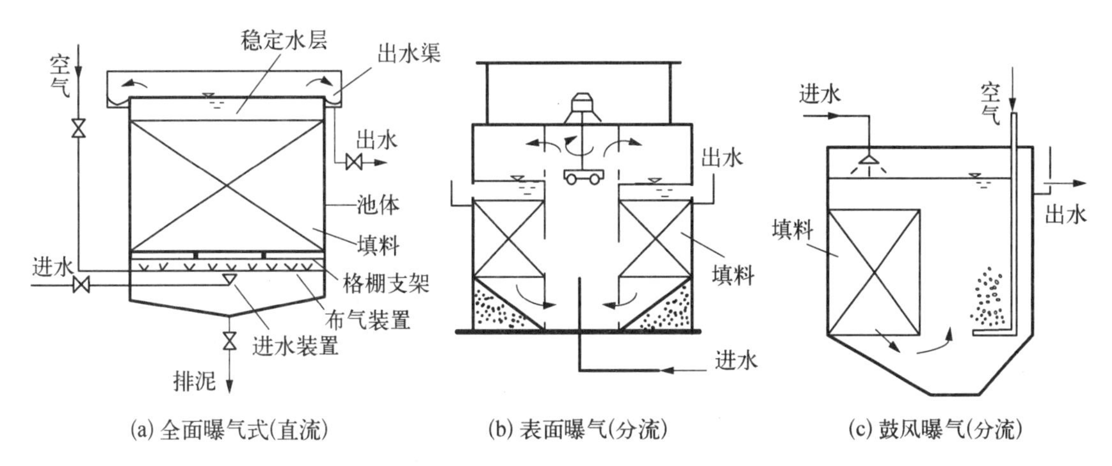


(a) 全面曝气式(直流) (b) 表面曝气(分流) (c) 鼓风曝气(分流)

**图 14-12 各类生物接触氧化池示意图**

从供氧方式分,接触氧化可分为鼓风式、机械曝气式、洒水式和射流曝气式等几种类型。国内采用的接触氧化池多为鼓风式和射流曝气式。

### 14.4.2 生物接触氧化法的特点

生物接触氧化法的特点如下:

(1) 水力条件好

生物接触氧化法目前所使用的多是蜂窝式或列管式填料,上下贯通,废水在管内流动,水力条件好,能很好地向管壁上固着的生物膜供应营养及氧气,因此,生物膜上的生物相很丰富,除细菌外,还有球衣菌类的丝状菌、多种种属的原生动物和后生动物,能够形成稳定的生态系。

(2) 生物量大

填料表面全部为生物膜所覆盖,形成了生物膜的主体结构,有利于维护生物膜的净化功能,还能够提高充氧能力和氧的利用率,有利于保持高浓度的生物量。生物膜的立体结构形成了一个密集的生物网,废水从中通过,能够提高净化效果。

(3) 耐冲击负荷且管理方便

生物接触氧化对冲击负荷有较强的适应能力,污泥生成量少,不产生污泥膨胀的危害,能够保证出水水质,不需污泥回流,易于维护管理,不产生滤池蝇,也不散发臭气。

(4) 可以除氮、磷

生物接触氧化法具有多种净化功能,它不但能够有效地去除有机污染物质,还能够用于脱氮和除磷,因此,可以用于废水的三级处理。

生物接触氧化法的主要缺点是填料易于堵塞,布气、布水不易均匀。

### 14.4.3 接触氧化池中的填料

选择接触氧化池填料时要求比表面积大、空隙率大,水流阻力小,性能稳定。垂直放置的塑料蜂窝管填料曾经被广泛采用,其结构如图 14-13 所示。这种填料比表面积较大,单位填料上生长的生物膜数量较大。据实测，每平方米填料表面上的活性生物量可达 125 g，如折算成悬浮混合液，则浓度为 13 g/L，比一般活性污泥法的生物量大得多。但是这种填料各蜂窝管间互不相通，当负荷增大或布水均匀性较差时，则易出现堵塞，此时若加大曝气量，又会导致生物膜稳定性变差，出现周期性的大量剥离，净化功能不稳定。

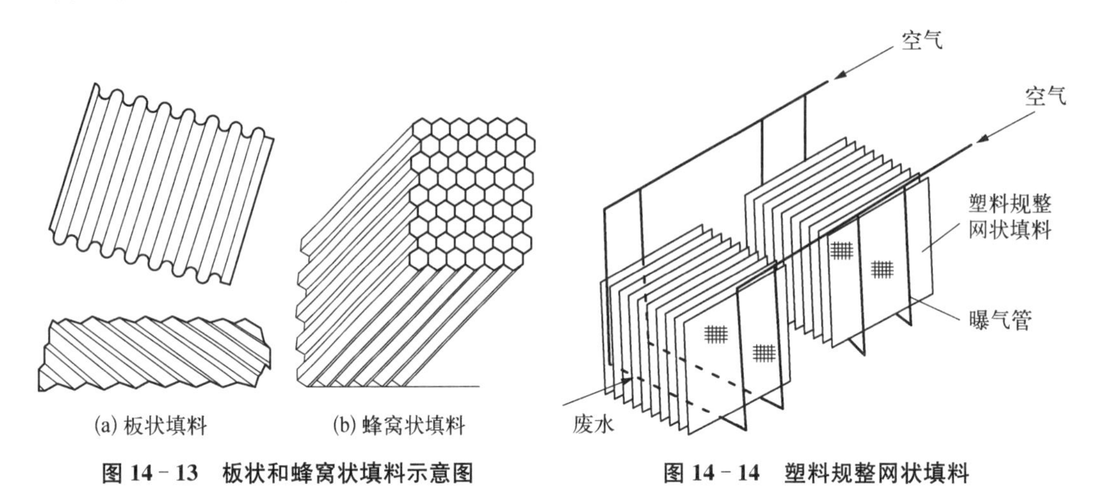


图 14-13 板状和蜂窝状填料示意图

图 14-14 塑料规整网状填料

近年来国内外做了许多针对填料的研究工作，开发了塑料规整网状填料（图 14-14）。在网状填料中，水流可以四面八方连通，相当于经过多次再分布，从而防止了由于水、气分布不均匀而出现的堵塞现象。缺点是填料表面较光滑，挂膜缓慢，稍有冲击，就易于脱落。目前采用较多的是软性填料，即在纵向安设的纤维绳上绑扎一束束的人造纤维丝，形成巨大的生物膜支承面积（图 14-15）。实践表明，这种填料耐腐蚀、耐生物降解，不堵塞，造价低，体积小，重量

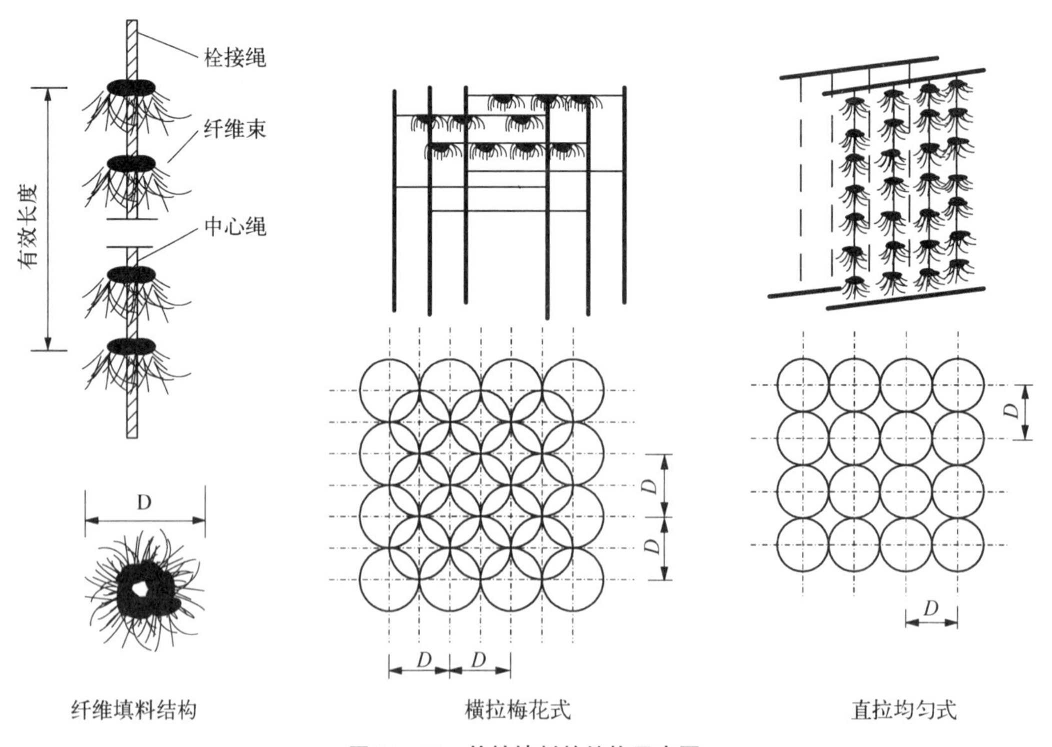


图 14-15 软性填料的结构示意图

轻(约 2～3 kg/$m^3$)，易于组装，适应性强，处理效果好。现已批量生产以供选用。但这种填料在氧化池停止工作时，会形成纤维束结块，清洗较困难。

一般废水在接触氧化池内停留时间为 0.5～1.5 h，填料负荷为 3～6 kg $BOD_5$/($m^3$ · d)，当采用蜂窝管时，管内水流速度在 1～3 m/h 之间，管长为 3～5 m(分层设置)。由于氧化池内生物浓度高，故耗氧速度比活性污泥快，需保持较高浓度的溶解氧，一般为 2.5～3.5 mg/L，空气与废水体积比为 10∶1～15∶1。

## 14.5 生物流化床

### 14.5.1 工艺特点

生物流化床是使废水通过流化的颗粒床，流化的颗粒表面生长有生物膜，废水在流化床内同分散十分均匀的生物膜相接触而得以净化。

在流化床中，支撑生物膜的固相物是载体，为了获得足够的生物量和良好的接触条件，载体应具有较高的比表面积和较小的颗粒直径，通常载体采用砂粒、焦炭粒、无烟煤粒或活性炭粒等。一般颗粒直径为 0.6～1.0 mm，因此可以提供较大的表面积。例如，用直径 1 mm 的砂粒作载体，其比表面积为 3 300 $m^2/m^3$，是一般生物滤池的 50 倍，比采用塑料滤料的塔式生物滤池大约 20 倍，比平板式生物转盘大 60 倍。因此，在流化床中能维持相当高的微生物浓度，可比一般的活性污泥法高 10～20 倍，因此，废水中污染物的降解速率很快，停留时间很短，废水负荷相当高。

生物流化床内载有生物膜的载体能均匀分布在全床，和上升水流接触条件良好。因此，它兼有活性污泥法均匀接触条件所形成的高效率和生物膜法能承受负荷变动冲击的优点。由于比表面积大，对废水中污染物的吸附能力强，尤其是采用活性炭作为载体时，吸附作用更为显著。在这样一个强吸附力场作用下，废水中有机物和微生物、酶都将在流化的生物膜表面富集，使表面形成微生物生长的良好场所。如活性炭表面官能团(—COOH、—OH、>C═O)能与微生物的酶结合，所以酶在活性炭表面的浓度很高，炭粒实际上已成为酶的载体。因此，一些难以分解的有机物或分解速率慢的有机物，能够在介质表面长期停留，对表面吸附着的生物膜进行长时间的驯化和诱导，使之能够顺利降解，同时也能在高浓度的作用下，提高降解速率。由于表面吸附作用和吸附平衡关系，废水浓度的变化对系统工作影响大大减少。因为吸附表面将对这种变化起缓冲作用。

流化床综合了载体的流化机理、吸附机理和生物化学机理，过程比较复杂。由于它兼有物理化学法和生物法的优点，又兼顾了活性污泥法和生物膜法的优点，所以，这种方法颇受关注。

### 14.5.2 生物流化床的类型和工艺流程

生物流化床有两种主要类型：一种是两相生物流化床，另一种是三相生物流化床。两相生物流化床是在流化床体外设置充氧设备与脱膜设备，如图 14－16 所示。废水与回流水在充氧设备中与氧混合，使废水中的溶解氧浓度达到 32～40 mg/L(氧气源)或 9 mg/L(空气源)，然后进入流化床进行生物氧化反应，再由床顶排出。随着过程的进行，生物粒子直径逐渐增大，定期用脱膜器对载体进行机械脱膜，脱膜后的载体返回流化床，脱除的生物膜则作为剩余污泥排出。对于一般浓度的废水，一次充氧不足以保证生物处理所需要的氧，必须回流水循环充氧。

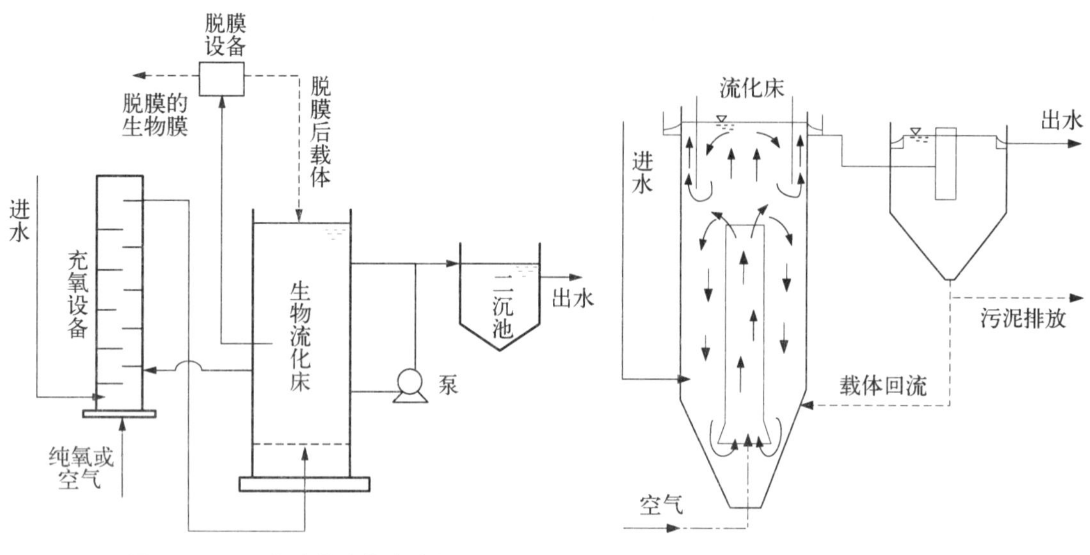


**图 14-16　两相生物流化床流程图**　　　　**图 14-17　三相流化床工艺示意图**

以空气为氧源的三相流化床的工艺流程如图 14-17 所示。在反应器底部或器壁上直接通入空气供氧，形成气液固三相流化床。由于空气的搅动，载体之间的摩擦较强烈，可以实现自动脱膜，不需要特别的脱膜装置，但载体易流失，气泡易聚并变大，影响充氧效率。为了控制气泡大小，有采用减压释放空气的方式充氧的，也有采用射流曝气方式充氧的。

生物流化床由床体、载体、布水装置、充氧装置和脱膜装置等部分组成。床体用钢板焊制或钢筋混凝土浇制，平面形状一般为圆形或方形。床底布水装置是关键设备，既使布水均匀，又起承托载体的作用，常用多孔板、加砾石多孔板等。

目前国内数十家单位在进行生物流化床的研究（包括好氧的和厌氧的），所采用的床型也有多种。如水力流化的和气力流化的，充氧方式有直接供氧和射流吸氧。采用纯氧气源的流化床，其 BOD 容积负荷可达 30 kg/($m^3$ · d)左右，以空气作气源的，BOD 容积负荷也可达 10 kg/($m^3$ · d)左右。如某印染厂应用三相流化床处理印染废水，以空气作为氧源，沸石为载体，在进水 BOD 为 406 mg/L，BOD 和 COD 的容积负荷分别为 12.16 kg/($m^3$ · d)和 29.24 kg/($m^3$ · d)条件下，COD 和 BOD 的去除率分别达到 68.0%和 85.1%，比相同处理效率下的表面曝气池负荷高 6 倍多。

## 14.6　生物膜法的运行管理

### 14.6.1　生物膜的培养与驯化

生物膜法处理设备是否能很快地投入正常运行，首先要解决的问题就是生物膜的培养和驯化。生物膜的培养称为挂膜。挂膜应先选定所需菌种。挂膜菌种大多数采用生活污水或生活污水与活性污泥混合液中的菌种，也可采用直接从某些土壤（如工业废水排放沟里的污泥）扩大繁殖的菌种。由于生物膜中微生物固着生长，适宜于特殊菌种的生存，所以也可以采用纯培养的特异菌种、菌液。特异菌种可单独使用，也可以同活性污泥混合使用，由于所提供的特异菌种比一般自然筛选的微生物更适宜于废水环境，因此，在与活性污泥混合使用时，仍可保证特异菌种在生物相中的优势。

从微生物的角度来讲，挂膜就是接种，就是使微生物吸附在固体支承物(滤料、盘片等)上，但只接种，即使接种度再大也不能说形成生物膜了。因为吸附在固体支承物上的污泥或菌种不牢固，易被水冲走，所以接种后应创造条件，使已接种的微生物大量繁殖，牢固地附着在固体支承物上，这就需要连续不断地供给营养物，因此，在挂膜过程中应同时投加菌液和营养物。

挂膜方法一般有两种。一种是密封循环法，即将菌液或菌液与驯化污泥的混合液从生物膜处理设备的一端流入(或从塔顶部淋洒)，从另一端流出，将流出液收集在一水槽内，槽内不断曝气，使菌种和污泥处于悬浮状态。曝气一段时间后，将槽内的菌液(或菌液与驯化污泥的混合液)进行静止沉降(0.5～1.0 h)，去掉上清液，适当地加入营养物和废水，也可加入菌液和驯化污泥，再回流入生物膜处理设备。如此循环形成一个密封系统，直到发现支承物上长有黏状污泥，可停止循环，开始连续进入废水。这种挂膜方法需要的菌种和污泥量大，而且由于营养物缺乏，代谢产物积累，因而成膜时间较长，一般需要 10 d 左右。另一种挂膜法叫连续法，即在菌液和污泥循环 1～2 次后即连续进水，使进水量逐渐增大。这种挂膜法由于营养物供应充足，只要控制挂膜液的流速(在生物转盘中控制转速)，就可保证微生物的吸附。塔式生物滤池中挂膜时水力负荷可采用 4～7 $m^3/(m^2 \cdot d)$，约为正常运行的 50%～70%。待挂膜结束后才逐步提高水力负荷。连续法成膜时间较短，一般 3～4 d 即形成比较完善的生物膜，并具有较好的处理效果。

对于塔式生物滤池和生物转盘，在循环挂膜的过程中，往往容易在构筑物各部位形成厚度均匀的膜，当直接通水 3～4 d 后，在流程的后面部分可能会出现生物膜大面积同时脱落的情况，这是由于流经各部位的水质不同，各部位的有机负荷不同，流程后面部分的负荷低，过多的生物膜自然脱落，属正常现象。在大面积脱落之后，逐渐建立起相应于废水处理规律的膜分布。对上述的大面积脱膜现象，可以不予理会，继续按正常情况投加负荷。

为了能尽量缩短挂膜时间，应保证挂膜营养液、污泥量及适宜于细菌生长的 pH、温度、营养比等。挂膜后应对生物膜进行驯化，使之适应所处理废水的环境。在挂膜过程中，应经常对生物相进行镜检，观察生物相的变化。

挂膜驯化之后，系统即可进入试运转，确定生物膜法处理设备的最佳工作运行条件，并在最佳条件下转入正常运行。

### 14.6.2 生物膜法的日常管理

生物膜法的操作简单，一般只要控制好进水量、浓度、温度及所需投加的营养(N、P 等)，处理效果一般比较稳定，微生物生长良好。在废水水质发生变化，形成冲击负荷的情况下，出水水质恶化，但很快就能恢复，这是生物膜法的特点。例如，某维尼纶厂的塔式生物滤池，进水的甲醛浓度超过正常值的 2～3 倍，连续进水 6 d，仍有 50%的去除率，而且冲击过后 3～4 d 即可恢复正常。又如，某化纤厂的塔式生物滤池，进水的 NaSCN 浓度从正常的 50 mg/L 增加到 600 mg/L 以上，连续进水 2 h，进水丙烯腈浓度由 200 mg/L 增加到 800 mg/L，连续进水 4 h；某石油化工厂的塔式生物滤池，进水 pH 为 4，连续进水 6 h，进水温度为 60 ℃，连续进水 2 h，均使生物膜受到冲击，处理效果有所下降，但短期内即可恢复。生物转盘的使用情况也相似，如某化纤厂生物转盘，水力负荷超过设计负荷的 1.5～3 倍，连续进水 6 h，使 COD 的去除率下降到 23.7%，但当恢复正常负荷后 2 h，去除率即恢复正常。

生物膜法在运行中还应该注意检查布水装置及填料是否有堵塞现象。布水装置堵塞往往是由于管道腐蚀或废水中的悬浮物沉积所致。填料堵塞往往是由于生物膜的增长量大于排出量而引起的。所以，应严格控制废水的水质、水量。膜的厚度一般与水温、水力负荷、有机负荷和通风量等因素有关，要控制水力表面负荷，使老化的膜不断地冲刷下来，被水带走。如对腈纶废水，水力表面负荷可控制在 100 $m^3/(m^2 \cdot d)$。当有机负荷过高时，可加大风量。对于采用自然通风的塔滤，可提高喷淋水压，以加大水力表面负荷，降低水温。

生物转盘一般不产生堵塞现象，但也可以通过加大转盘转速来控制膜的厚度。在正常运转过程中，除了应开展有关物理、化学参数的测定外，应对不同层厚、级数的生物膜进行镜检，观察分层和分级现象。找出运转条件、生物相和处理效果的变化规律，以指导运行管理。以塔式生物滤池为例，当处理效果好或进水有机负荷低时，塔式生物滤池生物相分层明显。当有机负荷增高时，顶部的生物相向下移，甚至使分层变得不明显。根据生物相的分层情况，可以判断有机负荷的大小和塔式生物滤池的处理情况。若同一截面生物相差别较大，则说明布水不均匀，有阻塞现象。如果通风不良或水温过高，会使水中溶解氧降低，造成生物膜发黑，出现白硫细菌。因此，白硫细菌可以作为塔内通风状况的指示菌。其次，在有机负荷高，水力负荷低时，由于冲刷力不够，生物膜越长越厚，导致里层生物膜厌氧发黑，也会出现白硫细菌。生物膜发黑腐败后，附着力差，容易脱落，大块的脱落导致塔式生物滤池的堵塞。生物转盘也有类似的规律。因此，掌握生物相在正常运行条件下和异常运行条件下的变化规律，对指导运行操作有现实意义。

生物膜法运转中，经常遇到检修或停车情况。这种情况的处理方法比较简单。如采用自然通风的塔式生物滤池，只需保持自然通风，不需采取其他任何措施。如采用机械通风时，需将各观察孔打开，以保持塔内空气流动，使膜保持活性。如果是生物转盘，可以将氧化槽放空或用人工营养液循环，保持膜的活性。停车后，生物膜中的水分可能大幅蒸发，但无关紧要，一旦重新开车，不需再挂膜接种。停车期间，生物膜由于自身氧化，附着力差，因此，重新开车时会出现大量生物膜脱落的现象。重新进水时微生物也要有一个适应过程，所以，重新开始工作时水量负荷应逐步提高，防止老化生物膜脱落过多，一般几天后即能恢复正常。对于塔式生物滤池短时间停车也可以用自来水喷淋保持生物膜湿润，如某石油化工厂的塔式生物滤池，对于 1～3 d 的停车，采用喷淋自来水，保持塔内生物膜湿润，进水后 3～5 d，处理效果恢复正常。当发现滤池出现堵塞时，应采用高压水表面冲洗，或停进废水，让其干燥脱落。有时也可以加入少量氯或漂白粉，破坏滤料层中的部分生物膜。

# 15 厌氧生物处理

## 15.1 概述

废水厌氧生物处理是环境工程与能源工程中的一项重要技术，是有机废水强有力的处理方法之一。过去，它多用于城市污水处理厂的污泥、有机废料以及部分高浓度有机废水的处理，在构筑物型式上主要采用普通消化池。由于厌氧处理存在水力停留时间长、有机负荷低等缺点，在较长时期内限制了其在废水处理中的应用。自20世纪70年代以来，世界能源短缺问题日益突出，能产生能源的废水厌氧处理技术受到重视，随着研究与实践的不断深入，开发了各种新型工艺和设备，大幅度地提高了厌氧反应器内活性污泥的持留量，使处理时间大大缩短，效率提高。目前，厌氧生化法不仅可用于处理有机污泥和高浓度有机废水，还可用于处理中、低浓度有机废水，包括城市污水。

与好氧生化法相比，厌氧生化法具有以下优点：

(1) 应用范围广

厌氧处理应用范围广主要表现在两个方面：一是因供氧限制好氧法一般只适用于中、低浓度有机废水的处理，而厌氧法既适用于高浓度有机废水，又适用于中、低浓度有机废水；二是有些有机物对好氧生物处理来说是难降解的，但对厌氧生物处理是可降解的，如固体有机物、着色剂蒽醌和某些偶氮染料等。

(2) 能耗低

好氧法需要消耗大量能量供氧，曝气费用随着有机物浓度的增大而增加，而厌氧法不需要充氧，而且产生的沼气可作为能源。当废水中有机物浓度达一定程度后，沼气产生的能量可以抵偿消耗的能量。研究结果表明，当原水 $BOD_5$ 达到 1 500 mg/L 时，采用厌氧处理即有能量剩余。有机物浓度愈高，剩余能量愈多。一般厌氧法的动力消耗约为活性污泥法的1/10。

(3) 负荷高

通常好氧法的有机容积负荷为 2～4 kg COD/($m^3$·d)，而厌氧法为 2～10 kg COD/($m^3$·d)，高的可达 50 kg COD/($m^3$·d)。

(4) 剩余污泥量少且易于处理

好氧法每去除 1 kg COD 将产生 0.4～0.6 kg 生物量，而厌氧法除去 1 kg COD 只产生 0.02～0.10 kg 生物量，其剩余污泥量只有好氧法的5%～20%。同时，消化污泥在卫生学上和化学上都是稳定的。因此，剩余污泥处理和处置简单、运行费用低，甚至可用作肥料、饲料或饵料。

(5) 营养物质需要量较少

好氧法一般要求 BOD∶N∶P=100∶5∶1，而厌氧法的 BOD∶N∶P=200∶5∶1，在处

理氮、磷缺乏的工业废水时所需投加的营养盐量较少。

（6）有杀菌作用

厌氧处理过程有一定的杀菌作用，可以杀死废水和污泥中的寄生虫卵、病毒等。

（7）污泥易贮存

厌氧活性污泥可以长期贮存，厌氧反应器可以季节性或间歇性运转。与好氧反应器相比，在停止运行一段时间后，能较迅速启动。

但是，厌氧生物处理法也存在以下缺点：① 厌氧微生物增殖缓慢，因而厌氧设备启动和处理所需时间比好氧设备长；② 出水往往达不到排放标准，需要进一步处理，故一般在厌氧处理后串联好氧处理；③ 厌氧处理系统操作控制因素较为复杂。

## 15.2　厌氧法的基本原理

废水厌氧生物处理是指在无分子氧条件下通过厌氧微生物和兼氧微生物的作用，将废水中的复杂有机物分解转化成甲烷和二氧化碳等物质的过程，也称为厌氧消化。与好氧过程的根本区别在于它不以分子态氧作为受氢体，而以化合态氧、碳、硫、氮等作为受氢体。

厌氧生物处理是一个复杂的微生物化学过程，依靠三大主要类群的细菌，即水解产酸细菌、产氢产乙酸细菌和产甲烷细菌的联合作用完成。关于厌氧生物处理的理论学说有两阶段论、三阶段论和四种群说等，如图 15－1 所示，其中比较常见的理论为：粗略地将厌氧消化过程划分为水解酸化、产氢产乙酸和产甲烷三个连续的阶段。

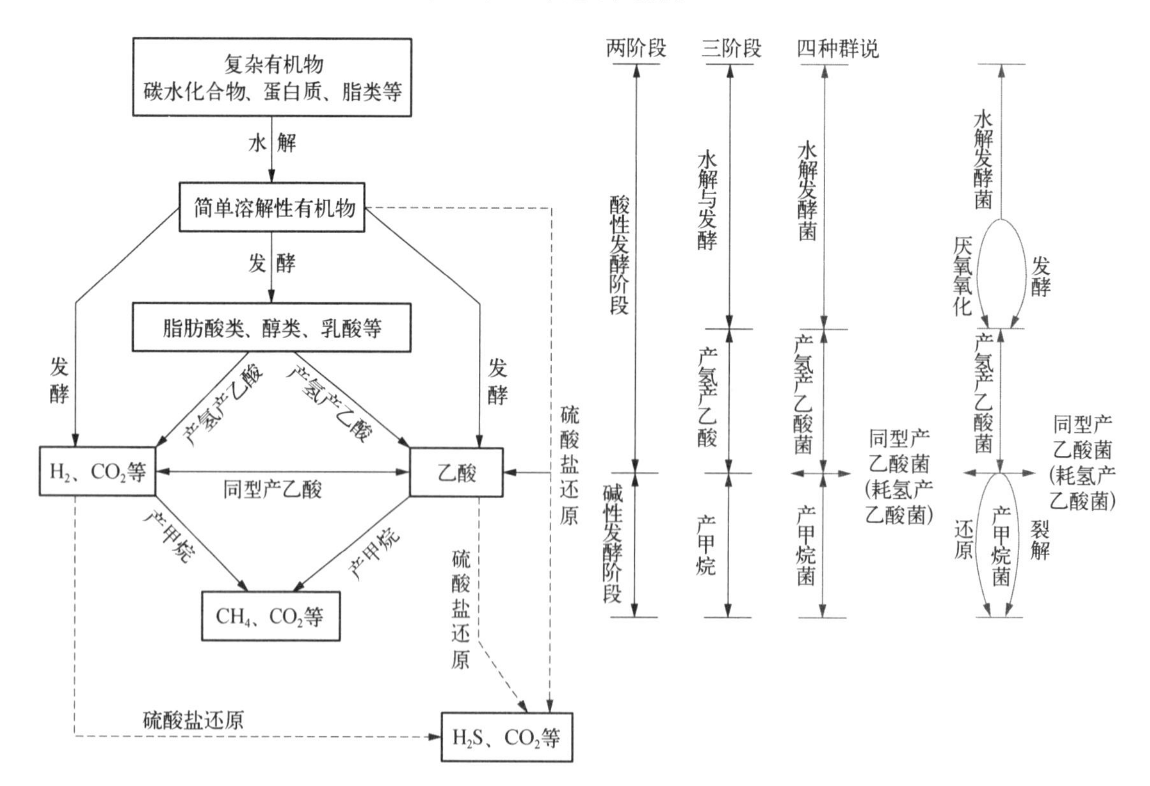


图 15－1　厌氧生物处理历程

第一阶段为水解酸化阶段。在该过程中复杂的大分子、不溶性有机物先在细胞外酶的作用下水解为小分子和溶解性有机物，然后渗入细胞体内，分解产生挥发性有机酸、醇类、醛类等。这个阶段主要产生较高级脂肪酸。由于简单碳水化合物的分解产酸作用，要比含氮有机物的分解产氨作用迅速，故蛋白质的分解在碳水化合物分解后发生。含氮有机物分解产生的$NH_3$除了提供合成细胞物质的氮源外，在水中部分电离，形成$NH_4HCO_3$，具有缓冲消化液pH的作用，故有时也把继碳水化合物分解后的蛋白质分解产氨过程称为酸性减退期。

第二阶段为产氢产乙酸阶段。该过程中在产氢产乙酸细菌的作用下，第一阶段产生的各种有机酸被分解转化成乙酸和$H_2$，在降解奇数碳素有机酸时还形成$CO_2$。

第三阶段为产甲烷阶段。此阶段主要依靠产甲烷细菌的作用，将乙酸、乙酸盐、$CO_2$和$H_2$等转化为甲烷。此过程由两组生理上不同的产甲烷菌完成，一组把氢和二氧化碳转化成甲烷，另一组把乙酸或乙酸盐脱羧产生甲烷，前者约占总量的1/3，后者约占2/3。

上述三个阶段的反应速率因废水性质而异，在含纤维素、半纤维素、果胶和脂类等污染物为主的废水中，水解易成为速率限制步骤；简单的糖类、淀粉、氨基酸和一般的蛋白质均能被微生物迅速分解，对含这类有机物为主的废水，产甲烷易成为限速阶段。

虽然厌氧消化过程可分为以上三个阶段，但是在厌氧反应器中，三个阶段是同时进行的，并保持着某种程度的动态平衡，这种动态平衡一旦被pH、温度、有机负荷等外加因素所破坏，产甲烷阶段则将首先受到抑制，其结果会导致低级脂肪酸的积存和厌氧进程的异常变化，甚至会导致整个厌氧消化过程停滞。

## 15.3 厌氧法的影响因素

厌氧法对环境条件的要求比好氧法更严格。一般认为，控制厌氧处理效率的基本因素有两类：一类是基础因素，包括微生物量（污泥浓度）、营养比、混合接触状况、有机负荷等；另一类是环境因素，如温度、pH、氧化还原电位、有毒物质等。

由厌氧法的基本原理可知，厌氧过程要通过多种生理上不同的微生物类群联合作用来完成。如果把产甲烷阶段以前的所有微生物统称为不产甲烷菌，则它包括厌氧细菌和兼性细菌，尤以兼性细菌居多。与产甲烷菌相比，不产甲烷菌对pH、温度、厌氧条件等外界环境因素的变化具有较强的适应性，且其增殖速度快。而产甲烷菌是一群非常特殊的、严格厌氧的细菌，它们对生长环境条件的要求比不产甲烷菌更严格，而且其繁殖的世代期更长。因此，产甲烷细菌是决定厌氧消化效率和成败的主要微生物，产甲烷阶段是厌氧过程速率的限制步骤。正因为如此，在讨论厌氧过程的影响因素时，多以产甲烷菌的生理、生态特征来说明。

### 15.3.1 温度条件

温度是影响微生物生存及生物化学反应最重要的因素之一。各类微生物适宜的温度范围是不同的。一般认为，产甲烷菌的温度范围为5～60 ℃，在35 ℃和53 ℃上下可以分别获得较高的消化效率，温度为40～45 ℃时，厌氧消化效率较低。由此可见，各种产甲烷菌的适宜温度区域不一致，而且最适宜温度范围较小。根据产甲烷菌适宜温度条件的不同，厌氧法可分为常温消化、中温消化和高温消化三种类型。常温厌氧消化指在自然气温或水温下进行废水厌氧处理的工艺，适宜温度范围为10～30 ℃；中温厌氧消化适宜的温度范围为35～38 ℃，若低于32 ℃或者高于40 ℃，厌氧消化的效率即明显地降低；高温厌氧消化适宜的温度为50～55 ℃。

上述适宜温度有时因其他工艺条件的不同而有某种程度的差异,如反应器内较高的污泥浓度,即较高的微生物酶浓度,则使温度的影响不易显露出来。在一定温度范围内,温度提高,有机物去除率提高,产气量提高。一般认为,高温消化比中温消化沼气产量约高1倍。温度的高低不仅影响沼气的产量,而且影响沼气中甲烷的含量和厌氧消化污泥的性质,对不同性质的污染物影响程度不同。

温度对反应速率的影响同样是明显的。一般地说,在其他工艺条件相同的情况下,温度每上升10 ℃,反应速率就大约增加2～4倍。因此,高温消化比中温消化所需时间短。温度的急剧变化和上下波动不利于厌氧消化过程。短时间内温度升降5 ℃,沼气产量明显下降,波动的幅度过大时,甚至停止产气。温度的波动,不仅影响沼气产量,还影响沼气中甲烷的含量,尤其高温消化对温度变化更为敏感。因此在设计消化器时常采取一定的控温措施,尽可能使消化器在恒温下运行,温度变化幅度不超过2～3 ℃/h。温度的暂时性突然降低不会使厌氧消化系统遭受根本性的破坏,温度一旦恢复到原来的水平,处理效率和产气量也随之恢复,只是温度降低持续的时间较长时,恢复所需时间也会相应延长。

### 15.3.2 pH

每种微生物可在一定的pH范围内活动,产酸细菌对酸碱度不及甲烷细菌敏感,其适宜的pH范围较广,在4.5～8.0之间。产甲烷菌要求环境介质pH在中性附近,最适宜pH为7.0～7.2,pH为6.6～7.4较为适宜。在厌氧法处理废水的应用中,由于产酸和产甲烷过程大多在同一构筑物内进行,故为了维持平衡,避免过多的酸积累,常保持反应器内的pH在6.5～7.5(最好在6.8～7.2)之间。

pH条件失常首先会使产氢产乙酸作用和产甲烷作用受到抑制,使产酸过程所形成的有机酸不能被正常地代谢降解,从而使整个消化过程的各阶段间的协调平衡丧失。若pH降低到5以下,对产甲烷菌毒性较大,同时产酸作用本身也会受到抑制,整个厌氧消化过程即停滞。即使pH恢复到7.0左右,厌氧装置的处理能力仍不易恢复。而在pH稍高时,只要恢复中性,产甲烷菌即能较快地恢复活性。所以厌氧装置适宜在中性或稍偏碱性的状态下运行。

在厌氧消化过程中,pH的升降变化除了受外界因素的影响之外,还取决于有机物代谢过程中某些产物的增减。产酸作用的产物使有机酸的含量增加,从而使pH下降。含氮有机物分解会使氨的浓度增加,引起pH升高。

在厌氧处理中,pH除受到进水的pH影响,主要取决于代谢过程中自然建立的缓冲平衡,取决于挥发酸、碱度、$CO_2$、氨氮、氢之间的平衡。

### 15.3.3 氧化还原电位

无氧环境是严格厌氧的产甲烷菌繁殖的最基本条件之一。产甲烷菌对氧和氧化剂非常敏感,因为它不像好氧菌那样具有过氧化氢酶。对厌氧反应器介质中的氧浓度可根据浓度与电位的关系判断,即由氧化还原电位表达。氧化还原电位与氧浓度的关系可用Nernst方程确定。研究表明,产甲烷菌初始繁殖的环境条件是氧化还原电位不能高于－330 mV,按Nernst方程计算,相当于$2.36\times10^{56}$ L水中有1 mol氧。可见产甲烷菌对介质中分子态氧极为敏感。

氧是影响厌氧反应器中氧化还原电位条件的重要因素,但不是唯一因素。挥发性有机酸的增减、pH的升降以及铵离子浓度的高低等因素均会影响系统的还原强度。如pH低,氧化还原电位高;pH高,氧化还原电位低。

### 15.3.4　有机负荷

在厌氧法中，有机负荷通常指容积有机负荷，简称容积负荷，即消化器单位有效容积每天接受的有机物量，单位是 kg COD/($m^3$ · d)。对悬浮生长工艺，也有用污泥负荷表达的，即 kg COD/(kg · d)。在污泥消化中，有机负荷习惯上以投配率或进料率表达，即每天投加的湿污泥体积占消化器有效容积的百分数。由于各种湿污泥的含水率、挥发组分不尽一致，投配率不能反映实际的有机负荷，为此，引入反应器单位有效容积每天接受的挥发性固体质量这一参数，即 kg MLVSS/($m^3$ · d)。

有机负荷是影响厌氧消化效率的一个重要因素，直接影响产气量和处理效率。在一定范围内，随着有机负荷的提高，产气率(即单位质量物料的产气量)趋向下降，而消化器的容积产气量则增多，反之亦然。对于具体应用场合，进料的有机物浓度是一定的，有机负荷或投配率的提高意味着停留时间缩短，则有机物分解率将下降，这势必会使单位质量物料的产气量减少。但因反应器相对的处理量增多了，单位容积的产气量也将提高。

如上所述，厌氧处理系统正常运转取决于产酸与产甲烷反应速率的相对平衡。一般产酸速率大于产甲烷速率，若有机负荷过高，则产酸率将大于用酸(产甲烷)率，挥发酸将累积而使 pH 下降，破坏产甲烷阶段的正常进行，严重时产甲烷作用停顿，系统失败，并难以调整恢复。此外，有机负荷过高，会引起水力负荷的提高，使消化系统中污泥的流失速率大于增长速率进而降低消化效率。这种影响在常规厌氧消化工艺中更加突出。相反，若有机负荷过低，物料产气率或有机物去除率虽可提高，但容积产气率降低，反应器容积将增大，使消化设备的利用效率降低，投资和运行费用提高。

有机负荷量因工艺类型、运行条件以及废水中污染物的种类及其浓度而异。通常情况下，常规厌氧消化工艺中温处理高浓度工业废水的有机负荷为 2～3 kg COD/($m^3$ · d)，高温下有机负荷为 4～6 kg COD/($m^3$ · d)。上流式厌氧污泥床反应器、厌氧滤池、厌氧流化床等新型厌氧工艺的有机负荷，在中温下为 5～15 kg COD/($m^3$ · d)，有时可高达 30 kg COD/($m^3$ · d)。在处理废水时，最好通过实验来确定其最适宜的有机负荷。

### 15.3.5　厌氧活性污泥的浓度

厌氧活性污泥主要由厌氧微生物及其代谢的和吸附的有机物、无机物组成。厌氧活性污泥的浓度和性状与消化的效能有密切的关系。性状良好的污泥是厌氧消化效率的基础保证。厌氧活性污泥的性质主要表现在它的作用效能与沉降性能上，前者主要取决于活性微生物的比例及其对污染物的适应性，以及活性微生物中生长速率低的产甲烷菌的数量是否达到与不产甲烷菌数量相适应的水平。活性污泥的沉降性能是指污泥混合液在静止状态下的沉降速度，它与污泥的凝聚性有关。与好氧处理一样，厌氧活性污泥的沉降性能也用 SVI 来衡量。如在上流式厌氧污泥床反应器中，一般认为当活性污泥的 SVI 值为 15～20 mL/g 时，污泥具有良好的沉降性能。

厌氧处理时，废水中的有机物主要靠活性污泥中的微生物分解去除，故在一定的范围内，活性污泥浓度愈高，厌氧消化的效率也愈高。但至一定程度后，效率的提高不再明显，主要是因为：① 厌氧污泥的生长率低、增长速率慢，积累时间过长后，污泥中无机成分比例增高，活性降低；② 污泥浓度过高有时易引起堵塞而影响设备正常运行。

### 15.3.6 搅拌和混合

搅拌、混合也是提高消化效率的工艺条件之一。没有搅拌的厌氧消化池，池内料液常有分层现象。通过搅拌可消除池内料液浓度梯度，增加食料与微生物之间的接触，避免产生分层，促进沼气分离。在连续投料的消化池中，还使进料迅速与池中原有料液相混匀。采用搅拌措施能显著地提高消化的效率。在传统厌氧消化工艺中，也将有搅拌的消化器称为高效消化器。但是对于混合搅拌程度与强度，尚有不同的观点，如对于混合搅拌与产气量的关系，有适当搅拌优于频繁搅拌的观点，也有频繁搅拌为好的观点。一般认为，产甲烷菌的生长需要相对较宁静的环境，所以搅拌要适当。

搅拌的方法有机械搅拌器搅拌法、消化液循环搅拌法、沼气循环搅拌法等。其中，沼气循环搅拌还有利于使沼气中的$CO_2$作为产甲烷的底物被细菌利用，提高甲烷的产量。厌氧滤池和上流式厌氧污泥床等新型厌氧消化设备，虽没有专设搅拌装置，但可以向上流动的方式连续投入料液，通过液流及其扩散作用，也能起到一定程度的搅拌作用。

### 15.3.7 废水的营养比

厌氧微生物的生长繁殖需按一定的比例摄取碳、氮、磷以及其他微量元素。工程上主要控制进料的碳、氮、磷比例，因为其他营养元素不足的情况比较少见。不同的微生物在不同的环境条件下所需的碳、氮、磷比例不完全一致。一般认为，厌氧法中 C∶N∶P 控制为(200～300)∶5∶1 为宜。此值大于好氧法中的 100∶5∶1，这与厌氧微生物对碳素养分的利用率比好氧微生物低有关。在碳、氮、磷比例中，碳氮比例对厌氧消化的影响更为重要。研究表明，合适的 C∶N 为 10∶1～18∶1。

在厌氧处理时提供氮源，除为了满足合成菌体所需之外，还有利于提高反应器的缓冲能力。若氮源不足，即碳氮比太高，则不仅厌氧菌增殖缓慢，而且消化液的缓冲能力也会降低，pH 亦容易下降。相反，若氮源过剩，即碳氮比太低，氮不能被充分利用，将导致系统中氨的过分积累，使 pH 上升至 8.0 以上，从而抑制产甲烷菌的生长繁殖，使消化效率降低。

### 15.3.8 有毒物质

厌氧系统中的有毒物质会不同程度地对厌氧过程产生抑制作用，这些物质可能是进水中所含成分，也可能是厌氧菌代谢的副产物，通常包括有毒有机物、重金属离子和一些阴离子等。对有机物来说，带醛基、双键、氯取代基、苯环等结构的，往往具有抑制性。五氯苯酚和半纤维素衍生物，主要抑制产乙酸和产甲烷细菌的活动。重金属被认为是使反应器失效的最普通及最主要的因素，它通过与微生物酶中的巯基、氨基、羧基等相结合，而使酶失去活性，或者通过金属氢氧化物的凝聚作用使酶沉淀。据资料表明，金属离子对产甲烷菌的影响按 Cr＞Cu＞Zn＞Cd＞Ni 的顺序依次减小。

氨是厌氧过程中的营养物质和缓冲剂，但浓度较高时也产生抑制作用，其机理与重金属不同，是由$NH_4^+$浓度增高和 pH 上升两方面引起的，主要影响产甲烷阶段，抑制作用可逆。据相关研究知，当$NH_3$-N 浓度在 1 500～3 000 mg/L 时，在碱性条件下有抑制作用，但当浓度超过 3 000 mg/L 时，不论 pH 值大小，铵离子都有毒。

过量的硫化物存在也会对厌氧过程产生强烈的抑制作用。首先，有硫酸盐等被还原为硫化物的反硫化过程与产甲烷过程争夺有机物氧化脱下来的氢；其次，当介质中可溶性硫化物积累后，会对细菌细胞的功能产生直接抑制作用，使产甲烷菌的种群减少。但当其与重金属离子共存时，因形成硫化物沉淀而使铵离子毒性减轻。据相关研究知，当硫含量在 100 mg/L 时，对产甲烷过程有抑制作用，硫含量超过 200 mg/L，抑制作用十分明显。硫的其他形式化合物(如 $SO_2$、$SO_4^{2-}$ 等)对厌氧过程也有抑制作用。

有毒物质的最高允许浓度与处理系统的运行方式、污泥驯化程度、废水特性及操作控制条件等因素有关。

## 15.4 厌氧法的工艺和设备

厌氧消化工艺有多种分类方法。按微生物生长状态，可将其分为厌氧活性污泥法和厌氧生物膜法。厌氧活性污泥法包括普通厌氧消化池、厌氧接触法、上流式厌氧污泥床反应器等。厌氧生物膜法包括厌氧生物滤池、厌氧流化床、厌氧生物转盘等。按投料、出料及运行方式分为分批式、连续式和半连续式。根据厌氧消化中物质转化反应的总过程是否在同一反应器中并在同一工艺条件下完成，又可将厌氧法分为一步厌氧法与两步厌氧法等。

### 15.4.1 厌氧活性污泥法

1. 普通厌氧消化池

普通厌氧消化池又称传统或常规消化池，已有百余年的历史。消化池常用密闭的圆柱形池，如图 15－2 所示。废水定期或连续进入池中，经消化的污泥和废水分别从消化池底部和上部排出，所产的沼气从顶部排出。池径从几米至三四十米，柱体部分的高度约为直径的 1/2，池底呈圆锥形，有利于排泥。为保证良好的厌氧条件，收集沼气和保持池内温度，并减少池面的蒸发，消化池一般都用盖密封。为了使进料和厌氧污泥充分接触，使产生的沼气气泡及时逸出而设有搅拌装置。常用的搅拌方式有三种：① 池内机械搅拌；② 沼气搅拌，即用压缩机将沼气从池顶抽出，再从池底充入，循环沼气进行搅拌；③ 循环消化液搅拌，即池内设有射流器，由池外水泵压送的循环消化液经射流器喷射，在喉管处造成真空，吸进一部分池中的消化液，形成较强烈的搅拌，如图 15－3 所示。一般情况下每隔 2～4 h 搅拌一次。在排放消化液时，通常停止搅拌，经沉淀分离后排出上清液。

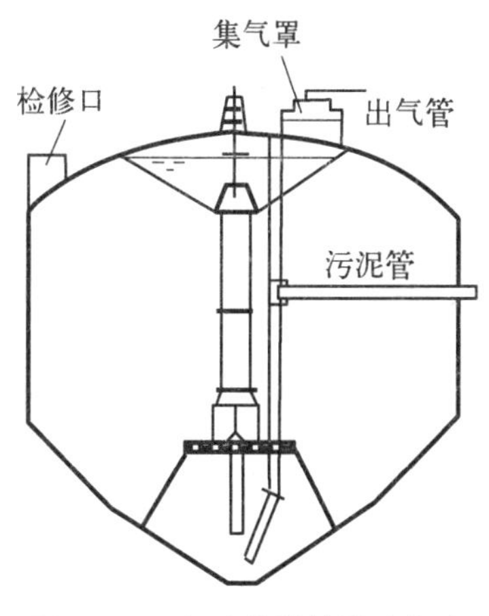

图 15－2 螺旋桨搅拌的消化池

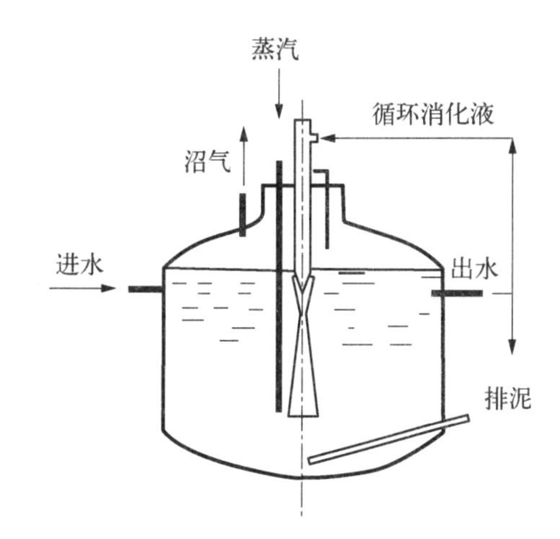

图 15－3 循环消化液搅拌式消化池

进行中温和高温消化时，常常需要对消化液进行加热，常用的加热方式有三种：① 废水在消化池外先经热交换器预热到规定温度再进入消化池。② 热蒸汽直接在消化器内加热。以上两种方式可利用热水、蒸汽或热烟气等废热源对消化液进行加热。③ 在消化池内部安装热交换管。

普通消化池一般的负荷，中温时为2～3 kg COD/($m^3$·d)，高温时为5～6 kg COD/($m^3$·d)。

普通消化池的特点是可以直接处理悬浮固体含量较高或颗粒较大的料液，厌氧消化反应与固液分离可在同一个池内实现，结构较简单。但普通消化池缺乏持留或补充厌氧活性污泥的特殊装置，消化器中难以保持大量的微生物。对无搅拌的消化器，还存在料液分层现象严重、微生物不能与料液均匀接触、温度不均匀和消化效率低等缺点。

2. 厌氧接触法

为了克服普通消化池不能持留或补充厌氧活性污泥的缺点，在消化池后设沉淀池，将沉淀污泥回流至消化池，形成了厌氧接触法，其工艺流程如图15-4所示。该方法既可使污泥不流失、出水水质稳定，又可提高消化池内污泥浓度，从而提高设备的有机负荷和处理效率。

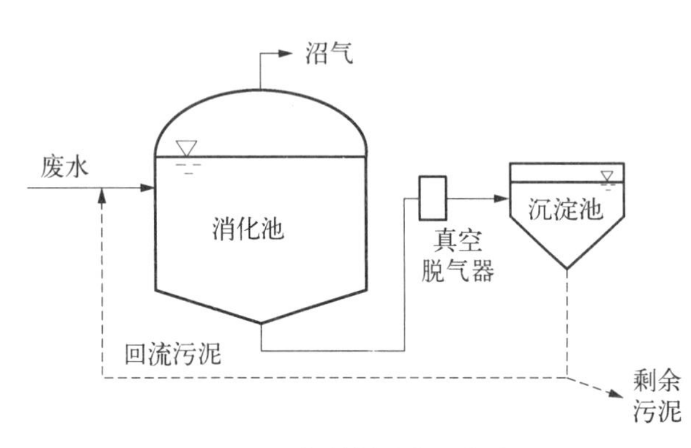


**图15-4 厌氧接触法的工艺流程图**

该方法在实际应用时存在从消化池排出的混合液在沉淀池中进行固液分离困难的问题。一方面，由于混合液中污泥上附着了大量的微小沼气泡，易引起污泥上浮；另一方面，由于混合液中的污泥仍具有产甲烷活性，在沉淀过程中仍能继续产气，从而妨碍污泥颗粒的沉降和压缩。为了提高沉淀池中混合液的固液分离效果，在进入沉淀池以前必须脱除吸附在污泥上的沼气。目前，常采用以下几种方法脱气：① 真空脱气，由消化池排出的混合液经真空脱气器(真空度为0.005 MPa)，将污泥絮体上的气泡除去，改善污泥的沉淀性能；② 热交换器急冷法，将从消化池排出的混合液进行急速冷却，如将中温消化液35 ℃冷到15～25 ℃，可以控制污泥继续产气，使厌氧污泥有效地沉降；③ 絮凝沉降，向混合液中投加絮凝剂，使厌氧污泥易凝聚成大颗粒，加速沉降；④ 用超滤器代替沉淀池，以改善固液分离效果。此外，为保证沉淀池分离效果，在设计时，沉淀池内表面负荷应比一般废水沉淀池表面负荷小，一般不大于1 $m^3$/($m^2$·h)，混合液在沉淀池内停留时间比一般废水沉淀时间要长，可采用4 h。

厌氧接触法有如下特点：① 通过污泥回流，保持消化池内较高污泥浓度，一般为10～15 g/L，耐冲击能力强；② 消化池的容积负荷较普通消化池高，中温消化时，一般为2～10 kg COD/($m^3$·d)，水力停留时间与普通消化池相比大大缩短，如常温下，普通消化池水力停留时间为15～30 d，而接触法小于10 d；③ 可以直接处理悬浮固体含量较高或颗粒较大的料液，不存在堵塞问题；④ 混合液经沉降后，出水水质好；⑤ 需增加沉淀池、污泥回流和脱气等设备。

3. 上流式厌氧污泥床反应器

上流式厌氧污泥床反应器(Up-flow Anaerobic Sludge Bed/Blanket，UASB)是在20世纪70年代初研制开发的。污泥床反应器内没有载体，是一种悬浮生长型的消化器，其构造如图15-5所示。由反应区、沉淀区和气室三部分组成。反应器的底部是高浓度污泥层称污泥床，污泥床上部是浓度较低的悬浮污泥层，通常把污泥床和悬浮层统称为反应区，在反应区上部设有气-液-固三相分离器。废水从污泥床底部进入，与污泥床中的污泥进行混合接触，微生物分解废水中的有机物产生沼气，微小沼气泡在上升过程中，不断合并逐渐形成较大的气泡。由于气泡上升产生较强烈的搅动，会在污泥床上部形成悬浮污泥层。气、水、泥的混合液上升至三相分离器内，沼气气泡碰到分离器下部的反射板时，折向气室而被有效地分离排出，污泥和水则经孔道进入三相分离器的沉淀区，在重力作用下，水和泥分离，上清液从沉淀区上部排出，沉淀区下部的污泥沿着斜壁返回到反应区内。在一定的水力负荷下，绝大部分污泥颗粒能保留在反应区内，使反应区具有足够的污泥量。

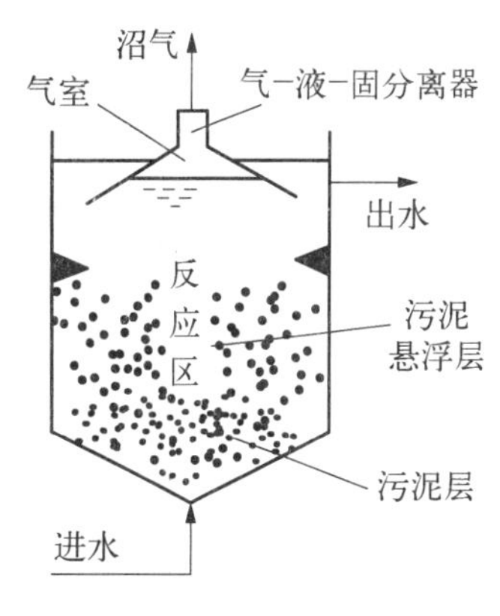


**图 15-5　UASB 反应器示意图**

反应区中污泥床高度约为反应区总高度的 1/3，但其污泥量却占全部污泥量的 2/3 以上。由于污泥床中的污泥量比悬浮层大，污染物浓度高，酶的活性也高，有机物的代谢速率较快，因此，大部分有机物在污泥床中被去除。研究结果表明，废水通过污泥床后已有 80%以上的有机物被转化，余下的再通过污泥悬浮层处理，有机物总去除率可达 90%以上。虽然悬浮层去除的有机物量不大，但是其高度的大小对混合程度、产气量和过程稳定性至关重要。因此，应保持有适当悬浮层，保证反应区高度。

上流式厌氧污泥床的池形有圆形、方形、矩形等几种。小型装置常为圆柱形，底部呈锥形或圆弧形，大型装置为便于设置气-液-固三相分离器，则一般为矩形，高度一般为 3～8 m，其中污泥床为 1～2 m，污泥悬浮层为 2～4 m。反应器多用钢结构或钢筋混凝土结构，三相分离器可由多个单元组合而成。当废水流量较小，浓度较高时，需要的沉淀区面积小，沉淀区的面积和池形可与反应区相同。当废水流量较大，浓度较低时，需要的沉淀面积大，为使反应区的过流面积不致太大，可采用沉淀区面积大于反应区，即反应器上部面积大于下部面积的池形。

设置气-液-固三相分离器是上流式厌氧污泥床的重要结构特性，它对污泥床的正常运行和获得良好的出水水质起着十分重要的作用。分离器应满足以下条件：① 沉淀区斜壁角度约为 50°，使沉淀在斜底上的污泥不积聚，尽快滑回反应区内；② 沉淀区的表面负荷应在 $0.7\ m^3/(m^2 \cdot h)$以下，混合液进入沉淀区前，通过入流孔道（缝隙）的流速不大于 2 m/h；③ 应防止气泡进入沉降区影响沉淀；④ 应防止气室产生大量泡沫，并控制好气室的高度，防止浮渣堵塞出气管，保证气室出气管畅通无阻。从实践来看，气室水面上总是有一层浮渣，其厚度与水质有关。因此，在设计气室高度时，应考虑浮渣层的高度。此外，还需考虑浮渣的排放。

上流式厌氧污泥床反应器的特点是：① 反应器内污泥浓度高，一般平均污泥浓度为 30～40 g/L，其中底部污泥床污泥浓度为 60～80 g/L，污泥悬浮层污泥浓度为 5～7 g/L。污泥床中的污泥由活性生物量占 70%～80%的高度发展的颗粒污泥组成，颗粒的直径一般在 0.5～5.0 mm 之间，颗粒污泥是 UASB 反应器的一个重要特征。② 有机负荷高，水力停留时间短。中温消化时，COD 容积负荷一般为 $10～20\ kg\ COD/(m^3 \cdot d)$。③ 反应器内设三相分离器，被沉淀区分离的污泥能自动回流到反应区，一般无污泥回流设备。④ 无混合搅拌设备。投产运行正常后，利用本身产生的沼气和进水来搅动。⑤ 污泥床内不填载体，节省造价及避免堵塞问题。但反应器内有短流现象，影响处理能力。进水中的悬浮物应比普通消化池低得多，特别是难消化的有机物固体不宜太高，以免对污泥颗粒化不利或减少反应区的有效容积，甚至引起堵塞。⑥ 运行启动时间长，对水质和负荷突然变化比较敏感。

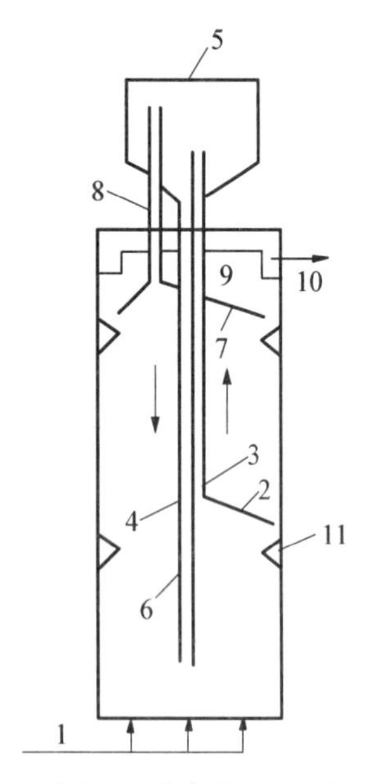


1—进水；2—集气罩；3—沼气提升管和回流部分；4—气液分离器；5—沼气导管；6—回流管；7—集气罩；8—集气管；9—沉淀区；10—出水管；11—气封

**图 15-6 IC 反应器示意图**

4. IC 内循环厌氧反应器

IC(Internal Circulation)反应器是新一代高效厌氧反应器，即内循环厌氧反应器，由相似的 2 层 UASB 反应器串联而成(图 15-6)。其由上下两个反应室组成。废水在反应器中自下而上流动，污染物被细菌吸附并降解，净化过的水从反应器上部流出。按功能划分，反应器由下而上共分为 5 个区：混合区、第 1 厌氧区、第 2 厌氧区、沉淀区和气液分离区。

混合区：反应器底部进水、颗粒污泥和气液分离区回流的泥水混合物在此区有效地混合。

第 1 厌氧区：混合区形成的泥水混合物进入该区，在高浓度污泥作用下，大部分有机物转化为沼气。混合液上升流和沼气的剧烈扰动使该反应区内污泥呈膨胀和流化状态，加强了泥水表面接触，污泥由此而保持着较高的活性。随着沼气产量的增多，一部分泥水混合物被沼气提升至顶部的气液分离区。

气液分离区：被提升的混合物中的沼气在此区与泥水分离并导出处理系统，泥水混合物则沿着回流管返回到最下端的混合区，与反应器底部的污泥和进水充分混合，实现混合液的内部循环。

第 2 厌氧区：经第 1 厌氧区处理后的废水，除一部分被沼气提升外，其余的都通过三相分离器进入第 2 厌氧区。该区污泥浓度较低，且废水中大部分有机物已在第 1 厌氧区被降解，因此沼气产生量较少。沼气通过沼气管导入气液分离区，对第 2 厌氧区的扰动很小，这为污泥的停留提供了有利条件。

沉淀区：第 2 厌氧区的泥水混合物在沉淀区进行固液分离，上清液由出水管排走，沉淀的颗粒污泥返回第 2 厌氧区污泥床。

由 IC 反应器工作原理可知，反应器通过 2 层三相分离器来实现 $SRT > HRT$，获得高污泥浓度；通过大量沼气和内循环的剧烈扰动，使泥水充分接触，获得良好的传质效果。

IC 反应器的构造及其工作原理决定了其在控制厌氧处理影响因素方面比其他反应器更具有优势。① 容积负荷高：IC 反应器内污泥浓度高，微生物量大，且存在内循环，传质效果好，进水有机负荷可超过普通厌氧反应器的 3 倍以上。② 节省投资和占地面积：IC 反应器容积负荷率高出普通 UASB 反应器 3 倍左右，其体积相当于普通反应器的 1/4～1/3，大大降低了反应器的基建投资；而且 IC 反应器高径比很大(一般为 4～8)，所以占地面积少。③ 抗冲击负荷能力强：处理低浓度废水(COD=2 000～3 000 mg/L)时，反应器内循环流量可达进水量的 2～3 倍；处理高浓度废水(COD=10 000～15 000 mg/L)时，内循环流量可达进水量的 10～20 倍。大量的循环水和进水充分混合，使原水中的有害物质得到充分稀释，大大降低了毒物对厌氧消化过程的影响。④ 抗低温能力强：温度对厌氧消化的影响主要是对消化速率的影响。IC 反应器由于含有大量的微生物，温度对厌氧消化的影响变得不再显著和严重。通常 IC 反应器厌氧消化可在常温(20～25 ℃)条件下进行，这样减少了消化保温的困难，节省了能量。⑤ 具有缓冲 pH 的能力：内循环流量相当于第 1 厌氧区的出水回流量，可利用 COD 转化的碱度，对 pH 起缓冲作用，使反应器内 pH 保持最佳状态，同时还可减少进水的投碱量。⑥ 内部自动循环，不必外加动力：普通厌氧反应器的回流是通过外部加压实现的，而IC反应器以自身产生的沼气作为提升的动力来实现混合液内循环，不必设泵强制循环，节省了动力消耗。⑦ 出水稳定性好：利用二级UASB串联分级厌氧处理，可以补偿厌氧过程中$K_s$高产生的不利影响。Van Lier在1994年证明，反应器分级会降低出水中VFA（挥发性脂肪酸）浓度，延长生物停留时间，使反应稳定进行。⑧ 启动周期短：IC反应器内污泥活性高，生物增殖快，为反应器快速启动提供了有利条件。IC反应器启动周期一般为1～2个月，而普通UASB启动周期长达4～6个月。⑨ 沼气利用价值高：反应器产生的生物气纯度高，$CH_4$为70%～80%，$CO_2$为20%～30%，其他有机物为1%～5%，可作为燃料加以利用。

IC厌氧反应器是一种高效的多级内循环反应器，为第三代厌氧反应器的代表类型，与第二代厌氧反应器相比（UASB为第二代厌氧反应器的代表类型），具有占地少、有机负荷高、抗冲击能力强，性能稳定、操作管理简单的优点。COD为10 000～15 000 mg/L的高浓度有机废水，第二代UASB反应器一般容积负荷为5～8 kg COD/$m^3$，第三代IC厌氧反应器容积负荷率可达15～30 kg COD/$m^3$。IC厌氧反应器适用于高浓度有机废水，如玉米淀粉废水、柠檬酸废水、啤酒废水、土豆加工废水、酒精废水等。

5. EGSB膨胀颗粒污泥床厌氧反应器

膨胀颗粒污泥床(Expanded Granular Sludge Bed, EGSB)是在UASB反应器的基础上发展起来的第三代厌氧生物反应器。从某种意义上说，是对UASB反应器进行了几方面的改进：① 通过改进进水布水系统，提高液体表面上升流速及产生沼气的搅动等因素；② 设计较大的高径比；③ 增加了出水再循环以提高反应器内液体的上升流速。这些改进使反应器内液体的上升流速远远高于UASB反应器，高的液体上升流速消除了死区，获得了更好的泥水混合效果。在UASB反应器内，污泥床或多或少像是静止床，而在EGSB反应器内却是完全混合的。能克服UASB反应器中的短流、混合效果差及污泥流失等不足，同时使颗粒污泥床充分膨胀，加强污水和微生物之间的接触。由于这种独特的技术优势，使EGSB适用于多种有机废水的处理，且能够获得较高的负荷率，所产生的气体也更多。

EGSB反应器主要由进水系统、反应区、三相分离器和沉淀区等部分组成，如图15-7所示。废水从底部配水系统进入反应器，根据载体流态化原理，很高的上升流速使废水与EGSB反应器中的颗粒污泥充分接触。当有机废水及其所产生的沼气自下而上地流过颗粒污泥床层时，污泥床层与液体间会出现相对运动，导致床层不同高度呈现出不同的工作状态；在反应器内的底物、各类中间产物以及各类微生物间的相互作用，通过一系列复杂的生物化学反应，形成一个复杂的微生物生态系统，有机物被降解，同时产生气体。在此条件下，一方面，可保证进水基质与污泥颗粒的充分接触和混合，加速生化反应进程；另一方面，有利于减轻或消除静态床（如UASB）中常见的底部负荷过重的状况，从而增加了反应器对有机负荷的承受能力。三相分离器的作用首先是使混合液脱气，生成的沼气进入气室后排出反应器，脱气后的混合液在沉淀区进一步进行固液分离，污泥沉淀后返回反应区，澄清的出水流出反应器。为了维持较大的上升流速，保障颗粒污泥床充分膨胀，EGSB反应器增加了出水再循环部分，使反应器

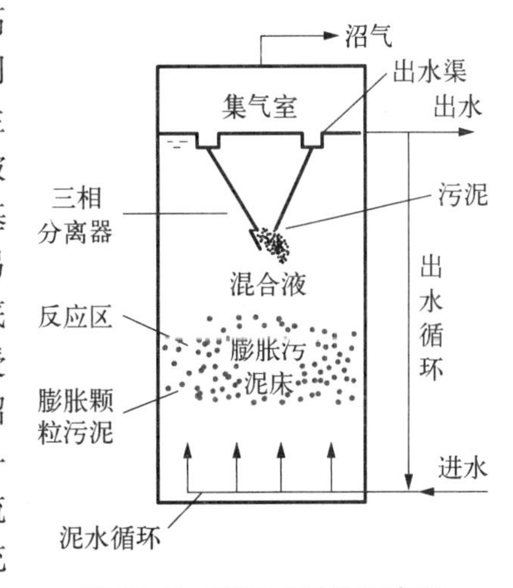

**图15-7 EGSB反应器示意图**

内部的液体上升流速远高于 UASB 反应器，强化了污水与微生物之间的接触，提高了处理效率。

EGSB 反应器在结构及运行特点上集 UASB 和厌氧流化床（AFB）的特点于一体，具有大颗粒污泥、高水力负荷、高有机负荷等明显优势。均有保留较高污泥量，获得较高有机负荷，保持反应器高处理效率的可能性和运行性。该工艺还具有区别于 UASB 和 AFB 的特点：① 与 UASB 反应器相比，EGSB 反应器高径比大，液体上升流速（4～10 $m \cdot h^{-1}$）和 COD 有机负荷[40 $kg/(m^3 \cdot d)$]更高，比 UASB 反应器更适合中低浓度污水的处理。② 污泥在反应器内呈膨胀流化状态，污泥均是颗粒状的，活性高。沉淀性能良好。③ 与 UASB 反应器的混合方式不同，由于较高的液体上升流速和气体搅动，使泥水的混合更充分；抗冲击负荷能力强，运行稳定性好。内循环的形成使反应器污泥膨胀床区的实际水量远大于进水量，循环回流水稀释了进水，大大提高了反应器的抗冲击负荷能力和缓冲 pH 变化能力。④ 反应器底部污泥所承受的静水压力较高，颗粒污泥粒径较大，强度较好。⑤ 反应器内没有形成颗粒状的絮状污泥，易被出水带出反应器。⑥ 对 SS 和胶体物质的去除效果差。

### 15.4.2 厌氧生物膜法

1. 厌氧生物滤池

厌氧生物滤池又称厌氧固定膜反应器，是 20 世纪 60 年代末开发的新型高效厌氧处理装置，其结构如图 15-8 所示。滤池呈圆柱形，池内装放填料，池底和池顶密封。厌氧微生物附着于填料的表面生长，当废水通过填料层时，在填料表面的厌氧生物膜作用下，废水中的有机物被降解，并产生沼气，沼气从池顶部排出。滤池中的生物膜不断地进行新陈代谢，脱落的生物膜随出水流出池外。废水从池底进入，从池上部排出，称升流式厌氧滤池；废水从池上部进入，以降流的形式流过填料层，从池底部排出，称降流式厌氧滤池。

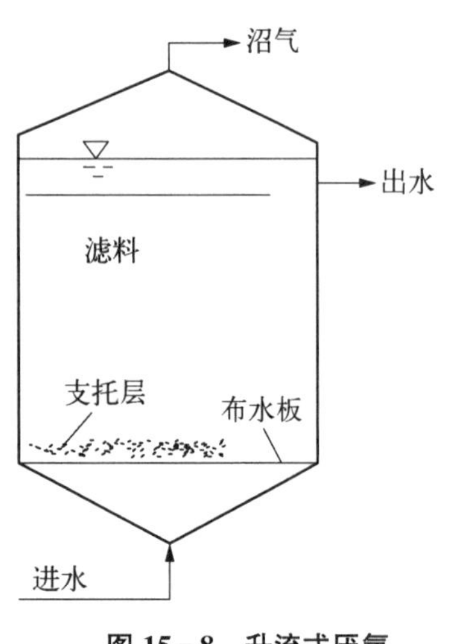

图 15-8 升流式厌氧生物滤池

厌氧生物滤池填料的比表面积和空隙率对设备处理能力有较大影响。填料比表面积越大，可以承受的有机物负荷越高，空隙率越大，池的容积利用系数越高，堵塞减少。因此，与好氧生物滤池类似，对填料的要求为：比表面积大，填充后空隙率高，生物膜易附着，对微生物细胞无抑制和毒害作用，有一定强度且质轻、价廉、来源广。用不同的滤料对填料层高度有不同的要求，对于拳状滤料，高度以不超过 1.2 m 为宜，对于塑料填料，高度以 1～6 m 为宜。填料的支撑板常采用多孔板。

进水系统需考虑其易于维修又可使布水均匀，且有一定的水力冲刷强度。对直径较小的厌氧滤池常用短管布水，对直径较大的厌氧滤池多用可拆卸的多孔管布水。

在厌氧生物滤池中，厌氧微生物大部分存在于生物膜中，少部分以厌氧活性污泥的形式存在于滤料的孔隙中。厌氧微生物总量沿池高分布是很不均匀的，在池的进水部位高，相应的有机物去除速度也快。当废水中有机物浓度高时，特别是进水中悬浮固体浓度和颗粒较大时，进水部位容易发生堵塞现象。为此，对厌氧生物滤池采取以下改进：① 出水回流，使进水有机物浓度得以稀释，同时提高池内水流流速，冲刷滤料空隙中的悬浮物，有利于消除滤池的堵塞。

此外，对某些酸性水，出水回流可起到中和作用，进而减少中和药剂的用量。② 部分充填载体。为了避免堵塞，仅在滤池底部和中部各设置一填料薄层，空隙率大大提高，处理能力增大。③ 采用软性填料，空隙率大，可克服堵塞现象。

厌氧生物滤池的特点是：① 由于填料为微生物附着生长提供了较大的表面积，滤池中的微生物量较大，又因生物膜停留时间长，平均停留时间长达 100 d 左右，因而可承受的有机容积负荷高，COD 容积负荷为 2～16 kg COD/($m^3$ · d)，且耐冲击负荷能力强；② 废水与生物膜两相接触面大，强化了传质过程，因而有机物去除速度快；③ 微生物固着生长为主，不易流失，因此不需要污泥回流和搅拌设备；④ 启动或停止运行后再启动比上述厌氧工艺法时间短。但该工艺也存在一些问题，主要是处理含悬浮物浓度高的有机废水时易发生堵塞，尤以进水部位更严重。滤池的清洗也还没有简单有效的方法。

2. 厌氧流化床

厌氧流化床工艺是借鉴流态化技术的一种生物反应装置，它采用小粒径载体，废水作为流化介质，当废水以升流式通过床体时，与床中附着于载体上的厌氧微生物膜不断接触反应，达到厌氧生物降解目的，产生的沼气于床顶部排出。厌氧流化床工艺流程如图 15-9 所示。床内填充细小固体颗粒载体，废水以一定流速从池底部流入，使填料层处于流态化，每个颗粒可在床层中自由运动，而床层上部保持着一个清晰的泥水界面。为使填料层流态化，一般需用循环泵将部分出水回流，以提高床内水流的上升速度。为降低回流循环的动力能耗，宜取质轻、粒细的载体。常用的填充载体有石英砂、无烟煤、活性炭、聚氯乙烯颗粒、陶粒和沸石等，粒径一般为 0.2～1 mm，大多在 0.3～0.5 mm 之间。

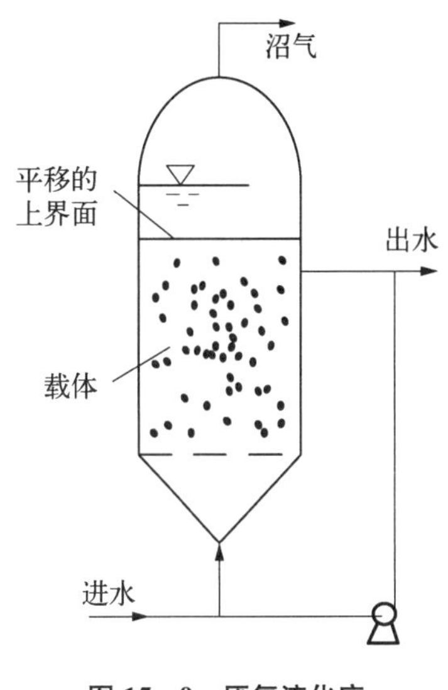


**图 15-9 厌氧流化床工艺流程图**

流化床操作时首先要满足的条件是水的上升流速，即操作速度必须大于临界流态化速度，而小于最大流态化速度。临界流态化速度即达到流态化的最低流速。最大流态化速度即颗粒被带出的最低流速，其值接近于固体颗粒的自由沉降速度。一般来说，最大流态化速度要比临界流态化速度大 10 倍以上，所以上升流速的选定具有充分的余地。实际操作中，上升流速只要控制在 1.2～1.5 倍临界流态化速度即可满足生物流化床的运行要求。

厌氧流化床特点：① 载体颗粒细，比表面积大，可高达 2 000～3 000 $m^2/m^3$，使床内具有很高的微生物浓度，因此，有机物容积负荷大，一般为 10～40 kg COD/($m^3$ · d)，水力停留时间短，具有较强的耐冲击负荷能力，运行稳定；② 载体处于流化状态，无床层堵塞现象，对高、中、低浓度废水均表现出较好的效能；③ 载体流化时，废水与微生物之间接触面大，同时两者相对运动速度快，强化了传质过程，从而具有较高的有机物净化速度；④ 床内生物膜停留时间较长，剩余污泥量少；⑤ 结构紧凑、占地少、基建投资省等。其缺点是载体流化耗能较大，且对系统的管理技术要求较高。

为了降低动力消耗和防止床层堵塞，可采取以下措施：① 间歇性流化床工艺，即以固定床与流化床间歇性交替操作。固定床操作时，不需回流，在间歇一定时间后，又启动回流泵，呈流化床运行。② 尽可能取质轻、粒细的载体，如粒径为 20～30 μm、相对密度为 1.05～1.20 g/$cm^3$的载体，保持低的回流量，甚至免除回流就可实现床层流态化。

3. 厌氧生物转盘和挡板反应器

厌氧生物转盘的构造与好氧生物转盘相似，不同之处在于盘片大部分(70%以上)或全部浸没在废水中，为保证厌氧条件和收集沼气，整个生物转盘设在一个密闭的容器内。厌氧生物转盘由盘片、密封的反应槽、转轴及驱动装置等组成，其构造如图 15-10 所示。对废水的净化靠盘片表面的生物膜和悬浮在反应槽中的厌氧菌完成，产生的沼气从反应槽顶排出。由于盘片的转动，作用在生物膜上的剪力可将老化的生物膜剥落，其在水中呈悬浮状态，随水流出槽外。

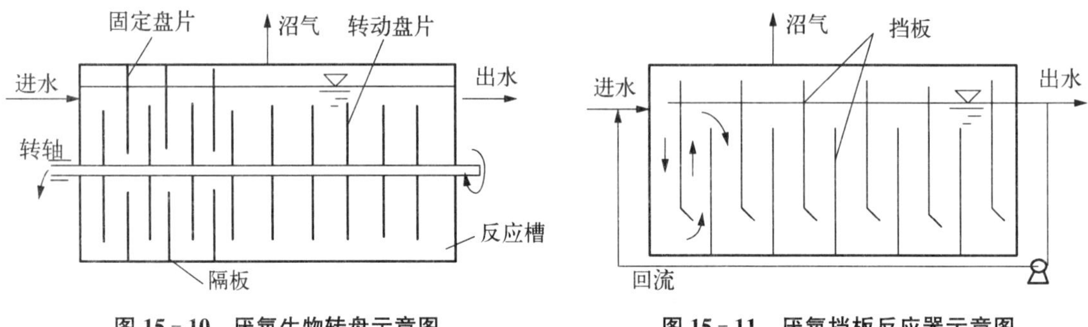


图 15-10　厌氧生物转盘示意图

图 15-11　厌氧挡板反应器示意图

厌氧生物转盘的特点：① 厌氧生物转盘内微生物浓度高，因此，有机物容积负荷高，水力停留时间短；② 无堵塞问题，可处理较高浓度的有机废水；③ 一般不需要回流，所以动力消耗低；④ 耐冲击能力强，运行稳定，运转管理方便。但盘片造价高。

厌氧挡板反应器是从研究厌氧生物转盘发展而来的，生物转盘不转动即变成厌氧挡板反应器。挡板反应器与生物转盘相比，可减少盘的片数和省去转动装置。其结构如图 15-11 所示。在反应器内垂直于水流方向设多块挡板来维持较高的污泥浓度。挡板把反应器分为若干上向流室和下向流室，上向流室比下向流室宽，便于污泥的聚集。通往上向流的挡板下部边缘处加 50°的导流板，便于将水送至上向流室的中心，使泥水充分混合，因而无需混合搅拌装置，避免了厌氧滤池和厌氧流化床的堵塞问题和能耗较大的缺点，启动期比上流式厌氧污泥床短。

### 15.4.3　两步厌氧法和复合厌氧法

两步厌氧消化法是一种由上述厌氧反应器组合的工艺系统。厌氧消化反应分别在两个独立的反应器中进行，每一反应器完成一个阶段的反应，比如一个阶段为产酸阶段，另一个阶段为产甲烷阶段，故又称两段式厌氧消化法。按照所处理的废水水质情况，两步可以采用同类型或不同类型的消化反应器。如对悬浮固体含量多的高浓度有机废水，第一步反应器可选不易堵塞、效率稍低的反应装置，经水解产酸阶段后的上清液中悬浮固体浓度降低，第二步反应器可采用新型高效消化器，根据不产甲烷菌与产甲烷菌代谢特性及适应环境条件不同，第一步反应器可采用简易非密闭装置、在常温、较宽 pH 范围条件下运行；第二步反应器则要求严格密封、严格控制温度和 pH 范围。因此，两步厌氧法具有以下特点：① 耐冲击负荷能力强，运行稳定，避免了一步法不耐高浓度有机酸的缺陷；② 两阶段反应不在同一反应器中进行，互相影响小，可更好地控制工艺条件；③ 消化效率高，尤其适用于处理含悬浮固体多、难消化降解的高浓度有机废水。但两步法设备较多,流程和操作复杂。图 15－12 是接触消化池和 UASB 反应器组成的两步法流程图。

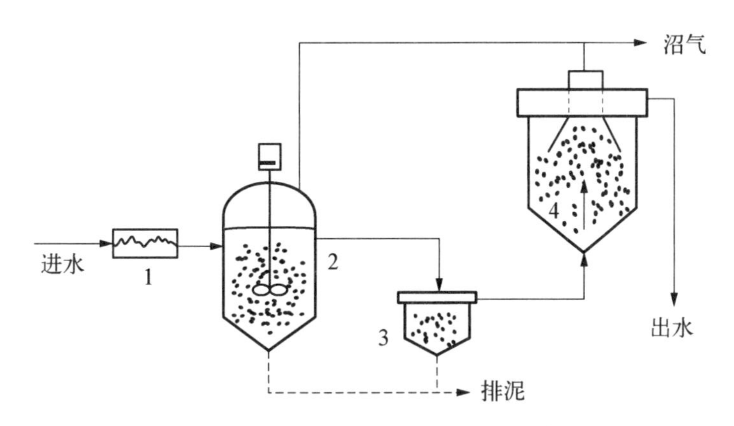


1—热交换器;2—水解产酸;3—沉淀分离;4—产甲烷

**图 15－12 接触消化池-上流式污泥床两步消化工艺流程图**

两步厌氧法是由两个独立的反应器串联组合而成的,而复合厌氧法是在一个反应器内由两种厌氧法组合而成的。如上流式厌氧污泥床与厌氧滤池组成的复合厌氧法,如图 15－13 所示。设备的上部为厌氧滤池,下部为上流式厌氧污泥床,可以集两者优点于一体,反应器下部即进水部位,由于不装填料,可以减少堵塞,上部装设固定填料,充分发挥滤层填料有效截留污泥的能力,提高反应器内的生物量,对水质和负荷突然变化和短流现象起缓冲和调节作用,使反应器具有良好的工作特性。

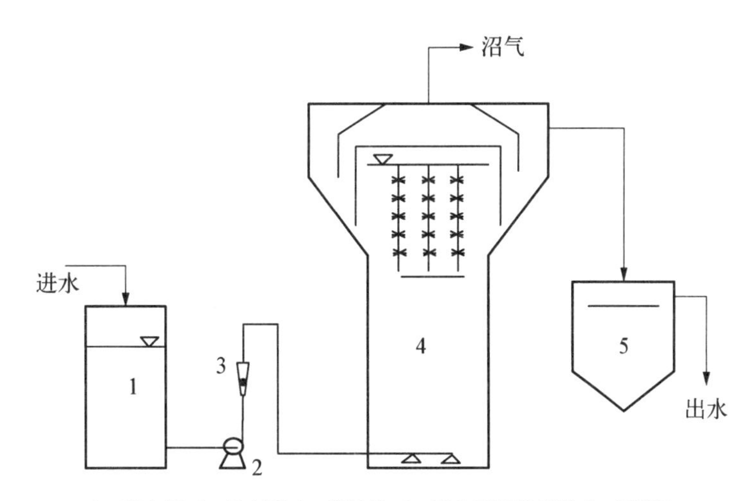


1—废水箱;2—进水泵;3—流量计;4—复合厌氧反应器;5—沉淀池

**图 15－13 纤维填料厌氧滤池和上流式厌氧污泥床复合法工艺流程图**

综上所述,厌氧生物反应器初期不含内构件,随后其内部逐步出现各类内构件,旨在改变内部流态,提高出水水质。内构件一般分为横向内构件、纵向内构件和填料。基于内构件改造设计的主要厌氧生物反应器如图 15－14 所示。

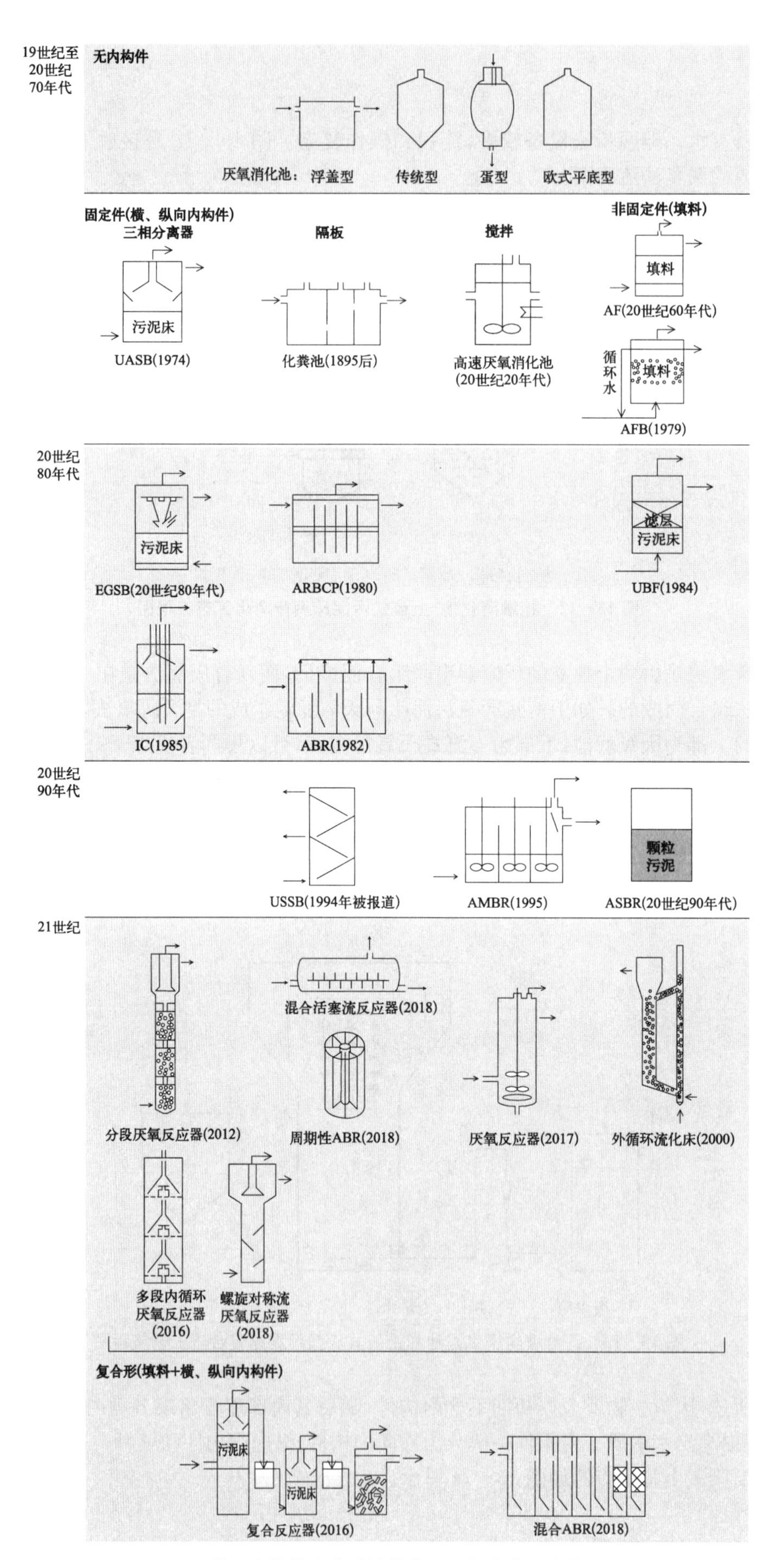


图 15-14　基于内构件改造设计的主要厌氧生物反应器发展历程

## 15.5 厌氧设备的运行管理

### 15.5.1 厌氧设备的启动

厌氧设备在进入正常运行之前也应进行污泥的培养和驯化。厌氧处理工艺的缺点之一是微生物增殖缓慢，设备启动时间长，若能取得大量的厌氧活性污泥就可缩短投产期。厌氧活性污泥可以取自正在工作的厌氧处理构筑物、江河湖泊沼泽底、下水道及废水集积腐臭处等厌氧环境中的污泥，最好选择同类物料厌氧消化污泥。如果采用一般的未经消化的有机污泥自行培养，所需时间更长。一般来说，接种污泥量为反应器有效容积的10%～90%，依消化污泥的来源方便情况酌定，原则上接种量比例增大，启动时间缩短。其次是接种污泥中所含微生物种类的比例也应协调，特别要求含丰富的产甲烷细菌，因为它繁殖的世代时间较长。

在启动过程中，控制升温速度为1 ℃/h，达到要求温度即保持恒温。注意保持pH在6.8～7.8之间。此外，有机负荷常常成为影响启动成功的关键性因素。启动的初始有机负荷因工艺类型、废水性质、温度等的工艺条件以及接种污泥的性质而异。常取较低的初始负荷，继而通过逐步增加负荷而完成启动。有的工艺对负荷的要求格外严格，例如，厌氧污泥床反应器启动时，初始负荷仅为0.1～0.2 kg COD/(kg MLSS・d)(相应的容积负荷则依污泥的浓度而异)，至可降解的COD去除率达到80%，或者反应器出水中挥发性有机酸的浓度已较低(低于1 000 mg/L)的时候，再以每一步按原负荷的50%的递增幅度增加负荷。如果出水中挥发性有机酸浓度较高，则不宜再提高负荷，甚至应酌情降低。其他厌氧消化器对初始负荷以及随后负荷递增过程的要求，不如厌氧污泥床反应器严格，故启动所需的时间往往较短。此外，当废水的缓冲性能较佳时(如猪粪液类)，可在较高的负荷下完成启动，如1.2～1.5 kg COD / (kg MLSS・d)，这种启动方式时间较短。但对含碳水化合物较多、缺乏缓冲性物质的料液，需添加一些缓冲物质才能高负荷启动，否则，易使系统酸败，启动难以成功。

正常的成熟污泥呈深灰色到黑色，带焦油气，无硫化氢臭，pH在7.0～7.5之间，污泥易脱水和干化。当进水量达到要求，并取得较高的处理效率、产气量大、含甲烷成分高时，可认为启动基本结束。

### 15.5.2 厌氧反应器运行中的欠平衡现象及其原因

启动后，厌氧消化系统的操作与管理主要是通过对产气量、气体成分、池内碱度、pH、有机物去除率等进行检测和监督，调节和控制好各项工艺条件，保持厌氧消化作用的平衡性，使系统符合设计的效率指标，稳定运行。

保持厌氧消化作用的平衡性是厌氧消化系统运行管理的关键。厌氧消化过程易于出现酸化，即产酸量与用酸量不协调，这种现象称为欠平衡现象。厌氧消化作用欠平衡时可以显示出以下的症状：① 消化液挥发性有机酸浓度增高；② 沼气中甲烷含量降低；③ 消化液pH下降；④ 沼气产量下降；⑤ 有机物去除率下降。诸症状中最先显示的是挥发性有机酸浓度的增高，故它是一项最有用的监测参数，有助于尽早地察觉欠平衡状态的出现。其他症状则因其显示的滞缓性，或者因其并非专一的欠平衡症状，故不如前者那样灵敏有用。

厌氧消化作用欠平衡的可能原因有：有机负荷过高；进水pH过低或过高；碱度过低，缓冲能力差；有毒物质抑制；反应温度急剧波动；池内有溶解氧及氧化剂存在等。

一检测到系统处于欠平衡状态，就必须立即控制并加以纠正，以避免欠平衡状态进一步发展到消化作用停顿的程度。可暂时投加石灰乳以中和积累的酸，但过量石灰乳又能起杀菌作用。解决欠平衡的根本办法是查明失去平衡的原因，有针对性地采取纠正措施。

### 15.5.3 运行管理中的安全要求

厌氧设备的运行管理很重要的一点就是安全问题。沼气中的甲烷比空气轻、非常易燃，空气中甲烷含量为5%～15%时，遇明火即发生爆炸。因此，消化池、贮气罐、沼气管道及其附属设备等沼气系统，都应绝对密封，无沼气漏出，并且不能使空气进入沼气系统。周围严禁明火和电气火花。所有电气设备应满足防爆要求。沼气中含有微量有毒的硫化氢，但低浓度的硫化氢就能被人们所察觉。硫化氢比空气重，必须预防它在低凹处积聚。沼气中的二氧化碳也比空气重，同样应防止在低凹处积聚，因为它虽然无毒，却能使人窒息。因此，凡因出料或检修需进入消化池的，在进入之前务必以新鲜空气彻底置换池内的消化气体，以确保人员安全。

## 15.6 厌氧和好氧技术的联合运用简介

### 15.6.1 厌氧和好氧技术联合运用治理高浓度废水

近些年，联合好氧和厌氧技术以处理废水，取得了突出的效果。有些废水，含有很多复杂的有机物，对于好氧生物处理而言是属于难生物降解或不能降解的，但这些有机物往往可以通过厌氧菌分解为小分子的有机物，而那些小分子的有机物又可以通过好氧菌进一步降解。相当成功的例子就是印染废水的处理。近年来，由于新型纺织纤维的开发和各种新型染料和助剂的应用，纺织印染厂的工业废水变得很难用传统的好氧生物法处理了。而用厌氧-好氧联用工艺，为难以生物降解的纺织印染废水处理提供了成功的经验。对于难处理的制药废水也可以采用厌氧与好氧相结合的方法来处理。如某制药厂用上流式厌氧污泥床和生物接触氧化联合使用来处理高浓度制药废水，取得了较好的效果。

例如，从车间排出的废水COD高达10 000～15 000 mg/L，经初次沉淀池沉降除去悬浮物后COD浓度可降低到10 000 mg/L左右，沉降所得沉渣可作饲料用。初次沉淀池的出水经热交换器加热到(35±1) ℃，然后送到上流式厌氧污泥床反应器中进行厌氧消化，实际的容积负荷为13 kg COD/($m^3$ · d)，停留时间为24 h，出水COD可降低到3 000 mg/L左右，所产生的沼气经净化处理后可供生活区使用。经厌氧处理的出水送生物接触氧化池进一步处理，接触氧化池采用软性填料，停留时间为9 h，出水经二次沉淀池沉降处理后排放，其中COD的浓度可以降低到小于300 mg/L，沉降所得污泥返回到UASB反应器。经运行实践证明，该工艺适合于高浓度的废水，特别是UASB反应器的工作正常，效率较高。采用污泥回流到UASB的工艺，整个系统基本上不产生剩余污泥，所有污泥可以在系统内消化。

### 15.6.2 厌氧和好氧技术联合运用去除营养性污染物

采用厌氧与好氧工艺相结合的工艺，还可以达到生物脱氮除磷的目的。目前，厌氧与好氧联合的工艺较多，有些仍处于研究阶段，将在下一章中介绍比较成熟的几种。

# 16
# 生物脱氮除磷

为了更好地保护水体环境，防止水体受污染和发生富营养化，污水排放标准日趋严格，要求城市污水处理厂不仅要有效地去除有机物(BOD)，而且要求去除污水中的氮和磷。因为污水中氮、磷等植物营养型污染物的排放会导致水体的富营养化。

对于污水中的氮和磷，可以采用化学或物理化学方法有效地脱氮除磷，如折点加氯或吹脱工艺可以有效地去除氨和氮；采用石灰乳混凝沉淀或选择性离子交换工艺可以去除磷。但这些方法的运行费用都较高，不适用于水量一般都很大的城市污水处理。所以，城市污水的脱氮除磷大多采用的还是生物处理工艺。

传统活性污泥法主要是去除污水中呈溶解性的有机物，而污水中氮、磷的去除仅限于微生物细胞合成而从污水中摄取的数量，去除率低，氮为 20%～40%，磷仅为 5%～20%，一般二级处理，水中还含有 15～25 mg/L $NH_3$-N，含有 6～10 mg/L P。为了防止缓流水体的富营养化，要对污水进行生物脱氮除磷处理。污水生物处理技术的发展如图 16－1 所示。

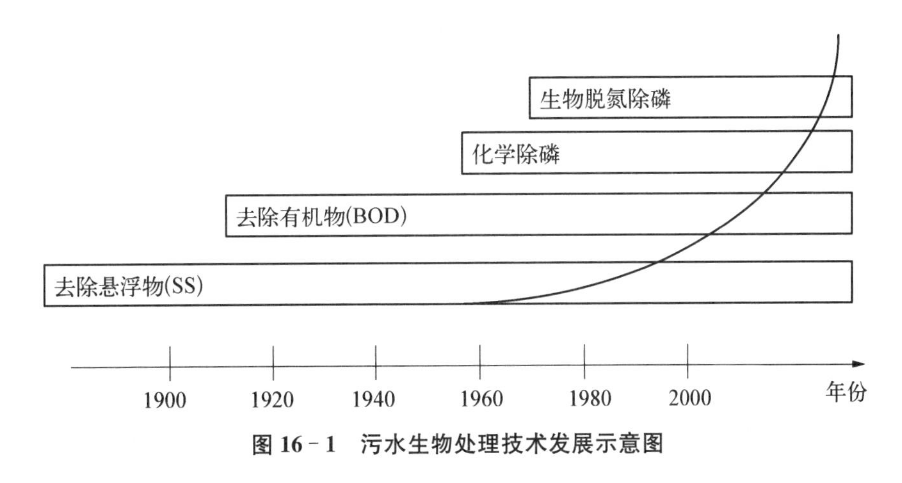


**图 16－1　污水生物处理技术发展示意图**

废水生物脱氮除磷工艺应根据受纳水体的使用功能和水质要求，去除废水中的 BOD 和氮、磷。目前对有机污染物一般采用生物氧化法，脱氮则经历了硝化/反硝化过程，除磷则采用生物处理或生物/化学沉淀来完成。在同时脱氮除磷系统中，硝化菌与聚磷菌(PAO)之间的矛盾主要有两个方面，一是污泥龄，另一个是两者对底物的竞争。

由于硝化菌世代时间较长，聚磷菌世代时间短，为了同时取得较好的脱氮除磷效果，一般将污泥龄控制在折中范围内，以兼顾脱氮与除磷的需要。此外，为了能够充分发挥脱氮菌与聚磷菌的各自优势，将活性污泥法与生物膜法相结合以缓解这一矛盾，这时系统中就存在两种菌群——短泥龄悬浮态活性污泥菌群和长泥龄的生物膜上附着的菌群，这样就很好地解决了硝化菌与聚磷菌间的泥龄矛盾。

传统生物除磷机理认为：在厌氧环境下，聚磷菌只能利用污水中的易生物降解物质，其他有机物都要经水解/发酵后转化为乙酸等低分子可生物降解的挥发性脂肪酸(VFA)后才能被聚磷菌利用。而在缺氧环境下，反硝化菌先于聚磷菌利用这类有机物进行脱氮，导致聚磷菌释磷程度降低，细胞内贮存聚β-羟基丁酸(PHB)减少。同时厌氧条件下，磷释放的充分程度和合成的PHB量影响和决定着好氧条件下过量摄取磷的量。因此，系统的除磷效率取决于污水中易生物降解的溶解性有机物的量，一般进水溶解性BOD/TP≥15时，才能保证出水磷含量小于1 mg/L。

废水处理系统其实存在兼具反硝化能力和除磷能力的兼性厌氧微生物，此类微生物称为反硝化聚磷菌(Denitrifying Phosphorus Accumulating Organisms, DPAOs)。在厌氧阶段DPAOs将其胞内多聚磷酸盐(Poly-P)水解为正磷酸盐释放至胞外，利用水解产生的能量快速吸收挥发性脂肪酸(VFAs)，并以糖原酵解提供还原力($NADH_2$)合成聚羟基脂肪酸酯(Polyhydroxyalkanoates, PHA)，贮存于胞内。在缺氧阶段，DPAOs利用胞内碳源PHA提供电子，以$NO_x^-$作为电子供体进行氧化磷酸化产生能量，一部分提供细胞合成和维持生命活动，一部分用于过分摄取污水中的无机磷酸盐，并合成为多聚磷酸盐贮存于细胞内，同时把硝酸盐或亚硝酸盐还原为氮气，完成同时脱氮除磷的目的，最终实现“一碳两用”。与传统脱氮除磷技术相比，反硝化除磷技术避免了反硝化菌和聚磷菌之间对有机物的竞争；可缩小曝气区的体积(可减少约30%的曝气量)，节省了能耗；减少约50%的污泥量，节省了污泥处理费用。

## 16.1　生物脱氮

污水中的氮一般以氨氮和有机氮的形式存在，通常只含有少量或不含亚硝酸盐和硝酸盐形态的氮，在未经处理的污水中，氮有可溶性的，也有非溶性的。可溶性有机氮主要以尿素和氨基酸的形式存在；一部分非溶性有机氮在初沉池中可以被去除。在生物处理过程中，大部分的非溶性有机氮转化成氨氮和其他无机氮，却不能被有效地去除。如图16-2所示为废水生物脱氮的基本原理，在有机氮转化为氨氮的基础上，通过硝化反应将氨氮转化为亚硝态氮、硝态氮，再通过反硝化反应将硝态氮转化为氮气从水中逸出，从而达到除去氮的目的。目前，还有利用厌氧氨氧化工艺实现生物脱氮的研究。

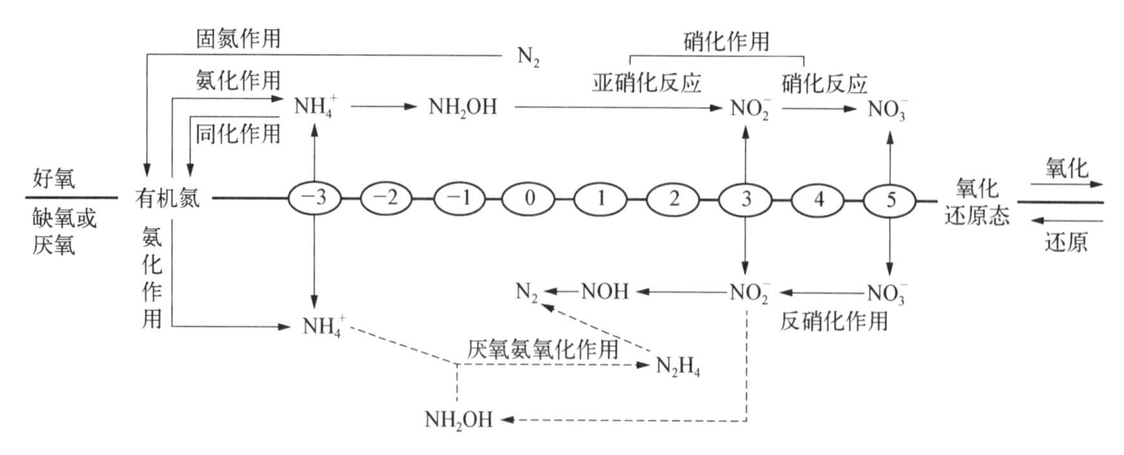


图16-2　废水生物脱氮的可能途径

### 16.1.1 生物脱氮基本原理

生物脱氮是在有机氮转化为氨氮的基础上，通过硝化反应将氨氮氧化为亚硝态氮和硝态氮，然后再通过反硝化反应将硝态氮转化为氮气，从水中逸出进入大气。

1. 氨化反应

废水中有机氮合物在好氧菌和氨化菌作用下，有机碳被降解为 $CO_2$，而有机氮则被分解转化为氨态氮。例如，氨基酸的氨化反应为：

$$RCHNH_2COOH + H_2O \longrightarrow RCOHCOOH + NH_3$$

$$RCHNH_2COOH + O_2 \longrightarrow RCOCOOH + CO_2 + NH_3$$

2. 硝化反应

硝化反应是在好氧状态下，将氨氮转化为硝酸盐氮的过程。硝化反应是由一群自养型好氧微生物完成的，它包括两个基本反应步骤：第一阶段是由亚硝酸菌将氨氮转化为亚硝酸盐，称为亚硝化反应，亚硝酸菌中有亚硝酸单胞菌属、亚硝酸螺旋杆菌属和亚硝化球菌属等。第二阶段则由硝酸菌将亚硝酸盐进一步氧化为硝酸盐，称为硝化反应，硝酸菌有硝酸杆菌属、螺菌属和球菌属等。亚硝酸菌和硝酸菌统称为硝化菌，均是化能自养菌。这类菌利用无机碳化合物如，$CO_2$、$CO_3^{2-}$、$HCO_3^-$ 等作为碳源，通过与 $NH_3$、$NH_4^+$、$NO_2$ 的氧化反应来获得能量。硝化反应中硝化菌的特性如表 16.1 所示。

**表 16.1 硝化菌的特性**

| 项　　目 | 亚硝酸菌(椭球或棒状) | 硝酸菌(椭球或棒状) |
|---|---|---|
| 细胞尺寸/$\mu$m | 1×1.5 | 0.5×1.5 |
| 革兰氏染色 | 阴性 | 阴性 |
| 世代期/h | 8～36 | 12～59 |
| 自养性 | 专性 | 兼性 |
| 需氧性 | 严格好氧 | 严格好氧 |
| 最大比增长速度/$\mu m \cdot h^{-1}$ | 0.04～0.08 | 0.02～0.06 |
| 产率系数 $Y$ | 0.040～0.013 | 0.02～0.07 |
| 饱和常数 $K/mg \cdot L^{-1}$ | 0.6～3.6 | 0.3～1.7 |

硝化反应经历氨氮被氧化为亚硝酸盐和亚硝酸盐被氧化为硝酸盐两个阶段。其生化反应如下：

$$2NH_4^+ + 3O_2 \xrightarrow{\text{亚硝酸菌}} 2NO_2^- + 4H^+ + 2H_2O$$

$$2NO_2^- + 2O_2 \xrightarrow{\text{硝酸菌}} 2NO_3^-$$

硝化反应总反应过程如下：

$$NH_4^+ + 2O_2 \xrightarrow{\text{硝化细菌}} NO_3^- + 2H^+ + H_2O$$

在硝化过程中，1 g $NH_4^+$-N 完成硝化反应，需 4.57 g 氧，称为硝化需氧量(NOD)。因硝化菌对 pH 变化十分敏感，为保持适宜的 pH，废水中应保持足够的碱度。

在硝化菌对 $NH_4^+$-N 进行氧化代谢的同时，硝化菌细胞的合成也在进行，从而导致微生物的增长。另外，整个硝化过程要消耗水中碱度，主要是由氧化反应所致，每氧化 1 g 氨氮需消耗重碳酸盐碱度(以 $CaCO_3$ 计)7.14 g。

3. 反硝化反应

反硝化反应是由一群异养性微生物完成的生物化学过程。它的主要作用是在缺氧(无分子态氧)的条件下，将硝化过程中产生的亚硝酸盐和硝酸盐还原成气态氮($N_2$)。反硝化细菌有假单胞菌属、反硝化杆菌属、螺旋菌属和无色杆菌属等。它们多数是兼性细菌，有分子态氧存在时，反硝化菌氧化分解有机物，分子氧作为最终的电子受体。在无分子态氧条件下，反硝化菌利用硝酸盐和亚硝酸盐中的 $N^{5+}$ 和 $N^{3+}$ 作为电子受体。$O_2^-$ 作为受氢体生成 $H_2O$ 和 $OH^-$ 碱度，有机物则作为碳源及电子供体提供能量，并得到氧化稳定。反硝化过程中亚硝酸盐和硝酸盐的转化是通过反硝化细菌的同化作用和异化作用来完成的。异化作用就是将 $NO_2^-$ 和 $NO_3^-$ 还原为 NO、$N_2O$、$N_2$ 等气体物质，主要是 $N_2$，而同化作用是反硝化菌将 $NO_2^-$ 和 $NO_3^-$ 还原成为 $NH_3$-N 供新细胞合成之用，氮成为细胞质的成分，此过程可称为同化反硝化。

反硝化反应方程式为：

$$6NO_3^- + 2CH_3OH \xrightarrow{\text{硝酸还原菌}} 6NO_2^- + 2CO_2 + 4H_2O$$

$$6NO_2^- + 3CH_3OH \xrightarrow{\text{亚硝酸还原菌}} 3N_2 + 3CO_2 + 3H_2O + 6OH^-$$

反硝化总反应方程式为：

$$6NO_3^- + 5CH_3OH \xrightarrow{\text{反硝化菌}} 3N_2 + 5CO_2 + 7H_2O + 6OH^-$$

在 DO⩽0.5 mg/L 情况下，兼性反硝化菌利用污水中的有机碳源(BOD)作为氢供给体，将来自好氧池混合液中的硝酸盐和亚硝酸盐还原成氮气排入大气，同时有机物得到降解。

在反硝化菌代谢活动的同时，伴随着反硝化菌的生长繁殖，即菌体合成过程，反应如下：

$$3NO_3^- + 14CH_3OH + CO_2 + 3H^+ \longrightarrow 3C_5H_7O_2N + 19H_2O$$

式中，$C_5H_7O_2N$ 为反硝化微生物的化学组成。

反硝化还原和微生物合成的总反应方程式为：

$$NO_3^- + 1.08CH_3OH + H^+ \longrightarrow 0.065C_5H_7O_2N + 0.47N_2 + 0.76CO_2 + 2.44H_2O$$

从上述的反应过程可知，约 96%的 $NO_3$-N 经异化过程还原，4%经同化过程合成微生物。

4. 同步硝化反硝化

传统脱氮理论认为，硝化和反硝化两个过程需要在两个隔离的反应器中，或者在时间或空间上造成交替缺氧和好氧环境的同一个反应器中进行。实际上，在没有明显独立设置缺氧区的活性污泥法处理系统内总氮被大量去除的过程，即硝化和反硝化反应，往往也会发生在同样的处理条件及同一处理空间内，该现象称为同步硝化反硝化(Simultaneous Nitrification Denitrification, SND)，对同步硝化反硝化过程的机理主要有以下解释：

（1）反应器溶解氧分布不均理论

在反应器的内部，由于充氧不均衡，混合不均匀，形成反应器内部不同部分的缺氧区和好氧区，分别为反硝化细菌和硝化细菌的作用提供了优势环境，造成事实上硝化和反硝化作用的同时进行。除了反应器不同空间上的溶解氧不均外，反应器在不同时间点上的溶解氧变化也可认为是同步硝化反硝化过程。

（2）缺氧微环境理论

在活性污泥絮体中，从絮体表面至其内核的不同层次上，由于氧传递的限制原因，氧的浓度分布是不均匀的，微生物絮体外表面氧的浓度较高，内层浓度较低。在生物絮体颗粒尺寸足够大的情况下，可以在菌胶团内部形成缺氧区，在这种情况下，絮体外层好氧硝化细菌占优势，主要进行硝化反应，内层反硝化细菌占优势，主要进行反硝化反应。除了活性污泥絮体外，一定厚度的生物膜中同样可存在溶解氧梯度，使生物膜内层形成缺氧微环境。

（3）微生物学解释

传统理论认为硝化反应只能由自养菌完成，反硝化只能在缺氧条件下进行，有相关研究已经证实存在好氧反硝化细菌和异养硝化细菌。在好氧条件下，很多反硝化细菌也可以进行氨氮硝化作用。在低浓度氧状态下，硝化细菌欧洲亚硝化单胞菌（*Nitrosomonas europaea*）和亚硝化单胞菌（*Nitrosomonas eutropha*）也可以进行反硝化作用。

在诸多生物脱氮工艺中，前置缺氧反硝化目前使用较为普遍，随着生物脱氮技术的发展，新的工艺不断被研究开发出来。同时，人们将生物脱氮与除磷工艺相结合形成了许多新的生物脱氮除磷处理工艺。

### 16.1.2 生物脱氮过程的影响因素

生物脱氮的硝化过程是在硝化菌的作用下，将氨态氮转化为硝酸氮。硝化菌是化能自养菌，其生理活动不需要有机性营养物质，它从 $CO_2$ 获取碳源，从无机物的氧化中获取能量。而生物脱氮的反硝化过程是在反硝化菌的作用下，将硝酸氮和亚硝酸氮还原为气态氮。反硝化菌是异养兼性厌氧菌，它只能在无分子态氧的情况下，利用硝酸和亚硝盐离子中的氧进行呼吸，使硝酸还原。所以，环境因素对硝化和反硝化作用的影响并不相同。

1. 硝化反应的影响因素

（1）有机碳源

硝化菌是自养型细菌，有机物浓度不是它的生长限制因素，故在混合液中的有机碳浓度不应过高，一般 BOD 值应在 20 mg/L 以下。如果 BOD 浓度过高，就会使增殖速度较高的异养型细菌迅速繁殖，从而使自养型的硝化菌占不到优势而不能成为优占种属，从而严重影响硝化反应的进行。

（2）污泥龄

为保证连续流反应器中存活并维持一定数量和性能稳定的硝化菌，微生物在反应器中的停留时间，即污泥龄，应大于硝化菌的最小世代时间，硝化菌的最小世代时间是其最大比增长速率的倒数。脱氮工艺的污泥龄主要由亚硝酸菌的世代时间控制，因此污泥龄应根据亚硝酸菌的世代时间来确定。实际运行中，一般应取硝化菌最小世代时间的 3 倍以上为系统的污泥龄，并不得小于 3～5 d，为保证硝化反应的充分进行，污泥龄应大于 10 d。

（3）溶解氧

氧是硝化反应过程中的电子受体，所以反应器内溶解氧浓度的高低必将影响硝化的进程。

一般混合液的溶解氧浓度应维持在 2～3 mg/L，溶解氧浓度为 0.5～0.7 mg/L 是硝化菌可以忍受的极限。有关研究表明，当 DO<2 mg/L，氨氮有可能完全硝化，但需要过长的污泥龄，因此，硝化反应设计的 DO≥2 mg/L。

对于同时去除有机物和进行硝化反硝化的工艺，硝化菌约占活性污泥的 5%左右，大部分硝化菌将处于生物絮体的内部。在这种情况下，溶解氧浓度的增加将会提高溶解氧对生物絮体的穿透力，从而提高硝化反应速率。因此，在污泥龄短时，由于含碳有机物氧化速率的增加，致使耗氧速率增加，减少了溶解氧对生物絮体的穿透力，进而降低了硝化反应速率；相反，在污泥龄长的情况下，耗氧速率较低，即使溶解氧浓度不高，也可保证溶解氧对生物絮体的穿透作用，从而维持较高的硝化反应速率。所以，当污泥龄降低时，为维持较高的硝化反应速率，应相应地提高溶解氧的浓度。

(4) 温度

温度不但影响硝化菌的比增长速率，而且影响硝化菌的活性。硝化反应的适宜温度范围是 20～30 ℃。在 5～35 ℃的范围内，硝化反应速率随温度的升高而加快，但温度达到 30 ℃时，硝化反应速率增加幅度减少，因为当温度超过 30 ℃时，蛋白质的变性降低了硝化菌的活性。当温低于 5 ℃时，硝化细菌的生命活动几乎停止。

(5) pH

硝化菌对 pH 的变化非常敏感，最佳 pH 范围为 7.5～8.5，当 pH 低于 7 时，硝化反应速率明显降低，pH 低于 6 和高于 9.6 时，硝化反应将停止进行。由于硝化反应中每消耗 1 g 氨氮要消耗碱度 7.14 g，如果污水氨氮浓度为 20 mg/L，则需消耗碱度 143 mg/L。一般地，污水对于硝化反应来说，碱度往往是不够的，因此，应投加必要的碱，以维持适宜的 pH，保证硝化反应的正常进行。

(6) C/N 比

在活性污泥系统中，硝化菌只占活性污泥微生物的 5%左右，这是因为与异养型细菌相比，硝化菌的产率低、比增长速率小。而 $BOD_5$/TKN 值的不同，将会影响到活性污泥系统中异养菌与硝化菌对底物和溶解氧的竞争，从而影响脱氧效果。一般认为处理系统的 BOD 负荷低于 0.15 $BOD_5$/(g MLSS · d)，处理系统的硝化反应才能正常进行。

(7) 有害物质

对硝化反应产生抑制作用的有害物质主要有重金属、高浓度的 $NH_4^+$-N、$NO_x^-$-N 络合阳离子和某些有机物。有害物质对硝化反应的抑制作用主要表现在两个方面：一是干扰细胞的新陈代谢，这种影响需长时间才能显示出来；二是破坏细菌最初的氧化能力，这种影响在短时间里即会显示出来。一般来说，同样的毒物对亚硝酸菌的影响比对硝酸菌的影响强烈。

对硝化菌有抑制作用的重金属有 Ag、Hg、Ni、Cr、Zn 等，其毒性作用由强到弱，当 pH 由较高到低时，毒性由弱到强。而一些含氮、硫元素的物质也具有毒性，如硫脲、氰化物、苯胺等，其他物质如酚、氟化物、$ClO_4$、$K_2CrO_4$、三价砷等也具有毒性。一般情况下，有毒物质主要抑制亚硝酸菌的生长，个别物质主要抑制硝酸菌的生长。

2. 反硝化反应的影响因素

(1) 有机碳源

反硝化菌为异养型兼性厌氧菌，所以反硝化过程需要提供充足的有机碳源，通常以污水中的有机物或者外加碳源(如甲醇)作为反硝化菌的有机碳源。碳源物质不同，反硝化反应速率也将不同。

目前，通常都是利用污水中的有机碳源，因为它具有经济、方便的优点，一般认为，当废水中 $BOD_5/TN$ 值>3～5 时，即可认为碳源是充足的，不需外加碳源，否则应投加甲醇($CH_3OH$)作为有机碳源，它的反硝化速率高，被分解后的产物为 $CO_2$ 和 $H_2O$，不留任何难降解的中间产物，其缺点是处理费用高。

(2) pH

pH 是反硝化反应的重要影响因素，反硝过程最适宜的 pH 范围为 6.5～7.5，不适宜的 pH 会影响反硝化菌的生长速率和反硝化酶的活性。当 pH 低于 6.0 或高于 8.0 时，反硝化反应将会受到强烈抑制。由于反硝化反应会产生碱度，这有助于将 pH 保持在所需范围内，并可补充在硝化过程中消耗的一部分碱度。

(3) 温度

反硝化反应的适宜温度为 20～40 ℃，低于 15 ℃时，反硝化菌的增殖速率降低，代谢速率也降低，从而降低了反硝化速率。温度对反硝化反应的影响与反硝化设备的类型有关。硝酸盐负荷率高，温度的影响也高；反之，温度的影响也低。

(4) 溶解氧

反硝化菌是兼性菌，既能进行有氧呼吸，也能进行无氧呼吸。含碳有机物好氧生物氧化时所产生的能量高于厌氧硝化时所产生的能量，这表明，当同时存在分子态氧和硝酸盐时，优先进行有氧呼吸，反硝化菌降解含碳有机物而抑制了硝酸盐的还原。所以，为了保证反硝化过程的顺利进行，必须保持严格的缺氧状态。微生物从有氧呼吸转变为无氧呼吸的关键是合成无氧呼吸的酶，而分子态氧的存在会抑制这类酶的合成及其活性。由于这两方面的原因，溶解氧化对反硝化过程有很大的抑制作用。一般认为，系统中溶解氧保持在 0.5 mg/L 以下时，反硝化反应才能正常进行。但在附着生长系统中，由于生物膜对氧传递的阻力较大，可以容许较高的溶解氧浓度。

### 16.1.3 生物脱氮工艺

1. 传统活性污泥法脱氮工艺

由巴茨(Barth)开创的传统活性污泥法脱氮工艺为三级活性污泥法，是以氨化、硝化和反硝化等生化反应过程为基础建立的。其工艺流程如图 16-3 所示。

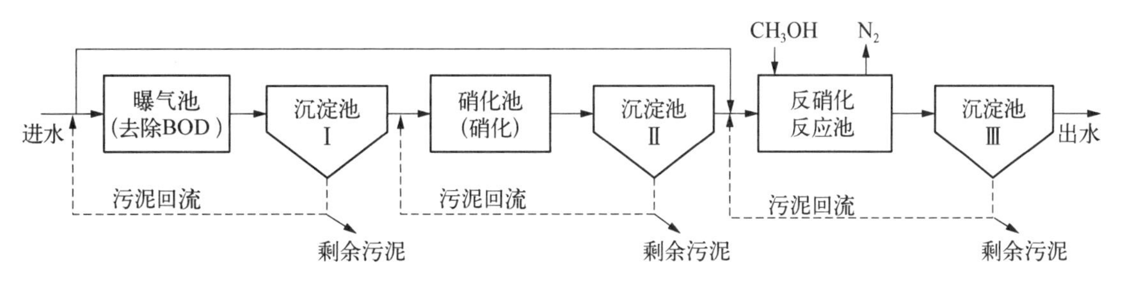


**图 16-3 传统活性污泥法脱氮工艺(三级活性污泥法)流程图**

该工艺流程将去除 BOD 与氨化、硝化和反硝化分别在三个反应池中进行，并各自有其独立的污泥回流系统。第一级曝气池为一般的二级处理曝气池，其主要功能是去除 BOD、COD，将有机氮转化为 $NH_3$-N，即完成有机碳的氧化和有机氮的氨化功能。第一级曝气池的混合液经过沉淀后，出水进入第二级曝气池——称为硝化曝气池，进入该池的污水，其 $BOD_5$ 值已降至 15～20 mg/L 的较低水平，在硝化曝气池内进行硝化反应，使 $NH_4^+$-N 氧化为 $NO_3^-$-N，同时有机物得到进一步离解，污水中 $BOD_5$ 进一步降低。硝化反应要消耗碱度，所以需投加碱，以防 pH 下降。硝化曝气池的混合液进入沉淀池，沉淀后出水进入第三级活性污泥系统——称为反硝化反应池，在缺氧条件下，$NO_3^-$-N 还原为气态 $N_2$，排入大气。因为进入该级的污水中的 $BOD_5$ 值很低，为了使反硝化反应正常进行，所以需要投加 $CH_3OH$ 作为外加碳源，但为了节省运行成本，也可引入原污水充作碳源。

这种系统的优点是有机物降解菌、硝化菌、反硝化菌分别在各自的反应器内生长增殖，环境条件适宜，并具有各自的污泥回流系统，反应速度快且比较彻底。但也存在着处理设备多、造价高、处理成本高、管理不够方便等缺点。

2. 两级生物脱氮系统

为了减少处理设备，根据去除 BOD 和硝化反应都需在曝气、好氧条件下进行，故可以将三级活性污泥法脱氮工艺中的以去除 BOD 为目的的第一级曝气池和第二级硝化曝气池合并，将 BOD 去除和硝化两个反应过程放在统一的反应器内进行，于是就产生了两级生物脱氮系统，两级生物脱氮系统工艺如图 16－4 所示。

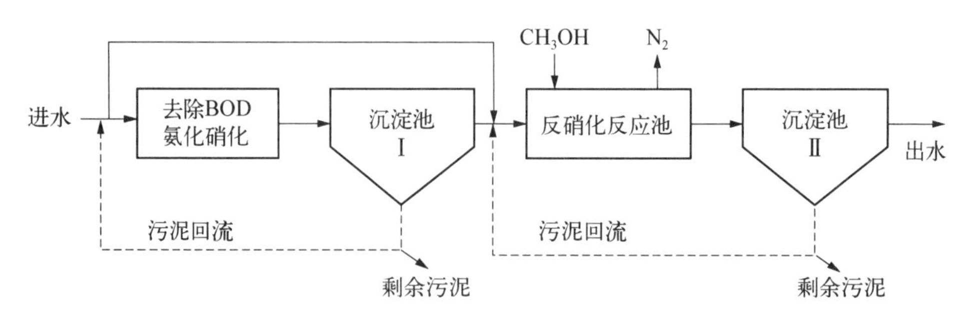


**图 16－4 两级生物脱氮系统**

该两级生物脱氮传统工艺仍存在着处理设备较多、管理不太方便、造价较高和处理成本高等缺点。

3. $A_N/O$ 工艺

上述生物脱氮传统工艺目前已应用得很少。为了克服传统生物脱氮工艺流程的缺点，根据生物脱氮的原理，在 20 世纪 80 年代初开创了 $A_N/O$ 工艺流程，如图 16－5 所示，图中，生物脱氮工艺将反硝化反应器放置在系统之前，所以又称为前置反硝化生物脱氮系统。在反硝化缺氧池中，回流污泥中的反硝化菌利用原污水中的有机物作为碳源，将回流混合液中的大量硝态氮（$NO_x^-$-N）还原成 $N_2$，从而达到脱氮目的。然后，在后续的好氧池中进行有机物的生物氧化、有机氮的氨化和氨氮的硝化等生化反应。

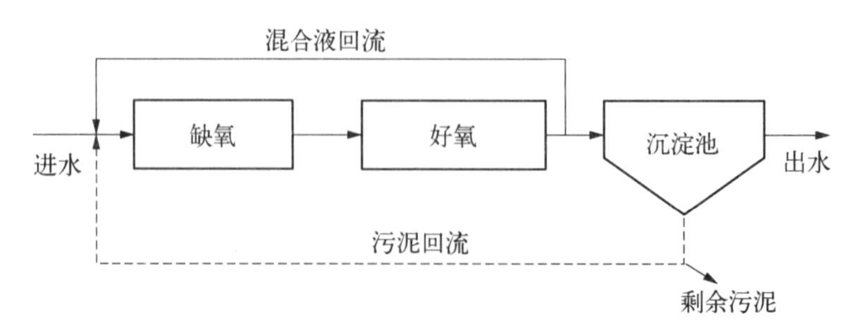


**图 16－5 $A_N/O$ 前置反硝化生物脱氮系统**

4. Bardenpho 工艺

Bardenpho 工艺是在 $A_N/O$ 脱氮工艺的基础上又增设了一个缺氧段Ⅱ和好氧段Ⅱ，所以该工艺又称四段强化脱氮工艺(图 16－6)。增设的缺氧段Ⅱ能在反硝化菌作用下对从好氧段Ⅰ流入的混合液中的 $NO_3^-$-N 进行反硝化脱氮，可使该工艺的脱氮率高达 90%～95%，而增设的好氧段Ⅱ能提高出流混合液中的 DO 浓度，防止在沉淀池内因缺氧产生反硝化，干扰污泥的沉降，从而改善了沉淀池中污泥的沉降性能。BOD 去除、硝化、反硝化等生化反应在该工艺流程中都反复进行了两次或两次以上，所以 Bardenpho 工艺的脱氮效果好，但除磷效果差，同时，这种工艺还存在反应池多、工艺与运行复杂、处理成本高等缺点。

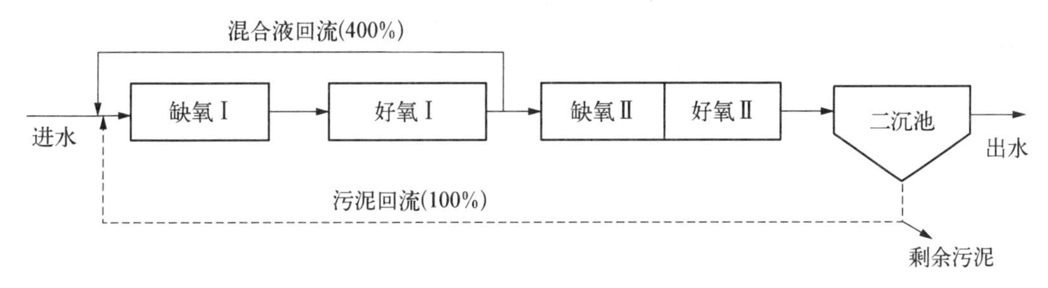


**图 16－6 Bardenpho 工艺流程图**

5. SHARON 脱氮新工艺

SHARON(Single-reactor for High-activity Ammonia Removal Over Nitrite)工艺是荷兰代尔夫特理工大学开发的一种新型的脱氮工艺。基于短程硝化反硝化，其基本原理是在同一个反应器内，先在有氧条件下，利用亚硝化细菌将氨氧化生成 $NO_2^-$；然后在缺氧条件下，以有机物为电子供体，将亚硝酸盐反硝化，生成氮气。

其反应方程式如下：

$$NH_4^+ + 1.5O_2 \xrightarrow{\text{亚硝化菌}} NO_2^- + 2H^+ + H_2O$$

$$NO_2^- + 3[H] + H^+ \xrightarrow{\text{反硝化菌}} 0.5N_2 + 2H_2O$$

SHARON 工艺是将硝化过程控制在亚硝化阶段，直接从 $NO_2^-$-N 进行反硝化，所以该工艺实际上是一种短程生物脱氮工艺。Loosdrecht 等的研究认为，通常氧化 $NH_4^+$-N 的是典型的亚硝化菌欧洲亚硝化单胞菌(*Nitrosomonas Europaea*)，在 SHARON 工艺中起主要作用。在 SHARON 工艺中，将氨氧化过程控制在亚硝化阶段是关键，所以，应尽量提高 $NO_2^-$-N 的积累。影响 $NO_2^-$-N 积累的主要因素有温度和污泥龄、溶解氧、pH 和游离态氨等。

6. ANAMMOX 厌氧氨氧化脱氮工艺

ANAMMOX(Anaerobic Ammonium Oxidation)厌氧氨氧化脱氮工艺，是 1990 年由荷兰代尔夫特理工大学提出的一种新型脱氮工艺。该工艺的特征是：在厌氧条件下，以硝酸盐或亚硝酸盐作为电子受体，将氨氮氧化生成氮气。SHARON 工艺只是将传统的硝化反硝化工艺通过运行控制缩短了生物脱氮的途径。而 ANAMMOX 工艺则是一种全新的生物脱氮工艺，完全突破了传统生物脱氮工艺中的基本概念，在厌氧条件下利用 $NH_4^+$ 作为电子供体将 $NO_2^-$-N 转化为 $N_2$。Graaf 的研究表明，在 ANAMMOX 工艺中，关键的电子受体是 $NO_2^-$，而不是 $NO_3^-$，其反应方程式如下：

$$NH_4^+ + 1.32NO_2^- + 0.066HCO_3^- + 0.13H^+ \longrightarrow 1.02N_2\uparrow + 2.03H_2O + 0.26NO_3^- + 0.066CH_2O_{0.5}$$

Jetten 等的研究表明，羟氨和联氨是 ANAMMOX 工艺的重要中间产物。Schalk 等研究了联氨的厌氧氧化，提出了 ANAMMOX 工艺的反应机理，如图 16－2 所示。Graaf 的研究表明，参与厌氧氨氧化的细菌是一种自养菌，在厌氧氨氧化过程中不需要添加有机物。

7. SHARON-ANAMMOX 组合脱氮除磷工艺

SHARON 工艺可以通过控制温度、水力停留时间、pH 等条件，使氨氧化控制在亚硝化阶段。目前，尽管 SHARON 工艺以好氧/厌氧的间歇运行方式处理富氨污水取得了较好的效果，但由于在反硝化时需要消耗有机碳源，并且存在出水浓度相对较高的缺点，如果以 SHARON 工艺作为硝化反应器、以 ANAMMOX 工艺作为反硝化反应器进行组合工艺，通常情况下 SHARON 工艺可以控制部分硝化，使出水中的 $NH_4^+$ 与 $NO_2^-$ 比例为 1∶1，从而可以作为 ANAMMOX 工艺的进水，组成一个新型的生物脱氮工艺，其反应方程式如下所示：

硝化反应：

$$0.5NH_4^+ + 0.75O_2 \longrightarrow 0.5NO_2^- + H^+ + 0.5H_2O$$

$$0.5NH_4^+ + 0.5NO_2^- \longrightarrow 0.5N_2 + H_2O$$

厌氧氨氧化反应：

$$NH_4^+ + 0.75O_2 \longrightarrow 0.5N_2 + H^+ + 1.5H_2O$$

SHARON-ANAMMOX 工艺具有耗氧量少、污泥产量少、不需外加碳源等优点，是迄今为止最简捷的生物脱氮工艺，具有很好的应用前景，已成为当前生物脱氮领域内的一个研究重点。

8. 限养自养硝化-反硝化(OLAND)工艺

根据亚硝酸型硝化-厌氧氨氧化脱氮技术原理，比利时根特大学微生物生态实验室开发出了限氧自养硝化-反硝化(Oxygen Limited Autotrophic Nitrification Denitrification，OLAND)工艺，该工艺具有耗氧量少、污泥产量少、不需外加碳源等优点。

OLAND 工艺是限氧亚硝化与厌氧氨氧化相耦联的一种新颖的生物脱氮工艺，该工艺分两个过程进行：第一步，在限氧条件下，将污水中的部分氨氮氧化为亚硝酸盐氮；第二步，在厌氧条件下，亚硝酸盐氮与剩余氨氮发生厌氧氨氧化反应(ANAMMOX)，从而去除含氮污染物。其机理是由亚硝化细菌对亚硝酸盐氮催化进行歧化反应。

该工艺的核心技术是在限氧亚硝化阶段通过严格控制溶解氧水平，将近 50%的 $NH_4^+$-N 转化为 $NO_2^-$-N，实现硝化阶段稳定的出水比例[$NH_4^+$-N∶$NO_2^-$-N＝1∶1]，从而为厌氧氨氧化阶段提供理想的进水，提高整个工艺的脱氮效率。

相比传统工艺，OLAND 工艺可以节省 62.5%的耗氧量，不需要外加有机碳源，产生的污泥量也很少，可有效降低运行成本。与 SHARON-ANAMMOX 组合工艺相比，该工艺可节省 37.5%的能耗，在较低温度(22～30 ℃)时仍可获得较好的脱氮效果，在两阶段悬浮式生物膜脱氮系统中，内浸式生物膜的加入克服了 SHARON-ANAMMOX 组合工艺中生物量流失的缺点，避免了硝化阶段的微生物对厌氧氨氧化阶段微生物的影响，使反应过程更加容易控制，增加了脱氮反应过程的稳定性。

OLAND 工艺在混合菌群连续运行的条件下目前尚难以对氧和污泥的 pH 进行良好的控制，若工艺运行过程中可以通过化学计量方法合理地控制氧的供给，则能有效地将其控制在亚硝化阶段。同时,该工艺仅在生物膜系统中获得了良好的效果,在悬浮系统中低氧下活性污泥的沉降性、污泥膨胀以及同步硝化反硝化等方面尚需进一步研究与完善。在实际应用中,由于厌氧氨氧化阶段的生物量生长非常缓慢,同 SHARON-ANAMMOX 组合工艺一样,仍存在着启动时间长(≥100 d)的问题。

9. 单级全程自养脱氮(CANON)工艺

1999 年,Third K A 等首次提出,CANON(Completely Autotrophic Nitrogen Kemoval Over Nitrite)是一种基于亚硝酸氮的单级全程自养脱氮工艺,其理论基础是在一体化反应器体系内同时实现半短程硝化与厌氧氨氧化反应。在生物膜或颗粒污泥表面,由于处于低溶解氧环境,部分氨氮在氨氧化菌的作用下被氧化成亚硝酸氮;在生物膜或颗粒污泥内部,由于处于厌氧环境,产生的亚硝酸氮和剩余氨氮在厌氧氨氧化菌的作用下反应生成氮气,并产生少量的硝酸氮,从而实现废水中氨氮的去除。

该工艺去除氨氮的影响因素主要有温度、DO、pH、水中游离氨(FA)、有机物、重金属离子、重金属沉淀物等。CANON 工艺虽然革新了传统生物脱氮的思路,但要大规模工程化还存在一些局限性。例如,启动周期长、厌氧氨氧化反应阶段的功能菌 AnAOB 增殖缓慢,世代时间为 7~14 d,是反硝化菌的几十倍,因此,该功能菌富集培养困难,世界上第一个生产性装置启动时间长达 3.5 年;其次,温度要求高,现已报道的 CANON 工艺基本都是 30 ℃以上,并不是所有污水都能达到该标准,若加热势必增加能耗,运行易失稳,由于亚硝酸盐积累而进行排泥,结果降低了反应器内的生物质浓度而造成系统失稳;还会排放温室气体 $N_2O$。

CANON 工艺是目前更为新型的生物脱氮方法,与传统的生物脱氮工艺相比有明显的优势,因而有广阔的应用前景,目前,CANON 已逐步向实际工程推进,但作为一种新型脱氮工艺,还存在着一些问题尚需改进与解决。

## 16.2 生物除磷

### 16.2.1 生物除磷基本原理

磷与氮不同,不能形成氧化体或还原体,被放逐到大气中,但具有以固体形态和溶解形态互相循环转化的性能。在二级处理水中,90%左右的磷以磷酸盐的形式存在。除磷技术有:使磷成为不溶性的固体沉淀物从污水中分离出去的化学除磷法,使磷以溶解态被微生物摄取,与微生物成为一体,并随同微生物从废水中分离出去的生物除磷法。生物除磷法是通过聚磷菌(PAO)在厌氧/好氧交替的环境中进行放磷/摄磷作用,通过排放高磷剩余污泥而去除磷。

根据试验研究发现,好氧处理中的活性污泥在厌氧-好氧过程中,原生动物等生物相不发生变化,只有异养型生物相中的小型革兰氏阴性储短杆菌——聚磷菌(俗称)会大量繁殖,它虽是好氧菌,但竞争能力很差,然而却能在细胞内贮存聚 β-羟基丁酸(PHB)和聚合磷酸盐(Poly-p)。在厌氧-好氧过程中,聚磷菌在厌氧池中为优势菌种,构成了活性污泥絮体的主体,它吸收低分子的有机物(如脂肪酸),同时将贮存在细胞中聚合磷酸盐(Poly-p)中的磷通过水解释放出来,并提供必需的能量。在随后的好氧池中,聚磷菌吸收的有机物将被氧化分解,并提供能量,同时能从废水中过量地摄取磷,在数量上远远超过其细胞合成所需的磷量,将磷以聚合磷酸盐的形式贮藏在菌体内而形成高磷污泥,并且通过剩余污泥系统排出,因而可获得相当好的除磷效果。生物除磷基本原理如图 16-7 所示。

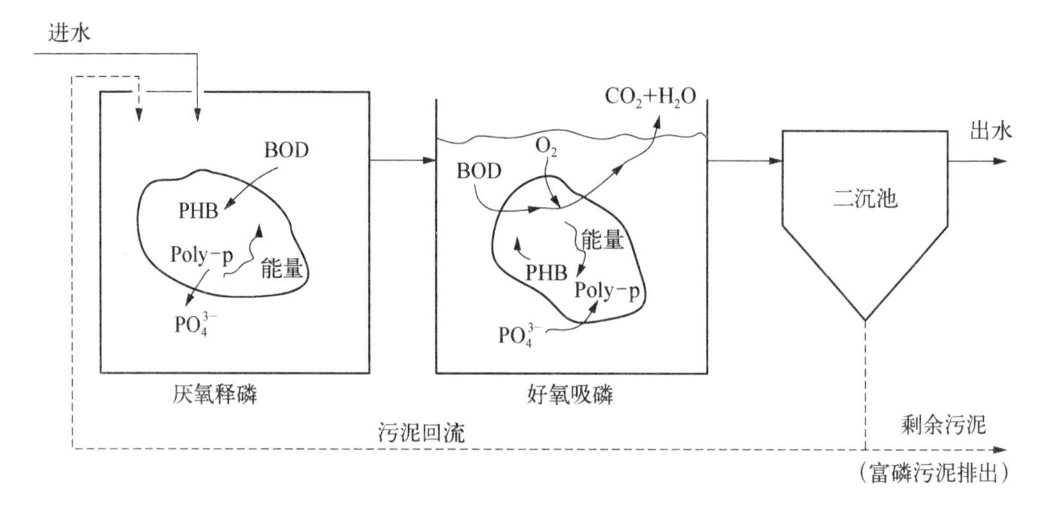


**图 16-7　废水生物除磷基本原理**

在厌氧池中，在没有溶解氧和硝态氧存在的厌氧条件下，兼性细菌将溶解性 BOD 通过发酵作用转化为低分子可生物降解的挥发性脂肪酸(VFA)，聚磷菌吸收这些 VFA 或来自原污水的 VFA，并将其运送到细胞内，同化成细胞内碳能源贮存物聚 β-羟基丁酸(PHB)，该过程所需的能量来源于聚磷的水解以及细胞内糖的酵解，并导致磷酸盐的释放。

在好氧池中，聚磷菌的活力得到恢复，从废水中大量吸收磷，并以聚合磷酸盐的形式贮存在细胞内，其量大大超出了生长需要的磷量，通过 PHB 的氧化代谢产生能量，用于磷的吸收和聚磷的合成，能量以聚磷酸高能键的形式贮存，磷酸盐便从污水中去除。产生的富磷污泥通过剩余污泥的形式排放，从而将磷从系统中除去。从能量角度来看，聚磷菌在厌氧状态下释放磷，获取能量，以吸收污水中的溶解性有机物，在好氧状态下降解吸收的溶解性有机物获取能量以吸收磷，在整个生物除磷过程中表现为 PHB 的合成和分解。需要指出的是，聚磷菌在厌氧-好氧交替运行的系统中有释磷和摄磷的作用，使得它在与其他微生物的竞争中取得优势，从而可有效地去除磷。因为聚磷菌在厌氧条件下能够将其体内贮存的聚磷酸盐分解，以提供能量来摄取废水中的溶解性有机基质，合成并贮存 PHB，这样使之在与其他微生物竞争时，其他微生物可利用的基质减少，以致不能很好地生长。而在好氧阶段，由于聚磷菌的高能过量摄磷作用，使得活性污泥中的其他非聚磷微生物得不到足够的有机基质及磷酸盐，也会使聚磷菌在与其他微生物的竞争中获得优势，并有效地抑制丝状菌的增殖，避免了由于丝状菌大量繁殖引起的污泥膨胀。

### 16.2.2　生物除磷过程的影响因素

(1) BOD 负荷和有机物性质

在废水生物除磷工艺中，厌氧段有机基质的种类、含量及其与总磷浓度的比值($BOD_5$/TP)是影响除磷效果的重要因素。以不同的有机物为基质时，磷的厌氧释放和好氧摄取是不同的。分子量较小的、易降解的有机物，如低级脂肪酸类物质易于被聚磷菌利用，将其体内贮存的聚合磷酸盐分解释放出磷，其诱导磷释放的能力较强，而高分子难降解的有机物诱导释磷的能力较弱。厌氧阶段磷的释放越充分，好氧阶段磷的摄取量就越大。聚磷菌在厌氧段释放磷所产生的能量，主要用于吸收进水中的低分子有机基质以合成 PHB 贮存在体内，作为其在厌氧压抑环境下生存的基础。因此，进水中是否含有足够的有机基质提供给聚磷菌合成 PHB，是关系到聚磷菌在厌氧条件下能否顺利生存的重要因素。一般认为，进水中 $BOD_5$/TP

要在 20～30 之间，才能保证聚磷菌有着足够的基质需求而获得良好的除磷效果。为此，有时可以采用部分进水和省去初沉池的方法来获得除磷所需要的 BOD 负荷。

(2) 溶解氧

厌氧条件下，溶解氧直接影响聚磷菌的生长、释磷能力和利用有机基质合成 PHB 的能力。因为 DO 的存在，一方面，DO 将作为最终电子受体而抑制厌氧菌的发酵产酸作用，妨碍磷的释放；另一方面，DO 会耗尽能快速降解的有机基质，从而减少聚磷菌所需的脂肪酸的产生量，造成生物除磷效果差。所以，厌氧区的 DO 浓度必须严格控制在 0.2 mg/L 以下。而在好氧区中要供给足够的溶解氧，以满足聚磷菌对其贮存的 PHB 进行降解，释放足够的能量供其过量摄磷，有效地吸收污水中的磷。所以，好氧区的 DO 浓度应控制在 2.0 mg/L 左右。

(3) 污泥龄

由于生物脱磷系统主要是通过排除剩余污泥去除磷的，所以，污泥龄的长短对污泥的摄磷作用及剩余污泥的排放量有着直接的影响。一般来说，污泥龄越短，污泥含磷量越高，排放的剩余污泥量也越多，越可以取得较好的脱磷效果。短的污泥龄还有利于好氧段控制硝化作用的发生，且有利于厌氧段的充分释磷，因此，仅以除磷为目的的污水处理系统中，一般宜采用较短的污泥龄，但过短的泥龄会使出水的 $BOD_5$ 和 COD 达不到要求。所以，以除磷为目的的生物处理工艺，污泥龄一般控制在 3.5～7 d。

(4) 厌氧区硝态氮

硝态氮包括硝酸盐氮和亚硝酸盐氮，其存在同样也会消耗有机基质而抑制聚磷菌对磷的释放，从而影响在好氧条件下聚磷菌对磷的吸收。此外，硝态氮的存在会被部分生物聚磷菌(气单胞菌)利用作为电子受体进行反硝化，影响其以发酵中间产物作为电子受体进行发酵产酸，从而抑制聚磷菌的释磷和摄磷能力，以及 PHB 的合成能力。

(5) pH

研究证明，pH 在 6～8 的范围内时，磷的厌氧释放比较稳定；pH 低于 6.5 时，生物除磷的效果会大大下降。

(6) 温度

温度对除磷效果的影响并不明显，因为在高温、中温、低温条件下，不同的菌群都具有生物脱磷的能力，但低温运行时，厌氧区的停留时间要长一些，以保证发酵作用的完成及基质的吸收。研究表明，在 5～30 ℃的范围内，可以得到很好的除磷效果。

### 16.2.3 生物除磷工艺

城市污水中的磷通常以有机磷、磷酸盐或聚磷酸盐的形式存在，根据 Holmers 提出的活性污泥组成的化学式为 $C_{118}H_{170}O_{51}N_{17}P$，则其 C∶N∶P 为 46∶8∶1。如果污水中的营养物质氮、磷维持这个比例，则均可以被全部去除。而一般城市污水中氮和磷的浓度往往大于上述这个比例，用于合成的磷一般只占总量的 15%～20%，所以，传统活性污泥法通过微生物细胞合成来去除污水中的磷，去除率一般为 10%～20%。处理后的出水中，90%左右的磷以磷酸盐的形式存在。

1. $A_P/O$ 除磷工艺原理

$A_P/O$ 除磷工艺由前段厌氧池和后段好氧池串联组成，其工艺流程如图 16－8 所示。

前段为厌氧池，城市污水和回流污泥进入该池，并借助水下推进式搅拌器的作用使其混合。回流污泥中的聚磷酸在厌氧池中可吸收去除一部分有机物，同时释放出大量磷。然后，混

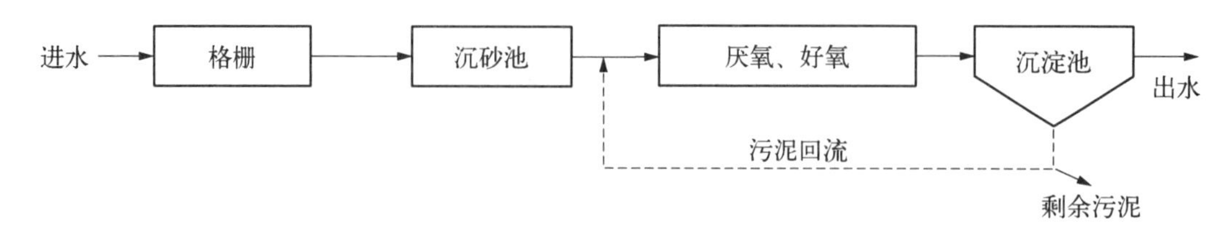


图 16-8　$A_P$/O 除磷工艺流程图

合液流入后段好氧池，水中的有机物在其中得到氧化分解，同时聚磷菌将超量地摄取污水中的磷，然后通过排放高磷剩余污泥来去除污水中的磷。好氧池在良好的运行状况下，剩余污泥中磷的含量在 2.5%以上，整个 $A_PO$ 工艺的 $BOD_5$ 去除率大致与一般活性污泥法相同，而磷的去除率为 70%～80%，处理后出水中的磷浓度一般都小于 1.0 mg/L。

2. Phostrip 除磷工艺

Phostrip 工艺是由 Levin 在 1965 年首次提出的。该工艺是在回流污泥的分流管线上增设一个脱磷池和化学沉淀池而构成的。

Phostrip 工艺流程如图 16-9 所示，该工艺将 $A_P$/O 工艺的厌氧段改造成类似于普通重力浓缩池的磷解吸池，部分回流污泥在磷解吸池内厌氧放磷，污泥停留时间一般为 5～12 h，水力表面负荷应小于 20 $m^3/(m^2 \cdot d)$。经浓缩后污泥进入缺氧池，解磷池上层清液中含有高浓度的磷(高达 100 mg/L 以上)，将此上层清液排入石灰混凝沉淀池中进行化学处理生成磷酸钙沉淀，该含磷污泥可作为农业肥料，而混凝沉淀池出水应流入初沉池再进行处理。Phostrip 工艺不仅通过高磷剩余污泥除磷，而且还可通过化学沉淀除磷。该工艺具有生物除磷和化学除磷双重作用，所以，Phostrip 工艺具有高效脱氮除磷功能。

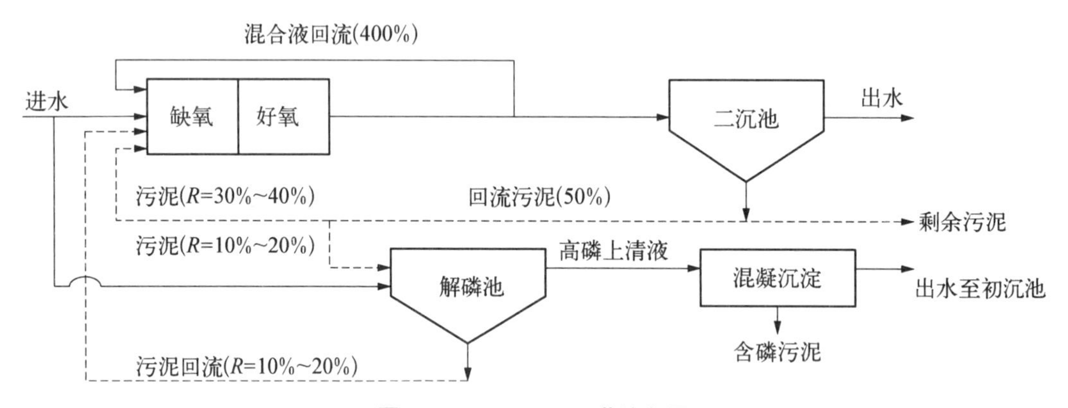


图 16-9　Phostrip 工艺流程图

Phostrip 工艺比较适用于对现有工艺的改造，只需在污泥回流管线上增设少量小规模的处理单元即可，且在改造过程中不必中断处理系统的正常运行。总之，Phostrip 工艺受外界条件影响小，工艺操作灵活，脱氮除磷效果好且稳定。但该工艺存在着流程复杂、运行管理麻烦、处理成本较高等缺点。

## 16.3　生物脱氮除磷工艺

下文将重点介绍几种主要的生物脱氮除磷工艺。

1. Phoredox 脱氮除磷工艺(改良 Bardenpho 工艺)

四段 Berdenpho 工艺脱氮率高,但除磷效果差,为了提高除磷率,Phoredox 工艺在 Bardenpho 工艺的基础上,在第一个缺氧池前增加了一个厌氧段,该工艺的流程如图 16-10 所示。

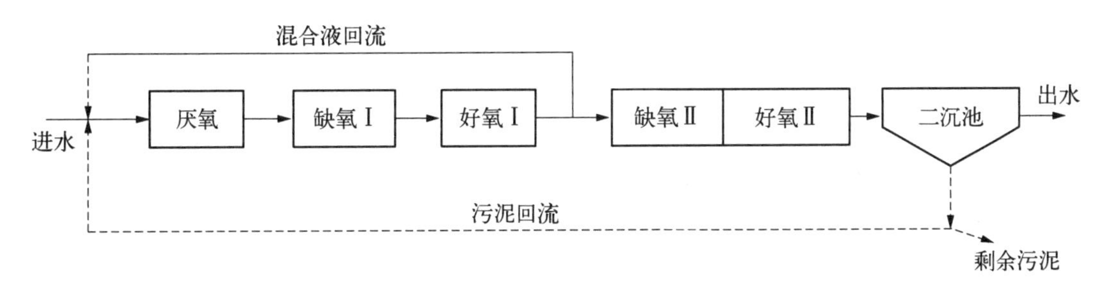


**图 16-10 Phoredox 脱氮除磷工艺流程图**

Bardenpho 工艺本身也具有同时脱氮除磷的功能,但 Phoredox 工艺在缺氧前增设了一个厌氧池,保证了磷的释放,从而保证了在好氧条件下有更强的吸收磷的能力,提高了除磷的效率。最终,好氧段(Ⅱ)为混合液提供短暂的曝气时间,也会降低二沉池出现厌氧状态和释放磷的可能性。

Phoredox 工艺的泥龄较长,一般设计值取 10~20 d,为达到污泥稳定,泥龄值还可取得更长,增加碳氧化的能力。Phoredox 工艺的缺点是污泥回流携带硝酸盐回到厌氧池会对降磷有明显的不利影响,且受水质影响较大,对于不同的污水,除磷效果不稳定。

2. 厌氧-缺氧-好氧生物脱氮除磷工艺($A^2O$ 工艺)

$A^2O$ 工艺是 Anaerobic-Anoxic-Oxic 的英文缩写,它是厌氧-缺氧-好氧生物脱氮除磷工艺的简称,$A^2O$ 工艺于 20 世纪 70 年代由美国专家在厌氧-好氧除磷工艺(A/O 工艺)的基础上开发出来的,该工艺同时具有脱氮除磷的功能。该工艺在厌氧-好氧除磷工艺(A/O 工艺)上加一缺氧池,将好氧池流出的一部分混合液回流至缺氧池前端,以达到硝化脱氮的目的。

$A^2O$ 生物脱氮除磷工艺流程如图 16-11 所示。在首段厌氧池主要进行磷的释放,使污水中磷的浓度升高,溶解性有机物被细胞吸收而使污水中 BOD 浓度下降;另外 $NH_4^+$-N 因细胞的合成而被去除一部分,使废水中 $NH_4^+$-N 浓度下降,但 $NO_3^-$-N 含量没有变化。在缺氧池中,反硝化菌利用污水中的有机物作碳源,将回流混合液中带入的大量 $NO_3^-$-N 和 $NO_2^-$-N 还原为 $N_2$ 释放至空气中,因此,$BOD_5$ 浓度继续下降,$NO_3^-$-N 浓度大幅度下降,而磷的变化很小。

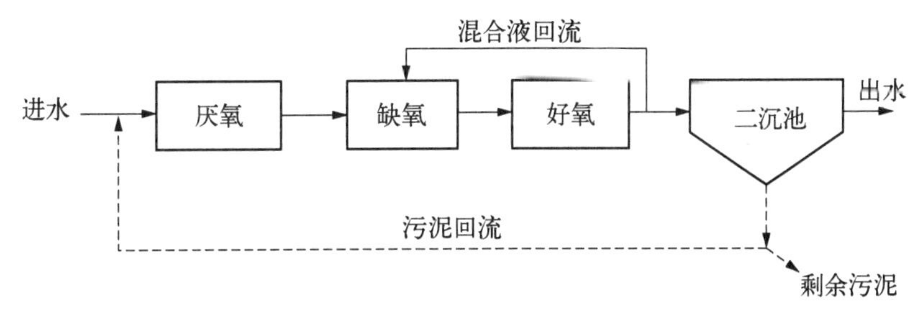


**图 16-11 $A^2O$ 生物脱氮除磷工艺流程图**

在好氧池中,有机物被微生物生化降解后浓度继续下降;有机氮被氨化继而被硝化,使 $NH_4^+$-N 浓度显著下降,但随着硝化过程的进展,$NO_3^-$-N 的浓度增加,磷含量将随着聚磷菌的过量摄取,也以较快的速率下降。所以,$A^2O$ 工艺可以同时完成有机物的去除、硝化脱氮、磷的过量摄取而被去除等过程,脱氮的前提是 $NH_3$ - N 应完全硝化,好氧池能完成这一功能;缺氧池则完成脱氮功能。

$A^2O$ 工艺流程的改进,将回流污泥分两点加入,减少了加入厌氧段的回流污泥量,从而减少了进入厌氧段的硝酸盐和溶解氧。该工艺流程如图 16 - 12 所示。在保证总的污泥回流比为 60%~100%的情况下,一般地,回流到厌氧段的回流污泥比为 10%,即可满足除磷的需要,而其余的回流污泥则回流到缺氧段以保证脱氮的需要。

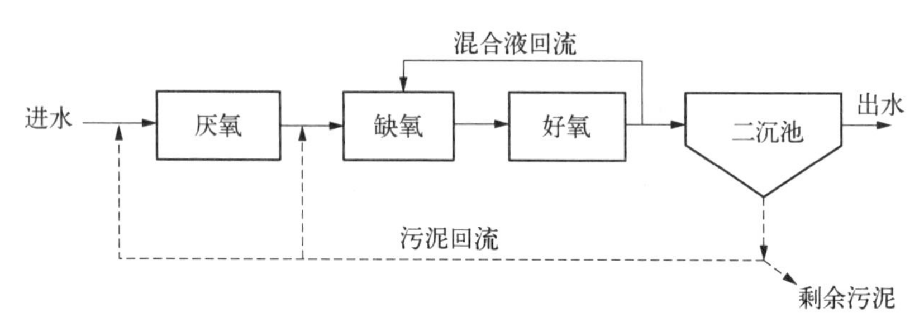


**图 16 - 12 $A^2O$ 生物脱氮除磷工艺流程的改进**

3. SBR 脱氮除磷运行工序

根据生物脱氮除磷的机理,当生化反应过程中存在着好氧和缺氧状态,则污水中有机物和氮就可以通过微生物氧化降解与硝化/反硝化作用去除。当生化反应过程中存在着厌氧和好氧状态,则污水中有机物和磷就可以通过微生物氧化降解与聚磷菌的放磷/摄磷作用去除。如果要同时去除污水中的有机碳源、氮和磷,则可在生化反应过程中设置厌氧、缺氧和好氧状态。所以,SBR 工艺可根据要求脱氮除磷的功能,通过改变典型的 SBR 运行工序来实现。

SBR 工艺脱氮除磷的运行工序如图 16 - 13 如示。Ⅰ阶段为污水流入工序,在污水流入的同时采用潜水搅拌设备进行搅拌,将 DO 浓度控制在 0.2 mg/L 以下,使聚磷菌进行厌氧放磷。Ⅱ阶段仍是曝气反应工序,控制 DO 浓度在 2.0 mg/L 以上,在该阶段进行有机物生物降解、氨氮硝化和聚磷菌好氧摄磷,一般曝气时间应大于 4 h。Ⅲ阶段为停曝搅拌工序,即停止曝气,用潜水搅拌进行混合搅拌,DO 浓度一般在 0.2 mg/L 以下,处于缺氧状态,使之进行反硝化脱氮,该阶段一般历时 2 h 以上。Ⅳ阶段为沉淀排泥工序,该阶段先进行泥水分离,然后排放剩余污泥(高磷污泥)。Ⅴ阶段为排水待机阶段,总的运行周期一般为 8~10 h。

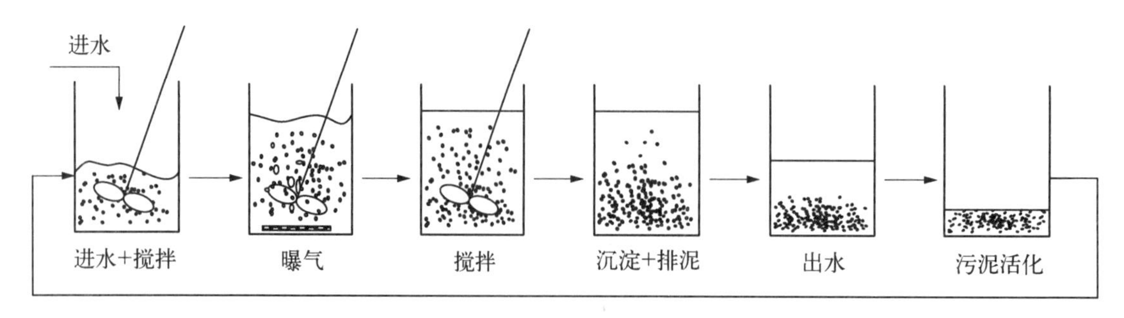


**图 16 - 13 SBR 工艺脱氮除磷运行工序**

由于常规 SBR 工艺在一个池子中根据时间顺序，依次按进水、曝气、沉淀、排水、排泥等工序运行，所有的工序都是间歇运行的，间歇进水与排水给操作带来麻烦，为了处理连续流入的污水，至少需要两个池子交替进水，一个池子无法运行。同时，如果要求脱氮除磷，就必须在运行周期中增加缺氧、厌氧时段，所以，必须延长运行周期，增大池容。为了克服常规 SBR 工艺存在的缺点，提出了许多 SBR 改进工艺，如 ICEAS、DAT－IAT、UNITANK、CASS(CAST)、MSBR、IDEA 等工艺。

4. A－B 法工艺脱氮除磷

吸附生物降解法（Absorption Bio-degradarion, A－B 法）是德国亚琛工业大学宾克(Bohnke)教授于 20 世纪 70 年代中期所开发的一种新工艺。该工艺不设初沉池，由污泥负荷率很高的 A 段和污泥负荷率较低的 B 段二级活性污泥系统串联组成，并分别有独立的污泥回流系统。为了强化 A－B 法工艺的脱氮除磷功能，可把 B 段设计成生物脱氮除磷工艺，则 B 段采用 AAO 工艺，此时 A－B 法工艺为 A－AAO 工艺，如图 16－14 所示。

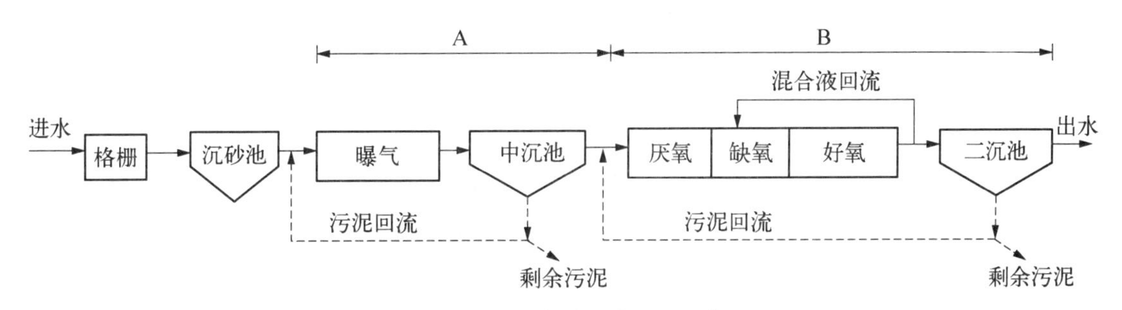


**图 16－14　A－B 法工艺流程示意图**

5. 氧化沟工艺脱氮除磷

在曝气刷作用下，混合液在氧化沟内进行混合循环流动，经几十圈的循环才流出沟外，氧化沟具有完全混合式和推流式的特征。氧化沟内混合液流速一般为 0.3～0.5 m/s，水力停留时间为 10～40 h，池内污泥龄长，污泥负荷低，有机物净化效率高。氧化沟在运行过程中，呈现出好氧区→缺氧区→好氧区→缺氧区→……的交替变化，所以氧化沟具有脱氮功能。为了取得更好的除磷脱氮效果，如 Carrousel 2000 系统在普通 Carrousel 氧化沟前增加了一个厌氧区和绝氧区（又称前反硝化区），其工艺流程如图 16－15 所示。

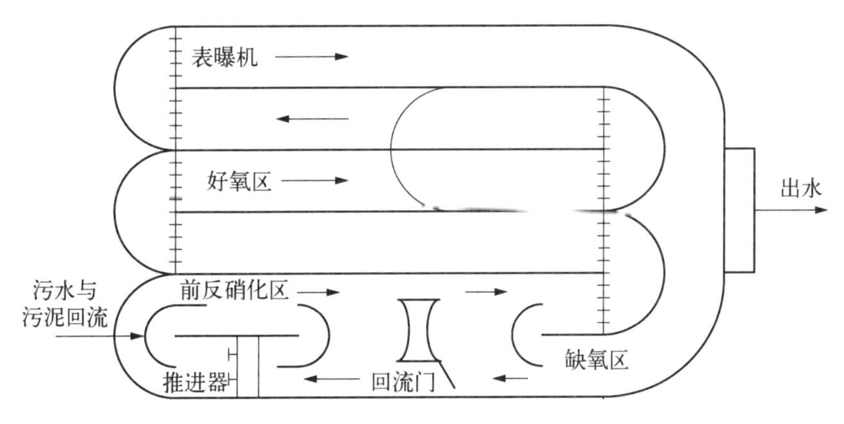


**图 16－15　氧化沟脱氮除磷工艺**

6. OWASA 工艺

城市污水 $BOD_5$浓度较低，会造成 $BOD_5/TP$ 和 $BOD_5/TN$ 太低，使 $A^2O$ 工艺脱氮除磷效果显著下降。为了改进 $A^2O$ 工艺这一缺点，OWASA 工艺(图 16－16)将 $A^2O$ 工艺中初沉池的污泥排至污泥发酵池，初沉污泥经发酵后的上清液中含大量挥发性脂肪酸，将此上清液投加至缺氧段和厌氧段，使入流污水中的可溶解性 $BOD_5$ 增加，提高了 $BOD_5/TP$ 和 $BOD_5/TN$ 的比值，促进磷的释放与 $NO_3^-$-N 反硝化，从而提高脱氮除磷效果。

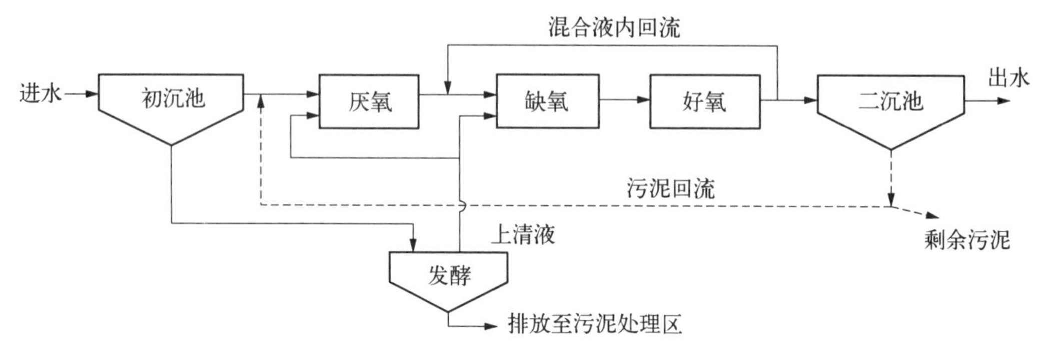


**图 16－16 OWASA 工艺流程**

7. UCT 和 MUCT 工艺

$A^2O$ 工艺回流污泥中的 $NO_3^-$-N 回流至厌氧段，干扰了聚磷菌细胞体内磷的厌氧释放，降低了磷的去除率。UCT 工艺(图 16－17)将回流污泥首先回流至缺氧段，回流污泥带回的 $NO_3^-$-N 在缺氧段被反硝化脱氮，然后将缺氧段出流混合液一部分再回流至厌氧段，这样就避免了 $NO_3^-$-N 对厌氧段聚磷菌释磷的干扰，提高了磷的去除率，也对脱氮没有影响，该工艺对氮和磷的去除率都大于 70%。如果入流污水的 $BOD_5/TN$ 或 $BOD_5/TP$ 较低时，为了防止 $NO_3^-$-N 回流至厌氧段产生反硝化脱氮，发生反硝化细菌与聚磷菌争夺溶解性 $BOD_5$ 而降低除磷效果，此时就应采用 UCT 工艺。

UCT 工艺的设计并不是基于反硝化除磷原理，但无意间却强化了厌氧、缺氧交替的环境，为反硝化聚磷菌(DPAOs)的生长提供了有利条件，也可实现同时脱氮除磷。

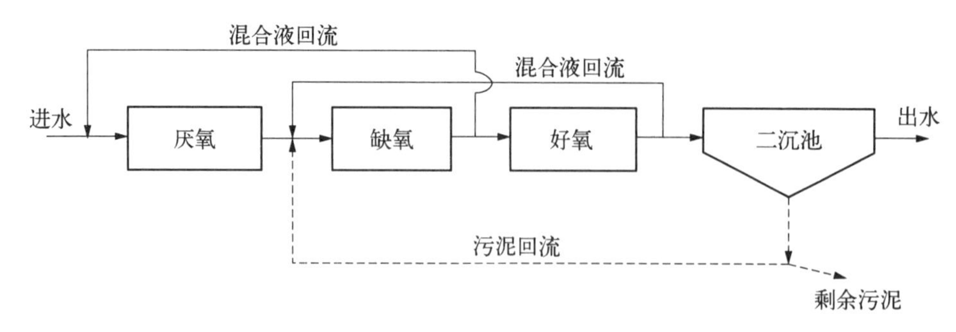


**图 16－17 UCT 工艺流程**

MUCT 工艺是 UCT 工艺的改良工艺，其工艺流程如图 16－18 所示。

为了克服 UCT 工艺因两套混合液内回流交叉，导致缺氧段的水力停留时间不易控制，同时避免好氧段出流的一部分混合液中的 DO，经缺氧段进入厌氧段而干扰磷的释放，MUCT 工艺将 UCT 工艺的缺氧段一分为二，使之形成两套独立的混合液内回流系统，从而有效地克服

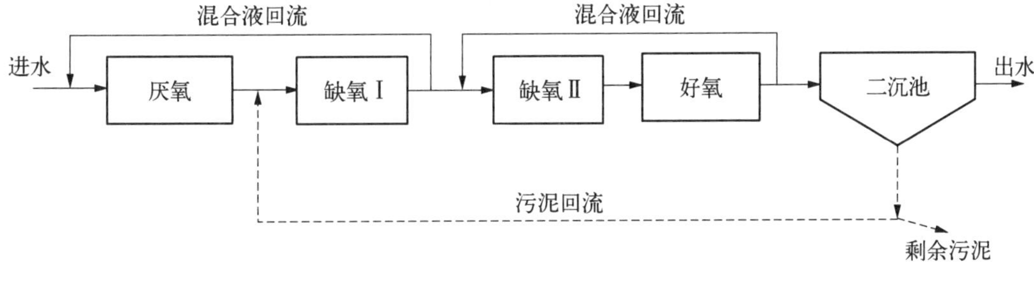


**图 16－18 MUCT 工艺流程**

了 UCT 工艺的缺点。

8. BCFS 生物脱氮除磷新工艺

生物除磷的机理一般都认为是污水中的磷是聚磷菌(PAO)通过好氧摄磷和厌氧放磷而去除的。

荷兰代尔夫特理工大学研究人员确认兼性反硝化细菌的生物摄/放磷作用,这种细菌的生物摄/放磷作用将反硝化脱氮与生物除磷有机地相结合,在缺氧(无氧但存在硝酸态氮)条件下,反硝化除磷细菌(DPAOs)能够像在好氧条件下一样,利用硝酸氮充当电子受体,产生同样的生物摄磷作用。在生物摄磷的同时,硝酸氮被还原为氮气。在此基础上,人们研发出了一种反硝化除磷工艺——BCFS 工艺,该工艺以荷兰早年研发的氧化沟工艺原理和南非发明的 UCT 工艺原理为基础,将 UCT 反应池扩展为 5 个,具有 3 个内循环和 1 个被结合的化学除磷单元。BCFS 工艺流程如图 16－19 所示。

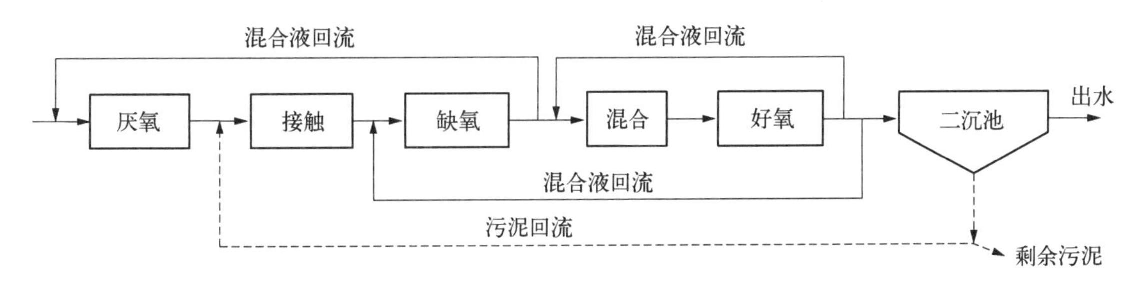


**图 16－19 BCFS 工艺流程**

污水首先进入厌氧池,以推流方式进行,以保持较低的污泥指数 *SVI*,然后进入接触池,使回流污泥与从厌氧池出流的混合液充分混合,吸附在厌氧池中被水解的有机物,控制接触池内的 DO,使之处于厌氧状态,微生物利用溶解性 COD 作为碳源,将回流污泥带进的 $NO_x^-$-N 进行反硝化脱氮。同时大大地抑制了丝状菌的繁殖,而起到了第二选择池的作用。在缺氧池,反硝化除磷细菌 DPB 利用硝酸氮作为电子受体,进行生物摄磷,并将硝酸氮还原为 $N_2$,同时进行反硝化脱氮。为了保证出水中含有较低的总氮浓度,在缺氧池与好氧池之间增设一个混合池(缺氧/好氧池),以便同时进行硝化和反硝化。当好氧池中 DO 过低或好氧池和缺氧池中的氧化/还原电位太低时,混合池则需要曝气,保持池内 DO 浓度为 0.5 mg/L,故又叫混合(曝气)池。当进水中 COD/P 比值过低时,需增加化学除磷工艺来达到完全除磷的目的。

# 17 自然条件下的生物处理法

自然条件下的稳定塘、土地处理技术充分利用水体、土壤、植物和微生物去除污染物的功能，通过人工强化，形成一种具有处理成本低、运行管理简便的污水净化工艺。这类工艺具有可同时有效去除 BOD、病原菌、重金属、有毒有机物及氮、磷营养物质的特点，在村镇污水及分散生活污水的处理，面源污染控制，河流湖泊的生态修复，进一步降低污水处理厂出水中的低浓度污染物、氮和磷等营养盐方面具有一定的优势。

## 17.1 稳定塘

### 17.1.1 概述

稳定塘又称氧化塘，其对污水的净化过程与自然水体的自净过程相似，是一种天然的或经一定人工构筑的污水生物处理系统。污水在塘内经较长时间的停留、储存，通过微生物(细菌、真菌、藻类、原生动物等)的代谢活动，以及伴随着的物理的、化学的、生物化学的过程，使污水中的有机污染物、营养素和其他污染物质进行多级转化、降解和去除，从而实现污水的无害化、资源化与再利用。稳定塘多用于处理中、小城镇的废水，可用作一级处理、二级处理，以及三级处理。

按塘中微生物优势群体类型和塘中水体的溶解氧状况可分为好氧塘、兼性塘、厌氧塘和曝气塘。按用途又可分为深度处理塘、强化处理塘、储存塘和综合生物塘等。上述不同性质的塘组合成的塘称为复合稳定塘。

(1) 好氧塘

好氧塘的深度较浅，阳光能透至塘底，塘中水体都含有溶解氧，塘内菌藻共生，溶解氧主要是由藻类供给，好氧微生物起净化污水作用。

(2) 兼性塘

兼性塘的深度较大，上层为好氧区，藻类的光合作用和大气复氧作用使其有较高的溶解氧，由好氧微生物起净化污水作用。中层的溶解氧逐渐降低，称兼性区(过渡区)，由兼性微生物起净化作用。下层水体中无溶解氧，称厌氧区，沉淀污泥在塘底进行厌氧分解。

(3) 厌氧塘

厌氧塘的塘深在 2 m 以上，有机负荷高，全部水体均无溶解氧，呈厌氧状态，由厌氧微生物起净化作用，净化速度慢，废水在塘内停留时间长。

(4) 曝气塘

曝气塘采用人工曝气供氧，塘深在 2 m 以上，全部水体有溶解氧，由好氧微生物起净化作用，废水停留时间较短。

（5）深度处理塘

深度处理塘又称三级处理塘或熟化塘，属于好氧塘。其进水中有机污染物浓度很低，一般BOD≤30 mg/L。常用于处理传统二级处理厂的出水，提高出水水质，以满足受纳水体或回用水的水质要求。

除上述几种常见的稳定塘外，还有水生植物塘，塘内种植水葫芦、水花生等水生植物，以提高废水净化效果，特别是提高对磷、氮的净化效果；生态塘，塘内养鱼、鸭、鹅等，通过食物链形成复杂的生态系统，以提高净化效果；完全储存塘（完全蒸发塘）等也正在被广泛研究、开发和应用。

生物稳定塘处理成本低，操作管理容易。此外，生物稳定塘不仅能取得较好的BOD去除效果，还可以去除氮、磷营养物质，病原菌，重金属及有毒有机物。它的主要缺点是占地面积大，处理效果受环境条件影响大，处理效率相对较低，可能产生臭味及滋生蚊蝇，不宜建设在居住区附近。

稳定塘的主要优点有：① 基建投资低，当有旧河道、沼泽地、谷地可利用时，可适当改造使用；② 运行管理简单，动力消耗低，运行费用较低，运行费用约为传统二级处理厂的1/3～1/5；③ 不仅能取得较好的BOD去除效果，还可以去除氮、磷营养物质，病原菌，重金属及有毒有机物；④ 可进行综合利用，实现污水资源化，如可把稳定塘出水用于农业灌溉，充分利用废水的水、肥资源，也可用于养殖水生动物和植物，组成多级食物链的复合生态系统。

稳定塘的主要缺点有：① 占地面积大，没有空闲余地时不宜采用；② 处理效果受环境条件影响，如季节、气温、光照、降雨等自然因素都会影响其处理效果；③ 处理效率相对较低，设计运行不当时可能形成二次污染，如可能污染地下水、产生臭味及滋生蚊蝇，不宜建设在居住区附近。虽然稳定塘存在着上述缺点，但如果能进行合理地设计和科学地管理，利用稳定塘处理废水，可以有明显的环境效益、社会效益和经济效益。

### 17.1.2　好氧塘

好氧塘是一类在有氧状态下净化污水的稳定塘，它完全依靠藻类光合作用和塘表面风力搅动自然复氧供氧。通常好氧塘都是一些很浅的池塘，塘深一般为0.15～0.5 m，最深不超过1 m，污水停留时间一般为2～6 d。好氧塘一般适合处理$BOD_5$＜100 mg/L的污水，多用于处理其他处理方法的出水，其出水溶解性$BOD_5$低而藻类固体含量高，因而往往需要补充除藻过程。

1. 好氧塘的种类

好氧塘按有机负荷的高低可分为高负荷好氧塘、普通好氧塘和深度处理好氧塘等。① 高负荷好氧塘。这类塘设置在处理系统的前部，目的是处理废水和产生藻类。特点是塘的水深较浅，水力停留时间较短，有机负荷高。② 普通好氧塘。这类塘用于处理污水，起二级处理作用。特点是有机负荷较高，塘的水深较高负荷好氧塘深，水力停留时间较长。③ 深度处理好氧塘。深度处理好氧塘设置在塘处理系统的后部或二级处理系统之后，作为深度处理设施。特点是有机负荷较低，塘的水深比高负荷好氧塘深。

2. 基本工作原理

好氧塘净化有机污染物的基本工作原理如图17－1所示。塘内存在着细菌、藻类和原生动物的共生系统。有阳光照射时，塘内的藻类进行光合作用，释放出氧，同时，由于风力的搅动，塘表面还存在自然复氧，两者使塘水呈好氧状态。塘内的好氧型异养细菌利用水中的氧，通过好氧代谢氧化分解有机污染物并合成本身的细胞质（细胞增殖），其代谢产物$CO_2$则是藻

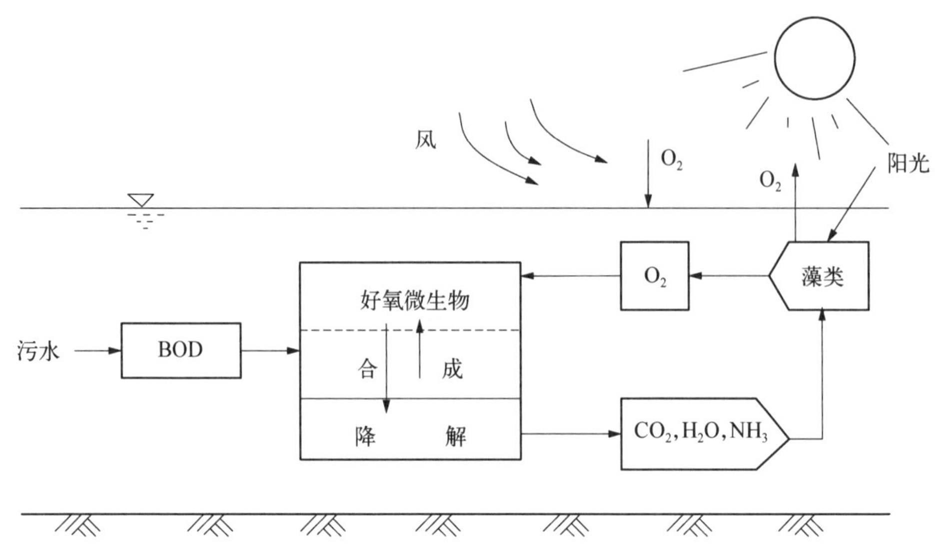


图 17-1 好氧塘工作原理示意图

类光合作用的碳源。塘内菌藻生化反应表示为：

细菌的降解作用：

$$有机物 + O_2 + H^+ \longrightarrow CO_2 + H_2O + NH_4^+ + C_5H_7O_2N$$

藻类的光合作用：

$$106CO_2 + 16NO_3^- + HPO_4^{2-} + 122H_2O + 18H^+ \longrightarrow C_{106}H_{263}O_{110}N_{16}P + 138O_2$$

好氧塘内有机污染物的降解过程，是溶解性有机污染物转化为无机物和固态有机物的过程，固态有机物包括细菌与藻类。此外，每合成 1 g 藻类，释放 1.244 g 氧。

藻类光合作用使塘中水体的溶解氧和 pH 呈昼夜变化。白昼，藻类光合作用释放的氧超过细菌降解有机物的需氧量，此时塘中水体的溶解氧浓度很高，可达到饱和状态。夜间，藻类停止光合作用，同时生物的呼吸消耗氧，水中的溶解氧浓度下降，凌晨时达到最低。阳光再照射后，溶解氧浓度再逐渐上升。好氧塘的 pH 与水中 $CO_2$ 浓度有关，受塘水中碳酸盐系统的 $CO_2$ 平衡关系影响，其平衡关系式如下：

$$CO_2 + H_2O \longrightarrow H_2CO_3 + H^+$$

$$CO_3^{2-} + H_2O \longrightarrow HCO_3^- + OH^-$$

$$H_2O \longrightarrow OH^- + H^+$$

上式表明，白天，藻类光合作用使 $CO_2$ 降低，pH 上升。夜间，藻类停止光合作用，但细菌降解有机物的代谢并没有中止，因此，$CO_2$ 会累积，进而使 pH 下降。

3. 好氧塘内的生物种群

好氧塘内的生物种群主要有藻类、菌类、原生动物、后生动物、水蚤等微型动物。

菌类主要生存在水下距水面 0.5 m 深的上层，浓度约为 $1\times10^8 \sim 5\times10^9$ 个/mL，主要种属与活性污泥和生物膜中的微生物相同。好氧塘的细菌绝大部分属兼性异养菌，这类细菌以有机化合物如糖类、有机酸等作为碳源，并以这些物质分解过程中产生的能量作为维持其生理活动的能源，其营养氮源为含氮化合物。细菌对有机污染物的降解起主要作用。

藻类的种类和数量与塘的负荷有关，可反映塘的运行状况和处理效果。若塘中水体营养物质浓度过高，会引起藻类异常繁殖，产生水华，此时，藻类聚结形成蓝绿色絮状体和胶团状体，使塘中水体浑浊。藻类在好氧塘中起着重要的作用，可以进行光合作用，是水体中溶解氧的主要提供者。藻类主要有绿藻、蓝绿藻两种，有时也会出现褐藻，但它一般不能成为优势藻类。

原生动物和后生动物的种属数与个体数均比活性污泥法和生物膜法少。水蚤捕食藻类和菌类，本身也是好的鱼饵，但过分增殖会影响塘内细菌和藻类的数量。

### 17.1.3 兼性塘

兼性塘属于最常用的塘型。兼性塘的有效水深一般为 1.0～2.0 m，通常由三层组成，上层好氧区、中层兼性区和底部厌氧区，如图 17 - 2 所示。污泥在底部进行消化，常用的水力停留时间为 5～30 d。兼性塘运行效果主要取决于藻类光合作用产氧量和塘表面的复氧情况。

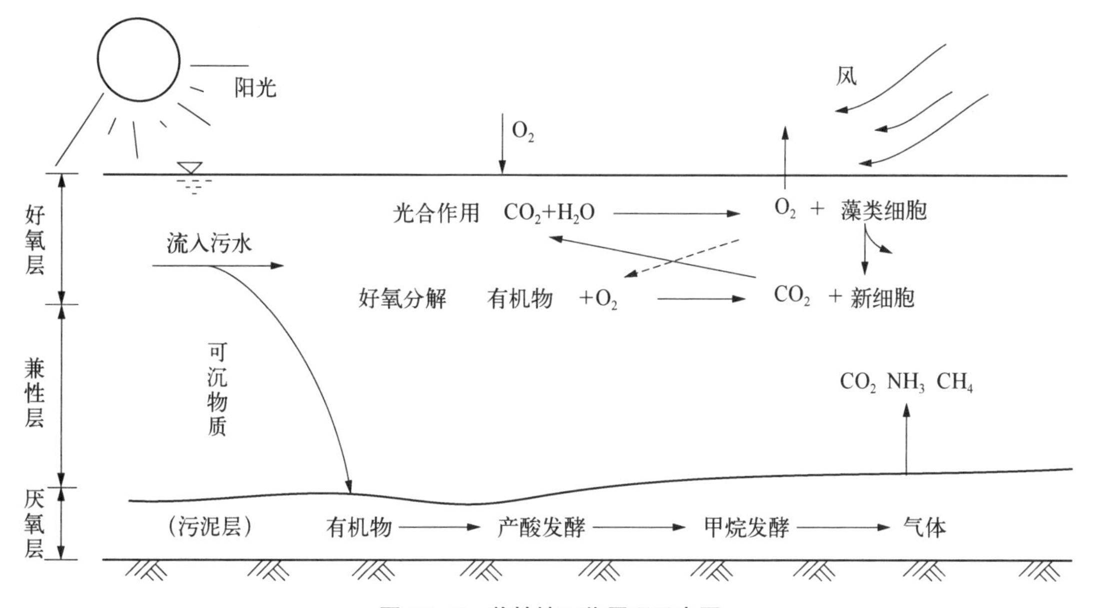


**图 17 - 2 兼性塘工作原理示意图**

兼性塘常被用于处理小城镇的原污水以及中小城市污水处理厂一级沉淀处理后的出水或二级生物处理后的出水。在工业废水处理中，接在曝气塘或厌氧塘之后作为二级处理塘使用。兼性塘的运行管理极为方便，较长的污水停留时间使它能经受污水水量、水质的较大波动而不致严重影响出水质量。此外，为了使 BOD 面积负荷保持在适宜的范围之内，兼性塘需要的土地面积很大。

好氧区对有机污染物的净化机理与好氧塘基本相同。

兼性区的水体溶解氧较低，且时有时无。这里的微生物是异养型兼性细菌，它们既能在有溶解氧时利用水中的溶解氧氧化分解有机污染物，也能在无分子氧的条件下，以 $NO_3^-$、$CO_3^{2-}$ 作为电子受体进行无氧代谢。

厌氧区无溶解氧。可沉物质、死亡的藻类和菌类在此形成污泥层，由厌氧微生物对污泥层中的有机质进行厌氧分解。与一般的厌氧发酵反应相同，其厌氧分解包括酸性发酵和甲烷发酵两个过程。发酵过程中未被甲烷化的中间产物(如脂肪酸、醛、醇等)进入塘的上层和中层，由好氧菌和兼性菌继续进行降解。而 $CO_2$、$NH_3$ 等代谢产物进入好氧层，部分逸出水面，部分参与藻类的光合作用。

由于兼性塘的净化机理比较复杂，因此，兼性塘去除污染物的范围比好氧处理系统广泛，它不仅可去除一般的有机污染物，还可有效地去除氮、磷等营养物质和某些难降解的有机污染物，如木质素、有机氮农药、合成洗涤剂、硝基芳烃等。因此，它不仅用于处理城市废水，还被用于处理石油化工、有机化工、印染、造纸等工业废水。

### 17.1.4　厌氧塘

厌氧塘对有机污染物的降解机理与所有的厌氧生物处理设备相同，是由两类厌氧菌通过产酸发酵和甲烷发酵两个阶段来完成的。即先由兼性厌氧产酸菌将复杂的有机物水解、转化为简单的有机物(如有机酸、醇、醛等)，再由绝对厌氧菌(甲烷菌)将有机酸转化为甲烷和二氧化碳等。由于甲烷菌的世代时间长，增殖速度慢，且对溶解氧和 pH 敏感，因此，厌氧塘的设计和运行，必须以甲烷发酵阶段的要求作为控制条件，控制有机污染物的投配率，以保持产酸菌与甲烷菌之间的动态平衡。应控制塘内的有机酸浓度在 3 000 mg/L 以下，pH 为 6.5～7.5，进水的 $BOD_5$ ∶N∶P=100∶2.5∶1，硫酸盐浓度应小于 500 mg/L，以使厌氧塘能正常运行。图 17－3 是厌氧塘的示意图。

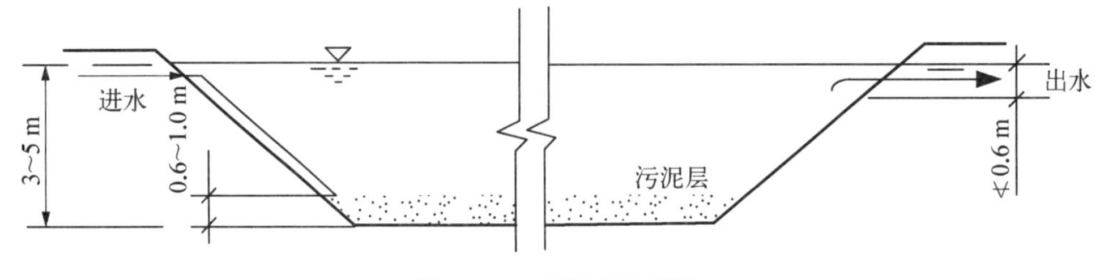


**图 17－3　厌氧塘示意图**

厌氧塘中参与反应的生物只有细菌，不存在其他任何生物，在系统中有产酸菌、产氢产乙酸菌和产甲烷菌共存，但三者之间不是直接的食物链关系，产酸菌和产氢产乙酸菌的代谢产物——有机酸、乙酸和氢是产甲烷菌的营养物质。产酸菌和产氢产乙酸菌是由兼性厌氧菌和专性厌氧菌组成的菌群，产甲烷菌则是专性厌氧菌，它们能够从 $NO_3^-$、$NO_2^-$ 以及 $SO_4^{2-}$ 和 $CO_3^{2-}$ 中获取氧。由于产甲烷菌的世代时间长，增殖速率缓慢，厌氧发酵反应的速率也较慢，而产酸菌和产氢产乙酸菌的世代时间短，增殖速率较快，因此，三种细菌需保持动态平衡，否则有机酸将大量积累，从而使 pH 下降，导致甲烷发酵反应受到抑制。

由于厌氧塘的处理效果不佳，出水 $BOD_5$ 浓度仍然较高，不能达到二级处理水平，因此，厌氧塘很少单独用于废水处理，而是作为其他处理设备的前处理单元。厌氧塘前应设置格栅、普通沉砂池，有时也设置初次沉淀池。厌氧塘的主要问题是产生臭气，目前可以利用厌氧塘表面的浮渣层或采取人工覆盖措施(如用聚苯乙烯泡沫塑料板)防止臭气逸出，也可回流好氧塘出水，使其布满厌氧塘表层来减少臭气逸出。

厌氧塘适用于处理高浓度有机废水，如制浆造纸、酿酒、农牧产品加工、农药等工业废水和家禽、家畜粪便废水等，也可用于处理城镇污水。

### 17.1.5　曝气塘

曝气塘是在塘面上安装有人工曝气设备的稳定塘(图 17－4)。曝气塘有两种类型：完全混合曝气塘[图 17－4(a)]和部分混合曝气塘[图 17－4(b)]。塘内生长有活性污泥，污泥可回流也可不回流，有污泥回流的曝气塘实质上是活性污泥法的一种变型。微生物生长的氧源来自人工曝气和表面复氧，以前者为主。曝气设备一般采用表面曝气机，也可用鼓风曝气。

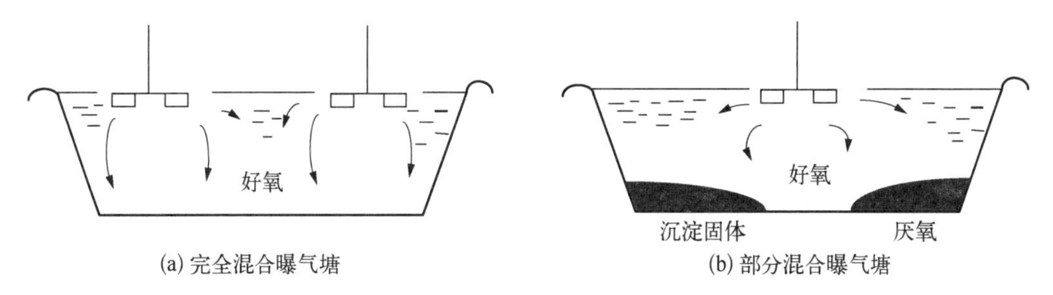


**图 17－4　不同曝气塘示意图**

完全混合曝气塘中曝气装置的强度应能使塘内的全部固体呈悬浮状态，并使塘中水体有足够的溶解氧供微生物分解有机污染物。部分混合曝气塘不要求保持全部固体呈悬浮状态，有部分固体沉淀并进行厌氧消化。其塘内曝气机布置比完全混合曝气塘稀疏。

曝气塘出水的悬浮固体浓度较高，排放前需进行沉降处理，可用沉淀池，或在塘中分割出静水区用于沉降。若曝气塘后设置兼性塘，则兼性塘在进一步处理其出水的同时起沉降作用。

曝气塘的水力停留时间为 3～10 d，有效水深为 2～6 m。曝气塘一般不少于 3 座，通常按串联方式运行。完全混合曝气塘每立方米塘容积所需功率较小（0.015～0.050 $kW/m^3$），但由于其水力停留时间长，塘的容积大，所以每处理 1 $m^3$ 废水所需功率大于采用常规的活性污泥法的曝气池。

## 17.1.6　稳定塘处理系统的工艺流程

稳定塘处理系统由预处理设施、稳定塘和后处理设施等三部分组成。

(1) 稳定塘进水的预处理

为防止稳定塘内污泥淤积，废水进入稳定塘前应先去除水中的悬浮物质。常用设备为格栅、普通沉砂池和沉淀池。若塘前有提升泵站，而泵站的格栅间隙小于 20 mm 时，塘前可不另设格栅。原废水中的悬浮固体浓度小于 100 mg/L 时，可只设沉砂池，以去除砂质颗粒。原废水中的悬浮固体浓度大于 100 mg/L 时，需考虑设置沉淀池。设计方法与传统废水二级处理方法相同。

(2) 稳定塘的流程组合

稳定塘的流程组合依当地条件和处理要求不同而异，图 17－5 为几种典型的流程组合。

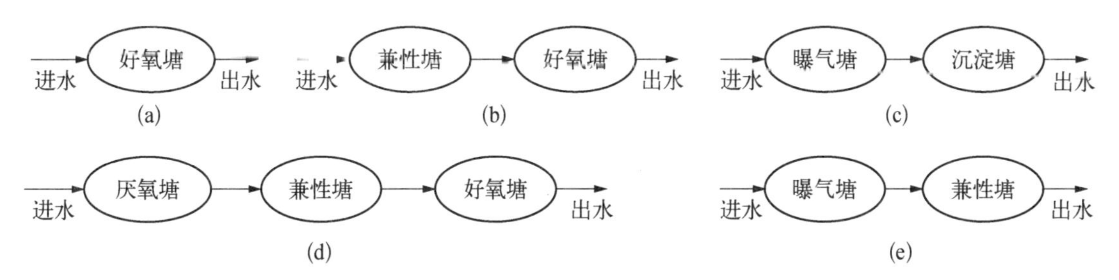


**图 17－5　几种典型的稳定塘流程组合**

## 17.2 土地处理法

### 17.2.1 概述

废水土地处理是在人工调控下利用土壤-微生物-植物组成的生态系统使污水中的污染物得到净化的处理方法。在污染物得以净化的同时,水中的营养物质和水分也得以循环利用。因此,土地处理是使污水资源化、无害化和稳定化的处理系统。

污水土地处理是在污水农田灌溉的基础上发展起来的,污水农田灌溉的目的是利用水肥资源。污水农田灌溉没有专门的设计运行方法和参数,灌溉水的水质、水量是依据作物生长特性、农田灌溉水质标准来确定的。污水灌田所引起的臭气散发,土壤、地下水和植物污染等问题,随着城市迅速发展,人口高度集中,污水大量排放问题日益突出。污水直接灌田已不能满足人们对环境卫生的要求。因此,污水农田灌溉应是在污水处理基础上的应用。

土地处理是以土地作为主要处理系统的污水处理方法,其目的是净化污水,控制水污染。土地处理系统的设计运行参数(如负荷率)需通过试验研究确定。在系统的维护管理、稳定运行、出水的排放和利用、周围环境的监测等方面都应有较全面的考虑与规定。

传统的二级生物处理,无法解决由于有机化学工业迅速发展而带来的大量有毒有害有机物污染问题,也不能解决由氮、磷引起的水体富营养化问题。利用三级处理虽然可解决这些问题,但工程投资大、能耗高,运行费用昂贵,管理复杂,有时还可能引起二次污染。

土地处理技术有五种类型:慢速渗滤、快速渗滤、地表漫流、湿地和地下渗滤系统。

土地处理系统由污水预处理设施,污水调节和储存设施,污水的输送、布水及控制系统,土地净化田,净化出水的收集和利用系统等五部分组成。

### 17.2.2 土地处理系统的净化机理

污水土地处理系统的净化机理十分复杂,包含了物理过滤、物理吸附、物理沉积、物理化学吸附、化学反应和化学沉淀、微生物对有机物的降解等过程。因此,污水在土地处理系统中的净化是一个综合净化过程。主要污染物的去除途径如下:

(1) 悬浮物质的去除

废水中的悬浮物质是依靠作物和土壤颗粒间的孔隙截留、过滤去除的。土壤颗粒的大小、颗粒间孔隙的形状、大小、分布和水流通道,以及悬浮物的性质、大小和浓度等都影响着对悬浮物的截留过滤效果。若悬浮物浓度太高、颗粒太大会引起土壤堵塞。

(2) BOD 的去除

BOD 大部分是在土壤表层土中被去除的。土壤中含有大量的种类繁多的异养型微生物,它们能对被过滤、截留在土壤颗粒空隙间的悬浮有机物和溶解有机物进行生物降解,并合成微生物新细胞。当处理水的 BOD 负荷超过土壤微生物分解 BOD 的生物氧化能力时,会引起厌氧状态或土壤堵塞。

(3) 磷和氮的去除

在土地处理中,磷主要是通过植物吸收,化学反应和沉淀(与土壤中的钙、铝、铁等离子形成难溶的磷酸盐),物理吸附和沉积(土壤中的黏土矿物对磷酸盐的吸附和沉积),物理化学吸附(离子交换、络合吸附)等方式被去除的。其去除效果受土壤结构、离子交换容量、铁、铝氧化物和植物对磷的吸收等因素影响。

氮主要是通过植物吸收,微生物脱氮(氨化、硝化、反硝化),挥发、渗出(氨在碱性条件下逸出、硝酸盐的渗出)等方式被去除。其去除率受作物的类型、生长期、对氮的吸收能力以及土地处理系统的工艺等因素影响。

(4) 病原体的去除

废水经土壤过滤后,水中大部分的病菌和病毒可被去除,去除率可达 92%~97%。其去除率与选用的土地处理系统工艺有关,其中地表漫流的去除率略低,但若有较长的漫流距离和停留时间,也可达到较高的去除效率。

(5) 重金属的去除

重金属的去除主要是通过物理化学吸附、化学反应与沉淀等途径被去除的。重金属离子在土壤胶体表面进行阳离子交换而被置换、吸附,并生成难溶性化合物被固定于矿物晶格中;重金属与某些有机物生成可吸附性螯合物被固定于矿物晶格中;重金属离子与土壤的某些组分进行化学反应,生成金属磷酸盐和有机重金属等并沉积于土壤中。

### 17.2.3 土地处理基本工艺

(1) 快速渗滤系统

快速渗滤土地处理系统是一种高效、低耗、经济的污水处理与再生方法。适用于渗透性非常良好的土壤,如砂土、砾石性砂土、砂质垆坶等。污水灌至快速渗滤田表面后很快下渗进入地下,并最终进入地下水层。灌水与休灌反复循环进行,使滤田表层土壤处于厌氧-好氧交替运行状态,依靠土壤微生物将被土壤截留的溶解性和悬浮有机物进行分解,使废水得以净化。

快速渗滤法的主要目的是补给地下水和污水再生回用。用于补给地下水时不设集水系统,若用于污水再生回用,则需设地下集水管或井群以收集再生水。图 17-6a 是快速渗滤系统示意图。

进入快速渗滤系统的污水应进行适当预处理,以保证有较大的渗滤速率和硝化速率。一般情况下,污水经过一级处理后就可以满足要求。若可供使用的土地有限,则需加大渗滤速率,在要求高质量的出水水质时,则应以二级处理作为预处理。

(2) 慢速渗滤系统

慢速渗滤系统适用于渗水性良好的土壤、砂质土壤及蒸发量小、气候润湿的地区。污水经喷灌或面灌后垂直向下缓慢渗滤,土地净化田上种作物,这些作物可吸收废水中的水分和营养成分,通过土壤-微生物-作物对废水进行净化,部分污水蒸发和渗滤(图 17-6b)。慢速渗滤系统的废水投配负荷一般较低,渗滤速度慢,故污水净化效率高,出水水质优良。

慢速渗滤系统有农业型和森林型两种。其主要控制因素有灌水率、灌水方式、作物选择和预处理等。

(3) 地表漫流系统

地表漫流系统适用于渗透性低的黏土或亚黏土,地面最佳坡度为 2%~8%。污水以喷灌法或漫灌(淹灌)法有控制地在地面上均匀地漫流,流向设在坡脚的集水渠,在流行过程中少量污水被植物摄取、蒸发和渗入地下。地面种牧草或其他作物供微生物栖息并防止土壤流失,尾水收集后可回用或排放水体,如图 17-6c 所示。采用何种灌溉方法取决于土壤性质、作物类型、气候和地形。

（4）湿地处理系统

湿地处理系统是一种利用低洼湿地和沼泽地处理污水的方法。污水有控制地投配到种有芦苇、香蒲等耐水性、沼泽性植物的湿地上，污水在沿一定方向流行过程中，在耐水性植物和土壤共同作用下得以净化，如图 17－6 d 所示。

湿地处理可用于直接处理污水或深度处理。污水进入系统前需预处理，预处理方法有化粪池、格栅、筛网、初沉池、酸化（水解）池和稳定塘等。

（5）地下渗滤处理系统

地下渗滤处理系统是将废水投配到距地面约 0.5 m 深，有良好渗透性的地层中，借助毛管浸润和土壤渗透作用，使污水向四周扩散，通过过滤、沉淀、吸附和生物降解作用等过程使污水得到净化。地下渗滤系统示意图如图 17－6e 所示。

地下渗滤系统适用于无法接入城市排水管网的小水量污水处理，如分散的居民点住宅、度假村、疗养院等。污水进入处理系统前需经化粪池或酸化（水解）池预处理。

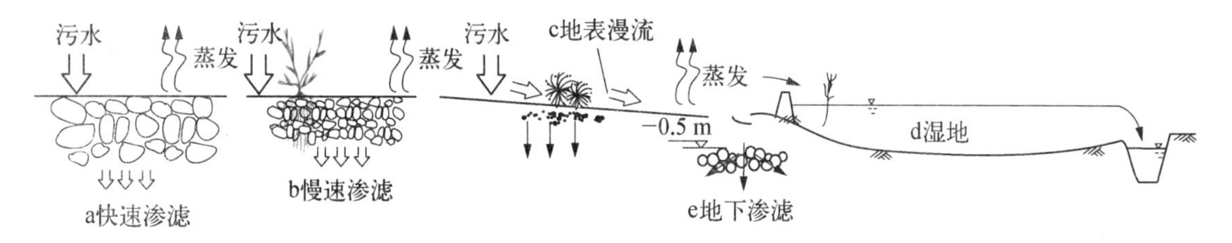


**图 17－6　土地处理系统示意图**

### 17.2.4　土地处理系统的工艺选择和工艺参数

土地处理系统工艺类型的选择，主要是根据土壤性质、透水性、地形、作物种类、气候条件和对污水处理程度的要求等来选择。根据需要有时采用复合土地处理系统，如地表漫流与湿地处理相组合。

土地处理系统的主要工艺参数为负荷率。常用的负荷率有水量负荷和有机负荷，有时还辅以氮负荷和磷负荷。土地处理工艺典型设计参数和性能可参考有关设计手册。

## 习题和思考

1. 在生化反应中酶起了什么作用？
2. 试解释微生物内源呼吸如何影响生物处理效果。
3. 何谓米氏方程？在应用时需满足哪些条件？
4. 何谓莫诺特方程？在应用时需满足哪些条件？
5. 微生物的呼吸类型有哪几种？简要介绍一下。
6. 微生物应用于废水处理应处于其生长的哪一个阶段？试找出依据。
7. 什么是污水的可生化性？一般如何评价？
8. 微生物生长曲线包含了哪些内容？它在废水生物处理中具有什么实际意义？
9. 生化反应动力学方程式是什么？在废水生物处理中，采用了哪两个基本方程式？它们的物理意义是什么？

10. 在活性污泥处理系统中，哪些微生物可作为污泥状况良好的指示生物？

11. 双膜理论在氧的传递过程中如何应用？

12. 常用的曝气设备有哪些？各适用于什么场合？比较各类曝气方式的$K_{La}$系数的差异。

13. 何谓 SBR 法？请列出几种 SBR 改进工艺，并简述它们的特征和优点。

14. 试说明污泥沉降比、污泥浓度和污泥龄在活性污泥法运行中的重要意义。

15. 试简单论述氧转移的基本原理和影响氧转移的主要因素。

16. 什么是活性污泥的驯化？驯化的方法都有哪些？

17. 活性污泥系统中常发生的异常现象有哪些？产生的原因是什么？

18. 在废水的好氧生物处理中，如何提高废水的可生物降解性？

19. 活性污泥法的运行方式有哪几种？试比较推流式曝气池和完全混合曝气池的优缺点。

20. 曝气方法和曝气设备的改进对活性污泥法的运行有什么意义？有哪几种曝气方法和曝气设备？各有什么优缺点？

21. 影响活性污泥法运行的主要因素有哪些？这些因素如何作用？它们的内在联系如何？

22. 与一般沉淀池相比，二次沉淀池的功能和构造有什么不同？在二次沉淀池中设置斜板或斜管为什么不能取得理想的效果？

23. 活性污泥降解有机污染物的规律包括哪几种主要关系？试从理论上予以推导和说明。

24. 试述生物膜法净化污水的原理。

25. 生物膜法有哪几种形式？各适用于什么具体条件？

26. 生物滤池有几种形式？各适用于什么具体条件？

27. 高负荷生物滤池因何得名？与常规滤池相比最大的不同在哪里？生物滤池的最新发展形式是什么？

28. 生物转盘的构造主要有哪几部分？为什么它比传统的生物滤池处理能力要高？

29. 什么是接触氧化法？有何显著特点？其主要构造如何？在接触氧化法的设计中，应注意哪些问题？

30. 二相生物流化床与三相生物流化床的主要区别有哪些？

31. 影响生物转盘处理效率的因素有哪些？它们是如何影响处理效果的？

32. 比较生物膜法和活性污泥法的优缺点？

33. 查阅文献，集活性污泥法和生物膜法于一体的处理工艺有哪些？说明其优势。

34. 介绍厌氧处理工艺的发展历程及其适用范围。

35. 简述废水厌氧生物处理的基本原理。

36. 近年来，厌氧好氧联合工艺如 A/O 法、$A^2O$ 法取得了良好的效果，试说明它们的原理和特征。

37. 试画出 UASB 流程图，说明其工作原理。

38. 影响厌氧生物处理的主要因素有哪些？提高厌氧生物处理的效能主要可从哪些方面考虑？

39. 比较厌氧生物法与好氧生物法的优缺点以及其适用条件。

40. 简述城镇污水生物脱氮过程的基本步骤。

41. 简述生物除磷的基本原理。

42. 生物脱氮除磷的环境条件要求和主要影响因素是什么？简述主要生物脱氮除磷工艺的特点。

43. 查阅厌氧和好氧联用工艺有哪些？并说明其优势。

44. 稳定塘有哪些类型？它们的处理机理和运行条件有何区别？

45. 试述好氧塘、兼性塘和厌氧塘净化污水的基本原理及优缺点。

46. 试述土地处理法去除污染物的基本原理。

47. 污水土地处理系统有哪些类型？各有什么特点？

48. 自然条件下生物处理法的机理和条件与人工条件下生物处理法有何异同？

49. 某城市污水设计流量为 10 000 $m^3$/d，进入曝气池的 $BOD_5$ 浓度为 250 mg/L，若用 4 座完全混合式曝气池对污水进行处理，经过曝气池处理后，出水 $BOD_5$ 为 25 mg/L。求每个曝气池水力停留时间和平均需氧量及污泥体积指数（$SVI$）。已知污泥负荷为 0.3 kg/kg・d，MLSS＝3 000 mg/L，MLVSS/MLSS＝0.75，$SV$＝30％，$a'$＝0.6，$b'$＝0.07。

50. 要某活性污泥曝气池混合液浓度 MLSS＝2 500 mg/L。取该混合液 100 mL 于量筒中，静置 30 min 时测得污泥容积为 30 mL。求该活性污泥的 SVI 及含水率。（活性污泥的密度为 1 g/mL）

51. 活性污泥曝气池的 MLSS＝3 g/L，混合液在 1 000 mL 量筒中经 30 min 沉淀的污泥容积为 200 mL，计算污泥沉降比、污泥指数、所需的回流比及回流污泥浓度。

# 第五编

# 后端处理技术——物理法

# 18 吸附法

## 18.1 吸附的基本理论

### 18.1.1 吸附过程及分类

吸附是指利用多孔性固体物质吸附废水中某一种或几种污染物，以回收或去除某些污染物，从而使废水得到净化的方法。

吸附是一种界面现象，其作用发生在两个相的界面上。吸附是由于固体表面的分子或原子因受力不均衡而具有剩余的表面能，当某些物质碰撞固体表面时，受到这些不平衡力的吸引而停留在固体表面上。具有吸附能力的多孔性固体物质称为吸附剂，废水中被吸附的物质称为吸附质。吸附剂与吸附质之间的作用力是复杂的，除了分子之间的引力以外还有化学键力和静电引力。根据吸附剂与吸附质之间作用力的不同，吸附可分为物理吸附、化学吸附和离子交换吸附三种类型。

(1) 物理吸附

吸附剂和吸附质之间通过分子间力作用所发生的吸附，称为物理吸附。物理吸附是一种常见的吸附现象。其特点是没有选择性；吸附质并不固定在吸附剂表面的特定位置上，而是能在一定界面范围内自由移动；主要发生在低温状态下，过程放热较小；吸附可以是单分子层或多分子层吸附；解吸容易。影响物理吸附的主要因素是吸附剂的表面积和细孔分布。

(2) 化学吸附

吸附剂和吸附质之间发生的由化学键力引起的吸附，称为化学吸附。其特点是有选择性，即一种吸附剂只对某一种或特定几种物质有吸附作用；一般为单分子吸附；分子不能在表面自由移动；吸附过程中放热量较大，与化学反应的反应热相近，通常需要一定的活化能，在低温时，吸附速度较小；吸附牢固，解吸困难。化学吸附的发生与吸附剂的表面化学性质和吸附质的化学性质有密切的关系。

(3) 离子交换吸附

吸附质的离子由于静电引力作用聚集在吸附剂表面的带电点上，并置换出了原先固定在这些带电点上的其他离子的吸附，称为离子交换吸附。后面将要讨论的离子交换属于此范围。影响离子交换吸附的重要因素有离子的电荷数和水合半径的大小。

物理吸附、化学吸附和离子交换吸附这三种吸附形式并不是孤立存在的，往往是相伴发生的。废水处理中，大部分的吸附过程是几种吸附综合作用的结果。由于吸附质、吸附剂及其他因素的影响，可能在一定条件下某种吸附是主要的，其他吸附是次要的。有的吸附在低温时主要是物理吸附，在高温时是化学吸附。

如果吸附过程是可逆的，那么当废水和吸附剂充分接触时，吸附质一方面会被吸附剂吸附，另一方面，一部分已被吸附的吸附质由于热运动的结果，能够脱离吸附剂的表面，又回到液相中去。前者称为吸附过程，后者称为脱附过程。当吸附速度和脱附速度相等时，即单位时间内吸附的数量等于解吸数量时，吸附质在液相中和吸附剂表面上的质量浓度都不再改变，此时称为达到吸附平衡，此时吸附质在液相中的浓度称为平衡浓度。

吸附剂对吸附质的吸附效果，一般用吸附容量和吸附速度来衡量。吸附容量是指单位质量的吸附剂所吸附的吸附质的质量。吸附容量可由下式计算：

$$q_e = \frac{V(C_0 - C_e)}{m} \tag{18.1}$$

式中，$q_e$为吸附量，mg/mg；$V$ 为废水体积，L；$m$ 为吸附剂投加量，mg；$C_0$为原水中吸附质浓度，mg/L；$C_e$为吸附质平衡浓度，mg/L。

在温度一定的条件下，吸附容量随吸附质平衡浓度的提高而增加。

吸附速度是指单位质量的吸附剂在单位时间内所吸附的吸附质的质量。吸附速度决定了废水和吸附剂的接触时间。吸附速度越快，接触时间越短，所需的吸附设备的容积也就越小。吸附速度取决于吸附剂和吸附质的性质，在实际废水处理过程中，由于废水中的成分复杂，吸附速度由试验来确定。

### 18.1.2　等温吸附规律

在温度固定的条件下，吸附量与溶液浓度之间的关系，称为等温吸附规律。表达这一关系的数学式称为吸附等温式。根据这一关系绘制出的曲线图，称为吸附等温线。目前已经提出了几种等温吸附理论模式来描述吸附规律，主要有以下三种。

1. 弗兰德利希(Frundlich)吸附等温式

Frundlich 吸附等温式是不均匀表面能的特殊例子，基本上属于经验公式，已在实践中广泛应用。常用于处理、归纳、图解试验结果、描述数据、进行各个实验结果的比较，一般用于浓度不高的情况。其表达式为：

$$q_e = KC_e^{1/n} \tag{18.2}$$

式中，$K$，$n$ 为常数。

通常情况下，将式(18.2)改写为对数式，把 $C_e$和与之对应的 $q$ 点绘在双对数坐标纸上，便得到一条近似的直线。

$$\lg q_e = \lg K + \frac{1}{n} C_e \tag{18.3}$$

式中，$1/n$ 为吸附指数，一般认为介于 0.1～0.5 之间，则容易吸附；$1/n>2$ 的物质难以吸附。

2. 朗格缪尔(Langmuir)吸附等温式

Langmuir 吸附等温式是从动力学的观点出发，通过假设条件推导出来的单分子吸附公式。① 吸附剂表面的吸附能是均匀分布的，并且吸附能为常数。② 吸附于吸附剂表面的溶质分子只有一层，为单分子吸附；达到单层饱和时，其吸附量为最大。③ 吸附于吸附剂表面上的溶质分子不再迁移。Langmuir 吸附等温式可表达为：

$$q_e = q_e^0 \frac{C_e}{a + C_e} \tag{18.4}$$

式中，$q_e^0$为达到饱和时的极限吸附量，即在固体表面铺满一分子层时的吸附量；$a$ 为常数。

根据单分子层吸附理论导出的 Langmuir 吸附等温式，其特点是适用于各种浓度条件，而且式中每一个数值都具有明确的物理意义，因而得到更广泛的应用。

3. BET 吸附等温线

BET 公式表示吸附剂上有多层溶质分子被吸附的吸附模式，各层的吸附符合 Langmuir 吸附公式，可表示为：

$$q_e = \frac{BC_e q_e^0}{(C_s - C_e)[1 + (B-1)(C_e/C_s)]} \tag{18.5}$$

式中，$C_s$为吸附质的饱和浓度，g/L；$B$ 为常数。

BET 多分子层吸附理论是在 Langmuir 单分子层吸附理论的基础上，由 Branauer、Emmett 和 Teller 三人发展起来的。该理论认为：固体表面均匀分布着大量的吸附活性中心点，可以吸附溶质分子，并且被吸附的第一层分子本身又可以成为吸附中心点，再吸附第二层分子，第二层分子又可吸附第三层……从而形成多分子层吸附。他们还认为，不一定要第一层吸附满了以后才吸附第二层。这样，总的吸附量等于各层吸附量之和。根据这种理论可推导出如上的 BET 吸附等温式。因此，可以认为 BET 吸附等温式可以适应更广泛的吸附现象。

### 18.1.3 吸附动力学

在废水处理中，吸附速度决定了废水和吸附剂的接触时间。吸附速度越快，所需的接触时间就越短，吸附设备容积也可以越小。

吸附速度取决于吸附剂对吸附质的吸附过程。多孔吸附剂对溶液中的吸附质吸附过程基本上可分为三个连续阶段：第一个阶段称为颗粒外部扩散（又称为膜扩散）阶段，吸附质从溶液中扩散到吸附剂表面；第二阶段称为孔隙扩散阶段，吸附质在吸附剂孔隙中继续向吸附点扩散；第三阶段称为吸附反应阶段，吸附质被吸附在吸附剂孔隙内的表面上。一般而言，吸附速度主要由膜扩散速度或孔隙扩散速度来控制。

外部扩散。颗粒外部膜扩散速度与溶液浓度成正比。对于一定重量的吸附剂，膜扩散速度还与吸附剂的表面积（即膜表面积）的大小成正比。由于表面积与颗粒直径成反比，所以颗粒直径越小，膜扩散速度就越大。另外，增加溶液和颗粒之间的相对运动速度，会使液膜变薄，可以提高膜扩散速度。

内部扩散。孔隙扩散速度与吸附剂孔隙的大小及结构、吸附质颗粒大小及结构等因素有关。一般来说，吸附剂颗粒越小，孔隙扩散速度越快，即扩散速度与颗粒直径的较高次方成反比。因此，采用粉状吸附剂比粒状吸附剂更有利。其次，吸附剂内孔径大可使孔隙扩散速度加快，但会降低吸附量。在这种情况下，应根据使用的工艺条件来选择最适宜的吸附剂。

### 18.1.4 吸附过程的影响因素

为了达到最佳的吸附效果，须选择合适的吸附剂和控制合适的工作条件。影响吸附的因素很多，主要有吸附剂的性质、吸附质的性质和吸附过程的操作条件。各因素的影响将在下文中分别介绍。

(1) 吸附剂性质的影响

吸附剂的粒径越小,或是微孔越发达,其比表面积越大。吸附剂的比表面积越大,则吸附能力越强。一般吸附量与吸附剂的表面积成正比关系。当然,对于一定的吸附质,增大吸附剂的比表面的效果是有限的。对于大分子吸附质,吸附剂的增大比表面积的效果反而不好,微孔所提供的表面积不起作用。

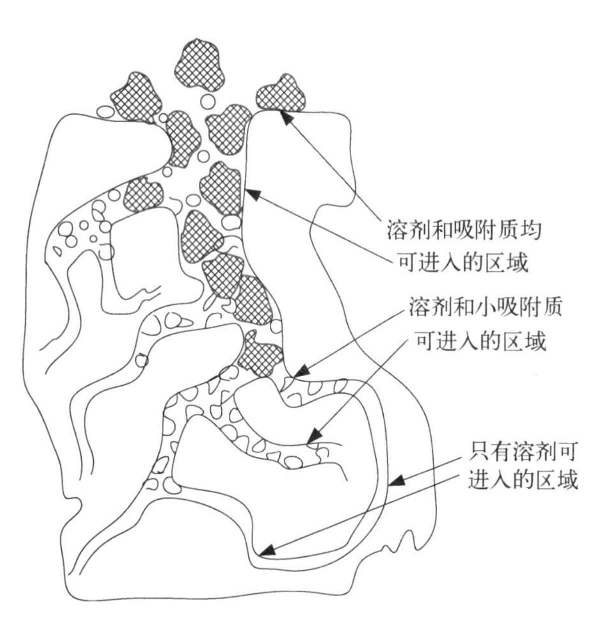

图 18-1　活性炭细孔分布及作用图

活性炭吸附剂的孔结构如图 18-1 所示。吸附剂内孔尺寸和分布对其吸附性能影响很大。孔径太大,比表面积小,吸附能力差,孔径太小,则不利于吸附质扩散,并对直径较大的分子起屏蔽作用。吸附剂的孔一般是不规则的,孔径范围为 $1\times10^{-4}$～0.1 μm,通常将孔半径大于 0.1 μm 的称为大孔;$2\times10^{-3}$～0.1 μm 的称为过渡孔;而小于 $2\times10^{-3}$ μm 的称为微孔。大孔的表面对吸附能力贡献不大,仅提供吸附质和溶剂的扩散通道。过渡孔吸附较大分子溶质,并帮助小分子溶质通向微孔。大部分吸附表面积由微孔提供。因此,吸附量主要受微孔支配。采用不同的原料和活化工艺制备的吸附剂其孔径分布是不同的。另外,吸附剂的再生情况也会影响孔的结构。

吸附剂在制备过程中会形成一定量的不均匀表面氧化物,其成分和数量随原料和活化工艺的不同而异。表面氧化物一般分成酸性的和碱性的两大类,并按这种分类来解释其吸附作用。通常指的酸性氧化物基团有羧基、酚羟基、醌型羰基、正内酯基、荧光型内酯基、羧酸酐基及环式过氧基等。其中羧酸基、内酯基及酚羟基为主要的酸性氧化物,对碱金属氢氧化物有很好的吸附能力。酸性氧化物在低温(低于 500 ℃)活化时形成。对于碱性氧化物的说法尚有分歧,有的认为是如氧萘的结构,有的则认为其结构类似于吡喃酮。碱性氧化物在高温(800～1 000 ℃)活化时形成,在溶液中吸附酸性物质。

表面氧化物成为选择性的吸附中心,使吸附剂具有类似化学吸附的能力,一般来说,有助于极性分子的吸附,可削弱对非极性分子的吸附。

(2) 吸附质的性质

对于一定的吸附剂,由于吸附质性质的差异,吸附效果也不一样。通常有机物在水中的饱和浓度随着链长的增长而减小,而活性炭的吸附容量却随着有机物在水中饱和浓度的减少而增加,也即吸附量随有机物分子量的增大而增加。如活性炭对有机酸的吸附量按甲酸<乙酸<丙酸<丁酸的次序而增加。

活性炭处理废水时,对芳香族化合物的吸附效果较脂肪族化合物好,不饱和链有机物较饱和链有机物好,非极性或极性小的吸附质较极性强的吸附质好。应当指出,实际体系中的吸附质往往不是单一的,它们之间可以互相促进、干扰或互不相干。所以,具体的吸附效果还要经过试验来确定。

(3) 操作条件

吸附是放热过程,低温有利于吸附,升温有利于脱附。

溶液的 pH 影响溶质的存在状态(分子、离子、络合物),以及吸附剂表面的电荷特性和化学特性,进而影响吸附效果。

吸附剂与吸附质的接触时间也是影响吸附的重要因素。因此,在吸附操作中,应保证吸附剂与吸附质有足够的接触时间。接触时间短,单位时间内处理的水量大,但吸附未达平衡,吸附量小;延长接触时间,虽处理效果有所提高,但设备的生产能力降低,一般生产中接触时间为 0.5~1.0 h。另外,吸附剂的脱附再生、溶液的组成和浓度及其他因素对吸附效果也有一定的影响。因此,具体的吸附操作条件也要通过试验确定。

## 18.2 吸附剂及其再生

### 18.2.1 常用吸附剂简介

从广义而言,一切固体物质的表面都有吸附作用,但实际上,只有多孔物质或磨得极细的物质,由于其具有很大的表面积,才有明显的吸附能力,也才能作为吸附剂。此外,工业吸附剂还必须满足以下要求:① 吸附能力强;② 吸附选择性好;③ 吸附平衡浓度低;④ 容易再生和再利用;⑤ 机械强度好;⑥ 化学性质稳定;⑦ 来源广;⑧ 价格低。一般工业吸附剂难于同时满足上述八个方面的要求,应根据实际情况选用。

废水处理过程中应用的吸附剂有活性炭、磺化煤、沸石、活性白土、硅藻土、焦炭、木炭、木屑、树脂等。下面介绍常用的几种吸附剂:

(1) 活性炭

活性炭是一种非极性吸附剂,是由含炭为主的物质作原料,经高温炭化和活化而制得的疏水性吸附剂。外观呈暗黑色,有粒状和粉状两种,目前工业上广泛采用的是粒状活性炭。活性炭主要成分除碳外,还含有少量的氧、氢、硫等元素,以及水分、灰分。它具有良好的吸附性能和稳定的化学性质,耐强酸、强碱,能经受水浸、高温、高压作用,不易破碎,是目前应用最广泛的吸附剂。

活性炭具有巨大的比表面积和特别发达的微孔。通常活性炭的比表面积可达 500~1 700 $m^2/g$,因而形成了强大的吸附能力。但是,相同比表面积的活性炭,其吸附容量并不一定相同,因为吸附容量不仅与活性炭的比表面有关,还与其中微孔结构和微孔分布及表面化学性质有关。

粒状活性炭的孔径(半径)大致分布如下:微孔的容积约为 0.15~0.9 mL/g,表面积占总面积 95%以上;过渡孔容积通常为 0.02~0.1 mL/g,除采用特殊活化方法以外,它的表面积不超过总表面积的 5%。大孔容积为 0.2~0.5 mL/g,而表面积仅为 0.2~0.5 $m^2/g$,占总比表面积的很小一部分。在气相吸附中,吸附容量在很大程度上决定于微孔,而液相吸附中,过渡孔则起主要作用。

活性炭是目前废水处理中普遍采用的吸附剂,广泛应用于炼油、含酚、印染、氯丁橡胶、腈纶、三硝基甲苯等废水处理以及城市污水的深度处理。其中粒状炭因其工艺简单,操作方便,所以实际使用量最大。国外使用的粒状炭多为煤质或果壳质无定型炭,国内多用柱状煤质炭。

纤维状活性炭是一种新型高效吸附材料。它是有机碳纤维经活化处理后形成的。具有发达的微孔结构、巨大的比表面积及众多的官能团，因此，吸附性能达到或超过目前使用的活性炭，但目前其价格较高。

活性炭的吸附以物理吸附为主，但由于表面氧化物的存在，也进行一些化学选择性吸附。如果在活性炭中掺入一些具有催化作用的金属离子（如银）可以改善处理效果。

（2）树脂吸附剂

树脂吸附剂又称吸附树脂，是一种新型有机吸附剂。具有立体网状结构，呈多孔海绵状，加热不熔化，可在 150 ℃下使用，不溶于一般溶剂及酸、碱，比表面积可达 800 $m^2/g$。

按照基本结构分类，吸附树脂大体可分为非极性、中性、极性和强极性四种类型。

树脂吸附剂的结构容易人为控制，具有适应性大、应用范围广、吸附选择性特殊、稳定性高等优点，并且再生简单，多数为溶剂再生。在应用上它介于活性炭等吸附剂与离子交换树脂之间，兼具它们的优点，既具有类似于活性炭的吸附能力，又比离子交换剂更易再生。树脂吸附剂最适用于吸附处理废水中微溶于水，极易溶于甲醇、丙酮等的有机溶剂、分子量略大和带极性的有机物，如脱酚、除油、脱色等。

如制造 TNT 炸药的废水毒性很大，使用活性炭能去除废水中 TNT，但再生困难。采用加热再生时容易引起爆炸。而用树脂吸附剂处理，效果很好。当原水含 TNT 为 34 mg/L 时，每个循环可处理 500 倍树脂体积的废水，用丙酮再生，TNT 回收率可达 80%。

树脂的吸附能力一般随吸附质亲油性的增强而增大。

（3）腐植酸系吸附剂

腐植酸类物质可用于处理工业废水，尤其是重金属废水及放射性废水，除去其中的离子。腐植酸的吸附性能是由其本身的性质和结构决定的。一般认为腐植酸是一组具有芳香结构的、性质相似的酸性物质的复合混合物。它的大分子约由 10 个分子大小的微结构单元组成，每个结构单元由核（主要由五元环或六元环组成）、联结核的桥键（如—O—、—$CH_2$—、—NH—等）以及核上的活性基团所组成。据测定，腐植酸含有的活性基团有羟基、羧基、羰基、胺基、磺酸基、甲氧基等。这些基团决定了腐植酸对阳离子的吸附性能。

腐植酸对阳离子的吸附，包括离子交换、螯合、表面吸附、凝聚等作用，既有化学吸附，又有物理吸附。当金属离子浓度低时，以螯合作用为主，当金属离子浓度高时，离子交换占主导地位。

用作吸附剂的腐植酸类物质主要有两大类：一类是天然的富含腐植酸的风化煤、泥炭、褐煤等，直接作吸附剂用或经简单处理后作吸附剂用；另一类是把富含腐植酸的物质用适当的黏结剂制成腐植酸系树脂，造粒成型，以便用于管式或塔式吸附装置。

腐植酸类物质吸附重金属离子后，容易脱附再生，常用的再生剂有浓度为 1～2 mol/L 的 $H_2SO_4$、HCl 及 NaCl、$CaCl_2$ 等。据报道，腐植酸类物质能吸附工业废水中的各种金属离子，如 Hg、Zn、Pb、Cu、Cd 等，其吸附率可达 90%～99%。存在形态不同，吸附效果也不同，对 $Cr^{3+}$ 的吸附率大于 $Cr^{6+}$。

### 18.2.2 吸附剂的解吸再生

吸附剂在达到吸附饱和后，必须进行解吸再生，才能重复使用。解吸再生就是在保持吸附剂结构不发生或者稍微发生变化的情况下将吸附质由吸附剂的表面去除，以恢复其吸附性能的过程。所以解吸再生是吸附的逆过程。通过再生使用，可以降低处理成本，减少废渣排放，同时有可能回收吸附质。

目前,吸附剂的解吸再生方法主要有加热再生法、化学氧化再生法、药剂再生法、生物再生法等。在废水处理上,应用较多的是加热再生法。

(1) 加热再生法

加热再生即利用外部加热的方法,改变吸附平衡关系,达到脱附或分解的目的。根据再生温度的不同,加热再生法可分为低温和高温两种方法。低温适用于吸附了气体的饱和活性炭,通常加热到 100～200 ℃,被吸附的物质就可以脱附。高温再生用于吸附了固体的饱和活性炭,废水处理中活性炭的再生一般要加热到 800～1 000 ℃,并需要加入活化气体(如水蒸气、二氧化碳等)才能完成再生。

高温加热再生活性炭一般分三步进行:① 干燥,将吸附饱和的活性炭加热到 100～150 ℃,使吸附在其细孔中的水分(含水率为 40%～50%)蒸发,同时部分低沸点的有机物也随着挥发出来。干燥过程所需热量约为再生总热量的 50%。② 炭化,水分蒸发后,继续加温到 700 ℃,此时低沸点有机物全部挥发脱附。高沸点有机物由于热分解,一部分成为低沸点有机物挥发脱附,另一部分被炭化,残留在活性炭微孔中。③ 活化,炭化留在活性炭微孔中的残留炭通过通入活化气体(如水蒸气、二氧化碳及氧)进行气化,达到重新造孔的目的。活化温度一般 700～1 000 ℃。

在活化过程中,为减少活性炭损失,还必须控制再生装置中氧的含量,一般控制在 1%以下。再生后废气主要含有 $CO_2$、$H_2$、CO 以及 $SO_2$、$O_2$等,视吸附物及活化气体的不同而异。

用活性炭处理废水,由于废水中污染物成分复杂,除含有有机物外,还常含有金属盐等无机物,这些金属化合物再生时大多仍残留在活性炭微孔中(汞、铅、锌可气化除外),使活性炭吸附性能降低,如将饱和炭先用稀盐酸处理,再生炭的性能可能恢复到新炭的水平。

高温加热再生法是目前废水处理中粒状活性炭再生的较普遍有效的方法。影响再生的因素很多,如活性炭的物理及化学性质、吸附性质、吸附负荷、再生炉型、再生过程中操作条件等。再生后吸附剂性能的恢复率可达 95%以上。

(2) 药剂再生法

用某种化学药剂解吸被吸附的吸附质的过程称为药剂解吸。该过程是在饱和吸附剂中加入适当的溶剂,改变吸附剂与吸附质之间的分子引力,改变介质的介电常数,从而使原有的吸附被破坏,吸附质离开吸附剂进入溶剂中,达到再生和回收的目的。

常用的有机溶剂有苯、丙酮、甲醇、乙醇、异丙醇、卤代烷等。树脂吸附剂从废水中吸附酚类后,一般采用丙酮或甲醇脱附。吸附了 TNT,采用丙酮脱附。吸附了 DDT 类物质,采用异丙醇脱附。

无机酸碱也是很好的再生剂,如吸附了苯酚的活性炭可以用热 NaOH 溶液再生,生成的酚钠盐可回收利用。

对于能电离的物质最好以分子形式吸附,以离子形式脱附,即酸性物质宜在酸里吸附,在碱里脱附,碱性物质在碱里吸附,在酸里脱附。

应尽量节省溶剂及酸碱用量,控制 2～4 倍吸附剂体积为宜。脱附速度一般在吸附速度的一半以下。

药剂再生的优点是再生时吸附剂损失较小,再生过程可以在吸附塔中进行,无需另设再生装置,有利于回收有用物质。缺点是再生效率低,再生不易完全,在废水处理中应用较少。

经过多次再生的吸附剂，除了机械损耗以外，其吸附容量也会有一定损失，因灰分堵塞小孔或杂质不能完全除去，使有效吸附表面积减小。

(3) 生物再生法

生物再生法主要用于吸附质为有机物的情况。

活性炭吸附的有机物利用微生物氧化分解。如果再生周期较长、处理水量不大，可以将活性炭一次性卸出，然后放置在固定的容器内进行生物再生，待一段时间后活性炭吸附的有机物基本上被氧化分解，炭的吸附性能基本恢复即可重新使用。另外，在活性炭吸附处理过程中，可同时向炭床鼓入空气，使炭粒上生长的微生物生长繁殖并分解有机物。这样整个炭床就处在不断地由水中吸附有机物，又在不断地氧化分解这些有机物的动平衡中。因此，炭的饱和周期将成倍地延长，甚至在工程实例中，一批炭可以连续使用五年以上。这也就是近年来使用越来越多的生物活性炭再生工艺。

活性炭再生后，不可避免地会损失炭本身及炭的吸附量。通过加热再生，活性炭微孔减少，过渡孔增加，比表面积和碘值均有所降低。对于主要靠微孔的吸附操作，再生次数对吸附有较重要的影响，因而做吸附试验时应采用再生后的活性炭，才能得到可靠的试验结果。对于主要利用过渡孔的吸附操作，再生次数对吸附性能的影响不大。

## 18.3　吸附的操作及设备

### 18.3.1　吸附操作分类

在废水处理中，按吸附操作过程中废水的流动状态，可把吸附操作分为静态吸附和动态吸附两类。

废水在不流动条件下进行的吸附操作称为静态吸附操作。其工艺过程是将一定量的吸附剂投入到欲处理的废水中，不断地进行搅拌达到吸附平衡后，再通过沉降或过滤的方法使废水与吸附剂分开，所以静态吸附操作是间歇式操作。如一次吸附后出水水质达不到要求，可以采用多次静态吸附操作。由于多次吸附操作麻烦，在废水处理中应用较少。静态吸附常用设备有水池、水桶等。

动态吸附操作是废水在流动条件下进行的吸附操作。一般是废水连续通过一定厚度的活性炭床层，使废水中的污染物吸附在活性炭中，所以动态吸附操作是连续的过程。

按处理设备的类型分，吸附操作又可以分成固定床方式、移动床方式和流化床方式。

### 18.3.2　吸附操作设备

(1) 固定床

固定床是废水处理中常用的吸附装置。当废水连续地通过填充吸附剂的设备时，废水中的污染物便被吸附剂吸附，若吸附剂数量足够时，从吸附设备流出的废水中污染物的浓度可以降低到零。吸附剂使用一段时间后，出水中的吸附质的浓度逐渐增加，当浓度增加到一定值时应停止通水，使吸附剂再生。吸附和再生可在同一设备中交替进行，也可以将失效的吸附剂排出，送到再生设备进行再生。因这种动态吸附设备中，吸附剂在操作过程中是固定的，所以称为固定床。

当废水连续通过固定床吸附剂层时，运行初期出水中溶质几乎为零。随着时间的推移，上层吸附剂达到饱和，床层中发挥吸附作用的区域向下移动。吸附区前面的床层尚未起作用，出水中溶质浓度仍然很低。当吸附区前沿下移至吸附剂层底端时，出水浓度开始超过规定值时，称为床层穿透。以后出水浓度迅速增加，当吸附区后端面下移到床层底端时，整个床层接近饱和，出水浓度接近于进水浓度，此时称为床层耗竭。通过绘制出水浓度随时间变化的曲线，得到的曲线称穿透曲线，如图 18－2 所示。

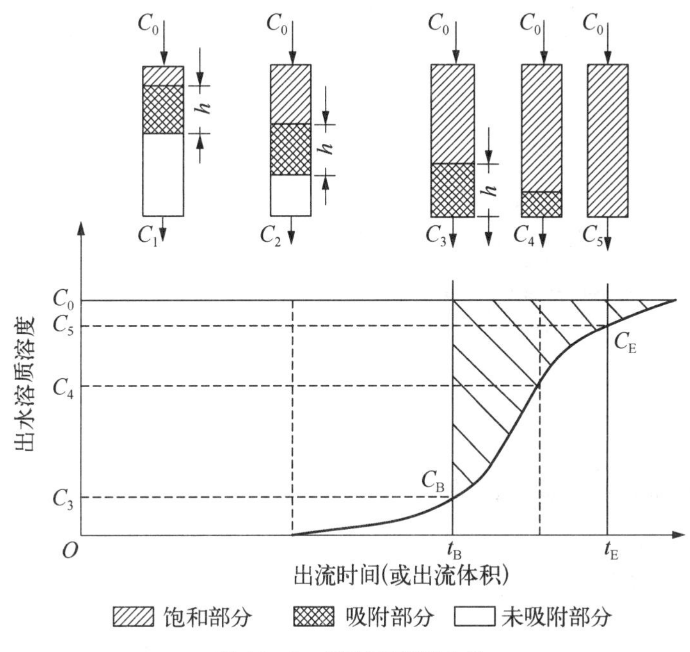


**图 18－2　固定床穿透曲线**

固定床根据水流方向分为升流式和降流式两类。图 18－3 所示的降流式固定床中，水流自上而下流动，出水水质较好，但经过吸附后的水头损失较大，特别是处理含悬浮物较高的废水时，需定期进行反冲洗以防悬浮物堵塞吸附层。有时还需在吸附层上部设置表面冲洗设备。在升流式固定床中，水流自下而上流动，当发现水头损失增大时，可适当提高水的流速，使填充层稍有膨胀(上下层不要相互混合)就可以达到自清洗的目的。升流式固定床由于层内水头损失增加较慢，所以运行时间较长。其缺点是对废水入口处吸附层的冲洗难于降流式，并且当流量增大或操作失误时会使吸附剂流失。

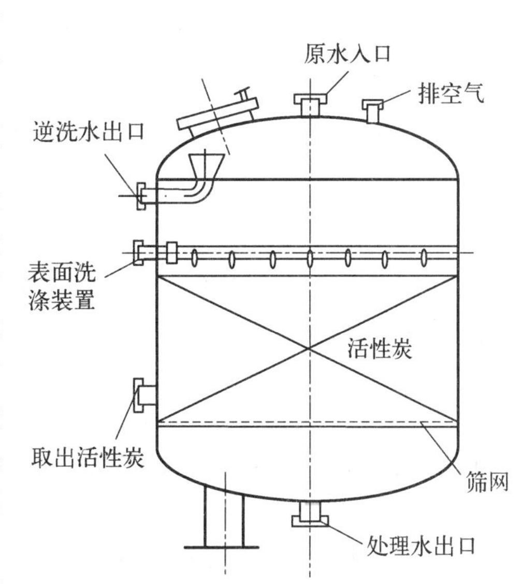


**图 18－3　固定床吸附塔示意图**

根据处理水量、原水的水质和处理要求，固定床可分为单床式、多床串联式和多床并联式三类。

(2) 移动床

移动床的运行操作方式为：原水从吸附塔底部流入和吸附剂进行逆流接触，处理后的水从塔顶流出，再生后的吸附剂从塔顶加入，接近吸附饱和的吸附剂从塔底排出，即吸附剂由上而下移动，所以称为移动床，如图 18－4 所示。排出的饱和吸附剂送由专门的再生设备再生。按吸附剂排出的方式又分为间歇移动床和连续移动床，间歇移动床的吸附剂是定期地间断排出，而连续式移动床的吸附剂是连续排出的。

与固定床相比，移动床充分利用吸附剂的吸附容量，水头损失小。由于采用升流式，废水从塔底流入，从塔顶流出，被截留的悬浮物随饱和的吸附剂从塔底排出，所以不需要反冲洗设备。但这种操作方式要求塔内吸附剂上下层不能相互混合，操作管理要求高。移动床适用于处理各种浓度的有机废水，也可以用于处理含悬浮固体的废水。

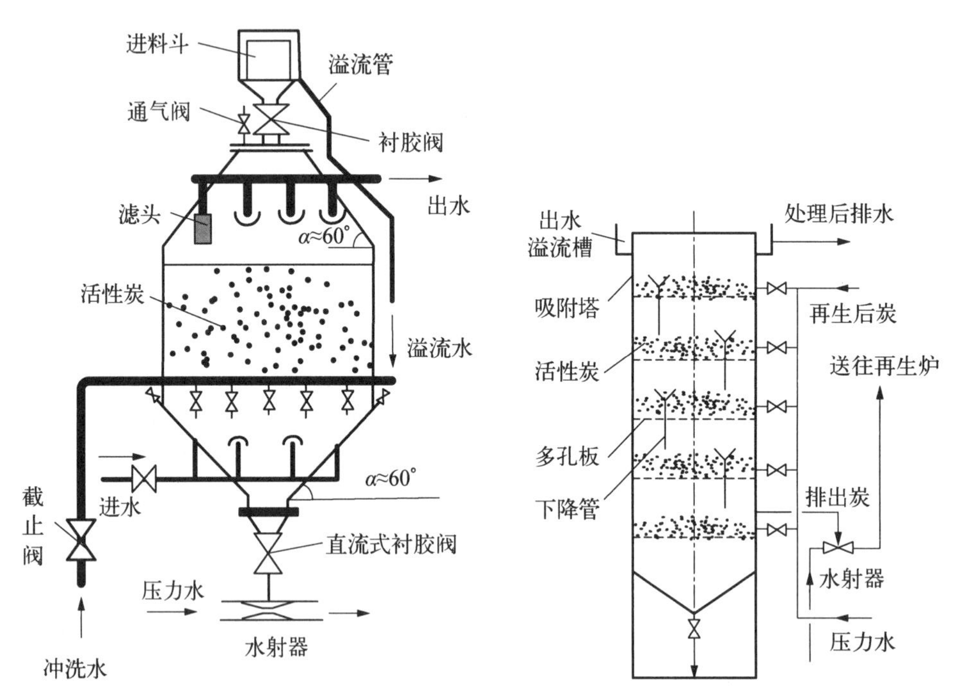


图 18－4　移动床吸附塔构造示意图　　图 18－5　流化床吸附塔示意图

（3）流动床

流动床，又称作流化床，是一种较先进的床型，流化床吸附塔的构造如图 18－5 所示。

吸附剂在塔中处于膨胀状态，塔中吸附剂与废水逆向连续流动。与固定床相比，可使用小颗粒的吸附剂，吸附剂一次投量较少，无需反洗，设备小，生产能力大，预处理要求低。但运转中操作要求高，不易控制，同时对吸附剂的机械强度要求高。目前应用较少。

## 18.4 吸附法在废水处理中的应用

利用吸附作用进行物质分离已有漫长的历史。在水处理领域，吸附法主要用以脱除水中的微量污染物，应用范围包括脱色，除臭味，脱除重金属、各种溶解性有机物和放射性元素等。在废水处理流程中，吸附法可作为离子交换、膜分离等方法的预处理，以去除有机物、胶体物及余氯等，也可以作为二级处理后的深度处理手段，以保证回用水的质量。

利用吸附法进行水处理，具有适应范围广、处理效果好、可回收有用物料、吸附剂可重复使用等优点，缺点是对进水预处理要求较高，运行费用较高，系统规模庞大，操作较麻烦。

在废水处理中，主要采用吸附法处理废水中用生化法难降解的有机物或一般氧化法难氧化的溶解性有机物。这些难分解的有机物包括木质素、氯或硝基取代的芳烃化合物、杂环化合物、洗涤剂、合成染料、杀虫剂、DDT 等。采用粒状活性炭对这类废水进行处理，不仅能够吸附这些难分解的有机物，降低 COD 值，还能使废水脱色、脱臭，把废水处理到可以回用的程度。所以吸附法在废水的深度处理中得到广泛地应用。

我国早在 1976 年就已经建成了第一套大型的工业装置用于炼油废水活性炭吸附处理(图 18－6)。炼油废水经隔油、气浮、生化和砂滤处理后，由下而上流经吸附塔活性炭层，进入集水井，再由水泵送到循环水池，部分水作为活性炭输送用水。处理后水中挥发酚＜0.01 mg/L、氰化物＜0.05 mg/L、油含量＜0.3 mg/L，各主要指标达到或接近地面水标准。吸附塔为移动床型，$\Phi$4 400 mm×8 000 mm，4 台，每台处理量为 150 t/h，再生炉为外热式回转再生炉，$\Phi$700 mm×15 700 mm，处理能力为 100 kg/h。

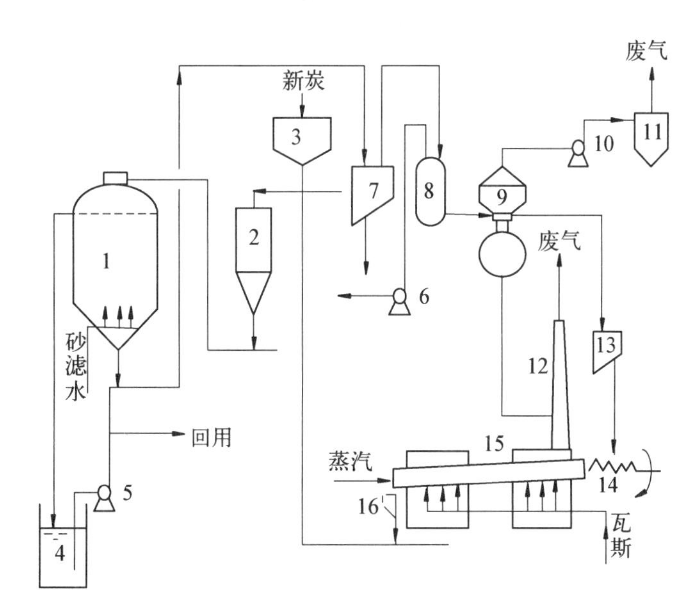


1—吸附塔；2—冲洗罐；3—新炭投加斗；4—集水井；5—水泵；6—真空泵；7—脱水罐；8—储料罐；9—沸腾干燥床；10—引风机；11—旋风分离器；12—烟筒；13—干燥罐；14—进料机；15—再生炉；16—急冷罐

**图 18－6 含油废水粒状活性炭吸附工艺流程图**

某乙烯联合化工厂处理装置处理能力为 2 400 t/d，采用活性炭吸附法作为三级处理。处理工艺流程为原废水经重力沉降处理后经生物处理，再经过快滤池过滤，然后用活性炭吸附法作为三级处理的手段。活性炭吸附塔为立式圆形固定床，下向流，体积 $\Phi$5 000 mm×4 400 mm，12 台(其中 1 台再生，11 台运转)，炭层高 3 m。再生炉为 6 层内热立式多段炉。废水经处理后，COD＜40 mg/L，$BOD_5$＜10 mg/L，SS＜10 mg/L，酚＜0.05 mg/I，油＜2 mg/L。

吸附法对含有机物的废水有很好的去除效果，实践证明，它对某些金属及其他化合物如对锑、铋、锡、汞、钴、铅、镍、六价铬等，都有很强的吸附能力。国内活性炭吸附法已用于含铬电镀废水的处理。

# 19 深层过滤

深层过滤的基本过程是废水由上到下通过一定厚度的由一定粒度的粒状介质组成的床层，由于粒状介质之间存在大小不同的孔隙，废水中的悬浮物被这些孔隙截留而被除去，如图19-1(a)所示。随着过滤过程的进行，孔隙中截留的污染物越来越多，达到一定程度后过滤就无法进行，需要进行反洗，以去除截留在介质中的污染物。反洗的过程是通过上升水流的作用使滤料呈悬浮状态，滤料间的孔隙变大，污染物被水流带走，如图19-1(b)所示。反洗完成后再进行过滤，所以深层过滤过程是间断进行的。

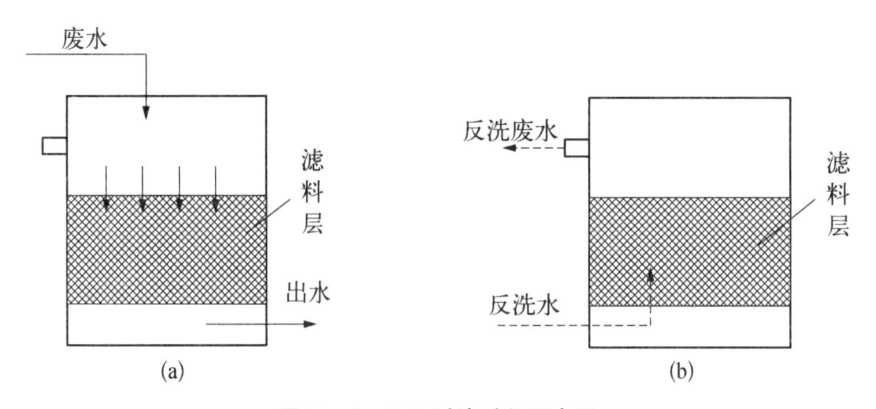


**图19-1 深层过滤过程示意图**

## 19.1 过滤机理

粒状介质的过滤机理可以概括为阻力截留、重力沉降和接触絮凝。

(1) 阻力截留

当废水流过滤料层时，粒径较大的悬浮物颗粒首先被截留在表层滤料的空隙中，使此层滤料间的空隙越来越小，截污能力随之变高，逐渐形成一层主要由被截留的固体颗粒构成的滤膜，并由它起主要的过滤作用，这种作用属于阻力截留或筛滤作用。筛滤作用的强度主要取决于表层滤料的最小粒径和水中悬浮物的粒径，并与过滤速度有关。悬浮物粒径越大，表层滤料的粒度和滤速越小，就越容易形成表层筛滤膜，滤膜的截污能力也越高。

(2) 重力沉降

当废水通过滤料层时，众多的滤料介质表面提供了巨大的沉降面积。据估计，1 $m^3$粒径为0.5 mm的滤料中就拥有400 $m^2$不受水力冲刷而可供悬浮物沉降的有效面积，形成无数的小

“沉淀池”,悬浮物极易在此沉降下来。重力沉降的强度主要取决于滤料直径和过滤速度。滤料越小,沉降面积越大;滤速越小则水流越平稳,有利于悬浮物的沉降。

(3) 接触絮凝

由于滤料有较大的表面积,它与悬浮物之间有明显的物理吸附作用。此外,在水中砂粒表面常常带有负电荷,能吸附带有正电的铁、铝等胶体,从而在滤料表面形成带正电的薄膜,进而吸附带负电荷的黏土及多种有机胶体,在砂粒上发生接触絮凝。在大多数情况下,滤料表面对尚未凝聚的胶体还能起到接触碰撞的媒介作用,促进其凝聚,这种絮凝称为接触絮凝。

上述三种机理在实际过滤过程中往往同时起作用,只是依条件不同而有主次之分。对粒径较大的悬浮颗粒,以阻力截留为主,由于这一过程主要发生在滤料表层,故通常称为表层过滤。对于细微悬浮物,以发生在滤料深层的重力沉降和接触絮凝为主,称为深层过滤。

## 19.2 过滤工艺的过程

过滤工艺包括过滤和反洗两个阶段。过滤即截留污染物;反洗即把污染物从滤料层中冲走,使之恢复过滤能力。从过滤开始到结束持续的时间称为过滤周期(或工作周期)。从过滤开始到反洗结束称为一个过滤循环。

图 19-2 所示为普通快滤池的结构示意图。池内填充滤料,滤料下铺有垫层,最下面是配水系统。在池外设置管道和阀门的区域称为管廊。

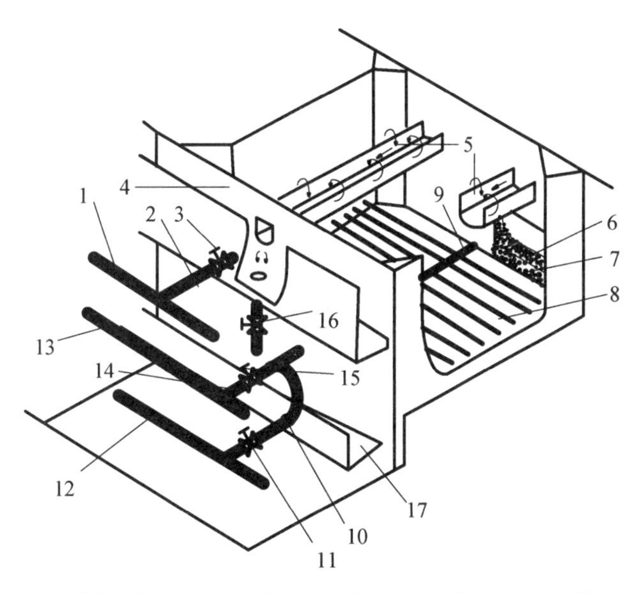


1—进水干管;2—进水支管;3—进水阀;4—浑水渠;5—洗水槽;6—滤层;7—垫层;8—配水支管;9—配水干管;10—清水支管;11—清水阀;12—清水干管;13—洗水干管;14—洗水支管;15—洗水阀;16—排水阀;17—排水渠

**图 19-2 普通快速滤池构造示意图**

过滤时,废水经进水干管 1、进水支管 2 及进水阀 3 流入浑水渠(槽)4,再经洗水槽 5 布水至池内。然后,向下流过滤层 6 及垫层 7,从配水支管 8 汇集于配水干管 9,经清水支管 10 及清水阀 11 流入清水干管 12 而送走。由于污物在滤层中不断积累,必然导致以下两个结果:

第一个是滤层内的空隙由上至下逐渐缩小，使出水量逐渐减小；第二个是滤料表面的吸附点逐步被污物占据，并使水流流速逐渐增大，滤料表面造成越来越大的冲刷力，从而使滤料的纳污能力不断降低。于是，上层滤料的过滤任务就转移到下层，并依此传递，最终使污物穿透滤料层，出水水质急剧恶化。

显然，当过滤水头损失超过滤池提供的资用水头（高、低水位之差），或者出水中的污染物浓度超过许可值时，即应终止过滤，进行冲洗。冲洗时，洗水经洗水干管 13、洗水支管 14 及洗水阀 15 流入配水干管 9，再经配水支管 8 上的孔眼流出，均匀分布于滤池断面上。在流过滤料颗粒较重、粒径较大的垫层后，将细小的滤层冲起，使滤料流态化。由于水的剪切力及滤料颗粒间的碰撞而使污物剥离，随洗水进入洗水槽 5，并经浑水渠 4、排水阀 16 而排至排水渠 17。

反冲洗结束后，即可进行下一周期的过滤操作。但是，过滤开始时的出水水质往往较差，通常将这部分初滤水通过清水支管上的旁管而排放掉。

## 19.3 滤池类型

目前采用的粒状介质滤池的类型很多。按过滤速度分类，慢速滤池，其过滤速度为 0.04～0.4 $m^3/(m^2 \cdot h)$；快速滤池，其过滤速度为 4～8 $m^3/(m^2 \cdot h)$；高速滤池，其过滤速度为 10～16 $m^3/(m^2 \cdot h)$。按过滤推动力分，重力式滤池，其过滤压力水头为 4～5 m；压力滤池，其过滤压力水头为 15～20 m。

按过滤时水的流动方向又分为下向流、上向流和双向流三种类型，这三种滤池的示意图如图 19－3 所示。下向流滤池能保证较高的流速和反洗效果，但水头损失增加较快，工作周期较短，下层滤料难以发挥作用。因为反洗时水流通过滤料向上流动，滤料在反洗以后将分层，粒径大的滤料沉在底部，粒径小的滤料在上部，因此，上部滤料的孔隙很快被截留的悬浮物堵塞，而下层滤料难以发挥作用。上向流滤池正好克服了下向流滤池的上述缺点，使整个滤料的纳污能力得到充分利用，过滤周期也相应延长。但是，上向流滤池的滤速不能太高，否则会造成滤料流失。上向流的另一个优点是可以将未经过滤的水作为反洗水使用。双向流滤池综合了上述两种滤池的优点。其过滤水是通过置于滤料内的过滤器收集的，进水由上下两个方向同时进入，且上下两个方向的流量能自动调节，既保持了下向流和上向流滤池的优点，又克服了滤料流失的弊端。但双向流滤池的下层滤料反洗困难。

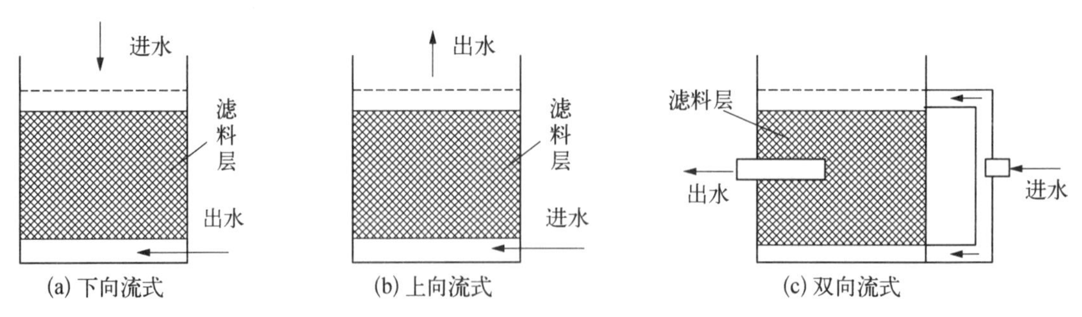


**图 19－3 按水流方向分的滤池类型示意图**

如图 19－4 所示，按滤层结构，滤池又可分为单层滤池、双层滤池和三层滤池。单层滤池通常以石英砂作为滤料。由于石英砂粒度较小，因而能获得较好的出水水质，但污物穿透深度浅，难以充分发挥整个滤层的纳污能力。此外，沉积于细砂顶面上的污物极易固结，反洗时也不易被冲去，以致使60%左右的水头损失发生在上部5 cm的滤层中，这种现象在过滤悬浮物质量浓度高的废水时尤为严重。

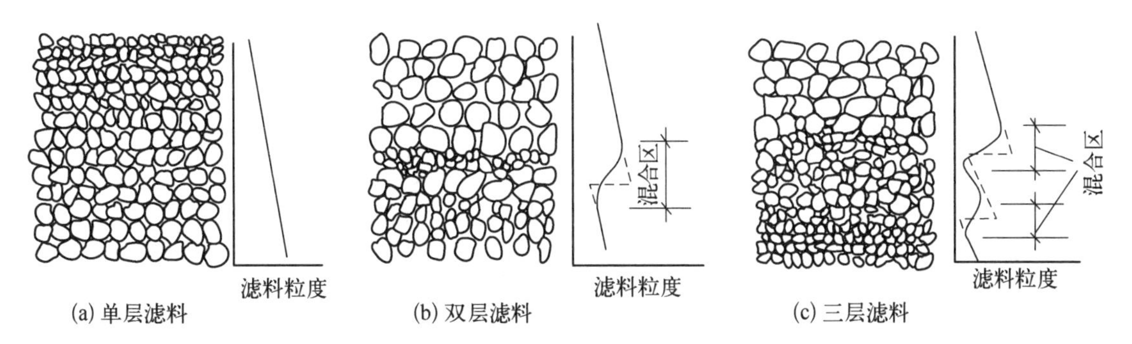


**图19－4　多层滤料床层的结构及粒径分布**

双层滤床正是为了克服上述缺点而产生的，一般是在石英砂滤层上面再铺一层密度较小而粒度较大的白煤滤料。粗白煤的棱角多，空隙率比石英砂大，因而有较大的纳污能力，能除去进水中的大部分悬浮物。下层的细砂则主要起进一步过滤的作用，以保证较好的出水水质。白煤的密度小，反洗时容易膨胀，只要粒度适宜，反洗后仍能处于滤床上层，而不致产生很大程度的混杂。

三层滤池是在双层滤池的滤层下面再加一层密度比石英砂大而粒度更小的滤料，通常采用的是石榴石（密度3.38 g/cm$^3$）、钛铁矿（密度4.5 g/cm$^3$）或磁铁矿（密度4.75 g/cm$^3$），这样可以进一步改善出水水质。

## 19.4　对滤池结构的要求

1. 对滤料的要求

滤料是滤池中最重要的组成部分，是完成过滤的主要介质。优良的滤料必须满足以下要求：① 有足够的机械强度；② 有较好的化学稳定性；③ 有适宜的级配和足够的空隙率。级配就是滤料的粒径范围及在此范围内各种粒径的滤料数量比例，滤料的外形最好接近于球形，表面粗糙而有棱角，以获得较大的空隙率和比表面积。目前常用的滤料有石英砂、白煤、陶粒、高炉渣及聚氯乙烯和聚苯乙烯塑料球等。

滤料的主要性能指标如下：

（1）有效直径和不均匀系数

滤料的规格常用有效直径和不均匀系数表示。有效直径是指能使10%的滤料通过的筛孔直径，以$D_{10}$表示，单位是mm。同样$D_{80}$表示能使80%的滤料通过的筛孔直径。$D_{80}$与$D_{10}$的比值称为滤料的不均匀系数，以$K_{80}$表示。例如，$D_{10}=0.6$ mm，$D_{80}=1.0$ mm，则$K_{80}=1.0/0.6=1.67$。显然，不均匀系数越大，滤料越不均匀，小颗粒会填充于大颗粒的间隙内，从而使滤料的空隙率和纳污能力降低，水头损失增大。因此，不均匀系数以小为佳。但是不均匀系数越小，加工费用越高。综合考虑，一般$K_{80}$控制在1.65～1.80之间为宜。

（2）滤料的纳污能力

滤料层承纳污染物的容量常用纳污能力来表示。其含义是在保证出水水质的条件下，在过滤周期内单位体积滤料中能截留的污物量，单位以 $kg/m^3$ 或 $g/cm^3$ 表示。其大小与滤料的粒径、形状等因素有关。

(3) 滤料的空隙率和比表面积

空隙率是指一定体积的滤料层中，空隙所占体积与总体积的比值。常用的石英砂和白煤滤料的空隙率分别为 0.4 和 0.5。滤料的比表面积是指单位质量或单位体积的滤料所具有的表面积，单位用 $m^2/g$ 或 $m^2/cm^3$ 表示。

2. 垫料层

垫料层主要起承托滤料的作用，故也称承托层，一般配合大阻力配水系统使用。由于滤料粒径较小，而配水系统的孔眼较大，为了防止滤料随过滤水流失，同时也帮助配水系统均匀配水，在滤料与配水系统之间增设一个垫料层。如果配水系统的孔眼直径很小，布水也很均匀，垫料层可以减薄或省去。

要求垫料层不被反洗水冲动，形成的孔隙均匀，使布水均匀，化学稳定性好，机械强度高。通常，垫料层采用天然卵石或碎石。目前，滤料的最大粒径为 1～2 mm，故垫料层的最小粒径一般不小于 2 mm，而其最大粒径以不被常规反洗强度下的水流冲动来考虑，一般为 32 mm。

3. 配水系统

配水系统的作用是均匀收集滤后水，更重要的是均匀分配反冲洗水，所以，它又称排水系统。配水系统的合理设计是滤池正常工作、保持滤料层稳定的重要保证。如果反洗水在池内分配不均匀，局部地方反冲洗水量过大，滤料流化程度高，将会使这个部分的滤料移到反洗水量小的地方。滤层的水平移动使滤料分层混乱，局部地方滤料厚度变薄，出水水质恶化，反洗阻力减小，在下一次反洗时，单位面积的反洗水量进一步增大，进一步促使其游移，如此恶性循环，直至滤池无法工作为止。

目前快速滤池多采用大阻力配水系统。大阻力配水系统是指尽可能增大配水系统中布水孔眼的阻力，使反洗水在流向全池各部的水头损失尽可能相等，保证配水均匀。管式大阻力配水系统由一条干管(或渠)和若干支管组成。小阻力配水系统的形式很多，最常用的是穿孔板上安装滤头。

## 19.5 快滤池的运行管理

### 19.5.1 滤速变化及控制

过滤是一个间歇过程，过滤和反洗操作交替进行。在过滤阶段原水流过滤床，除去其中的悬浮物。由于滤层阻力不断增大，滤速将相应减小，也为了保持一定的滤速，应设置流量调节装置，以保持滤池进水量与出水量平衡，防止水位过低而滤层外露，或者因水位过高而溢流。

按照在过滤周期内滤速的分布形态，滤池有两种基本运行方式，即恒速过滤和降速过滤。

恒速过滤又分为定水头恒速过滤和变水位恒速过滤。定水头恒速过滤时，作用在滤池上的水头恒定，随滤层中的阻力增加，由逐渐开大的出水阀门(手控或自控)来补偿，使总阻力和出水量维持不变。开始过滤时，滤层是干净的，阻力很小。如果全部推动力都用于穿过滤池，则滤速会很高。此时，让一部分水头消耗在几乎是关闭的出水阀上。随着过滤过程的进行，滤料层的孔隙逐渐被悬浮物堵塞，阻力增大，因而流量控制阀应逐渐开大。当出水阀全开时过滤必须停止，进行反冲洗，否则滤速将下降。也可以在每个滤池的进水端和出水阀后分别设进水堰室和出水堰室，实现变水位恒速过滤，如图 19－5 所示。这种情况是几个滤池并联运行，每个滤池的过滤和反洗交替进行。总进水量通过进水堰室大致均匀地分配给每个过滤的滤池。当某个滤池反洗或反洗后再次过滤时，水位就会在过滤的滤池中逐渐上升或下降，直至有足够的水头使该滤池应负担的流量能够通过为止。滤池中水位的高低，反映了滤层水头损失的大小。当水位达到设定的最高水位时，进水堰室不能进水，需进行反洗。采用这种运行方式，滤速变化缓慢而平稳，不会出现像出水阀控制那样的滤速突然变化，且出水水质较好。

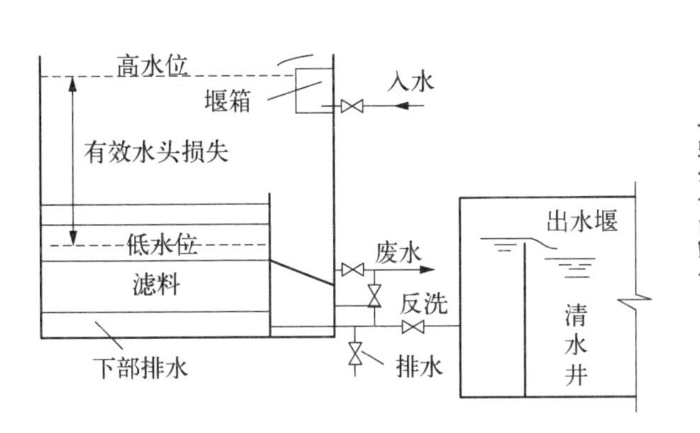


**图 19－5 变水位恒速过滤示意图**

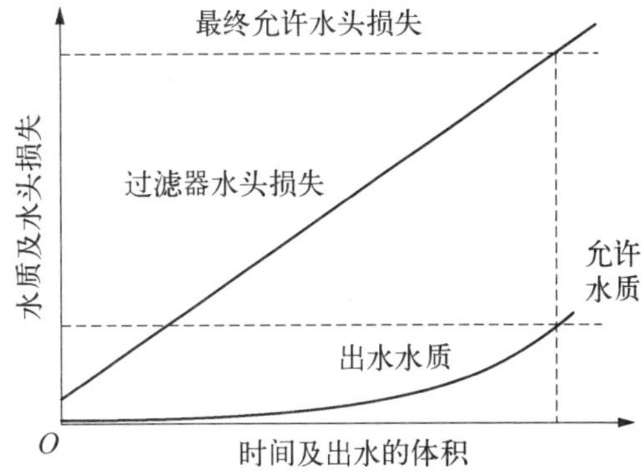

**图 19－6 出水水质及水头损失变化曲线**

降速过滤与恒速过滤的主要区别在于进水布置形式和位置的不同。在降速过滤中，所有滤池的工作水位在任何时候都基本相同。采用这种运行方式虽然在过滤后期滤速也有降低，但其出水水质好，工作周期长，需要的作用水头小。因而目前采用较多。

为了避免滤床脱水、出现滤层龟裂、偏流、受进水冲刷等问题，出水堰顶必须设在滤层以上。同时，这种布置消除了滤层内产生负水头的可能性。

随着过滤的进行，滤池水头损失和滤后水质量浓度逐渐上升，理想情况如图 19－6 所示。当出水质量浓度超过允许值或水头损失达到设定值，过滤阶段即结束，滤池需进行反洗。滤池的过滤周期，随滤料的组成、废水中污染物的质量浓度、滤速而异。过滤周期一般控制在 12～24 h。

不论采用哪种运行方式，优良的滤池应具备以下性能：① 滤料纳污能力大，过滤水头损失小，工作周期长；② 出水水质符合回用或外排的要求；③ 反洗耗水量少，效果好，反洗后滤料分层稳定而不发生很大程度的滤料混杂。

### 19.5.2 滤池反冲洗

当过滤过程进行到一定程度，即出水中的悬浮物质量浓度超过一定值或过滤速度很慢时，滤池需进行反冲洗。反冲洗的目的是清除截留在滤料孔隙中的悬浮物，恢复其过滤能力。一般滤池采用滤后水反冲洗，并辅以表面冲洗或空气冲洗。空气冲洗管常布设在滤料层和垫料层的交界处。空气泡搅动滤料层，使截留的悬浮物脱落下来，被水流冲走。采用这种水－气联合冲洗的方式不需要使滤层全部流化，所用的冲洗强度较小，不会产生滤料流失，滤料也不会分层，但会冲洗不干净。大多数滤池都采用了较高的冲洗强度，使滤层全部流化。靠水力剪切和颗粒摩擦清洗滤料。

影响反冲洗操作的因素有：滤层膨胀率、反冲洗强度、反冲洗时间、反冲洗水的供应和排除、空气冲洗和表面冲洗等。

## 19.6　其他滤池

一般快滤池都有复杂的管道系统，并设有各种控制阀门，操作步骤相当复杂，同时也增加了建造费用。为简化管道和阀门系统，出现了其他形式的滤池。

无阀滤池多用于中、小型给水工程，且进水中悬浮物质量浓度宜在 100 mg/L 以内。由于采用小阻力配水系统，所以单池面积不能太大。已有标准设计可供选用。

虹吸滤池不需要大型进水阀或控制滤速装置，也不需冲洗水塔或水泵。可比同规模的快滤池造价投资省 20%～30%，但滤池深度较大(5～6 m)，适用于中、小型污水处理厂。

压力滤池分竖式和卧式两种，竖式滤池有现成的产品，其直径一般不超过 3 m。池内常设无烟煤和石英砂双层滤料，粒径一般为 0.6～1.0 mm，厚度一般为 1.1～1.2 m，滤速为 8～10 m/s 或更大。通常采用小阻力配水系统。反冲洗污水通过顶部的漏斗或设有挡板的进水管收集并排除。为提高反洗效果，常考虑用压缩空气辅助冲洗。压力滤池外部安装有压力表、取样管，以及时监控水头损失和水质变化。滤池顶部还设有排气阀，以排除池内和水中析出的空气。

V 形滤池是快滤池的一种形式，因为其进水槽形状呈 V 字形而得名，也叫均粒滤料滤池(其滤料采用均质滤料，即均粒径滤料)、六阀滤池(各种管路上有六个主要阀门)，是我国于 20 世纪 80 年代末从法国 Degremont 公司引进的技术。通常情况下，V 形滤池可采取单格或者双格布置，主要特点有：① 可采用较粗滤料、较厚滤层以增加过滤周期。② 气水反冲再加始终存在的横向表面扫洗，冲洗水量大大减少。其过滤过程为：待滤水由进水总渠经进水阀和方孔后，溢过堰口再经侧孔进入被待滤水淹没的 V 形槽，分别经槽底均匀的配水孔和 V 形槽堰进入滤池，被均质滤料滤层过滤的滤后水经长柄滤头流入底部空间，由方孔汇入气水分配管渠，再经管廊中的水封井、出水堰、清水渠流入清水池。反冲洗过程为：关闭进水阀，但有一部分进水仍从两侧常开的方孔流入滤池，由 V 形槽一侧流向排水渠一侧，形成表面扫洗。而后开启排水阀将池面水从排水槽中排出直至滤池水面与 V 形槽顶相平，反冲洗过程常采用“气冲→气水同时反冲→水冲”三步。气冲阶段，打开进气阀，开启供气设备，空气经气水分配渠的上部小孔均匀进入滤池底部，由长柄滤头喷出，将滤料表面杂质擦洗下来并悬浮于水中，被表面扫洗水冲入排水槽。气水同时反冲洗阶段，在气冲的同时启动冲洗水泵，打开冲洗水阀，反冲洗水也进入气水分配渠，气、水分别经小孔和方孔流入滤池底部配水区，经长柄滤头均匀进入滤池，滤料得到进一步冲洗，表面扫洗仍继续进行。停止气冲，单独水冲阶段表面扫洗仍继续，最后将水中杂质全部冲入排水槽。

# 20 膜分离法

## 20.1 概述

膜分离技术是以选择性透过膜为分离介质，在外力推动下对双组分或多组分溶质和溶剂进行分离、浓缩或提纯的技术方法。在膜分离过程中，溶质透过膜的过程称为渗析，溶剂透过膜的过程称为渗透。根据分离过程中推动力的不同，水处理中常用的膜分离技术可分为微滤(MF)、超滤(UF)、纳滤(NF)、反渗透(RO)、电渗析(ED)、渗析(Dialysis)等，还有渗透汽化(PV)和液膜处理(LM)等。

膜分离的作用机理常以膜孔径的大小为模型来解释，实质上是由分离物质间的相互作用引起的，同膜传质过程的物理化学条件以及膜与分离物质间的作用有关。根据膜的种类、功能和过程推动力的不同，不同膜分离法的特征及其不同之处如表 20.1 所示。

**表 20.1 几种主要膜分离法的特点**

| 膜过程 | 推动力 | 传质机理 | 透过物及其大小 | 截留物 | 膜类型 |
|---|---|---|---|---|---|
| 微滤(MF) | 压力差 <0.1 Mpa | 筛分 | 水、溶剂和溶解物 | 悬浮颗粒、纤维(0.02～10 μm) | 多孔膜 非对称膜 |
| 超滤(UF) | 压力差 0.1～1.0 MPa | 筛滤及表面作用 | 水、盐及低分子有机物 0.005～10 μm | 胶体大分子、不溶有机物 | 非对称膜 |
| 纳滤(NF) | 压力差 0.5～2.5 MPa | 离子大小或电荷 | 水、溶剂 <200 μm | 溶质(>1 mm) | 复合膜 |
| 渗析(D) | 浓度差 | 溶质的扩散 | 低分子物质、离子 0.004～0.15 μm | 溶剂(分子量>1 000) | 非对称膜、离子交换膜 |
| 反渗透(RO) | 压力差 2～10 Mpa | 溶剂的扩散 | 水、溶剂 0.000 4～0.6 μm | 溶质、盐(SS、大分子、离子) | 非对称膜或复合膜 |
| 电渗析(ED) | 电位差 | 电解质离子选择性透过 | 溶解性无机物 0.000 4～0.1 μm | 非电解质大分子 | 离子交换膜 |

膜分离技术具有以下共同特点：① 膜分离过程中不发生相变，因此能量转化效率高。如目前各种海水淡化方法中，反渗透法能耗最低。② 膜分离过程在常温下进行，因而特别适于对热敏性物料(如果汁、酶、药物等)的分离、分级和浓缩。③ 装置简单，操作简单，易于控制和维修，且分离效率高。作为一种新型的水处理方法，与常规水处理方法相比，具有占地面积小、

适用范围广、处理效率高等特点。④ 由于目前膜的成本较高，所以膜分离法投资较高，有些膜对酸或碱的耐受能力较差。因此，目前膜分离法在水处理中一般用于回收废水中的有用成分或水的回用处理，或用于对水质要求较高的情况。

## 20.2　微滤

微滤是微孔介质过滤的简称。筛分截留，即过筛截留，指微滤膜将尺寸大于其孔径的固体颗粒或液体颗粒聚集体截留。筛分过滤作用在微滤膜分离中起主要作用。除此之外，还存在微滤膜通过物理或化学作用吸附将尺寸小于其孔径的固体颗粒吸附截留；固体颗粒在膜的微孔入口因架桥作用而被截留的架桥截留；发生于膜的内部，往往是由于膜孔的曲折而形成的网络截留。

微滤膜依据微孔形态的不同，可分为弯曲孔膜和柱状孔膜两类。弯曲孔膜的微孔结构为交错连接的曲折孔道形成的网络，而柱状孔膜的微孔结构为几乎平行的、贯穿膜壁的圆柱状毛细孔结构。

微滤膜的材质有很多种。① 水系微滤膜一般用于纯水相的过滤。一般由纤维素类的材料制成。水系滤膜系列包括：醋酸纤维素膜、硝酸纤维素膜、混酯膜再生纤维素膜、聚醚砜等。② 有机系微滤膜，用于有机溶剂的过滤，使用前需要预先用乙醇浸润。常用有机系微孔膜包括：聚四氟乙烯膜(PTFE)、聚偏二氟乙烯膜(PVDF)、聚偏氟乙烯等。③ 混合滤膜过滤，一般水系、有机系通用。混合滤膜包括：锦纶膜、改良亲水性的聚偏氟乙烯、聚四氟乙烯膜、聚偏二氟乙烯膜等。

考量微滤膜分离效果的重要指标为孔径分布。膜的孔径可以用标称孔径或绝对孔径来表征。绝对孔径表明等于或大于该孔径的粒子或大分子均会被截留，而标称值则表示该尺寸的粒子或大分子以一定的比例被截留。实验室常用的孔径及适用范围如表 20.2 所示。

**表 20.2　实验室常用的孔径及其作用**

| 孔径/μm | 作　　用 |
|---|---|
| 0.22 | 能去除极细颗粒，除菌 99.99% |
| 0.45 | 能滤除大多数细菌微生物 |
| 0.8～1.0 | 去除大多数不溶性微粒 |
| 1～5 | 过滤较大颗粒的杂质或者用于难以处理的浑浊溶液的预处理。可先以 1～5 μm 滤膜过滤再用相应滤膜进行过滤 |

微滤膜可以去除废水中的悬浮物以及细菌等其他颗粒物。与深层过滤介质，如硅藻土、沙、无纺布相比，微滤膜由于孔隙率高、厚度薄，内部的比表面积小等原因，具有过滤精度高、通量大、对过滤对象的吸附量小等优点，但易被物料中与膜孔大小相近的微粒堵塞。

## 20.3　超滤

一般认为超滤是一种筛孔分离过程，主要用来截留分子量高于 500 道尔顿的物质。超滤过程如图 20－1 所示，在静压差的作用下，原料液中溶剂和小分子的溶质粒子从高压的料液侧透过膜到低压侧，通常称为滤出液或透过液；而大分子的溶质粒子组分被膜所阻截，使它们在滤剩液（或称浓缩液）中浓度增大。按照这种分离机理，超滤膜具有选择性的主要原因是其形成了具有一定大小和形状的孔，而聚合物的化学性质对膜的分离特性影响相对较小。因此，可以用细孔模型表示超滤的传递过程。

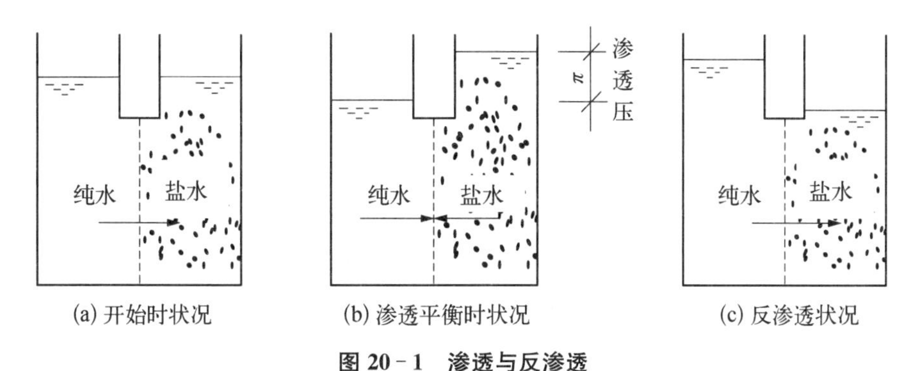


(a) 开始时状况 (b) 渗透平衡时状况 (c) 反渗透状况

**图 20－1 渗透与反渗透**

大多数超滤膜都是聚合物或共聚物的合成膜，按材质分主要有醋酸纤维（CA）、聚偏氟乙烯（PVDF）、聚砜类（PSF）、聚砜酰胺（PSA）和聚丙烯腈（PAN）等。

超滤膜的透过能力以纯水的透过速率表示，并标明其测定条件。通常用分子量代表分子大小以表示超滤膜的截留特性，即膜的截留能力以切割分子量表示。切割分子量的定义和测定条件不是非常严格，一般用分子量差异不大的溶质在不易形成浓差极化的操作条件下测定截留率，将表观截留率为 90%～95%的溶质的分子量定义为切割分子量。另外，还要求超滤膜耐高温，pH 适用范围要大，对有机溶剂具有化学稳定性，以及具有足够的机械强度。

超滤膜组件的结构形式有板框式、螺旋卷式、管式、中空纤维式等，并且通常是由生产厂家将这些组件组装成配套设备供应市场。

超滤工艺流程可分为间歇操作、连续超滤过程和重过滤三种。间歇操作具有最大透过率，效率高，但处理量小。连续超滤过程常在部分循环下进行，回路中循环量常比料液量大得多，主要用于大规模的污水处理厂。重过滤常用于小分子和大分子的分离。

在废水处理中，超滤技术可以用来去除废水中的淀粉、蛋白质、树胶、油漆等有机物，以及黏土、微生物等致浊物质。如电泳漆废水、含油废水、合成橡胶废水、纸浆与造纸废水和食品工业废水等处理。此外，超滤还可用于污泥脱水，用来代替澄清池等。

## 20.4 反渗透

### 20.4.1 基本原理

如图 20－1 所示，如果将纯水和某种溶液用半透膜隔开，水分子就会自动地透过半透膜进入到溶液一侧去，这种现象叫作渗透。在渗透进行过程中，纯水一侧的液面不断下降，溶液一侧的液面则不断上升。当液面不再变化时，渗透便达到了平衡状态。此时，两侧液面差称为该种溶液的渗透压。任何溶液都具有相应的渗透压，其值依一定溶液中溶质的分子数目而定，与溶质的性质无关，溶液的渗透压与溶质的浓度及溶液的绝对温度成正比。如果在溶液一侧施加大于渗透压的压力，则溶液中的水就会透过半透膜，流向纯水一侧，溶质则被截留在溶液一侧，这种作用称为反渗透。

反渗透是不能自动进行的，为了实现反渗透过程，就必须在浓溶液一侧加压。只有当工作压力大于溶液的渗透压时，反渗透才能进行。在反渗透过程中，溶液的浓度逐渐增高，因此，反渗透设备的工作压力必须超过与浓水出口处浓度相应的渗透压。温度升高，渗透压增高。所以，溶液温度的任何增高必须通过增加工作压力予以补偿。

反渗透法是以压力为驱动力的膜法分离技术，主要有两种理论来解释反渗透过程的机理，即溶解扩散理论和选择性吸附-毛细流理论。溶解扩散理论是把反渗透膜视为一种均质无孔的固体溶剂，各种化合物在膜中的饱和浓度各不相同。对醋酸纤维素膜而言，溶解性差异的来源，有人认为是氢键结合。溶液中的水分子能与醋酸纤维素膜上的羰基形成氢键而结合（═C═O…H—O—H…O═C═），然后，在反渗透压力的推动下，水分子由一个氢键位置断裂转移到另一个位置，通过一连串氢键的形成和断裂而透过膜去。

选择性吸附-毛细流理论是把反渗透膜看作一种微细多孔结构物质，它有选择吸附水分子而排斥溶质分子的化学特性。当水溶液同膜接触时，膜表面优先吸附水分子，在界面上形成水的分子层。在反渗透压力作用下，界面水层在膜孔内产生毛细流动，连续地透过膜层而流出，而溶质则被膜截留下来。

这些理论均反映了部分实验结果，都不够完善，尚待进一步研究和充实。

### 20.4.2 反渗透膜

反渗透膜是实现反渗透分离的关键。良好的反渗透膜应具有多种性能：选择性好，单位膜面积上透水量大，脱盐率高；机械强度好，能抗压、抗拉、耐磨；热和化学的稳定性好，能耐酸、碱腐蚀和微生物侵蚀，耐水解、辐射和氧化；结构均匀一致，尽可能地薄，寿命长，成本低。

反渗透膜是一类具有不带电荷的亲水性基团的膜，种类很多。按成膜材料可分为有机膜和无机高聚物膜，目前研究得比较多和应用比较广的是醋酸纤维素膜和芳香族聚酰胺膜两种；按膜的形状可分为平板状、管状、中空纤维状膜；按膜结构可分为多孔性和致密性膜，或对称性（均匀性）和不对称性（各向异性）结构膜；按应用对象可分为海水淡化用的海水膜、咸水淡化用的咸水膜及用于废水处理、分离提纯等的膜。如表20.3所示为具有代表性的各种反渗透膜的透水和脱盐性能。

**表20.3 几种反渗透膜的透水和脱盐性能**

| 品　种 | 测试条件 | 透水量/$m^3 \cdot (m^2 \cdot d)^{-1}$ | 脱盐率/% |
|---|---|---|---|
| CA膜 | 1%NaCl，4.9 MPa | 0.8 | 99 |
| CA超薄膜 | 海水，9.8 MPa | 1.0 | 99.8 |
| CA中空纤维膜 | 海水，5.88 MPa | 0.4 | 99.8 |
| 醋酸丁酸纤维素膜 | 海水，9.8 MPa | 0.48 | 99.4 |
| CA混合膜（二醋酸和三醋酸纤维素膜） | 3.5%NaCl，9.8 MPa | 0.44 | 99.7 |
| 醋酸丙酸纤维素膜 | 3.5%NaCl，9.8 MPa | 0.48 | 99.5 |
| 芳香聚酰胺膜 | 3.5%NaCl，9.8 MPa | 0.64 | 99.5 |

续 表

| 品　　种 | 测试条件 | 透水量/$m^3\cdot(m^2\cdot d)^{-1}$ | 脱盐率/% |
|---|---|---|---|
| 聚乙烯亚胺膜(异氰酸酯改性膜) | 3.5%NaCl,9.8 MPa | 0.81 | 99.5 |
| 聚苯并咪唑膜 | 0.5%NaCl,3.92 MPa | 0.65 | 95 |
| 磺化聚苯醚膜 | 苦咸水,7.35 MPa | 1.15 | 98 |

### 20.4.3 反渗透装置

反渗透装置主要有板框式、管式、螺旋卷式和中空纤维式等。

(1) 板框式反渗透装置

在多孔透水板的单侧或两侧贴上反渗透膜,即构成板式反渗透元件。再将元件紧粘在用不锈钢或环氧玻璃钢制作的承压板两侧。然后将几块或几十块元件成层叠合(图 20-2),用长螺栓固定,装入密封耐压容器中,按压滤机形式制成板式反渗透器。这种装置的优点是结构牢固、能承受高压、占地面积不大;其缺点是液流状态差、易造成浓差极化、设备费用较大、清洗维修也不太方便。

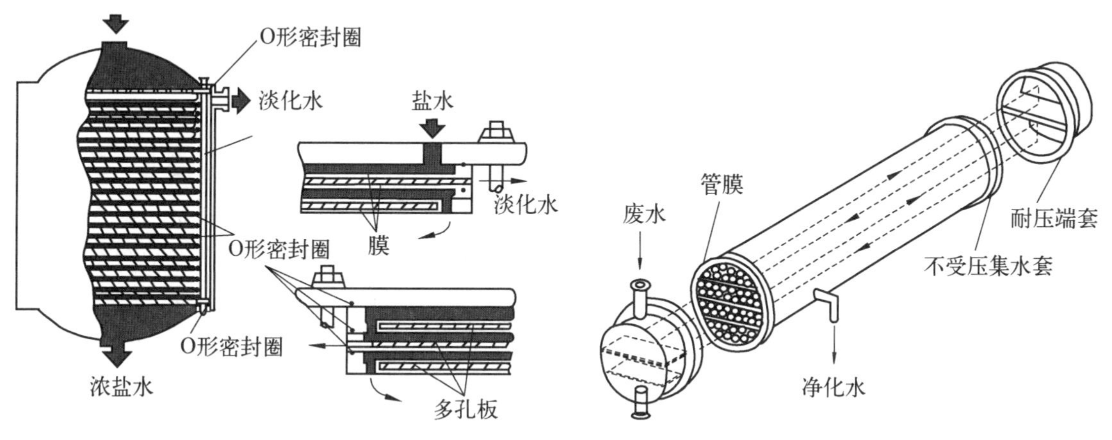


图 20-2 板框式反渗透装置　　图 20-3 管式反渗透装置

(2) 管式反渗透装置

这种装置是把膜装在(或者将铸膜液直接涂在)耐压微孔承压管内侧或外侧,制成管状膜元件,然后再装配成管束式反渗透器(图 20-3)。这种装置的优点是水力条件好,适当调节水流状态就能防止膜的玷污和堵塞,能够处理含悬浮物的溶液,安装、清洗、维修都比较方便。它的缺点是单位体积的膜面积小,装置体积大,制造的费用较高。

(3) 螺旋卷式反渗透装置

这种装置如图 20-4 所示。它是在两层反渗透膜中间夹一层多孔支撑材料(柔性格网),并将它们的三端密封起来,再在下面铺上一层供废水通过的多孔透水格网,然后将它们的一端粘贴在多孔集水管上,绕管卷成螺旋卷筒便形成一个卷式反渗透组件。最后把几个组件串联起来,装入圆筒形耐压容器中,便组成螺旋卷式反渗透器。这种反渗透器的优点是单位体积内

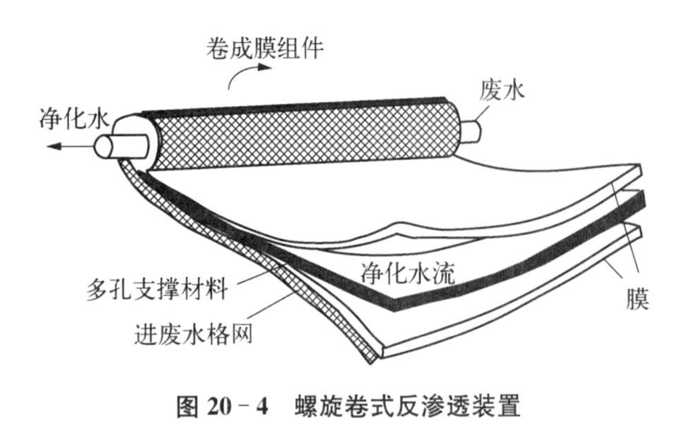


图 20-4 螺旋卷式反渗透装置

膜的装载面积大、结构紧凑、占地面积小；缺点是容易堵塞、清洗困难，因此，对原液的预处理要求严格。

(4) 中空纤维式反渗透装置

这种装置中装有由制膜液空心纺丝而成的中空纤维管，管的外径为 50～100 μm，壁厚为 12～25 μm，管的外径与内径之比约为 2∶1。将几十万根中空纤维膜弯成 U 字形装在耐压容器中，即可组成反渗透器（图 20-5）。这种装置的优点是单位体积的膜表面积大、装置紧凑；缺点是原液预处理要求严格，难以发现损坏了的膜。

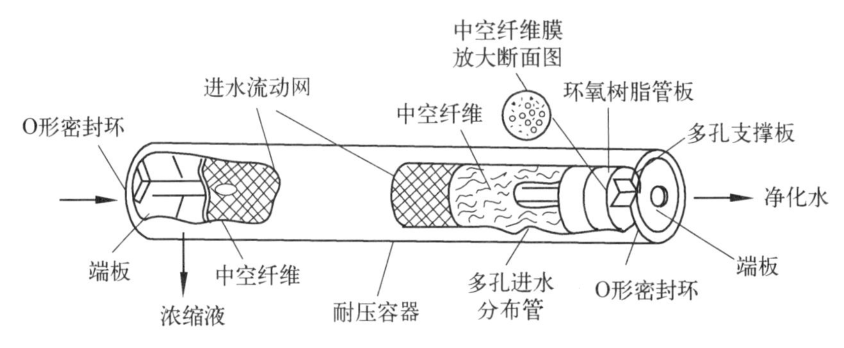


图 20-5 中空纤维式反渗透装置

## 20.4.4 反渗透工艺流程

反渗透工艺一般包括预处理和膜分离两部分。预处理可以用物理化学法，也可以用化学法，所采取的预处理方法与原水的物理、化学性质及生物学特性有关，还与膜装置的结构有关。

在实际生产中，对溶液的分离有不同的质量要求。对废水的处理，则需考虑透过液是否可达到排放标准和浓缩液有无回收价值两个方面。为此，可以通过组件的不同配置方式来满足不同要求。膜元件的使用寿命也对此有至关重要的影响。如果排列组合不合理，则会造成某一段内的膜元件的水通量过大，而另一段内的膜元件的水通量又太小，不能充分发挥其作用。这样，水通量超过规定的膜组件的污染速度将加快，造成膜组件被频繁清洗，甚至这些膜组件很快不能再使用而需要更换，造成经济损失。对大规模的水处理系统，这种代价将是很高的。因此，在设计中应重视膜组件数量的选择和膜组件的合理排列组合。在膜分离工艺流程中，常常会遇到“段”与“级”的概念。所谓段，指膜组件的浓缩液（浓水）流到下一组膜组件处理。流经 $n$ 组膜组件，即称为 $n$ 段。所谓级，指膜组件的产品水再经下一组膜组件处理。透过液产品水经 $n$ 次膜组件处理，称为 $n$ 级。根据需用，级与段之间需用加泵。

(1) 一级一段连续式与一级一段循环式

图 20-6(a)所示为典型的一级一段连续式工艺流程。在组件中，经膜分离的透过水和浓缩液被连续引出系统，这种方式水的回收率不高，在工业中较少采用。如图 20-6(b)所示为一级一段循环式工艺。为提高水的回收率，将部分浓缩液返回进料液储槽与原有的进水混合后，再次通过组件进行分离。因为，浓缩液中溶质浓度比原进料液要高，所以透过的水质有所下降。

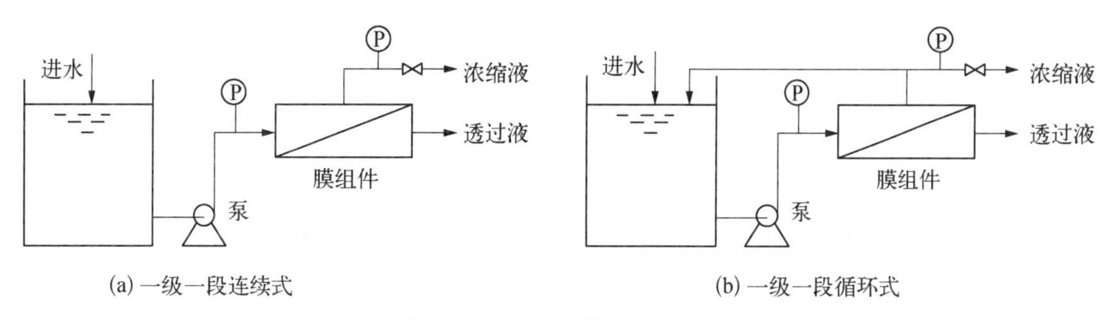


**图 20-6 一级一段的不同方式**

(2) 一级多段式

这种方式适合大处理量的场合,它能得到高的水回收率。最简单的一级多段连续式如图 20-7 所示,它是把第一段的浓缩液作为第二段的进水。再把第二段的浓缩液作为下一段的进水,而各段的透过水连续排出。这种方式水的回收率高,浓缩液的量减少,而浓缩液中的溶质浓度较高,有利于回收浓缩液中的有用物质。

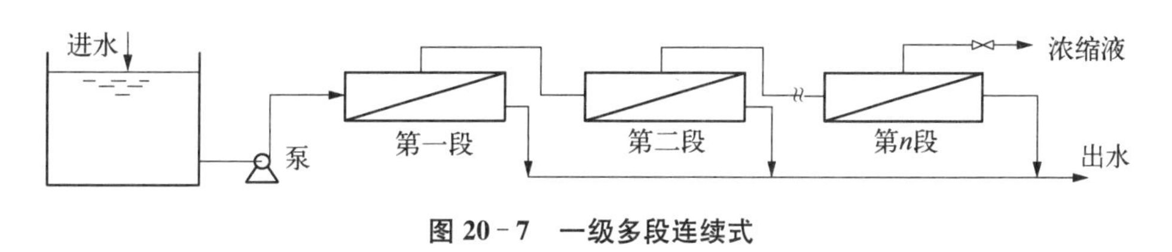


**图 20-7 一级多段连续式**

图 20-8 所示是一级多段循环式,这种方式能获得高浓度的浓缩液。它是将第二段的透过水重新返回第一段作进水,再进行分离。这是因为第二段的进水浓度较第一段高,因而第二段的透过水质较第一段差。返回第一段再处理有利于提高出水水质。

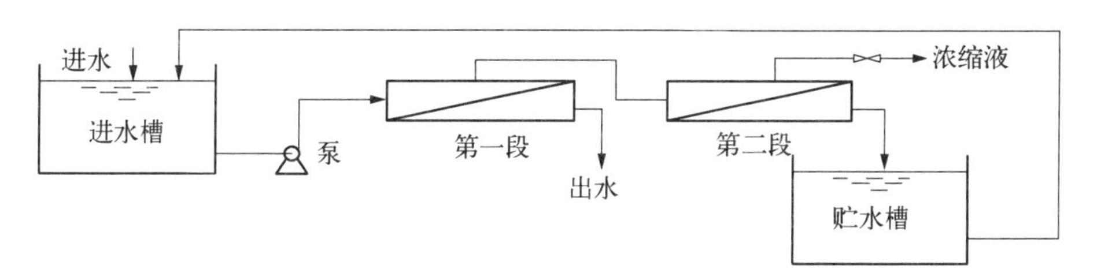


**图 20-8 一级多段循环式**

为了使反渗透装置达到给定的回收率,同时保持水在装置内的每个组件中处于大致相同的流动状态,可将装置内的组件多段锥形排列(图 20-9),段内并联和段间串联。锥形排列方式中浓缩液经过多段流动压力损失较大,会导致生产效率下降,故常增设高压泵。

(3) 膜组件的多级多段组合

膜组件的多级多段也有连续式与循环式之分。图 20-10 和图 20-11 分别为二级二段连续式和二级五段连续式。多级多段循环式的流程如图 20-12 所示,它是将第一级的透过水作为下级的进水再次进行反渗透分离,如此延续,将最后一级的透过水引出系统。而浓缩液从后级向前一级返回与前一级的进水混合后,再进行分离。这种方式既提高了水的透过率,又提高了透过水的水质。但是由于中间需增设增压泵,所以使能耗增加。但是,对某些分离,如海水淡化来说,若采用一级脱盐淡化需要有很高的操作压力和高脱盐性能的膜,因此,在技术上有

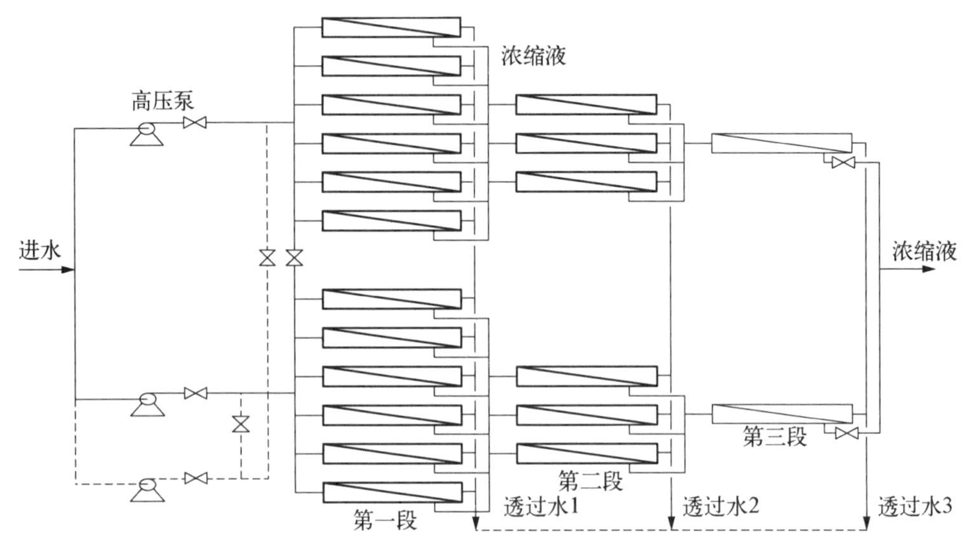


**图 20－9　一级多段连续式的锥形排列**

很高的要求。如果采用上述多级多段循环式分离，可以降低操作压力，设备要求较低，同时对膜的脱盐性能要求也较低，有较高的实用价值。在实际应用中，根据需要还有多种组合方式，可根据具体情况和需要确定。

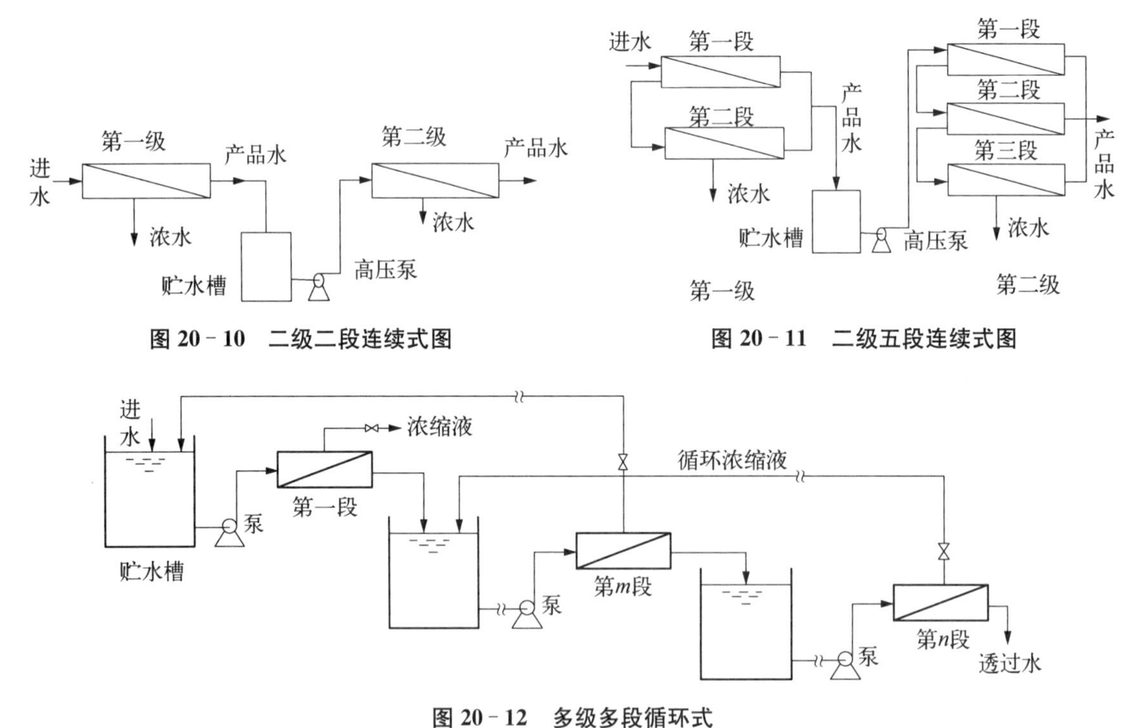


**图 20－10　二级二段连续式图**

**图 20－11　二级五段连续式图**

**图 20－12　多级多段循环式**

## 20.4.5　反渗透工艺参数及问题

(1) 净化水质与回收率

净化水质是指经反渗透处理后的水质，废水处理中可根据具体处理后的水的用途确定。

也常用溶质的平均去除率 $R_m$ 来表示，$R_m$ 可由下式计算：

$$R_m = \frac{C_f - C_p}{C_f} \times 100\% \tag{20.1}$$

式中，$C_f$、$C_p$ 为分别为进水与出水的中溶质的浓度，mg/L。一般溶质的平均去除率可达 95% 以上。

净化水的回收率 $Y$ 是指产品水的流量与进水流量之比，$Y = Q_p / Q_f$，其中 $Q_f$ 和 $Q_p$ 分别为进水与产品水的流量。这两个指标往往是相互矛盾的，即去除率高时回收率低，回收率高时去除率低。如果出水水质事先给定，则可以通过调整回收率以满足水质的要求。一般设计宜取较高的回收率 $Y$，因为回收率高，废水浓度大，可以减少需进一步处理的废水量，减少化学处理费用，减少所需的功率和单位耗能。但是回收率的提高有一定限度，因为随着废水浓度的增加，有可能产生水垢和使出水水质达不到要求。

（2）工作压力

工作压力是指反渗透时在废水一侧所施加的实际压力。从理论上说，为了进行反渗透，只要所加的压力大于废水渗透压就可以了，但在实际应用时工作压力的选定还需要考虑其他因素，一方面提高工作压力将使透水量增大，另一方面溶质被浓缩，溶液渗透压会增高。所以，实际使用的工作压力要比溶液初始渗透压大很多，一般为 3～10 倍。例如，大多数苦咸水的渗透压为 0.20～1.05 MPa，而反渗透处理时采用的工作压力都在 2.8 MPa 以上。又如，海水的渗透压约为 2.7 MPa，而工作压力则用 10.5 MPa。实际处理废水时，工作压力可通过试验确定。

（3）膜的透盐量

实践表明，膜的透盐量或某溶质组分的透过量与膜的性质和膜两侧的浓度差有关。正常的透盐量与工作压力无关，这一点与透水量不同。因此，增大工作压力，透水量增加，透盐率仍以固定速率进行，结果可得到更多的净化水。

（4）膜的污染与清洗

在反渗透运行中，膜污染是经常发生的问题之一。如污染轻，对膜性能和操作没有很大影响，但如污染严重，不仅会使膜性能降低，而且对膜的使用寿命也会产生极大的影响。引起膜污染的原因大致可分为三类：① 原水中的亲水性悬浮物，在水透过膜时，被膜吸附。这类污染物包括浮游性悬浮质和有机胶体，如蛋白质、糖质、脂肪类等。对这类污染物最好通过预处理去掉。其危害程度随膜组件的构造而异，管状膜不易受污染，而捆成膜束的中空纤维膜组件最易受污染。② 原水中本来处于非饱和状态的溶质，在水透过膜后，因浓度提高变成过饱和状态在膜上析出。这类污染物主要是一些无机盐类，如碳酸盐、磷酸盐、硅酸盐、硫酸盐等。这类污染物最好在预处理时除去。③ 浓差极化使溶质在膜面上析出。浓差极化是指在反渗透过程中，由于水不断地透过膜，引起膜表面附近的溶液浓度升高，从而在膜的高压一侧溶液中，从膜表面到主体溶液之间形成一个浓度梯度，从而引起溶质从浓度高的地方向浓度低的部分扩散，这一现象即为浓差极化。对于一定的设备和操作条件，由于浓差极化，引起溶液渗透压的升高和溶质扩散的增加，结果使反渗透过程中有效推动力减小，透水流量下降，溶质透过量增加，分离效率下降，能耗增加。同时，由于膜表面溶液浓度增大，加快了膜的衰退，使膜的寿命缩短。并且当膜表面溶液浓度达到某一数值后，可能使一种或几种盐在膜表面析出，形成垢层，影响正常的操作运转。浓差极化与水透过流量、原水流速和溶质去除率等有关。透水性好的膜，去除率高，引起的浓差极化更为严重，为减少浓差极化，一般是采用增加浓水湍流程度的办法。间歇操作时采用激烈搅拌，连续操作时可提高流速，这也是膜分离过程要产生部分浓水的原因。但是增加流速，动力消耗也增大。另外，采用浓水循环流程，可在较低的浓差极化情况下维持较高的去除率。

一般反渗透膜运行一段时间后就需要清洗，清洗方法有物理法和化学法。物理清洗法是用淡水冲洗膜面的方法，也可以用预处理后的原水代替淡水，或者用空气与淡水混合液来冲洗。在压力为0.3 MPa下冲洗膜面30 min，可以清除膜面上的污垢。对管式膜组件，可用直径稍大于管径的聚氨酯海绵球冲刷膜面，能有效去除沉积在膜面上的柔软的有机性污垢。化学清洗法是采用一定的化学清洗剂，如硝酸、磷酸、柠檬酸、柠檬酸铵加盐酸、氢氧化钠、酶洗涤剂等在一定压力下，一次冲洗或循环冲洗膜表面。化学清洗剂的酸度、碱度和冲洗温度不可太高，以免对膜造成损害。当清洗剂浓度较高时，冲洗时间短，浓度较低时，冲洗时间相应延长。具体清洗方法和清洗剂的选择要根据具体的条件，通过试验选择。

随着反渗透膜材料的发展，高效膜组件的出现，反渗透的应用领域不断扩大。在海水和苦咸水的脱盐，锅炉给水和纯水制备，废水处理与再生，有用物质的分离和浓缩等方面，反渗透都发挥了重要作用。

与其他分离技术相比，反渗透法具有设备简单、操作方便、能量消耗少、处理效果好等优点。已用于废水的三级处理和废水中有用物质的回收，当处理压力为1.5～10 MPa、温度为25 ℃时，$Na^+$、$K^+$、$NH_4^+$、$Cr^{3+}$、$Fe^{3+}$、$Al^{3+}$、$Cr^{6+}$、$CN^-$、$SO_4^{2-}$等离子去除率可达到96%以上。反渗透法处理溶解性有机物，如葡萄糖、蔗糖、染料、可溶性淀粉、蛋白质、细菌与病毒等，可获得接近100%的去除率，达到净化水与回收有用物质的双重目的。目前也已广泛应用于医药、化工、食品等诸多方面的废水处理。

## 20.5 电渗析

### 20.5.1 原理和工作过程

有一种半渗透膜，它允许水中或溶液中的溶质通过，用这种膜可将浓度不同的溶液隔开，溶质即从浓度高的一侧透过膜而扩散到浓度低的一侧，这种现象称为渗析作用，也称扩散渗析、浓差渗析。渗析作用的推动力是浓度差，即依靠膜两侧溶液浓度差而引起溶质进行扩散分离。这个扩散过程进行得很慢，需时较长，当膜两侧的浓度达到平衡时，渗析过程即行停止，通常只将这种方法用于分离移动速度较快的$H^+$及$OH^-$离子，在废水处理中则主要用于酸、碱的回收，回收率可达70%～90%。

电渗析的原理是在直流电场的作用下，依靠对水中离子有选择透过性的离子交换膜，使离子有选择性地从一种溶液透过离子交换膜进入另一种溶液，以达到分离、提纯、浓缩、回收的目的。电渗析工作过程如图20-13所示。电渗析系统是由一系列由阳离子交换模(简称阳膜)和阴离子交换膜(简称阴膜)交替排列分隔成的小室构成的，这些小室位于两个电极中间，当电极通入直流电时，会在极板之间形成电场，在电场的作用下，水中的离子会向不同的方向移动，阳离子向阴极移动，而阴离子向阳极移动。但由于阳膜只允许阳离子通过，而不允许阴离子通过；阴膜只允许阴离子通过，而不允许阳离子通过。随着水在各室中的流动，阴、阳离子在某些室内得到浓缩，而在另一些室内其浓度降低，使废水中的离子得到去除和浓缩。

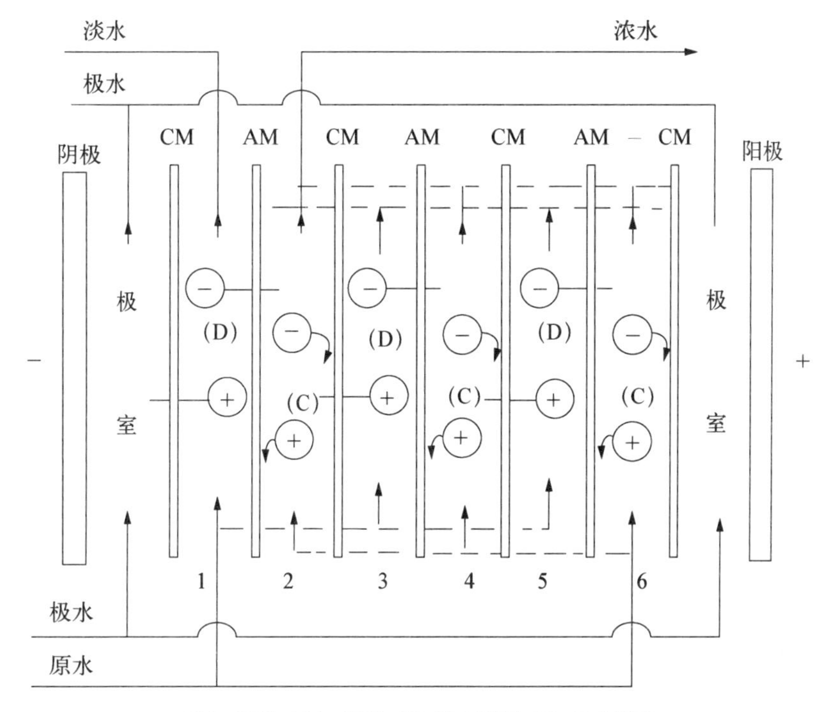


CM—阳膜;AM—阴膜;(D)-淡水隔板;(C)-浓水隔板

**图 20－13 电渗析过程示意图**

### 20.5.2 离子交换膜

离子交换膜是电渗析器的关键部分。离子交换膜具有与离子交换树脂相同的组成,其中含有活性基团和能使离子透过的细孔。常用的离子交换膜按其选择透过性可分为阳膜、阴膜、复合膜等。阳膜含有阳离子交换基团,在水中交换基团发生离解,使膜上带有负电,能排斥水中的阴离子而阻止其穿过,但却能吸引水中的阳离子并使其通过。阴膜含有阴离子交换基团,在水中离解出阴离子,使膜上带正电,吸引阴离子并使其通过。离子通过膜的过程与离子交换过程基本相同。常用的离子交换膜是由离子交换树脂做成的,具有选择透过性强、电阻低、抗氧化耐腐蚀性好、机械强度高和使用过程中不发生变形等性能。

### 20.5.3 电渗析器

电渗析器由离子交换膜、隔板、电极、极框和压紧装置组成。隔板是用塑料板作成的很薄的框,其中开有进出水孔,放在阴膜和阳膜之间,其作用有两个:一是作为膜的支撑体,使两膜之间保持一段距离,二是作为水流通道,使两层膜之间的流体均匀分布。电极的作用是提供直流电,形成电场。常用的电极有:石墨电极,可作阴极或阳极;铅板电极,也可作阴极或阳极;不锈钢电极,只能作阴极;铅银合金电极,作阴、阳极均可。

一般将阴、阳离子交换膜和隔板交替排列,再配上阴、阳电极就能构成电渗析器,其组装示意图如图 20－14 所示。

电渗析器的组装依其应用而有所不同。其组装的情况是用“级”和“段”来表示的,如图 20－15 所示。一对正、负电极之间的膜堆称为一级,具有同一水流方向的并联膜堆称为一

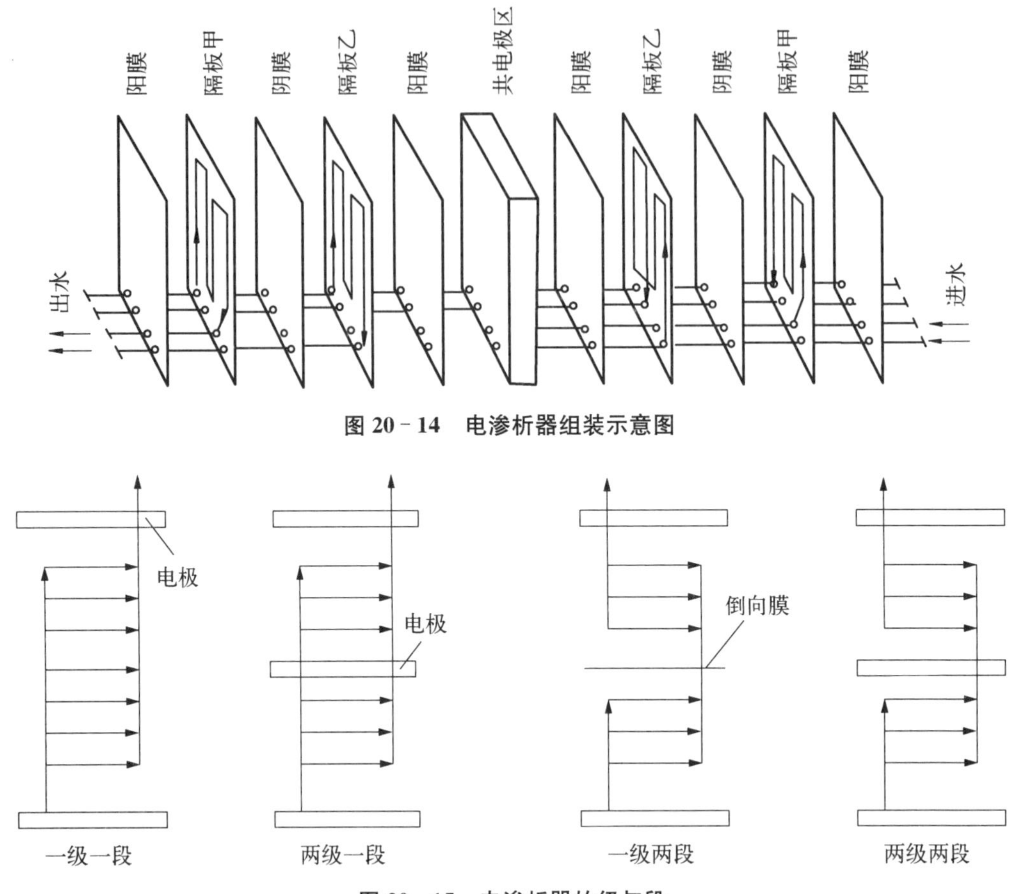


图 20-14 电渗析器组装示意图

图 20-15 电渗析器的级与段

段。电渗析器分为几级的目的是降低两个电极之间的电压，分为几段的原因是为了使几个段串联起来加长水的流程长度。

在废水处理中，电渗析法可有效地回收废水中的无机酸、碱、金属盐及有机电解质等，使废水得到净化。

# 21 其他分离方法

## 21.1 吹脱法和汽提法

### 21.1.1 吹脱法

吹脱法的理论依据是气液相平衡和传质速度理论。对于稀溶液，在一定温度下，当气液之间达到相平衡时，溶质气体在气相中的分压与该气体在液相中的浓度成正比——亨利定律。即将空气通入废水中，改变有毒有害气体溶解于水中所建立的气液平衡关系，使这些挥发物质由液相转为气相，然后予以收集或者扩散至大气中。吹脱过程属于传质过程，其推动力为废水中挥发物质的浓度与大气中该物质的浓度差。

吹脱法用于去除废水中的 $CO_2$、$H_2S$、HCN、$CS_2$ 等溶解性有毒有害气体。吹脱曝气既可以脱除原来存在于废水中的溶解气体，也可以脱除化学转化而形成的溶解气体。如废水中的硫化钠和氰化钠是固态盐在水中的溶解物，酸性条件下可离解生成的 $S^{2-}$ 和 $CN^-$ 离子，能和 $H^+$ 离子反应生成 $H_2S$ 和 HCN，经过曝气吹脱，就可以将它们以气体形式脱除，这种吹脱曝气称为转化吹脱法。

在用吹脱法处理废水的过程中，污染物不断地由液相转入气相，符合排放标准时，可以向大气排放；容易引起二次污染的有害气体，应妥善处置。

吹脱装置是指进行吹脱的设备或构筑物，有吹脱池和吹脱塔等。

吹脱池可分为自然吹脱池和强化吹脱池两种。在吹脱池中，较常使用的是强化式吹脱池。强化式吹脱池通常是在池内鼓入压缩空气或在池面上安设喷水管，强化吹脱过程。鼓气式吹脱池(鼓泡池)一般是在池底部安设曝气管，使水中溶解气体(如 $CO_2$ 等)向气相转移，从而得以脱除。

吹脱塔可分为填料塔和筛板塔两种。填料塔塔内装设一定高度的填料层，液体从塔顶喷下，在填料表面呈膜状向下流动；气体由塔底送入，从下而上同液膜逆流接触，完成传质过程。其优点是结构简单，空气阻力小。缺点是传质效率不够高，设备比较庞大，填料容易堵塞。

空气吹脱法处理氨氮废水，废水中 $NH_3$ 与 $NH_4^+$ 如以下的平衡状态共存：

$$NH_3 + H_2O \longleftrightarrow NH_4^+ + OH^-$$

吹脱过程中要在废水中添加碱(常用石灰)，使废水 pH 提高至 10.5～11.5，然后曝气，将废水中呈离子态的氨氮转化成游离氨被吹出。这一过程在吹脱塔中进行(图 21－1)。

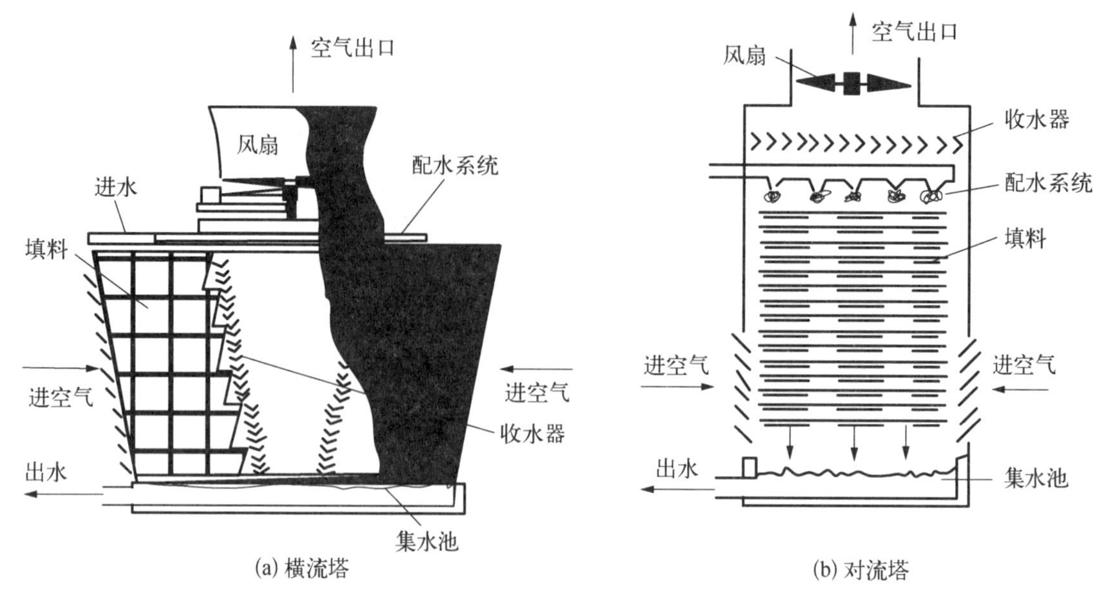


**图 21-1 氨气吹脱塔**

影响吹脱的因素主要有：① 水温。在一定压力下，气体在水中的饱和浓度随温度的升高而降低，增加水温有利于吹脱。② 气液比。应选择合适的气液比。最好的气液比是接近液泛极限，这时气液相在充分湍 流条件下，传质效率最高。工程设计常采用液泛极限时气液比的80%。③ pH。不同的pH，废水中挥发性物质的存在状态不同。④ 油污。污水中的油类物质会阻碍水中气体向大气中扩散，而且会阻塞填料，影响吹脱，应事先予以去除。

### 21.1.2 汽提法

与吹脱法相同，只是所使用的介质不同，汽提是借助于水蒸气介质来实现的。将空气或水蒸气等载气通入水中，使载气与废水充分接触，导致废水中的溶解性气体和某些挥发性物质向气相转移，从而达到脱除水中污染物的目的。根据相平衡原理，一定温度下的液体混合物中，每一组分都有一个平衡分压，当与之液相接触的气相中该组分的平衡分压趋于零时，气相平衡分压远远小于液相平衡分压，则组分将由液相转入气相，即为汽提原理。

汽提法一般可归纳为简单蒸馏和蒸汽蒸馏两种。

1. 简单蒸馏

对于与水互溶的挥发性物质，利用其在气液平衡条件下，在气相中的浓度大于在液相中的浓度这一特性。通过蒸汽直接加热，使其在沸点(水与挥发物两沸点之间的某一温度)下，按一定比例富集于气相中。

2. 蒸汽蒸馏

对于与水互不相溶或几乎不溶的挥发性污染物，利用混合液的沸点低于两组分沸点这一特性，可将高沸点挥发物在较低温度下加以分离脱除。如废水中的松节油、苯胺、酚、硝基苯等物质在低于 100 ℃条件下，应用蒸馏法可将其分离。

汽提的主要设备汽提塔有填料塔(散堆填料、规整填料和毛细管填料等)和板式塔(泡罩塔、浮阀塔和筛板塔等)两大类。相对而言，板式塔的效率比填料塔高。

汽提法最早用于从含酚废水中回收挥发酚，可采用两段塔逆流回收。汽提脱酚工艺简单，对处理高浓度的废水(含酚 1 g/L 以上)可以达到经济上收支平衡,而且不会产生二次污染,但是,经汽提后的废水中一般仍含有高浓度(约 400 mg/L)的残余酚,必须进一步处理。另外,由于再生段内喷淋热碱液的腐蚀性很强,必须采取防腐措施。石油炼制厂的含硫废水中含有大量的硫化氢(高达 10 g/L)、氨(高达 5 g/L),另外,还有酚类、氰化物和氯化铵等,一般先用汽提处理,然后再用其他方法进行处理。含氰废水经汽提和碱液吸收后,可以回收氰化钠和黄血盐钠。

## 21.2 萃取法

### 21.2.1 分配定律和萃取平衡、萃取速度

当某一种溶质溶解在两个互不相溶的溶剂中时,若溶质在两相中的分子状态相同,在一定的温度下,溶质在两相中平衡浓度的比值为一常数,这种关系称为分配定律。利用这一原理,用一种与水不互溶,而对废水中某种污染物饱和浓度大的有机溶剂,从废水中分离去除该污染物的方法,称为萃取法。采用的溶剂称为萃取剂,被萃取的污染物称为溶质。萃取后含有污染物的萃取剂称为萃取液或萃取相,经过萃取法处理后的废水称为萃余液或萃余相。

分配定律是在溶质为低浓度状态,并且它在两相内的存在形态相同的条件下得出的。但实际上,浓度常不可能很低,且由于缔合、离解、络合等原因,溶质在两相中的形态也不可能完全相同,因此,它在两相中的平衡分配浓度的比值,并不是一个常数。为此,引入了分配系数这一概念来表征被萃取组分在两相中的实际平衡分配关系。分配系数(分配比)就是溶质在有机相(萃取相)中的总浓度 $c_1$ 与在水相中总浓度 $c_2$ 的比值,即 $D=c_1/c_2$。$D$ 越大,即表示被萃取组分在有机相中的浓度越大,即越容易被萃取。

萃取是物质从一相转移到另一相的传质过程。两相之间物质的转移速率 $G$(kg/h)可用下式表示:

$$G=KF\Delta C \tag{21.1}$$

式中,$F$ 为两相的接触面积,$m^2$;$\Delta C$ 为传质推动力,即废水中污染物质的实际浓度与平衡浓度之差值,$kg/m^3$;$K$ 为传质系数,m/h,与两相的性质、浓度、温度、pH 等有关。

要提高萃取的速度和效果,必须做到以下几点:设法增大两相接触面积;提高传质系数;加大传质动力。

### 21.2.2 萃取剂的选择与再生

1. 萃取剂的选择

萃取剂的性质直接影响萃取效果,也影响萃取费用。在选取萃取剂时,一般应考虑以下几个方面的因素:① 萃取剂应有良好的溶解性能。它包括两个含义:一是对萃取物的饱和浓度要高,亦即分配系数大;二是萃取剂本身在水中的饱和浓度要低。这样,分离效果就较好,相应的萃取设备也较小,萃取剂用量也较少。② 萃取剂与水的密度差要大。两者的密度差异越大,两相就越容易分层分离。合适的萃取剂应该是与水混合后 5 min 内分层。③ 萃取剂要易于回收和再生。要求与萃取物的沸点差要大,两者不能形成恒沸物。④ 价格低廉、来源广、无

毒、不易燃易爆、化学性质稳定。

2. 萃取剂的再生

萃取后的萃取相需经再生，将萃取物分离后，萃取剂继续使用。再生的方法主要有：① 物理再生法（蒸馏或蒸发）。利用萃取剂与萃取物的沸点差来分离。例如，用醋酸丁酯萃取废水中的酚时，因单元酚的沸点为 181～202.5 ℃，醋酸丁酯则为 116 ℃，两者的沸点差较大，控制适当的温度，采用蒸馏法即可将两者分离。② 化学再生法（反萃取）。投加某种化学药剂使其与萃取物形成不溶于萃取剂的盐类，从而达到使两者分离的目的。例如，用重苯或中油萃取废水中的酚时，向萃取相中投加浓度为 12%～20%的苛性钠，使酚形成酚钠盐结晶析出，萃取剂便可得到再生，返回流程循环使用。

### 21.2.3　萃取工艺过程

萃取整个过程包括以下三个工序：① 混合。把萃取剂加入废水中，并使其充分接触，有害物质作为萃取物从废水中转移到萃取剂中。② 分离。将萃取剂和废水分离，废水就得到了处理。③ 回收。把萃取物从萃取剂中分离出来，使有害物成为有用的副产品，而萃取剂则可用于萃取过程。

根据萃取剂（或称有机相）与废水（或称水相）接触方式的不同，萃取可分为间歇式和连续式两种。根据两相接触次数的不同，萃取流程可分为单级萃取和多级萃取两种，多级萃取又有"错流"与"逆流"两种方式。其中最常用的是多级逆流萃取流程。

多级逆流萃取流程是将多次萃取操作串联起来，实现废水与萃取剂的逆流操作。在萃取过程中，废水和萃取剂分别由第一级和最后一级加入，萃取相和萃余相逆向流动，逐级接触传质，最终萃取相由进水端排出，萃余相从萃取剂加入端排出。多级逆流萃取只在最后一级使用新鲜的萃取剂，其余各级都是与后一级萃取过的萃取剂接触，因此能够充分利用萃取剂的萃取能力。这种流程体现了逆流萃取传质推动力大、分离程度高、萃取剂用量少的特点，因此，也称为多级多效萃取或简称多效萃取。萃取工艺过程如图 21-2 所示。

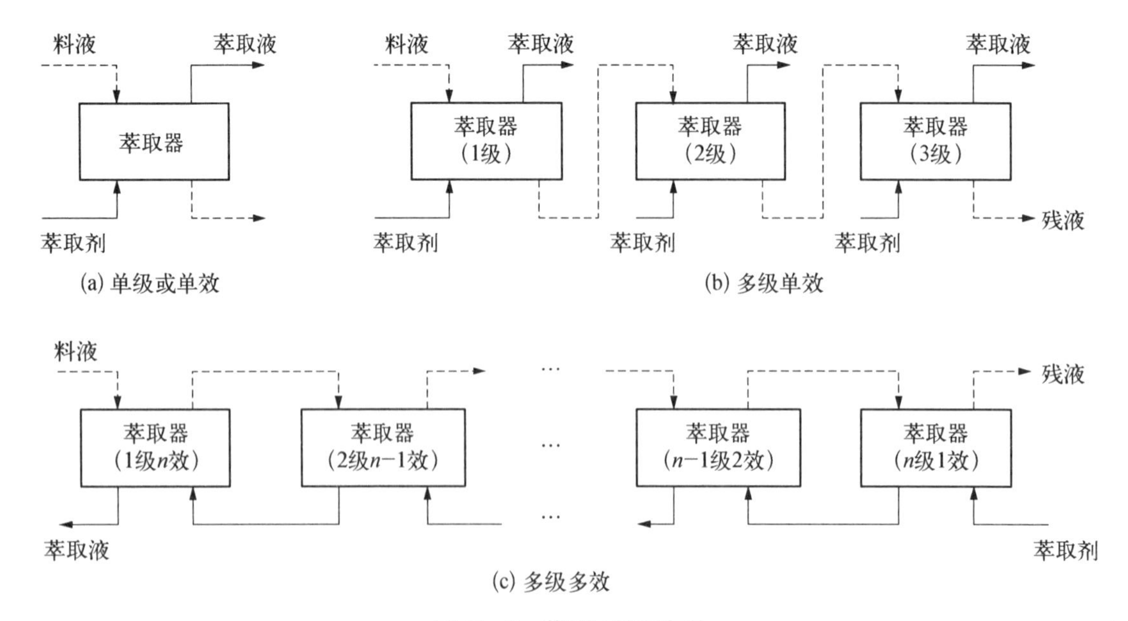


**图 21-2　萃取过程示意图**

### 21.2.4 萃取设备

萃取设备可分为箱式、塔式和离心式三大类。常用的塔式萃取设备有筛板萃取塔、脉动筛板萃取塔、转盘萃取塔和填料萃取塔等，如图 21 - 3 所示。

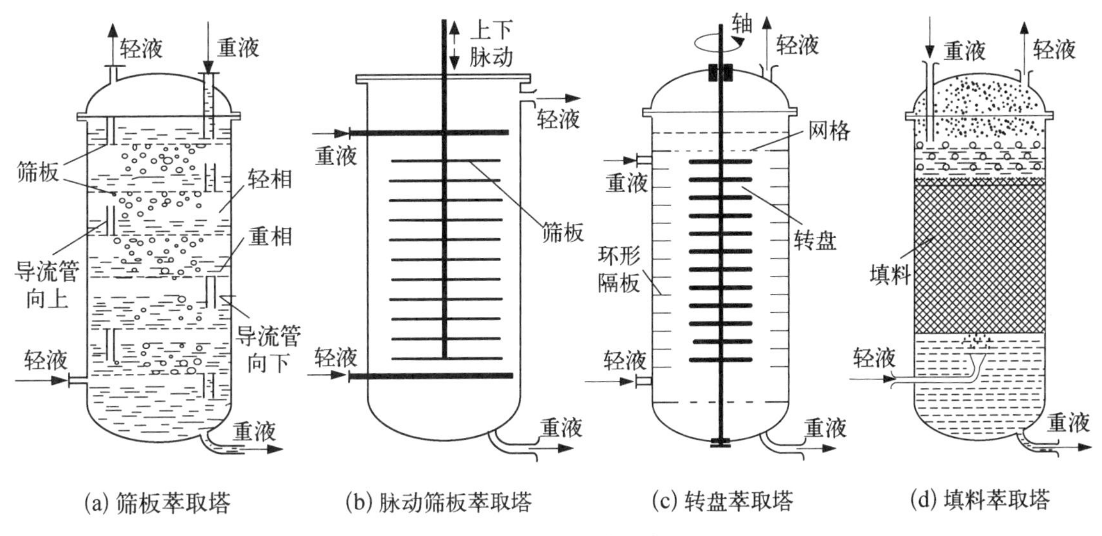


**图 21 - 3 萃取塔设备**

### 21.2.5 萃取法在废水处理中的应用实例

萃取法处理含酚废水。萃取法经常用来处理焦化厂、煤气厂、石油化工厂排出的高浓度含酚废水，实现酚的回收利用。废水先经除油、澄清和降温处理后从顶部进入脉动冲筛板萃取塔，同时在塔底供入萃取剂二甲苯。对于酚含量为 1 000～3 000 mg/L 的废水，当萃取剂与废水的流量为 1∶1 时，可将废水的酚浓度降到 100～150 mg/L，脱酚率为 90%以上，出水可以进入生物处理系统进行进一步处理。萃取液再进入三段串联碱洗塔再生，再生后的萃取液含酚量降至 1 000～2 000 mg/L，可再进入萃取塔循环处理，同时可以从塔底回收酚钠。图21 - 4 所示为萃取法脱酚工艺流程图。

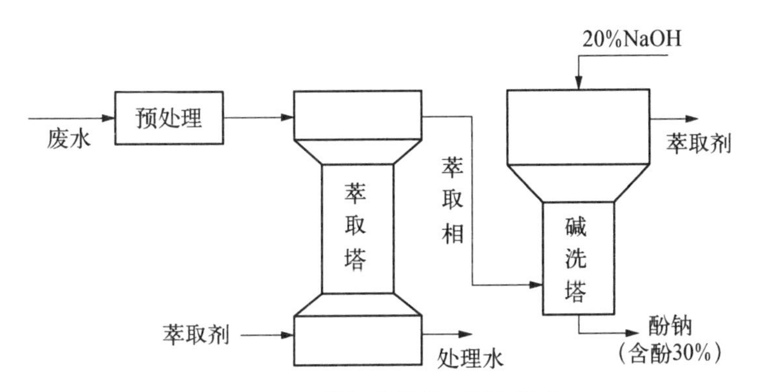


**图 21 - 4 萃取法脱酚工艺流程图**

萃取法处理含重金属废水。某铜矿矿石场废水中含铜 0.3～1.5 g/L，含铁 4.5～5.4 g/L，含砷 10～300 mg/L，pH=0.1～3。处理该废水用 N - 510 作复合萃取剂，用萃取器进行六级逆流萃取，含铜的萃取剂用 $H_2SO_4$进行反萃取，再生后重复使用。

### 21.2.6 液膜分离

液膜分离，又称液膜萃取，是以液体膜为分离介质，将两个互溶而组成不同的液体Ⅰ和Ⅱ隔开，以浓度差为推动力，利用各组分在液膜内溶解-扩散能力的不同，从而达到分离目的，也可以通过向液膜内加入载体，利用组分与载体间的可逆配合反应促进传质。

液膜分离与溶剂萃取一样，由萃取与反萃取两个步骤组成，但是，溶剂萃取中的萃取与反萃取是分步进行的，通过外部设备（泵与管线等）来实现；而液膜分离过程的萃取与反萃取分别发生在液膜界面的两侧，萃取和反萃取同时进行，溶质从料液相萃入膜相，并扩散到膜相另一侧，再被反萃入接收相，萃取和反萃取在一级内完成，由此实现萃取与反萃取的内耦合。这种方式打破了溶剂萃取所固有的化学平衡，所以，液膜分离过程是一种非平衡传质过程。

液膜分离可以用来分离和提取含金属离子的废水，还可以用来处理含酚、染料、酚醛等的有机废水。

## 21.3 结晶法

结晶法是指通过蒸发浓缩或者降温，使废水中具有结晶性能的溶质达到过饱和状态，从而将多余的溶质结晶出来。结晶的必要条件是溶液达到过饱和，因此，确定不同条件下溶质的饱和浓度，乃是实现结晶分离的前提。在水溶液中，溶质的饱和浓度与温度有着密切的关系，它是进行结晶分离的主要控制条件。当溶液达到过饱和后，多余的溶质即结晶析出。结晶过程分为两个阶段，先是形成许多微小的晶核（结晶中心），然后再围绕晶核长大。显然，晶粒的大小和晶体的纯度是影响经济效果的重要技术指标，主要受以下几个方面因素的影响：① 溶质的浓度。过饱和程度愈高，愈易形成众多的晶核，晶粒也就比较小。② 溶液的冷却速度。冷却速度愈快，达到过饱和的时间就愈短，也就愈易形成晶核，晶粒就小而多。③ 溶液的搅拌速度。缓慢搅拌过饱和溶液，有助于晶核的迅速形成，并使晶粒悬浮于水中，促使溶质附着成长，形成较大的晶粒。搅拌太快，形成的晶核过多，晶粒也就比较细小。

综上所述，为了得到较大的晶粒，应防止出现过高的过饱和状态和过快的冷却速度，并掌握合适的搅拌速度及投加适量的晶种。由于大晶粒易于从废水中分离出来，回收率高，因此，在结晶操作中，一般应尽可能获得大的晶粒。

结晶法应用于废水处理，目的是分离和回收有用的溶质。如从酸洗钢材的酸洗废液中，用浓缩结晶法回收硫酸亚铁和废酸；从含有氯化钠、硫酸钠、硫代硫酸钠的废水中，利用这三种物质的饱和浓度随温度变化的规律不同，把它们分离开来，从而回收硫代硫酸钠。从焦化煤气厂的含氰废水中，用蒸发结晶法处理回收黄血盐等。将高盐废水进行蒸发结晶，蒸发浓缩结晶法有很多种，如多效蒸发、MVR 蒸发法等，蒸发结晶后可以将产品水回用，而浓缩水可通过结晶、干燥工艺转化为固体盐进行处置。

## 习题与思考

1. 动态吸附的穿透曲线为设计吸附装置提供何种依据？
2. 简述活性炭的再生方法和机理。

3. 试分析活性炭吸附法用于废水处理的适用条件及其特点。

4. 物理吸附和化学吸附各有什么特点?

5. 查阅文献,简述在废水处理中常用的吸附等温模式有哪几种,它们有什么实用意义。

6. 深层过滤在废水处理过程中有哪些适用场合? 具体起到什么作用?

7. 试分析比较扩散渗析、电渗析、反渗透、超滤、液膜分离等膜技术在废水处理方面的应用特点、应用范围、应用条件,以及它们各自的优缺点和应用前景。

8. 城市污水处理厂中的提标改造工程可以选用哪些工艺?

9. 废水中采用吹脱法脱氨,要注意哪些二次污染?

10. 查阅高盐废水的处理工艺,说明多效蒸发的适用条件。

第六编

# 后端处理技术——化学法

# 22 离子交换法

## 22.1 基础理论

离子交换法是借助于离子交换剂上(固相)的离子和废水(液相)中的离子进行交换反应除去废水中有害离子的方法。离子交换过程是一种特殊的吸附过程,该过程通常是可逆的化学吸附。其特点在于它主要吸附水中以离子状态存在的物质,并进行等当量的离子交换。在废水处理中,离子交换主要用于回收和去除废水中铜、镉、铬、锌等金属离子,对于净化放射性废水及有机废水也有应用。

### 22.1.1 离子交换过程

实际上离子交换过程通常可分为五个阶段:① 交换离子从溶液中扩散到树脂颗粒表面;② 交换离子向树脂颗粒内部扩散;③ 交换离子与结合在树脂活性基团上的可交换离子发生交换反应;④ 被交换下来的离子在树脂颗粒内部扩散;⑤ 被交换下来的离子在溶液中扩散。

离子交换过程反应方程式可表达为:

阳离子交换过程可用下式表示:

$$R^-A^+ + B^+ \longrightarrow R^-B^+ + A^+ \tag{22.1}$$

阴离子交换过程可用下式表示:

$$R^+C^- + D^- \longrightarrow R^+D^- + C^- \tag{22.2}$$

式中,R 表示树脂本体;A、C 分别为树脂上可被交换的离子;B、D 分别为表示溶液中的交换离子。

达到平衡时,以阳离子交换过程为例,有:

$$K = \frac{[R^- A^+][B^+]}{[R^- B^+][A^+]} \tag{22.3}$$

式中,$K$ 为平衡常数。$K$ 越大,越有利于交换反应。$K$ 值能定量地表示离子交换选择性的大小,故亦称为选择性系数。

实际上离子交换反应的速度是很快的,离子交换的总速度取决于扩散速度。当离子交换树脂的吸附达到饱和时,通入某种高浓度电解质溶液,将被吸附的离子交换下来,使树脂得到再生。

### 22.1.2　离子交换树脂的选择性

由于离子交换树脂对于水中各种离子吸附的能力并不相同，其中一些离子很容易被吸附，而另一些离子却很难吸附；被树脂吸附的离子再生的时候，有的离子很容易被置换下来，而有的却很难被置换。离子交换树脂所具有的这种性能被称为选择性。

采用离子交换法处理废水时，必须考虑树脂的选择性，特别是考虑要回收废水中的某种组分时。树脂对各种离子的交换能力是不同的，交换能力大小主要取决于各种离子对该树脂的亲和力（选择性），在常温和低浓度条件下，各种树脂对各种离子的选择性规律可大致归纳如下：

强酸性阳离子交换树脂的选择顺序为：

$$Fe^{3+} > Cr^{3+} > Al^{3+} > Ca^{2+} > Mg^{2+} > K^{+} = NH_4^{+} > Na^{+} > H^{+} > Li^{+}$$

弱酸性阳离子交换树脂的选择顺序为：

$$H^{+} > Fe^{3+} > Cr^{3+} > Al^{3+} > Ca^{2+} > Mg^{2+} > K^{+} = NH_4^{+} > Na^{+} > Li^{+}$$

强碱性阴离子交换树脂的选择性顺序为：

$$Cr_2O_7^{2-} > SO_4^{2-} > CrO_4^{2-} > NO_3^{-} > Cl^{-} > F^{-} > HCO_3^{-} > HSiO_3^{-}$$

弱碱性阴离子树脂的选择性顺序为：

$$OH^{-} > Cr_2O_7^{2-} > SO_4^{2-} > NO_3^{-} > Cl^{-} > HCO_3^{-}$$

螯合树脂的选择性顺序与树脂种类有关。螯合树脂在化学性质方面与弱酸阳离子树脂相似，但比弱酸树脂对重金属的选择性高。螯合树脂通常是 Na 型的，树脂内金属离子与树脂的活性基团相螯合。典型螯合树脂为亚氨基醋酸型，亚氨基醋酸型螯合树脂的选择性顺序为：

$$Hg^{+} > Cr^{2+} > Ni^{2+} > Mn^{2+} > Ca^{2+} > Mg^{2+} > Na^{+}$$

位于顺序前列的离子可以取代位于顺序后列的离子。这里应强调的是，上面介绍的选择性顺序均是对常温低浓度而言的。在高温高浓度时，处于顺序后列的离子可以取代位于顺序前列的离子。这就是树脂再生的依据之一。另外，树脂对离子的选择性还受许多其他因素的影响，因此，不同条件下的选择性顺序会有差别。

### 22.1.3　废水水质对离子交换树脂交换能力的影响

离子交换能力除受本身性质的影响外，在废水处理过程中，其使用效果还与废水的水质有关。具体要考虑以下几方面的影响：

（1）悬浮物和油脂

废水中的悬浮物会堵塞树脂孔隙，油脂会包住树脂颗粒，这均会使树脂交换能力下降，因此，当废水中这些物质含量较多时，应进行预处理。预处理的方法有过滤、吸附等。

（2）有机物

废水中某些高分子有机物与树脂活性基团的固定离子结合力很大，一旦结合就很难进行再生，结果导致低树脂的再生率和交换能力的降低。例如，高分子有机酸与强碱性季胺基团的结合力就很大，难于洗脱下来。为了减少树脂的有机污染，可选用低交联度的树脂，或者在废水进行离子交换处理之前进行预处理。

(3) 高价金属离子

废水中 $Fe^{3+}$、$Al^{3+}$、$Cr^{3+}$ 等高价金属离子能引起树脂中毒，当树脂受铁中毒时，会使树脂颜色变深，从阳离子树脂的选择性可看出，高价金属离子易为树脂吸附，再生时难于把它洗脱下来，结果会导致树脂的交换能力降低。为了恢复树脂的交换能力可用高浓度酸长时间浸泡。

(4) pH

离子交换树脂是由网状结构的高分子固体与附在本体上许多活性基团构成的不溶性高分子电解质。强酸和强碱树脂的活性基团的电离能力很强，交换能力基本上与 pH 无关。但弱酸性树脂在 pH 低时不电离或部分电离，因此，在碱性条件下，才能得到较高的交换能力。而弱碱性树脂在酸性溶液中才能得到较大的交换能力。螯合树脂对金属的结合与 pH 有很大关系，每种金属都有适宜的 pH。

另外，离子在废水中存在的状态，有的与 pH 有关，如含铬废水中，$Cr_2O_7^{2-}$ 与 $CrO_4^{2-}$ 两种离子的比例与 pH 有关。用阴离子树脂去除废水中六价铬，其交换能力在酸性条件下比在碱性条件下为高，因为同样交换一个二价阴离子，$Cr_2O_7^{2-}$ 比 $CrO_4^{2-}$ 多一个铬。

(5) 水温

水温高可加速离子交换的扩散，但各种离子交换树脂都有一定的允许使用温度范围，水温超过允许温度时，会使树脂交换基团分解破坏，从而降低树脂的交换能力。所以，水温太高时，应进行降温处理。

(6) 氧化剂

废水中如果含有氧化剂(如 $Cl_2$、$O_2$、$H_2Cr_2O_7$ 等)时，会使树脂氧化分解。强碱性阴树脂容易被氧化剂氧化，使交换基团变成非碱性物质，可能完全丧失交换能力。氧化作用也会影响交换树脂的本体，使树脂加速老化，结果使其交换能力下降。为了减轻氧化剂对树脂影响，可选用交联度大的树脂或加入适当的还原剂。

另外，用离子交换树脂处理高浓度电解废水时，由于渗透压的作用也会使树脂发生破碎现象，处理这种废水一般选用交联度大的树脂。

## 22.2 离子交换树脂的分类及组成

离子交换剂分为无机和有机两大类。无机的离子交换剂有天然沸石和人工合成沸石。沸石既可作阳离子交换剂，也能用作吸附剂。有机的离子交换剂有磺化煤和各种离子交换树脂。在废水处理中，应用较多的是离子交换树脂。

离子交换树脂是一类具有离子交换特性的有机高分子聚合电解质，是一种疏松的具有多孔结构的固体球形颗粒，粒径一般为 0.3～1.2 mm，不溶于水，也不溶于电解质溶液。其结构由两部分组成，一部分是不溶性的树脂本体(又称母体或骨架)，另一部分是具有活性的交换基团(也叫活性基团)。树脂本体是由有机化合物和交联剂组成的高分子共聚物。交联剂的作用是使树脂本体形成立体的网状结构。交换基团由起交换作用的离子和与树脂本体联结的离子组成。

按离子交换的选择性，离子交换树脂分为阳离子交换树脂和阴离子交换树脂。阳离子交换树脂内的活性基团是酸性的，它能够与溶液中的阳离子进行交换。阴离子交换树脂内的活性基团是碱性的，它能够与溶液中的阴离子进行离子交换。

离子交换树脂按活性基团中酸碱的强弱分为：① 强酸性阳离子交换树脂，活性基团一般为—$SO_3H$，故又称磺酸型阳离子交换树脂。② 弱酸性阳离子交换树脂，活性基团一般为—COOH，故又称羧酸型阳离子交换树脂。其中活性基团中的 $H^+$ 可以被 $Na^+$ 代替，因此，阳离子交换树脂又可分为氢型和钠型。③ 强碱性阴离子交换树脂，活性基团一般为≡NOH，故又称为季胺型阴离子交换树脂。④ 弱碱性阴离子交换树脂，活性基团一般有—$NH_3OH$、═$NH_2OH$ 和≡NHOH 之分，故分别称伯胺型、仲胺型和叔胺型离子交换树脂。阴离子交换树脂中的氢氧根离子 $OH^-$ 可以用氯离子 $Cl^-$ 代替。因此，阴离子交换树脂又有氢氧型和氯型之分。表 22.1 列出了部分不同类型树脂适用的有效 pH 范围。

**表 22.1 不同类型树脂适用的有效 pH 范围**

| 树脂类型 | 强酸性<br>离子交换树脂 | 弱酸性<br>离子交换树脂 | 强碱性<br>离子交换树脂 | 弱碱性<br>离子交换树脂 |
|---|---|---|---|---|
| 有效 pH 范围 | 1～14 | 5～14 | 1～12 | 0～7 |

另外，还有一些具有特殊活性的离子交换树脂，如氧化还原树脂（含巯基、氢醌基等）；两性树脂（同时含羧基和叔胺基）以及螯合树脂等。

根据离子交换树脂颗粒内部的结构特点，其又分为凝胶型、大孔型、多孔型、巨孔型等，区别在于结构中空隙的大小。凝胶型树脂不具有物理孔隙，只有在浸入水中时才显示其分子链间的网状孔隙。大孔树脂则无论在干态或是湿态，用电子显微镜都能看到孔隙。目前使用的树脂多数为凝胶型离子交换树脂。

## 22.3 离子交换树脂的性能指标

离子交换树脂的性能对处理效率、再生周期及再生剂的耗量有很大的影响，判断离子交换性能的几个重要指标如下：

(1) 离子交换容量

交换容量是树脂交换能力大小的标准，可以用质量法和容积法两种方法表示。质量法是指单位质量的干树脂中离子交换基团的数量，用 mmol/g 或 mol/g 来表示。容积法是指单位体积的湿树脂中离子交换基团的数量，用 mmol/L 或 mol/$m^3$ 来表示。由于树脂一般在湿态下使用，因此常用容积法。离子交换容量又分为全交换容量、工作交换容量和有效交换容量。全交换容量是指树脂中活性基团的总数；工作交换容量是指在给定的工作条件下，实际所发挥的交换容量，实际应用中由于受各种因素的影响，一般工作交换容量只有总交换容量的 60％～70％；有效交换容量是指出水到达一定指标时交换树脂的交换容量。

(2) 溶胀性

当树脂由一种离子型态转变为另一种离子型态时，所发生的体积变化称为溶胀性或膨胀。树脂溶胀的程度用溶胀度来表示。如强酸阳离子交换树脂由钠型转变成氢型时，其体积溶胀度为 5％～7％。

(3) 交联度

离子交换树脂的母体为有机化合物和交联剂组成的高分子共聚物。交联剂的作用是使树脂母体形成网状结构。交联剂占单体质量的百分数称为交联度。交联度直接影响树脂的性能,交联度越高,树脂的机械强度就越大,对离子的选择性就越强,但交换速度相应就越慢。

(4) 选择性

离子交换树脂对水中某种离子能优先交换的性能称为选择性,它是决定离子交换法处理效率的一个主要因素。

(5) 化学稳定性

废水中的氧化剂,如氧、氯、铬酸、硝酸等,由于其氧化作用能破坏树脂网状结构,活性基团的数量和性质也会发生变化。防止树脂因氧化而化学降解的办法有三种:一是采用高交联度的树脂;二是在废水中加入适量的还原剂;三是使交换柱内的 pH 保持在 6 左右。

除上述几项指标外,还有树脂的密度、黏度、耐磨性、耐热性、含水率等也可用于判断离子交换树脂的离子交换性能。

离子交换树脂的离子交换性能,还体现了如下规律:离子交换的交换势,除同它本身和离子交换树脂的化学性质有关外,温度和浓度对其影响也很大。在常温和低浓度水溶液中,阳离子的价态越高,它的交换势越大。在常温和低浓度水溶液中,同价阳离子的交换势大致上是原子序数越高,交换势越大;但是稀土元素情况正好相反。氢离子对阳离子交换树脂的交换势,取决于树脂的性质。在常温和低浓度水溶液中,对弱碱性阴离子交换树脂来讲,酸根(阴离子)的交换序列如下:$SO_4^{2-}$>$CrO_4^{2-}$>柠檬酸根>酒石酸根>$NO_3^-$>$AsO_4^{3-}$>$PO_4^{3-}$>$MoO_4^{2-}$>醋酸根、$I^-$、$Br^-$>$Cl^-$>$F^-$。对强碱性阴离子交换树脂来讲,离子的交换势因树脂的性质而异,没有一般性的规律。氢氧基对阴离子交换树脂的交换势决定于树脂类型。离子量高的有机离子和金属络合离子的交换势特别大。大孔型树脂具有很强的吸附性能,往往可以吸附废水中的非离子型杂质。

## 22.4 离子交换工艺过程

离子交换方式可分为静态交换与动态交换两种。静态交换是将废水与交换剂同置于一耐腐蚀的容器内,使它们充分接触(可进行不断搅拌)直至交换反应达到平衡状态。此法适用于平衡良好的交换反应。动态交换是指废水与树脂发生相对移动,它又有塔式(柱式)与连续式之分。目前,在离子交换系统中多采用柱式交换法。

1. 工艺过程

柱式交换法的操作步骤如图 22-1 所示。离子交换操作是在装有离子交换剂的交换柱中以过滤方式进行的,整个工艺过程一般包括过滤(工作交换)、反洗、再生和清洗四个阶段。这四个阶段依次进行,形成不断循环的工作周期。

(1) 过滤阶段(交换阶段)

过滤阶段是利用离子交换树脂的交换能力,从废水中分离脱除需要去除的离子的操作过程。以树脂 RA 处理含离子 B 的废水为例,当废水进入交换柱后,首先与顶层的树脂接触并进行交换,B 离子被吸着而 A 离子被交换下来。废水继续流过下层树脂时,水中 B 离子浓度逐渐降低,而 A 离子浓度却逐渐升高。当废水流经一段滤层之后,全部 B 离子都被交换成 A 离子,再往下便无变化地流过其余的滤层,此时,出水中 B 离子浓度 $C_B=0$。通常把厚度 $Z$ 称为

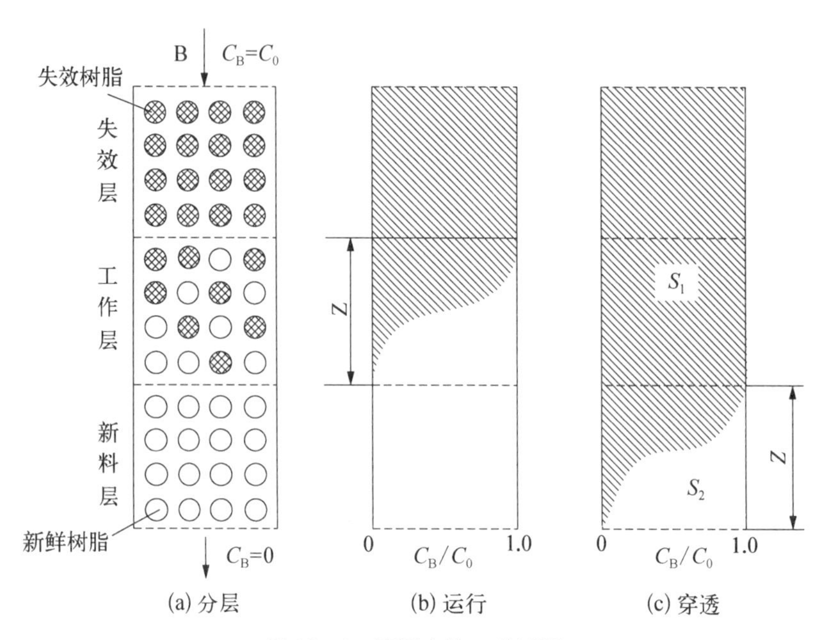


(a) 分层　(b) 运行　(c) 穿透

**图 22－1　离子交换工艺过程**

工作层或交换层。交换柱中树脂的实际装填高度远远大于工作层厚度 $Z$，因此，当废水不断地流过树脂层时，工作层便不断地下移。这样，交换柱在工作过程中，整个树脂层就形成了上部饱和层(失效层)、中部工作层、下部新料层三个部分。运行到某一时刻，工作层的前沿达到交换柱树脂底层的下端，于是出水中开始出现 B 离子，这个临界点称为“穿透点”。达到穿透点时，最后一个工作层的树脂尚有一定的交换能力。若继续通入废水，仍能除去一定量的 B 离子，不过出水中的 B 离子浓度会越来越高，直到出水和进水中的 B 离子浓度相等，这时整个柱的交换能力就算耗尽，达到饱和点。

在图 22－1 中阴影面积 $S_1$代表工作交换容量，$S_2$代表到穿透点时尚未利用的交换容量，则树脂的利用率 $\eta$ 为：

$$\eta=\frac{S_1}{S_1+S_2}\times 100\% \tag{22.4}$$

(2) 反洗阶段

反洗是用交换过的水从下向上以一定的流速通过树脂层，使树脂层松动，除去其中夹杂的固体悬浮物，为再生创造条件。

(3) 再生阶段

再生就是恢复树脂的再生能力。再生是交换的逆过程，再生一方面可恢复树脂的交换能力，另外，也可以从排出的再生废液中回收有用成分，再生的时间一般要大于 30 min。再生完成以后还需要进行正洗，正洗的目的是除去残留在树脂中的再生液。正洗一般用交换时的产品水，要求高时需用去离子水正洗，一般要正洗到排出水的 pH 达到或接近中性为止。正洗完成后可再进行交换，进入下一个循环。

(4) 清洗阶段

清洗的目的是洗涤残留的再生液和再生时可能出现的反应产物。通常清洗的水流方向和过滤时一样，所以又称为正洗。清洗的水流速度应先小后大。清洗过程后期应特别注意掌握清洗终点的 pH(尤其是弱性树脂转型之后的清洗),避免重新消耗树脂的交换容量。

2. 装置类型

离子交换柱的装置根据不同的使用要求和交换柱内树脂的装填情况,可分为单床、多床、复床、混合床和联合床等几种,图 22-2 是离子交换柱不同装置的示意图。图中,(a) 单床离子交换器使用一种交换树脂;(b) 多床离子交换器也使用一种树脂,但由两个以上交换柱串联组成离子交换系统;(c) 复床离子交换器使用两种树脂,分别装填在两个交换柱内,然后串联组成交换系统;(d) 混合床离子交换器是在同一交换柱内装填阴、阳两种树脂;(e) 联合床离子交换器是将复床与混合床串联使用。

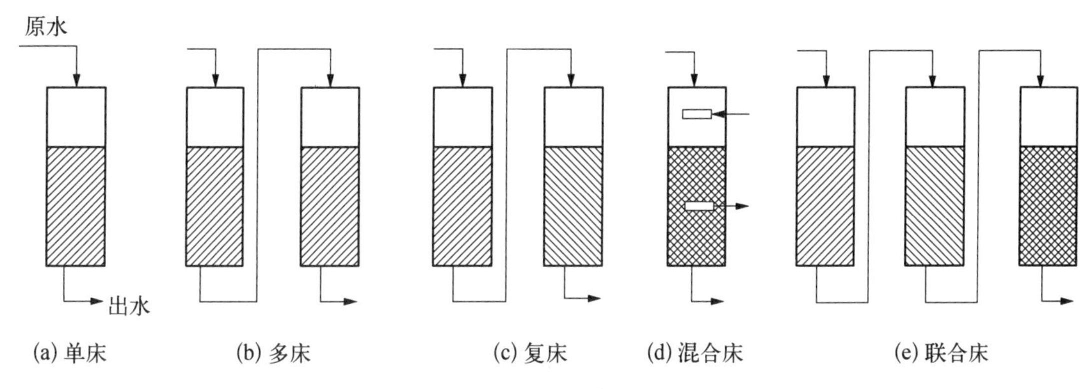


**图 22-2 离子交换柱组合方式**

最常用的离子交换设备有固定床、移动床和流动床三种。固定床离子交换器在工作时,床层固定不变,水流由上而下流动。移动床交换设备包括交换柱和再生柱两个主要部分,工作时,定期从交换柱排出部分失效树脂,送到再生柱再生,同时补充等量的新鲜树脂参与工作。它是一种半连续式的交换设备,整个交换树脂在间断移动中完成交换和再生。移动床交换器的优点是效率较高,树脂用量较少。流动床交换设备是交换树脂在连续移动中实现交换和再生的。

## 22.5 应用实例

离子交换法多用来处理工业废水,如表 22.2 所示。

**表 22.2 离子交换法的应用实例**

| 废水种类 | 污染物 | 树脂类型 | 废水出路 | 再生剂 | 再生液出路 |
|---|---|---|---|---|---|
| 电镀废水 | $Cr^{3+}$、$Cu^{2+}$ | 氢型强酸性树脂 | 循环使用 | 18%~20% $H_2SO_4$ | 蒸发浓缩后回用 |
| 含汞废水 | $Hg^{2+}$ | 氯型强碱性大孔树脂 | 中和后排放 | HCl | 回收汞 |
| HCl 酸洗废水 | $Fe^{2+}$、$Fe^{3+}$ | 氯型强碱性树脂 | 循环使用 | 水 | 中和后回收 $Fe(OH)_3$ |
| 铜氨纤维废水 | $Cu^{2+}$ | 强酸性树脂 | 排放 | $H_2SO_4$ | 回用 |

**续 表**

| 废水种类 | 污染物 | 树脂类型 | 废水出路 | 再生剂 | 再生液出路 |
|---|---|---|---|---|---|
| 粘胶纤维废水 | $Zn^{2+}$ | 强酸性树脂 | 中和后排放 | $H_2SO_4$ | 回用 |
| 放射性废水 | 放射性离子 | 强酸或强碱树脂 | 排放 | $H_2SO_4$、HCl、NaOH | 进一步处理 |
| 纸浆废水 | 木质素磺酸钠 | 强酸性树脂 | 进一步处理 | $H_2SO_3$ | 回用 |
| 氯苯酚废水 | 氯苯酚 | 弱碱大孔树脂 | 排放 | 2%NaOH | 回收 |

# 23 消毒法

## 23.1 概述

水中的致病微生物可分为细菌、原生动物、蠕虫及病毒等几大类。消毒和灭菌是两种不同的处理工艺，前者仅要求杀灭致病微生物，使其达到无害化，而后者则要求杀灭全部微生物。

消毒是水处理工艺中的重要环节，消毒可分为物理法、化学法及生物法。物理法是应用热、光波和电子流体等实现消毒作用的方法。目前，采用和研究的物理法有加热、冷冻、辐射、紫外线及高压静电和微电解等。化学法是通过向水中投加消毒剂来实现消毒作用的方法，常用的消毒剂有氯及其化合物、溴、碘、臭氧和过氧化氢等、某些重金属离子(银、铜等)、合成洗涤剂、季胺盐、酸和碱等，其中以氧化剂类消毒剂最为常见。生物法是利用生物酶等活性物质直接作用于水中有害细菌和病毒的遗传物质，裂解其 DNA 或 RNA，达到杀灭这些有害细菌和病毒的目的，但由于生物酶消毒剂的成本相对较高以及其他一些原因，生物消毒法还未能广泛地应用于水处理行业。

由于水中致病微生物大多黏附于漂浮物、悬浮物上，在格栅、沉砂、沉淀、过滤等水处理过程中，这些致病微生物将伴随着漂浮物、悬浮物的去除而同时被去除，因此，消毒前降低水中的悬浮物和浊度，对提高消毒的效果十分重要。目前，在水处理中常用的消毒方法有氯消毒、臭氧消毒和紫外线消毒三种方法。

## 23.2 化学消毒原理

投加化学药剂(消毒剂)对水进行消毒的过程包括：消毒剂到达微生物体表，渗入细胞壁，与特定的酶发生反应，破坏其活性，中断细胞的代谢过程。影响消毒效率的因素比较复杂，主要有以下几个方面：① 致病微生物的种类及存在状态。一般而言，病毒比细菌较难杀灭；有芽孢的细菌比无芽孢的细菌难杀灭(废水中的致病菌多无芽孢)。单个细菌易受消毒剂的致毒作用，而成团细菌的内部菌体因受保护而难于杀死。② 消毒剂的种类与浓度。氯的杀菌作用很好，且能维持较为长久的杀菌作用，但对病毒的作用较差；臭氧对细菌、病毒等都有强烈的杀伤能力，但无耐久的效能；铜离子杀藻作用十分突出，但灭菌作用却不强。一般来说，消毒剂的浓度愈高，则杀菌效果愈好。③ 水质特征。温度愈高，杀菌愈好；pH 对氯的杀菌作用影响大，而对臭氧的影响不大；悬浮物能遮蔽菌体，使之不受消毒药剂的作用；有机物可消耗氧化性的消毒剂；氨能降低氯的杀菌强度，但却能维持其持久性。④ 接触时间。接触时间愈长，致病微生物的杀灭率愈高。实验证明，在理想条件下，微生物被杀灭的速度基本符合一级反应动力学方程。

## 23.3 氯消毒法

### 23.3.1 氯的消毒作用

常用氯系消毒剂有氯($Cl_2$)、次氯酸钠(NaOCl)、次氯酸钙[$Ca(OCl)_2$]和二氧化氯($ClO_2$)等。其中氯、次氯酸钠和次氯酸钙的杀菌机制基本相同,主要靠水解产物次氯酸起作用。

氯在水中迅速水解为次氯酸(水中 $Cl_2$量可忽略),而次氯酸为弱酸,在水中部分电离。根据次氯酸的电离常数式,$K_a=[H^+][OCl^-]/[HOCl]$,可得 pH 与 $OCl^-$、HOCl 两者相对含量的关系式:

$$\lg\frac{[OCl^-]}{[HOCl]}=\lg K_a=pH \tag{23.1}$$

因此,pH 愈低,氯的杀菌作用愈强。氯的消毒作用主要依靠 HOCl,而 $OCl^-$ 的作用较弱。据测定,HOCl 的杀菌作用比 $OCl^-$ 要强 80 倍。究其原因,可能是因为 HOCl 呈电中性,易接近带负电的菌体,并透过细胞壁而进入菌体,通过氧化作用破坏细菌的酶系统而使细菌死亡;而 $OCl^-$ 带有负电荷,不易接近带负电荷的菌体,难于发挥其杀菌作用。

当水中含有氨态氮时(这是很常见的),投氯后生成各种氯胺:

$$Cl_2+H_2O = HOCl+HCl$$

$$NH_3+HOCl = NH_2Cl+H_2O$$

$$NH_2Cl+HOCl = NHCl_2+H_2O$$

$$NHCl_2+HOCl = NCl_3+H_2O$$

氯胺亦有消毒作用,称为化合氯;HOCl、$OCl^-$ 称为游离氯。在平衡状态时,水中各种氯胺的比例决定于 pH、氯/氨值和温度。一般说来,当 pH>9 时,一氯胺占优势;当 pH=7.0 时,一氯胺与二氯胺近似等量;当 pH<6.5 时,主要为二氯胺;只有当 pH<4.4 时,才产生三氯胺。实验表明,氯胺在酸性条件下有较强的杀菌作用。二氯胺的消毒作用比一氯胺强。至于三氯胺,其消毒作用极差,又具有恶臭味,在通常的水处理条件下不大可能生成,因而对消毒处理意义不大。氯胺在水中的消毒作用,实质上是依靠其水解产物 HOCl。只有当水中的 HOCl 因消毒而消耗后,氯胺才不断水解释放出 HOCl 继续起消毒作用。因此,氯胺的消毒作用比较缓慢,需要较长的接触时间和较大的投药量。但是氯胺消毒有其独特的优点:氯胺较稳定,在水中的存留期长,逐渐释放出 HOCl,消毒作用持久;能减少三卤甲烷和氯酚的产生,可使氯酚臭味减轻;防止管网中铁细菌的繁殖。

### 23.3.2 投氯量及投氯点

氯化消毒时,为获得可靠而持久的消毒效果,投氯量应满足:杀灭细菌以达到指定的消毒指标及氧化有机物等所消耗的"需氯量";抑制水中残存致病菌的再度繁殖所需要的"余氯量"。余氯量的规定还提供了确定投氯量和判定消毒效果的简易方法。

氯气易溶于水,$Cl_2$水解产生的 HOCl 与 $NH_3$化合生成胺,其成分视水的 pH 及 $Cl_2$和氨含量的比值等而定。游离性(自由性)氯是指水中 HOCl 与 $OCl^-$ 所含的氯总量。化合性氯是指氯胺中所含氯的总量。氯加入水中后，一部分被能与氯化合的杂质消耗掉，剩余部分称为余氯。与自由性氯和化合性氯对应的分别称为自由性余氯和化合性余氯。需氯量则为用于杀死细菌及氧化有机物、无机还原性物质消耗的氯量。加氯量等于需氯量与余氯量的总和。一般应通过需氯量试验确定，试验结果如图 23－1 所示。图中有 2 线、3 点、4 区。

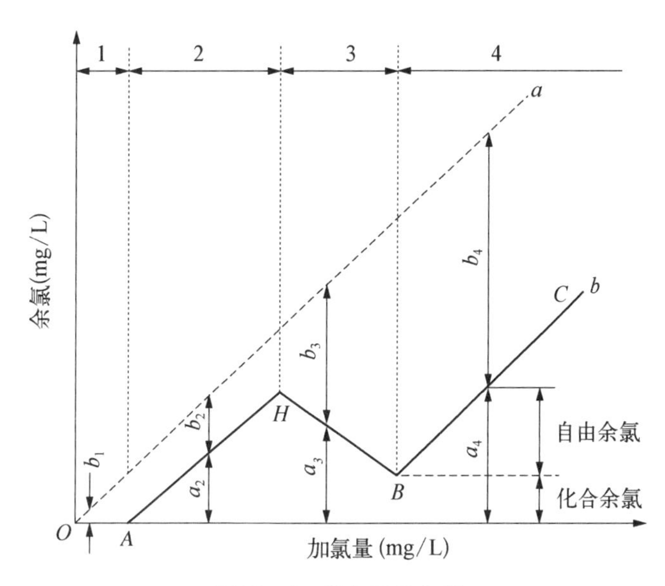


**图 23－1 折点氯化曲线**

(1) 2 线

$a$ 线：加氯量等于余氯量，表示水中无杂质时的情况。$b$ 线：余氯量曲线，表示氯与水中杂质化合的情况。$a$ 线与 $b$ 线之间的纵坐标 $x$ 即为需氯量，$y$ 为余氯量，$x+y$ 为加氯量。

(2) 3 点 4 区

$b$ 线上的三点：$A$、$B$、$C$ 将 $b$ 线分为 4 个区。

1 区：氯与水中还原性物质作用，余氯量为 0；虽也杀死一些细菌，但消毒效果不可靠($0\rightarrow A$)。

2 区：氯与氨开始化合，有化合性余氯，具有一定的消毒效果($A\longrightarrow H$)。

3 区：仍然为化合性余氯，随加氯量增加发生如下反应：

$$NH_2Cl+NHCl_2+HOCl = N_2O+4HCl$$

$$2NH_2Cl+HOCl = N_2+3HCl+H_2O$$

使余氯减少，最后到最低点 B(折点)($H\longrightarrow B$)。

4 区：折点 $B$ 后进入 4 区，此时余氯量上升。从 $B$ 点后投加的氯完全以自由性余氯存在，这部分余氯线与 $a$ 线平行，消毒效果最好。

消毒处理时投氯量的控制视原水水质和消毒要求不同而异。对给水处理来说，若氨氮含量较低(小于 0.3 mg/L)，通常投氯量超过折点 $B$，维持一定游离余氯量，此即“折点氯化法”。若氨氮含量较高(大于 0.5 mg/L)，投氯量控制在峰点 $A$ 以前即可，这时的化合余氯量已足够消毒。不同废水的水质和消毒要求差别很大，应通过试验确定投氯量。一般城市污水沉淀后出水的投氯量约为 6～24 mg/L，二级生化处理后出水的投氯量约为 3～9 mg/L，二级生化加过滤处理后出水的投氯量约为 1～5 mg/L。氯与废水应充分混合，接触时间约为 1 h(氯胺消毒为 2 h)。废水经加氯消毒后,1 h 后的余氯量应不小于 0.5 mg/L;但余氯的多少,还应考虑接纳水体的安全,例如,水体含氯量达 0.1 mg/L 时,有使河流中鱼类死亡的危险。

氯化消毒还应考虑以下几个问题: ① 折点加氯时氯的大量投加,使 pH 下降,不仅影响水体排放或回用,而且会腐蚀管道与设备。因此,在加氯的同时要加碱,以调整 pH。② 氯化消毒时,水中有机物与氯生成有毒且难降解的有机氯化物,影响水体排放和进一步进行生化处理;同时,氯与有机物反应缓慢,会给维持一定的余氯带来困难。因此,有时消毒前要进行预处理,去除水中有机物。预处理的方法有药剂氧化法和活性炭吸附法。氧化剂可用臭氧或高锰酸钾。③ 折点氯化后,有时要进行后处理,去除有机氯化物及过量的氯(其中往往含有恶臭味的二氯胺及三氯胺)。后处理的方法有二氧化硫法和活性炭吸附及还原法。④ 煤气站废水中含有 $SCN^-$、$CN^-$ 等离子和酚等化学物质,如在生物处理后进行氯化消毒,会生成剧毒的 CNCl 和氯酚,排放到水体中危害性更大。

### 23.3.3 加氯装置

氯是有毒物质,气态氯单质俗称氯气,液态氯俗称液氯。为保证投加液氯时的安全和计量准确,目前常用的加氯设备主要是真空加氯机,相比于过去使用的正压式加氯设备及转子加氯机,真空加氯机具有更高的安全性。

采用次氯酸钠和次氯酸钙消毒比较安全。次氯酸钠通常以 1%～16%的溶液形式存在,需要存放在低温、耐腐蚀容器中。次氯酸钠易分解,随着浓度的增加其化学稳定性迅速下降,且会产生氯酸盐等副产物。通过电解食盐溶液或海水,现场制备次氯酸钠溶液进行消毒,对小水量消毒处理是方便和经济的,已在实际中得到应用。

次氯酸钙是干固体,消毒时需配成溶液加注,溶解时先调成糊状,然后稀释成浓度为 2%的溶液。其投加设备和混合反应设备与投石灰乳的化学沉淀法相似。采用次氯酸钙消毒时,还应设置沉淀池,除去产生的机械杂质。沉淀时间采用 1～1.5 h。

### 23.3.4 应用

医院废水量通常不大,可采用生物处理经二次沉淀后,施以消毒处理。《医疗机构水污染物排放标准》(GB 18466—2005)中规定的采用含氯消毒剂消毒的工艺控制要求为: 传染病、结核病医疗机构消毒接触池的接触时间≥1.5 h,接触池出口总余氯 6.5～10 mg/L。综合医疗机构和其他医疗机构消毒接触池的接触时间≥1 h,接触池出口总余氯 3～10 mg/L。

尽管氯消毒在给水和废水处理中应用广泛,起着重要作用,但使用氯消毒也存在一些问题: ① 氯是剧毒物质,在运输及处理过程中一旦发生泄漏事故,将对操作人员及公众健康产生严重威胁;② 氯与废水中有机物发生一系列取代反应生成具有三致作用的消毒副产物(DBPs)。代表性的 DBPs 包括三卤甲烷(THMs)、卤代乙酸(HAA)等卤代有机化合物,这些物质即使在较低的浓度(小于 0.1 mg/L)也会对环境产生严重的危害,须引起重视。

## 23.4 其他消毒法

### 23.4.1 二氧化氯消毒法

二氧化氯被国际卫生组织(WHO)推荐为安全消毒产品,广泛应用于应用给水和医院污水消毒处理中。二氧化氯的杀菌效率，在 pH=6.5 时不如氯，但随着 pH 的提高，其杀菌效率很快超过氯。二氧化氯在杀灭病毒时比氯更有效。作为消毒剂，二氧化氯的主要优点是：不与废水中的氨反应，因此，与氯比较，所需消毒剂的量要小；对于有机物的取代反应，二氧化氯参与的程度不如自由氯，不会产生三卤甲烷、卤乙酸或多数其他氯化过程中常见的卤代消毒副产物；二氧化氯与溴化物反应很慢，二氧化氯消毒不存在产生溴代副产物的问题。

二氧化氯极不稳定，易分解爆炸，常在使用地点现场制取。现场制备的方法主要有电解法和化学法两种。电解法是以氯酸钠($NaClO_3$)或氯化钠为原料，采用隔膜电解技术制取 $ClO_2$，所用的电解液可以是食盐溶液、亚氯酸盐溶液和氯酸盐溶液。电解过程中，在阴极制得烧碱溶液和氢气，阳极获得 $ClO_2$、氯气、过氧化氢及臭氧的混合物。由于电解法电耗大，设备复杂，目前一般都用化学法制备二氧化氯。在污水处理领域，采用氯酸钠氧化浓盐酸制备二氧化氯是目前制备二氧化氯的主流方法，其化学反应方程式为：

$$2NaClO_3 + 4HCl(\text{浓}) = 2NaCl + Cl_2\uparrow + 2ClO_2\uparrow + 2H_2O$$

氯酸钠-盐酸法在生成二氧化氯的同时，还会产生大量的氯气，这种含有大量氯气的二氧化氯产品称为复合二氧化氯。

二氧化氯本身与溶解性有机物反应生成的有机副产物较少，但由于在制备二氧化氯的过程中会产生部分氯，因此，二氧化氯消毒的反应体系中也包括氯的反应。无机副产物主要有氯离子、氯酸盐、亚氯酸盐等。

### 23.4.2 其他卤素消毒法

除氯以外，卤素中的溴和碘、卤素互化物(氯化溴、氯化碘、溴化碘)、卤素混合物等均有消毒作用。

卤素与氨生成卤胺。不同的卤胺对微生物的作用不一致。如溴胺的消毒作用接近于游离氯和游离溴，因此，不需采用折点消毒法。碘化消毒还有其独特优点，就是碘元素可从某些片剂中释放出来，缓慢而持久地发挥消毒作用。利用 KI 或 KBr 的协同效应，可强化氯的消毒效果，降低投氯量。例如，某城市污水深度处理出水，投加氯 4 mg/L 和碘化钾 0.04 mg/L(或溴化钾 0.1 mg/L)，可达到与常规加氯 10 mg/L 相同的消毒效果。这不仅减轻了大量投氯对管道、设备的腐蚀，还能节约药剂费 45%左右。

### 23.4.3 臭氧消毒法

臭氧是仅次于氟的强氧化剂，它有很强的消毒能力，除能杀死细菌外，对耐药力较强的病毒、芽孢也有很强的杀灭能力。即使在 0.1 mg/L 的低浓度下，仍可在 5 s 内杀死一般水样中的大肠杆菌，而在相同条件下氯需 4 h 才能达到同样效果。臭氧消毒基本上不受 pH 和温度的影响。臭氧易于分解，不产生永久性残留；能同时除色、除臭、除味、降解各种有机毒物，不产生二次污染。

臭氧消毒时，投加量一般为 1～4 mg/L。如同时氧化分解废水中的其他污染物，应增大投加量。臭氧消毒处理医院污水时，投量可高达 20～50 mg/L。剩余臭氧量和接触时间是决定臭氧消毒效果的主要因素。如维持臭氧浓度 0.4 mg/L，接触时间 15 min，可达到良好的消毒效果(包括病毒的杀灭)。

臭氧消毒存在的主要问题是基建投资大，制备臭氧的电耗高；臭氧在水中不稳定易分解，没有持久的杀菌作用。

### 23.4.4 紫外消毒法

紫外线(Ultraviolet Ray, UV)是电磁波的一部分,波长为200～310 nm(主要为254 nm)的紫外线具有明显的杀菌作用,其通过对微生物的辐射损伤和破坏其核酸的功能使微生物致死。水处理消毒用紫外线是由人工光源产生的,光源一般为低压汞灯,灯的寿命一般为2 000～4 000 h。紫外线消毒灯管一般采用紫外线透过率高的石英玻璃制成。紫外线辐射能量低,穿透力弱,仅能杀灭直接照射到的微生物,因此,消毒时必须使消毒部位充分暴露于紫外线下。紫外线辐射消毒的优点是杀菌速度快,停留时间短,不需投加化学药剂,不产生有害副产物,无二次污染等;缺点是对水质要求高,被处理水的色度要低,悬浮杂质和胶体少;紫外线辐射后的水无持续杀菌能力;设备一次性投资高,紫外光灯管寿命短等。对水的消毒,可采用水内照射或水外照射的方式。采用水内照射法时,紫外光源应装有能透过紫外线的石英玻璃保护罩。不得使紫外线光源直接照射到人,以免引起损伤。

### 23.4.5 重金属消毒法

银离子能凝固微生物的蛋白质,破坏其细胞结构,在很低的浓度(15 μg/L)下,就具有显著的消毒作用,但所需接触时间很长。由于成本很高,仅在废水中含有银离子的情况下,与其他废水混合而起消毒作用;亦用于小水量的消毒。

铜离子特别适于杀灭藻类,作用迅速,效果良好,但其杀菌作用很弱。硫酸铜常用于湖泊、水库或循环水的灭藻。

## 习题和思考

1. 离子交换树脂的结构有什么特点?有哪些主要性能?各有什么实际意义?
2. 什么是树脂的交换容量?影响树脂工作交换容量的因素有哪些?
3. 简述离子交换树脂的再生原理,如何降低再生费用?
4. 简述离子交换法处理电镀含铬废水的原理、工艺流程和特点。
5. 废水脱氮过程中折点加氯法应如何应用?
6. 比较氯消毒、氯胺消毒、二氧化氯消毒、臭氧消毒和紫外消毒的作用机理和适用条件。

# 第七编

# 污水的再生利用

水资源短缺、水环境污染、水生态破坏和水空间萎缩是目前事关经济社会发展和生态文明建设的大事。污水再生利用是提升城市供水能力的重要措施，是缓解水资源短缺的重要战略和必要途径。

我国再生水研究和实践整体上起步较晚，但是对污水再生利用十分重视，相关部门制定了各种污水再生利用的技术政策和指标。自“七五”计划开展以来，开展了规模较大的科学研究和生产性实践工作，城市再生水日生产能力和再生水利用量逐年提高。

安全性、功能性、经济性是再生水的特征。再生水利用的核心和关键是安全、稳定、高效。对水资源的合理利用具有重要影响的两项废水再生利用技术是：冷却水的循环利用和城市污水的再生利用。本章将重点讨论城市污水的再生利用。

# 24 城市污水回用

## 24.1 基础知识

再生水即中水,“中水”一词来源于日本,因其水质介于给水(上水)和排水(下水)之间,故名“中水”。主要是指城市污水或生活污水经处理后,达到一定的水质标准,满足某种使用要求,可以进行有益使用的水。

对“再生水”的定义有多种解释,在污水工程方面称为“再生水”,工厂方面称为“回用水”,一般以水质作为区分的标志。再生水是城市的第二水源。城市污水再生利用是提高水资源综合利用率、减轻水体污染的有效途径之一。再生水合理回用既能减少水环境污染,又可以缓解水资源紧缺的矛盾,是贯彻可持续发展战略的重要措施。

城市再生水利用系统,包括建筑再生水系统、就地型(小区)再生水系统和集中式(市政)再生水系统。建筑再生水系统是在具有一定规模和用水量的大型建筑或建筑群中,通过收集洗衣、洗浴排放的优质杂排水,就地进行再生处理和利用。就地型(小区)再生水系统是在相对独立或较为分散的居住小区、开发区、度假区或其他公共设施组团中,以符合排入城市下水道水质标准的污水为水源,就地建立再生水处理设施,再生水就近就地利用。集中式(市政)再生水系统通常以城市污水处理厂出水或符合排入城市下水道水质标准的污水为水源,集中处理,再生水通过输配管网输送到不同的用水场所或用户管网。

城市污水再生利用系统一般由污水收集、处理系统(二级处理、深度处理)、供水系统(再生水输配、用户用水管理)等部分组成,工程设计应按系统工程综合考虑。

## 24.2 水源、水质、处理工艺及防护

### 24.2.1 水源

再生水水源的选用应根据原排水的水质、水量、排水状况和中水所需的水质、水量等来确定。一般生产冷却水和生活污水,其取舍顺序为:冷却水→淋浴排水→盥洗排水→洗衣排水→厨房排水→厕所排水等。医院污水不宜作为中水水源,严禁将工业废水、传染病医院污水和放射性污水作为中水的水源。

### 24.2.2 水质

为达到污水回用安全可靠,城市污水回用水水质应满足以下基本要求:回用水的水质符

合回用对象的水质控制指标；回用系统运行可靠，水质水量稳定；对人体健康、环境质量、生态保护不产生不良影响；以生产为目的回用时，对产品质量无不良影响；对使用的管道、设备等不产生腐蚀、堵塞、结垢等损害；使用时没有嗅觉和视觉上的不快感。

再生水水源水质应达到相应使用要求的水质标准，当中水同时满足多种用途时，其水质应按最高水质标准来确定。

### 24.2.3　处理工艺流程

城市污水回用处理技术是在城市污水处理技术的基础上，融合给水处理技术、工业用水深度处理技术等发展起来的。在处理的技术路线上，城市污水处理以达标排放为目的，而城市污水回用处理则以综合利用为目的，根据不同用途进行处理技术组合，将城市污水净化到相应的回用水水质控制要求。

因此，回用处理技术是在传统城市污水处理技术的基础上，将各种技术上可行、经济上合理的水处理技术进行综合集成，从而实现污水资源化。再生水处理工艺流程的确定，应充分了解本地区的用水环境、节水技术的应用情况、城市污水及污泥的处理程度、当地的技术与管理水平是否适应处理工艺的要求等，再根据再生水原水的水质、水量和要求的再生水水质、水量及使用要求等因素，经技术经济比较，并参考已经应用成功的处理工艺流程确定。

污水来源和再生处理工艺直接决定了再生水的水质。二级处理是再生水处理的基础，三级处理或高级处理是再生水处理的主体单元，消毒工艺是再生水处理的必备单元。二级处理是用生物处理等方法去除污水中胶体、溶解性有机物和氮、磷等污染物的过程。三级处理是在二级处理的基础上，进一步去除污水中污染物的过程。高级处理是在三级处理的基础上，进一步强化无机离子、微量有毒有害污染物和一般溶解性有机污染物去除的水质净化过程。

当以优质杂排水或杂排水作为再生水原水时，可采用以物理化学处理为主的工艺流程，或采用生物处理与物理化学处理相结合的工艺流程，如图 24－1 所示。

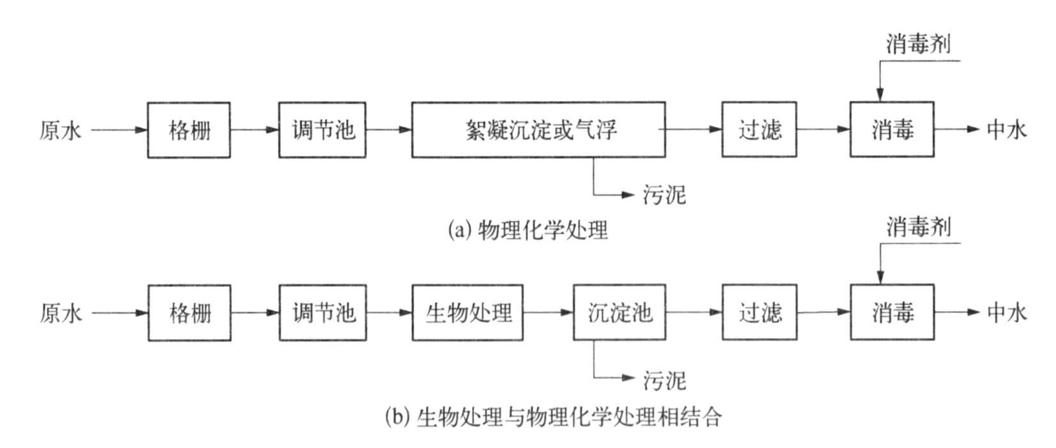


**图 24－1　优质杂排水或杂排水为再生水水源的水处理工艺流程**

以生活污水为再生水水源时，因原水中悬浮物和有机物的浓度都很高，水处理的目的是去除水中的悬浮物和有机物，此时宜采用二段生物处理或生物处理与物理化学处理相结合的工艺流程，如图 24－2 所示。

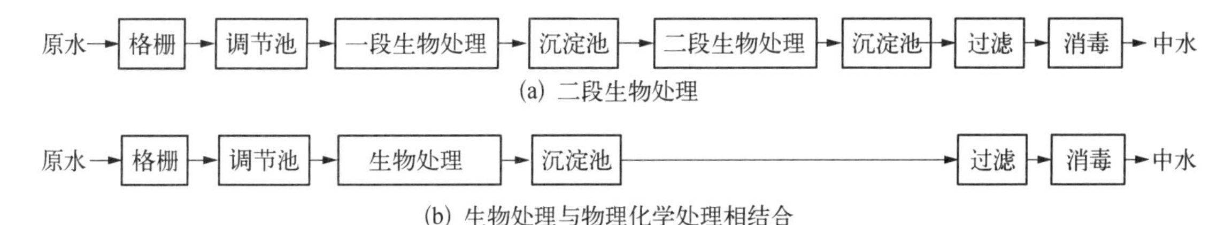


**图 24-2 生活污水为再生水水源的水处理工艺流程**

当利用污水处理厂二级生物处理出水作为再生水水源时，水处理的目的是去除水中残留的悬浮物，降低水的浊度和色度，此时宜采用物理化学处理或三级处理工艺流程(表 24.1)。其工艺流程如图 24-3 所示。

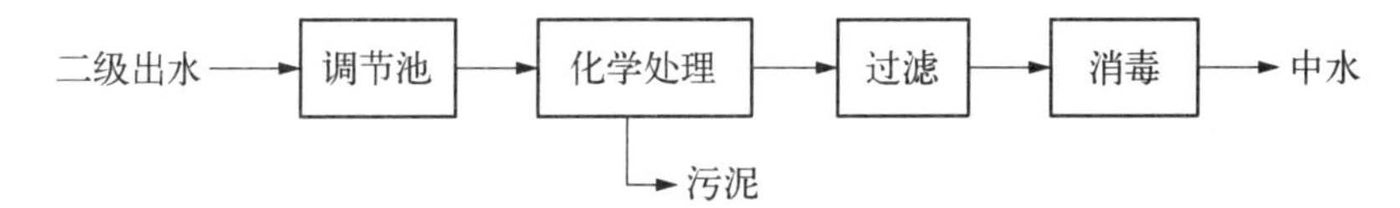


**图 24-3 污水处理厂二级生物处理出水为再生水水源的水处理工艺流程**

**表 24.1 二级处理出水深度处理方法**

| 污染物 | | 处 理 方 法 |
|---|---|---|
| 有机物 | 悬浮性 | 快滤(上向流、下向流、重力式、压力式、移动床、双层和多层滤料)、混凝沉淀(石灰、铝盐、铁盐、高分子)、微滤、气浮 |
| | 溶解性 | 活性炭吸附(粒状炭、粉状炭、上向流、下向流、流化床、移动床、压力式、重力式吸附塔)、臭氧氧化、混凝沉淀、生物处理 |
| 无机盐 | 溶解性 | 反渗透、纳滤、电渗析、离子交换 |
| 营养盐 | 磷 | 生物除磷、混凝沉淀 |
| | 氮 | 生物硝化及脱氮、氨吹脱、离子交换、折点加氯 |

### 24.2.4 安全防护

1. 风险评价的主要内容

污水回用风险评价的主要内容有：回用水对人体健康、生态环境和用户设备与产品的影响。

(1) 对人体健康的评价

危害鉴别。危害鉴别的目的是确定损害或伤害的潜在可能。鉴别方法：危害统计研究、流行病学研究、动物研究、非哺乳动物系统的短期筛选和运用已知的危害模型等。危害鉴别包括：描述有害物质的性质，鉴别急性和慢性的有害影响和潜在危害等。

危害判断。危害判断又称危害评价，是设法定量地对损害或伤害的潜在可能进行评价。在各种接触情况下，确定某物质的可能致病危害，需评价以下因素：产生不利影响时某物质的剂量(剂量越大，危害就越大)；危害物在介质(回用水)中的浓度、危害源距离(距危害源越近、浓度越大，危害就越大)；吸收的介质总量(数量越大，危害越大)；持续接触时间(接触时间越长，吸收量越大)；有接触人员的特点(可能接触的人数越多，危害越大)。危害判断的方法：根据危害统计作出基本判断、根据流行病学的研究作出基本判断和根据疾病传播模式作出基本判断等。

社会评价。社会评价是危害评估的最后阶段工作，判断危害是否可以被人们所接受。常用的评价方法：成本/效益分析或危害/效益分析，包括危害评价的基本准则、危害的描述、疾病治疗的预计费用等。

(2) 对生态环境的评价

对地表水水体环境的影响：如回用水中有机物含量过高会造成水体过度亏氧，过多的氮磷会使水体发生富营养化，重金属会毒害水生动植物以及进入生物链等，从而引起水体生态环境方面的破坏。

对地下水水体环境的影响：如重金属、难降解微量有机物和病原体会对地下水环境产生严重的影响，有些甚至是不可逆转的影响。当被影响的地下水源为饮用水源时，情况更为严重，在回用水用于补充地下水源时，需要高度重视，全面评价，采取可靠对策。

对植被和作物的影响：如回用水水质不符合要求会影响植被的生长质量，影响作物的生长周期、生长速率及质量。

对土壤环境的影响：如回用水污染物成分含量过高会造成土壤重金属积累，酸、碱和盐会造成土壤盐碱化，使土壤环境受到损害。

生态环境的评价主要是鉴别可能产生的潜在影响，提出相应的安全对策，控制回用水可能产生的生态风险。

(3) 对用户的设备与产品影响的评价

评价回用水是否会引起产品质量下降。

回用水引起的产品质量下降主要表现如下：由于微生物活动所造成的影响。如回用水用于造纸，微生物可能会在纸上形成黏性物、产生污点和臭味，必须严格控制微生物指标。产品上发生污渍。如回用水中的浊度、色度、铁、锰等会使纺织品产生污点，应严格控制相应的水质指标。化学反应和污染。如硬度会增加纺织工业的各种清洗操作中洗涤剂用量，可能产生凝块沉积，钙镁离子会与某些染料作用产生化学沉淀，引起染色不均匀等。产品颜色、光泽方面的影响。如回用水中的悬浮固体、浊度和色度会影响纸张的颜色与光泽，需严格控制相应的水质指标。

评价回用水是否会引起设备损坏，主要评价内容为设备的腐蚀。如含氯量高的水不能再用作间接冷却水，避免对热交换器中不锈钢的腐蚀。

评价回用水是否引起效率下降或产量降低。起泡：如含过量钠、钾的回用水作为锅炉供水会引起锅炉水起泡。滋生微生物：如碳氮磷含量高的回用水用作冷却水，易滋生微生物和繁殖藻类，形成生物黏泥。结垢：如回用水中的钙镁离子，可形成影响冷却系统传热的水垢。水中的硅、铝也会在锅炉热交换管上形成硬垢，影响传热效果。

2. 安全措施和监测控制

保障用水安全的主要安全措施如下：① 污水回用系统的设计和运行应保证供水水质稳定、水量可靠，并应备用新鲜水供应系统。② 回用水厂与用户之间保持畅通的信息联系。③ 回用水管道严禁与饮用水管道连接，并有防渗防漏措施。④ 回用水管道与给水管道、排水管道平行埋设时，其水平净距不得小于 0.5 m；交叉埋设时，回用水管道应位于给水管道下面、排水管道上面，净距均不得小于 0.5 m。⑤ 不得间断运行的回用水水厂，供电按一级负荷设计。⑥ 回用水厂的主要设施应设故障报警装置。⑦ 在回用水水源收集系统中的工业废水接入口，应设置水质监测点和控制闸门。⑧ 回用水厂和用户应设置水质和用水设备监测设施，控制用水质量。

为了保证再生水系统运行管理的安全，保证再生水的供水水质，再生水处理站的管理人员和再生水供应系统日常的维护从业人员应经过专门的岗前培训，学习再生水的有关知识和运行管理中应注意的事项，在取得相关部门颁发的合格证书后方可上岗。

## 24.3　水质标准

污水再生利用是解决水资源短缺和水环境污染问题的重要措施，经济上可行、技术上可靠。再生水可用于生态用水、景观环境用水、市政用水、工业用水、农林牧渔业用水、补充水源水等用途，涉及的行业领域十分广泛。标准规范是再生水行业健康发展的重要保障。为规范污水再生利用各项工作，鼓励和推动再生水利用，我国已颁布了一系列相关的设计规范和再生水水质标准，包括《城镇污水再生利用工程设计规范》《建筑中水设计规范》《城市污水再生利用》系列水质标准以及《城镇污水再生利用技术指南》(试行)等。

《水回用导则》系列国家标准的发布实施将为我国污水资源化利用发展提供重要标准依据，对于加强再生水分级管理，引导污水再生处理技术开发与优化进步，促进再生水行业快速发展具有重要意义。该系列国家标准包括以下三项标准:《水回用导则 再生水厂水质管理》(GB/T 41016—2021)、《水回用导则 污水再生处理技术与工艺评价方法》(GB/T 41017—2021)、《水回用导则 再生水分级》(GB/T 41018—2021)等。

《水回用导则 再生水分级》(GB/T 41018—2021)国家标准规定了以城镇污水为水源的再生水的分级及其基本依据，适用于城镇再生水配置利用规划、安全管理、效益评价、价格确定、再生水利用统计和标识等。根据处理工艺和水质，对再生水进行分级，为再生水安全评价、科学管理和分质用水、以质定价等提供了基本依据。

标准从“以质定用”和“按质管控”的角度，在充分考虑再生水处理工艺和再生水水质的基础上，将再生水分为 A 级、B 级和 C 级。根据再生水水质基本要求，将再生水进一步分为 10 个细分级别(表 24.2)。水质达到相关要求时，再生水可用于相应用途。A 级再生水亦可用于 B 级和 C 级再生水对应的用途。B 级再生水亦可用于 C 级再生水对应的用途。各典型处理工艺出水的主要水质指标浓度水平如表 24.3 所示。

**表 24.2　再生水分级**

| 级别 | | 水质基本要求[1] | 典型用途 | 对应处理工艺 |
|---|---|---|---|---|
| C | C2 | GB 5084(旱地作物、水田作物)[2] | 农田灌溉[3](旱地作物)等 | 采用二级处理和消毒工艺。常用的二级处理工艺主要有活性污泥法、生物膜法等。 |
| | C1 | GB 20922(纤维作物、旱地谷物、油料作物、水田谷物)[2] | 农田灌溉[3](水田作物)等 | |
| B | B5 | GB 5084(蔬菜)[2]<br>GB 20922(露地蔬菜)[2] | 农田灌溉[3](蔬菜)等 | 在二级处理的基础上，采用三级处理和消毒工艺。三级处理工艺可根据需要，选择以下一个或多个技术：混凝、过滤、生物滤池、人工湿地、微滤、超滤、臭氧等。 |
| | B4 | GB/T 25499 | 绿地灌溉等 | |
| | B3 | GB/T 19923 | 工业利用(冷却用水)等 | |
| | B2 | GB/T 18921 | 景观环境利用等 | |
| | B1 | GB/T 18920 | 城市杂用等 | |

续 表

| 级别 | | 水质基本要求[1] | 典型用途 | 对应处理工艺 |
|---|---|---|---|---|
| A | A3 | GB/T 1576 | 工业利用(锅炉补给水)等 | 在三级处理的基础上,采用高级处理和消毒工艺。高级处理和三级处理可以合并建设。高级处理工艺可根据需要选择以下一个或多个技术:纳滤、反渗透、高级氧化、生物活性炭、离子交换等。 |
| | A2 | GB/T 19772(地表回灌) | 地下水回灌(地表回灌)等 | |
| | Al | GB/T 19772(井灌) | 地下水回灌(井灌)等 | |
| | | GB/T 11446.1 | 工业利用(电子级水) | |
| | | GB/T 12145 | 工业利用(火力发电厂锅炉补给水) | |

注1:当再生水同时用于多种用途时,水质可按最高水质标准要求确定;也可按用水量最大用户的水质标准要求确定。
注2:农田灌溉的水质指标限值取GB 5084和GB 20922中规定的较严值。
注3:农田灌溉应满足水污染防治法的要求,保障用水安全。

**表 24.3 各典型处理工艺出水的主要水质指标浓度水平**

| 水质指标 | C级<br>(强化二级处理) | B级<br>(微滤、超滤) | A级<br>(反渗透、高级处理) |
|---|---|---|---|
| BOD, mg/L | 5.0～10.0 | <1.0～5.0 | ≤1.0 |
| TSS, mg/L | 5.0～10.0 | ≤2.0 | ≤1.0 |
| TP, mg/L | ≤1.0 | ≤1.0 | ≤0.5 |
| $NH_4$-N, mg/L | ≤3.0 | ≤2.0 | ≤0.1 |
| $NO_3$-N, mg/L | 10.0～30.0 | 10.0～30.0 | ≤1.0 |
| 总大肠杆菌数量,个/100 mL | <1 000 | <2.2～23.0 | ≈0 |
| TOC, mg/L | 8.0～20.0 | 3.0～5.0 | ≈0 |
| 浊度,NTU | 3.0 | ≤1.0 | 0.01～1.0 |
| TDS, mg/L | 750/1 500 | 750/1 500 | ≤5～40 |
| 硬度,mg/L以$CaCO_3$计 | 250/400 | 100/200 | <20 |

注:表中有两个数值时,代表两种水源处理后的平均值,前者代表一般水源,后者代表含盐量较高、水质较差的水源。

## 24.4 再生水厂应用实例

北京槐房再生水厂是亚洲最大的再生水回用工程,是一座全地下再生水厂,厂区全地下建设,地上建设人工湿地保护区,实现环境治理与保护的和谐发展,日处理再生水60万$m^3$。槐房可以处理300多万人产生的废水,处理后的废水可用于城市管理项目或排入湿地和水道。厂区内同步采用"热水解+厌氧消化+板框深度脱水"的污泥处理工艺,实现污泥的无害化处置。运行中还利用污泥消化产生的沼气,提供热能和电能。污水处理的工艺流程为:粗格栅—细格栅—曝气沉砂池—初沉池—膜格栅—MBR—臭氧接触—紫外消毒,污泥处理的流程为:预脱水—热水解—厌氧消化—深度脱水。采用先进的北排膜组器。

2016年在美国佛罗里达州建立了第一个直接可饮用的再生水项目Falkenburg再生水厂，项目经过扩建后能满足社区今后十年的需要。水处理后经过深度净化，采用超滤、反渗透和紫外消毒/过氧化高级氧化法（Advanced Oxidation Process，AOP），经检测，出水满足美国环境保护署（EPA）的饮用水标准。

West Basin再生水厂是美国规模最大的回用水处理厂之一。水厂根据用户的需求设计生产五种级别的水以用于工业和城市用途，包括公园和高尔夫球场的灌溉水、海水屏障的地下水层回灌水、炼油厂的补给水、冷却塔的冷却水、高质量锅炉给水。根据出水水质要求不同，采用多种处理工艺，目前主要的处理工艺有：三级（混凝、沉淀、过滤）＋消毒（加氯），用于农灌及运动场草皮浇灌，水质要求达到加利福尼亚州规定的T22标准；三级（混凝、沉淀、过滤）＋硝化＋消毒（加氯），用于炼油厂和汽车工业冷却水，即再生水水质要求达到加利福尼亚州规定的T22标准再进行硝化处理；石灰澄清＋RO，工艺出水和地表水进行1∶1.5的比例混合后进行地下水回灌；MF＋RO＋$H_2O_2$＋UV，可以单独进行地下水回灌，同时将逐步取代石灰＋RO的处理系统，该工艺也为低压锅炉提供补水；MF＋RO，该工艺主要用于高压锅炉补水。

美国UOSA（Upper Occoquan Service Authority）再生水厂是历史上实践再生水回用于间接饮用的典范，该厂处理规模约20万吨/日，处理工艺包括脱氮除磷的二级处理、石灰沉淀、二级再碳酸化、过滤、活性炭吸附、离子交换、加氯消毒、脱氯，再生水的补充量占水库入流的8%。

以色列大部分农产品是种植在内盖夫沙漠的，灌溉用水主要是经过Shafdan再生水厂处理后的再生水，水厂的处理规模为35万吨/日。污水经过预处理、厌氧生物选择器（除磷）、AO法处理后进入四个补给池，然后垂直渗入地下，在土壤内经过8 d的停留处理后，先流经水质观测井，再由外围的抽水井抽出符合以色列用水水质标准的再生水，以管线输送，用于农业灌溉。

墨西哥Atotonilco污水处理厂是世界上大型污水处理厂之一，设计平均处理能力为35 $m^3/s$，最大处理能力为50 $m^3/s$。Atotonilco污水处理厂能够处理1 260万人（相当于墨西哥城居民）的废水，处理后用于农业和灌溉。二级处理后经过氯化消毒后用于农业灌溉，还配备了热电联产系统，利用消化过程中产生的沼气，最大限度地节约能源。

新加坡NEWater水厂是再生水工程领域内的亚洲典范，将传统污水处理厂二级处理的出水将作为再生水厂的进水，首先经过精细格栅过滤，再进入微滤或者超滤工艺单元，主要去除细颗粒物，出水进入反渗透工艺单元，去除细菌、病毒以及大部分溶解盐。反渗透出水进行紫外消毒，最终净化为“NEWater”。

有明再生水厂是日本东京三大再生水厂之一（落合、有明、芝浦），处理规模3万吨/日，污水二级处理后（AAO工艺）经过生物过滤、臭氧接触、加氯消毒和高速过滤后回用于厂内设施清洗、邻近住宅冲厕和地铁清洗等。

## 习题和思考

1. 城市污水回用的主要途径有哪些？
2. 城市污水回用深度处理技术有哪些？如何合理组合？
3. 查阅《水回用导则》系列国家标准，了解我国再生水基本情况。

# 第八编

# 污泥处理与处置技术

# 25 污泥的处理与利用

在生活污水和工业废水的处理过程中分离或截留的固体物质统称为污泥。污泥既可以是废水中早已存在的，也可以是废水处理过程中形成的。前者如格栅、隔筛和各种自然沉淀中截留的悬浮物质，后者如生物处理和化学处理过程中，由原来的胶体物质和溶解性物质转化而成的悬浮物质。污泥作为废水处理的副产物通常含有大量的有毒、有害或对环境产生负面影响的物质，必须妥善处置，否则将形成二次污染。污泥的处理和处置，就是要通过适当的技术措施，使污泥得到再利用或以某种不损害环境的形式重新返回(焚烧、填埋等)到自然环境中。

为了避免污泥进入环境时其有机部分发生腐败，污染环境，常在脱水之前先进行降解，这一过程称为稳定。经过稳定的污泥如果脱水性能差，则还需调理。污泥处置前常需要处理，处理的目的在于：降低含水率，使其变流态为固态；稳定有机物，使其不易腐化，避免对环境造成二次污染。污泥处理与处置的一般方法和流程如图 25-1 所示。

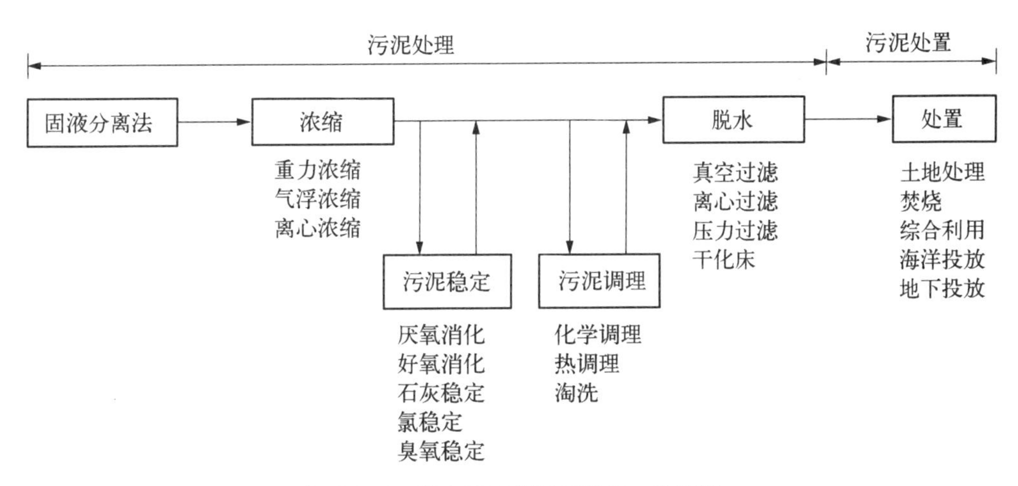


**图 25-1 废水污泥处理与处置一般流程**

污泥处理与处置的目标主要有减量化、稳定化、无害化、资源化，如图 25-2 所示。

(1) 污泥的减量化

减量化处理的目的是大幅缩减污泥的质量和体积。污泥中水分的减少，污泥的形态会逐步从半流动状变化到黏滞状、塑性性状、半干固体状直到纯固体状，含水率较低的污泥有利于运输、贮存和后续处置。

若无法在污泥处理环节大幅减小污泥的质量和体积，将会面临污泥难以存放、运输困难以及易造成二次污染的问题，且不论后续采取何种处置方式，都会增加污泥处置过程所需的人

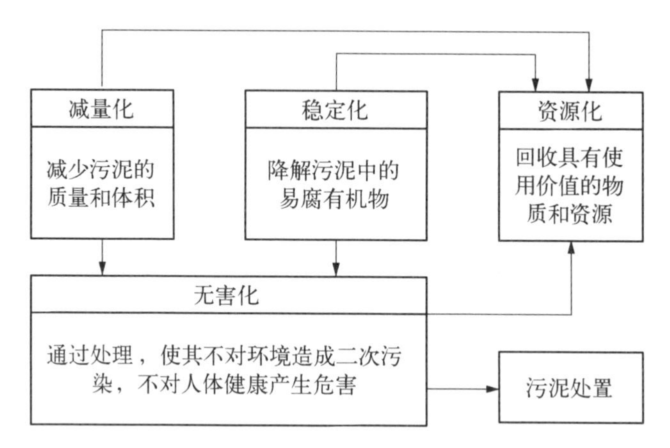


图 25-2 污泥处理与处置的目标

工、设备、投资和运行成本。因此，污泥的减量化是污泥处理与处置过程中必要的步骤。

(2) 污泥的稳定化和无害化

污泥的稳定化和无害化是指降解污泥中的易腐有机物质，减少或固化、钝化重金属成分，消除恶臭异味，杀灭污泥中的细菌、寄生虫卵、病毒及病原体等，减轻或消除污泥对环境可能造成的二次污染，通过处理，使其不对环境造成二次污染，不对人体健康产生危害。

(3) 污泥的资源化

污泥"四化"之中，无害化处理是基本要求，减量化处理是基础，稳定化处理是核心，资源化利用是终极目标，是实现循环经济和生态文明建设的重要举措，是污泥处理与处置技术发展的重要目标和未来继续前进的动力与方向。

## 25.1 污泥的来源、性质和数量

### 25.1.1 污泥的种类

污泥的性质和组成主要取决于废水的来源，同时还和废水处理工艺有密切关系。按废水处理工艺的不同，污泥可分为以下几种：

栅渣，来自格栅或滤网，呈垃圾状，易处理和处置。

浮渣，来自上浮渣和气浮池，可能多含油脂等。

沉砂池沉渣，来自沉砂池，主要是比重较大的无机颗粒。

初沉污泥，来自初次沉淀池，其性质随废水的成分而异。

剩余污泥，来自废水生物处理系统的二次沉淀池。生物膜法产生的剩余污泥称为腐殖污泥；活性污泥法时产生的剩余污泥称为剩余活性污泥。

消化污泥，初次沉淀污泥、剩余活性污泥和腐殖污泥等经过消化稳定处理后的污泥称为消化污泥。

化学污泥，用化学混凝、化学沉淀等方法处理废水时所产生的污泥称为化学污泥。

根据污泥的成分不同可将其分为以下两种：

有机污泥，所含固体物质以有机物为主。典型的有机污泥是剩余污泥(剩余活性污泥、腐殖污泥)和消化污泥等，还包括油泥及废水中固相有机物沉淀形成的污泥等。有机污泥的特性是有机物含量高，容易腐化发臭，污泥颗粒细小，往往呈絮凝体状态，相对密度小，持水性能强，含水率高，不易沉降，压密和脱水困难，有的污泥还含有病原微生物（如医院废水污泥）；但有机污泥流动性好，便于管道输送。

无机污泥，所含固体物质以无机物为主，亦称泥渣。如无机废水处理过程的沉渣、石灰中和过程的沉淀物、混凝沉淀和化学沉淀物、电石渣、煤泥等，主要成分是各种金属化合物。无机污泥的特性是相对密度大，固体颗粒大，易于沉降，压密、脱水性能好，颗粒持水性差，含水率低，污泥稳定性好，不腐化；但流动性差，不易用管道输送。

### 25.1.2 污泥性质的表征

（1）含水率和含固率

含水率即污泥中所含水分的质量与污泥总质量之比的百分数。含固率则是污泥中固体或干污泥含量的百分数。污泥的含水率一般都很高，相对密度接近于1。因此，根据如下的污泥的体积、质量及污泥所含固体物质量分数之间的关系式，含水率发生变化时，可近似计算湿污泥的体积：

$$\frac{V_1}{V_2}=\frac{W_1}{W_2}=\frac{100-P_2}{100-P_1}=\frac{C_2}{C_1} \tag{25.1}$$

式中，$V_1$、$W_1$、$C_1$为含水率为$P_1$时的污泥体积、质量与固体质量分数（以污泥中干固体所占重量百分数计）；$V_2$、$W_2$、$C_2$为含水率为$P_2$时的污泥体积、质量与固体质量分数（以污泥中干固体所占重量百分数计）。

含水率降低（即含固量提高）将大大降低湿泥量（即污泥体积）。如果污泥的含水率由98%减少到96%，污泥的体积可减少50%，即污泥体积减少为原来的一半。因此，废水污泥的处理应该首先减少污泥的含水率，提高污泥固体浓度，减小污泥体积，为污泥的进一步处理和利用提供方便。

（2）挥发性固体和灰分

挥发性固体（用VSS表示），是指污泥中在600℃的燃烧炉中能被燃烧，并以气体逸出的那部分固体，能够近似地表示污泥中的有机物含量，又称灼烧减量，反映污泥的稳定化程度。通常有机物含量越高，污泥的稳定性就越差。灰分则表示无机物含量，又称为灼烧残渣。

（3）肥分

污泥中含有大量的植物生长所必需的肥分（N、P、K）、微量元素及土壤改良剂（有机腐殖质）。一般地，污泥含有一定量的N（4%）、P（2.5%）和K（0.5%），有一定肥效；含有病菌、病毒、寄生虫卵等，在施用之前应有必要的处理。

（4）重金属含量

污泥中重金属离子含量，决定于城市污水中工业废水所占比例及工业性质。污水经二级处理后，污水中重金属离子约有50%以上转移到污泥中。若污泥作为肥料使用时，要注意在适用范围、定义方面、施用量、农用标准等方面符合《农用污泥污染物控制标准》（GB 4284—2018）相关要求。

（5）脱水性能

污泥的脱水性能与污泥性质、调理方法及条件等有关，还与脱水机械种类有关。在污泥脱水前进行预处理，改变污泥粒子的物化性质，破坏其胶体结构，减少其与水的亲和力，从而改善脱水性能，这一过程称为污泥的调理或调质。常用污泥过滤比阻抗值（$r$）和污泥毛细管吸水时间(Capillary Suction Time, CST)两项指标来评价污泥的脱水性能。比阻抗值($r$),单位干重滤饼的阻力,其值越大,越难过滤,其脱水性能越差。CST 越大,污泥脱水性能越差,反之污泥脱水性能越好。

比阻抗公式:

$$\frac{dV}{dt}=\frac{PA^2}{\mu(rCV+R_mA)} \tag{25.2}$$

式中,$dV/dt$ 为过滤速度,$m^3/s$;$V$ 为滤出液体积,$m^3$;$t$ 为过滤时间,s;$P$ 为过滤压力,$N/m^2$;$A$ 为过滤面积,$m^2$;$C$ 为单位面积滤出液所得滤饼干重,$kg/m^3$;$r$ 为污泥过滤比阻抗,m/kg;$R_m$ 为过滤开始时单位过滤面积上过滤介质的阻力,$m/m^2$;$\mu$ 为滤出液的动力黏滞度,$N\cdot s/m^2$。

当 $P$ 为常数值时,则可积分得:

$$\frac{t}{V}=\left(\frac{\mu rC}{2PA^2}\right)V+\frac{\mu R_m}{PA} \tag{25.3}$$

发现 $t/V-V$ 呈直线关系,令其斜率:

$$b=\frac{\mu\cdot rC}{2PA^2} \tag{25.4}$$

则有:

$$r=\frac{2bPA^2}{\mu C} \tag{25.5}$$

式中,$b$ 为与污泥性质有关的常数,$s/m^6$。

污泥 CST 是指污泥在吸水滤纸上渗透一定距离所需的时间。“一定距离”可以是 1.0 cm,也可以是 0.8 cm 或其他的数值,不同的毛细吸水测定仪,该数值可能不同。CST 是污泥比阻抗测定的一种替代方法。由于污泥过滤比阻抗(Specific Resistance to Filtration, SRF)测定的工作量很大,而且由于操作的熟练程度不同,引入的误差也较大,因此,Gale 和 Baskeville 另辟蹊径在 1967 年提出了以毛细吸水时间替代比阻抗评价污泥的脱水性能,以简化测定流程。CST 操作简单,使用方便,可有效评价污泥的脱水性能,但在低 CST(低于 15 s)的情况下受滤纸阻力的影响较大。CST 测试装置如图 25-3 所示。

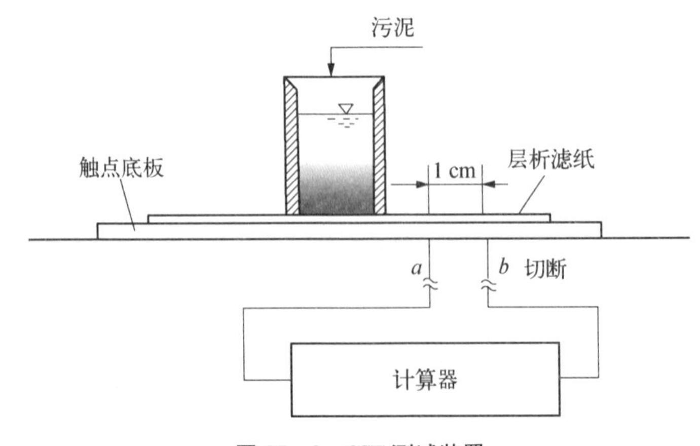


**图 25-3　CST 测试装置**

### 25.1.3 污泥产生量

污泥产生量与污泥种类、污泥含水率、密度有着密切的关系，如表 25.1 所示。

**表 25.1 不同种类污泥的污泥产生量**

| 污泥种类 | 污泥量/($L \cdot m^{-3}$) | 含水率/% | 密度/($kg \cdot L^{-1}$) |
| --- | --- | --- | --- |
| 沉砂池的沉砂 | 0.03 | 60 | 1.5 |
| 初次沉淀池污泥 | 14～25 | 95～97.5 | 1.015～1.020 |
| 生物膜法 | 7～19 | 96～98 | 1.02 |
| 活性污泥法 | 10～21 | 99.2～99.6 | 1.005～1.008 |

初次沉淀污泥量可根据污水中悬浮物的体积质量、污水流量、沉淀效率及污泥中水的质量分数，用下式计算：

$$V=\frac{100S_0\eta q_V}{10^3(100-P)\rho} \tag{25.6}$$

或

$$V=\frac{SN}{1\ 000} \tag{25.7}$$

式中，$V$ 为初沉污泥量，$m^3/d$；$q_V$ 为污水流量，$m^3/d$；$\eta$ 为沉淀池中悬浮物的去除率，%；$S_0$ 为进水中悬浮物浓度，mg/L；$P$ 为污泥含水率，%；$\rho$ 为污泥密度，以 1 000 $kg/m^3$ 计；$S$ 为每人每天产生的污泥量，一般采用 0.3～0.8 L/(d · 人)；$N$ 为设计人口数，人。

剩余活性污泥量取决于 BOD 的去除量，可由下式计算：

$$P_X=Yq_V(\rho_{S0}-\rho_{Se})-K_d\rho_X V \tag{25.8}$$

式中，$P_X$ 为剩余活性污泥量，kg VSS/d；$Y$ 为产率系数，kg VSS/kg $BOD_5$，一般采用 0.5～0.6；$\rho_{S0}$ 为曝气池入流的 $BOD_5$，kg $BOD_5/m^3$；$\rho_{Se}$ 为二沉池出流的 $BOD_5$，kg $BOD_5/m^3$；$q_V$ 为曝气池设计流量，$m^3/d$；$K_d$ 为内源代谢系数，一般采用 0.06～0.1 $d^{-1}$；$\rho_X$ 为曝气池的平均 VSS 浓度，kg $VSS/m^3$；$V$ 为曝气池容积，$m^3$。

剩余活性污泥量以体积计，则：

$$V_{SS}=\frac{100P_{SS}}{(100-P)\rho} \tag{25.9}$$

式中，$V_{SS}$ 为剩余活性污泥量，$m^3/d$；$P_{SS}$ 为产生的悬浮固体，kg SS/d。

### 24.1.4 污泥中水分的结合状态

污泥的脱水一般是比较困难的，为了有效地分离污泥中的水分，有必要了解污泥中水分存在的状态。污泥中水分和固体粒子的结合状态有四种：游离水、毛细水、内部水和附着水，图 25-4 所示为污泥中粒子和水分的结合状态示意图。

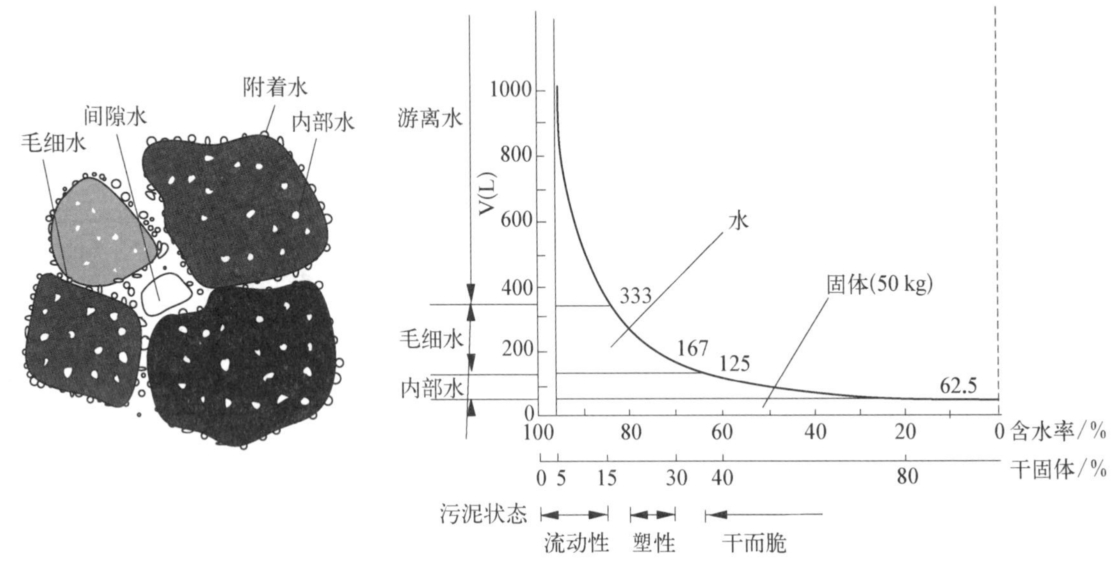


图 25-4　污泥所含水分示意图

(1) 游离水(间隙水)

游离水,又称间隙水,存在于污泥颗粒间隙中的水,并不与污泥颗粒直接结合,一般占总水分的 70%左右,一般可以通过重力(如浓缩压实)或离心力而分离。

(2) 毛细结合水

毛细结合水,简称毛细水,存在于污泥颗粒间的毛细管中。毛细水约占总水分的 20%。要脱除毛细水,必须向污泥施加外力,如施加离心力、负压(真空过滤)等,以破坏毛细管表面张力和凝聚力的作用力。

(3) 附着水(表面吸附水)

黏附于污泥颗粒(包括细胞)表面的水,其附着力较强。这部分水的脱除比较困难。要使胶体颗粒与水分离,必须采用混凝方法,通过胶体颗粒相互絮凝,排除附着表面的水分。

(4) 内部水

存在于污泥颗粒内部(包括细胞内)的水,如生物污泥中细胞内部水分、无机污泥中金属化合物所带的结晶水等,这部分水是不能用机械方法分离的,可以通过生物分解或热力学方法去除。附着水(表面吸附水)和内部水约占污泥总水分的 10%。

## 25.2　污泥浓缩

污泥浓缩是指污泥增稠,是降低污泥含水率、减少污泥体积的有效方法。污泥浓缩主要减缩污泥的间隙水,故经浓缩后的污泥仍然保持流体的特性。废水处理构筑物中产生的污泥,其含水率一般为 96.0%~99.8%,其体积很大,对污泥的处理、利用及运输都造成困难,必须先进行浓缩。污泥浓缩的方法主要有:重力浓缩法、气浮浓缩法和离心浓缩法。

### 25.2.1　重力浓缩法

重力浓缩是一种重力沉降过程,依靠污泥中固体物质的重力作用进行沉降压实。污泥的重力浓缩过程属于成层沉降和压缩沉降,即通常所说的减容,因此,可以大幅度降低后续处理的费用。一般来说，污泥浓缩处理的对象是污泥中70%的游离水。主要的浓缩方法有重力浓缩法、气浮浓缩法和离心浓缩法三种。在选择具体的污泥浓缩方法时，还应综合考虑污泥的来源、性质以及最终的处置方法等。重力浓缩是在浓缩池内进行的，实际操作与一般沉淀池类似。根据运行情况，污泥浓缩池分为间歇式和连续式两种。

间歇式污泥浓缩池是一种圆形水池，底部有污泥斗（图25-5）。工作时，先将污泥充满全池，经静置沉降，浓缩压密，池内将分为上清液、沉降区和污泥层，定期从侧面分层排出上清液，浓缩后的污泥从底部泥斗排出。间歇浓缩池主要用于污泥量小的处理系统。浓缩池一般不少于两个，一个工作，另一个进入污泥，两池交替使用。

连续式浓缩池可采用沉淀池形式，分为竖流式和辐流式两种。与前述重力沉降类似。

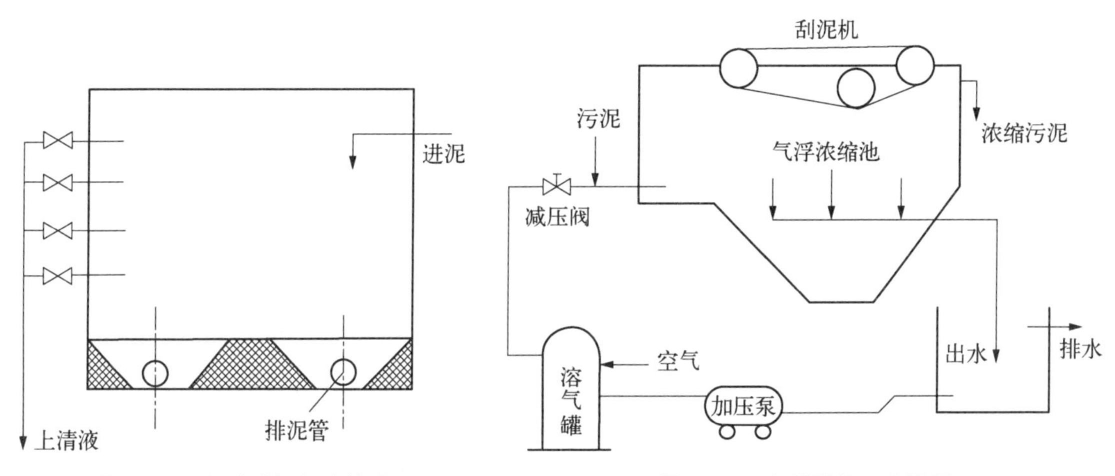


**图25-5 间歇式污泥浓缩池** **图25-6 气浮浓缩工艺流程**

### 25.2.2 气浮浓缩法

气浮浓缩是采用压力溶气气浮方法，通过压力溶气罐溶入过量空气，然后突然减压释放出大量的微小气泡，依靠微小气泡与污泥颗粒产生黏附作用，使污泥颗粒的密度小于水而上浮得到浓缩。因此，气浮法适用于相对密度接近于1的活性污泥的浓缩污泥，如活性污泥（相对密度为1.005）、生物过滤法污泥（相对密度为1.025），尤其是采用接触氧化法时，脱落的生物膜含大量气泡，密度更接近于1，用气浮浓缩较为有利。

气浮浓缩系统主要由加压溶气装置和气浮分离装置两部分组成，如图25-6所示。

### 25.2.3 离心浓缩

利用污泥中固、液相的密度不同，在高速旋转的离心机中受到不同的离心力而使两者分离，达到浓缩的目的。离心浓缩法具有效率高、用时少、占地小的优点，此外，该法工作场所卫生条件好，使其应用越来越广泛。

## 25.3 污泥稳定

污泥稳定是降低污泥中有机物含量或杀灭其中的微生物使其暂时不产生分解的过程。具体采用的稳定方法有生物法和化学法等。生物稳定是在人工条件下加速微生物对有机物的分解，使之变成稳定的无机物或不易被生物降解的有机物的方法，主要有好氧消化法、厌氧消化法。化学稳定则采用化学药剂杀灭污泥中的微生物，使有机物在短期内不致腐败的过程，主要有石灰稳定法、氯稳定法和臭氧稳定法。

### 25.3.1　生物稳定法

污泥好氧消化法，其原理为在好氧条件下，对二级处理的剩余污泥或一、二级处理的混合污泥进行持续曝气，促使生物细胞（包括一部分构成 BOD 的有机物）分解，从而降低挥发性悬浮固体含量的方法。好氧消化法类似水处理中的延时曝气法，需要较长时间的曝气。其优点为工艺简单，适应性强，消化效率高；缺点则是能耗大，卫生条件差，长时间曝气会使污泥指数增大而难以浓缩和脱水。

污泥好氧消化的主要目的是减少污泥固体中的有机物含量（VSS）。细胞的分解速率随 F/M 的增加而减低，若待处理污泥有机物含量高，好氧消化作用会变慢。但污泥停留（消化）时间越长，消化效率越高。常温下，停留时间一般控制在 10～20 d，消化效率可达到 50%以上。好氧消化池一般采用鼓风曝气（中气泡），可同时满足供氧和搅拌双重效果。池内 DO 维持在大于 2 mg/L，如剩余污泥：0.02～0.04 $m^3$空气/($m^3_{池容}$ · min)；初沉污泥或混合污泥：0.04～0.06 $m^3$空气/($m^3_{池容}$ · min)。

污泥厌氧消化法，其原理为通过厌氧微生物的作用，将污泥中的有机物（或细胞体）分解转化为沼气，减少污泥中的有机物含量，从而达到污泥稳定的目的。相关资料介绍，每破坏 1 kg 挥发物的产气量为 0.31～0.62 $m^3$；每投加 1 kg 有机物产气 0.347～0.387 $m^3$；每破坏 1 kg 粪便有机物产气 0.4～0.5 $m^3$；产气量为污泥（含水率 96%）投入量的 8～12 倍（体积）。

（1）污泥消化设备

传统消化池，池中存在明显的分层现象（图 25-7a），混合能力差，消化效率低。

高速消化池，池内增加了搅拌（图 25-7b），混合效果好，消化效率高。

厌氧接触消化法，在高速消化的基础上增加污泥回流（图 25-7c）。

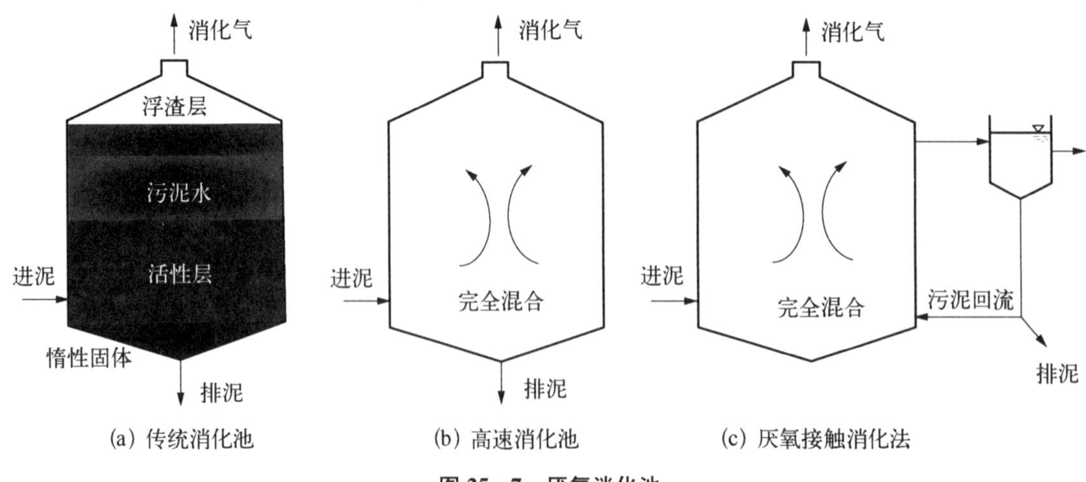


(a) 传统消化池　(b) 高速消化池　(c) 厌氧接触消化法

**图 25-7　厌氧消化池**

三种消化工艺的特点比较如表 25－2 所示。

**表 25.2　几种厌氧消化池法的比较**

| 项　　目 | 传统消化法 | 高速消化法 | 厌氧接触法 |
| --- | --- | --- | --- |
| 加热情况 | 加热或不加热 | 加　热 | 加　热 |
| 停留时间/d | ＞40 | 10～15 | 0.5～1 |
| 负荷/kg VSS · $m^{-3}$ · $d^{-1}$ | 0.48～0.8 | 1.6～3.2 | 1.6～3.2 |
| 加料、排料方式 | 间　断 | 间断或连续 | 连　续 |
| 搅拌 | 不要求 | 要　求 | 要　求 |
| 均衡配料 | 不要求 | 不要求 | 要　求 |
| 脱气 | 不要求 | 不要求 | 要　求 |
| 排泥回流利用 | 不要求 | 不要求 | 要　求 |

（2）厌氧消化池的构造及其附属设施

消化池结构形式主要有圆柱形消化池和蛋形消化池(图 25－8)。

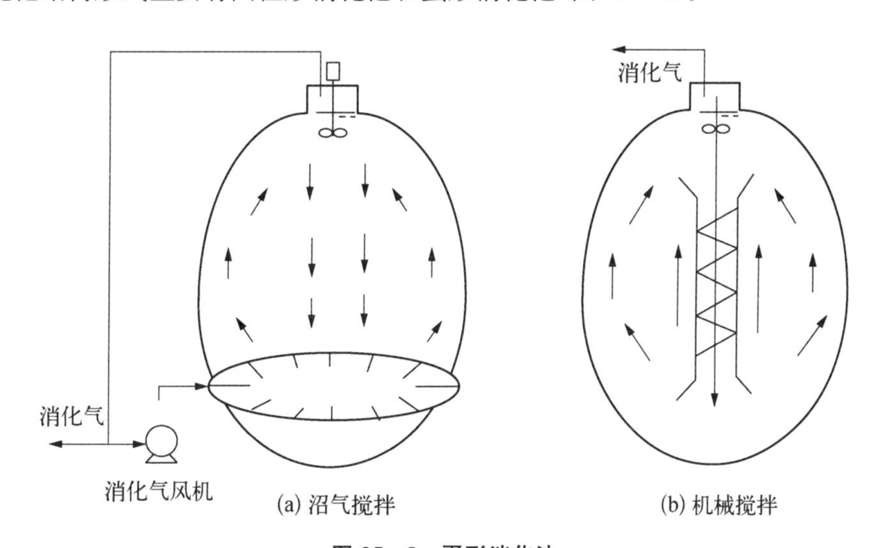


**图 25－8　蛋形消化池**

蛋形消化池具有最佳的流体力学结构，搅拌所需功率小；表面积小，散热少；顶部集气区气液接触面积小，破渣容易；构造复杂，建设费用高。附属设施：加料、排料、加热、搅拌、破渣、集气、排液、溢流及其他监测防护装置。

加料与排料。新污泥由泵提升，经池顶进泥管送入池内。排泥时污泥从池底排泥管排出。一般是先排泥到计量槽进行计量，再将等量的新污泥送入。加料和排料通常间断进行(每日1～2次)。

加热。加热方法分为外加热和内加热两种。外加热是将污泥水抽出，通过池外的热交换器加热，再循环到池内去。内加热法采用盘管间接加热或水蒸气直接加热，后者比较简单，水蒸气压力多为 200 kPa(表压)。用水蒸气喷射泵时，还同时起搅拌作用，但由于水蒸气的凝结水进入，故需经常排除泥水，以维持污泥体积不变。

搅拌与破渣。搅拌即可促进微生物与污泥基质充分接触,使池内温度及酸碱度均匀,又可有效预防浮渣。也可在池内液面装设破渣机或用污泥水压力喷射来破渣。搅拌的方法较多,但常用的方法是机械搅拌和沼气循环搅拌。机械搅拌采用螺旋桨,根据池子大小不同,可设1～3个,每个下面设一个导流筒,抽出的污泥从筒顶向四周喷出,形成环流。螺旋桨效率高、耗电少(1 $m^3$污泥耗电 0.081 W),但转轴穿池顶处密封困难。沼气循环搅拌是用压缩机将沼气压入池内竖管(一个或几个)的中部或底部,随气泡上升时将污泥带起,在池内形成垂直方向的循环(也可在消化池底部设置气体扩散装置进行搅拌)。这种搅拌范围大、能力强、效果好、消化速率高,但设备繁多,成本昂贵,每小时所需搅拌气体量为有效池容的36%～79%。

集气。顶盖浮动式池子的集气空间大,固定顶盖式的则较小。固定盖式消化池加排料时,池内压力波动大,负压时易漏入空气,故宜单独设污泥贮气罐。贮气罐的主要作用在于调节气量。

排液。上清液要及时排出,这样可增加消化池处理容量,降低热耗。上清液的 BOD 高,应回到生物处理设施中去。

### 25.3.2 化学稳定法

化学稳定是向污泥中投加化学药剂,以抑制和杀死微生物,消除污泥可能对环境造成的危害(产生恶臭及传染疾病)。化学稳定的方法有石灰稳定法、氯稳定法和臭氧氧化法。

石灰稳定法,向污泥中投加石灰,使污泥的 pH 提高到 11～11.5,15 ℃下接触 4 h,能杀死全部大肠杆菌及沙门氏伤寒杆菌,但对钩虫、阿米巴孢囊的杀伤力较差。经石灰稳定后的污泥脱水性能可得到改善,但采用石灰乳投加则制备麻烦、产生的渣量大。

氯稳定法,氯能杀死病菌,有较长期的稳定性。但污泥经氯化处理后容易造成 pH 降低,导致过滤性变差,给后续处置带来一定困难。而且氯化过程中常产生氯代有机物(如氯胺等),造成二次污染。该法适用于污泥量少,且有可能存在大量的致病微生物的污泥,如医院废水处理产生的污泥等。

臭氧氧化法,与氯稳定法相比,臭氧不但能杀灭细菌,而且对细菌的灭活也十分有效。污泥经臭氧处理后处于好氧状态,异味少。且臭氧处理不存在二次污染问题,是一种安全有效的污泥处理方法。

## 25.4 污泥调理

污泥调理是通过物理的、水力的或化学的措施,改变污泥的物理结构,降低污泥比阻的方法。通过破坏污泥的胶态结构、减少泥水间的亲和力,降低污泥的比阻,从而达到改善污泥脱水性能的目的。一般地,消化污泥、剩余活性污泥、剩余活性污泥与初沉污泥的混合污泥等在脱水之前应进行调理,污泥经调理后,不仅脱水压力可大大减少,而且脱水后污泥的含水率也可大大降低。调理方法可分为物理调理、水力调理和化学调理。

### 25.4.1 物理调理法

物理调理法有加热、冷冻、添加惰性助滤剂等方法。

热调理是指借助高压加热破坏水与污泥之间的结构关系,使污泥水解并释放细胞内的水分,从而使污泥的脱水性能得到改善。如污泥经过 160～200 ℃和 1～1.5 MPa 的高温加热和高压处理后，不但可破坏污泥胶体结构，改善脱水性能，而且还能彻底杀灭细菌，解决卫生问题。但该方法缺点是气味大、设备易被腐蚀。

冷冻调理，污泥经反复冷冻后能破坏污泥中的固体与结合水的联系，提高过滤能力。人工冷冻成本较高，自然冷冻法则受气候条件的影响，故该方法很少采用。

添加惰性助滤剂，向污泥中投加无机助滤剂，可在滤饼中形成孔隙粗大的骨架，从而形成较大的絮体，减小污泥过滤比阻，常用的无机助滤剂有污泥焚化时的灰烬、飞灰、锯末等。

### 25.4.2 化学调理法

化学调理，向污泥中投加各种絮凝剂，使污泥形成颗粒大、孔隙多和结构强的滤饼。无机调理剂有三氯化铁、聚合铁、三氯化铝、硫酸铝、聚合铝、石灰等，投加量一般为 5%～20%（污泥干固体重量），受 pH 影响较大，且会增加污泥量。具有代表性的有机调理剂为聚丙烯酰胺等，一般为 0.1%～0.5%（污泥干固体重量），无腐蚀性。与化学混凝法类似，污泥的性质、调理剂的种类、调理条件如反应温度、调理剂投加量、投加顺序、混合条件等需要通过试验来确定。

### 25.4.3 水力调理法（淘洗）

水力调理，亦称淘洗，利用处理过的废水与污泥混合，然后再澄清分离，以此冲洗和稀释原污泥中的高碱度，带走细小固体。通常消化污泥中的碱度很高，投加的酸会与之反应，需要消耗大量药剂，而通过淘洗可实现降低污泥的碱度、降低药剂消耗的目的。此外，污泥中的细小固体不仅会消耗化学药剂，而且易堵塞滤饼、增加过滤阻力、通过淘洗将其冲走，可大大提高污泥的过滤性能。淘洗工艺通常采用多级逆流方式进行，淘洗液中的 COD 和 BOD 较高，需回流至废水处理系统重新处理。

## 25.5 污泥脱水

将污泥含水率降低到 80%～85%以下的操作叫作脱水。脱水后的污泥具有固体特性，成泥块状，能装车运输，便于最终处置与利用。脱水的方法有自然脱水和机械脱水。自然脱水的方法有干化场，所使用的外力为自然力（自然蒸发、渗透等）；机械脱水的方法有真空过滤、压滤、离心脱水等，所使用的外力为机械力（压力、离心力等）。

### 25.5.1 自然干化

自然干化可分为晒砂场与干化场两种。晒砂场用于沉砂池沉渣的脱水，干化场用于初次沉淀污泥、腐殖污泥、消化污泥、化学污泥及混合污泥的脱水，干化后的污泥饼中水的质量分数为 75%～80%，污泥体积可缩小到原来的 1/10～1/20。

（1）晒砂场

晒砂场一般做成矩形，混凝土底板，四周有围堤或围墙。底板上设有排水管及一层厚 800 mm，粒径 50～60 mm 的砾石滤水层。沉砂经重力或提升排到晒砂场后，很容易晒干。渗出的水由排水管集中回流到沉砂池前与原污水合并处理。

（2）干化场

污泥干化场是污泥进行自然干化的主要构筑物。干化场可分为自然滤层干化场与人工滤层干化场两种。前者适用于自然土质渗透性能好、地下水位低的地区。人工滤层干化场的滤层是人工铺设的,又可分为敞开式干化场与有盖式干化场两种。人工滤层干化场的构造如图25-9所示。它是由不透水底层、排水系统、滤水层、输泥管、隔墙及围堤等部分组成。如果是有盖式的,还有支柱和顶盖。

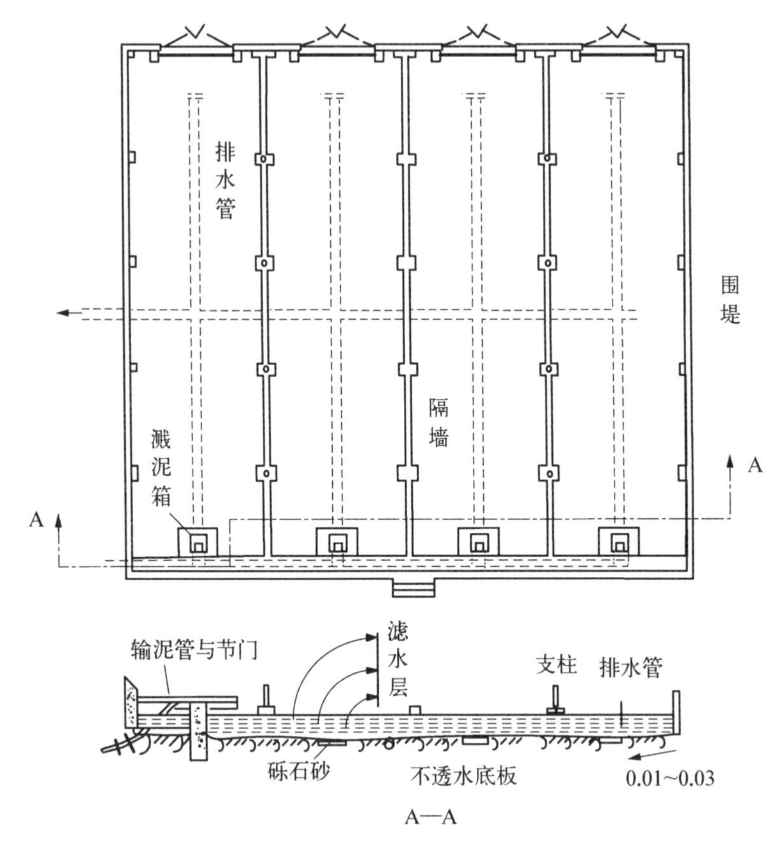


**图25-9 人工滤层干化场**

不透水底板由200～400 mm厚的黏土或150～300 mm厚三七灰土夯实而成,也可用100～150 mm厚的素混凝土铺成。底板具有0.01～0.03的坡度坡向排水系统。排水管道系统用100～150 mm陶土管或盲沟做成,管口接头处不密封,以便进水。管中心距4～8 m,坡度0.002～0.003,排水管起点覆土深(至砂层顶面)为0.6 m左右。滤水层下层用粗矿渣或砾石,厚200～300 mm,上层用细矿渣或砂,厚200～300 mm。隔墙与围堤把整个干化场分隔成若干分块,轮流使用,以便提高干化场的利用率。

近年来,出现一种由沥青或混凝土浇筑,不用滤层的干化场,其优点是泥饼容易铲除。为了防雨和防冻,可在干化场上加盖。但实际应用较少。

污泥在干化场上的脱水是通过上部蒸发、中部放泄、底部渗透与人工撇除等过程实现的。

### 25.5.2 机械脱水

污泥机械脱水方法有真空过滤法、压滤法和离心法等。

污泥机械脱水是以多孔性的过滤介质两面的压力差作为推动力,使污泥中的水强制通过过滤介质形成滤液,固体颗粒被截留在介质上形成滤饼,从而达到脱水的目的。造成压力差的方法有四种:① 依靠污泥本身厚度的静压力,如污泥自然干化场的渗透脱水;② 在过滤介质的一面造成负压，如真空吸滤脱水；③ 对污泥加压，把水压过过滤介质，如压滤脱水；④ 造成离心力，如离心脱水。

1. 真空过滤脱水

真空过滤是目前使用较广泛的一种污泥脱水方法。使用的机械是真空过滤机。转鼓真空过滤机脱水的工艺流程如图 25－10 所示。

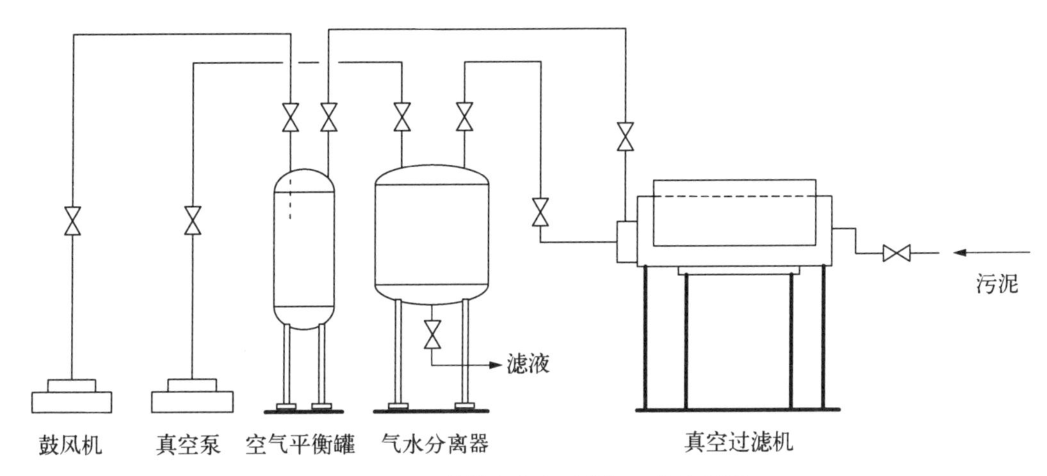


**图 25－10　转鼓式真空过滤机工艺流程图**

真空过滤机的构造示意图如图 25－11 所示。其主要部件是空心转鼓和下部的污泥槽。空心转鼓下半部浸在污泥贮槽内，其表面覆盖有滤布。转鼓旋转时，由于真空的作用，将污泥吸附在滤布上，吸附在转鼓上的滤饼转出污泥槽的污泥面后，转入滤饼形成区与吸干区，继续吸干水分；最后转至与压缩空气相通的反吹区，滤饼被反吹松动，用刮板剥落；剥落的滤饼用皮带输送器运走。因此，转鼓每旋转一周，依次经过滤饼形成区、吸干区、反吹区和休止区，亦可分为过滤段、脱水段和排泥段。

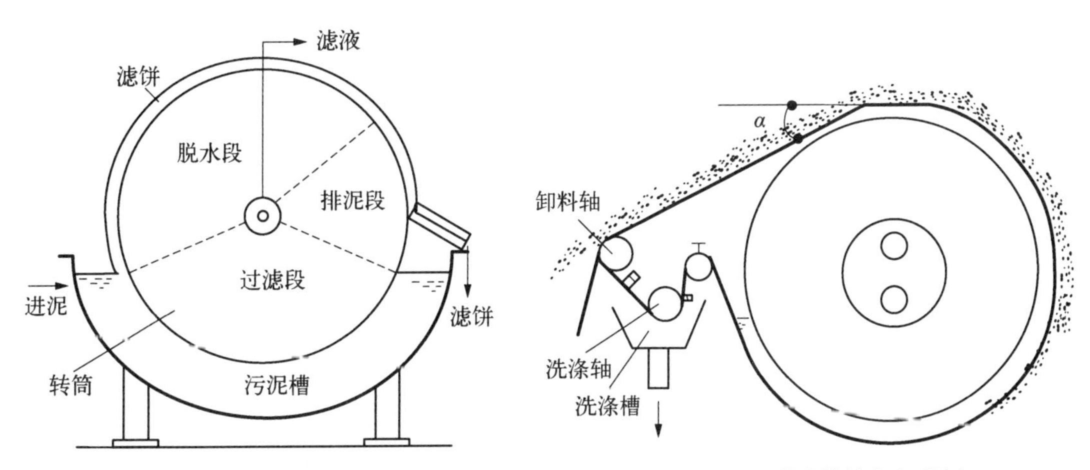


**图 25－11　转鼓式真空过滤机工作过程示意图**　　**图 25－12　链带式转鼓真空过滤机**

转鼓式真空过滤机的缺点是滤布紧包在转鼓上，清洗不充分，容易堵塞。滤饼的卸除采用刮刀，滤饼不能太薄，至少要 3～6 mm。为了克服上述缺点，出现了链带式转鼓真空过滤机，示意图如图 25－12 所示。这种真空过滤机主要是把滤布从转鼓上引伸出来，通过冲洗槽进行清洗，这样就可以避免滤布堵塞。滤饼的卸除靠小直径的排除辊的曲率变化，易于剥离，滤饼厚度 1～2 mm 时也可排出。这样就可减少混凝剂的用量。

真空过滤的主要影响因素有工艺因素和机械因素两方面。

(1) 工艺因素

工艺因素包括：① 污泥种类与调节情况的影响，污泥种类和调节情况对过滤性能影响最大。原污泥的干固体浓度高，过滤产率也高，两者成正比。但污泥干固体浓度最好不超过 8%～10%，否则流动性差，输送困难。② 污泥贮存时间的影响。污泥在真空过滤前的预处理及存放时间应该尽量短，贮存时间越长，脱水性能也越差。

(2) 机械因素

机械因素包括：① 真空度的影响。真空度是真空过滤的推动力，直接关系到过滤产率及运行费用，影响比较复杂。一般说来真空度越高，滤饼厚度越大，含水率越低。但由于滤饼加厚、过滤阻力增加，又不利于过滤脱水。真空度提高到一定值后，过滤速度的提高并不明显，特别是对可压缩性的污泥更是如此。另外，真空度过高，滤布容易被堵塞与损坏，动力消耗与运行费用增加。根据污泥的性质，真空度一般在 0.05～0.08 MPa 之间比较合适。② 转鼓浸入深度的影响。浸入的深度大，滤饼形成区及吸干区的范围大，滤饼形成区的时间在整个过滤周期中占的比率大，过滤产率高，但滤饼含水率也高；浸入的深度小，转鼓与污泥槽内的污泥接触时间短，滤饼较薄，含水率也较低。③ 转鼓转速的影响。转速快，周期短，滤饼含水率高，过滤产率也高，滤布磨损加剧；转速慢，滤饼含水率低，产率也低。因此，转速过快或过慢都不好，转鼓转速主要取决于污泥性质、脱水要求以及转鼓直径。④ 滤布性能的影响。滤布的孔目大小决定于污泥颗粒的大小及性质。网眼太小，容易堵塞，阻力大，固体回收率高，产率低；网眼过大，阻力小，固体回收率低，滤液浑浊。滤布阻力的大小还与其编织方法、材料、孔眼形状、水泡后的膨胀率及破损比等因素有关。

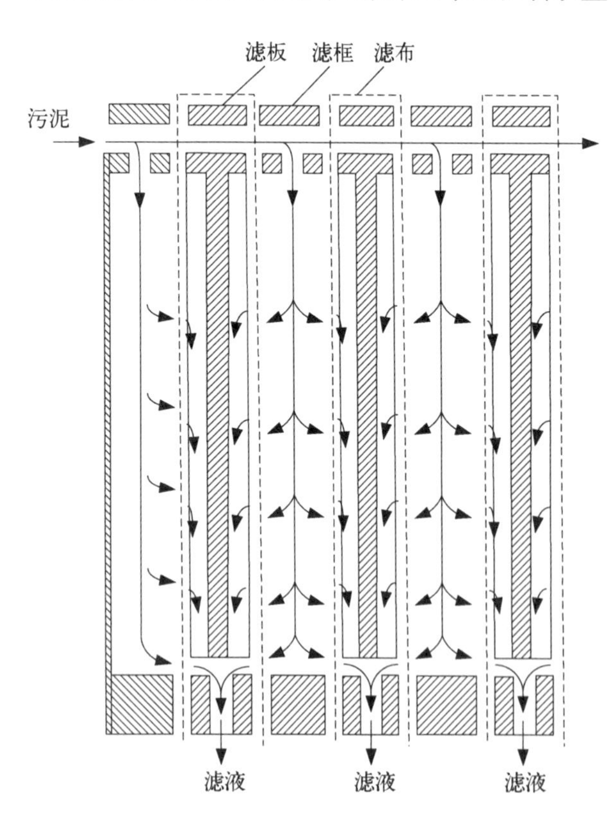


图 25－13 板框压滤机的滤框、滤板和滤布组合后的工作状况

2. 压滤脱水

由于真空过滤的推动力有限，对于一些脱水比较困难的物料，特别是剩余污泥，其脱水效率较低，所得滤饼的水分含量也高。所以出现了压滤机，压滤机是在待过滤的物料一面加正压，其压力可达到 0.4～0.8 MPa，因此，其推动力远大于真空过滤法。压滤脱水使用的机械叫压滤机，常用的有板框压滤机和带式压滤机。压滤机的构造简单，过滤推动力大，所得滤饼水分低。但操作比较麻烦，有些不能连续运行，产率较低。

板框压滤机的基本构造如图 25－13 所示，由滤板和滤框相间排列而成。在滤板的两面覆有滤布。滤框是接纳污泥的部件。滤板的两侧面上凸条与凹槽相间，凸条承托滤布，凹槽接纳滤液。凹槽与水平方向的底槽相连，把滤液引向出口。滤布目前多采用合成纤维织布，有多种规格。

在过滤时，先将滤框和滤板相间放在压滤机上，并在它们之间放置滤布，然后开动电机，通过压滤机上的压紧装置，把板、框、布压紧，这样，在板与板之间构成压滤室。在板与框的上端相同部位开有小孔。压紧后，各孔连成一条通道，待脱水的污泥由该通道进入压滤室。滤液在压力作用下，通过滤布由滤板下端的孔道排出。板框压滤脱水工艺流程如图 25 - 14 所示。在过滤时，先开动压紧装置将板、框、布压紧，使滤布和框、板的接触面不漏泥。接着用污泥泵把污泥输入气压馈泥罐，同时开启罐上的出泥阀，使污泥流进压滤机内。待气压馈泥罐中的泥面达到一定高度后，停止输泥，随即渐渐开启罐上的压缩空气阀，让压缩空气流入罐内，使泥面上的气压缓缓提升到 0.5～1.5 MPa，并维持 1～30 h(通常为 2 h 左右)，泥液在压力下渗过滤布，与污泥分离，滤框中的污泥这时成为固态的泥饼。过滤结束后，关闭罐上的压缩空气阀和出泥阀，同时开启通向压滤机的压缩空气阀，使泥饼吹风 5～10 min，进一步脱水。最后，放松压滤机的压紧部件，拆开滤板和滤框，泥饼即从滤布上落下，残留在滤布上的污泥，用铲刀铲除。压滤机就这样周而复始地工作，滤布在使用一个时期后取下清洗一次。

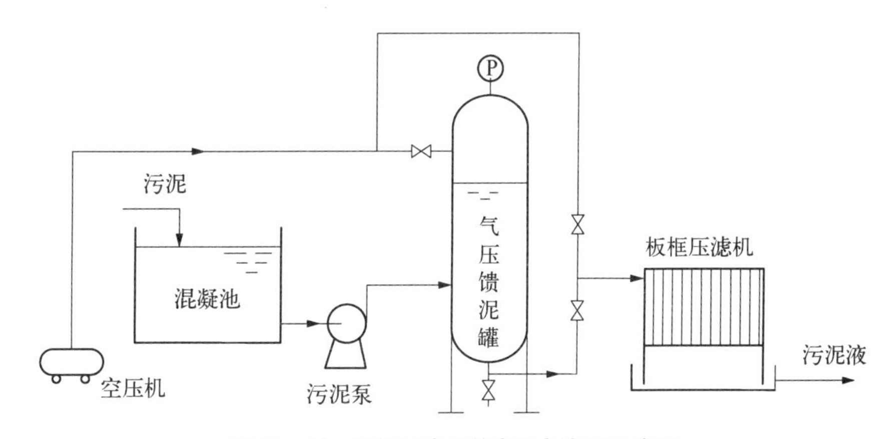


**图 25 - 14 板框压滤机整套设备布置示意图**

板框压滤机可分为人工板框压滤机和自动板框压滤机两种。

人工板框压滤机在卸料时需将滤板和滤框一块块地人工卸下，剥离泥饼并清洗滤布，卸料结束后再一块块地装上。劳动强度大，效率低。自动板框压滤机的上述过程都是自动的，因此效率高、劳动强度低。自动板框压滤机有水平式和垂直式两种，如图 25 - 15 所示。

压滤脱水的另一种形式是滚压脱水。滚压脱水使用的机械是带式压滤机，如图 25 - 16 所示。它是由许多不同规格的辊排列起来，相邻辊之间有滤布穿过而组成的。此外，还有污泥混合筒、驱动装置、滤带张紧装置、滤带调偏装置、滤带冲洗装置、滤饼剥离及排水设备等。带式压滤机的特点是把压力施加在滤布上，用滤布的压力或张力使污泥脱水，而不需要真空或加压设备。进行污泥脱水时，首先将投加混凝剂的污泥送入污泥混合筒，进行充分地混合反应，促其絮凝，然后流入上滤带的重力脱水段，依靠重力脱掉污泥中的游离水，使污泥失去流动性，便于后面的挤压。加长重力脱水段长度，可以提高重力脱水效率，所以，污泥经上滤带的重力脱水后，经翻转机构将污泥落入下滤带的重力脱水段继续重力脱水，然后，上、下滤带合并，将污泥夹在中间进入压榨脱水段，施加压力进行脱水。污泥水穿过滤带进入排水系统流走。最后，上、下滤带分开，滤饼经刮刀剥离落下，沾在滤带上的污泥经冲洗滤带后随滤液排走，滤带冲洗

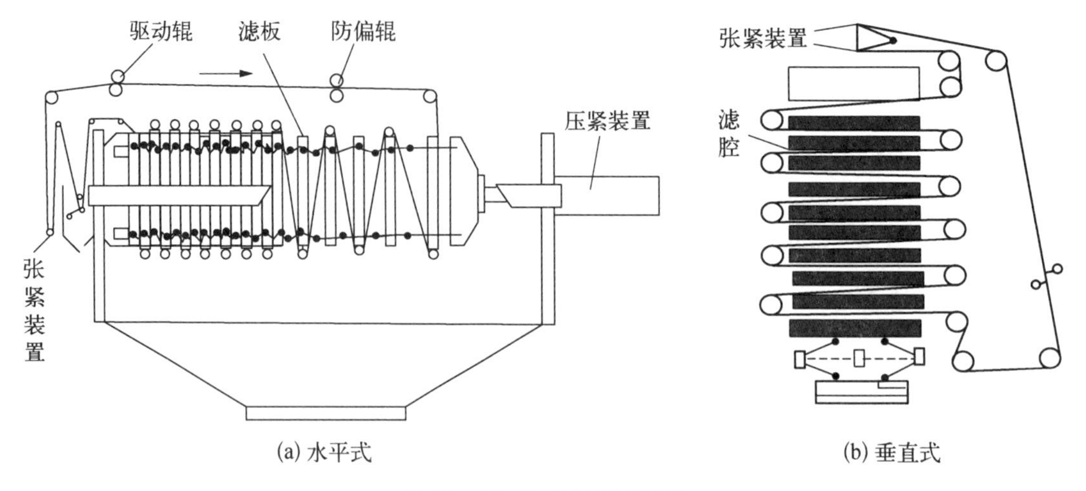


图 25－15　自动板框压滤机

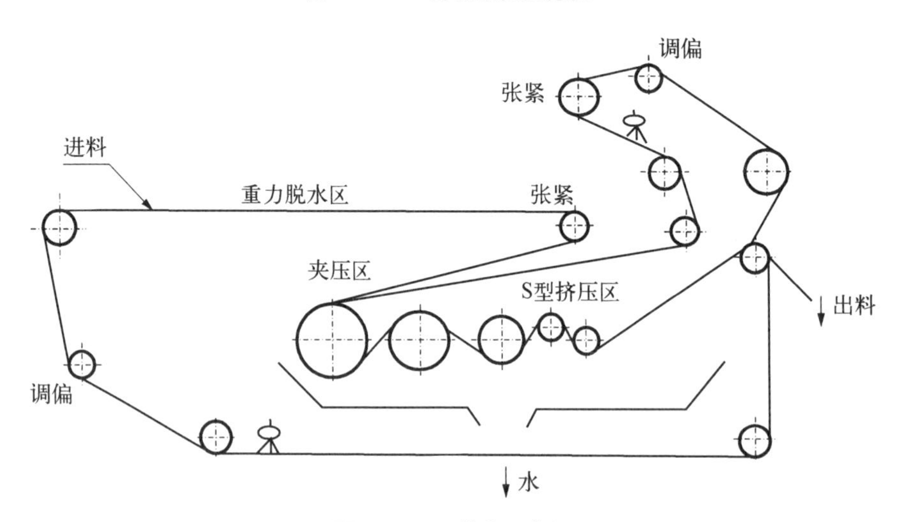


图 25－16　带式压滤机

干净后又转入下一个循环，带式压滤机就这样周而复始地进行工作。

带式压滤机的压榨方式一般有两种，即相对压榨式和水平滚压式，如图 25－17 所示。相对压榨的滚压辊处于上下垂直的位置，压榨时间几乎是瞬间，接触时间短，压力等于 $2F$，因此压力大。水平滚压式滚压辊施加的压力 $F$ 对滤带产生张力 $T$，起压榨作用。张力 $T$ 由于受滤带强度的限制，产生的压榨力比相对压榨式要小，但其滚压时间长，并且由于滚压辊对两层滤带的旋转半径不同，内侧为 $r$，外侧为 $R$，滚压时两层滤带间产生一个错位 $\Delta S$，因此，对污泥产生了一个剪切力，可促进污泥脱水。

影响带式压滤脱水的因素很多，在运行中，主要有以下几点：

(1) 化学调节

化学调节预处理是带式压滤脱水的关键。应采用高分子混凝剂，使污泥充分絮凝，并形成 1～2 mm 的密实泥丸，才有利于重力脱水、压榨脱水以及滤饼的剥离等。并且可以降低滤饼的含水率，提高滤饼产率。如果污泥絮凝不好，在重力脱水段大量游离水不能除掉，进入压榨段后在压力的作用下，污泥容易从滤带两侧挤出，造成脱水困难。化学调节首先要选择合适的混凝剂，然后确定最佳投加量。

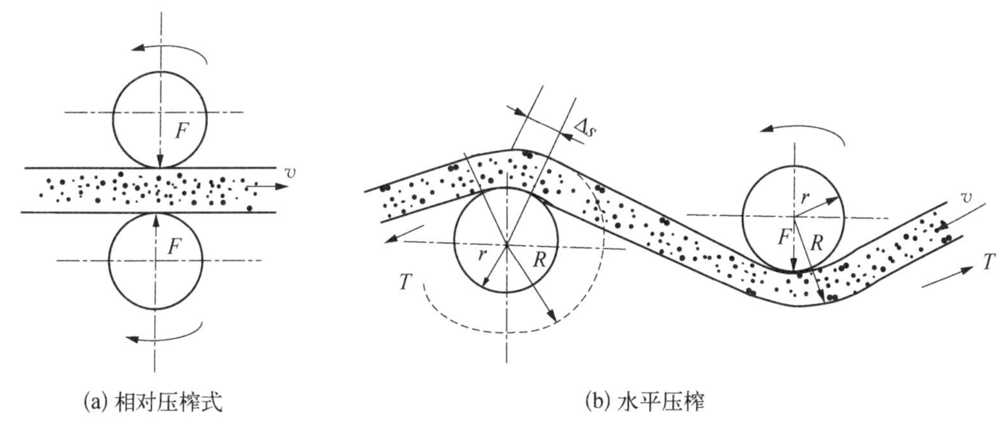


(a) 相对压榨式 (b) 水平压榨

**图 25－17 滚压压榨方式**

(2) 滤带行走速度(带速)

对于不同的污泥有不同的最佳带速,带速过快,则压榨时间短,滤饼含水率高,带速过慢,又会降低滤饼产率,因此,应选择合适的带速。带速一般为 1～2.5 m/min。

(3) 压榨压力

压榨压力直接影响滤饼的含水率。在实际运行中,为了与污泥的流动性相适应,压榨段的压力是逐渐增大的。特别在压榨开始时,如压力过大,污泥就要被挤出,同时滤饼变薄,剥离也困难,如压力过小,滤饼的含水率会增加。

上述影响因素与滤饼的含水率及滤饼产率的关系可由试验确定,并确定最佳工艺参数指导实际运行。

3. 微孔挤压脱水

用于微孔挤压脱水的设备是微孔挤压脱水机,其形状如转鼓式真空过滤机,但无真空设备,基本构造如图 25－18 所示。它由滤布、转鼓、剥离带、刮刀、压液辊及洗涤装置等组成。

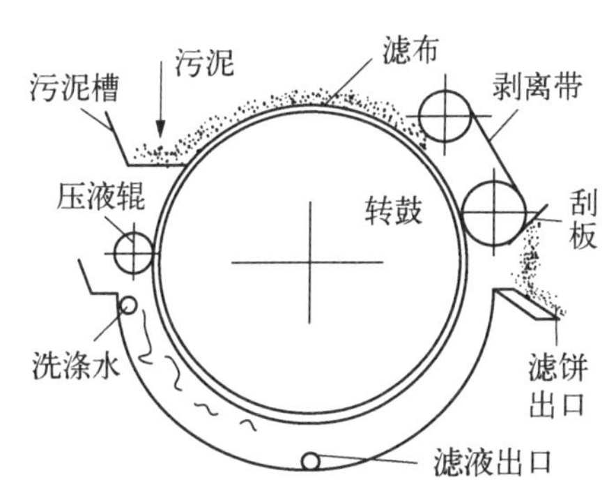


**图 25－18 微孔挤压脱水机**

所用的滤布具有强烈的吸水性能,是用聚乙烯(PVA)为主要原料制成的特种海绵。当滤布与污泥槽内的污泥接触时,泥中的水分便被滤布吸收,污泥则浓集在滤布的表面。随着转鼓和剥离带的旋转,浓集的污泥在转鼓与剥离带之间被挤压(压力可以调整),含水率进一步降低。同时,由于滤饼在滤布与剥离带之间的附着力差,滤饼便被转沾到剥离带上,再由刮刀刮除。为了防止孔眼堵塞,滤布用洗涤水冲洗,再由压液辊榨出其中吸附着的水分,因此,可连续地运转。

如果温度低,滤布将硬化,可浇上 50 ℃以下的热水使之柔软。孔眼堵塞时,可用 3%～4%的草酸溶液洗涤再生。

4. 离心脱水

用于污泥离心脱水的设备是离心机。用于污泥脱水的离心机有不同的分类法。

按分离因数,可分为高速离心机(分离因数 $\alpha$＞3 000)、中速离心机(分离因数 $\alpha$ 为 1 500～3 000)、低速离心机(分离因数 $\alpha$ 为 1 000～1 500)。

按离心机的几何形状，有转筒式离心机（包括圆锥形、圆筒形、锥筒形三种）、盘式离心机、板式离心机等。在污泥脱水中，常用的是中、低速转筒式离心机。

转筒式离心机的构造如图 25-19 所示。它主要由转筒、螺旋输送器及空心轴所组成。螺旋输送器与转筒由驱动装置传动，向同一个方向转动，但两者之间有一个小的速差，依靠这个速差的作用，使输送器能够缓缓地输送浓缩的泥饼。

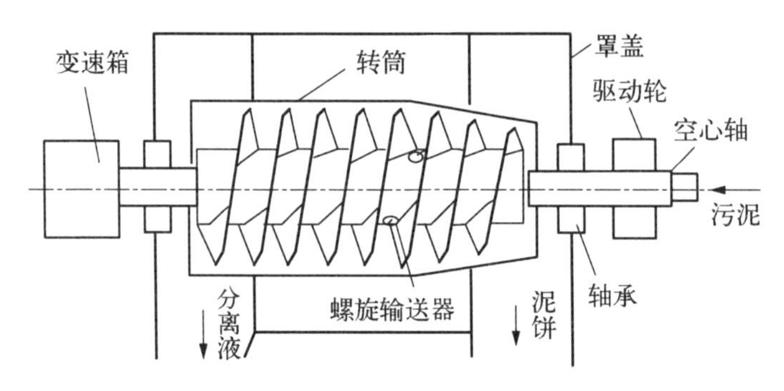


**图 25-19 转筒式离心机**

污泥由空心轴送入转筒后，在高速旋转产生的离心力作用下，相对密度较大的污泥颗粒浓集于转筒的内壁，相对密度较小的液体汇集在浓集污泥的面层，形成一个液相层水池，进行固液分离。分离液从筒体的末端流出，浓集的污泥在螺旋输送器的缓慢推动下，刮向锥体的末端排出，并在刮向出口的过程中，继续进行固液分离和压实固体。

离心脱水可以连续生产，操作方便，可自动控制，卫生条件好，但污泥的预处理要求较高，必须使用高分子聚合电解质作为混凝剂，通常都使用有机高分子混凝剂聚丙烯酰胺（PAM）。

## 25.6 综合利用与最终处置

污泥经浓缩、稳定及脱水等处理后，不仅体积大大减小，而且在一定程度上得到了稳定，但污 泥作为废水处理过程中的副产物，还需考虑其最终去向，即最终处置。污泥最终处置的方法有综合利用、湿式氧化、焚烧和弃置等。

《城镇污水处理厂污泥处置 分类》(GB/T 23484—2009)对污泥处置进行了分类（表 25.3）。

**表 25.3 城镇污水处理厂污泥处置分类**

| 序号 | 分类 | 范围 | 备注 |
|---|---|---|---|
| 1 | 污泥土地利用 | 园林绿化 | 城镇绿地系统或郊区林地建造和养护等的基质材料或肥料原料 |
| | | 土地改良 | 盐碱地、沙化地和废弃矿场的土壤改良材料 |
| | | 农用* | 农用肥料或农田土壤改良材料 |
| 2 | 污泥填埋 | 单独填埋 | 在专门填埋污泥的填埋场进行填埋处置 |
| | | 混合填埋 | 在城市生活垃圾填埋场进行混合填埋（含填埋场覆盖材料利用） |

续 表

| 序号 | 分 类 | 范 围 | 备 注 |
|---|---|---|---|
| 3 | 污泥建筑材料利用 | 制水泥 | 制水泥的部分原料或添加料 |
| | | 制砖 | 制砖的部分原料 |
| | | 制轻质骨料 | 制轻质骨料(陶粒等)的部分原料 |
| 4 | 污泥焚烧 | 单独焚烧 | 在专门污泥焚烧炉焚烧 |
| | | 与垃圾混合焚烧 | 与生活垃圾一同焚烧 |
| | | 污泥燃料利用 | 在工业焚烧炉或火力发电厂焚烧炉中作燃料利用 |

* 农用包括进食物链利用和不进食物链利用两种。

### 25.6.1 污泥的综合利用

污泥资源化条件：有机污泥中含有丰富的植物营养物质，含氮 2%～7%，磷 1%～5%，钾 0.1%～0.8%，少量腐殖质等。无机污泥中含有多种金属或矿物质。

污泥中含有各种营养物质及其他有价值的物质，因此，综合利用是污泥最终处置的最佳选择。污泥综合利用的方法及途径随污泥的性质及利用价值而异。

用作肥料和改良土壤。有机污泥中含有丰富的植物营养物质，如城市污泥中含氮 2%～7%，磷 1%～5%，钾 0.1%～0.8%。消化污泥除钾含量较少外，氮、磷含量与厩肥差不多。活性污泥的氮、磷含量为厩肥的 4～5 倍。此外，污泥中还含有硫、铁、钙、钠、镁、锌、铜、钼等微量元素和丰富的有机物与腐殖质。用有机污泥施肥，既有良好肥效，又能使土壤形成团粒结构，起到改良土壤的作用。但污泥用作农肥时，必须满足国家的有关标准，以免污泥中的重金属及其他有害物质在作物中富集。

污泥的堆肥稳定就是利用嗜热菌的作用，在有氧的条件下将污泥中有机物分解，寄生虫卵、病菌杀灭，使污泥达到稳定。经堆肥后，污泥的肥效提高，并易于被农作物吸收，这样既可充分利用污泥，又可将污泥作最终处置。

其他用途。从工业废水处理排除的泥渣中可以回收工业原料，例如，轧钢废水中的氧化铁皮、高炉煤气洗涤水和转炉烟气洗涤水的沉渣，均可作为烧结矿的原料；电镀废水的沉渣为各种贵稀或重金属的氢氧化物或硫化物，可通过电解还原或其他方法将其回收利用；从有机污泥中可以提取维生素 $B_{12}$；低温干馏有机污泥能获得可燃气体、氨及焦油。许多无机污泥或泥渣可作为铺路、制砖、制纤维板和水泥的原料。

### 25.6.2 湿式氧化

湿式氧化是将湿污泥中的有机物在高温高压下，利用空气中的氧进行氧化分解的一种处理方法。湿式氧化系统由预热系统、反应系统和泥水分离系统组成，污泥经磨碎后，在污泥柜中预热到 20～60 ℃，由污泥泵加压，同压缩机压来的空气混合后通过热交换器，升温到 210～220 ℃，然后在反应器内进行湿式氧化分解，产生的反应热使污泥在反应器内愈向上温度愈高(270 ℃ )。反应物及气态混合物在分离器内分离，再在污泥柜与新污泥进行热交换，使温度降到 40～70 ℃，经沉淀分离后，底部的泥渣进行脱水、干化处理，上清液排至处理设备重新处理。

影响湿式氧化效率的因素有反应温度、压力、空气量、污泥中挥发性固体的浓度和含水率等。湿式氧化法的特点是能对污泥中几乎所有的有机物进行氧化，不但分解程度高，而且可以根据需要进行调节；经湿式氧化后的污泥，主要为矿化物质，污泥比阻小，一般可直接过滤脱水，而且效率高，滤饼含水率低。缺点是要求设备耐高温高压、投资费用大、运营费用高、设备易腐蚀。

### 25.6.3 干燥和焚烧

污泥经浓缩和过滤脱水之后，水的质量分数约在60%～80%之间，可经过热干燥进一步脱水，水的质量分数可降至20%左右。有机污泥可以焚烧，在焚烧过程中，一方面去除水分，同时还可以氧化污泥中的有机物。经焚烧后，污泥变成稳定的灰渣，可用作筑路材料或其他建材填充料等。

污泥干燥是一个单独的污泥处理方法，它可以大大减少污泥的体积，使污泥便于运输和综合利用。它也是焚烧的预处理措施。一些污泥焚烧装置专门设有污泥干燥段，污泥先经干燥，使水的质量分数降低到一定程度(一般为10%～30%)后才能很好地燃烧，否则湿污泥将在焚烧炉内结块，泥块内有机物的温度低，不能充分燃烧，从而产生大气污染。由于热力干燥的费用较大，所以，工业废水污泥一般不进行单独的干燥处理，而是把它们作为回收污泥中有效成分的一个工艺过程。

焚烧是目前最终处置含有毒物质的有机污泥比较好的方法。因为，这些污泥不能用作肥料，同时本身又不稳定，但具有较高的热值，在焚烧过程中不需投加过多的燃料，甚至是点火之前辅之以燃料，点火后污泥自动燃烧。

污泥焚烧时，水分蒸发消耗大量能量，为了减少能量消耗，应尽可能在焚烧前减少污泥的含水率。一般的焚烧装置同污泥的干化是合为一体的。焚烧过程可分为以下四个阶段：① 首先将污泥加热到80～100 ℃，使除内部结合水之外的全部水分蒸发掉；② 继续升温至180 ℃，进一步蒸发内部结合水；③ 加热到300～400 ℃，干化的污泥发生分解，析出可燃气体，开始燃烧；④ 加热到1 000～1 200 ℃，可燃固体成分完全燃烧。

干污泥的发热量一般相当于煤的25%～50%。一般脱水后的污泥发热量约为2 000～8 400 kJ/kg。当污泥发热量不足时，应辅以燃料。焚烧污泥常用的辅助燃料有煤、石油气、燃料油及化工残液等。

一般有机污泥的燃烧，应保证温度在815 ℃左右。为了不出现二次污染，一些有机物的燃烧温度应高于污泥燃烧温度。为了脱除污泥焚烧过程中产生的臭气，往往采用吸收、吸附、催化氧化法及燃烧法处理焚烧产生的废气。提高燃烧炉温度可以将恶臭气体烧掉。恶臭物质一般都是可燃烧的，在空气中根据物质的固有温度而发火。如甲苯的发火温度为552 ℃，丙酮为650 ℃，氨为651 ℃，苯酚为700 ℃，庚烷为225 ℃，丁醇为343 ℃等，这些恶臭物质同出口火焰接触，在800 ℃温度下，只需0.35 s停留时间，即可燃烧成无臭的二氧化碳和水，因此，保持炉温在800 ℃以上是必要的。

此外，污泥燃烧过程中应使污泥及时翻动，防止污泥结块。污泥块内部温度过低，燃烧不完全。一些污泥可直接投入锅炉炉膛进行焚烧。当污泥量不大时，可将污泥掺和煤粉作燃料。当污泥量较大时，往往设置专门污泥焚烧炉。污泥焚烧炉的型式有多种，在国内主要是回转炉、立式炉、立式多段炉及流化床炉等。

流化床焚烧炉的特点是利用硅砂为热载体，在预热空气的喷射下，形成悬浮状态。泥饼首先经过快速干燥器，使含水率降低到40%左右。干燥器的热源是流化床焚烧炉排出的烟道气(800 ℃)，干燥器出口烟气温度约150 ℃，焚烧炉排出的烟气热量可被充分利用。

干燥后的泥饼用输送带从焚烧炉顶加入。落到流化床上的泥饼，被流化床灼热的砂层(约700 ℃)搅拌混合，全部分散气化，产生的气体在流化床的上部焚烧。在焚烧部位，由炉壁沿切线方向吹入二次空气，使之与烟气混合，焚烧温度可以达到850 ℃，焚烧温度不能太高，否则硅砂发生熔化现象。流化床的流化空气用鼓风机鼓入，焚烧灰与燃烧气一起飞散出去，用一次旋流分离器加以捕集。工艺流程如图25-20所示。

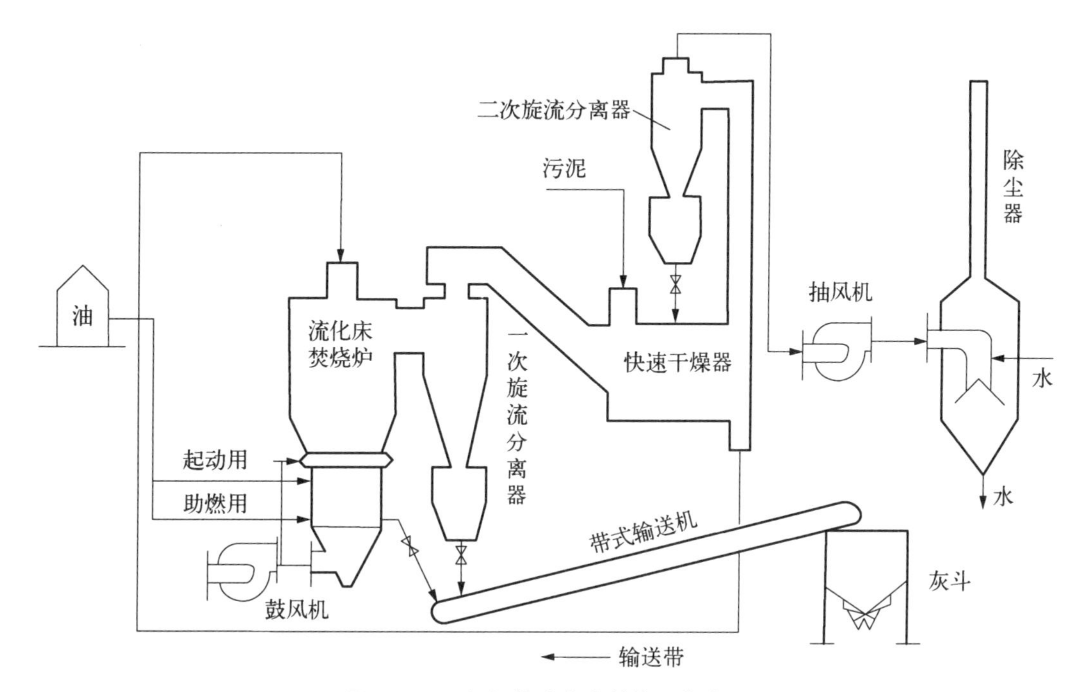


**图25-20 污泥的流化床焚烧工艺流程**

流化床的优点是结构简单，接触高温的金属部件少，故障也少；硅砂与污泥接触面积大，热传导效果好；可以连续运行。缺点是操作较复杂；运行效果不够稳定；动力消耗较大。

### 25.6.4 卫生填埋

卫生填埋是指在保证卫生和环境质量的条件下，进行填埋。

污泥可单独填埋或与其他废弃固体物(如城市垃圾)一起填埋，填埋场地应符合一定的设计规范，应注意防止渗沥水对地下水和地表水的污染，注意填埋场地的卫生。

卫生填埋优点是投资省、实施快、方法简朴、处理规模大，缺点是对污泥的土力学性质要求较高，需要大面积的场地和大量的运输用度，地基需作防渗处理以防地下水污染等。填埋目前还是我国污泥处置的重要方法之一，但是从长远看，常规填埋是一种不可轮回的终极处置方式，需要大面积的土地，其应用比例将会逐渐减少。

## 习题和思考

1. 简述污泥的水分的分类，污泥脱水通常采用哪些方法？各有何特点？

2. 比较污泥处理工艺中浓缩、脱水、干燥、焚烧的作用。
3. 含水率 99.5%的污泥脱去 1%的水,脱水前后的容积之比为多少?
4. 简述污泥调理的作用,调理方法有哪些?
5. 简述污泥稳定的种类、原理及工艺方法。
6. 若对污泥进行深度脱水,哪些方法可以改进?
7. 污泥处置流程选择和确定要考虑什么问题?和污泥的最终出路有何关系?
8. 简述厌氧消化池的构造与各附属设施的作用。
9. 厌氧消化池的投配比如何确定?
10. 查阅有关污泥深度脱水的文献资料,了解基本情况并比较各处理技术的优缺点。

# 第九编

# 污水处理厂(站)设计及运行管理

# 26
# 污水处理厂(站)设计

## 26.1 设计原则和建设程序

污水处理厂(站)是实现水污染控制的基本设施,其规划、设计、建成投入使用及运行管理等程序如图 26-1 所示。

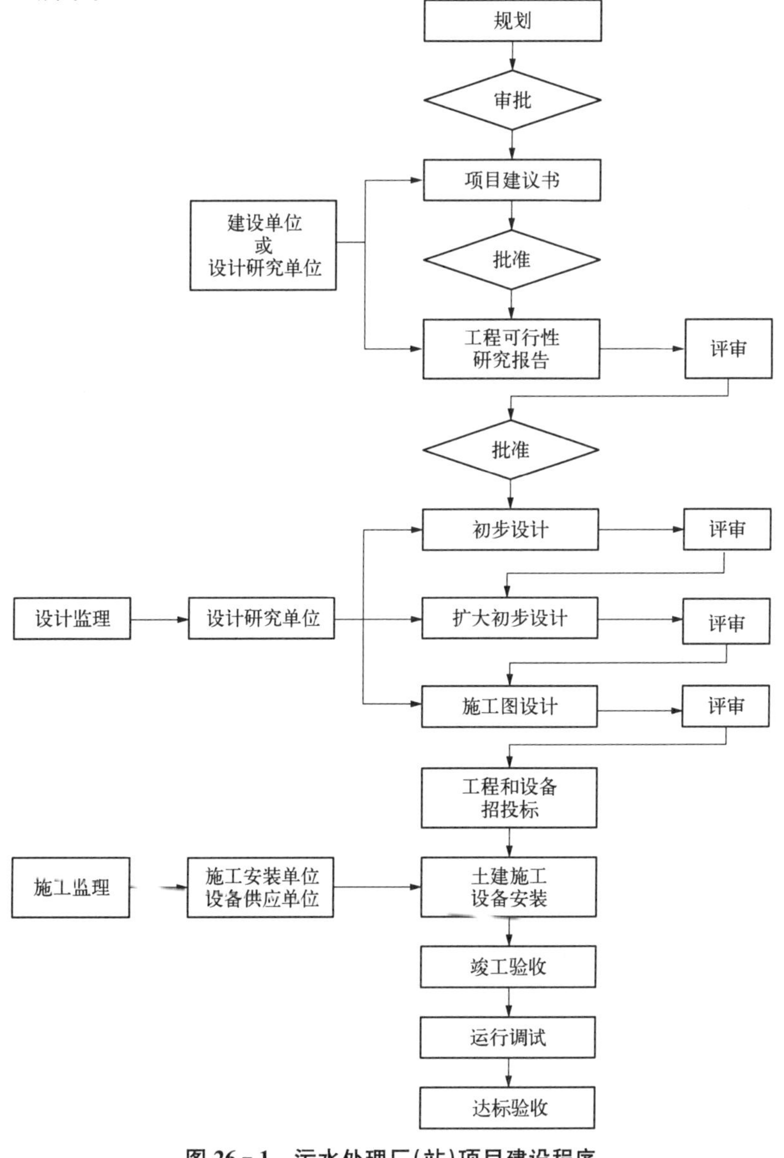


**图 26-1 污水处理厂(站)项目建设程序**

### 26.1.1 设计原则

设计原则包括三个方面：

法律层面：遵守国家颁布的《环境保护法》和《水污染防治法》等，及各级地方政府公布的各项有关规定；贯彻执行国家和地方的有关水污染防治技术政策。

技术层面：通过技术方法的比选确定拟选的技术具有先进性，并确保设计的工艺流程合理有效，同时考虑二次污染的影响。

经济层面：根据地方经济指标编制概预算，保证设计方案的经济合理；通过对项目的综合评价（表 26.1），使项目设计真正做到社会效益、环境效益和经济效益的统一。

**表 26.1 污（废）水处理厂（站）设计综合评价**

| 技术性能 | 经济效益 | 社会效益 | 环境效益 | 二次污染<br>（多介质污染） |
|---|---|---|---|---|
| 1. 选用的处理方法<br>2. 选用的处理流程<br>3. 废水处理量<br>4. 进水水质<br>5. 处理后水质<br>6. 水质指标去除率<br>7. 运行操作<br>8. 占地面积<br>9. 基本建设<br>10. 设备加工<br>11. 原料、药剂<br>12. 二次污染<br>13. 水的回用率<br>14. 物料回收率<br>15. 稳定可靠性<br>16. 对工作人员要求<br>17. 事故处理<br>18. 其他因素评价 | 1. 污染损失费（处理前）<br>直接损失费<br>间接损失费<br>2. 处理费<br>基建投资费<br>运行维护费<br>设备折旧费<br>偿还期<br>3. 经济效益（用于废水处理）<br>直接效益<br>（物料回收、节水、水回用、减免排污费、排污罚款、污染赔偿费等）<br>间接效益<br>（环境污染的降低、水质改善、人体危害减轻、污染损失降低等）<br>其他评价 | 项目实施后为社会所作的贡献，也称外部间接经济效益 | 处理前后的环境比较：<br>对人体健康的影响<br>对水体水质的影响<br>对周围环境的影响<br><br>评价：<br>指数评价法 | 处理前后的：<br>大气污染<br>水污染<br>固体废弃物（污泥）<br>噪声污染<br>电磁污染<br>其他污染等<br><br>新污染物：<br>产生<br>转化形态<br>迁移转化等<br><br>评价 |

### 26.1.2 设计程序

建设程序一般分编制项目建议书、项目可行性研究、项目工程设计、工程和设备招投标、工程施工、竣工验收、运行调试和达标验收等几个步骤，可划分为立项、工程建设、项目验收等三个阶段。

根据建设项目的处理对象不同可分为城市污水处理厂的设计和工业企业废水处理站的设计，因其水质、水量及处理工艺流程差别较大，故根据建设项目的技术复杂程度、处理规模、重要性等差异，设计程序可在获得批准的可行性研究报告基础上采取三阶段、两阶段、一阶段进行。重大设计项目分三阶段设计：初步设计、初步扩大设计和施工图设计；一般设计项目包括扩大初步设计和施工图设计两个设计阶段；简单设计项目可采取施工图设计一个设计阶段。各阶段设计工作必须在上阶段设计文件得到上级有关主管部门批准后方允许进行下一阶段的设计工作。

### 26.1.3　设计步骤

1. 前期工作

项目建议书可以说是初步可行性研究报告，通常所说的可行性研究报告，其实就是深度可行性研究报告(立项报告或项目申请报告)，两者内容、编制大纲、编制规范非常相近，可行性研究报告在详细程度、体现重点上更为详尽。设计的前期工作主要是可行性研究，主要内容包括：

第一，总论，包括工程项目的背景、编制依据、自然环境条件(地理、气象、水文地质等)、项目所在城市社会经济概况或工业企业生产经营概况；城市或企业的排水系统、污染发生环节(源)、污(废)水排放规律、水量及水质情况；项目的建设原则与建设范围、建设规模、厂址选择及用地，污(废)水处理要求目标(设计进水、出水水质)等基础资料。

第二，工程方案，污(废)水处理工艺方案比选(处理工艺技术与总体设计的比较、构筑物及设备的选择、技术经济方面的分析)，处理水的出路(回用水深度处理工艺选择)，工程近、远期规划，安全生产与环境保护等。推荐方案设计[污(废)水、污泥及回用水处理工艺系统的平面及高程设计、主要工艺设备及电气自控、土建工程、公用工程及辅助设施等]；生产组织及劳动定员。

第三，工程投资估算，原则与依据，工程投资估算汇总表(预算)与使用计划。

第四，工程进度安排。

第五，技术经济分析，工程范围及处理能力相匹配的总投资、资金来源及使用计划；运营成本估算；财务评价等。

第六，研究结论、存在问题及建议。

2. 初步设计

根据设计原则和标准，初步设计的任务是为达到建设目的，实现投资效益，确定工程规模、工艺流程，及主要工艺构筑物参数及尺寸、设备选型，工程概算、施工图设计中可能涉及的问题和建议。初步设计的文件一般包括设计(计算)说明书、工程量、主要设备与材料、初步设计图纸、工程总概算表等。初步设计文件应能满足审批、投资控制、施工图设计、施工准备、设备订购等方面工作依据的要求，主要内容包括：

第一，设计依据，可行性研究报告的批准文件，设计单位(甲方)的设计委托书，国家的有关法律规范标准，地方的有关规定、条例、标准，其他有关部门的协议和批件等。

第二，城市或企业概况及自然条件，城市现状与总体规划，或企业生产经营现状及发展。自然条件方面资料：① 气象，包括气温、湿度、雨量、蒸发量、风向等。② 水文，包括地表水体的功能、地理位置、方向、水位、流速、流量等，地下水的分布埋深、利用等。③ 工程地质，包括建设项目建址地区的地质钻孔柱状图、地基承载能力、地震等级；有关地形资料，项目建设所在地及相关地区的地形图等。

第三，处理目标要求，污(废)水排放应达到国家要求的排放标准或生态环境部门要求。

第四，工程设计，结合城市现状和总体规划，具体说明厂址选择的原则和理由。待处理的污(废)水的水质水量、排放规律等资料基础上，确定设计规模(包括近期处理能力和总处理能力)。工艺流程的选择说明，主要说明所选工艺方案的技术先进性、合理性。工艺设计说明所选工艺方案初步设计的总体设计(平面和高程布置)原则，并说明主要工艺构筑物的设计(结构参数、规模尺寸等)。主要处理设备选型说明选用的性能构造、材料及主要尺寸、施工及维护使用注意事项等。

第五，辅助建筑（办公、化验、控制、变配电、药库、机修等）和公用工程（给排水、道路、绿化等）的设计说明，自动控制和监测设计说明。其他设计，包括建筑设计、结构设计、采暖通风设计、供电设计、仪表及自动控制设计、劳动卫生设计、人员编制设计等。

第六，处理后污（废）水和污泥的排放去向。

第七，工程量、设备和主要材料量等，列表说明本工程的土建部分，如建筑面积、混凝土、钢筋混凝土的量、挖土方量、回填土方量等；设备和主要材料清单（名称、规格、材料、数量等）。

第八，工程概算表，说明编制依据，列表描述工程总概算和各单元概算，说明其投资及其构成。

第九，存在的问题及对策建议。

第十，设计图纸，各专业（工艺、建筑、电气与自控等）总体设计图（总平面布置图、系统图），主要工艺构筑物设计图等。

3. 施工图设计

施工图设计在初步设计或方案设计批准之后进行，其任务是以初步设计的说明书和图纸为依据。根据土建施工、设备安装、组（构）件加工及管道（线）安装所需要的程度，将初步设计精确具体化，除污水处理厂总平面布置与高程布置、各处理构筑物的平面和竖向设计之外，所有构筑物的各个节点构造、尺寸都用图纸表达出来，每张图均应按一定比例与标准图例精确绘制。施工图设计的深度，应满足土建施工、设备与管道安装、构件加工、施工预算编制的要求。施工图设计文件以图纸为主，还包括说明书、主要设备材料表。

## 26.2 厂址选择

污水处理厂（站）厂址的选定是重要的环节，它与城市的总体规划、城市排水系统的走向、布置、处理后污水的出路都密切相关。

当污水处理厂的厂址有多种方案可供选择时，应从管道系统、泵站、污水处理厂各处理单元考虑，进行综合的技术、经济比较与优化分析，并通过有关专家的反复论证后再行确定。

建址选择应遵循的原则：

第一，污水处理厂应选在城镇水体下游，污水处理厂处理后出水排入的河段，应对上下游水源的影响最小。若由于特殊原因，污水处理厂不能设在城镇水体的下游时，其出水口应设在城镇水体的下游。

第二，处理后出水考虑回用时，厂址应与用户靠近，减少回用输送管道，但厂址应与受纳水体靠近，以利安全排放。

第三，厂址选择要便于污泥处理和处置。

第四，厂址一般应位于城镇夏季主风向的下风侧，并与城镇、工厂厂区、生活区及农村居民点之间，按环境影响评价和其他相关要求，保持一定的卫生防护距离。

第五，厂址应有良好的工程地质条件，包括土质、地基承载力和地下水位等因素，可为工程的设计、施工、管理和节省造价提供有利条件。

第六，我国耕地少、人口多，厂址选择时应尽量少拆迁、少占农田和不占良田，使污水处理厂工程易于实施。

第七，厂址选择应考虑远期发展的可能性，应根据城镇总体发展规划，满足将来扩建的需要。

第八,厂区地形不应受洪涝灾害影响,不应设在雨季易受水淹的低洼处。靠近水体的处理厂,防洪标准不应低于城镇防洪标准,有良好的排水条件。

第九,有方便的交通、运输和水电条件,有利于缩短污水厂的建造周期和污水厂的日常管理。

第十,要充分利用地形,选择在有适当坡度的位置,以利于处理构筑物高程布置的需要,减少土方工程量。若有可能,宜采用污水不经水泵提升而自然流入处理构筑物的方案,节省动力费用,降低处理成本。

由于污(废)水处理厂(站)位置选择比较复杂,各种因素互相矛盾,通常不可能各方面都同时得到满足,选择中要抓住主要矛盾,分清主次,进行深入调查研究,分析比较,特别对于不能满足的某些条件,分析其影响大小及有无解决办法和弥补措施。对于改扩建项目,具体情况具体分析采取相应措施来降低其对周围环境的影响。

## 26.3 处理方法和流程的选择

### 26.3.1 处理方法的选择

一般地,按图 26-2 所示流程选择合适的污水处理工艺。

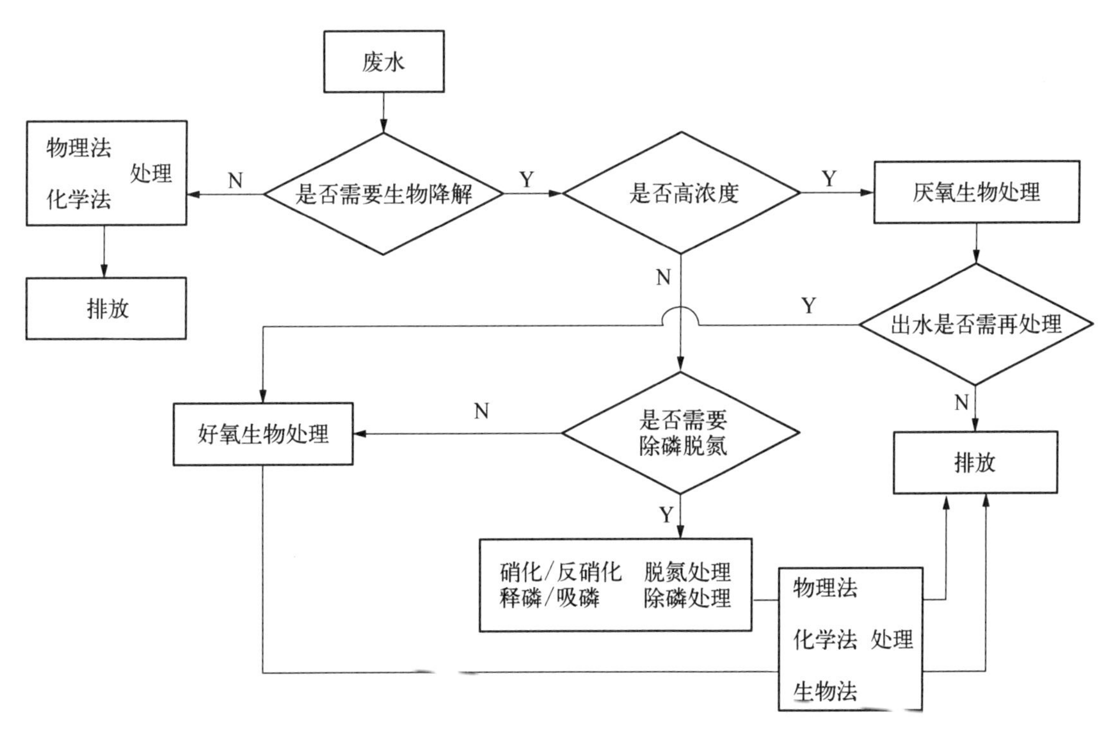


图 26-2 污水处理工艺选择示意图

### 26.3.2 工艺流程的选择

污水处理工艺流程选定,主要以下列各项因素作为依据。

1. 污水的处理程度

这是污水处理工艺流程选定的主要依据，而污水的处理程度又主要取决于处理水的出路、去向。排放水体，这是对处理水经常采用的途径，也是处理水的“自然归宿”。当处理水排入水体时，污水处理程度可考虑用以下几种方法进行确定：① 按水体的水质标准确定，即根据当地环境保护主管部门对该受纳水体规定的水质标准进行确定。② 按城市污水处理厂所能达到的处理程度确定，一般多以二级处理技术所能达到的处理程度作为依据。③ 考虑受纳水体的稀释自净能力，这样可能在一定程度上降低对处理水水质的要求，降低处理程度，但对此应采取审慎态度，取得当地环境保护主管部门的同意。

处理水回用。城市污水的处理水有多种回用途径，可用于农田灌溉、浇灌菜田；可作为城市的杂用水，用于冲洗公厕、喷洒绿地、公园；冲洗街道和城市景观水域补给水等。无论回用的途径如何，在进行深度处理之前，城市污水必须经过完整的二级处理。

2. 工程造价与运行费用

工程造价和运行费用也是工艺流程选定的重要因素，当然，处理水应当达到的水质标准是前提条件。这样，以原污水的水质水量及其他自然状况为已知条件，以处理水应达到的水质指标为制约条件，而以处理系统最低总造价和运行费用为目标函数，建立三者之间的相互关系。

减少占地面积也是降低建设费用的重要措施。从长远考虑，对污水处理厂的经济效益和社会效益都有着重要的影响。

3. 当地的各项条件

当地的地形、气候等自然条件也对污水处理工艺流程的选定具有一定的影响，例如，如当地拥有农业开发利用价值不大的旧河道、洼地、沼泽地等，就可以考虑采用稳定塘、土地处理等污水的自然生物处理系统，在寒冷地区应当采用在采取适当的技术措施后，在低温季节也能够正常运行，并保证取得达标水质的工艺，而且处理构筑物都建在露天，以减少建设与运行费用。

当地的原材料与电力供应等具体问题，也是选定处理工艺应当考虑的因素。

4. 原污水的水质与污水流入情况

除水质外，原污水的水量也是选定处理工艺需要考虑的因素，水质、水量变化较大的原污水，应考虑设调节池或事故贮水池，或选用承受冲击负荷能力较强的处理工艺，如完全混合型曝气池等，某些处理工艺，如塔式滤池和竖式沉淀池可适用于水量不大的小型污水处理厂。工程施工的难易程度和运行管理需要的技术条件也是选定处理工艺流程需要考虑的因素，地下水位高、地质条件较差的地方，不宜选用深度大、施工难度高的处理构筑物。

总之，污水处理工艺流程的选定是一项比较复杂的系统工程，必须对上述各项因素加以综合考虑，进行多种方案的经济技术比较。必要时应当进行深入的调查研究和试验研究工作，这样才有可能选定技术可行、先进，经济合理的污水处理工艺流程。

若是工业废水的处理，则需考虑：① 本厂工业废水的特点，包括污染环境的是有毒物、有机物，还是特殊物质（如油、酸、碱、悬浮物等），水量多少，变化如何；② 循环给水和压缩废水量的可能性；③ 回收利用废水中的有用物质的方式方法；④ 废水排入城市沟道的可能性；⑤ 生活污水情况。

在调查研究的基础上，顺次解决下列各问题：① 确定废水的处理要求；② 经过处理后的废水是循环使用、灌溉农田、排入城市沟道，还是排放入天然水体；③ 哪些废水就地（车间）解决，哪些废水集中处理，哪些废水就地进行预处理后再集中处理，哪些废水能同本厂生活污水一起处理。

在解决上述问题后，可研究各分散处理和集中处理的方法和流程。

## 26.4 平面布置

平面布置和高程布置与采用的工艺直接相关,它影响着废水处理厂的投资费用和运行费用。合理的布局可降低工程造价和运行管理费用。

污水及污泥处理构筑物是处理厂(站)的主体,应布局合理,以期投资少而运行方便。应尽量利用厂区地形,在高程布置上,充分利用地形,少用水泵并力求挖填土方平衡。使污水及污泥在各处理构筑物之间靠重力自流、同类构筑物之间配水均匀、切换简单、管理方便。不同构筑物之间距离适宜,衔接紧凑,应考虑铺设管渠的位置、运转管理的需要和施工要求,构筑物之间的间距一般采用 5～10 m。消化池和其他构筑物之间的距离不少于 20 m,污泥干化及脱水设备应在下风向,干化污泥能从旁门运走。布置应紧凑,以减少处理厂占地面积和连接管(沟道)的长度,并应考虑工作人员工作的便捷性。

合理布置生产附属设备。泵房尽量集中,靠近处理构筑物。鼓风机房要靠近曝气池,与办公室保持必要的距离,以防止噪声干扰。变电所靠近最大用电单元(泵房或鼓风机房)。锅炉房靠近消化池,要有必要的堆煤场地。贮气罐应特别注意安全,一般设在厂区边远地区,与其他构筑物的距离应符合防爆规程。机修间位于各主要设备(水泵、鼓风机、真空过滤机等)附近。此外,应合理布置汽车库、化验室等。

办公建筑物(办公室、传达室)应与处理构筑物保持一定距离,位于上风向处。

污水及污泥采用明渠输送,以便检修清通,管线要短,曲折少,交叉少。各处理构筑物之间的连接管(沟道)应尽量避免立体交叉,并考虑施工、检修方便。

处理厂(站)应有给水设施、排水管线及雨水管线。厂(站)内污水排入总泵站的吸水池,雨水管则接于总出水渠中。

对于城市污水处理厂,必须设置事故排水渠及超越管线,以便在停电及某些构筑物检修时,污水能越过该检修构筑物而进入下一处理构筑物,或直接进入事故排水渠。对于工业废水处理站,应设置事故集水池,将因停电及某些构筑物检修时的废水进行收集,待系统恢复正常后进行处理,不得直接外排。

处理厂(站)应设有双电源,变电所应有备用设备。一般不允许在厂(站)内架设高压线。

厂(站)区内应有通向各处理构筑物及附属建筑物的道路。最好设置运输污泥的旁门或后门。厂(站)区内应绿化和美化。

平面布置应考虑将来的发展,留有余地。考虑分期施工和扩建的可能性,留有适当的扩建余地。

尽量采用自动化、机械化操作。

污水、污泥及沼气应有计量设备,以便积累运行数据。

严寒地区应有防冻设施。

处理厂(站)构筑物的面积应根据计算求得,在具体布置时要考虑各组设备之间的有机连接,既要紧凑以便于集中管理,又要保持合理间距,保证配水均匀、运行灵活。

## 26.5 高程布置

高程布置的任务就是合理处理各构筑物在高程上的相互关系。污水处理厂污水处理流程高程布置的主要任务是确定各处理构筑物和泵房的标高，确定处理构筑物之间连接管渠的尺寸及其标高，通过计算确定各部位的水面标高，从而能够使污水沿处理流程在处理构筑物之间通畅地流动，保证污水处理厂的正常运行，达到技术上合理、管理上方便、经济上节约的目的。最后通过绘制纵断面图将相互关系表示出来。高程布置与平面布置应该结合起来，同时考虑。

高程布置最主要的两条原则：一是污水和污泥尽量采用重力自流，以节约日常的动力费用；二是构筑物尽量利用地形特点接近地面高程布置，以节约基建费用。

进行高程布置时，应从以下几方面考虑：

第一，初步计算污水流程及污泥流程的相对高程，绘制纵断面图，在图中绘出相应构筑物所在地的地面高程，比较两种高程的相对关系。

第二，在来水高程能满足污水重力自流流经各构筑物的条件下，可将各构筑物沿地面高程设置，出水经提升后排放。

第三，若来水高程很低，必须提升后进行处理时，要正确决定提升高度，使各处理构筑物的设置高度合宜、造价低、施工简单。

第四，当污水及污泥不能同时保证重力自流时，可考虑其中之一重力自流，而另一种进行抽升。

第五，高程布置应保证出水能排入城市下水道或其他接纳水体。在洪水期不应发生回淹倒灌。在条件不许可时，应设置专门的污水排放泵。

第六，地下水位高时，应适当提高构筑物的设置高度，以减少水下施工的工程量，降低工程造价。

第七，处理后的污水如作为循环水使用时，应结合具体情况另行考虑。

其中，污水流动中的水头损失包括：① 污水流经各处理构筑物的水头损失。在作初步设计时，可按表26.2所列数据估算。但应当认识到，污水流经处理构筑物的水头损失主要产生在进口和出口和需要的跌水（多在出口处），而流经处理构筑物本体的水头损失则较小。② 污水流经连接前后两处理构筑物管渠（包括配水设备）的水头损失。包括沿程与局部水头损失。③ 污水流经量水设备的水头损失。

**表26.2　处理构筑物的水头损失**

| 序号 | 构筑物名称 | 水头损失(m) |
|---|---|---|
| 1 | 粗格栅 | |
| | 人工清渣粗格栅 | 0.15 |
| | 机械清渣粗格栅 | 0.15～0.60 |
| 2 | 细格栅 | 取决于细格栅结构、水质及清渣与清洗方式 |
| 3 | 沉砂池 | |
| | 平流式沉砂池 | 0.1～0.3 |
| | 曝气沉砂池 | 0.2～0.5 |
| | 旋流沉砂池 | 0.1～0.3 |
| 4 | 沉淀池(初沉池、二沉池) | |
| | 平流沉淀池 | 0.2～1.0 |

续 表

| 序号 | 构筑物名称 | 水头损失(m) |
|---|---|---|
| | 竖流沉淀池 | 0.4～1.0 |
| | 辐流沉淀池 | 0.5～1.0 |
| 5 | 曝气池 | 0.3～0.8 |
| 6 | 生物滤池 | |
| | 普通生物滤池 | 3.0～6.0 |
| | 高负荷生物滤池 | 2.0～5.0 |
| 7 | 消毒接触池(槽) | 0.2～0.3 |
| 8 | 污泥干化场 | 2.0～3.5 |

注：上述水头损失包括进出水渠道的水头损失，但未计局部水头损失。

# 27 污水处理厂(站)运行与管理

## 27.1 工程验收

污水处理厂工程竣工后，一般由建设单位组织施工、设计、质量监督和运行管理等单位联合进行验收。隐蔽工程必须通过由施工、设计和质量监督单位共同参加的中间验收。验收内容为资料验收、土建工程验收和安装工程验收，包括工程技术资料、处理构筑物、附属建筑物、工艺设备安装工程、室内外管道安装工程等。

验收以设计任务书、初步设计、施工图设计、设计变更通知单等设计和施工文件为依据，以建设工程验收标准、安装工程验收标准、生产设备验收标准和档案验收标准等国家现行标准和规范，包括《给水排水构筑物工程施工及验收规范》(GB 50141—2008)、《给水排水管道工程施工及验收规范》(GB 50268—2008)、《机械设备安装工程施工及验收通用规范》(GB 50231—2009)、机械设备自身附带的安装技术文件等为标准对工程进行评价，检验工程的各个方面是否符合设计要求，对存在的问题提出整改意见，使工程达到建设标准。

## 27.2 调试运行

验收工作结束后，即可进行污水处理构筑物的调试。调试包括单体调试、联动调试和达标调试。通过试运行进一步检验土建工程、设备和安装工程的质量，验收工程运行是否能够达到设计的处理效果，以保证正常运行过程能够达到污水治理项目的环境效益、社会效益和经济效益。

污水处理工程的试运行，包括复杂的生物化学反应过程的启动和调试，过程缓慢，耗时较长。通过试运行对机械、设备及仪表的设计合理性、运行操作注意事项等提出建议。试运行工作一般由建设单位、试运行承担单位来共同完成，设计单位和设备供货方参与配合，达到设计要求后，由建设主管单位、环境保护行政主管部门进行达标验收。

## 27.3 运行管理

即使污水处理厂的设计非常合理，但运行管理不善，也不能使处理厂运行正常和充分发挥其净化功能。因此，重视污水处理厂的运行管理工作，提高操作人员的基本知识、操作技能和管理水平，做好观察、控制、记录与水质分析监测工作，建立异常情况处理预案制度，对运行中的不正常情况及时采取相应措施，是污水处理厂充分发挥出环境效益、社会效益和经济效益的保障。

## 27.4 水质监测

水质监测可以反映原污水水质、各处理单元的处理效果和最终出水水质等，以便及时了解运行情况，及时发现问题和解决问题。另外，应不断提高实验室分析的自动化水平、实现在线检测，这对于确保污水处理厂的正常运行起着重要作用。

污水处理厂水质监测指标，因污水性质和处理方法不同有所差异。一般监测的主要指标为水温、pH、BOD、COD、DO、$NH_4^+$-N、TN、TP、SS、污泥浓度等。当有特殊工业废水进入时，应根据具体情况增加特征污染物的监测项目。

## 习题与思考

1. 污水处理厂设计应收集哪些基础资料？设计需要遵守的主要原则是什么？
2. 污水处理厂工程设计分为几个阶段？各阶段编制文件的内容有哪些？
3. 确定污水处理工艺流程应主要考虑哪些因素？
4. 进行污水处理厂平面布置和高程布置需遵循哪些原则？

# 主要参考文献


[1] 王浩，李文华，李百炼，等.绿水青山的国家战略、生态技术及经济学[M].南京：江苏凤凰科学技术出版社，2019.

[2] 许保玖，龙腾锐.当代给水与废水处理原理[M].第2版.北京：高等教育出版社，2000.

[3] 胡洪营.张旭，黄霞，等.环境工程原理[M].第3版.北京：高等教育出版社，2015.

[4] 高廷耀，顾国维，周琪.水污染控制工程[M].第4版.北京：高等教育出版社，2015.

[5] 彭党聪.水污染控制工程[M].第3版.北京：冶金工业出版社，2010.

[6] 缪应祺.水污染控制工程[M].南京：东南大学出版社，2002

[7] 李长波.水污染控制工程[M].北京：中国石化出版社，2016.

[8] 罗固源.水污染控制工程[M].北京：高等教育出版社，2006.

[9] 宋志伟，李燕.污染控制工程[M].徐州：中国矿业大学出版社，2013.

[10] 苏会东，姜承志，张丽芳.水污染控制工程[M].北京：中国建材工业出版社，2017.

[11] 戴友芝，肖利平，唐受印.废水处理工程[M].第3版.北京：化学工业出版社，2016.

[12] 邹家庆.工业废水处理技术[M].北京：化学工业出版社，2003.

[13] 潘涛，李安峰，杜兵.废水污染控制技术手册[M].北京：化学工业出版社，2012.

[14] 蒋柱武，魏忠庆，吕永鹏，等.水质工程学：污水处理[M].北京：高等教育出版社，2018.

[15] 廖传华，米展，周玲，等.物理法水处理过程与设备[M].北京：化学工业出版社，2016.

[16] 常青.水处理絮凝学[M].北京：化学工业出版社，2003.

[17] 张光明.超声波水处理技术[M].北京：中国建筑工业出版社，2006.

[18] 廖传华，朱廷风，代国俊，等.化学法水处理过程与设备[M].北京：化学工业出版社，2016.

[19] 刘玥，彭赵旭，闫怡新，等.水处理高级氧化技术及工程应用[M].郑州：郑州大学出版社，2014.

[20] 周群英，王士芬.环境工程微生物学[M].第4版.北京：高等教育出版社，2015.

[21] 王国惠.环境工程微生物学：原理与应用[M].第3版.北京：化学工业出版社，2015.

[22] 廖传华，韦策，赵清万，等.生物法水处理过程与设备[M].北京：化学工业出版社，2016.

[23] 张忠祥，钱易.废水生物处理新技术[M].北京：清华大学出版社，2004.

[24] 夏北成.环境污染物生物降解[M].北京：化学工业出版社，2002.3

[25] 周雹.活性污泥工艺简明原理及设计计算[M].北京：中国建筑工业出版社，2005.

[26] 刘雨，赵庆良，郑兴灿.生物膜法污水处理技术[M].北京：中国建筑工业出版社，2000.

[27] 郑俊，吴浩汀.曝气生物滤池污水处理新技术及工程实例[M].北京：化学工业出版社，2002.

[28] 张统.SBR 及其变法污水处理与回用技术[M].北京：化学工业出版社，2003.
[29] 西蒙贾德.膜生物反应器：水和污水处理的原理与应用[M].陈福泰，黄霞，译.北京：科学出版社，2009.
[30] P.M.J.Janssen 等.生物除磷设计与运行手册[M].祝贵兵，彭永臻，译.北京：中国建筑工业出版社，2005.
[31] 娄金生，谢水波，何少华.生物脱氮除磷原理与应用[M].长沙：国防科技大学出版社，2002.
[32] 区岳州，胡勇有.氧化沟污水处理技术及工程实例[M].北京：化学工业出版社，2005.
[33] 贺延龄.废水的厌氧生物处理[M].北京：中国轻工业出版社，1998.
[34] 李东伟，尹光志.废水厌氧生物处理技术原理及应用[M].重庆：重庆大学出版社，2006.
[35] 任南琪，王爱杰.厌氧生物技术原理与应用[M].北京：化学工业出版社，2004.
[36] 朱屯.萃取与离子交换[M].北京：冶金工业出版社，2005.
[37] 陈翠仙.膜分离[M].北京：化学工业出版社，2017.
[38] P.希利斯.膜技术在水和废水处理中的应用[M].刘广立，赵广英，译.北京：化学工业出版社，2003.
[39] 刘汉湖，白向玉，夏宁.城市废水人工湿地处理技术[M].徐州：中国矿业大学出版社，2006.
[40] 雷乐成，杨岳平，汪大翚，等.污水回用新技术及工程设计[M].北京：化学工业出版社，2002.
[41] 崔玉川，杨崇豪，张东伟.城市污水回用深度处理设施设计计算[M].北京：化学工业出版社，2003.
[42] 徐强.污泥处理处置技术及装置[M].北京：化学工业出版社，2003.
[43] 李亚峰，夏怡，曹文平.小城镇污水处理设计及工程实例[M].第 2 版.北京：化学工业出版社，2018.